运筹与管理科学丛书 31

最优化问题的稳定性分析

张立卫　殷子然　编著

科学出版社

北　京

内 容 简 介

本书系统介绍最优化问题的稳定性分析的基本理论，讨论稳定性理论在具体优化问题中的应用. 基本理论部分包括变分分析的相关素材、对偶理论、集值映射的稳定性概念及相互关系、稳定性质和微分准则、线性系统与非线性系统的稳定性. 应用部分包括凸优化问题的稳定性分析、一般优化问题的稳定性分析及三类锥规划(非线性规划、二阶锥约束优化及半定优化)问题的稳定性分析,其中三类锥规划问题的稳定性分析分别涉及最优性条件、Jacobian 唯一性条件、强二阶充分性条件、稳定性的等价刻画及孤立平稳性等内容.

本书可作为高等院校数学系高年级本科生，运筹学与控制论专业和相关数学专业、管理专业的研究生从事最优化问题稳定性研究的基础教材，也可作为相关专业科研人员的参考用书.

图书在版编目(CIP)数据

最优化问题的稳定性分析/张立卫, 殷子然编著. —北京: 科学出版社, 2020.4

(运筹与管理科学丛书; 31)

ISBN 978-7-03-063464-1

Ⅰ. ①最… Ⅱ. ①张…②殷… Ⅲ.①最优化算法-稳定性-研究 Ⅳ. ①O224

中国版本图书馆 CIP 数据核字 (2019) 第 264496 号

责任编辑: 李 欣 李 萍 / 责任校对: 彭珍珍
责任印制: 吴兆东 / 封面设计: 陈 敬

科学出版社出版
北京东黄城根北街16号
邮政编码: 100717
http://www.sciencep.com

北京凌奇印刷有限责任公司印刷
科学出版社发行 各地新华书店经销
*
2020年4月第 一 版 开本: 720×1000 B5
2021年5月第二次印刷 印张: 19 3/4
字数: 398 000

定价: 128.00 元

(如有印装质量问题, 我社负责调换)

《运筹与管理科学丛书》序

运筹学是运用数学方法来刻画、分析以及求解决策问题的科学. 运筹学的例子在我国古已有之, 春秋战国时期著名军事家孙膑为田忌赛马所设计的排序就是一个很好的代表. 运筹学的重要性同样在很早就被人们所认识, 汉高祖刘邦在称赞张良时就说道:“运筹帷幄之中, 决胜千里之外.”

运筹学作为一门学科兴起于第二次世界大战期间, 源于对军事行动的研究. 运筹学的英文名字 Operational Research 诞生于 1937 年. 运筹学发展迅速, 目前已有众多的分支, 如线性规划、非线性规划、整数规划、网络规划、图论、组合优化、非光滑优化、锥优化、多目标规划、动态规划、随机规划、决策分析、排队论、对策论、物流、风险管理等.

我国的运筹学研究始于20世纪50年代, 经过半个世纪的发展, 运筹学研究队伍已具相当大的规模. 运筹学的理论和方法在国防、经济、金融、工程、管理等许多重要领域有着广泛应用, 运筹学成果的应用也常常能带来巨大的经济和社会效益. 由于在我国经济快速增长的过程中涌现出了大量迫切需要解决的运筹学问题, 因而进一步提高我国运筹学的研究水平、促进运筹学成果的应用和转化、加快运筹学领域优秀青年人才的培养是我们当今面临的十分重要、光荣, 同时也是十分艰巨的任务. 我相信,《运筹与管理科学丛书》能在这些方面有所作为.

《运筹与管理科学丛书》可作为运筹学、管理科学、应用数学、系统科学、计算机科学等有关专业的高校师生、科研人员、工程技术人员的参考书, 同时也可作为相关专业的高年级本科生和研究生的教材或教学参考书. 希望该丛书能越办越好, 为我国运筹学和管理科学的发展做出贡献.

袁亚湘

2007 年 9 月

前　　言

最优化问题的稳定性分析, 通常也称为扰动分析, 是指当优化问题的参数发生微小扰动时, 引起的最优值函数和最优解映射发生变化的定性或者定量的分析. 最优化问题的稳定性分析是优化理论的重要部分, 在数值计算方法的收敛性分析中起着至关重要的作用, 比如 Rockafellar[69] 提出的求解极大单调算子包含问题的邻近点方法, 在分析收敛速度时就用到解映射的 "Lipschitz 连续性"; 我国学者范金燕教授在 Levenberg-Marquardt (LM) 方法方面取得系统成果, 她和袁亚湘院士最早于 2005 年发表在 *Computing* 的论文[26], 在分析 LM 方法的收敛速度时, 用到的条件就是解集合的局部误差界条件. 因此, 深入理解各类最优化问题的稳定性结果, 对最优化理论与算法的研究有着重要的意义.

最早的扰动分析是关于线性规划的灵敏度分析, 由 Manne 在 1953 年发表的工作[47] 开启. 关于最优值方向可微性和方向导数计算的工作可追溯到 Danskin[15] 的经典著作, Fiacco 和 McCormick[28] 的经典专著将经典的隐函数定理用于表示为方程组形式的一阶最优性条件, 得到最优解的可微性性质.

扰动分析方面的开创性工作当属 Robinson 20 世纪 70 年代末到 80 年代中期的工作, 他提出了广义方程强正则性的概念, 将隐函数定理推广到广义方程的框架, 得到了非线性规划最优解映射的误差界性质或上 Lipschitz 性质、KKT 解映射的强正则性的充分性条件. 在这些工作的基础上, 该领域取得了非常多的有价值的进展, 涉及诸多稳定性的概念及理论, 如 Aubin 性质、平稳性、孤立平稳性等. 笔者认为有必要将这些进展做系统的整理, 侧重阐述这些稳定性理论在具体优化问题中的应用, 把重要的结果介绍给大家, 为运筹学与控制论专业和相关专业的研究生, 研究人员提供一本容易阅读且较成体系的最优化问题稳定性分析的参考书.

本书共九章. 下面简要叙述每一章的内容.

第 1 章为变分分析的相关素材, 包括集合间的几个距离函数以及这几个函数间的关系、集合列的外极限与内极限、集值映射在一点处的外极限和内极限以及集值映射的外半连续性和内半连续性、集合的变分几何和下半连续函数的微分、到凸集合上的投影的 Clarke 广义微分以及半光滑函数的相关理论.

第 2 章为对偶理论, 包括共轭对偶、Lagrange 对偶、对偶理论的应用三部分.

第 3 章为稳定性质和微分准则. 首先介绍集值映射的稳定性概念, 并讨论这些稳定性的关系, 尤其给出集值映射的 Aubin 性质的若干等价刻画; 其次着重阐述如何用集值映射的微分如伴同导数、严格图导数、图导数等来刻画 Aubin 性质、强正则性、孤立平稳性等. 这一章的内容是各类优化问题稳定性理论的基础, 也是本书的核心内容之一.

第 4 章为线性系统与非线性系统的稳定性, 包括 Hoffman 引理、线性系统及非线性系统的正则性条件、集值映射误差界与上 Lipschitz 连续性的关系、抽象约束系统的稳定性定理、约束集合切锥及二阶切集的计算等.

第 5 章为凸优化问题的稳定性分析, 首先介绍一般凸优化问题 KKT 系统的强正则性与 Aubin 性质的等价性; 其次具体介绍凸二次规划、线性半定规划及线性二阶锥规划问题的稳定性. 对于凸二次规划问题, 建立其与限制 Wolfe 对偶的最优解映射的上半连续性, 并证明最优值函数的 Lipschitz 连续性和 Hadamard 方向可微性. 对于线性半定规划及线性二阶锥规划, 主要介绍原始问题的强二阶充分条件与对偶问题的约束非退化条件的等价性.

第 6 章为一般优化问题的稳定性分析, 主要包括最优解集值映射的连续性, $\mathcal{C}^2$-光滑参数化强正则性与一致二阶增长条件的关系, $\mathcal{C}^2$-锥简约优化问题的稳定性分析, 正常下半连续凸函数的次微分的度量正则性、度量次正则性、强度量正则性和强 (度量) 次正则性等性质的刻画.

第 7—9 章分别介绍非线性规划、二阶锥约束优化及半定优化的稳定性分析. 这三章分别涉及三类问题的最优性条件、Jacobian 唯一性条件、强二阶充分性条件、稳定性的等价刻画及孤立平稳性等内容.

本书的大部分内容均来自相关的书籍和论文, 但凸优化问题、$\mathcal{C}^2$-锥简约优化问题及二阶锥约束优化问题的稳定性分析, 半定优化问题的 Jacobian 唯一性条件、KKT 映射的孤立平稳性等内容选取的是第一作者与合作者的研究工作. 因此所述内容基本上是经过整理的众多文献成果的罗列, 但我们期望这些分散在众多文献中的素材引起读者的关注.

借此机会, 张立卫对他的博士学位论文导师夏尊铨教授表示感谢, 感谢他的培养与多年来的鼓励和帮助; 感谢袁亚湘院士, 是他在启动“数学优化学科战略发展研究”项目时让作者撰写“非光滑优化与扰动分析”部分, 促使作者萌生了写这样一本书的想法; 感谢香港理工大学应用数学系孙德锋教授, 他和作者的合作促进了作者在稳定性分析方向的系统的思考; 还要感谢冯恩民教授、施光燕教授、韩继业教授、邓乃扬教授、何炳生教授、修乃华教授、杨新民教授、戴彧虹教授、郭田德教授、黄正海教授、邢文训教授、韩德仁教授、郭旭教授等多年来的支持和帮助.

本书得到国家自然科学基金 (11971089, 11731013) 的资助, 特此致谢.

由于作者水平有限, 本书的不妥之处在所难免, 欢迎读者批评和指正.

张立卫

2019 年 11 月

符 号 说 明

$\overline{\Re}$	$\Re\cup\{+\infty\}\cup\{-\infty\}$ 增广实数
$\Re^n$	n 维欧氏空间
$\mathbf{1}_n$	$\Re^n$ 中所有分量均为 1 的向量
X, Y	Banach 空间或局部凸的拓扑向量空间
X^*	Banach 空间 X 的对偶空间
$\mathcal{C}^{0,1}(\Re^n,\Re^m)$	从 $\Re^n$ 到 $\Re^m$ 的所有局部 Lipschitz 连续映射的空间
$\|I\|$	集合 I 中的元素个数
$\mathbb{B}(x,r),\mathbb{B}_r(x)$	以 x 为中心、$r>0$ 为半径的开球
$\mathbb{B}_X(\mathbb{B})$	X (前文已知空间) 中的单位开球
$\mathbf{B}(x,r),\mathbf{B}_r(x)$	以 x 为中心、$r>0$ 为半径的闭球
$\mathbf{B}_X(\mathbf{B})$	X (前文已知空间)中的单位闭球
$\mathcal{N}(x)$	x 的邻域系
$[\|x\|]$	由 x 生成的线性空间
$\operatorname{dir} x$	向量 x 的方向
$\Re_+x,\Re_-x$	$\{tx:t\geqslant 0\}$, $\{tx:t\leqslant 0\}$
$[x]_+$	$\max\{x,0\}$
$\operatorname{cl} C$	集合 C 的闭包
$\operatorname{int} C$	集合 C 的内部
$\operatorname{ri} C$	集合 C 的相对内部
$\operatorname{bdry} C$	集合 C 的边界
$\operatorname{con} C$	集合 C 的凸包
$\operatorname{aff} C$	集合 C 的仿射包
$C^{\perp}$	集合 C 的直交补
C^{∞}	集合 C 的地平锥
$d(x,C),d_C(x)$	点 x 到集合 C 的距离
$T_C(x)$	集合 C 在点 $x\in C$ 处的切锥
$T_C^i(x)$	集合 C 在点 $x\in C$ 处的内切锥
$\widehat{T}_C(x)$	集合 C 在点 $x\in C$ 处的正则切锥
$N_C(x)$	集合 C 在点 $x\in C$ 处的法锥
$\widehat{N}_C(x)$	集合 C 在点 $x\in C$ 处的正则法锥

$T_C^2(x,h)$	集合 C 在点 $x \in C$ 处沿方向 h 的外二阶切集
$T_C^{i,2}(x,h)$	集合 C 在点 $x \in C$ 处沿方向 h 的内二阶切集
$T_C^{i,2,\sigma}(x,h)$	与序列 $\sigma = \{t_n\}, t_n \downarrow 0$ 相联系的序列二阶切集
$\sigma_C(x)$	$\sup_{y\in C}\langle x,y\rangle$, 集合 C 的支撑函数
$\delta_C(x)$	集合 C 的指示函数
$\Pi_C(x), P_C(x)$	点 x 到集合 C 上的度量投影
K^-	锥 K 的极锥
$\operatorname{lin} K$	锥 K 的线空间
$\operatorname{dom} f$	增广实值函数 $f: X \to \overline{\Re}$ 的有效域
$\operatorname{gph} f$	函数 f 的图
$\operatorname{epi} f$	函数 f 的上图
$\operatorname{cl} f$	函数 f 的闭包
$\operatorname{con} f$	函数 f 的凸包
$\operatorname{lev}_{\leqslant\alpha} f$	函数 f 的水平集
f^*	函数 f 的共轭函数
f^∞	函数 f 的地平函数
$df(x)$	函数 f 在点 x 处的次导数
$\widehat{d}f(x)$	函数 f 在点 x 处的正则次导数
$\partial f(x)$	函数 f 在点 x 处的次微分
$\widehat{\partial} f(x)$	函数 f 在点 x 处的正则次微分
$\partial^\infty f(x)$	函数 f 在点 x 处的水平次微分
$e_\lambda f$	函数 f 的 Moreau包络
$P_\lambda f$	函数 f 的邻近映射
$Dg(x)$	映射 $g: X \to Y$ 在 $x \in X$ 处的导数
$D^2g(x)$	映射 $g: X \to Y$ 在 $x \in X$ 处的二阶导数
$D^2g(x)(h,h)$	$[D^2g(x)h]h$, 对应于 $D^2g(x)$ 的二次型
$\mathcal{J}F(x)$	若 X, Y 是有限维 Hilbert 空间, 函数 $F: X \to Y$ 在 $x \in X$ 处的导数 $DF(x)$ 可记为 $\mathcal{J}F(x)$
$\nabla F(x)$	$\mathcal{J}F(x)^*, \mathcal{J}F(x)$ 的伴随
$\nabla^2 F(x)$	$\mathcal{J}(\nabla F)(x)$
$\mathcal{C}^k$	k 次连续可微的函数构成的空间
$\mathcal{C}^{1,1}$	导数是局部 Lipschitz 连续的可微函数构成的空间
$\operatorname{fcns}(\Re^n)$	$\Re^n$ 上的函数空间
$\operatorname{dom} S$	集值映射 S 的定义域
$\operatorname{rge} S$	集值映射 S 的值域

$\operatorname{gph} S$	集值映射 S 的图
S^{-1}	集值映射 S 的逆映射
S^{∞}	集值映射 S 的地平映射
$DS(x\|u)$	集值映射 S 在 x 点关于 $u \in S(x)$ 的图导数(当 S 在 x 处是单值时简记为 $DS(x)$)
$\widehat{D}S(x\|u)$	集值映射 S 在 x 点关于 $u \in S(x)$ 的正则导数(当 S 在 x 处是单值时简记为$\widehat{D}S(x)$)
$D^*S(x\|u)$	集值映射 S 在 x 点关于 $u \in S(x)$ 的伴同导数(当 S 在 x 处是单值时简记为 $D^*S(x)$)
$\widehat{D}^*S(x\|u)$	集值映射 S 在 x 点关于 $u \in S(x)$ 的正则伴同导数(当 S 在 x 处是单值时简记为 $\widehat{D}^*S(x)$)
$D_*S(x\|u)$	集值映射 S 在 x 点关于 $u \in S(x)$ 的严格导数(当 S 在 x 处是单值时简记为 $D_*S(x)$)
$\mathcal{A}^*$	线性算子 $\mathcal{A}$ 的伴随算子
$\ker \mathcal{A}$	线性算子 $\mathcal{A}$ 的零空间
$\operatorname{rge} \mathcal{A}$	线性算子 $\mathcal{A}$ 的值域
$\mathbb{S}^n$	$n \times n$ 对称矩阵构成的线性空间
$\mathbb{S}^n_+(\mathbb{S}^n_-)$	$n \times n$ 正 (负) 半定矩阵构成的锥
A^{T}	矩阵 A 的转置
$\operatorname{rank}(A)$	矩阵 A 的秩
$\operatorname{vec}(A)$	矩阵 A 的列拉直得到的向量
$\operatorname{Tr}(A)$	矩阵 A 的迹
$\langle A, B\rangle$	$\operatorname{Tr}(A^{\mathrm{T}}B)$,矩阵 A 和 B 的内积
$\\|A\\|, \\|A\\|_F$	由内积诱导的矩阵 A 的范数
$\lambda_{\max}(A)$	对称矩阵 A 的最大特征值
$A \succeq 0 (A \preceq 0)$	矩阵 $A \in \mathbb{S}^n$ 是正 (负) 半定的
$\operatorname{Diag}(a)$	以向量 a 的分量作为对角元素的对角矩阵
I_n, I	$n \times n$ 单位矩阵, 已知空间中的单位矩阵
sign	符号函数
w.p.1	with probability 1, 以概率 1
a.e.	almost everywhere, 几乎处处
val(P)	最优化问题 (P) 的最优值
Sol(P)	最优化问题 (P) 的最优解集

目　　录

第 1 章 变分分析的相关素材

为了后续章节讨论的方便, 本章给出本书所需要的变分分析的相关内容. 内容包括集合间的几个距离函数以及这几个函数间的关系、集合列的外极限与内极限、集值映射在一点处的外极限和内极限以及集值映射的外半连续性和内半连续性、集合的变分几何和下半连续函数的微分、到凸集合上的投影的 Clarke 广义微分以及半光滑函数的相关理论. 1.1—1.3 节中除了 1.3.2 节取材于文献 [9], 其余部分均取材于文献 [73]. 1.4 节取自孙德锋的讲义[82].

1.1 集合间的距离函数

设 C 是 $\Re^n$ 中的子集合, 点 $x \in \Re^n$ 到 C 的距离用 $d_C(x)$ 或 $d(x,C)$ 表示, 被定义为

$$d_C(x) = d(x,C) = \inf\{\|z-x\| : z \in C\}.$$

引理 1.1 (距离函数的关系) 令 C_1 与 C_2 是 $\Re^n$ 中的闭子集合. 令 $\varepsilon > 0$, $\rho > 0$, $\rho' \geqslant 2\rho + d_{C_1}(0)$, 则

(a) $C_1 \cap \rho\mathbf{B} \subset C_2 + \varepsilon\mathbf{B} \Longleftarrow d_{C_2} \leqslant d_{C_1} + \varepsilon$ 于$\rho\mathbf{B}$;

(b) $d_{C_2} \leqslant d_{C_1} + \varepsilon$ 于 $\rho\mathbf{B} \Longleftarrow C_1 \cap \rho'\mathbf{B} \subset C_2 + \varepsilon\mathbf{B}$;

(c) $d_{C_2} \leqslant d_{C_1} + \varepsilon$ 于 $\Re^n \Longleftarrow C_1 \subset C_2 + \varepsilon\mathbf{B}$;

(d) $d_{C_2} \geqslant d_{C_1}$ 于 $\rho\mathbf{B} \Longleftarrow 2\rho + d_{C_1}(0) \leqslant d_{C_2}(0)$.

如果 C_1 是凸的, 题设中的 $\rho' \geqslant 2\rho + d_{C_1}(0)$ 可改为 $\rho' \geqslant \rho + d_{C_1}(0)$. 如果还有 $0 \in C_1$, 则 (b) 中的 ρ' 可被 ρ 代替, 从而结合 (a) 与 (b) 可得

$$C_1 \cap \rho\mathbf{B} \subset C_2 + \varepsilon\mathbf{B} \Longleftrightarrow d_{C_2} \leqslant d_{C_1} + \varepsilon \text{ 在 } \rho\mathbf{B} \text{ 上成立}.$$

若 C_1 是一锥, 则这一等价关系不需要凸性假设也是成立的.

证明 如果 $C_1 = \varnothing$, 所有结论是显然的. 因此不妨设 $C_1 \neq \varnothing$. 如果在 $\rho\mathbf{B}$ 上有 $d_{C_2} \leqslant d_{C_1} + \varepsilon$, 则对每一 $x \in C_1 \cap \rho\mathbf{B}$ 有 $d_{C_2}(x) \leqslant \varepsilon$ (因为 $d_{C_1}(x) = 0$). 因为 C_2 是闭集合, 这意味着 $C_1 \cap \rho\mathbf{B} \subset C_2 + \varepsilon\mathbf{B}$, 因此结论 (a) 成立. 对于 (b) 和 (c), 由于

对任何 x 与满足 $D \subset C_2 + \varepsilon\mathbf{B}$ 的集合 D, 有

$$\begin{aligned} d(x, D) &\geqslant d(x, C_2 + \varepsilon\mathbf{B}) \\ &= \inf\{\|(y+\varepsilon z) - x\| : y \in C_2, z \in \mathbf{B}\} \\ &\geqslant \inf\{\|y - x\| - \varepsilon\|z\| : y \in C_2, z \in \mathbf{B}\} \\ &= d(x, C_2) - \varepsilon, \end{aligned}$$

因此在整个空间 $\Re^n$ 上有 $d_{C_2} \leqslant d_D + \varepsilon$. 令 $D = C_1$, 可得 (c). 取 $D = C_1 \cap \rho'\mathbf{B}$, 如果能够验证, 当 $x \in \rho\mathbf{B}$, $\rho' \geqslant 2\rho + d_{C_1}(0)$ 时 (当 C_1 是一锥时, $\rho' \geqslant \rho$ 就足够了, 因为任何点 $x \in \rho\mathbf{B}$ 在 C_1 的任何射线上的投影在 $\rho'\mathbf{B}$ 中, 可见本引理最后的结论是成立的), $d(x, C_1 \cap \rho'\mathbf{B}) = d(x, C_1)$, 即可证得 (b).

现在来验证上述论断, 设 $\|x\| \leqslant \rho$, 考虑对任意的 $x_1 \in P_{C_1}(x)$, 只需要证明当 ρ' 满足所述不等式时, 有 $x_1 \in \rho'\mathbf{B}$. 因为 $\|x_1\| \leqslant \|x\| + \|x_1 - x\|$, $\|x_1 - x\| = d(x, C_1) \leqslant d(x, 0) + d(0, C_1)$, 得到 $\|x_1\| \leqslant 2\|x\| + d(0, C_1) \leqslant 2\rho + d(0, C_1) \leqslant \rho'$. 在 C_1 为凸集合的情况, 考虑点 $x_0 \in C_1$ 满足 $\|x_0\| = d_{C_1}(0)$. 对任何 $\tau \in (0, 1)$, 有 $x_\tau = (1-\tau)x_0 + \tau x_1 \in C_1$, 从而

$$0 \leqslant \|x_\tau\|^2 - \|x_0\|^2 = 2\tau\langle x_0, x_1 - x_0\rangle + \tau^2\|x_1 - x_0\|^2.$$

上式两边除以 τ 并取 $\tau \downarrow 0$ 时的极限, 可得到 $\langle x_0, x_1 - x_0\rangle \geqslant 0$. 同样, 由 $x_\tau - x = (x_1 - x) - (1-\tau)(x_1 - x_0)$ 可得

$$0 \leqslant \|x_\tau - x\|^2 - \|x_1 - x\|^2 = -2(1-\tau)\langle x_1 - x, x_1 - x_0\rangle + (1-\tau)^2\|x_1 - x_0\|^2,$$

上式两边同时除以 $1 - \tau$ 并取 $\tau \uparrow 1$ 时的极限, 得到 $\langle x - x_1, x_1 - x_0\rangle \geqslant 0$. 注意到 $\langle x_0, x_1 - x_0\rangle \geqslant 0$, 我们得到 $\langle x - x_1 + x_0, x_1 - x_0\rangle \geqslant 0$. 由此得到 $\|x_1 - x_0\|^2 \leqslant \langle x, x_1 - x_0\rangle \leqslant \|x\|\|x_1 - x_0\|$, 有 $\|x_1 - x_0\| \leqslant \|x\| \leqslant \rho$. 于是 $\|x_1\| \leqslant \|x_1 - x_0\| + \|x_0\| \leqslant \rho + d_{C_1}(0)$, 从而为保证 $x_1 \in \rho'\mathbf{B}$, 只需要取 $\rho' \geqslant \rho + d_{C_1}(0)$.

观察到, 对于 $x \in \rho\mathbf{B}$, $d(x, C_2) \geqslant d(0, C_2) - d(x, 0) \geqslant d(0, C_2) - \rho$, 类似地, $d(x, C_1) \leqslant d(x, 0) + d(0, C_1) \leqslant \rho + d(0, C_1)$. 因此当 $\rho + d(0, C_1) \leqslant d(0, C_2) - \rho$, 即 $d(0, C_2) \geqslant 2\rho + d(0, C_1)$ 时, 在 $\rho\mathbf{B}$ 上有 $d_{C_2} \geqslant d_{C_1}$, 这证得 (d). ■

对于包含在 $\Re^n$ 中的某一有界集合的子集合类, 可以引入距离使之成为一度量空间, 下面的例子介绍的 Pompeiu-Hausdorff 距离就是这一子集合类的经典距离.

设 $C, D \subset \Re^n$ 是非空闭集合, C 与 D 间的 Pompeiu-Hausdorff 距离为

$$\mathbf{d}_\infty(C, D) := \sup_{x \in \Re^n} \|d_C(x) - d_D(x)\|,$$

上式中的上确界可对 $x \in C \cup D$ 取. Pompeiu-Hausdorff 距离还可以表示为

$$\mathbf{d}_\infty(C, D) = \inf\{\eta \geqslant 0 : C \subset D + \eta\mathbf{B}, D \subset C + \eta\mathbf{B}\}. \tag{1.1}$$

实际上, 由于 C 与 D 都是闭集合, (1.1) 式右端

$$\begin{aligned}
&\inf\{\eta \geqslant 0 |\ C \subset D + \eta\mathbf{B},\ D \subset C + \eta\mathbf{B}\} \\
&= \inf\{\eta \geqslant 0 |\ d_D(x) \leqslant \eta,\ \forall x \in C,\ d_C(y) \leqslant \eta,\ \forall y \in D\} \\
&= \sup_{x \in C \cup D} \|d_C(x) - d_D(x)\| \\
&\leqslant \mathbf{d}_\infty(C, D).
\end{aligned}$$

另一方面, 若在集合 C 上有 $d_D \leqslant \eta$, 那么对任何 $x \in \Re^n$ 及 $x' \in C$ 有 $d_D(x) \leqslant \|x - x'\| + d_D(x') \leqslant \|x - x'\| + \eta$, 对 $x' \in C$ 取下确界, 则有 $d_D(x) \leqslant d_C(x) + \eta$. 同样地, 若在集合 D 上有 $d_C \leqslant \eta$, 那么对所有的 $x \in \Re^n$ 有 $d_C(x) \leqslant d_D(x) + \eta$. 因此对所有的 $x \in \Re^n$, $\|d_C(x) - d_D(x)\| \leqslant \eta$, 进而 $\mathbf{d}_\infty(C, D) = \sup_{x \in \Re^n} \|d_C(x) - d_D(x)\|$ 成立.

除了集合间的 Pompeiu-Hausdorff 距离, 经常使用下面的距离

$$\begin{aligned}
&\mathbf{d}_\rho(C, D) := \max_{\|x\| \leqslant \rho} \|d_C(x) - d_D(x)\|, \\
&\widehat{\mathbf{d}}_\rho(C, D) := \inf\{\eta \geqslant 0 : C \cap \rho\mathbf{B} \subset D + \eta\mathbf{B}, D \cap \rho\mathbf{B} \subset C + \eta\mathbf{B}\},
\end{aligned} \tag{1.2}$$

尤其 $\mathbf{d}_0(C, D) = \|d_C(0) - d_D(0)\|$.

下面的命题给出 $\mathbf{d}_\rho(C_1, C_2)$ 与 $\widehat{\mathbf{d}}_\rho(C_1, C_2)$ 之间的关系.

命题 1.1 (距离估计) 距离表示 $\mathbf{d}_\rho(C_1, C_2)$ 与 $\widehat{\mathbf{d}}_\rho(C_1, C_2)$(其中 C_1 与 C_2 是 $\Re^n$ 中的非空闭集合) 是 $\Re_+$ 上的关于 ρ 的非递减函数, $\mathbf{d}_\rho(C_1, C_2)$ 连续依赖于 ρ, 有

(a) $\widehat{\mathbf{d}}_\rho(C_1, C_2) \leqslant \mathbf{d}_\rho(C_1, C_2) \leqslant \widehat{\mathbf{d}}_{\rho'}(C_1, C_2)$, 若 $\rho' \geqslant 2\rho \max\{d_{C_1}(0), d_{C_2}(0)\}$;

(b) $\widehat{\mathbf{d}}_\rho(C_1, C_2) = \mathbf{d}_\rho(C_1, C_2) = \mathbf{d}_{\rho_0}(C_1, C_2)$, 若 $\rho \geqslant \rho_0$, 如果 $C_1 \cup C_2 \subset \rho_0\mathbf{B}$;

(c) $\mathbf{d}_\rho(C_1, C_2) \leqslant \max\{d_{C_1}(0), d_{C_2}(0)\} + \rho$;

(d) $\|\mathbf{d}_\rho(C_1, C_2) - \mathbf{d}_{\rho_0}(C_1, C_2)\| \leqslant 2\|\rho - \rho_0\|$ 对任何 $\rho_0 \geqslant 0$ 成立.

如果 C_1 与 C_2 是凸集合, 则 (a) 中的 2ρ 可由 ρ 代替. 如果它们还包含 0, 则 (a) 中的 ρ' 可由 ρ 代替, 此时

$$\widehat{\mathbf{d}}_\rho(C_1, C_2) = \mathbf{d}_\rho(C_1, C_2) \text{ 对所有} \rho \geqslant 0 \text{成立}.$$

证明 由 (1.2), $\mathbf{d}_\rho(C_1, C_2)$ 与 $\widehat{\mathbf{d}}_\rho(C_1, C_2)$ 的单调性显然. 下面利用 $\|d_{C_1}(x') - d_{C_1}(x)\| \leqslant \|x' - x\|$ 来证明 $\mathbf{d}_\rho(C_1, C_2)$ 关于 ρ 的连续性. 记函数 $\phi(x) := \|d_{C_1}(x) -$

$d_{C_2}(x)\|$, 那么

$$\begin{aligned}\|\phi(x')-\phi(x)\| &\leqslant \|[d_{C_1}(x')-d_{C_2}(x')]-[d_{C_1}(x)-d_{C_2}(x)]\| \\ &\leqslant \|d_{C_1}(x')-d_{C_1}(x)\|+\|d_{C_2}(x')-d_{C_2}(x)\| \\ &\leqslant 2\|x'-x\|.\end{aligned}$$

再由 (1.2), 对任何 $\rho_0\geqslant 0$,

$$\mathbf{d}_\rho(C_1,C_2)=\max_{\|x'\|\leqslant\rho}\phi(x')\leqslant\max_{\|x\|\leqslant\rho_0}\phi(x)+2\|\rho-\rho_0\|=\mathbf{d}_{\rho_0}(C_1,C_2)+2\|\rho-\rho_0\|,$$

因此我们不仅得到了 $\mathbf{d}_\rho(C_1,C_2)$ 关于 ρ 的连续性, 也证明了结论 (d).

(a) 中的不等式可以由引理 1.1(a)(b) 直接得到. 当 C_1 与 C_2 是凸集合时, 应用引理 1.1 最后关于凸集合的结论即可. 对 (b) 中的等式, 如果 $C_1\cup C_2\subset\rho_0\mathbf{B}$, 那么对所有的 $\rho\geqslant\rho_0$, $C_1\cap\rho\mathbf{B}\subset C_2+\eta\mathbf{B}$, $C_2\cap\rho\mathbf{B}\subset C_1+\eta\mathbf{B}$ 与 $C_1\subset C_2+\eta\mathbf{B}$, $C_2\subset C_1+\eta\mathbf{B}$ 等价. 再根据引理 1.1(c), $\|d_{C_1}-d_{C_2}\|\leqslant\eta$ 总是成立的, 因此结论 (b) 成立. 对于每个 $x\in\rho\mathbf{B}$, 三角不等式 $d_{C_1}(x)\leqslant d_{C_1}(0)+\rho$ 与 $d_{C_2}(x)\leqslant d_{C_2}(0)+\rho$ 成立, 因此 $\|d_{C_1}(x)-d_{C_2}(x)\|\leqslant\max\{d_{C_1}(0),d_{C_2}(0)\}+\rho$, 即结论 (c) 成立. ■

推论 1.1 (Pompeiu-Hausdorff 距离作为极限)　当 $\rho\to\infty$ 时, $\mathbf{d}_\rho(C,D)$ 与 $\widehat{\mathbf{d}}_\rho(C,D)$ 收敛到 Pompeiu-Hausdorff 距离 $\mathbf{d}_\infty(C,D)$:

$$\mathbf{d}_\infty(C,D)=\lim_{\rho\to\infty}\mathbf{d}_\rho(C,D)=\lim_{\rho\to\infty}\widehat{\mathbf{d}}_\rho(C,D).$$

对于非空闭 (可能是无界的) 集合族, $\mathbf{d}_\rho(\cdot,\cdot)$ 与 $\widehat{\mathbf{d}}_\rho(\cdot,\cdot)$ 不是真正的距离, 下面的积分距离是真正的距离. 集合 C 与 D 的积分距离定义为

$$\mathbf{d}(C,D):=\int_0^\infty\mathbf{d}_\rho(C,D)e^{-\rho}d\rho. \tag{1.3}$$

因为对所有的 ρ, $\mathbf{d}_\rho(C,D)\leqslant\mathbf{d}_\infty(C,D)$, $\int_0^\infty e^{-\rho}d\rho=1$, 有

$$\mathbf{d}(C,D)\leqslant\mathbf{d}_\infty(C,D). \tag{1.4}$$

引理 1.2 (积分集合距离的估计)　对 $\Re^n$ 中的任何非空闭子集合 C_1 与 C_2, 对任何 $\rho\in\Re_+$, 有

(a) $\mathbf{d}(C_1,C_2)\geqslant(1-e^{-\rho})\|d_{C_1}(0)-d_{C_2}(0)\|+e^{-\rho}\mathbf{d}_\rho(C_1,C_2)$;

(b) $\mathbf{d}(C_1,C_2)\leqslant(1-e^{-\rho})\mathbf{d}_\rho(C_1,C_2)+e^{-\rho}(\max\{d_{C_1}(0),d_{C_2}(0)\}+\rho+1)$;

(c) $\|d_{C_1}(0)-d_{C_2}(0)\|\leqslant\mathbf{d}(C_1,C_2)\leqslant\max\{d_{C_1}(0),d_{C_2}(0)\}+1$.

证明 给出表示

$$\mathbf{d}(C_1,C_2)=\int_0^\rho \mathbf{d}_\tau(C_1,C_2)e^{-\tau}d\tau+\int_\rho^\infty \mathbf{d}_\tau(C_1,C_2)e^{-\tau}d\tau,$$

由 $\mathbf{d}_\rho(C_1,C_2)$ 关于 ρ 的单调性 (由命题 1.1) 可得

$$\mathbf{d}_0(C_1,C_2)\int_0^\rho e^{-\tau}d\tau \leqslant \int_0^\rho \mathbf{d}_\tau(C_1,C_2)e^{-\tau}d\tau \leqslant \mathbf{d}_\rho(C_1,C_2)\int_0^\rho e^{-\tau}d\tau,$$

$$\begin{aligned}\mathbf{d}_\rho(C_1,C_2)\int_\rho^\infty e^{-\tau}d\tau &\leqslant \int_\rho^\infty \mathbf{d}_\tau(C_1,C_2)e^{-\tau}d\tau\\ &\leqslant \int_\rho^\infty [\max\{d_{C_1}(0),d_{C_2}(0)\}+\tau]e^{-\tau}d\tau,\end{aligned}$$

其中最后一不等式来自命题 1.1(c). 下方估计可推出 (a) 中的不等式, 上方估计可推出 (b) 中的不等式.

现在证 (c). 根据命题 1.1(c), 项 $e^{-\rho}\mathbf{d}_\rho(C_1,C_2)$ 收敛到 0, 对 (a) 中的不等式取 $\rho\uparrow\infty$ 时的极限, 即得左端的不等式. 在 (b) 中取 $\rho=0$ 即得右端的不等式. ■

对任意不恒为 ∞ 的函数 f 与 g, 定义

$$\mathbf{d}(f,g):=\mathbf{d}(\operatorname{epi} f,\operatorname{epi} g), \tag{1.5}$$

$$\mathbf{d}_\rho(f,g):=\mathbf{d}_\rho(\operatorname{epi} f,\operatorname{epi} g),\quad \widehat{\mathbf{d}}_\rho(f,g):=\widehat{\mathbf{d}}_\rho(\operatorname{epi} f,\operatorname{epi} g). \tag{1.6}$$

称 $\mathbf{d}(f,g)$ 为函数 f 与 g 的上图距离 (epi-distance), $\mathbf{d}_\rho(f,g)$ 为 ρ-上图距离 (ρ-epi-distance); 值 $\widehat{\mathbf{d}}_\rho(f,g)$ 可用来估计 $\mathbf{d}_\rho(f,g)$.

1.2 集值映射

首先给出集合序列的极限的定义. 为此引入记号, 用 $\mathbf{N}$ 表示自然数集,

$$\begin{aligned}\mathcal{N}_\infty &:= \{N\subset\mathbf{N}:\mathbf{N}\setminus N \text{ 有限}\}\\ &= \{\text{存在某一 } \bar\nu, \bar\nu \text{ 之后的所有} \nu \text{ 都包含在其中的自然数子列}\},\\ \mathcal{N}_\infty^\# &:= \{N\subset\mathbf{N}: N \text{ 是无穷子列}\}\\ &= \{\mathbf{N}\text{中的所有无穷子列}\}.\end{aligned}$$

定义 1.1 (内外极限) 对于 $\Re^n$ 中的一集合序列 $\{C^\nu\}_{\nu\in\mathbf{N}}$, 外极限 (outer limit) 定义为

$$\begin{aligned}\limsup_{\nu\to\infty} C^\nu &:= \left\{x:\exists N\in\mathcal{N}_\infty^\#, \exists x^\nu\in C^\nu(\nu\in N),\ \text{满足}\ x^\nu \xrightarrow{N} x\right\}\\ &= \left\{x:\forall V\in\mathcal{N}(x), \exists N\in\mathcal{N}_\infty^\#, \forall \nu\in N: C^\nu\cap V\neq\varnothing\right\},\end{aligned}$$

内极限 (inner limit) 定义为

$$\begin{aligned}\liminf_{\nu\to\infty} C^\nu &:= \left\{x : \exists N \in \mathcal{N}_\infty, \exists x^\nu \in C^\nu (\nu \in N),\ \text{满足} x^\nu \xrightarrow{N} x\right\}\\ &= \{x : \forall V \in \mathcal{N}(x), \exists N \in \mathcal{N}_\infty, \forall \nu \in N : C^\nu \cap V \neq \varnothing\}.\end{aligned}$$

如果内极限与外极限相等, 则称序列的极限存在, 极限为

$$\lim_{\nu\to\infty} C^\nu = \limsup_{\nu\to\infty} C^\nu = \liminf_{\nu\to\infty} C^\nu.$$

不失一般性, 定义 1.1 中的邻域 V 可取为 $\mathbf{B}(x,\varepsilon)$. 因为条件 $\mathbf{B}(x,\varepsilon) \cap C^\nu \neq \varnothing$ 等价于 $x \in C^\nu + \varepsilon\mathbf{B}$, 内外极限可以表示为

$$\begin{aligned}\liminf_{\nu\to\infty} C^\nu &= \{x : \forall \varepsilon > 0, \exists N \in \mathcal{N}_\infty, \forall \nu \in N : x \in C^\nu + \varepsilon\mathbf{B}\},\\ \limsup_{\nu\to\infty} C^\nu &= \left\{x : \forall \varepsilon > 0, \exists N \in \mathcal{N}_\infty^\#, \forall \nu \in N : x \in C^\nu + \varepsilon\mathbf{B}\right\}.\end{aligned} \tag{1.7}$$

当 $\lim_\nu C^\nu$ 存在且等于 C 时, 称序列 $\{C^\nu\}_{\nu\in\mathbf{N}}$ 收敛到 C, 记为 $C^\nu \to C$.

下面给出集值映射以及集值映射的极限的定义. 设 X 与 U 是两个空间, 从 X 到 U 的集值映射 S, 把每一 $x \in X$ 映到一集合 $S(x) \subset U$, 用 $S : X \rightrightarrows U$ 来记.

集值映射 S 的图 (graph) 是 $X \times U$ 的子集合, 定义为

$$\operatorname{gph} S := \{(x,u) : u \in S(x)\}.$$

显然 S 可以由它的图 gph S 完全刻画, 每一集合 $G \subset X \times U$ 都唯一地被一个集值映射 $S : X \rightrightarrows U$ 刻画:

$$S(x) = \{u : (s,u) \in G\}, \quad G = \operatorname{gph} S.$$

集值映射 $S : X \rightrightarrows U$ 的定义域和值域分别定义为

$$\operatorname{dom} S := \{x : S(x) \neq \varnothing\}, \quad \operatorname{rge} S := \{u : \exists x\ \text{满足} u \in S(x)\};$$

逆映射 $S^{-1} : U \rightrightarrows X$ 定义为

$$S^{-1}(u) := \{x : u \in S(x)\},$$

显然有 $(S^{-1})^{-1} = S$; 集合 C 在 S 下的像定义为

$$S(C) := \bigcup_{x\in C} S(x) = \{u : S^{-1}(u) \cap C \neq \varnothing\}.$$

集合 D 的逆像是

$$S^{-1}(D) := \bigcup_{u\in D} S^{-1}(u) = \{x : S(x) \cap D \neq \varnothing\}.$$

很显然 $\text{dom}\ S^{-1} = \text{rge}\ S = S(X)$, $\text{rge}\ S^{-1} = \text{dom}\ S = S^{-1}(U)$.

集值映射 $S : \Re^n \rightrightarrows \Re^m$ 在 $\bar{x}$ 处的外极限定义为

$$\begin{aligned}\limsup_{x\to\bar{x}} S(x) &:= \bigcup_{x^\nu\to\bar{x}} \limsup S(x^\nu)\\ &= \{u : \exists x^\nu \to \bar{x}, \exists u^\nu \in S(x^\nu), u^\nu \to u\};\end{aligned} \tag{1.8}$$

在 $\bar{x}$ 处的内极限定义为

$$\begin{aligned}\liminf_{x\to\bar{x}} S(x) &:= \bigcap_{x^\nu\to\bar{x}} \liminf S(x^\nu)\\ &= \left\{u : \forall x^\nu \to \bar{x}, \exists N \in \mathcal{N}_\infty, \exists u^\nu \in S(x^\nu), \nu \in N, u^\nu \overset{N}{\to} u\right\}.\end{aligned} \tag{1.9}$$

定义 1.2 (连续性与半连续性) 集值映射 $S : \Re^n \rightrightarrows \Re^m$ 在 $\bar{x}$ 处是外半连续的 (outer semicontinuous, osc), 如果

$$\limsup_{x\to\bar{x}} S(x) \subset S(\bar{x}),$$

或等价地, $\limsup_{x\to\bar{x}} S(x) = S(\bar{x})$; 在 $\bar{x}$ 处是内半连续的 (inner semicontinuous, isc), 如果

$$\liminf_{x\to\bar{x}} S(x) \supset S(\bar{x});$$

当 S 是闭值时, 内半连续等价于 $\liminf_{x\to\bar{x}} S(x) = S(\bar{x})$.

如果上述两个条件都成立, 则称 S 在 $\bar{x}$ 处是连续的, 即当 $x \to \bar{x}$ 时, $S(x) \to S(\bar{x})$.

对于集值映射, 也有凸性的概念. 称集值映射 $S : \Re^n \rightrightarrows \Re^m$ 是图凸的 (graph-convex), 如果 $\text{gph}\ S$ 是 $\Re^n \times \Re^m$ 中的凸集合, 等价地,

$$S((1-\tau)x_0 + \tau x_1) \supset (1-\tau)S(x_0) + \tau S(x_1), \quad \forall \tau \in (0,1). \tag{1.10}$$

对于参数凸约束集合, 在一定的条件下, 可以得到它的连续性.

例 1.1[73, Example 5.10] (参数化凸约束) 令

$$T(w) = \{x : f_i(x,w) \leqslant 0, i = 1, \cdots, m\},$$

其中 f_i 是定义在 $\Re^n \times \Re^d$ 上的连续函数, 满足对每一 w, $f_i(x,w)$ 均是 x 的凸函数. 如果存在 $\bar{w}$, $\bar{x}$ 满足 $f_i(\bar{x},\bar{w}) < 0, \forall i = 1, \cdots, m$, 则 T 不但在 $\bar{w}$ 处是连续的, 而且在 $\bar{w}$ 的某个邻域内的所有 w 处是连续的.

证明 令 $f(x,w) = \max\{f_1(x,w), \cdots, f_m(x,w)\}$. 则 f 是 (x,w) 的连续函数, 关于 x 是凸的, 且满足 $\text{lev}_{\leqslant 0} f = \text{gph}\, T$. 水平集合 $\text{lev}_{\leqslant 0} f$ 是 $\Re^n \times \Re^d$ 中的闭集

合, 因此 T 是外半连续的. 对每一 w, $T(w)$ 是 $\Re^n$ 中的水平集 $\mathrm{lev}_{\leqslant 0}f(\cdot,w)$, 它是凸集合. 由于 $\bar{x}$ 与 $\bar{w}$ 满足 $f(\bar{x},\bar{w})<0$, 存在包含 $\bar{w}$ 的开集合 $\mathcal{O}$, 满足对 $w\in\mathcal{O}$, $f(\bar{x},w)<0$. 这意味着

$$\mathrm{int}\, T(w)=\{x: f(x,w)<0\}\neq\varnothing,\quad \forall w\in\mathcal{O}.$$

对任何 $\widetilde{w}\in\mathcal{O}$ 与任何 $\widetilde{x}\in\mathrm{int}\,T(\widetilde{w})$, 由 f 的连续性及不等式 $f(\widetilde{x},\widetilde{w})<0$, 存在 $(\widetilde{x},\widetilde{w})$ 的一邻域 $W\subset\mathcal{O}\times\mathrm{int}\,T(\widetilde{w})$, 该邻域包含在 $\mathrm{gph}\,T$ 中, 且在 W 上有 $f<0$. 则显然有 $\widetilde{x}\in\liminf_{w\to\widetilde{w}}T(w)$. 由于内极限是闭集合, 故它包含 $\mathrm{int}\,T(\widetilde{w})$, 也包含 $\mathrm{cl}(\mathrm{int}\,T(\widetilde{w}))$, 这一闭包即 $T(\widetilde{w})$, 这是由于 $T(\widetilde{w})$ 是闭凸集合且 $\mathrm{int}\,T(\widetilde{w})\neq\varnothing$. 因此有 T 在 $\widetilde{w}$ 处是内半连续的. 故 T 在 $\widetilde{w}$ 处连续. ■

很多重要的集值映射, 比如连续凸函数的次微分映射, 都满足下面所述的局部有界性.

定义 1.3 (局部有界性)　集值映射 $S:X\rightrightarrows U$ 在 $\bar{x}\in X$ 处是局部有界的, 若存在某一邻域 $V\in\mathcal{N}(\bar{x})$, $S(V)$ 是 U 中的有界集合.

在局部有界条件下, 集值映射的外半连续性可以刻画如下.

定理 1.1[73, Theorem 5.19]　设集值映射 $S:X\rightrightarrows U$ 在 $\bar{x}\in X$ 处是局部有界的. 则下述条件与 S 在 $\bar{x}$ 处外半连续是等价的: 集合 $S(\bar{x})$ 是闭的, 对任意开集 $\mathcal{O}\supset S(\bar{x})$, 存在邻域 $V\in\mathcal{N}(\bar{x})$, $S(V)\subset\mathcal{O}$.

证明　必要性. 设 S 在 $\bar{x}$ 处为外半连续的, 则 $S(\bar{x})$ 是闭的. 考虑对任意一开集合 $\mathcal{O}\supset S(\bar{x})$, 如果不存在邻域 $V\in\mathcal{N}(\bar{x})$ 使 $S(V)\subset\mathcal{O}$, 则存在一序列 $x^k\to\bar{x}$ 满足 $S(x^k)\not\subset\mathcal{O}$. 则对每一 k, 可选择一 $u^k\in S(x^k)\setminus\mathcal{O}$. 由局部有界性之假设, 可得一有界序列 $\{u^k\}$, 它全部在 $\mathcal{O}$ 的补集合中, 这一补集合是闭的. 序列 $\{u^k\}$ 有一聚点 $\bar{u}$, 它也在 $\mathcal{O}$ 的补集合中. 可见必有 $\bar{u}\notin S(\bar{x})$. 于是建立了: 存在 $N\in\mathcal{N}_\infty^{\#}$, $x^k\xrightarrow{N}\bar{x}$, $u^k\xrightarrow{N}\bar{u}$, $u^k\in S(x^k)$, 但 $\bar{u}\notin S(\bar{x})$, 这与 S 在 $\bar{x}$ 处的外半连续性矛盾.

充分性. 设条件成立. 考虑任意序列 $x^k\to\bar{x}$, $u^k\in S(x^k)$, $u^k\to\bar{u}$, 下面证明 $\bar{u}\in S(\bar{x})$. 设 $\bar{u}\notin S(\bar{x})$, 由于 $S(\bar{x})$ 是闭集合, 存在一闭球 $\mathbf{B}(\bar{u},\delta)$ 满足 $\mathbf{B}(\bar{u},\delta)\cap S(\bar{x})=\varnothing$. 设 $\mathcal{O}=U\setminus\mathbf{B}(\bar{u},\delta)$, 则 $\mathcal{O}$ 是包含 $S(\bar{x})$ 的开集合, 由 $u^k\to\bar{u}$, 当 k 充分大时, $u^k\notin\mathcal{O}$, 这与假设是矛盾的. 由假设, $x^k\to\bar{x}$, 当 k 充分大时, $S(x^k)\subset\mathcal{O}$. ■

推论 1.2[73, Corollary 5.21]　设 $S:\Re^n\rightrightarrows\Re^m$ 在 $\bar{x}$ 处局部有界, 对于 $\bar{x}$ 的某一邻域中的所有 x, $S(x)$ 是非空的、闭的. 则 S 在 $\bar{x}$ 处连续的充分必要条件是当 $x\to\bar{x}$ 时, Pompeiu-Hausdorff 距离 $\mathbf{d}_\infty(S(x),S(\bar{x}))$ 收敛到 0.

1.3 变分几何与微分

1.3.1 切锥与法锥

首先引入一般集合的切锥定义.

定义 1.4 称向量 $w \in \Re^n$ 在点 $\bar{x} \in C$ 处切于集合 $C \subset \Re^n$, 记为 $w \in T_C(\bar{x})$, 如果

$$\text{对某个序列 } x^\nu \xrightarrow{C} \bar{x},\ \tau^\nu \downarrow 0,\ \text{有 } [x^\nu - \bar{x}]/\tau^\nu \to w, \tag{1.11}$$

称这样的切向量 w 是几何可导出的, 如果存在函数 $\theta : [0,\varepsilon] \to C$ 满足 $\varepsilon > 0$, $\theta(0) = \bar{x}$ 并且 $\theta'_+(0) = w$. 若集合 C 在点 $\bar{x}$ 处的每个切向量 w 都是几何可导出的, 称集合 C 在 $\bar{x}$ 处是几何可导出的.

命题 1.2 (切锥性质) 集合 $C \subset \Re^n$ 在 $\bar{x} \in C$ 处的所有切向量构成的集合 $T_C(\bar{x})$ 是一闭锥, 可以表示为如下集合的外极限的形式:

$$T_C(\bar{x}) = \limsup_{\tau \downarrow 0} \tau^{-1}(C - \bar{x}). \tag{1.12}$$

切锥 $T_C(\bar{x})$ 中所有几何可导出向量所构成的集合是一闭锥, 称该闭锥为集合 C 在点 $\bar{x}$ 处的内切锥, 记为 $T_C^i(\bar{x})$, 可表示为

$$T_C^i(\bar{x}) = \liminf_{\tau \downarrow 0} \tau^{-1}(C - \bar{x}).$$

集合 C 在 $\bar{x}$ 处是几何可导出的当且仅当极限 $\lim_{\tau \downarrow 0} \dfrac{C - \bar{x}}{\tau}$ 存在, 此时 $T_C(\bar{x}) = \lim_{\tau \downarrow 0} \dfrac{C - \bar{x}}{\tau}$.

由命题 1.2 可以推出如下切锥与内切锥的距离函数的等价刻画:

$$\begin{aligned} T_C(\bar{x}) &= \{h \in \Re^n : \exists t_k \downarrow 0,\ d(\bar{x} + t_k h, C) = o(t_k)\}, \\ T_C^i(\bar{x}) &= \{h \in \Re^n : d(\bar{x} + th, C) = o(t),\ t \geqslant 0\}. \end{aligned}$$

正则法锥是建立非凸集合的法锥概念的关键.

定义 1.5 (正则法向量与法向量) 设 $C \subset \Re^n$, $\bar{x} \in C$. 向量 v 称为集合 C 在点 $\bar{x}$ 处正则意义下的法向量, 也称为正则法向量 (regular normal vector), 记为 $v \in \widehat{N}_C(\bar{x})$, 如果

$$\text{对每个} x \in C, \quad \langle v, x - \bar{x} \rangle \leqslant o(\|x - \bar{x}\|). \tag{1.13}$$

向量 v 称为集合 C 在 $\bar{x}$ 处一般意义下的法向量, 或简称为法向量 (normal vector), 记为 $v \in N_C(\bar{x})$, 如果存在序列 $x^\nu \xrightarrow{C} \bar{x}$, $v^\nu \to v$ 满足 $v^\nu \in \widehat{N}_C(x^\nu)$.

定义 1.6 (邻近法向量)　考虑集合 $C\subset\Re^n$ 及其投影映射 P_C(它将每一点 $x\in\Re^n$ 映至 C 中与 x 距离最近的点, 投影可能不止一点). 对任何 $x\in\Re^n$, 有

$$\bar{x}\in P_C(x)\Longrightarrow x-\bar{x}\in\widehat{N}_C(\bar{x}),$$

从而 $\lambda(x-\bar{x})\in\widehat{N}_C(\bar{x})$ 对所有的 $\lambda\geqslant 0$ 成立. 称任何这样的向量 $v=\lambda(x-\bar{x})$ 是集合 C 在 $\bar{x}$ 处的一个邻近法向量.

引理 1.3[73,Exercise 6.18(a)]　设 $C\subset\Re^n$ 是一非空闭集合, $\bar{x}\in C$, $\bar{v}\in N_C(\bar{x})$, 则对任何 $\varepsilon>0$, 存在 $x\in\mathbf{B}(\bar{x},\varepsilon)\cap C$ 与 $v\in\mathbf{B}(\bar{v},\varepsilon)\cap N_C(x)$ 满足 v 是 C 在 x 处的邻近法向量.

很多集合的法锥与正则法锥是相等的, 有如下的定义.

定义 1.7 (集合的 Clarke 正则性)　称集合 $C\subset\Re^n$ 在点 $\bar{x}$ 处是 Clarke 意义下正则的, 如果它在 $\bar{x}$ 处是局部闭的, 并且在 $\bar{x}$ 处的每个法向量都是正则法向量, 即 $N_C(\bar{x})=\widehat{N}_C(\bar{x})$.

由凸分析可知, 凸集合的切锥与法锥互为极锥, 下述命题表明, 对于非凸集合, 正则法锥是切锥的极锥.

命题 1.3 (法锥的性质)　集合 $C\subset\Re^n$, $\bar{x}\in C$. 集合 $N_C(\bar{x})$ 与集合 $\widehat{N}_C(\bar{x})$ 均是闭锥, 并且

$$v\in\widehat{N}_C(\bar{x})\Longleftrightarrow\langle v,w\rangle\leqslant 0\quad\text{对所有的 } w\in T_C(\bar{x})\text{ 成立}. \tag{1.14}$$

进一步,

$$N_C(\bar{x})=\limsup_{x\xrightarrow{C}\bar{x}}\widehat{N}_C(x)\supset\widehat{N}_C(\bar{x}). \tag{1.15}$$

证明　显然 $N_C(\bar{x})$ 与 $\widehat{N}_C(\bar{x})$ 包含 0 向量. 若向量 $v\in N_C(\bar{x})$ 或 $v\in\widehat{N}_C(\bar{x})$, 对任何 $\lambda\geqslant 0$, 都有 $\lambda v\in N_C(\bar{x})$ 或 $\lambda v\in\widehat{N}_C(\bar{x})$. 可见 $N_C(\bar{x})$ 与 $\widehat{N}_C(\bar{x})$ 均是锥. 由 $N_C(\bar{x})$ 的定义得到 (1.15), 再根据 (1.15) 得到 $N_C(\bar{x})$ 的闭性. 若能证明 (1.14), 我们就得到 $\widehat{N}_C(\bar{x})$ 的闭凸性, 因为 (1.14) 表明 $\widehat{N}_C(\bar{x})$ 是一簇闭半空间 $\{v:\langle v,w\rangle\leqslant 0\}$ 的交集.

先证 (1.14) 的必要性. 对任意向量 $v\in\widehat{N}_C(\bar{x})$, $w\in T_C(\bar{x})$, 由切向量的定义知, 存在 $x^\nu\xrightarrow{C}\bar{x}$, $\tau^\nu\downarrow 0$ 满足 $w^\nu=[x^\nu-\bar{x}]/\tau^\nu\to w$. 由正则法向量的定义可知

$$\langle v,w^\nu\rangle\leqslant\frac{1}{\tau^\nu}o(\|\tau^\nu w^\nu\|)\to 0,$$

从而得到 $\langle v,w\rangle\leqslant 0$.

再证 (1.14) 的充分性. 设 $v\notin\widehat{N}_C(\bar{x})$, 则 (1.13) 不成立. 由 (1.13) 知, 必存在序列 $x^\nu\xrightarrow{C}\bar{x}$, $x^\nu\neq\bar{x}$ 满足

$$\liminf_{\nu\to\infty}\frac{\langle v,x^\nu-\bar{x}\rangle}{\|x^\nu-\bar{x}\|}>0.$$

令 $w^\nu = [x^\nu - \bar{x}]/\|x^\nu - \bar{x}\|$ 有 $\|w^\nu\| = 1$ 并且满足 $\liminf_\nu \langle v, w^\nu \rangle > 0$. 序列 $\{w^\nu\}$ 存在聚点 w, 满足 $\langle v, w\rangle > 0$, $w \in T_C(\bar{x})$. 这表明 v 不满足 (1.14) 的右端. ■

命题 1.4 (法向量的极限) 如果 $x^\nu \overset{C}{\to} \bar{x}$, $v^\nu \in N_C(x^\nu)$ 并且 $v^\nu \to v$, 则 $v \in N_C(\bar{x})$. 换言之, 集值映射 $N_C : x \to N_C(x)$ 在 $\bar{x} \in C$ 处是外半连续的.

下述定理说明, 定义 1.4 与定义 1.5 中的切锥和法锥的概念是凸集合的切锥与法锥概念的推广.

定理 1.2 (凸集合的切锥与法锥) 凸集合 $C \subset \Re^n$ 在任意点 $\bar{x} \in C$ 处都是几何可导出的, 并且

$$N_C(\bar{x}) = \widehat{N}_C(\bar{x}) = \{v : \langle v, x - \bar{x}\rangle \leqslant 0,\ \forall x \in C\},$$

$$T_C(\bar{x}) = \mathrm{cl}\{w : \exists \lambda > 0,\ \bar{x} + \lambda w \in C\},$$

$$\mathrm{int}\ T_C(\bar{x}) = \{w : \exists \lambda > 0,\ \bar{x} + \lambda w \in \mathrm{int}\ C\},$$

进一步, 若 C 在 $\bar{x}$ 处是局部闭的, 那么 C 在 $\bar{x}$ 处是正则的.

证明 令 $K := \{w : \exists \lambda > 0, \bar{x} + \lambda w \in C\}$. 显然 $K \subset T_C^i(\bar{z}) \subset T_C(\bar{z})$, 且 $T_C(\bar{x}) \subset \mathrm{cl}\ K$, 则由 $T_C(\bar{x})$ 的闭性, 可得 $T_C(\bar{x}) = \mathrm{cl}\ K$. 由于 $\widehat{N}_C(\bar{x}) = \{v : \langle v, w\rangle \leqslant 0,\ \forall w \in T_C(\bar{x})\}$, 可以得到 $\widehat{N}_C(\bar{x}) = \{v : \langle v, w\rangle \leqslant 0,\ \forall w \in K\}$, 即本命题的结论.

考虑 $v \in N_C(\bar{x})$. 固定 $x \in C$. 存在序列 $x^\nu \in C$, $v^\nu \in \widehat{N}_C(x^\nu)$, 满足 $x^\nu \to \bar{x}$, $v^\nu \to v$. 根据已建立的公式有 $\langle v^\nu, x - x^\nu\rangle \leqslant 0$, 通过取极限可以得到 $\langle v, x - \bar{x}\rangle \leqslant 0$. 显然, 上式对任意的 $x \in C$ 都成立, 因此有 $v \in \widehat{N}_C(\bar{x})$. 而 $N_C(\bar{x}) \supset \widehat{N}_C(\bar{x})$, 因此有 $N_C(\bar{x}) = \widehat{N}_C(\bar{x})$.

为了得到 $\mathrm{int}\ T_C(\bar{x})$ 的公式, 定义 $K_0 = \{w : \exists \lambda > 0 : \bar{x} + \lambda w \in \mathrm{int}\ C\}$. 显然 K_0 是 K 的开子集合, 当 $K_0 \neq \varnothing$ 时, 有 $K \subset \mathrm{cl}\ K_0$; 当 $\mathrm{int}\ C \neq \varnothing$ 时, 有 $C \subset \mathrm{cl}(\mathrm{int}\ C)$, 因此有 $K_0 = \mathrm{int}\ K = \mathrm{int}(\mathrm{cl}\ K)$. 由于 $\mathrm{cl}\ K = T_C(\bar{x})$, 得到 $K_0 = \mathrm{int}\ T_C(\bar{x})$. ■

正则法向量是一非常重要的概念, 下面定理中的梯度刻画对定理 1.4 中带有约束结构的集合的法锥公式的建立起着关键性作用.

定理 1.3[73,Theorem 6.11] (正则法向量的梯度刻画) 向量 v 是集合 C 在 $\bar{x}$ 处的正则法向量当且仅当存在一个在 $\bar{x}$ 处可微的函数 h, 它在 $\bar{x}$ 处相对于集合 C 取局部极大值, 且 $\nabla h(\bar{x}) = v$. 事实上, h 可取为 $\Re^n$ 上的光滑函数, 并且相对于 C 在 $\bar{x}$ 处唯一地取到全局最大值.

证明 充分性. 若 h 在 C 中的点 $\bar{x}$ 处取局部最大值, 并且在 $\bar{x}$ 处可微, $\nabla h(\bar{x}) = v$, 那么对充分接近 $\bar{x}$ 的 $x \in C$, 有 $h(\bar{x}) \geqslant h(x) = h(\bar{x}) + \langle v, x - \bar{x}\rangle + o(\|x - \bar{x}\|)$, 进而 $\langle v, x - \bar{x}\rangle + o(\|x - \bar{x}\|) \leqslant 0$, 即 $v \in \widehat{N}_C(\bar{x})$.

必要性. 若 $v \in \widehat{N}_C(\bar{x})$. 定义函数

$$\theta_0(r) := \sup\{\langle v, x - \bar{x}\rangle : x \in C, \|x - \bar{x}\| \leqslant r\} \leqslant r\|v\|.$$

$\theta_0(r)$ 是 $[0,\infty)$ 上的非减函数, 满足 $0=\theta_0(0)\leqslant\theta_0(r)\leqslant o(r)$. 可见函数 $h_0(x)=\langle v,x-\bar{x}\rangle-\theta_0(\|x-\bar{x}\|)$ 在 $\bar{x}$ 处可微, 并且 $\nabla h_0(\bar{x})=v$, $h_0(x)\leqslant 0=h_0(\bar{x})$ 对所有的 $x\in C$ 成立. 因此, h_0 在集合 C 上的全局最大值在点 $\bar{x}$ 处达到.

显然函数 h_0 只在点 $\bar{x}$ 处可微. 下面我们证明存在一处处连续可微的函数 h 满足 $\nabla h(\bar{x})=\nabla h_0(\bar{x})=v$, $h(\bar{x})=h_0(\bar{x})$, 但对所有的 $x\in C$, $x\neq\bar{x}$, 有 $h(x)<h_0(x)$, 即 h 在 C 上的唯一最大值点在 $\bar{x}$ 处达到. 构造 h 具有形式 $h(x):=\langle v,x-\bar{x}\rangle-\theta(\|x-\bar{x}\|)$, 其中 θ 是定义在 $[0,\infty)$ 上的函数, 满足 $\theta(0)=0$, 对 $r>0$ 有 $\theta(r)>\theta_0(r)$, 并且 θ 在 $(0,\infty)$ 上是连续可微的, $\lim_{r\downarrow 0}\theta'(r)\to 0$, $\lim_{r\downarrow 0}\theta(r)/r\to 0$. 由于 $\theta(0)=0$, $\lim_{r\downarrow 0}\theta(r)/r\to 0$ 意味着 θ 在 0 处的右导数为 0, 并且 $\lim_{r\downarrow 0}\theta(r)\to 0$.

首先, 定义函数 θ_1 如下

$$\theta_1(r):=\begin{cases}(1/r)\displaystyle\int_r^{2r}\theta_0(s)ds, & r>0,\\ 0, & r=0.\end{cases}$$

由于 θ_0 是非减函数, 并且对任意 $r\in(0,\infty)$, θ_0 都有左极限 $\theta_0(r-)$ 与右极限 $\theta_0(r+)$, 因此, 虽然 θ_0 可能不是连续函数, 函数 $\theta_1(r)$ 仍然是有定义的. $\theta_1(r)$ 的定义中的被积函数在 $(r,2r)$ 上有界, 其上界是 $\theta_0(2r-)$, 下界是 $\theta_0(r+)$, 于是对所有的 $r\in(0,\infty)$ 有 $\theta_0(r+)\leqslant\theta_1(r)\leqslant\theta_0(2r-)$ 成立. 令 $\varphi(r):=\displaystyle\int_0^r\theta_0(s)ds$, 它在 $(0,\infty)$ 上是连续的, 并且 $\varphi'_+(r)=\theta_0(r+)$, $\varphi'_-(r)=\theta_0(r-)$. 因此, $\theta_1(r)=(1/r)[\varphi(2r)-\varphi(r)]$, θ_1 在 $(0,\infty)$ 上是连续的, 并且 $\theta_1(r)$ 的右导数是 $(1/r)[2\theta_0(2r+)-\theta_0(r+)-\theta_1(r)]$, 左导数是 $(1/r)[2\theta_0(2r-)-\theta_0(r-)-\theta_1(r)]$. 由于 $\theta_0(r+)\leqslant\theta_1(r)\leqslant\theta_0(2r-)$ 并且 θ_0 非减, 有 $\theta_1(r)$ 的左右导数均非负, 于是 $\theta_1(r)$ 是非减函数. 再由 $\theta_0(r+)/r\leqslant\theta_1(r)/r\leqslant\theta_0(2r-)/r$, 当 $r\downarrow 0$ 时, $\theta_1(r)\to 0$, 可见当 $r\downarrow 0$ 时, $\theta_1(r)$ 的导数及 $\theta_1(r)$ 本身都收敛到 0. 因此, θ_1 具有 θ_0 的相关性质并且在 $[0,\infty)$ 上连续, 若 r 满足 θ_0 在点 r 和 $2r$ 处均连续, 那么 θ_1 在 r 处的左右导数是相等的.

接下来定义

$$\theta_2(r):=\begin{cases}(1/r)\displaystyle\int_r^{2r}\theta_1(s)ds, & r>0,\\ 0, & r=0,\end{cases}$$

有 $\theta_2\geqslant\theta_1$, 进而 $\theta_2\geqslant\theta_0$. 类似于对函数 θ_1 的推导, θ_2 从 θ_1 处继承了 θ_0 的相关性质, 再由 θ_1 的连续性, θ_2 在 $(0,\infty)$ 上是连续可微的并且 $\lim_{r\downarrow 0}\theta'_2(r)\to 0$. 最后, 取 $\theta(r)=\theta_2(r)+r^2$, 则 $\theta(r)$ 满足我们所需的所有条件. ■

绝大多数的优化问题的约束集合都可以表示为 $C=X\cap F^{-1}(D)$, 这类集合的切锥和法锥的表示公式非常重要, 下述定理给出法锥计算公式.

定理 1.4[73,Theorem 6.14] (带有约束结构的集合的法锥) 闭集合 $X \subset \Re^n$, $D \subset \Re^m$, $F : \Re^n \to \Re^m$ 为光滑映射, 并且具有分量表达形式 $F(x) = (f_1(x), \cdots, f_m(x))$. 令

$$C = \{x \in X : F(x) \in D\},$$

则对任何 $\bar{x} \in C$, 有

$$\widehat{N}_C(\bar{x}) \supset \left\{ \sum_{i=1}^m y_i \nabla f_i(\bar{x}) + z \,\middle|\, y \in \widehat{N}_D(F(\bar{x})), z \in \widehat{N}_X(\bar{x}) \right\} =: \widehat{S}(\bar{x}),$$

这里 $y = (y_1, \cdots, y_m)$. 另一方面, 如果在 $\bar{x} \in C$ 处下面的约束规范 (通常称为基本约束规范)

$$\left\{ \begin{array}{l} y \in N_D(F(\bar{x})) \\ -\displaystyle\sum_{i=1}^m y_i \nabla f_i(\bar{x}) \in N_X(\bar{x}) \end{array} \right. \Longrightarrow y = (0, \cdots, 0)$$

成立, 那么

$$N_C(\bar{x}) \subset \left\{ \sum_{i=1}^m y_i \nabla f_i(\bar{x}) + z \,\middle|\, y \in N_D(F(\bar{x})), z \in N_X(\bar{x}) \right\}.$$

进一步, 如果基本约束规范成立, 并且 X 在 $\bar{x}$ 处正则, D 在 $F(\bar{x})$ 处正则, 那么集合 C 在 $\bar{x}$ 处正则, 并且

$$N_C(\bar{x}) = \left\{ \sum_{i=1}^m y_i \nabla f_i(\bar{x}) + z \,\middle|\, y \in N_D(F(\bar{x})), z \in N_X(\bar{x}) \right\}.$$

证明 由于分析是局部的, 如果用 $X \cap \mathbf{B}(\bar{x}, \delta)$ 代替 X, $D \cap \mathbf{B}(F(\bar{x}), \varepsilon)$ 代替 D, 并不影响分析结果. 为简单起见, 我们假设 X 是紧致的, 从而 C 是紧致的. 同样假设 D 是紧致的. 取 δ 充分小, 满足当 $\|x - \bar{x}\| \leqslant \delta$ 时, 有 $\|F(x) - F(\bar{x})\| < \varepsilon$.

首先验证 $\widehat{N}_C(\bar{x})$ 的包含关系. 假设 $y \in \widehat{N}_D(F(\bar{x}))$, $z \in \widehat{N}_X(\bar{x})$, $v = \mathcal{J}F(\bar{x})^* y + z$, 于是, 当 $F(x) \in D$ 时, 有 $\langle y, F(x) - F(\bar{x}) \rangle \leqslant o(\|F(x) - F(\bar{x})\|)$, 这里

$$F(x) - F(\bar{x}) = \mathcal{J}F(\bar{x})(x - \bar{x}) + o(\|x - \bar{x}\|).$$

因此, 当 $F(x) \in D$ 时, 有 $\langle y, \mathcal{J}F(\bar{x})(x - \bar{x}) \rangle \leqslant o(\|x - \bar{x}\|)$, 而

$$\langle y, \mathcal{J}F(\bar{x})(x - \bar{x}) \rangle = \langle \mathcal{J}F(\bar{x})^* y, (x - \bar{x}) \rangle = \langle v - z, x - \bar{x} \rangle.$$

同时, 当 $x \in X$ 时, 有 $\langle z, x - \bar{x}\rangle \leqslant o(\|x - \bar{x}\|)$. 从而, 当 $x \in C$ 时, $\langle v, x - \bar{x}\rangle \leqslant o(\|x - \bar{x}\|)$. 因此, 我们得到 $v \in \widehat{N}_C(\bar{x})$.

为了推导 $N_C(\bar{x})$ 的包含关系, 我们假设 $\bar{x}$ 处的约束规范成立, 从而 $\bar{x}$ 附近的点 $x \in C$ 处的约束规范也是成立的. 如若不然, 存在序列 $x^\nu \xrightarrow{C} \bar{x}$ 及非零向量序列 $y^\nu \in N_D(F(x^\nu))$, 有 $-\mathcal{J}F(x^\nu)^* y^\nu \in N_X(x^\nu)$. 将序列 $\{y^\nu\}$ 单位化, 选取序列 $\{y^\nu\}$ 的聚点 y, 有 $\|y\| = 1$. 由命题 1.4, 我们有 $-\mathcal{J}F(\bar{x})^* y \in N_X(\bar{x})$, $y \in N_D(F(\bar{x}))$. 这与 $\bar{x}$ 处的约束规范成立矛盾.

作为过渡, 我们证明关于 $N_C(\bar{x})$ 的包含关系对 $\widehat{N}_C(\bar{x})$ 也是成立的. 令 $v \in \widehat{N}_C(\bar{x})$. 由定理 1.3, 存在 $\Re^n$ 上的光滑函数 h 满足 $\arg\max_C h = \{\bar{x}\}$, $\nabla h(\bar{x}) = v$. 取 $\tau^\nu \downarrow 0$, 对每一个 ν, 考虑在 $X \times D$ 上求 $\mathcal{C}^1$ 函数

$$\varphi^\nu(x, u) := -h(x) + \frac{1}{2\tau^\nu}\|F(x) - u\|^2$$

的极小化问题.

由于我们假设 X 与 D 是紧致的, 极小值在某一点 (x^ν, u^ν)(不一定唯一) 是可以取到的. 进一步, 由惩罚函数方法的收敛性, 可得 $(x^\nu, u^\nu) \to (\bar{x}, F(\bar{x}))$. 由约束优化的最优性条件, 我们有 $\arg\min_{x\in X}\varphi^\nu(x, u^\nu) = \{x^\nu\}$, $\arg\min_{u\in D}\varphi^\nu(x^\nu, u) = \{u^\nu\}$ 并且

$$-\nabla_x \varphi^\nu(x^\nu, u^\nu) =: z^\nu \in N_X(x^\nu), \quad -\nabla_u \varphi^\nu(x^\nu, u^\nu) =: y^\nu \in N_D(u^\nu),$$

对函数 φ^ν 关于 u 求导, 有 $y^\nu = [F(x^\nu) - u^\nu]/\tau^\nu$. 对函数 φ^ν 关于 x 求导, 有 $z^\nu = \nabla h(x^\nu) - \mathcal{J}F(x^\nu)^* y^\nu$ 并且 $\mathcal{J}F(x^\nu) \to \mathcal{J}F(\bar{x})$, $\nabla h(x^\nu) \to v$.

向量序列 $y^\nu \in N_D(u^\nu)$(或选取它的子序列) 收敛到某个 y, 或存在常数序列 $\lambda^\nu \downarrow 0$ 满足 $\lambda^\nu y^\nu \to y \neq 0$. 由于 $N_D(u^\nu)$ 是一锥, 并且 $u^\nu \to F(\bar{x})$, 由命题 1.4, 上述两种情况都有 $y \in N_D(F(\bar{x}))$.

若 $y^\nu \to y$, 再由命题 1.4, 有 $z^\nu \to z := v - \mathcal{J}F(\bar{x})^* y$, 其中 $z \in N_X(\bar{x})$, 从而 $v = \mathcal{J}F(\bar{x})^* y + z$. 另一方面, 若 $\lambda^\nu y^\nu \to y \neq 0$, $\lambda^\nu \downarrow 0$, 有 $\lambda^\nu z^\nu = \lambda^\nu \nabla h(x^\nu) - \mathcal{J}F(x^\nu)^* \lambda^\nu y^\nu$ 并且 $\lambda^\nu z^\nu \to z := -\mathcal{J}F(\bar{x})^* y$, $z \in N_X(\bar{x})$, 于是 $0 = \mathcal{J}F(\bar{x})^* y + z$. 由 $\bar{x}$ 处的约束规范知, y 不可能不为 0. 从而只有前一种情况 $y^\nu \to y$ 成立.

上述证明得到 $\widehat{N}_C(\bar{x}) \subset S(\bar{x})$, 这里 $S(x) := \{\mathcal{J}F(x)^* y + z \mid x \in C,\ y \in N_D(F(x)),\ z \in N_X(x)\}$. 前面的叙述依赖于 $\bar{x}$ 处的约束规范, 同时我们也证明了对 $\bar{x} \in C$ 的邻域中的所有 x 处的约束规范也成立, 从而 $\widehat{N}_C(x) \subset S(x)$. 又由于 $N_C(\bar{x}) = \limsup_{x\to\bar{x}} \widehat{N}_C(x)$, 为了得到 $N_C(\bar{x}) \subset S(\bar{x})$, 只需证明 S 在 $\bar{x}$ 处相对于 C 是外半连续的.

令 $x^\nu \xrightarrow{C} \bar{x}$, $v^\nu \to v$, $v^\nu \in S(x^\nu)$, 有 $v^\nu = \mathcal{J}F(x^\nu)^* y^\nu + z^\nu$, 其中 $y^\nu \in N_D(F(x^\nu))$, $z^\nu \in N_X(x^\nu)$. 我们再一次考虑两种情况: $(y^\nu, z^\nu) \to (y, z)$ 或者对某个序列 $\lambda^\nu \downarrow 0$

有 $\lambda^\nu(y^\nu, z^\nu) \to (y,z) \neq (0,0)$. 第一种情况, 通过取极限, 由命题 1.4, 有 $y \in N_D(F(\bar{x}))$, $z \in N_X(\bar{x})$ 并且 $v = \mathcal{J}F(\bar{x})^*y + z$, 从而 $v \in S(\bar{x})$. 第二种情况, 有 $\lambda^\nu v^\nu = \mathcal{J}F(x^\nu)^*\lambda^\nu y^\nu + \lambda^\nu z^\nu$, 两端同时取极限, 再由命题 1.4, 有 $y \in N_D(F(\bar{x}))$, $z \in N_X(\bar{x})$ 并且 $0 = \mathcal{J}F(\bar{x})^*y + z$, 这与 $\bar{x}$ 处的约束规范矛盾. 因此, 第二种情况不成立. 所以有 $N_C(\bar{x}) \subset S(\bar{x})$.

若 X 在 $\bar{x}$ 处正则, D 在 $F(\bar{x})$ 处正则. 那么 $\widehat{N}_D(F(\bar{x})) = N_D(F(\bar{x}))$ 并且 $\widehat{N}_X(\bar{x}) = N_X(\bar{x})$. 由已经建立的包含关系 $\widehat{N}_C(\bar{x}) \supset \widehat{S}(\bar{x})$ 及 $N_C(\bar{x}) \supset S(\bar{x})$, 注意到 $\widehat{S}(\bar{x}) = S(\bar{x})$ 及 $\widehat{N}_C(\bar{x}) \subset N_C(\bar{x})$, 则有 $\widehat{N}_C(\bar{x}) = N_C(\bar{x})$. 由于 C 是闭集 (由 X 与 D 是闭集且 F 是连续的), 那么 C 在 $\bar{x}$ 处是正则的. ■

法锥的极锥是什么样的凸锥? 这需要下面定义的正则切锥.

定义 1.8 (正则切向量) 向量 $w \in \Re^n$ 称为集合 C 在点 $\bar{x} \in C$ 处正则意义下的切向量, 或者称为正则切向量, 记为 $w \in \widehat{T}_C(\bar{x})$, 如果对每个序列 $\tau^\nu \downarrow 0$ 及 $\bar{x}^\nu \xrightarrow{C} \bar{x}$, 存在一序列 $x^\nu \xrightarrow{C} \bar{x}$ 满足 $(x^\nu - \bar{x}^\nu)/\tau^\nu \to w$. 换句话说,

$$\widehat{T}_C(\bar{x}) := \liminf_{x \xrightarrow{C} \bar{x}, \tau \downarrow 0} \frac{C - x}{\tau}. \tag{1.16}$$

下述定理表明, 正则切锥是切锥的 "内极限正则化", 即正则切锥可以通过切锥的内极限得到.

定理 1.5 [73,Theorem 6.26] (正则切锥的性质) 集合 $C \subset \Re^n$, $\bar{x} \in C$, 每个正则切向量 $w \in \widehat{T}_C(\bar{x})$ 都是几何可导出的切向量, 并且 $\widehat{T}_C(\bar{x})$ 为闭凸锥, $\widehat{T}_C(\bar{x}) \subset T_C(\bar{x})$.

若 C 在 $\bar{x}$ 处是局部闭的, 我们有 $w \in \widehat{T}_C(\bar{x})$ 当且仅当对每个序列 $\bar{x}^\nu \xrightarrow{C} \bar{x}$, 存在向量 $w^\nu \in T_C(x^\nu)$, 满足 $w^\nu \to w$, 即

$$\widehat{T}_C(\bar{x}) = \liminf_{x \xrightarrow{C} \bar{x}} T_C(x). \tag{1.17}$$

证明 由 $\widehat{T}_C(\bar{x})$ 的定义, 显然有 $0 \in \widehat{T}_C(\bar{x})$. 对任何 $w \in \widehat{T}_C(\bar{x})$, $\lambda > 0$, 有 $\lambda w \in \widehat{T}_C(\bar{x})$. 因此 $\widehat{T}_C(\bar{x})$ 是一锥. 再由 $\widehat{T}_C(\bar{x})$ 是一内极限形式, $\widehat{T}_C(\bar{x})$ 是一闭锥. 由定义 1.8, 取 $x^\nu \equiv \bar{x}$, 对任何序列 $\tau^\nu \downarrow 0$, 存在 $x^\nu \in C$ 满足 $(x^\nu - \bar{x})/\tau^\nu \to w$, 得到 $w \in \widehat{T}_C(\bar{x})$ 是几何可导出向量, 因此, $\widehat{T}_C(\bar{x}) \subset T_C(\bar{x})$.

由于 $\widehat{T}_C(\bar{x})$ 是一锥, 要证明 $\widehat{T}_C(\bar{x})$ 的凸性只需证明其关于加法的封闭性, 即对 $\forall w_0, w_1 \in \widehat{T}_C(\bar{x})$, 有 $w_0 + w_1 \in \widehat{T}_C(\bar{x})$. 考虑序列 $\bar{x}^\nu \xrightarrow{C} \bar{x}$, $\tau^\nu \downarrow 0$. 要证明 $w_0 + w_1 \in \widehat{T}_C(\bar{x})$ 只需证明存在序列 $x^\nu \xrightarrow{C} \bar{x}$ 满足 $(x^\nu - \bar{x}^\nu)/\tau^\nu \to w_0 + w_1$. 由 $w_0 \in \widehat{T}_C(\bar{x})$ 知, 存在 $\widetilde{x}^\nu \xrightarrow{C} \bar{x}$ 满足 $(\widetilde{x}^\nu - \bar{x}^\nu)/\tau^\nu \to w_0$. 再由 $w_1 \in \widehat{T}_C(\bar{x})$ 知, 存在序列 $x^\nu \xrightarrow{C} \bar{x}$ 满足 $(x^\nu - \widetilde{x}^\nu)/\tau^\nu \to w_1$. 从而 $(x^\nu - \bar{x}^\nu)/\tau^\nu \to w_0 + w_1$, 即 $w_0 + w_1 \in \widehat{T}_C(\bar{x})$.

假设 C 在 $\bar{x}$ 处是局部闭的, 我们可以用 $C\cap V$ 来代替 C, 其中 $V\in\mathcal{N}(\bar{x})$ 是 $\bar{x}$ 的一个闭邻域, 所以只需验证 $\liminf_{x\xrightarrow{C}\bar{x}} T_C(x)=\widehat{T}_C(\bar{x})$ 对 C 是闭集合的情况成立. 令 $K(\bar{x}):=\liminf_{x\xrightarrow{C}\bar{x}} T_C(x)$, 证明 $w\notin K(\bar{x})$ 当且仅当 $w\notin\widehat{T}_C(\bar{x})$ 即可. 由 $K(\bar{x})$ 的定义知

$$w\notin K(\bar{x})\Longleftrightarrow \text{存在}\varepsilon>0,\ \widetilde{x}^\nu\xrightarrow{C}\bar{x}, \text{满足} d(w,T_C(\widetilde{x}^\nu))\geqslant\varepsilon. \tag{1.18}$$

由 $\widehat{T}_C(\bar{x})$ 定义知

$$w\notin\widehat{T}_C(\bar{x})\Longleftrightarrow\begin{cases}\text{存在}\varepsilon>0,\bar{x}^\nu\xrightarrow{C}\bar{x},\bar{\tau}^\nu\downarrow 0,\\ \text{满足}(\bar{x}^\nu+\bar{\tau}^\nu\mathbf{B}(w,\varepsilon))\cap C=\varnothing.\end{cases} \tag{1.19}$$

若 $w\notin K(\bar{x})$, 由 (1.18) 知存在 $\widetilde{\varepsilon}>0$ 及 $\widetilde{x}^\nu\xrightarrow{C}\bar{x}$ 满足 $\mathbf{B}(w,\widetilde{\varepsilon})\cap T_C(\widetilde{x}^\nu)=\varnothing$. 由于 $T_C(\widetilde{x}^\nu)=\limsup_{\tau\downarrow 0}(C-\widetilde{x}^\nu)/\tau$, 那么存在某个 $\widetilde{\tau}^\nu>0$, 满足对所有的 $\tau\in(0,\widetilde{\tau}^\nu]$, $\mathbf{B}(w,\widetilde{\varepsilon})\cap\tau^{-1}(C-\widetilde{x}^\nu)=\varnothing$, 即 $(\widetilde{x}^\nu+\tau\mathbf{B}(w,\widetilde{\varepsilon}))\cap C=\varnothing$. 选取 $\tau^\nu\in(0,\widetilde{\tau}^\nu]$ 使 $\tau^\nu\downarrow 0$, 由 (1.19) 知 $w\notin\widehat{T}_C(\bar{x})$.

假设 $w\notin\widehat{T}_C(\bar{x})$, 一定存在 $\bar{x}^\nu$, $\bar{\tau}^\nu$, 满足 (1.19). 要证明存在 $\widetilde{x}^\nu$ 满足 (1.18), 只需证明下述简化的结论: 若 $\widehat{x}$ 是闭集合 C 中的一点, 存在 $\varepsilon>0$ 及 $\bar{\tau}>0$ 满足 $\widehat{x}+\bar{\tau}\mathbf{B}(w,\varepsilon)\cap C=\varnothing$, 那么存在 $\widetilde{x}\in C\cap\mathbf{B}(\widehat{x},\bar{\tau}(\|w\|+\varepsilon))$ 满足 $d(w,T_C(\widetilde{x}))\geqslant\varepsilon$.

定义

$$T:=\{\tau\in[0,\bar{\tau}]|\ \mathbf{B}(\widehat{x}+\tau w,\tau\varepsilon)\cap C\neq\varnothing\}=\{\tau\in[0,\bar{\tau}]|\ \widehat{x}+\tau\mathbf{B}(w,\varepsilon)\cap C\neq\varnothing\}.$$

T 是一闭集合, 由 $\bar{\tau}$ 的定义知 $\bar{\tau}\notin T$. 令 $\widehat{\tau}:=\max\{\tau|\ \tau\in T\}$, 则 $0\leqslant\widehat{\tau}<\bar{\tau}$. 定义集合

$$D:=\widehat{x}+[\widehat{\tau},\bar{\tau}]\mathbf{B}(w,\varepsilon)=\cup\{\widehat{x}+\tau(w+\varepsilon\mathbf{B}):\tau\in[\widehat{\tau},\bar{\tau}]\},$$

D 是 $\Re^n$ 中的紧致凸集合, int $D\cup C=\varnothing$ 但 $D\cup C\neq\varnothing$(图 1.3.1). 令 $\widetilde{x}\in C\cap D$, $\widetilde{\tau}=\bar{\tau}-\widehat{\tau}>0$. 假设 $\widetilde{\tau}>0$. 由 D 的定义, $\|\widetilde{x}-\widehat{x}\|\leqslant\bar{\tau}(\|w\|+\varepsilon)$. 我们只需证明对任何 $\widetilde{\varepsilon}\in(0,\varepsilon)$, $(\widetilde{x}+(0,\widetilde{\tau}]\mathbf{B}(w,\widetilde{\varepsilon}))\cap C=\varnothing$, 从而对所有的 $\tau\in(0,\widetilde{\tau}]$, $\mathbf{B}(w,\widetilde{\varepsilon})\cap\tau^{-1}(C-\widetilde{x})=\varnothing$. 于是建立了关系 $d(w,T_C(\widetilde{x}))\geqslant\varepsilon$.

由 $\widetilde{x}$ 的选取知 $\widetilde{x}\in\widehat{x}+\widehat{\tau}\mathbf{B}(w,\varepsilon)$, 从而

$$\widehat{\tau}\varepsilon\geqslant\|\widetilde{x}-(\widehat{x}+\widehat{\tau}w)\|=\|(\widetilde{x}+\widetilde{\tau}w)-(\widehat{x}+\bar{\tau}w)\|.$$

可见, 以 $\widetilde{x}+\widetilde{\tau}w$ 为中心, $\bar{\tau}\varepsilon-\widehat{\tau}\varepsilon=\widetilde{\tau}\varepsilon$ 为半径的球在 D 中的球 $(\widehat{x}+\bar{\tau}w)+\bar{\tau}\varepsilon\mathbf{B}$ 内, 那么 $(\widetilde{x}+\widetilde{\tau}w)+\widetilde{\tau}\widetilde{\varepsilon}\mathbf{B}=\widetilde{x}+\widetilde{\tau}\mathbf{B}(w,\widetilde{\varepsilon})\subset$ int D. 由 D 的凸性, 除了点 $\widetilde{x}$ 外, 这一球中连接任意两点的线段都在 int D 中. 因此, $(\widetilde{x}+(0,\widetilde{\tau}]\mathbf{B}(w,\widetilde{\varepsilon}))\cap C=\varnothing$. ■

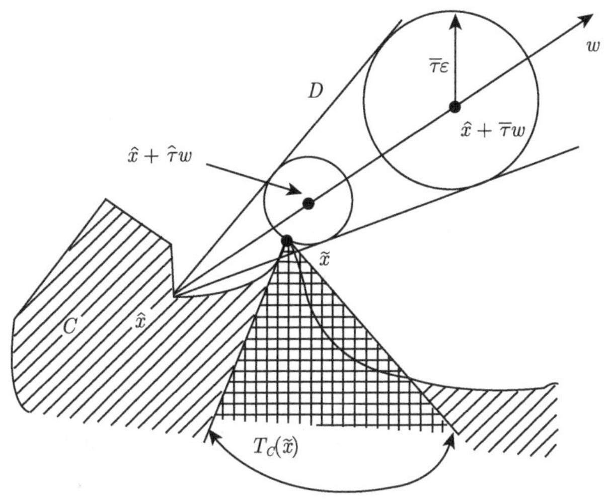

图 1.3.1 扰动方法图示

命题 1.5[73,Proposition 6.27] (切锥的法锥) 设集合 $C\subset\Re^n$ 在点 $\bar{x}\in C$ 处是局部闭的. 对于 $T=T_C(\bar{x})$, 有结论

(a) $N_T(0)=\bigcup_{w\in T}N_T(w)\subset N_C(\bar{x})$;

(b) 对任何向量 $w\notin T$, 存在一向量 $\bar{v}\in N_C(\bar{x})$ 满足 $\|\bar{v}\|=1$, $d_T(w)=\langle\bar{v},w\rangle$, 因而有

$$\min_{v\in N_C(\bar{x})\cap\mathbf{B}}\langle v,w\rangle\leqslant d_T(w)\leqslant\max_{v\in N_C(\bar{x})\cap\mathbf{B}}\langle v,w\rangle\text{对所有的}w\text{成立}.$$

证明 对于 (a), 由于 T 是一锥, 对所有的 $\lambda>0$, 有 $N_T(w)=N_T(\lambda w)$. 当 $w^\nu\xrightarrow{T}0$ 时, $\limsup_\nu N_T(w^\nu)\subset N_T(0)$, 那么对任意的 $w\in T$, $N_T(w)\subset N_T(0)$, 可见关于 $N_T(0)$ 的等式是成立的.

考虑任何向量 $v\in N_T(0)$. 由于 $T=\limsup_{\tau\downarrow 0}[C-\bar{x}]/\tau$, 存在序列 $\tau^\nu\downarrow 0$, $w^\nu\in T^\nu:=[C-\bar{x}]/\tau^\nu$, $v^\nu\in N_{T^\nu}(w^\nu)$ 满足 $w^\nu\to 0$, $v^\nu\to v$. 令 $x^\nu=\bar{x}+\tau^\nu w^\nu$, 有 $x^\nu\to\bar{x}$ 并且 $N_{T^\nu}(w^\nu)=N_C(x^\nu)$. 根据命题 1.4 中的极限性质知 $v\in N_C(\bar{x})$, 从而 (a) 成立.

对于 (b), 取 $\bar{w}\in P_T(w)$, 则 $\|w-\bar{w}\|=d_T(w)>0$, $w-\bar{w}$ 是 T 在 $\bar{w}$ 处的邻近法向量, 并且 $w-\bar{w}\in N_T(\bar{w})$. 由于对所有的 $\tau\geqslant 0$, $\tau\bar{w}\in T$. 定义 $\varphi(\tau):=\|w-\tau\bar{w}\|^2$, 函数 $\varphi(\tau)$ 在 $\tau\geqslant 0$ 上的极小点在 $\tau=1$ 处达到, 即 $0=\varphi'(0)=-2\langle w-\bar{w},\bar{w}\rangle$. 令 $v:=(w-\bar{w})/\|w-\bar{w}\|$. 那么 $\|v\|=1$, $\langle v,\bar{w}\rangle=0$, 从而 $\langle v,w\rangle=\langle v,w-\bar{w}\rangle=\|w-\bar{w}\|=d_T(w)$. 由于 $v\in N_C(\bar{x})$, 由 (a) 知 $v\in N_T(\bar{w})$. 这就得到了 (b) 中的第一个结论, 并且第二个结论对 $w\notin T$ 时成立. 再由 $0=v\in N_C(\bar{x})\cap\mathbf{B}$ 知 (b) 中的第二个结论也成立. ■

现在我们来揭示法锥的极锥即正则切锥这一结论.

定理 1.6[73,Theorem 6.28] (切法的极关系) 对 $C \subset \Re^n$ 及 $\bar{x} \in C$,

(a) $\widehat{N}_C(\bar{x}) = T_C(\bar{x})^-$ 总是成立, 其中 "$-$" 为极运算;

(b) 只要 C 在 $\bar{x}$ 处是局部闭的, 那么 $\widehat{T}_C(\bar{x}) = N_C(\bar{x})^-$.

证明 (a) 可由命题 1.3 中的 (1.14) 得到. 现在证 (b). 对任意 $w \in \widehat{T}_C(\bar{x})$, $v \in N_C(\bar{x})$. 由 $N_C(\bar{x})$ 的定义, 存在序列 $\bar{x}^\nu \xrightarrow{C} \bar{x}$, $v^\nu \to v$, 满足 $v^\nu \in \widehat{N}_C(\bar{x}^\nu)$. 由 (1.17) 式知, 存在一序列 $w^\nu \to w$ 满足 $w^\nu \in T_C(\bar{x}^\nu)$. 由 (a) 有 $\langle v^\nu, w^\nu \rangle \leqslant 0$, 取极限有 $\langle v, w \rangle \leqslant 0$. 可见 $\widehat{T}_C(\bar{x}) \subset N_C(\bar{x})^-$ 成立.

现在设 $w \notin \widehat{T}_C(\bar{x})$. 要证 $w \notin N_C(\bar{x})^-$, 或换句话说, 对某个 $v \in N_C(\bar{x})$, 有 $\langle v, w \rangle > 0$. 由 (1.17), $w \notin \widehat{T}_C(\bar{x})$ 等价于存在 $\bar{x}^\nu \xrightarrow{C} \bar{x}$, $\varepsilon > 0$ 满足 $d(w, \widehat{T}_C(\bar{x}^\nu)) \geqslant \varepsilon$. 根据命题 1.5(b), 当 ν 充分大时, C 在 $\bar{x}^\nu$ 处是局部闭的. 从而存在 $v^\nu \in N_C(\bar{x}^\nu) \cap \mathbf{B}$ 满足 $\langle v^\nu, w \rangle \geqslant \varepsilon$. 设 v^ν 的聚点是 v, 则 $v \in N_C(\bar{x})$. 于是得到 $\langle v, w \rangle \geqslant \varepsilon$, 可见 $w \notin N_C(\bar{x})^-$. ■

如果 Clarke 正则性成立, 则切锥即正则切锥, 法锥即正则法锥, 它们都是闭凸锥.

推论 1.3[73,Corollary 6.29] (Clarke 正则性的刻画) 集合 C 在 $\bar{x} \in C$ 处是局部闭的, 则下述条件是等价的并且都意味着 C 在 $\bar{x}$ 处是正则的:

(a) $N_C(\bar{x}) = \widehat{N}_C(\bar{x})$, 即 $\bar{x}$ 处所有的法向量是正则的;

(b) $T_C(\bar{x}) = \widehat{T}_C(\bar{x})$, 即 $\bar{x}$ 处所有的切向量是正则的;

(c) $N_C(\bar{x}) = \{v : \langle v, w \rangle \leqslant 0, \forall w \in T_C(\bar{x})\} = T_C(\bar{x})^-$;

(d) $T_C(\bar{x}) = \{w : \langle v, w \rangle \leqslant 0, \forall v \in N_C(\bar{x})\} = N_C(\bar{x})^-$;

(e) $\langle v, w \rangle \leqslant 0$ 对所有的 $w \in T_C(\bar{x})$ 及 $v \in N_C(\bar{x})$ 成立;

(f) 映射 $\widehat{N}_C$ 在 $\bar{x}$ 处相对于 C 是外半连续的;

(g) 映射 T_C 在 $\bar{x}$ 处相对于 C 是内半连续的.

证明 在 C 于 $\bar{x}$ 处局部闭的前提下, (a) 即正则性的定义. 由包含关系 $\widehat{N}_C(\bar{x}) \subset N_C(\bar{x})$ 及 $\widehat{T}_C(\bar{x}) \subset T_C(\bar{x})$ 可得 (b), (c), (d), (e) 的等价性. 由等式 $N_C(\bar{x}) = \limsup_{C \ni x \to \bar{x}} \widehat{N}_C(x)$ 得到 (a) 与 (f) 的等价性. 由等式 $\widehat{T}_C(\bar{x}) = \liminf_{C \ni x \to \bar{x}} T_C(x)$ 得到 (g) 与 (b) 的等价性. ■

推论 1.4 (Clarke 正则性的结果) 如果 C 在 $\bar{x}$ 处是 Clarke 正则的, 则锥 $T_C(\bar{x})$ 与 $N_C(\bar{x})$ 是凸的并且互为极锥. 进一步, C 在 $\bar{x}$ 处是几何可导出的.

图 1.3.2 揭示了闭集合的切锥、正则切锥、法锥和正则法锥之间的关系. 可以看到, 由切锥可以生成其他三个锥, 而切锥却不能由其他锥生成.

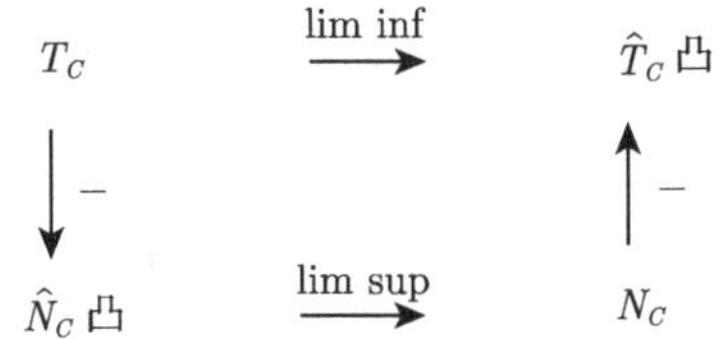

图 1.3.2 闭集合的切锥与法锥关系图

下述定理给出约束集合 $C = X \cap F^{-1}(D)$ 的切锥公式, 这一集合的法锥公式已由定理 1.4 给出.

定理 1.7[73,Theorem 6.31] (带有约束结构的集合的切锥) 集合 $X \subset \Re^n$, $D \subset \Re^m$ 都是闭集合. $F : \Re^n \to \Re^m$ 是 $\mathcal{C}^1$ 映射. 令集合 $C = \{x \in X : F(x) \in D\}$. 在任何点 $\bar{x} \in C$ 有

$$T_C(\bar{x}) \subset \{w \in T_X(\bar{x}) : \mathcal{J}F(\bar{x})w \in T_D(F(\bar{x}))\}.$$

若定理 1.4 中的约束规范在 $\bar{x}$ 处成立, 则有

$$\widehat{T}_C(\bar{x}) \supset \{w \in \widehat{T}_X(\bar{x}) : \mathcal{J}F(\bar{x})w \in \widehat{T}_D(F(\bar{x}))\}.$$

若 X 在点 $\bar{x}$ 处正则, D 在 $F(\bar{x})$ 处正则, 则有

$$T_C(\bar{x}) = \widehat{T}_C(\bar{x}) = \{w \in T_X(\bar{x}) : \mathcal{J}F(\bar{x})w \in T_D(F(\bar{x}))\}.$$

证明 第一个包含关系可由定义直接得到. 第二个包含关系及最后的等式关系由定理 1.4 中的法锥的包含关系、等式关系及定理 1.6(b) 和推论 1.3 中的极关系得到. ■

练习 1.1 (坐标变换下的正则切向量) 映射 $F : \Re^n \to \Re^m$ 是光滑映射, 集合 $D \subset \Re^m$. 令 $C = F^{-1}(D) \subset \Re^n$, $\bar{x} \in C$, $\bar{u} = F(\bar{x}) \in D$, 假设 $\mathcal{J}F(\bar{x})$ 具有满秩 m. 那么

$$\widehat{T}_C(\bar{x}) = \{w : \mathcal{J}F(\bar{x})w \in \widehat{T}_D(F(\bar{x}))\}.$$

定理 1.8[73,Theorem 6.42] (集合交的切锥与法锥) 令 $C = C_1 \cap \cdots \cap C_m$, 其中 $C_i \subset \Re^n$ 是闭集合, 设 $\bar{x} \in C$. 则

$$T_C(\bar{x}) \subset T_{C_1}(\bar{x}) \cap \cdots \cap T_{C_m}(\bar{x}),$$
$$\widehat{N}_C(\bar{x}) \supset \widehat{N}_{C_1}(\bar{x}) + \cdots + \widehat{N}_{C_m}(\bar{x}).$$

在下述条件下: $v_i \in N_{C_i}(\bar{x})$ 与 $v_1 + \cdots + v_m = 0$ 必推出对所有的 i 有 $v_i = 0$(对于 $m = 2$ 的情况, 如果 C_1 与 C_2 是凸集合且不能分离, 则这一条件成立), 有

$$\widehat{T}_C(\bar{x}) \supset \widehat{T}_{C_1}(\bar{x}) \cap \cdots \cap \widehat{T}_{C_m}(\bar{x}),$$
$$N_C(\bar{x}) \subset N_{C_1}(\bar{x}) + \cdots + N_{C_m}(\bar{x}).$$

如果还有, 每个 C_i 在 $\bar{x}$ 处均是正则的, 则 C 在 x 处是正则的,

$$T_C(\bar{x}) = T_{C_1}(\bar{x}) \cap \cdots \cap T_{C_m}(\bar{x}),$$
$$N_C(\bar{x}) = N_{C_1}(\bar{x}) + \cdots + N_{C_m}(\bar{x}).$$

证明 应用定理 1.4 与定理 1.7, 其中 $D := C_1 \times \cdots \times C_m \subset (\Re^n)^m$, 映射为 $F : x \to (x, \cdots, x) \in (\Re^n)^m$, $X = \Re^n$. ■

1.3.2 二阶切集

为了二阶分析, 尤其是最优化问题的二阶最优性条件之描述的需要, 这里引入二阶切集的概念, 设 X 是有限维 Hilbert 空间, S 是 X 的子集.

定义 1.9 集合极限

$$T_S^{i,2}(x,h) = \liminf_{t \downarrow 0} \frac{S - x - th}{\frac{1}{2}t^2},$$

$$T_S^2(x,h) = \limsup_{t \downarrow 0} \frac{S - x - th}{\frac{1}{2}t^2}$$

分别称为 S 在点 x 沿方向 h 的内二阶切集与外二阶切集.

利用距离函数, 这两个切集可表示为如下形式

$$T_S^{i,2}(x,h) = \left\{ w \in X : d\left(x + th + \frac{1}{2}t^2 w, S\right) = o(t^2), t \geqslant 0 \right\},$$

$$T_S^2(x,h) = \left\{ w \in X : \exists t_n \downarrow 0, \quad d\left(x + t_n h + \frac{1}{2}t_n^2 w, S\right) = o(t_n^2) \right\}.$$

由上述的定义显然有 $T_S^{i,2}(x,h) \subset T_S^2(x,h)$. 若 $T_S^{i,2}(x,h)$ 是非空的, 则 $d(x+th,S) = O(t^2)$, $t \geqslant 0$. 所以, 只有 $h \in T_S^i(x)$ 时, 内二阶切集 $T_S^{i,2}(x,h)$ 才可能非空. 类似地, 若 $T_S^2(x,h)$ 是非空的, 则存在序列 $t_n \downarrow 0$ 满足 $d(x + t_n h, S) = O(t_n^2)$. 因此, 只有 $h \in T_S(x)$, 外二阶切集 $T_S^2(x,h)$ 才可能是非空的. 因为内外集合极限是闭的, 有两个集合 $T_S^{i,2}(x,h)$ 与 $T_S^2(x,h)$ 是闭的. 容易验证

$$T_S^{i,2}(x,\alpha h) = \alpha^2 T_S^{i,2}(x,h), \quad T_S^2(x,\alpha h) = \alpha^2 T_S^2(x,h), \quad \forall \alpha > 0.$$

若 S 是凸的, 距离函数 $d(\cdot,S)$ 是凸的. 可验证内二阶切集 $T_S^{i,2}(x,h)$ 是凸的. 另一方面, 即使 S 是凸集, 外二阶切集 $T_S^2(x,h)$ 也可能是非凸的.

距离函数 $d(\cdot,S)$ 是 Lipschitz 连续的 (模为 1). 因此, 若当 $t \downarrow 0$ 时, $w(t) \to w$ 且 $d\left(x + th + \frac{1}{2}t^2 w(t), S\right) = o(t^2)$, 则 $w \in T_S^{i,2}(x,h)$, 对外二阶切集 $T_S^2(x,h)$ 也有类似的结果. 即 $T_S^{i,2}(x,h)$ 与 $T_S^2(x,h)$ 是闭的.

也可从下述的观点来看二阶切集. 用 Σ 记收敛到 0 的正数序列 $\{t_n\}$ 的集合. 对序列 $\sigma=\{t_n\}\in\Sigma$, 定义下述 (内) 序列二阶切集

$$T_S^{i,2,\sigma}(x,h)=\left\{w:d\left(x+t_nh+\frac{1}{2}t_n^2w,S\right)=o(t_n^2)\right\},$$

或等价地,

$$T_S^{i,2,\sigma}(x,h)=\liminf_{n\to\infty}\frac{S-x-t_nh}{\frac{1}{2}t_n^2}.$$

对任何 $\sigma\in\Sigma$, 集合 $T_S^{i,2,\sigma}(x,h)$ 是闭的, 且在 S 为凸的情况下是凸集. 显然, 取 $\sigma\in\Sigma$ 的所有的 $T_S^{i,2,\sigma}(x,h)$ 的交是集合 $T_S^{i,2}(x,h)$, 所有的 $T_S^{i,2,\sigma}(x,h)$ 的并是 $T_S^2(x,h)$.

注意, 即使是对凸集, 内二阶切集与外二阶切集也可能是不同的.

定义 1.10 称集合 S 在 $x\in S$ 处沿方向 $h\in T_S(x)$ 是二阶方向可微的, 若 $T_S^i(x)=T_S(x)$ 且 $T_S^{i,2}(x,h)=T_S^2(x,h)$.

若 S 在 $x\in S$ 处沿方向 $h\in T_S(x)$ 是二阶方向可微的, 则当然有对任何的 $\sigma\in\Sigma$, $T_S^{i,2,\sigma}(x,h)=T_S^{i,2}(x,h)$.

命题 1.6[9,Proposition 3.34] 设 S 是一凸集, 则对任意的 $x\in S,h\in T_S(x),\sigma=\{t_n\}\in\Sigma$. 下述包含关系成立:

$$T_S^{i,2,\sigma}(x,h)+T_{T_S(x)}(h)\subset T_S^{i,2,\sigma}(x,h)\subset T_{T_S(x)}(h). \tag{1.20}$$

证明 令 $w\in T_S^{i,2,\sigma}(x,h)$, 即 $x+t_nh+\frac{1}{2}t_n^2w+o(t_n^2)\in S$. 考虑一点 $z\in S$. 因为 S 是凸的, $x\in S$, 则对任何 $\alpha>0$ 及满足 $\alpha t_n\leqslant 1$ 的 t_n, 有 $x+\alpha t_n(z-x)\in S$. 将上述两个包含关系取权数是 $\left(1-\frac{1}{2}\beta t_n\right)$ 与 $\frac{1}{2}\beta t_n$ 的凸组合, 其中 $\beta>0\Big($设 t_n 充分小使 $\frac{1}{2}\beta t_n<1\Big)$, 得到

$$x+t_nh+\frac{1}{2}t_n^2\{w+\beta[\alpha(z-x)-h]\}+o(t_n^2)\in S,$$

因此有

$$w+\beta[\alpha(z-x)-h]\in T_S^{i,2,\sigma}(x,h).$$

由于 $z-x$ 是 $\mathcal{R}_S(x)$① 中的任意元素, $T_S^{i,2,\sigma}(x,h)$ 是闭的, 得

$$w+\beta[T_S(x)-h]\subset T_S^{i,2,\sigma}(x,h),$$

因为 $\beta>0$ 是任意的, $T_S(x)$ 是凸的, 同样可得

$$w+T_{T_S(x)}(h)\subset T_S^{i,2,\sigma}(x,h),$$

① 这里 $\mathcal{R}_S(x)$ 表示集合 S 在 x 处的雷达锥, 当 S 为闭凸集时, 切锥等于雷达锥的闭包, 即 $T_S(x)=\mathrm{cl}[\mathcal{R}_s(x)]$, 详见 [9, Proposition 2.55].

即第一包含关系成立.

对凸集 $S, x \in S$, 包含关系 $S \subset x + T_S(x)$ 总是成立的. 这得到

$$d\left(x + t_n h + \frac{1}{2}t_n^2 w, S\right) \geqslant d\left(t_n h + \frac{1}{2}t_n^2 w, T_S(x)\right),$$

因上述不等式的左端是 $o(t_n^2)$ 阶的, 我们得到 $d\left(t_n h + \frac{1}{2}t_n^2 w, T_S(x)\right) = o(t_n^2)$. 这表明 $\frac{1}{2}w \in T_{T_S(x)}(h)$. 因而由于 $T_{T_S(x)}(h)$ 是一锥, (1.20) 的第二包含关系成立. ■

我们将在讨论最优性理论时看到, 公式 (1.20) 在研究问题 $\min\{f(x) : G(x) \in K\}$ 的二阶必要性条件时起着重要的作用.

对凸集 S, 由 (1.20) 可得下述包含关系

$$T_S^{i,2}(x,h) + T_{T_S(x)}(h) \subset T_S^{i,2}(x,h) \subset T_{T_S(x)}(h),$$

$$T_S^2(x,h) + T_{T_S(x)}(h) \subset T_S^2(x,h) \subset T_{T_S(x)}(h).$$

则, 若 $0 \in T_S^2(x,h)$, 有 $T_S^2(x,h) = T_{T_S(x)}(h)$. 进一步, 若 $0 \in T_S^{i,2}(x,h)$, 即有 $d(x+th, S) = o(t^2)$, 这三个集合重合, 即

$$T_S^{i,2}(x,h) = T_S^2(x,h) = T_{T_S(x)}(h).$$

尤其, 若 $\mathcal{R}_S(x) = T_S(x)$, 例如, 集合 S 是多面体集, 则 $0 \in T_S^{i,2}(x,h)$, 因而上述三个集合相同. 注意到, 若 $h \in T_S(x)$, 我们有

$$T_{T_S(x)}(h) = \mathrm{cl}\{T_S(x) + [\![h]\!]\}.$$

注意, 由包含关系 (1.20) 可推出, 若 $T_S^{i,2,\sigma}(x,h)$ 是非空的, 则 $[T_S^{i,2,\sigma}(x,h)]^\infty$ 与锥 $T_{T_S(x)}(h)$ 相等, 同样地, 对 $T_S^{i,2}(x,h)$ 与 $T_S^2(x,h)$ 也有类似的结论.

1.3.3 函数的广义微分及次梯度

设函数 $f : \Re^n \to \overline{\Re}$ 在 $\bar{x}$ 点取有限值, 差商函数 $\Delta_\tau f(\bar{x}) : \Re^n \to \overline{\Re}$ 定义为

$$\Delta_\tau f(\bar{x})(w) := \frac{f(\bar{x}+\tau w) - f(\bar{x})}{\tau}, \quad \tau \neq 0, \tag{1.21}$$

其中 τ 趋于 0.

称 f 在 $\bar{x}$ 处可微, 若存在向量 $v \in \Re^n$, 满足

$$f(x) = f(\bar{x}) + \langle v, x - \bar{x}\rangle + o(\|x - \bar{x}\|). \tag{1.22}$$

满足上述可微性定义的向量 v 至多只有一个. 若这样的 v 存在, 则称其为 f 在 $\bar{x}$ 点处的梯度, 记为 $\nabla f(\bar{x})$. 此时有

$$\lim_{\tau\to 0} \frac{f(\bar{x}+\tau w) - f(\bar{x})}{\tau} = \langle \nabla f(\bar{x}), w\rangle, \tag{1.23}$$

上式左边的极限为 f 在 $\bar{x}$ 点沿方向 w 的方向导数.

下面介绍函数的方向导数与上图导数.

定义 1.11 设 X 与 Y 是有限维 Hilbert 空间, 考虑映射 $f: X \to Y$.

(a) 称 f 在 $x \in X$ 处沿方向 $h \in X$ 是方向可微的, 若极限

$$f'(x;h) = \lim_{t \downarrow 0} \frac{f(x+th) - f(x)}{t}$$

存在. 若 f 在 x 处沿每一方向 $h \in X$ 均是方向可微的, 则称 f 在 x 处是方向可微的, $f'(x;h)$ 称为函数 f 在 x 处沿方向 h 的方向导数.

(b) 称 f 在 x 处是 Fréchet 意义方向可微的, 若 f 在 x 处是方向可微的且

$$f(x+h) = f(x) + f'(x;h) + o(\|h\|), \quad h \in X.$$

若 $f'(x;\cdot)$ 还是线性的、连续的, 则称 f 在 x 处是 Fréchet 可微的.

定义 1.12 f 在 x 处的下方向上图导数 $f_-^{\downarrow}(x;\cdot)$ 定义为

$$f_-^{\downarrow}(x;\cdot) = e - \liminf_{t \downarrow 0} \Delta_t f(x);$$

上方向上图导数 $f_+^{\downarrow}(x;\cdot)$ 定义为

$$f_+^{\downarrow}(x;\cdot) = e - \limsup_{t \downarrow 0} \Delta_t f(x).$$

若 $f_-^{\downarrow}(x;h) = f_+^{\downarrow}(x;h)$, 则称 f 在 x 处沿方向 h 是方向上图可微的, 记 $f^{\downarrow}(x;h)$ 为它们公共的值, 称之为 f 在 x 处沿方向 h 的上图导数; 如果 $f_-^{\downarrow}(x;\cdot) = f_+^{\downarrow}(x;\cdot)$, 则称 f 在 x 处是上图可微的, 记 $f^{\downarrow}(x;\cdot) = f_-^{\downarrow}(x;\cdot) = f_+^{\downarrow}(x;\cdot)$.

如果 f 在 x 附近是 Lipschitz 连续的, 则对所有的 $h \in X$, 有 $f_-^{\downarrow}(x;h) = f_-'(x;h)$ 且 $f_+^{\downarrow}(x;h) = f_+'(x;h)$. 若 f 是方向可微的, 下述极限存在, 则二阶方向导数定义为

$$f''(x;h,w) = \lim_{t \downarrow 0} \frac{f\left(x + th + \dfrac{1}{2}t^2 w\right) - f(x) - tf'(x;h)}{\dfrac{1}{2}t^2}.$$

上二阶方向导数定义为

$$f_+''(x;h,w) = \limsup_{t \downarrow 0} \frac{f\left(x + th + \dfrac{1}{2}t^2 w\right) - f(x) - tf'(x;h)}{\dfrac{1}{2}t^2}.$$

下二阶方向导数定义为

$$f''_-(x;h,w)=\liminf_{t\downarrow 0}\frac{f\left(x+th+\dfrac{1}{2}t^2w\right)-f(x)-tf'(x;h)}{\dfrac{1}{2}t^2}.$$

设 $f(x)$ 与方向上图导数 $f_-^{\downarrow}(x;h)$, $f_+^{\downarrow}(x;h)$ 是有限的, 可以定义下二阶上图导数与上二阶上图导数

$$f_-^{\downarrow\downarrow}(x;h,\cdot)=e-\liminf_{t\downarrow 0}\frac{f\left(x+th+\dfrac{1}{2}t^2\cdot\right)-f(x)-tf_-^{\downarrow}(x;h)}{\dfrac{1}{2}t^2},$$

$$f_+^{\downarrow\downarrow}(x;h,\cdot)=e-\limsup_{t\downarrow 0}\frac{f\left(x+th+\dfrac{1}{2}t^2\cdot\right)-f(x)-tf_+^{\downarrow}(x;h)}{\dfrac{1}{2}t^2},$$

称 f 在 x 处沿方向 h 是二阶方向上图可微的, 若 $f_-^{\downarrow}(x;h)=f_+^{\downarrow}(x;h)$, $f_-^{\downarrow\downarrow}(x;h,\cdot)=f_+^{\downarrow\downarrow}(x;h,\cdot)$. 再次注意到, 若 $f(\cdot)$ 是 Lipschitz 连续的, 在 x 处方向可微, 则对 $h,w\in X$ 有 $f_-^{\downarrow\downarrow}(x;h,\cdot)=f''_-(x;h,\cdot)$ 且 $f_+^{\downarrow\downarrow}(x;h,\cdot)=f''_+(x;h,\cdot)$.

将 $\Delta_\tau f(\bar{x})(\cdot)$ 视为以函数为值的映射, $\tau\downarrow 0$ 时的下上图极限总是存在的, 将它定义为函数的次导数.

定义 1.13 设函数 $f:\Re^n\to\overline{\Re}$ 在 $\bar{x}$ 点取有限值, 其次导数 $df(\bar{x}):\Re^n\to\overline{\Re}$ 定义为

$$df(\bar{x})(\bar{w}):=\liminf_{\tau\downarrow 0,w\to\bar{w}}\frac{f(\bar{x}+\tau w)-f(\bar{x})}{\tau}.$$

由凸分析知道, 如果 f 是凸函数, 它在 $\bar{x}\in\mathrm{dom}\,f$ 处可能是不可微的, 梯度和微分是不存在的, 但可定义次微分

$$\partial f(\bar{x})=\{v:f(x)\geqslant f(\bar{x})+\langle v,x-\bar{x}\rangle,\forall x\in\Re^n\}.$$

如果 f 不是凸函数, 下面讨论如何定义它的次微分.

如果 f 不是连续的, 需要 f-可达意义下的收敛性:

$$x^\nu\xrightarrow{f}\bar{x}\Longleftrightarrow x^\nu\to\bar{x}\text{且}f(x^\nu)\to f(\bar{x}).\tag{1.24}$$

定义 1.14 (次梯度) 设函数 $f:\Re^n\to\overline{\Re}$ 在 $\bar{x}$ 点取有限值, 对于向量 $v\in\Re^n$, 称

(a) v 是 f 在 $\bar{x}$ 点的正则次梯度, 记为 $v\in\widehat{\partial}f(\bar{x})$, 若

$$f(x)\geqslant f(\bar{x})+\langle v,x-\bar{x}\rangle+o(\|x-\bar{x}\|);\tag{1.25}$$

(b) v 是 f 在 $\bar{x}$ 点的次梯度, 记为 $v\in\partial f(\bar{x})$, 若存在序列 $x^\nu \xrightarrow{f} \bar{x}$, $v^\nu\in\widehat{\partial} f(x^\nu)$, 使得 $v^\nu\to v$;

(c) v 是 f 在 $\bar{x}$ 点的地平次梯度, 记为 $v\in\partial^\infty f(\bar{x})$, 若存在序列 $x^\nu \xrightarrow{f} \bar{x}$, $v^\nu\in\widehat{\partial} f(x^\nu)$, 满足对某一序列 $\lambda^\nu\downarrow 0$ 有 $\lambda^\nu v^\nu\to v$, 换言之, $v^\nu\to \mathrm{dir}\, v$(或 $v=0$).

命题 1.7 (正则次梯度的变分描述) $v\in\widehat{\partial} f(\bar{x})$ 当且仅当在 $\bar{x}$ 的某个邻域上存在函数 $h\leqslant f$, 满足 $h(\bar{x})=f(\bar{x})$ 且 h 在 $\bar{x}$ 点处可微, $\nabla h(\bar{x})=v$. 进一步, h 可以取为光滑函数且满足对所有 $\bar{x}$ 附近的点 $x\neq\bar{x}$, 有 $h(x)<f(x)$.

证明 由定理 1.3 的证明知, 某一项形式为 $o(\|x-\bar{x}\|)$ 当且仅当它的绝对值在 $\bar{x}$ 点的某邻域上, 以满足 $\nabla k(\bar{x})=0$ 的函数 k 为上界, 实际上 k 可以选取为光滑的且远离 $\bar{x}$ 时取正值的函数. ■

1.3.4 映射的图微分

对于集值映射, 可以通过图定义集值映射的导数.

定义 1.15 (图导数与伴同导数) 设映射 $S:\Re^n\rightrightarrows\Re^m$, 点 $\bar{x}\in\mathrm{dom}\, S$. S 在 $\bar{x}$ 点关于 $\bar{u}\in S(\bar{x})$ 的图导数 (graphical derivative)$DS(\bar{x}|\bar{u}):\Re^n\rightrightarrows\Re^m$ 定义为

$$z\in DS(\bar{x}|\bar{u})(w)\Longleftrightarrow (w,z)\in T_{\mathrm{gph}\ S}(\bar{x},\bar{u}),$$

伴同导数 (coderivative)$D^*S(\bar{x}|\bar{u}):\Re^n\rightrightarrows\Re^m$ 定义为

$$v\in D^*S(\bar{x}|\bar{u})(y)\Longleftrightarrow (v,-y)\in N_{\mathrm{gph}\ S}(\bar{x},\bar{u}).$$

若 S 在 $\bar{x}$ 点是单值的, 即 $S(\bar{x})=\{\bar{u}\}$, 则 $DS(\bar{x}|\bar{u})$ 与 $D^*S(\bar{x}|\bar{u})$ 可以简记为 $DS(\bar{x})$ 与 $D^*S(\bar{x})$. 类似地, 正则导数 (regular derivative) $\widehat{D}(\bar{x}|\bar{u}):\Re^n\rightrightarrows\Re^m$ 和正则伴同导数 (regular coderivative)$\widehat{D}^*(\bar{x}|\bar{u}):\Re^n\rightrightarrows\Re^m$ 定义为

$$z\in \widehat{D}S(\bar{x}|\bar{u})(w)\Longleftrightarrow (w,z)\in \widehat{T}_{\mathrm{gph}\ S}(\bar{x},\bar{u}),$$

$$v\in \widehat{D}^*S(\bar{x}|\bar{u})(y)\Longleftrightarrow (v,-y)\in \widehat{N}_{\mathrm{gph}\ S}(\bar{x},\bar{u}).$$

图 1.3.3 给出一个集值映射 S 的图 G, 从 G 在点 $(\bar{x},\bar{u})$ 处的切锥和法锥可以描绘出图导数和伴同导数的图.

图导数和伴同导数还可以用另外的形式表述. 比如将 (1.12) 用于 $T_{\mathrm{gph}\ S}(\bar{x},\bar{u})$ 可推出下述公式

$$DS(\bar{x}|\bar{u})(\bar{w})=\limsup_{\tau\downarrow 0, w\to\bar{w}}\frac{S(\bar{x}+\tau w)-\bar{u}}{\tau}. \tag{1.26}$$

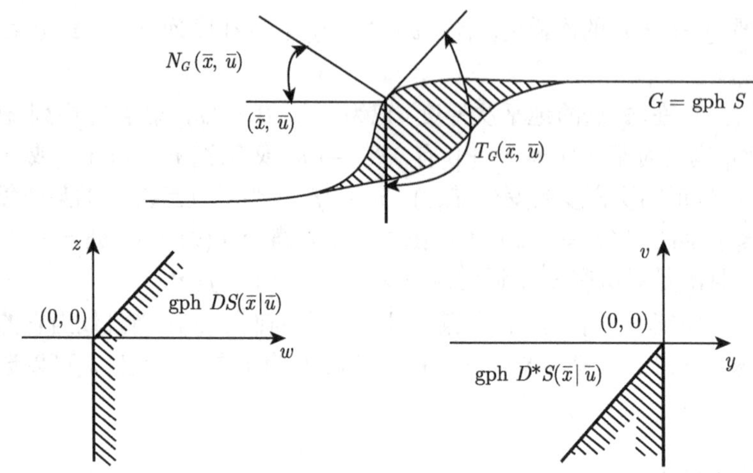

图 1.3.3 图微分

很容易给出逆映射的图微分的下述表达式:

$$\begin{aligned} z \in DS(\bar{x}|\bar{u})(w) &\Longleftrightarrow w \in D(S^{-1})(\bar{u}|\bar{x})(z), \\ v \in D^*S(\bar{x}|\bar{u})(y) &\Longleftrightarrow -y \in D^*(S^{-1})(\bar{u}|\bar{x})(-v). \end{aligned} \tag{1.27}$$

命题 1.8 (图导数与伴同导数的基本性质) 设映射 $S : \Re^n \rightrightarrows \Re^m$, 点 $\bar{x} \in \text{dom } S$, $\bar{u} \in S(\bar{x})$, 有映射 $DS(\bar{x}|\bar{u}), \widehat{D}S(\bar{x}|\bar{u})$, $D^*S(\bar{x}|\bar{u})$ 和 $\widehat{D}^*S(\bar{x}|\bar{u})$ 是外半连续、正齐次的, 并且 $\widehat{D}S(\bar{x}|\bar{u})$, $\widehat{D}^*S(\bar{x}|\bar{u})$ 是图凸的, 进而是次线性的, 且

$$\widehat{D}S(\bar{x}|\bar{u})(w) \subset DS(\bar{x}|\bar{u})(w), \quad \widehat{D}^*S(\bar{x}|\bar{u})(y) \subset D^*S(\bar{x}|\bar{u})(y).$$

若 gph S 在 $(\bar{x}, \bar{u})$ 是局部闭的, 特别地, 若 S 是外半连续的, 有

$$\begin{aligned} v \in \widehat{D}^*S(\bar{x}|\bar{u})(y) &\Longleftrightarrow \langle v, w\rangle \leqslant \langle y, z\rangle, \text{ 当} z \in DS(\bar{x}|\bar{u})(w), \\ z \in \widehat{D}S(\bar{x}|\bar{u})(w) &\Longleftrightarrow \langle v, w\rangle \leqslant \langle y, z\rangle, \text{ 当} v \in D^*S(\bar{x}|\bar{u})(y). \end{aligned} \tag{1.28}$$

证明 注意到, 当 S 是外半连续的, 对于 $\bar{u} \in S(\bar{x})$, gph S 在 $(\bar{x}, \bar{u})$ 处是局部闭的. 由切锥、正则切锥、正则法锥与法锥的定义以及图导数和伴同导数的定义即可得到所有的结论. ■

(1.28) 中的公式可以理解为一般的 "伴随" 关系. 对任意一个次线性映射 $H : \Re^n \rightrightarrows \Re^m$, 它的上伴随 (upper adjoint)$H^{*+} : \Re^m \rightrightarrows \Re^n$ 总是次线性、外半连续的, 有如下定义:

$$H^{*+}(y) = \{v \mid \langle v, w\rangle \leqslant \langle z, y\rangle, \text{ 当} z \in H(w)\}.$$

下伴随 (lower adjoint) $H^{*-}:\Re^m \rightrightarrows \Re^n$ 同样也是次线性、外半连续的,

$$H^{*-}(y)=\{v\,|\,\langle v,w\rangle \geqslant \langle z,y\rangle, 当 z\in H(w)\}.$$

这些伴随映射的图与 gph H 的极锥并不一致, 只有当 gph H 与它的极锥都是子空间时 (此时称 H 是一个广义线性映射 (generalized linear mapping)), 通过改变某些分量的符号可保证两者一致. 当然, 即使不具备上述性质, 等式 $(H^{*+})^{*-}=(H^{*-})^{*+}=\mathrm{cl}\ H$ 也是成立的.

在上下伴随的符号下, 公式 (1.28) 意味着

$$\widehat{D}^*S(\bar{x}|\bar{u})=DS(\bar{x}|\bar{u})^{*+},\quad \widehat{D}S(\bar{x}|\bar{u})=D^*S(\bar{x}|\bar{u})^{*-}.$$

图 1.3.4 揭示了外半连续映射的图导数与伴同导数的共轭关系.

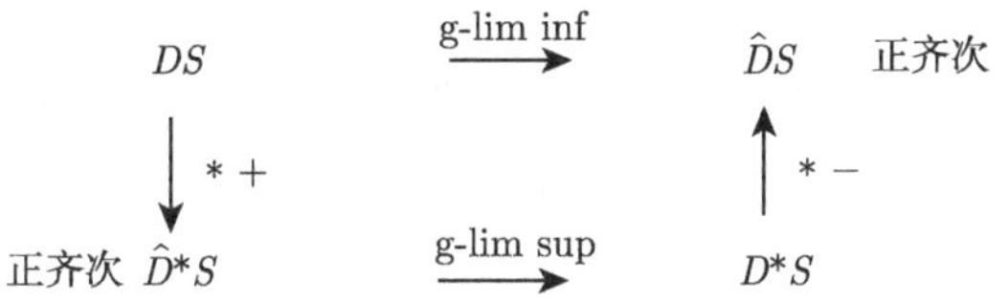

$$\begin{array}{ccc} DS & \xrightarrow{\text{g-lim inf}} & \widehat{D}S \quad 正齐次 \\ \downarrow{\scriptstyle *+} & & \uparrow{\scriptstyle *-} \\ 正齐次\ \widehat{D}^*S & \xrightarrow{\text{g-lim sup}} & D^*S \end{array}$$

图 1.3.4 外半连续映射的图导数与伴同导数的关系

为了研究单值 Lipschitz 函数的可逆性, 我们需要如下的严格图导数的概念.

定义 1.16 (严格图导数) 设映射 $S:\Re^n \rightrightarrows \Re^m$, $\bar{u}\in S(\bar{x})$, S 在 $\bar{x}$ 处对 $\bar{u}$ 的严格导数映射 (strict derivative mapping)$D_*S(\bar{x}|\bar{u}):\Re^n \rightrightarrows \Re^m$ 定义为

$$\begin{aligned} D_*S(\bar{x}|\bar{u})(w):=\Big\{z:\exists\tau^\nu\downarrow 0,(x^\nu,u^\nu)\xrightarrow{\text{gph}\,S}(\bar{x},\bar{u}),w^\nu\to w,\\ 满足 z^\nu\in[S(x^\nu+\tau^\nu w^\nu)-u^\nu]/\tau^\nu,z^\nu\to z\Big\}, \end{aligned}\tag{1.29}$$

或换言之,

$$D_*S(\bar{x}|\bar{u}):=\text{g-}\limsup_{\tau\downarrow 0,(x,u)\xrightarrow{\text{gph}\,S}(\bar{x},\bar{u})}\Delta_\tau S(x|u).$$

对于 Lipschitz 连续映射 F, 严格图导数 $D_*F(x)(u)$ 即 Thibault[88, 89] 定义的导数, 后被 Kummer[40] 称为 Thibault 方向导数.

定义 1.17 (Thibault 方向导数) 对于 $x\in\mathcal{O}$ 和 $w\in\mathcal{X}$, 函数 $F:\mathcal{O}\to\mathcal{Y}$ 在 x 处沿方向 w 的 Thibault 方向导数 $D_*F(x)(w)$ 定义为

$$D_*F(\bar{x})(w)=\left\{z\ \middle|\ \exists\tau^\nu\downarrow 0,\ x^\nu\to\bar{x},\ 使得\ [F(x^\nu+\tau^\nu w)-F(x^\nu)]/\tau^\nu\to z\right\}.$$

1.4　投影算子的 Clarke 广义 Jacobian

设 Z 是一有限维的 Hilbert 空间, 内积为 $\langle\cdot,\cdot\rangle$, 引导的范数为 $\|\cdot\|$, 设 D 是 Z 的一非空的闭凸子集合. 对任何 $z\in Z$, 用 $\Pi_D(z)$ 记 z 到 D 上的投影:

$$\begin{cases}\min\limits_{y} & \dfrac{1}{2}\langle y-z,y-z\rangle\\ \text{s.t.} & y\in D.\end{cases}\tag{1.30}$$

称算子 $\Pi_D:Z\to Z$ 为到 D 上的投影算子. 本节以下内容取自 [82, Part II].

命题 1.9　设 D 是 Z 的一非空的闭凸子集合. 则点 $y\in D$ 是问题 (1.30) 的最优解当且仅当

$$\langle z-y,d-y\rangle\leqslant 0,\quad \forall d\in D.\tag{1.31}$$

证明　必要性. 设 $y\in D$ 是问题 (1.30) 的最优解. 任取 $d\in D$, 则对任何 $t\in[0,1]$, $y_t:=(1-t)y+td\in D$, 从而有

$$\|z-y_t\|^2\geqslant\|z-y\|^2,\quad \forall t\in[0,1],$$

这推出

$$\|(1-t)(z-y)+t(z-d)\|^2\geqslant\|z-y\|^2,\ \ \forall t\in[0,1].$$

因此,

$$(t^2-2t)\|z-y\|^2+2t(1-t)\langle z-y,z-d\rangle+t^2\|z-d\|^2\geqslant 0,\quad \forall t\in[0,1].$$

在上面的不等式两边同时除以 t, 再取 $t\downarrow 0$ 可得

$$-2\|z-y\|^2+2\langle z-y,z-d\rangle\geqslant 0,$$

即 (1.31) 成立.

充分性. 设 $y\in D$ 满足 (1.31). 假设 y 不是问题 (1.30) 的解. 则由假设可得

$$\langle z-y,\Pi_D(z)-y\rangle\leqslant 0,$$

由充分性部分,

$$\langle z-\Pi_D(z),y-\Pi_D(z)\rangle\leqslant 0.$$

将上述两个不等式相加可得

$$\langle\Pi_D(z)-y,\Pi_D(z)-y\rangle\leqslant 0.$$

这可推出 $y=\Pi_D(z)$. 此矛盾表明 y 是问题 (1.30) 的解. ■

如果 D 是一非空的闭凸锥, 则 (1.31) 等价于

$$\langle z-\Pi_D(z),\Pi_D(z)\rangle=0 \quad \text{且} \quad \langle z-\Pi_D(z),d\rangle\leqslant 0, \quad \forall d\in D\,. \tag{1.32}$$

投影算子 $\Pi_D(\cdot)$ 不但是单调的, 而且具有下述更强的性质.

命题 1.10 设 D 是 Z 的一非空的闭凸子集合. 则投影算子 $\Pi_D(\cdot)$ 满足

$$\langle y-z,\Pi_D(y)-\Pi_D(z)\rangle\geqslant\|\Pi_D(y)-\Pi_D(z)\|^2, \quad \forall y,z\in Z\,. \tag{1.33}$$

证明 令 $y,z\in Z$. 则由命题 1.9, 有

$$\langle z-\Pi_D(z),\Pi_D(y)-\Pi_D(z)\rangle\leqslant 0$$

与

$$\langle y-\Pi_D(y),\Pi_D(z)-\Pi_D(y)\rangle\leqslant 0\,.$$

将上面两个不等式相加即得到不等式 (1.33). ■

注意到 (1.33) 可推出

$$\|\Pi_D(y)-\Pi_D(z)\|\leqslant\|y-z\|, \quad \forall y,z\in Z\,.$$

所以度量投影 $\Pi_D(\cdot)$ 是全局 Lipschitz 连续的, Lipschitz 常数为 1. 度量投影是不可微的映射, 但有下述可微性结论.

命题 1.11 设 D 是 Z 的一非空的闭凸子集合. 令

$$\theta(z):=\frac{1}{2}\|z-\Pi_D(z)\|^2, \quad z\in Z\,.$$

则 θ 是连续可微的, 且

$$\nabla\theta(z)=z-\Pi_D(z)\,, \quad z\in Z\,.$$

证明 对任何 $z\in Z$, 令

$$Q(z):=z-\Pi_D(z).$$

则对 $\Delta z\to 0$, 有

$$\begin{aligned}&\theta(z+\Delta z)-\theta(z)\\=&\frac{1}{2}\langle Q(z+\Delta z)-Q(z),Q(z+\Delta z)+Q(z)\rangle\end{aligned}$$

$$
\begin{aligned}
&= \frac{1}{2}\langle \Delta z - [\Pi_D(z+\Delta z) - \Pi_D(z)], Q(z+\Delta z) + Q(z)\rangle \\
&= \langle \Delta z - [\Pi_D(z+\Delta z) - \Pi_D(z)], Q(z)\rangle + O(\|\Delta z\|^2) \\
&= \langle Q(z), \Delta z\rangle - \langle \Pi_D(z+\Delta z) - \Pi_D(z), Q(z)\rangle + O(\|\Delta z\|^2) \\
&= \langle Q(z), \Delta z\rangle - \langle \Pi_D(z+\Delta z) - \Pi_D(z), z - \Pi_D(z)\rangle + O(\|\Delta z\|^2) \\
&\geqslant \langle Q(z), \Delta z\rangle + O(\|\Delta z\|^2) \quad (\text{由 } (1.31)).
\end{aligned}
$$

类似地,

$$
\begin{aligned}
&\theta(z+\Delta z) - \theta(z) \\
&= \frac{1}{2}\langle \Delta z - [\Pi_D(z+\Delta z) - \Pi_D(z)], Q(z+\Delta z) + Q(z)\rangle \\
&= \langle \Delta z - [\Pi_D(z+\Delta z) - \Pi_D(z)], Q(z+\Delta z)\rangle + O(\|\Delta z\|^2) \\
&= \langle Q(z+\Delta z), \Delta z\rangle - \langle \Pi_D(z+\Delta z) - \Pi_D(z), Q(z+\Delta z)\rangle + O(\|\Delta z\|^2) \\
&= \langle Q(z), \Delta z\rangle + \langle \Pi_D(z) - \Pi_D(z+\Delta z), Q(z+\Delta z)\rangle + O(\|\Delta z\|^2) \\
&\leqslant \langle Q(z), \Delta z\rangle + O(\|\Delta z\|^2) \quad (\text{由 } (1.31)).
\end{aligned}
$$

因此 θ 在 z 处是 Fréchet 可微的, 且

$$
\nabla\theta(z) = z - \Pi_D(z).
$$

$\nabla\theta(\cdot)$ 的连续性由 $\Pi_D(\cdot)$ 的全局 Lipschitz 连续性得到. ■

回顾凸分析意义下的 D 在点 y 处的法锥 $N_D(y)$ 定义为

$$
N_D(y) = \begin{cases} \Big\{ d \in Y : \langle d, z - y\rangle \leqslant 0, \ \ \forall\, z \in D \Big\}, & y \in D, \\ \varnothing, & y \notin D. \end{cases}
$$

命题 1.12 设 D 是 Z 的一非空的闭凸子集合, 则 $\mu \in N_D(y)$ 当且仅当

$$
y = \Pi_D(y+\mu). \tag{1.34}
$$

证明 必要性. 设 $\mu \in N_D(y)$, 则 $y \in D$ 且

$$
\langle \mu, z - y\rangle \leqslant 0, \quad \forall\, z \in D.
$$

因此

$$
\langle (y+\mu) - y, z - y\rangle \leqslant 0, \quad \forall\, z \in D,
$$

则由命题 1.9, 可得 $y = \Pi_D(y+\mu)$.

充分性. 设 $y = \Pi_D(y+\mu)$, 则 $y \in D$. 由命题 1.9, 可得

$$\langle (y+\mu) - y, z - y\rangle \leqslant 0, \quad \forall z \in D,$$

即

$$\langle \mu, z - y\rangle \leqslant 0, \quad \forall z \in D.$$

因此 $\mu \in N_D(y)$. ■

命题 1.13 设 D 是 Z 的一非空的闭凸锥, 则任何 $z \in Z$ 可唯一地分解为

$$z = \Pi_D(z) + \Pi_{D^-}(z). \tag{1.35}$$

证明 令 $u := z - \Pi_D(z)$. 由 (1.32) 可得

$$\langle u, \Pi_D(z)\rangle = 0 \quad 且 \quad \langle u, d\rangle \leqslant 0, \quad \forall d \in D.$$

因此 $u \in D^-$, $\langle z - u, u\rangle = 0$,

$$\langle z-u, w\rangle = \langle z - (z - \Pi_D(z)), w\rangle = \langle \Pi_D(z), w\rangle \leqslant 0, \quad \forall w \in D^-.$$

因此, $u = \Pi_{D^-}(z)$. 分解的唯一性是显然的. ■

下述引理是关于 $\partial\Pi_K(\cdot)$ 的变分性质的.

引理 1.4 设 D 是 Z 的一非空的闭凸子集合. 对任何 $y \in Z$ 与 $V \in \partial\Pi_D(y)$,

(a) V 是自伴随的;

(b) $\langle d, Vd\rangle \geqslant 0, \forall d \in Z$;

(c) $\langle Vd, d - Vd\rangle \geqslant 0, \forall d \in Z$.

证明 (a) 定义 $\varphi: Z \to \Re$,

$$\varphi(z) := \frac{1}{2}[\langle z, z\rangle - \langle z - \Pi_D(z), z - \Pi_D(z)\rangle], \quad z \in Z.$$

则由命题 1.11, φ 是连续可微的,

$$\nabla\varphi(z) = z - [z - \Pi_D(z)] = \Pi_D(z), \quad z \in Z.$$

如果 $\Pi_D(\cdot)$ 在某一点 z 处是 Fréchet 可微的, 则 $\mathcal{J}\Pi_D(z)$ 是自伴随的. 因此作为 $\mathcal{J}\Pi_D(y^k)$ 的极限 V 也是自伴随的, 其中 $y^k \in \mathcal{D}_{\Pi_D}$ 是收敛于 y 的某一序列 (这里用 $\mathcal{D}_{\Pi_D}$ 记 Π_D 的可微点集合).

(b) 是 (c) 的特殊情况.

(c) 首先考虑 $z \in \mathcal{D}_{\Pi_D}$. 由命题 1.10, 对任何 $d \in Z$ 与 $t \geqslant 0$, 有

$$\langle \Pi_D(z+td) - \Pi_D(z), td \rangle \geqslant ||\Pi_D(z+td) - \Pi_D(z)||^2, \quad \forall t \geqslant 0.$$

因此

$$\langle \mathcal{J}\Pi_D(z)d, d \rangle \geqslant \langle \mathcal{J}\Pi_D(z)d, \mathcal{J}\Pi_D(z)d \rangle. \tag{1.36}$$

令 $V \in \partial \Pi_D(y)$, 则根据 Carathéodory 定理, 存在正整数 $\kappa > 0$, $V^i \in \partial_B \Pi_D(y)$, $i = 1, 2, \cdots, \kappa$ 满足

$$V = \sum_{i=1}^{\kappa} \lambda_i V^i,$$

其中 $\lambda_i \geqslant 0$, $i = 1, 2, \cdots, \kappa$, $\sum_{i=1}^{\kappa} \lambda_i = 1$.

令 $d \in Z$. 对每一 $i = 1, \cdots, \kappa$ 与 $k = 1, 2, \cdots$, 存在 $y^{i_k} \in \mathcal{D}_{\Pi_D}$ 满足

$$\|y - y^{i_k}\| \leqslant 1/k$$

与

$$||\mathcal{J}\Pi_D(y^{i_k}) - V^i|| \leqslant 1/k.$$

由 (1.36) 得

$$\langle \mathcal{J}\Pi_D(y^{i_k})d, d \rangle \geqslant \langle \mathcal{J}\Pi_D(y^{i_k})d, \mathcal{J}\Pi_D(y^{i_k})d \rangle.$$

因此

$$\langle V^i d, d \rangle \geqslant \langle V^i d, V^i d \rangle,$$

从而

$$\sum_{i=1}^{\kappa} \lambda_i \langle V^i d, d \rangle \geqslant \sum_{i=1}^{\kappa} \lambda_i \langle V^i d, V^i d \rangle. \tag{1.37}$$

定义 $\theta(z) := \|z\|^2$, $z \in Z$. 由 θ 的凸性可得

$$\theta\left(\sum_{i=1}^{\kappa} \lambda_i V^i d\right) \leqslant \sum_{i=1}^{\kappa} \lambda_i \theta(V^i d) = \sum_{i=1}^{\kappa} \lambda_i \langle V^i d, V^i d \rangle = \sum_{i=1}^{\kappa} \lambda_i \|V^i d\|^2.$$

于是

$$\sum_{i=1}^{\kappa} \lambda_i \|V^i d\|^2 \geqslant \left\langle \sum_{i=1}^{\kappa} \lambda_i V^i d, \sum_{i=1}^{\kappa} \lambda_i V^i d \right\rangle. \tag{1.38}$$

用 (1.37) 与 (1.38), 可得对所有的 $d \in Z$, 有

$$\langle Vd, d \rangle \geqslant \langle Vd, Vd \rangle.$$ ■

1.5 半光滑函数

设 $\mathcal{O} \subset \Re^n$ 为开集, $F : \mathcal{O} \to \Re^m$ 严格连续, 即局部 Lipschitz 连续的. 根据 Rademacher 定理[73,Section 9.J], 设 D 为由 F 的可微点构成的 $\mathcal{O}$ 的子集, 则 $\mathcal{O} \setminus D$ 是可忽略集, 即 F 在 $\mathcal{O}$ 中是几乎处处 (以 Lebesgue 测度) Fréchet 可微的. 对点 $\bar{x} \in \mathcal{O}$, 定义

$$\partial_B F(\bar{x}) := \left\{ A \in \Re^{m\times n} : \exists x^\nu \to \bar{x},\ x^\nu \in D,\ \mathcal{J}F(x^\nu) \to A \right\}.$$

则 $\partial_B F(\bar{x})$ 是非空紧致集合, 文献中把 $\partial_B F(\bar{x})$ 称为 F 在 $\bar{x}$ 处的 B-次微分, 则 Clarke 广义 Jacobian 定义为 $\partial F(\bar{x}) = \mathrm{con}\, \partial_B F(\bar{x})$.

对 Lipschitz 连续映射, 有下述中值定理.

引理 1.5[14,Lemma 2.6.5] 设 $F : \Re^n \to \Re^m$ 是开凸集合 $\mathcal{O} \subset \Re^n$ 上的 Lipschitz 连续函数, 则对任何 $x, y \in \mathcal{O}$,

$$F(y) - F(x) \in \mathrm{con}\ \partial F([x, y])(y - x),$$

其中 $\mathrm{con}\ \partial F([x, y]) = \mathrm{con}\ [\bigcup_{z\in[x,y]} \partial F(z)]$.

引理 1.6[60,Lemma 2.2] 设 Lipschitz 连续函数 $F : \Re^n \to \Re^m$ 在 x 的一邻域内是方向可微的, 则

(a) $F'(x; \cdot)$ 是 Lipschitz 连续的;

(b) 对任何 h, 存在 $V \in \partial F(x)$ 满足 $F'(x; h) = Vh$.

证明 设 L 是 F 在 x 点附近的 Lipschitz 常数. 对任何 $h, h' \in \Re^n$,

$$\begin{aligned}\|F'(x; h) - F'(x; h')\| &= \left\| \lim_{t\downarrow 0} \frac{F(x + th) - F(x + th')}{t} \right\| \\ &\leqslant \lim_{t\downarrow 0} \frac{\|F(x + th) - F(x + th')\|}{t} \leqslant L\|h - h'\|,\end{aligned}$$

这证得 (a).

对 $t_k \downarrow 0$, 由于 F 在 x 处方向可微, 对任何 $h \in \Re^n$,

$$F'(x; h) = \lim_{k\to\infty} \frac{F(x + t_k h) - F(x)}{t_k}.$$

根据引理 1.5, 存在 $V_k \in \mathrm{con}\ \partial F([x, x + t_k h])$ 满足

$$F(x + t_k h) - F(x) = V_k(t_k h),$$

于是得到

$$F'(x; h) = \lim_{k\to\infty} \{V_k h\}.$$

由于 F 在 x 附近是 Lipschitz 连续的, $\{V_k\}$ 是有界的, 存在 $\{k_i\} \subset \{1,2,\cdots\}$, $V \in \Re^{m\times n}$, $V_{k_i} \to V$. 根据 ∂F 的外半连续性, 得到 $V \in \partial F(x)$, 从而 $F'(x;h) = Vh$. 即 (b) 成立. ■

命题 1.14[60,Proposition 2.1]　设 F 在 $x \in \Re^n$ 处是局部 Lipschitz 连续的, 如果极限

$$\lim_{\substack{V \in \partial F(x+th) \\ t \downarrow 0}} \{Vh\} \tag{1.39}$$

对任何 $h \in \Re^n$ 均是存在的, 则 F 在 x 处是方向可微的, 方向导数 $F'(x;h)$ 等于这一极限, 即

$$F'(x;h) = \lim_{\substack{V \in \partial F(x+th) \\ t \downarrow 0}} \{Vh\}. \tag{1.40}$$

证明　如果 F 在 $x \in \Re^n$ 处是局部 Lipschitz 的, 则

$$\left\{ \frac{F(x+th)-F(x)}{t} \middle| t>0 \right\}$$

是有界的, 设 β 是上述比值当 $t \downarrow 0$ 时的任意一个聚点. 则存在 $t_j \downarrow 0$ 满足

$$\beta = \lim_{j\to\infty} \frac{F(x+t_jh)-F(x)}{t_j}.$$

只要证明 β 等于 (1.39) 中的极限值即可. 根据引理 1.5,

$$\frac{F(x+t_jh)-F(x)}{t_j} \in \operatorname{con} \partial F([x, x+t_jh])h.$$

根据 Carathéodory 定理, 存在 $t_k^j \in [0,t_j]$, $\lambda_k^j \in [0,1]$, $V_k^j \in \partial F([x, x+t_k^jh])$, $k = 0,\cdots,m$, $\sum_{k=0}^m \lambda_k^j = 1$, 满足

$$\frac{F(x+t_jh)-F(x)}{t_j} = \sum_{k=0}^m \lambda_k^j V_k^j h.$$

如有必要可以取子序列, 不妨设 $\lambda_k^j \to \lambda_j$, 有 $\lambda_j \in [0,1]$, $k = 0,\cdots,m$. 则

$$\begin{aligned}\beta &= \lim_{j\to\infty} \frac{F(x+t_jh)-F(x)}{t_j} \\ &= \lim_{j\to\infty} \left\{ \sum_{k=0}^m \lambda_k^j V_k^j h \right\} \\ &= \sum_{k=0}^m \lim_{j\to\infty} \lambda_k^j \lim_{j\to\infty} \left\{ V_k^j h \right\}\end{aligned}$$

$$= \sum_{k=0}^{m} \lambda_j \lim_{\substack{V \in \partial F(x+th) \\ t \downarrow 0}} \{Vh\}$$

$$= \lim_{\substack{V \in \partial F(x+th) \\ t \downarrow 0}} \{Vh\}. \qquad \blacksquare$$

称函数 F 在 x 点处是 B-可微的, 如果 F 在 x 处是方向可微的, 且

$$\lim_{h \to 0} \frac{F(x+h) - F(x) - F'(x;h)}{\|h\|} = 0. \tag{1.41}$$

关系式 (1.41) 可等价地表示为

$$F(x+h) = F(x) + F'(x;h) + o(\|h\|). \tag{1.42}$$

文献 [79] 证明, 一局部 Lipschitz 连续函数 F 在 x 处是 B-可微的充分必要条件是它在 x 处是方向可微的. 设 $F: \Re^n \to \Re^m$ 在 x 处是 B-可微的, 称 F 在 x 处是 2 度 B-可微的, 如果

$$F(x+h) = F(x) + F'(x;h) + O(\|h\|^2). \tag{1.43}$$

称方向导数 $F'(\cdot,\cdot)$ 在 x 处是半连续的 (semi-continuous), 如果对每一 $\varepsilon > 0$, 存在 x 的一邻域 N, 对所有 $x+h \in N$,

$$\|F'(x+h;h) - F'(x;h)\| \leqslant \varepsilon \|h\|.$$

称方向导数 $F'(\cdot,\cdot)$ 在 x 处是 2-度半连续的, 如果存在一常数 L 与 x 的一邻域 N, 对所有 $x+h \in N$,

$$\|F'(x+h;h) - F'(x;h)\| \leqslant L\|h\|^2.$$

注意, 下面的 G-半光滑性不需要映射的方向可微性.

定义 1.18 称局部 Lipschitz 连续函数 $F: \Re^n \to \Re^m$ 在 $x \in \Re^n$ 处是 G-半光滑的 (Gowda-semismoothness), 如果对 $h \to 0$, 对任意的 $V \in \partial F(x+h)$,

$$F(x+h) - F(x) - Vh = o(\|h\|).$$

如果上述条件替换为

$$F(x+h) - F(x) - Vh = O(\|h\|^2),$$

则称 F 在 x 处是强 G-半光滑的 (strong Gowda-semismoothness).

定义 1.19 称 F 在 x 处是半光滑的 (semismooth), 如果

$$\lim_{\substack{V \in \partial F(x+th') \\ h' \to h, t \downarrow 0}} \{Vh'\} \tag{1.44}$$

对任何 $h \in \Re^n$ 均是存在的.

定理 1.9[60,Theorem 2.3] 设 $F: \Re^n \to \Re^m$ 在 x 的一邻域内是方向可微的, 则下述性质是等价的:

(a) F 在 x 处是半光滑的;

(b) (1.44) 右端极限对所有限制在单位球面上的 h 是一致收敛的;

(c) (1.40) 右端极限对所有限制在单位球面上的 h 是一致收敛的;

(d) 对任何 $V \in \partial F(x+h)$, $h \to 0$,

$$Vh - F'(x;h) = o(\|h\|); \tag{1.45}$$

(e) 下述等式成立:

$$\lim_{\substack{x+h \in \mathcal{D}_F \\ h \to 0}} \frac{F'(x+h;h) - F'(x;h)}{\|h\|} = 0, \tag{1.46}$$

其中 $\mathcal{D}_F$ 是 F 的可微点集合.

证明 (a) $\Longrightarrow$ (b). 假设 (b) 不成立. 则存在 $\varepsilon > 0$, $\{h^k \in \Re^n : \|h^k\| = 1, k = 1, 2, \cdots\}$, $\|\overline{h}^k - h^k\| \to 0$, $t_k \downarrow 0$, $V^k \in \partial F(x + t_k \overline{h}^k)$ 满足, 对于 $k = 1, 2, \cdots$,

$$\|V^k \overline{h}^k - F'(x; h^k)\| \geqslant 2\varepsilon. \tag{1.47}$$

不妨设 $h^k \to h$, 当然有 $\overline{h}^k \to h$. 根据引理 1.6(a), 由 (1.47) 可推出对充分大的 k, 有

$$\|V^k \overline{h}^k - F'(x; h)\| \geqslant \varepsilon.$$

这与半光滑性的假设是矛盾的.

(b) $\Longrightarrow$ (c) $\Longrightarrow$ (d) 是显然的.

(d) $\Longrightarrow$ (a). 假设 F 在 x 处不是半光滑的. 则存在 $h \in \Re^n$, $h^k \to h$, $\varepsilon > 0$, $t_k \downarrow 0$, $V^k \in \partial F(x + t_k h^k)$ 满足

$$\|V^k h^k - F'(x; h)\| \geqslant 2\varepsilon, \quad \forall k = 1, 2, \cdots. \tag{1.48}$$

根据引理 1.6(a), 由 (1.48) 可推出, 对充分大的 k 有

$$\|V^k h^k - F(x; h^k)\| \geqslant \varepsilon.$$

这与 (1.45) 矛盾.

根据引理 1.6(b), (d)$\Longrightarrow$(e).

(e)$\Longrightarrow$(d). 对 $\varepsilon > 0$, 根据 (1.46), 存在 $\delta > 0$, 满足对任何 $h \in \Re^n$ 且 $\|h\| \leqslant \delta$, $x + h \in \mathcal{D}_F$,

$$\|F'(x+h;h) - F'(x;h)\| \leqslant \varepsilon\|h\|. \tag{1.49}$$

现在设 $\|h\| \leqslant \delta/2$, $V \in \partial F(x+h)$, 我们将证明

$$\|Vh - F'(x;h)\| \leqslant 5\varepsilon\|h\|. \tag{1.50}$$

由于 $\partial F(x) = \operatorname{con} \partial_B F(x)$, 有

$$Vh \in \operatorname{con}\left\{ \lim_{\substack{h^i \to h \\ x+h^i \in \mathcal{D}_F}} F'(x+h^i;h^i) \right\}.$$

根据 Carathéodory 定理, 存在 $d^i, i = 0, \cdots, m$, 满足

$$\|d^i - h\| \leqslant \min\{\delta/2, \varepsilon\|h\|, \varepsilon\|h\|/L\}, \quad x + d^i \in \mathcal{D}_F, \quad i = 0, \cdots, m,$$

其中 L 是 F 在 x 附近的 Lipschitz 常数且

$$\left\|Vh - \sum_{i=0}^{m} \lambda_i F'(x+d^i;h)\right\| \leqslant \varepsilon, \tag{1.51}$$

其中 $\lambda_i \geqslant 0, i = 0, \cdots, m$, $\sum_{i=0}^m \lambda_i = 1$. 根据 (1.49) 与引理 1.6(a) 可得

$$\begin{aligned}
&\left\|\sum_{i=0}^{m} \lambda_i F'(x+d^i;h) - F'(x;h)\right\| \\
\leqslant& \sum_{i=0}^{m} \lambda_i [\|F'(x+d^i;d^i) - F'(x+d^i;h)\| \\
&+ \|F'(x+d^i;d^i) - F'(x;d^i)\| + \|F'(x;h) - F'(x;d^i)\|] \\
\leqslant& \sum_{i=0}^{m} \lambda_i [L\|d^i - h\| + \varepsilon\|d^i\| + L\|d^i - h\|] \\
\leqslant& \sum_{i=0}^{m} \lambda_i \times 4\varepsilon\|h\| = 4\varepsilon\|h\|.
\end{aligned} \tag{1.52}$$

可见, 由 (1.51) 与 (1.52) 可得 (1.50). 这证得 (1.45). ■

引理 1.7[58,Lemma 2.3] 设 $F: \Re^n \to \Re^m$ 在 x 的一邻域内是方向可微的, 则下述性质是等价的:

(a) $F'(\cdot,\cdot)$ 在 x 处是 2 度半连续的;

(b) 对任何 $V \in \partial F(x+h)$, $h \to 0$,

$$Vh - F'(x;h) = O(\|h\|^2).$$

如果 (a) 或 (b) 成立, 则 F 在 x 处是 2 度 B-可微的.

证明　根据引理 1.6(b), 容易证明 (b)$\Longrightarrow$(a).

现在证明 (a)$\Longrightarrow$(b). 设存在常数 L 与 $0<\delta<1$ 满足对所有满足 $\|h\| \leqslant 2\delta$ 的 $h \in \Re^n$, $h', h'' \in \Re^n$,

$$\|F'(x+h;h') - F'(x+h;h'')\| \leqslant L\|h'-h''\|, \tag{1.53}$$

$$\|F'(x+h;h) - F'(x;h)\| \leqslant L\|h\|^2. \tag{1.54}$$

取 $h \in \Re^n$ 满足 $\|h\| \leqslant \delta$, $V \in \partial F(x+h)$. 根据广义 Jacobian 定义与 Carathéodory 定理, 存在 $h^i, i=0,\cdots,m$, 满足 $\|h^i - h\| \leqslant \min\{\delta, \varepsilon\|h\|^2\}$ 且 F 在 $x+h^i, i=0,\cdots,m$ 处是可微的,

$$\left\|Vh - \sum_{i=0}^m \lambda_i F'(x+h^i)h\right\| \leqslant \varepsilon L\|h\|^2, \tag{1.55}$$

其中 $\lambda_i \geqslant 0, i=0,\cdots,m$, $\sum_{i=0}^m \lambda_i = 1$, $1>\varepsilon>0$ 是一给定实数. 由 (1.53) 与 (1.54), 可得对 $k=0,\cdots,m$,

$$\begin{aligned}
\|F'(x+h^k)h^k - F'(x;h^k)\| &\leqslant L\|h^k\|^2 \leqslant L(\|h\| + \|h-h^k\|)^2 \\
&\leqslant L(\|h\| + \varepsilon\|h\|)^2 \leqslant L(1+3\varepsilon)\|h\|^2, \\
\|F'(x+h^k)h^k - F'(x+h^k)h\| &\leqslant L\|h^k - h\| \leqslant \varepsilon L\|h\|^2, \\
\|F'(x;h^k) - F'(x;h)\| &\leqslant L\|h^k - h\| \leqslant \varepsilon L\|h\|^2.
\end{aligned}$$

根据 (1.55) 与 (1.54),

$$\begin{aligned}
&\|Vh - F'(x;h)\| \\
\leqslant &\left\|Vh - \sum_{i=0}^m \lambda_i F'(x+h^i)h\right\| + \sum_{i=0}^m \lambda_i \|F'(x+h^i)h - F'(x;h)\| \\
\leqslant &\ \varepsilon L\|h\|^2 + \sum_{i=0}^m \lambda_i [\|F'(x+h^i)(h-h^i)\| \\
&+ \|F'(x;h^i) - F'(x;h)\| + \|F'(x+h^i)h^i - F'(x;h^i)\|] \\
\leqslant &\ \varepsilon L\|h\|^2 + \sum_{i=0}^m \lambda_i L(1+5\varepsilon)\|h\|^2 \\
= &\ (1+6\varepsilon)L\|h\|^2.
\end{aligned}$$

这就证得 (b).

设 (a) 成立. 令 $\phi(t)=F(x+th)$, 则 ϕ 在 $[0,1]$ 上是 Lipschitz 连续的, 从而在 $[0,1]$ 上是几乎处处可导的, 从而

$$
\begin{aligned}
F(x+h)-F(x) &= \phi(1)-\phi(0)\\
&= \int_0^1 \phi'(t)dt\\
&= \int_0^1 F'(x+th;h)dt\\
&= \int_0^1 [F'(x;h)+O(\|th\|^2)]dt\\
&= F'(x;h)+O(\|h\|^2).
\end{aligned}
$$

因此 F 在 x 处是 2 度 B-可微的. ■

下面的两个引理是关于复合函数 B-次微分的, 第一个结论的证明可参看 [86, Lemma 2.1], 第二个结论的证明可参看 [11, Lemma 2.1].

引理 1.8 设 $F:X\to Y$ 是 $\bar{x}\in X$ 的一开邻域 $\mathcal{O}$ 上的连续可微函数, $\Phi:\mathcal{O}_Y\subseteq Y\to X'$ 在包含 $\bar{y}:=F(\bar{x})$ 的一开集合 $\mathcal{O}_Y$ 上是局部 Lipschitz 连续的, 其中 X' 是一有限维的实向量空间. 设 Φ 在 $\mathcal{O}_Y$ 的每一点处均是方向可微的且 $\mathcal{J}F(\bar{x}):X\to Y$ 是映上的. 则

$$
\partial_B(\Phi\circ F)(\bar{x})=\partial_B\Phi(\bar{y})\mathcal{J}F(\bar{x}),
$$

其中 "$\circ$" 表示复合运算.

引理 1.9[11,Lemma 2.1] 设 $\Psi:X\to Y$ 是 x^* 的一开邻域 $\mathcal{V}$ 上的连续可微映射, $\mathcal{O}$ 是包含点 $y^*:=\Psi(x^*)$ 的一开集合, $\Xi:\mathcal{O}\subseteq Y\to Z$ 是局部 Lipschitz 连续的. 设 $\Psi'(x^*):X\to Y$ 是映上的, 则

$$
\partial_B\Phi(x^*)=\partial_B\Xi(y^*)\Psi'(x^*), \tag{1.56}
$$

且存在 x^* 的一开邻域, 满足 Φ 在这个邻域中的 x 点处 F-可微的充分必要条件是 Ξ 在 $\Psi(x)$ 处是 F-可微的, 其中 $\Phi:\mathcal{V}\to\mathcal{Z}$ 定义为 $\Phi(x):=\Xi(\Psi(x)),\ x\in\mathcal{V}$.

以下关于光滑函数与 Lipschitz 映射的复合函数的 Clarke 次微分的链式法则来自 [76, Corollary 7.4.6].

定理 1.10 设 $h:X\to\Re^n$ 在 $\bar{x}\in X$ 点附近局部 Lipschitz 连续 (模为 L), $g:\Re^n\to\Re$ 在 $\bar{y}:=h(\bar{x})$ 点处连续可微. 则复合映射 $g\circ h$ 在 $\bar{x}$ 点附近局部 Lipschitz

连续 (模为 L) 且其 Clarke 次微分满足

$$\partial(g \circ h)(\bar{x}) \subset \sum_{i=1}^{n} \frac{\partial g}{\partial y_i}(\bar{y}) \partial h_i(\bar{x}).$$

尤其, 若 $n = 1$, 则

$$\partial(g \circ h)(\bar{x}) = g'(\bar{y}) \partial h(\bar{x}).$$

第2章 对偶理论

2.1 共轭对偶

2.1.1 共轭函数

设 X 与 X^* 是成对的局部凸的拓扑向量空间, 比如 X 是赋予强拓扑的 Banach 空间, X^* 是赋予弱 $*$ 拓扑的对偶空间. 如果 X 是自反的 Banach 空间, 两个空间都赋予强拓扑时, X 与其对偶 X^* 是成对的空间. 对任意函数 $f: X \to \overline{\Re}$, 它的共轭函数 $f^*: X^* \to \overline{\Re}$ 定义如下:

$$f^*(v) := \sup_x \Big\{ \langle v, x \rangle - f(x) \Big\}, \tag{2.1}$$

函数 f 的双重共轭函数 $f^{**} = (f^*)^*$ 定义为

$$f^{**}(x) := \sup_v \Big\{ \langle v, x \rangle - f^*(v) \Big\}. \tag{2.2}$$

定理 2.1 (Legendre-Fenchel 变换) 设函数 $f: X \to \overline{\Re}$, 满足 $\mathrm{con}\, f$ 为正常函数, 那么函数 f^* 与 f^{**} 都是正常的、下半连续的, 并且

$$f^{**} = \mathrm{clcon}\, f.$$

从而 $f^{**} \leqslant f$, 并且当 f 是正常下半连续凸函数时, $f^{**} = f$. 如果不考虑上述任何假设条件, 下式总是成立的:

$$f^* = (\mathrm{con}\, f)^* = (\mathrm{cl}\, f)^* = (\mathrm{clcon}\, f)^*.$$

证明 由 Legendre-Fenchel 变换 (即共轭函数) 的含义和正常的下半连续凸函数的仿射函数逐点上确界的表达, 可以得到结论; 当 f 是凸的正常函数时, 关于 $\mathrm{cl}\, f$ 的结论可以由闭凸集合的性质证得. ■

命题 2.1 (次梯度的求逆法则) 对任何正常的、下半连续凸函数 f, 成立着 $\partial f^* = (\partial f)^{-1}$, $\partial f = (\partial f^*)^{-1}$. 事实上,

$$\bar{v} \in \partial f(\bar{x}) \Longleftrightarrow \bar{x} \in \partial f^*(\bar{v}) \Longleftrightarrow f(\bar{x}) + f^*(\bar{v}) = \langle \bar{v}, \bar{x} \rangle, \tag{2.3}$$

并且对所有的 x, v, 有 $f(x) + f^*(v) \geqslant \langle v, x \rangle$ 成立. 进而

$$\partial f(\bar{x}) = \arg\max_v \Big\{ \langle v, \bar{x} \rangle - f^*(v) \Big\}, \quad \partial f^*(\bar{v}) = \arg\max_x \Big\{ \langle \bar{v}, x \rangle - f(x) \Big\}.$$

证明　由次微分的定义, 我们有 $\bar{v} \in \partial f(\bar{x})$ 当且仅当

$$\langle \bar{v}, \bar{x} \rangle - f(\bar{x}) \geqslant \langle \bar{v}, y \rangle - f(y), \quad \forall y \in X.$$

再由共轭函数的定义, 上面不等式右端对 $y \in X$ 取上确界在 $y = \bar{x}$ 处达到, 因此有

$$\bar{v} \in \partial f(\bar{x}) \Longleftrightarrow f(\bar{x}) + f^*(\bar{v}) = \langle \bar{x}, \bar{v} \rangle.$$

根据 $\bar{v} \in \partial f(\bar{x})$ 可推出 $f(\bar{x})$ 是有限的 (否则, 由次微分的定义知 $\partial f(\bar{x})$ 是空集, 而由 $f(\bar{x}) + f^*(\bar{v}) = \langle \bar{x}, \bar{v} \rangle$ 可知 $f(\bar{x})$ 与 $f^*(\bar{v})$ 均是有限的). 其余的结论也可以类似地证得. ■

定理 2.2 [73,Theorem 11.8] (极小化的对偶性质)　正常的下半连续的凸函数 $f : X \to \overline{\Re}$ 与它的共轭函数 f^* 满足下述性质.

(a) $\inf f = -f^*(0)$ 且$\arg\min f = \partial f^*(0)$;

(b) $\arg\min f = \{\bar{x}\}$ 当且仅当 f^* 在 0 处是可微的且满足 $Df^*(0) = \bar{x}$;

(c) f 是水平强制的 (或水平有界的) 当且仅当 $0 \in \mathrm{int}(\mathrm{dom}\, f^*)$;

(d) f 是强制的当且仅当$\mathrm{dom}\, f^* = X^*$.

证明　(a) 与 (b) 由共轭函数的定义以及凸函数共轭函数的性质得到. 在 (c) 中, 注意 f 是水平强制的充分必要条件为 $f^\infty(w) > 0$, $\forall w \neq 0$, 而凸集合 $D = \mathrm{dom}\, f^*$ 满足 $0 \in \mathrm{int}\, D$ 的充分必要条件是 $\sigma_D(w) > 0$, $\forall w \neq 0$. 注意到 $\sigma_D(w) = f^\infty(w)$ (回顾, 凸函数的水平有界性等价于水平强制性), 可得到 (c).

类似地, 在 (d) 中, $f^\infty(w) = \infty$, $\forall w \neq 0$. 取 $D = \mathrm{dom}\, f^*$, $\sigma_D(w) = f^\infty(w)$, 从而必有 $D = X^*$. ■

命题 2.2 [9,Proposition 2.118]　设 $f : X \to \overline{\Re}$ 是一 (可能非凸的) 函数, 则下述各结论是成立的:

(i) 若对某一 $x \in X$, $f^{**}(x)$ 是有限的, 则

$$\partial f^{**}(x) = \arg\max_{x^* \in X^*} \{\langle x^*, x \rangle - f^*(x^*)\}. \tag{2.4}$$

(ii) 若 f 在 x 处是次可微的, 则 $f^{**}(x) = f(x)$.

(iii) 若 $f^{**}(x) = f(x)$ 且是有限的, 则 $\partial f(x) = \partial f^{**}(x)$.

证明　将 (2.3) 应用到 f^{**}, 有 $x^* \in \partial f^{**}(x)$ 当且仅当

$$f^{**}(x) = \langle x^*, x \rangle - f^{***}(x^*).$$

由定理 2.1 得 $f^{***} = f^*$, 因而上述等式等价于

$$f^{**}(x) = \langle x^*, x \rangle - f^*(x^*). \tag{2.5}$$

由双重共轭的定义, $f^{**}(x)$ 等于 (2.5) 之右端在 $x^* \in X^*$ 取最大值的最大值点集合, 得到 (2.4).

若存在 $x^* \in \partial f(x)$, 则由 (2.3) 得 $f(x) \leqslant f^{**}(x)$. 因为总有 $f(x) \geqslant f^{**}(x)$, 性质 (ii) 得证.

为证明 (iii), 观察到, 由 (2.3) 得 $x^* \in \partial f(x)$ 当且仅当 $f(x) = \langle x^*, x\rangle - f^*(x^*)$, $x^* \in \partial f^{**}(x)$ 当且仅当 (2.5) 成立, 这证得结论. ■

下述结论用于有限维空间凸优化问题的对偶理论的正则条件的建立.

定理 2.3 [67,Theorem 23.4] 设 $f: \Re^n \to \overline{\Re}$ 是一正常凸函数. 若 $x \notin \mathrm{dom}\, f$, 则 $\partial f(x) = \varnothing$. 若 $x \in \mathrm{ri}\,(\mathrm{dom}\, f)$, 则 $\partial f(x) \neq \varnothing$, $f'(x; y)$ 是关于 y 的闭正常函数, 且

$$f'(x;y) = \sup\{\langle x^*, y\rangle \mid x^* \in \partial f(x)\} = \sigma(y \mid \partial f(x)).$$

进一步, $\partial f(x)$ 是非空有界的充分必要条件是 $x \in \mathrm{int}\,(\mathrm{dom}\, f)$, 此时对每一 y 均有 $f'(x;y)$ 有限.

2.1.2 共轭对偶问题

这一节先讨论最优化问题的对偶理论中的共轭对偶. 设 X, U 与 Y 是有限维 Hilbert 空间. 考虑最优化问题

$$(\mathrm{P}) \qquad \min_{x\in X} f(x),$$

其中 $f: X \to \overline{\Re}$. 问题 (P) 被嵌入到下述一族问题

$$(\mathrm{P}_u) \qquad \min_{x\in X} \varphi(x,u)$$

中, 其中 u 是参数, $\varphi: X \times U \to \overline{\Re}$, 设 $u = 0$ 对应的问题 (P_0) 与 (P) 相同, 即 $\varphi(\cdot, 0) = f(\cdot)$. 与原始问题 (P_u) 相联系的最优值函数是

$$\nu(u) = \inf_{x\in X} \varphi(x,u).$$

由共轭函数的定义, 有

$$\varphi^*(x^*, u^*) = \sup_{(x,u)\in X\times U} \{\langle x^*, x\rangle + \langle u^*, u\rangle - \varphi(x,u)\}.$$

从而 $\nu(\cdot)$ 的共轭函数为

$$\begin{aligned} \nu^*(u^*) &= \sup_{u\in U}\{\langle u^*, u\rangle - \nu(u)\} \\ &= \sup_{u\in U}\left\{\langle u^*, u\rangle - \inf_{x\in X}\varphi(x,u)\right\} \\ &= \sup_{(x,u)\in X\times U}\{\langle u^*, u\rangle - \varphi(x,u)\} = \varphi^*(0, u^*). \end{aligned}$$

于是, ν 的二次共轭为

$$\nu^{**}(u)=\sup_{u^*\in U^*}\{\langle u^*,u\rangle-\varphi^*(0,u^*)\}. \tag{2.6}$$

(这里 $U^*=U$) 这导致下述定义的问题 (P_u) 的对偶问题:

$$(\mathrm{D}_u)\qquad \max_{u^*\in U^*}\{\langle u^*,u\rangle-\varphi^*(0,u^*)\}. \tag{2.7}$$

称上述问题 (D_u) 是 (P_u) 的共轭对偶. 尤其, 对 $u=0$, 对应的问题 (D_0) 是

$$(\mathrm{D})\qquad \max_{u^*\in U^*}\{-\varphi^*(0,u^*)\}, \tag{2.8}$$

为 (P) 的共轭对偶. 显然有 $\mathrm{val}(\mathrm{P}_u)=\nu(u)$, $\mathrm{val}(\mathrm{D}_u)=\nu^{**}(u)$, 因为 $\nu(u)\geqslant\nu^{**}(u)$, 有

$$\mathrm{val}(\mathrm{P}_u)\leqslant\mathrm{val}(\mathrm{D}_u).$$

当非负量 $\mathrm{val}(\mathrm{P}_u)-\mathrm{val}(\mathrm{D}_u)$ 有意义时, 称为 (P_u) 与 (D_u) 间的对偶间隙.

命题 2.3　若 $\nu^{**}(u)$ 是有限的, 则 (D_u) 的最优解集, $\mathrm{Sol}(\mathrm{D}_u)$ 与 $\partial\nu^{**}(u)$ 相同.

证明　结果由 (2.6) 与命题 2.2 得到. ■

定理 2.4[9,Theorem 2.142]　下述结论成立:

(i) 对给定的 $u\in U$, 若次微分 $\partial\nu(u)$ 是非空的, 则 (P_u) 与 (D_u) 的对偶间隙为零, 即 $\mathrm{val}(\mathrm{P}_u)=\mathrm{val}(\mathrm{D}_u)$, 对偶问题 (D_u) 的最优解集与 $\partial\nu(u)$ 相同.

(ii) 若 $\mathrm{val}\,(\mathrm{P}_u)=\mathrm{val}\,(\mathrm{D}_u)$ 且有限, 则 (D_u) 的最优解集 (可能是空集) 与 $\partial\nu(u)$ 相同.

(iii) 若 $\mathrm{val}\,(\mathrm{P}_u)=\mathrm{val}\,(\mathrm{D}_u)$ 且 $\bar{x}\in X$ 与 $\bar{u}^*\in U^*$ 分别是 (P_u) 与 (D_u) 的最优解 (从而公共最值是有限的), 则下述最优性条件成立

$$\varphi(\bar{x},u)+\varphi^*(0,\bar{u}^*)=\langle\bar{u}^*,u\rangle. \tag{2.9}$$

相反地, 若条件 (2.9) 对某 $\bar{x}$ 与 $\bar{u}^*$ 成立, 则 $\bar{x}$ 与 $\bar{u}^*$ 分别是 (P_u) 与 (D_u) 的最优解, (P_u) 与 (D_u) 不存在对偶间隙.

证明　若 $\partial\nu(u)$ 是非空的, 则由 Yang-Fenchel 不等式, 有

$$\nu(u)\geqslant\langle u^*,u\rangle-\nu^*(u^*),$$

且由 (2.3)

$$x^*\in\partial f(x)\Longleftrightarrow f(x)+f^*(x^*)=\langle x^*,x\rangle,$$

有

$$\nu(u) = \langle u^*, u\rangle - \nu^*(u^*) \text{ 当且仅当 } u^* \in \partial\nu(u).$$

因为 $\nu^*(u^*) = \varphi^*(0, u^*)$, 这意味着 u^* 是 (D_u) 的最优解的充分必要条件是 $u^* \in \partial\nu(u)$, 此种情况 $\mathrm{val}\,(\mathrm{P}_u) = \mathrm{val}\,(\mathrm{D}_u)$, 相反的结论也是成立的. 因此得到 (i) 与 (ii). 同样还可由命题 2.3, $\mathrm{Sol}\,(\mathrm{D}_u) = \partial\nu^{**}(u)$. 因为 $\nu(\cdot)$ 在 u 处是次可微的, 也由命题 2.2 得, $\partial\nu^{**}(u) = \partial\nu(u)$, 从而得到 (i). 若 $\nu^{**}(u) = \nu(u)$, 则 $\partial\nu^{**}(u) = \partial\nu(u)$, 从而得到 (ii).

若 $\mathrm{val}\,(\mathrm{P}_u) = \mathrm{val}\,(\mathrm{D}_u)$ 是有限的, 由上述讨论, 显然 $\bar{x} \in X$, $\bar{u}^* \in U^*$ 分别是 (P_u) 与 (D_u) 的最优解当且仅当条件 (2.9) 成立. 显然, 若 (2.9) 对 $\bar{x}$ 与 $\bar{u}^*$ 成立, 则 $\mathrm{val}\,(\mathrm{P}_u) = \mathrm{val}\,(\mathrm{D}_u)$, (iii) 得证. ■

由定理 2.4(ii), 若存在 $u \in U$, (P_u) 与 (D_u) 间没有对偶间隙, 则最优值函数 $\nu(\cdot)$ 在 u 处是次可微的当且仅当对偶问题 (D_u) 的最优解集 $\mathrm{Sol}(\mathrm{D}_u)$ 是非空的.

下述结果表明, 若函数 $\varphi(x, u)$ 是凸的 (作为定义在空间 $X \times U$ 上的增广实值函数), 则最优值函数 $\nu(u)$ 是凸的.

命题 2.4 若函数 $\varphi(x, u)$ 是凸的, 则最优值函数 $\nu(u)$ 是凸的.

证明 若 $\varphi(x, u)$ 是凸的, 则对任意 $x_1, x_2 \in X, u_1, u_2 \in U, t \in [0, 1]$,

$$\begin{aligned} t\varphi(x_1, u_1) + (1-t)\varphi(x_2, u_2) &\geqslant \varphi(tx_1 + (1-t)x_2, tu_1 + (1-t)u_2) \\ &\geqslant \nu(tu_1 + (1-t)u_2) \end{aligned}$$

在左端对 x_1 与 x_2 极小化, 得

$$t\nu(u_1) + (1-t)\nu(u_2) \geqslant \nu(tu_1 + (1-t)u_2),$$

从而证得 $\nu(u)$ 是凸的. ■

现在设 φ 是凸的, 因此 ν 也是凸的. 由 Fenchel-Moreau-Rockafellar 定理 $\nu^{**} = \mathrm{cl}\,\nu$. 如果 $\mathrm{lsc}\,\nu(u) > -\infty$, 则有 $\mathrm{lsc}\,\nu(\cdot) = \mathrm{cl}\,\nu(\cdot)$.

定理 2.5 若函数 $\varphi(x, u)$ 是凸的, 则

$$\mathrm{val}(\mathrm{D}_u) = \mathrm{cl}\,\nu(u).$$

进一步, 如果 $\mathrm{lsc}\,\nu(u) < +\infty$, 则

$$\mathrm{val}(\mathrm{D}_u) = \mathrm{lsc}\,\nu(u) = \liminf_{u' \to u} \nu(u').$$

由定理 2.5 得, 若 φ 是凸的, $\mathrm{lsc}\,\nu(u) < +\infty$, 则 (P_u) 与 (D_u) 间没有对偶间隙当且仅当最优值函数 $\nu(u)$ 在点 u 处是下半连续的, 即

$$\nu(u) \leqslant \liminf_{u' \to u} \nu(u').$$

定义 2.1[9, Definition 2.146]　称问题 (P_u) 是平稳的 (calm), 若 $\mathrm{val}(\mathrm{P}_u)$ 有限且最优值函数 $\nu(\cdot)$ 在 u 处是次可微的, 即 $\partial\nu(u)\neq\varnothing$.

由定理 2.4, 得到下述结论.

命题 2.5[9, Proposition 2.147]　设 $\mathrm{val}(\mathrm{P}_u)$ 是有限的. 若 (P_u) 是平稳的, 则 (P_u) 与 (D_u) 间不存在对偶间隙, 对偶问题 (D_u) 的最优解集非空. 相反地, 若 (P_u) 与 (D_u) 间不存在对偶间隙, 对偶问题 (D_u) 有最优解的充分必要条件是 (P_u) 是平稳的.

命题 2.6　设 X 与 U 是有限维 Hilbert 空间. 设函数 $\varphi(x,u)$ 是正常的、凸的、下半连续的, 且 $\nu(\bar{u})$ 是有限的, 则 $\nu(u)$ 在 $\bar{u}$ 处是连续的当且仅当对 $\bar{u}$ 的一个邻域中的所有 u, 有 $\nu(u)<+\infty$, 即 $\bar{u}\in\mathrm{int}(\mathrm{dom}\,\nu)$.

证明　上述条件的必要性是显然的. 所以只需要证明充分性. 先证 $\nu(u)$ 在 $\bar{u}$ 的邻域上是上方有界的. 考虑如下定义的集值映射 $\mathcal{M}:\ X\times\Re\to 2^U$,

$$\mathcal{M}(x,c)=\{u\in U:\varphi(x,u)\leqslant c\}.$$

因为 $\mathcal{M}$ 的图与 φ 的上图相同, φ 是凸的且闭的, 得 $\mathcal{M}$ 是凸的且闭的. 因为对 $\bar{u}$ 的邻域中的每一 u 均有 $\nu(u)<+\infty$, 我们得到 $\bar{u}\in\mathrm{int}(\mathrm{range}\,\mathcal{M})$. 由于 $\nu(\bar{u})$ 是有限的, 存在一点 $(\bar{x},\bar{c})$ 满足 $\bar{u}\in\mathcal{M}(\bar{x},\bar{c})$. 由广义开映射定理, 存在 $r>0,\bar{u}\in\mathrm{int}[\mathcal{M}(\mathbf{B}_{X\times\Re}((\bar{x},\bar{c}),r))]$. 这推出, 对 $\bar{u}$ 的邻域中的所有点 u, 存在 x 满足 $\|x-\bar{x}\|<r$ 且 $\varphi(x,u)<\bar{c}+r$. 这得到, $\nu(u)$ 在 $\bar{u}$ 的一邻域上是上方有界的.

设存在 $\bar{u}$ 的邻域 V 与一常数 c 满足: 对所有 $u\in V$ 满足 $\nu(u)\leqslant c$, 不妨设 $c>\nu(\bar{u})$. 则当 $\bar{u}+d\in V$ 时, $\nu(\bar{u}+d)\leqslant c$. 于是对于 $t\in[0,1]$,

$$\nu(\bar{u}+td)=\nu((1-t)\bar{u}+t(\bar{u}+d))\leqslant tc+(1-t)\nu(\bar{u}),$$

即

$$\nu(\bar{u}+td)-\nu(\bar{u})\leqslant(c-\nu(\bar{u})).$$

于是对任意的 $\varepsilon>0$, 当 $u-\bar{u}\in(c-\nu(\bar{u}))^{-1}(V-\bar{u})$ 时, $\nu(u)-\nu(\bar{u})\leqslant\varepsilon$. 另一方面, 存在 $\gamma>0$, 如果 $u-\bar{u}\in-\gamma(V-\bar{u})$, 则 $\bar{u}-\gamma^{-1}(u-\bar{u})\in V$,

$$\nu(\bar{u})=\nu\left(\frac{1}{1+\gamma}u+\frac{\gamma}{1+\gamma}\left(\bar{u}-\frac{u-\bar{u}}{\gamma}\right)\right)\leqslant\frac{1}{1+\gamma}\nu(u)+\frac{\gamma}{1+\gamma}c,$$

即

$$\nu(u)-\nu(\bar{u})\geqslant-\gamma(c-\nu(\bar{u})).$$

因此对充分小的 $\gamma>0$, $\nu(u)-\nu(\bar{u})\geqslant-\varepsilon$. 由于 ε 是任意的, 这表明 ν 在 $\bar{u}$ 处是连续的.

■

定理 2.6 (对偶性定理) 设 X 与 U 是有限维 Hilbert 空间. 设函数 $\varphi(x,u)$ 是正常的凸函数, 最优值函数 $\nu(u)=\mathrm{val}(\mathrm{P}_u)$ 是有限的, 在 $\bar{u}\in U$ 处是连续的. 则 $(\mathrm{P}_{\bar{u}})$ 与 $(\mathrm{D}_{\bar{u}})$ 间不存在对偶间隙, 集合 $\mathrm{Sol}\,(\mathrm{D}_{\bar{u}})$ 非空且等于 $\partial\nu(\bar{u})$, 它是 U^* 的非空的、凸的紧致子集.

证明 由于 $\nu(u)$ 是凸的, 在 $\bar{u}$ 处是连续的, 由命题 2.6, $\bar{u}\in\mathrm{int}(\mathrm{dom}\,\nu)$. 根据定理 2.3 得 $\partial\nu(\bar{u})$ 非空有界. 结合定理 2.4 可证得结论. ■

条件 $\nu(u)$ 在 $\bar{u}$ 处是连续的, 可视为约束规范. 由于空间 U 是有限维的, $\nu(u)$ 在 $\bar{u}$ 处是连续的当且仅当 $\bar{u}\in\mathrm{int}(\mathrm{dom}\,\nu)$, 即对 $\bar{u}$ 的一邻域中的所有的 u, (P_u) 的可行集非空. 在无穷维的情形下, 情况就不好处理.

由定理 2.3 易得下述结果.

命题 2.7[9,Proposition 2.153] 设 X 与 U 是有限维 Hilbert 空间. 设函数 $\varphi(x,u)$ 是正常的、凸的、下半连续的, 且 $\nu(\bar{u})$ 有限, $\bar{u}\in\mathrm{ri}(\mathrm{dom}\,\nu)$. 则 $(\mathrm{P}_{\bar{u}})$ 是平稳的.

2.2 Lagrange 对偶

我们这里给出与参数化函数 $\varphi(x,u)$ 相联系的 Lagrange 函数.

定义 2.2[73,Definition 11.45] (Lagrange 函数及对偶参数化) 对于极小化问题 $\min_{x\in X}f(x)$, 对偶参数化就是用一个正常函数 $\varphi: X\times U\to\overline{\Re}$ 来表示函数 $f(\cdot)=\varphi(\cdot,0)$, 这里 $\varphi(x,u)$ 关于 u 是下半连续且凸的. 相应的 Lagrange 函数 $l: X\times U\to\overline{\Re}$ 定义为

$$l(x,y):=\inf_u\Big\{\varphi(x,u)-\langle y,u\rangle\Big\}. \tag{2.10}$$

在 $u\to\varphi(x,u)$ 是下半连续凸函数的前提下, 有 $\varphi(x,u)=\varphi_2^{**}(x,u)$, 这里 $\varphi_2^{**}(x,u)$ 表示 φ 关于第二个变量 u 的双重共轭函数. 于是

$$l(x,y)=-\varphi_2^*(x,y),$$

$$\sup_y\Big\{l(x,y)+\langle y,u\rangle\Big\}=\sup_y\Big\{\langle y,u\rangle-\varphi_2^*(x,y)\Big\}=\varphi_2^{**}(x,u)=\varphi(x,u). \tag{2.11}$$

因此问题 (P) 可表示为下述极小极大问题

$$(\mathrm{P}_L)\qquad \min_{x\in X}\sup_y l(x,y), \tag{2.12}$$

问题 (P) 的 Lagrange 对偶问题定义为下述极大极小问题

$$(\mathrm{D}_L)\qquad \sup_y\inf_{x\in X} l(x,y). \tag{2.13}$$

因为

$$\inf_{x\in X} l(x,y) = \inf_x \inf_u \{\varphi(x,u) - \langle y,u\rangle\} = -\varphi^*(x,y),$$

Lagrange 对偶问题 (2.13) 与共轭对偶问题 (D) 是重合的, 可以用上一节的正则条件研究 Lagrange 对偶零间隙的条件.

2.3　对偶理论的应用

设 X, Y 是两个有限维 Hilbert 空间, X^* 与 Y^* 分别是它们的对偶空间. 考虑优化问题

$$\text{(P)} \qquad \min_{x\in X}\{f(x) + F(G(x))\},$$

其中 $f: X \to \overline{\Re}$, $F: Y \to \overline{\Re}$ 是正常函数, $G: X \to Y$. 上述问题 (P) 的可行域

$$\Phi = \{x \in \operatorname{dom} f : G(x) \in \operatorname{dom} F\}.$$

注意到, 若 $F(\cdot) := \delta_K(\cdot)$ 是非空集 $K \subset Y$ 的指示函数, 则问题 (P) 具有下述形式

$$\text{(P)} \qquad \min_{x\in X} f(x) \quad \text{s.t.} \quad G(x) \in K. \tag{2.14}$$

后面我们将讨论这一特殊情况.

将 (P) 嵌入下述问题族中

$$(\mathrm{P}_y) \qquad \min_{x\in X}\{f(x) + F(G(x) + y)\}, \tag{2.15}$$

其中 $y \in Y$ 视为参数向量. 显然, $y = 0$ 时, 相应的问题 (P_0) 即与 (P) 重合. 问题 (P_y) 是下述函数关于 x 的极小化问题.

记 $\nu(y)$ 为相应的最优值函数, 即 $\nu(y) = \mathrm{val}(\mathrm{P}_y)$, 或等价地, $\nu(y) = \inf_{x\in X}\varphi(x,y)$.

注意到, 函数 $\varphi(x,u)$ 的定义域是非空的, 事实上, 因为 f 与 F 是正常的, 则存在 $x \in \operatorname{dom} f$ 及 $y \in \operatorname{dom} F$, 有

$$\varphi(x, y - G(x)) = f(x) + F(y) < +\infty,$$

因而 $(x, y - G(x)) \in \operatorname{dom}\varphi$. 进一步, $\forall (x,y) \in X \times Y$, $\varphi(x,y) \geqslant -\infty$, 因而 φ 是正常的. 若 f 与 F 是下半连续的且 G 是连续的, 则函数 φ 是下半连续的. 尤其, 若 $F(\cdot) := \delta_K(\cdot)$ 是指示函数, 则它是下半连续的当且仅当集合 K 是闭的.

令

$$L(x, y^*) = f(x) + \langle y^*, G(x)\rangle \tag{2.16}$$

为问题 (P) 的标准 Lagrange 函数 (standard Lagrangian function, 后面我们就简称为 Lagrange 函数), 由于

$$\begin{aligned}\varphi^*(x^*,y^*) &= \sup_{x\in X,\ y\in Y}\{\langle x^*,x\rangle+\langle y^*,y\rangle-f(x)-F(G(x)+y)\}\\ &= \sup_{x\in X}\{\langle x^*,x\rangle-f(x)-\langle y^*,G(x)\rangle+\sup_{y\in Y}[\langle y^*,G(x)+y\rangle-F(G(x)+y)]\}.\end{aligned}$$

对最后一个等式的右端第二个上确界中作变量替换 $G(x)+y\to y$, 得到

$$\varphi^*(x^*,y^*)=\sup_{x\in X}\{\langle x^*,x\rangle-L(x,y^*)\}+F^*(y^*).$$

因此, (共轭) 对偶问题 (D_y) 可以写为如下形式 (对共轭对偶的一般性的定义)

$$(\mathrm{D}_y)\qquad \max_{y^*\in Y^*}\{\langle y^*,y\rangle+\inf_{x\in X}L(x,y^*)-F^*(y^*)\}. \tag{2.17}$$

尤其, 对 $y=0$, (P) 的对偶是

$$(\mathrm{D})\qquad \max_{y^*\in Y^*}\left\{\inf_{x\in X}L(x,y^*)-F^*(y^*)\right\}. \tag{2.18}$$

由于 $\mathrm{val}\,(\mathrm{P})\geqslant \mathrm{val}\,(\mathrm{D})$, 若对 $x_0\in X,\ \bar{y}^*\in Y^*$, 原始与对偶目标函数值相等, 即

$$f(x_0)+F(G(x_0))=\inf_x L(x,\bar{y}^*)-F^*(\bar{y}^*), \tag{2.19}$$

则 $\mathrm{val}\,(\mathrm{P})=\mathrm{val}\,(\mathrm{D})$, 若其公共值是有限的, 则 $x_0\in X$ 与 $\bar{y}^*\in Y$ 分别是 (P) 与 (D) 的最优解. 条件 (2.19) 可以写为下述等价形式

$$\left(L(x_0,\bar{y}^*)-\inf_x L(x,\bar{y}^*)\right)+(F(G(x_0))+F^*(\bar{y}^*)-\langle\bar{y}^*,G(x_0)\rangle)=0. \tag{2.20}$$

显然, (2.20) 左端的第一项非负, 由 Young-Fenchel 不等式, 第二项也是非负的. 进一步, 等式

$$F(G(x_0))+F^*(\bar{y}^*)-\langle\bar{y}^*,G(x_0)\rangle=0$$

成立当且仅当 $\bar{y}^*\in\partial F(G(x_0))$. 所以条件 (2.19) 等价于

$$x_0\in\arg\min_{x\in X}L(x,\bar{y}^*)\ \text{且}\ \bar{y}^*\in\partial F(G(x_0)). \tag{2.21}$$

定理 2.7 若 $\mathrm{val}(\mathrm{P})=\mathrm{val}(\mathrm{D})$, $x_0\in X,\ \bar{y}^*\in Y^*$ 分别是 (P) 与 (D) 的最优解, 则条件 (2.21) 成立. 相反地, 若条件 (2.21) 对点 x_0 与 $\bar{y}^*$ 成立, 则 x_0 是 (P) 的最优解, $\bar{y}^*$ 是 (D) 的最优解, (P) 与 (D) 之间没有对偶间隙.

假设 $F(\cdot)$ 是正常的、凸的、下半连续函数, 可以从 Lagrange 对偶的角度导出对偶问题 (D_y). 对任意 $x \in X$, 函数 $\varphi(x, \cdot) = f(x) + F(G(x) + \cdot)$ 是正常的、凸的、下半连续的. 通过定义对偶性 Lagrange 函数

$$\mathcal{L}(x, y^*, y) = \langle y^*, y \rangle + L(x, y^*) - F^*(y^*),$$

极小–极大对偶等价于共轭对偶.

定义 2.3 称由 $\min_{x \in X}\{f(x) + F(G(x))\}$ 给出的问题 (P) 是凸的, 若函数 $F(\cdot)$ 是下半连续的, 函数 $f(x)$ 与 $\psi(x, y) := F(G(x) + y)$ 是凸的.

命题 2.8 设函数 $F(\cdot)$ 是凸的. 则函数 $\psi(x, y) = F(G(x) + y)$ 是凸函数的充要条件是映射 $\mathcal{G}(x, c) = (G(x), c) : X \times \Re \to Y \times \Re$ 关于集合 $(-\mathrm{epi}\ F)$ 是凸的 (即集值映射 $\mathcal{M}(x, c) = (G(x), c) - \mathrm{epi}\ F$ 是凸的).

证明 由定义, 映射 $\mathcal{G}$ 关于集合 $(-\mathrm{epi}\ F)$ 是凸的, 当且仅当集值映射 $\mathcal{M}(x, c) := (G(x), c) - \mathrm{epi}\ F$ 是凸的, 我们有

$$\begin{aligned} \mathrm{gph}\ \mathcal{M} &= \{(x, c_1, y, c_2) : (G(x), c_1) - (y, c_2) \in \mathrm{epi} F\} \\ &= \{(x, c_1, y, c_2) : F(G(x) - y) \leqslant c_1 - c_2\}. \end{aligned}$$

显然, 函数 $\psi(x, y)$ 是凸的当且仅当函数 $\phi(x, y) = F(G(x) - y)$ 是凸的. 而

$$\mathrm{epi}\ \phi = \{(x, y, c) : F(G(x) - y) \leqslant c\}.$$

因此, $\mathcal{M}$ 的图是凸的当且仅当 ϕ 的上图是凸的. 从而集值映射 $\mathcal{M}$ 是凸的当且仅当函数 $\phi(x, y)$ 是凸的. ■

现在考虑情况 $F(\cdot) = \delta_K(\cdot)$, 其中 K 是 Y 的一非空闭凸子集. 回顾, 此种情况, (P) 可以写为 (2.14) 的形式. 因为 $\delta_K^*(y^*) = \sigma(y^*, K)$, 则相应的对偶问题变为

$$(\mathrm{D}) \qquad \max_{y^* \in Y^*} \left\{ \inf_{x \in X} L(x, y^*) - \sigma(y^*, K) \right\}. \tag{2.22}$$

定义 2.4 称具有形式 (2.14) 的问题 (P) 是凸的, 若函数 $f(x)$ 是凸的, 集合 K 是闭凸集, 映射 $G(x)$ 关于集合 $C = -K$ 是凸的.

可以验证 $G(x)$ 关于 (凸) 集 $-K$ 是凸的当且仅当函数 $\varphi(x, y) = \delta_K(G(x) + y)$ 是凸的. 这是因为函数 $\delta_K(G(x) + y)$ 的上图即集值映射 $\mathcal{M}(x) = G(x) - K$ 的图与 $\Re_+$ 的积. 由 (P) 的凸性可推出 $\varphi(x, y) = f(x) + \delta_K(G(x) + y)$ 的凸性, 从而得到最优值函数 $\nu(y) = \inf_{x \in X} \varphi(x, y)$ 的凸性.

注意到, 由于 $\partial \delta_K(y_0) = N_K(y_0)$, 最优条件 (2.21) 可表示为

$$x_0 \in \arg\min_{x \in X} L(x, \bar{y}^*) \text{ 且 } \bar{y}^* \in N_K(G(x_0)). \tag{2.23}$$

若集合 K 是闭凸锥, 则

$$\sup_{y^*\in K^-} L(x,y^*)=\begin{cases} f(x), & G(x)\in K,\\ +\infty, & G(x)\notin K.\end{cases}$$

此时原始问题具有下述形式

$$\text{(P)} \qquad \min_{x\in X}\sup_{y^*\in K^-} L(x,y^*). \tag{2.24}$$

若 $y^*\in K^-$, 则 $\sigma(y^*,K)=0$, 否则 $\sigma(y^*,K)=+\infty$, 因此对偶问题具有下述形式

$$\text{(D)} \qquad \max_{y^*\in K^-}\inf_{x\in X} L(x,y^*). \tag{2.25}$$

因此, 对于锥约束, 原始与对偶问题可以通过将 “max” 与 “min” 运算应用于 Lagrange 函数 $L(x,y^*)$, 限定 y^* 属于 K^-, 交换它们的顺序得到. 若 K 是凸锥, 则条件 $\bar{y}^*\in N_K(G(x_0))$ 等价于

$$G(x_0)\in K,\ \bar{y}^*\in K^- \text{ 且 } \langle \bar{y}^*, G(x_0)\rangle=0. \tag{2.26}$$

定理 2.8 设 X 与 Y 是有限维 Hilbert 空间, 问题 (P) 具有形式 (2.14). 设 $f(x)$ 是下半连续的, $G(x)$ 是连续的, 问题 (P) 是凸的且满足正则性条件

$$0\in \operatorname{int}\{G(\operatorname{dom} f)-K\}. \tag{2.27}$$

则问题 (P) 与 (D) 间没有对偶间隙, 即 val(P) = val(D). 进一步, 若 (P) 的最优值是有限的, 则对偶问题 (D) 的最优解集是 Y^* 的非空的、凸的紧致子集.

证明 扰动问题 (2.15) 为

$$(\mathrm{P}_y) \qquad \min\{f(x): G(x)+y\in K\},$$

相应的最优值函数 ν 如下

$$\nu(y)=\inf\{f(x): G(x)+y\in K\},$$

由于问题 (2.14) 是凸问题, ν 是凸函数. 考虑定理 2.6 的正则性条件, 这要求在 0 的一邻域上的所有的 y 有 $\nu(y)<+\infty$, 或等价地 $0\in\operatorname{int}(\operatorname{dom}\nu)$. 我们有 $\nu(y)<+\infty$ 当且仅当 (P_y) 具有一可行点 x 满足 $f(x)<+\infty$, 即存在 $x\in\operatorname{dom} f$ 满足 $G(x)+y\in K$, 即 $\operatorname{dom}\nu=K-G(\operatorname{dom} f)$. 所以, 在此种情形下, 正则性条件 $0\in\operatorname{int}(\operatorname{dom}\nu)$ 可以表示为

$$0\in\operatorname{int}\{G(\operatorname{dom} f)-K\}.$$

由定理 2.6 可得结论. ■

设 $f(x)$ 是下半连续的且 $G(x)$ 是连续的, 问题 (P) 是凸的, 因此, 集合 $Q :=\operatorname{dom} f$ 是闭凸集. 若还有, 映射 $G(x)$ 是连续可微的, 则在可行点 $x \in \Phi$ 处的 Robinson 约束规范为

$$0 \in \operatorname{int}\{G(x) + DG(x)(Q - x) - K\}. \tag{2.28}$$

命题 2.9　若映射 $G(x)$ 关于 $(-K)$ 是凸的, 且是连续可微的, 则条件

$$0 \in \operatorname{int}\{G(Q) - K\} \tag{2.29}$$

等价于 Robinson 约束规范在每一可行点 $x_0 \in \Phi$ 处成立.

最后考虑极大极小和极小极大运算交换的问题. 考虑问题

$$\min_{x\in\Re^n} \left\{ f(x) = \sup_{y\in Y} L(x,y) \right\} \tag{2.30}$$

与它的 Lagrange 对偶问题

$$\max_{y\in Y} \left\{ g(y) = \inf_{x\in\Re^n} L(x,y) \right\}, \tag{2.31}$$

其中 Y 是一线性空间.

引理 2.1 [78,Theorem 7.10]　设 Y 是一抽象向量空间, $L : \Re^n \times Y \to \overline{\Re}$ 是一增广实值函数. 设

(i) 对每一 $x \in \Re^n$, $L(x, \cdot)$ 是凹函数;

(ii) 对每一 $y \in Y$, $L(\cdot, y)$ 是下半连续凸函数;

(iii) 问题 (2.30) 具有非空有界的最优解集合,

则问题 (2.30) 与问题 (2.31) 最优值是相同的.

证明　定义

$$\phi(y,z) = \sup_{x\in\Re^n} \{z^{\mathrm{T}}x - L(x,y)\}, \quad (y,z) \in Y \times \Re^n$$

与最优值函数

$$\vartheta(z) = \inf_{y\in Y} \phi(y,z).$$

很显然, $\phi(y,z)$ 是凸函数, 根据命题 2.4, $\vartheta(z)$ 也是凸函数. 注意问题 (2.31) 的最优值是 $-\vartheta(0)$, 问题 (2.30) 的最优值是 $-\vartheta^{**}(0)$. 由于

$$\vartheta^*(z^*) = \sup_{y\in Y} L(z^*, y)$$

与

$$\begin{aligned}\partial\vartheta^{**}(0) &= -\arg\min_{z^*\in\Re^n}\vartheta^*(z^*)\\ &= \arg\min_{z^*\in\Re^n}\left\{\sup_{y\in Y}L(z^*,y)\right\},\end{aligned}$$

有 $-\partial\vartheta^{**}(0)$ 是问题 (2.30) 的最优解集合. 根据条件 (iii) 知, $\partial\vartheta^{**}(0)$ 是非空有界的. 因 $\vartheta^{**}:\Re^n\to\overline{\Re}$ 是凸函数, 由此可以推出 ϑ^{**} 在 $0\in\Re^n$ 的一邻域内连续, 从而 ϑ 在 $0\in\Re^n$ 的一邻域内连续, 因此 $\vartheta^{**}(0)=\vartheta(0)$, 从而问题 (2.30) 与问题 (2.31) 最优值是相同的. ■

第 3 章　稳定性质和微分准则

3.1　稳定性概念

最优化问题的稳定性要考虑最优解集合或稳定点集合当问题数据发生扰动时的变化, 因而集值映射的稳定性概念至关重要. 本节介绍集值映射的稳定性概念, 并讨论这些稳定性的关系, 尤其给出集值映射的 Aubin 性质的若干等价刻画.

定义 3.1　设 U,Y 是度量空间, 对于集值映射 $S : U \rightrightarrows Y$, Berge 意义下和 Hausdorff 意义下的半连续定义如下:

(1) 称集值映射 S 在 $u_0 \in U$ 处是 Berge 上半连续的, 若对每一个满足 $S(u_0) \subset \mathcal{O}$ 的开集合 $\mathcal{O}$, 存在 $\delta > 0$, 满足

$$S(u) \subset \mathcal{O}, \quad \forall u \in \mathbb{B}_\delta(u_0).$$

称集值映射 S 在 $u_0 \in U$ 处是 Berge 下半连续的, 若对每一个满足 $S(u_0) \cap \mathcal{O} \neq \varnothing$ 的开集合 $\mathcal{O}$, 存在 $\delta > 0$, 满足

$$S(u) \cap \mathcal{O} \neq \varnothing, \quad \forall u \in \mathbb{B}_\delta(u_0).$$

(2) 称集值映射 S 在 $u_0 \in U$ 处是 Hausdorff 意义下上半连续的, 若对任意 $\varepsilon > 0$, $\exists \delta > 0$, 满足

$$S(u) \subset S(u_0) + \varepsilon\mathbb{B}, \quad \forall u \in \mathbb{B}_\delta(u_0).$$

称集值映射 S 在 $u_0 \in U$ 处是 Hausdorff 意义下下半连续的, 若对任意 $\varepsilon > 0$, $\exists \delta > 0$, 满足

$$S(u_0) \subset S(u) + \varepsilon\mathbb{B}, \quad \forall u \in \mathbb{B}_\delta(u_0).$$

Berge 意义下的连续性和 Hausdorff 意义下的连续性有如下的关系, 见 [3].

(a) 如果集值映射 S 在 λ_0 处 Hausdorff 意义下上半连续且 $S(\lambda_0)$ 是紧致的, 则 S 在 λ_0 处 Berge 意义下上半连续.

(b) 如果集值映射 S 在 λ_0 处 Berge 意义下上半连续, 则 S 在 λ_0 处 Hausdorff 意义下上半连续.

(c) 如果集值映射 S 在 λ_0 处 Hausdorff 意义下下半连续, 则 S 在 λ_0 处 Berge 意义下下半连续.

(d) 如果集值映射 S 在 λ_0 处 Berge 意义下下半连续且 $\mathrm{cl}\, S(\lambda_0)$ 是紧致的, 则 S 在 Hausdorff 意义下是下半连续的.

在局部有界的条件下, 集合的外半连续性等价于 Berge 意义下的上半连续性 (定理 1.1). 对闭值的集值映射, Hausdorff 意义下上半连续等价于外半连续性 (闭性)[73,命题 5.12(a)].

设 $\mathcal{X}$ 和 $\mathcal{Y}$ 是两个有限维的 Hilbert 空间.

定义 3.2 集值映射 $F:\mathcal{X}\rightrightarrows\mathcal{Y}$ 在 $(x^0,y^0)\in\mathrm{gph}\,F$ 处是以率 κ 为度量正则的, 如果存在邻域 $U\in\mathcal{N}(x^0)$, $V\in\mathcal{N}(y^0)$ 和常数 $\kappa>0$, 满足

$$d(x,F^{-1}(y))\leqslant\kappa d(y,F(x)),\quad \forall(x,y)\in U\times V.$$

定义 3.3 集值映射 $F:\mathcal{X}\rightrightarrows\mathcal{Y}$ 在 x^0 处对 y^0 是度量次正则的, 如果 $(x^0,y^0)\in\mathrm{gph}\,F$, 存在邻域 $U\in\mathcal{N}(x^0)$, $V\in\mathcal{N}(y^0)$ 和常数 $\kappa>0$, 满足

$$d(x,F^{-1}(y^0))\leqslant\kappa d(y^0,F(x)\cap V),\quad \forall x\in U.$$

定义 3.4 (Aubin 性质和图模) 称集值映射 $S:\mathcal{X}\rightrightarrows\mathcal{Y}$ 相对于 X 在 x^0 点关于 u^0 具有 Aubin 性质, 其中 $x^0\in X$, $u^0\in S(x^0)$, 若 $\mathrm{gph}\,S$ 在 (x^0,u^0) 点处是局部闭的, 且存在邻域 $V\in\mathcal{N}(x^0)$, $W\in\mathcal{N}(u^0)$ 和常数 $\kappa\in\Re_+$, 满足

$$S(x')\cap W\subset S(x)+\kappa\|x'-x\|\mathbf{B},\quad \forall x,x'\in X\cap V. \tag{3.1}$$

若将上述条件中的 $X\cap V$ 替换为 V, 则称 Aubin 性质在 x^0 点关于 u^0 成立. 此时, S 在 x^0 点关于 u^0 的图模 (graphical modulus) 为

$$\begin{aligned}\mathrm{lip}\, S(x^0|u^0):=\inf\{\kappa:\exists V\in\mathcal{N}(x^0),W\in\mathcal{N}(u^0),\ \text{满足}\\ S(x')\cap W\subset S(x)+\kappa\|x'-x\|\mathbf{B},\ \forall x,x'\in V\}.\end{aligned}$$

定义 3.5 称集值映射 $F:\mathcal{X}\rightrightarrows\mathcal{Y}$ 在 x^0 处关于 y^0 是平稳的, 如果 $y^0\in F(x^0)$, 存在一常数 $\kappa>0$, x_0 的一邻域 V 和 y^0 的一邻域 W 满足

$$F(x)\cap W\subseteq F(x^0)+\kappa\|x-x^0\|\mathbf{B},\quad \forall x\in V.$$

定义 3.6 称集值映射 $F:\mathcal{X}\rightrightarrows\mathcal{Y}$ 在 x^0 处关于 y^0 是稳健平稳的 (robustly calm), 如果 $y^0\in F(x^0)$, 存在一常数 $\kappa>0$, x_0 的一邻域 V 和 y^0 的一邻域 W 满足

$$\varnothing\neq F(x)\cap W\subseteq F(x^0)+\kappa\|x-x^0\|\mathbf{B},\quad \forall x\in V.$$

定义 3.7 称集值映射 $F:\mathcal{X}\rightrightarrows\mathcal{Y}$ 在 x^0 处关于 y^0 是孤立平稳的 (isolated calm), 如果 $y^0\in F(x^0)$, 存在一常数 $\kappa>0$, x_0 的一邻域 V 和 y^0 的一邻域 W 满足

$$F(x)\cap W\subseteq\{y^0\}+\kappa\|x-x^0\|\mathbf{B},\quad \forall x\in V.$$

定义 3.8　称集值映射 $F:\mathcal{X}\rightrightarrows\mathcal{Y}$ 在 x^0 处关于 y^0 是稳健孤立平稳的 (robustly isolated calm), 如果 $y^0\in F(x^0)$, 存在一常数 $\kappa>0$, x_0 的一邻域 V 和 y^0 的一邻域 W 满足

$$\varnothing\neq F(x)\cap W\subseteq\{y^0\}+\kappa\|x-x^0\|\mathbf{B},\quad\forall x\in V.$$

定义 3.9　称集值映射 $F:\mathcal{X}\rightrightarrows\mathcal{Y}$ 在 x^0 处是上 Lipschitz 的, 如果存在一常数 $\kappa>0$ 和 x_0 的一邻域 V 满足

$$F(x)\subseteq F(x^0)+\kappa\|x-x^0\|\mathbf{B},\quad\forall x\in V.$$

定义 3.10　称集值映射 $F:\mathcal{X}\rightrightarrows\mathcal{Y}$ 在 x^0 处关于 y^0 是线性开的, 如果存在邻域 $V\in\mathcal{N}(x^0)$, $W\in\mathcal{N}(y^0)$ 与常数 $\kappa\in\Re_+$, 满足

$$F(x+\kappa\varepsilon\mathbf{B})\supset[F(x)+\varepsilon\mathbf{B}]\cap W,\quad\forall x\in V,\quad\varepsilon>0.$$

集值映射的 Lipschitz 连续性由 $\mathbf{d}_\infty$ 定义, 严格连续性由 $\mathbf{d}_\rho$ 定义.

定义 3.11 (集值映射的 Lipschitz 连续性)　称映射 $S:\Re^n\rightrightarrows\Re^m$ 在 $\Re^n$ 的子集 X 上是 Lipschitz 连续的, 若它在 X 上是非空闭值的且存在 $\kappa\in\Re_+$ 为 Lipschitz 常数, 满足

$$\mathbf{d}_\infty(S(x'),S(x))\leqslant\kappa\|x'-x\|,\quad\forall x,x'\in X,$$

或等价地,

$$S(x')\subset S(x)+\kappa\|x'-x\|\mathbf{B},\quad\forall x,x'\in X.$$

定义 3.12 (集值映射的严格连续性)　设映射 $S:\Re^n\rightrightarrows\Re^m$, 集合 $X\subset\Re^n$.

(a) S 在 $\bar{x}$ 点相对于 X 是严格连续的, 若 $\bar{x}\in X$ 且 S 相对于 X 在 $\bar{x}$ 的某邻域上是非空闭值的, 而且对每个 $\rho\in\Re_+$, 值

$$\mathrm{lip}_{X,\rho}S(\bar{x}):=\limsup_{x,x'\xrightarrow{X}\bar{x},x\neq x'}\frac{\mathbf{d}_\rho(S(x'),S(x))}{\|x'-x\|}$$

有限. 称 S 在 $\bar{x}$ 点严格连续 (不必相对于 X), 若 $\bar{x}\in\mathrm{int}(\mathrm{dom}\,S)$, S 在 $\bar{x}$ 附近是闭值的且对每个 $\rho\in\Re_+$, 值

$$\mathrm{lip}_\rho S(\bar{x}):=\limsup_{x,x'\to\bar{x},x\neq x'}\frac{\mathbf{d}_\rho(S(x'),S(x))}{\|x'-x\|}$$

有限. 这里, $\mathrm{lip}_\rho S(\bar{x})$ 是 S 在 $\bar{x}$ 点的 ρ-Lipschitz 系数, $\mathrm{lip}_{X,\rho}S(\bar{x})$ 是相对于 X 的 ρ-Lipschitz 系数. 对于 $\rho=\infty$, $\mathrm{lip}_\infty S(\bar{x})$ 是 S 在 $\bar{x}$ 点的 Lipschitz 系数, $\mathrm{lip}_{X,\infty}S(\bar{x})$ 是相对于 X 的 Lipschitz 系数.

(b) S 相对于 X 是严格连续的, 若对每个 $\bar{x}\in X$, S 在 $\bar{x}$ 点相对于 X 严格连续.

定义 3.13 考虑广义方程

$$0 \in f(x,p) + F(x),$$

其中 $F:\mathcal{X} \rightrightarrows \mathcal{Y}$ 是一集值映射. 定义

$$G(x) = f(x^0,p^0) + D_x f(x^0,p^0)(x-x^0) + F(x).$$

如果 G^{-1} 是从 $0 \in \mathcal{Y}$ 的一个邻域到 x^0 的一邻域的单值 Lipschitz 连续映射, 则称广义方程在 (x^0,p^0) 处是强正则的.

广义方程的强正则解与该点附近的某一映射的 Lipschitz 同胚有密切的关系, 我们给出 Lipschitz 同胚的定义.

定义 3.14 (局部 Lipschitz 同胚) 称连续函数 $F:\mathcal{O} \subseteq \mathcal{X} \to \mathcal{X}$ 在 $x \in \mathcal{O}$ 处是局部 Lipschitz 可逆的, 如果存在 x 的一个开邻域 $\mathcal{N} \subseteq \mathcal{O}$ 使得限定在这个邻域上的映射 $F|_{\mathcal{N}}:\mathcal{N} \to F(\mathcal{N})$ 是双射并且它的逆函数是 Lipschitz 连续的. 称 F 在 x 附近是局部 Lipschitz 同胚的, 如果 F 在 x 附近是局部 Lipschitz 可逆的并且 F 在 x 处是局部 Lipschitz 连续的.

考虑下面一般形式的约束优化问题

$$\begin{array}{ll} \min\limits_{x} & f(x) \\ \text{s.t.} & G(x) \in K, \end{array} \tag{3.2}$$

其中 $f:X \to \Re$, $G:X \to Y$, $K \subset Y$ 是一闭凸集合, X,Y 是有限维的 Hilbert 空间. 设 U 是一 Banach 空间, $f:X \times U \to \Re$, $G:X \times U \to Y$. 称 $(f(x,u),G(x,u))$, $u \in U$ 是问题 (3.2) 的一 $\mathcal{C}^2$-光滑参数化, 如果 $f(\cdot,\cdot)$ 与 $G(\cdot,\cdot)$ 是二次连续可微的, 且存在 $\bar{u} \in U$ 满足 $f(\cdot,\bar{u}) = f(\cdot)$, $G(\cdot,\bar{u}) = G(\cdot)$. 相对应的参数优化问题具有下述形式

$$\begin{array}{ll} \min\limits_{x} & f(x,u) \\ \text{s.t.} & G(x,u) \in K. \end{array} \tag{3.3}$$

称上述参数化是标准的 (canonical), 如果 $U := X \times Y$, $\bar{u} = (0,0) \in X \times Y$, 且

$$(f(x,u),G(x,u)) = (f(x) - \langle u_1,x\rangle, G(x)+u_2), \quad x \in X, \quad u=(u_1,u_2) \in X \times Y.$$

现在介绍 [9, Definition 5.33] 中的稳定点的强稳定性的概念, 它在优化问题的灵敏度分析中起重要的作用.

定义 3.15 设 x^* 是问题 (3.2) 的稳定点. 称在 x^* 处关于 $\mathcal{C}^2$-光滑参数化 $(f(x,u),G(x,u))$ 是强稳定的 (strongly stable), 如果存在 x^* 的邻域 $\mathcal{V}_X$ 与 $\bar{u}$ 的邻域 $\mathcal{V}_U \subset U$, 满足对任何 $u \in \mathcal{V}_U$, 问题 (3.3) 存在唯一的稳定点 $x(u) \in \mathcal{V}_X$, $x(\cdot)$ 在 $\mathcal{V}_U$ 上连续. 如果这一性质对每一 $\mathcal{C}^2$-光滑参数化均是成立的, 则称 x^* 是强稳定的.

下述一致二阶增长条件的定义取自 [9, Definition 5.16].

定义 3.16 设 x^* 是问题 (3.2) 的稳定点. 称在 x^* 处关于 $\mathcal{C}^2$-光滑参数化 $(f(x,u),G(x,u))$ 的一致二阶增长条件成立, 如果存在 $\alpha>0$, x^* 的邻域 $\mathcal{V}_X$ 与 $\bar{u}$ 的邻域 $\mathcal{V}_U\subset U$, 满足对任何 $u\in\mathcal{V}_U$ 与问题 (3.3) 的稳定点 $x(u)\in\mathcal{V}_X$, 下述不等式成立:

$$f(x,u)\geqslant f(x(u),u)+\alpha\|x-x(u)\|^2,\quad \forall x\in\mathcal{V}_X \text{ 满足} G(x,u)\in K. \tag{3.4}$$

称在 x^* 处的一致二阶增长条件成立, 如果 (3.4) 式对问题 (3.2) 的任何 $\mathcal{C}^2$-光滑参数化均是成立的.

命题 3.1[73,Proposition 9.29] (严格连续的另一种描述) 设 $S:\Re^n\rightrightarrows\Re^m$ 在集合 $X\subset\Re^n$ 上是非空闭值的. 则下述每一个在点 $\bar{x}\in X$ 上的条件都等价于 S 在 $\bar{x}$ 点相对于 X 严格连续:

(a) 对每个 $\rho\in\Re_+$, 存在 $\kappa\in\Re_+$ 和 $V\in\mathcal{N}(\bar{x})$, 满足

$$\mathbf{d}_\rho(S(x'),S(x))\leqslant\kappa\|x'-x\|,\quad \forall x,x'\in X\cap V. \tag{3.5}$$

(b) 对每个 $\rho\in\Re_+$, 存在 $\kappa\in\Re_+$ 和 $V\in\mathcal{N}(\bar{x})$, 满足

$$\widehat{\mathbf{d}}_\rho(S(x'),S(x))\leqslant\kappa\|x'-x\|,\quad \forall x,x'\in X\cap V; \tag{3.6}$$

或等价地, $S(x')\cap\rho\mathbf{B}\subset S(x)+\kappa\|x'-x\|\mathbf{B}$, $\forall x,x'\in X\cap V$.

(c) 对每个 $\rho\in\Re_+$, 存在 $\kappa\in\Re_+$ 和 $V\in\mathcal{N}(\bar{x})$, 满足对任意的 $u\in\rho\mathbf{B}$, 函数 $x\to d(u,S(x))$ 在 $X\cap V$ 上都是 Lipschitz 连续的, 且 Lipschitz 常数为 κ.

证明 与 (a) 的等价性可由定义 3.12 中 $\mathrm{lip}_{X,\rho}S(\bar{x})$ 的定义直接得到. 与 (c) 的等价关系由度量 d_ρ 的定义式可得. 由命题 1.1(a) 知 (3.5) 可推出 (3.6), 所以 (b) 的必要性可得. 对于充分性, 假设 (b) 中的不等式成立, 固定任意一个 $\rho\in\Re_+$, 选取 $\rho'>2\rho+d(0,S(\bar{x}))$. 由假设知存在 $\kappa\in\Re_+$ 和 $V\in\mathcal{N}(\bar{x})$, 使 (3.6) 式对 ρ' 成立. 考虑该式的几何意义, 有 $S(\bar{x})\cap\rho'\mathbf{B}\subset S(x)+\kappa\|x-\bar{x}\|\mathbf{B}$ 当 $x\in X\cap V$ 时成立, 所以有对上述的 x, $S(x)\neq\varnothing$. 实际上 $d(0,S(x))\leqslant d(0,S(\bar{x}))+\kappa\|x-\bar{x}\|$. 选取 $\varepsilon>0$ 充分小, 使得 $d(0,S(\bar{x}))+\kappa\varepsilon<\rho'-2\rho$ 且 $\mathbf{B}(\bar{x},\varepsilon)\subset V$. 则对所有的 $x\in X\cap\mathbf{B}(\bar{x},\varepsilon)$, 有 $\rho'>2\rho+d(0,S(x))$. 所以由命题 1.1(a) 以及 (3.6) 式对 ρ' 成立, 可得到 (3.5) 式成立, 其中 V 由 $\mathbf{B}(\bar{x},\varepsilon)$ 代替. ■

命题 3.2 (Aubin 性质的距离刻画) 设 $\bar{u}\in S(\bar{x})$, $\bar{x}\in X\subset\Re^n$, $\mathrm{gph}\,S$ 在 $(\bar{x},\bar{u})$ 点处是局部闭的. 则下述结论等价:

(a) S 相对于 X 在 $\bar{x}$ 点处关于 $\bar{u}$ 具有 Aubin 性质.

(b) $(x,u)\to d(u,S(x))$ 在 $(\bar{x},\bar{u})$ 点处相对于 $X\times\Re^m$ 是严格连续的.

(c) 存在 $\kappa \in \Re_+$, $W \in \mathcal{N}(\bar{u})$ 与 $V \in \mathcal{N}(\bar{x})$, 满足对于 $u \in W$, 函数 $x \to d(u, S(x))$ 在 $X \cap V$ 上 Lipschitz 连续, 且以 κ 为 Lipschitz 常数.

(d) 存在 $\kappa \in \Re_+$, $\rho \in \Re_+$ 与 $V \in \mathcal{N}(\bar{x})$, 满足

$$\mathbf{d}_\rho(S(x') - \bar{u}, S(x) - \bar{u}) \leqslant \kappa \|x' - x\|, \quad \forall x, x' \in X \cap V.$$

(e) 存在 $\kappa \in \Re_+$, $\rho \in \Re_+$ 与 $V \in \mathcal{N}(\bar{x})$, 满足

$$\widehat{\mathbf{d}}_\rho(S(x') - \bar{u}, S(x) - \bar{u}) \leqslant \kappa \|x' - x\|, \quad \forall x, x' \in X \cap V.$$

进一步, 在 $\bar{x} \in \operatorname{int} X$ 的情况下, 图模 $\operatorname{lip} S(\bar{x}|\bar{u})$ 是满足 (c) 的所有 κ 的下确界. 事实上, 令 $s_u(x) = d(u, S(x))$,

$$\begin{aligned}\operatorname{lip} S(\bar{x}|\bar{u}) &= \limsup_{(x,u)\to(\bar{x},\bar{u})} \operatorname{lip} s_u(x) \\ &= \limsup_{x,x'\to\bar{x}, x\neq x', \rho\downarrow 0} \frac{\mathbf{d}_\rho(S(x') - \bar{u}, S(x) - \bar{u})}{\|x' - x\|} \\ &= \limsup_{x,x'\to\bar{x}, x\neq x', \rho\downarrow 0} \frac{\widehat{\mathbf{d}}_\rho(S(x') - \bar{u}, S(x) - \bar{u})}{\|x' - x\|}.\end{aligned}$$

定理 3.1[73,Theorem 9.38] (严格连续的图局部化) 闭值映射 $S : \Re^n \rightrightarrows \Re^m$ 相对于 X 在 $\bar{x}$ 点严格连续当且仅当它相对于 X 在 $\bar{x}$ 点是外半连续的, 且对任意的 $\bar{u} \in S(\bar{x})$, 它相对于 X 在 $\bar{x}$ 点关于 $\bar{u}$ 具有 Aubin 性质.

证明 假设严格连续的条件成立, 则它能保证连续性, 特别地, 可知 S 在 $\bar{x}$ 点相对于 X 是外半连续的. 对于 $\bar{u} \in S(\bar{x})$ 和 $\rho > \|\bar{u}\|$, 由命题 3.1 的等价关系, 记 $V \in \mathcal{N}(\bar{x})$ 为使命题 3.1(b) 对某一 $\kappa \in \Re_+$ 成立的邻域. 不妨设 V 是闭集且 S 在 V 上是闭值的, 则 $(\bar{x}, \bar{u})$ 的邻域 $V \times \rho\mathbf{B}$ 与 $\operatorname{gph} S$ 的交是闭的. 所以 $\operatorname{gph} S$ 在 $\bar{x}$ 附近是局部闭的. 此时得到 (3.1) 式对 $W = \rho\mathbf{B}$ 成立, 则 Aubin 性质相对于 X 在 $\bar{x}$ 点关于 $\bar{u}$ 成立.

若假设 S 在 $\bar{x}$ 点相对于 X 是外半连续且关于每个 $\bar{u} \in S(\bar{x})$ 具有 Aubin 性质. 对 $\bar{u} \in S(\bar{x})$, 存在 $W_{\bar{u}} \in \mathcal{N}(\bar{u})$, $V_{\bar{u}} \in \mathcal{N}(\bar{x})$, $\kappa_{\bar{u}} \in \Re_+$, 使得 $V_{\bar{u}} \times W_{\bar{u}}$ 与 $\operatorname{gph} S$ 的交是闭集且

$$S(x') \cap W_{\bar{u}} \subset S(x) + \kappa_{\bar{u}} \|x' - x\| \mathbf{B}, \ \forall x, x' \in X \cap V_{\bar{u}}. \tag{3.7}$$

令 $\rho > d(0, S(\bar{x}))$. 集合 $S(\bar{x}) \cap \rho\mathbf{B}$ 非空紧致, 故它可由有限多个开集 $\operatorname{int} W_{\bar{u}}$ 覆盖, 设这些开集对应的点为 $\bar{u}_k \in S(\bar{x}) \cap \rho\mathbf{B}$, $k = 1, \cdots, r$. 令 $V = \bigcap_{k=1}^r V_{\bar{u}_k}$, $W = \bigcup_{k=1}^r W_{\bar{u}_k}$, $\kappa = \max_{k=1}^r \{\kappa_{\bar{u}_k}\}$. 则 $S(\bar{x}) \cap \rho\mathbf{B} \subset \operatorname{int} W$, 且 $V \times W$ 与 $\operatorname{gph} S$ 的交集是闭集. 进一步, 由 (3.7) 可得到对应于上述那些元素的 (3.1) 式.

在 $X\cap V$ 中不可能存在 $x^\nu\to\bar{x}$, 使元素 $u^\nu\in[S(x^\nu)\cap\rho\mathbf{B}]\setminus\operatorname{int}W$, 否则, 序列 $\{u^\nu\}_{\nu\in\mathbf{N}}$ 的聚点 $\bar{u}\in\rho\mathbf{B}\setminus\operatorname{int}W$, 则由 S 的外半连续性知 $\bar{u}\in[S(\bar{x})\cap\rho\mathbf{B}]\setminus\operatorname{int}W$, 得到矛盾. 因此, 通过适当地收缩 V 可使当 $x\in V$ 时, 有 $S(x)\cap\rho\mathbf{B}\subset W$. 则 $[V\times W]\cap\operatorname{gph}S$ 是闭集. 另外, (3.1) 的包含关系对更小的 V 及由 $W=\rho\mathbf{B}$ 亦成立. 故 S 相对于 X 在 $\bar{x}$ 点关于 $\bar{u}$ 是严格连续的. ■

引理 3.1 [73,Lemma 9.39] (Aubin 性质的推广公式) 设映射 $S:\Re^n\rightrightarrows\Re^m$ 的图 $\operatorname{gph}S$ 在点 $(\bar{x},\bar{u})\in\operatorname{gph}S$ 处是局部闭的, 且 $x\in X\subset\Re^n$. 下述关于 $\kappa\in\Re_+$ 的条件是等价的:

(a) 存在 $V\in\mathcal{N}(\bar{x})$ 和 $W\in\mathcal{N}(\bar{u})$, 满足

$$S(x')\cap W\subset S(x)+\kappa\|x'-x\|\mathbf{B},\quad\forall x,x'\in X\cap V.$$

(b) 存在 $V\in\mathcal{N}(\bar{x})$ 和 $W\in\mathcal{N}(\bar{u})$, 满足

$$S(x')\cap W\subset S(x)+\kappa\|x'-x\|\mathbf{B},\quad\forall x\in X\cap V,x'\in X.$$

因此, 在 Aubin 性质的定义中, 可以用 (b) 中的包含关系来代替 (a) 中的包含关系. 进一步, 若 $X\cap V=V$, 满足 (b) 的常数 κ 的下确界仍然为 $\operatorname{lip}S(\bar{x}|\bar{u})$.

证明 (b) 推出 (a) 是显然的. 假设 (a) 对邻域 $V=\mathbf{B}(\bar{x},\delta)$, $W=\mathbf{B}(\bar{u},\varepsilon)$ 成立. 下面证明 (b) 对 $V'=\mathbf{B}(\bar{x},\delta')$, $W'=\mathbf{B}(\bar{u},\varepsilon')$ 成立, 其中 $0<\delta'<\delta,0<\varepsilon'<\varepsilon$, $2\kappa\delta'+\varepsilon'\leqslant\kappa\delta$. 固定 $x\in X\cap\mathbf{B}(\bar{x},\delta')$, 则

$$S(x')\cap\mathbf{B}(\bar{u},\varepsilon')\subset S(x)+\kappa\|x'-x\|\mathbf{B},\quad 当\ x'\in X\cap\mathbf{B}(\bar{x},\delta).$$

我们的目标是说明上式对 $x'\in X\setminus\mathbf{B}(\bar{x},\delta)$ 亦成立. 将 (a) 应用到 $x'=\bar{x}$, 则 $\bar{u}\in S(x)+\kappa\|x-\bar{x}\|\mathbf{B}$ 且 $\mathbf{B}(\bar{u},\varepsilon')\subset S(x)+(\kappa\delta'+\varepsilon')\mathbf{B}$, 其中 $\kappa\delta'+\varepsilon'\leqslant\kappa\delta-\kappa\delta'$. 但当 $x'\in X\setminus\mathbf{B}(\bar{x},\delta)$ 时, $\|x'-x\|>\delta-\delta'$, 故对于这样的 x', 有 $\kappa\delta-\kappa\delta'\leqslant\kappa\|x'-x\|$, 因此 $S(x')\cap\mathbf{B}(\bar{u},\varepsilon')\subset S(x)+\kappa\|x'-x\|\mathbf{B}$. ■

定理 3.2 [73,Theorem 9.43] (度量正则性与开性) 设映射 $S:\Re^n\rightrightarrows\Re^m$, 点 $\bar{x}\in\Re^n$ 以及 $\bar{u}\in S(\bar{x})$. 若 $\operatorname{gph}S$ 在 $(\bar{x},\bar{u})$ 点处是局部闭的, 则下述条件等价:

(a) (逆 Aubin 性质) S^{-1} 在 $\bar{u}$ 点关于 $\bar{x}$ 具有 Aubin 性质.

(b) (度量正则性) $\exists V\in\mathcal{N}(\bar{x})$, $W\in\mathcal{N}(\bar{u})$, $\kappa\in\Re_+$, 满足

$$d(x,S^{-1}(u))\leqslant\kappa d(u,S(x)),\quad\forall x\in V,u\in W.$$

(c) (线性开性) $\exists V\in\mathcal{N}(\bar{x})$, $W\in\mathcal{N}(\bar{u})$, $\kappa\in\Re_+$, 满足

$$S(x+\kappa\varepsilon\mathbf{B})\supset[S(x)+\varepsilon\mathbf{B}]\cap W,\quad\forall x\in V,\varepsilon>0.$$

(d) (伴同导数非奇异性) 满足 $0 \in D^*S(\bar{x}|\bar{u})(y)$ 的 y 只有 $y=0$, 其中 (d) 成立, 若 $\mathrm{rge}\,\widehat{D}S(\bar{x}|\bar{u}) = \Re^m$, 这等价于 $\widehat{D}S(\bar{x}|\bar{u}) = DS(\bar{x}|\bar{u})$, 即 S 在 $\bar{x}$ 点关于 $\bar{u}$ 是图正则的.

进一步, 所有满足 (b) 的 κ 的下确界与所有满足 (c) 的 κ 的下确界相等, 都等于

$$\begin{aligned}\mathrm{lip}\ S^{-1}(\bar{u}|\bar{x}) &= |D^*S^{-1}(\bar{u}|\bar{x})|^+ = |D^*S(\bar{x}|\bar{u})^{-1}|^+\\ &= \max\left\{\|y\| : D^*S(\bar{x}|\bar{u})(y) \cap \mathbf{B} \neq \varnothing\right\}\\ &= 1/\min_{\|y\|=1} d(0, D^*S(\bar{x}|\bar{u})(y)).\end{aligned}$$

证明 将定理 3.4 中的 Mordukhovich 准则应用到 S^{-1}, 得到 (a) 与 (d) 的等价性; 这同时也给出了 $\mathrm{lip}\ S^{-1}(\bar{u}|\bar{x}) = |D^*S^{-1}(\bar{u}|\bar{x})|^+$. 由定义, $D^*S^{-1}(\bar{u}|\bar{x})$ 的图由满足 $(y,v) \in N_{\mathrm{gph}\ S^{-1}}(\bar{u},\bar{x})$, 或等价地, $(v,y) \in N_{\mathrm{gph}\ S}(\bar{x},\bar{u})$ 的向量对 $(-v,y)$ 构成, 而 $D^*S(\bar{u}|\bar{x})^{-1}$ 的图由满足 $(v,y) \in N_{\mathrm{gph}\ S}(\bar{x},\bar{u})$ 的向量对 $(v,-y)$ 构成. 因此, $y \in D^*S^{-1}(\bar{u}|\bar{x})(-v)$ 当且仅当 $v \in D^*S(\bar{x}|\bar{u})^{-1}(-y)$. 由此得到 $|D^*S^{-1}(\bar{u}|\bar{x})|^+ = |D^*S(\bar{u}|\bar{x})^{-1}|^+$. 但后者的值等于 $\max\left\{\|y\| : y \in D^*S(\bar{x}|\bar{u})^{-1}(\mathbf{B})\right\}$(因为映射 $H = D^*S(\bar{u}|\bar{x})^{-1}$ 是外半连续和局部有界的, 进而 $H(\mathbf{B})$ 是紧致的, 故上确界可达到). 这个最大值与定理中的最大值是一样的, 这是因为 $y \in H(\mathbf{B})$ 当且仅当 $H^{-1}(y) \cap \mathbf{B} \neq \varnothing$. 所以得到关于 $\mathrm{lip}\ S^{-1}(\bar{u}|\bar{x})$ 的公式.

为证明定理 3.2 剩下的结论, 将引理 3.1 应用到 S^{-1}, 则 (a) 中的性质是说存在 $V \in \mathcal{N}(\bar{x})$, $W \in \mathcal{N}(\bar{u})$ 和 $\kappa \in \Re_+$, 满足

$$S^{-1}(u') \cap V \subset S^{-1}(u) + \kappa\|u'-u\|\mathbf{B}, \quad \forall u \in W, u' \in \Re^m. \tag{3.8}$$

显然, $x' \in S^{-1}(u') \cap V$ 当且仅当 $u' \in S(x')$ 且 $x' \in V$. 另一方面, $x' \in S^{-1}(u) + \kappa\|u'-u\|\mathbf{B}$ 当且仅当存在 $x \in S^{-1}(u)$ 且 $\|x'-x\| \leqslant \kappa\|u'-u\|$. 后者即等价于当 x' 在 $S^{-1}(u)$ 中有距离最近的点时, $d(x', S^{-1}(u)) \leqslant \kappa\|u'-u\|$. 因此, 在这个附加条件下, 即距离可达的假设成立时 (若包含 x' 的邻域 V 与包含 u 的邻域 W 都充分小, 则此附加条件成立), (3.8) 式即为

$$x' \in V, u \in W, u' \in S(x') \Longrightarrow d(x', S^{-1}(u)) \leqslant \kappa\|u'-u\|.$$

通过将上式对 $u' \in S(x')$ 取极小, 可以得到 (b). 注意到 (3.8) 式还可以等价于

$$x' \in V, u \in W, u' \in S(x'), \varepsilon \geqslant \|u'-u\| \Longrightarrow u \in S(x' + \kappa\varepsilon\mathbf{B}).$$

这意味着当 $x' \in V$, $\varepsilon > 0$ 时, 集合 $S(x' + \kappa\varepsilon\mathbf{B})$ 包含所有在集合 $S(x') + \varepsilon\mathbf{B}$ 中的 $u \in W$, 此即为 (c) 中的条件. ■

下述定理表明集值映射的度量次正则性等价于逆映射的平稳性.

定理 3.3 [22,Theorem 3H.3] 设集值映射 $F:\Re^n \rightrightarrows \Re^m$, $\bar{y}\in F(\bar{x})$. 那么 F 在 $\bar{x}$ 处关于 $\bar{y}$ 以常数 $\kappa>0$ 是度量次正则的当且仅当它的逆映射 $F^{-1}:\Re^m \rightrightarrows \Re^n$ 在 $\bar{y}$ 处关于 $\bar{x}$ 以相同的常数 $\kappa>0$ 是平稳的, 并且有 $\mathrm{clm}(F^{-1};\bar{y}|\bar{x})=\mathrm{subreg}(F;\bar{x}|\bar{y})$. 其中定义度量次正则模

$$\mathrm{subreg}(F;\bar{x}|\bar{y}):=\inf\{\kappa|U,V,\kappa \text{ 满足}(3.9)\};$$

定义平稳模

$$\mathrm{clm}(F^{-1};\bar{y}|\bar{x}):=\inf\{\kappa|U,V,\kappa \text{ 满足}(3.10)\}.$$

证明　F 在 $\bar{x}$ 处关于 $\bar{y}$ 以常数 $\kappa>0$ 是度量次正则的, 即存在邻域 $U\in\mathcal{N}(\bar{x})$, $V\in\mathcal{N}(\bar{y})$ 和常数 $\kappa>0$, 满足

$$d\left(x,F^{-1}(\bar{y})\right)\leqslant \kappa d\left(\bar{y},F(x)\cap V\right),\quad \forall x\in U. \tag{3.9}$$

F^{-1} 在 $\bar{y}$ 处关于 $\bar{x}$ 以常数 $\kappa>0$ 是平稳的, 即存在邻域 $U\in\mathcal{N}(\bar{x})$, $V\in\mathcal{N}(\bar{y})$ 和常数 $\kappa>0$, 满足

$$F^{-1}(y)\cap U\subseteq F^{-1}(\bar{y})+\kappa\|y-\bar{y}\|\mathbf{B},\quad \forall y\in V. \tag{3.10}$$

充分性. 首先假设 (3.10) 成立. 设 $x\in U$. 若 $F(x)=\varnothing$, 那么 (3.9) 的右侧为 ∞, 结论自然成立. 若 $F(x)\neq\varnothing$, 存在 $x\in U$ 且 $y\in F(x)\cap V$ 可以表述为存在 $x\in F^{-1}(y)\cap U$ 且 $y\in V$, 对于这样的 x 和 y, (3.10) 中的包含关系要求球 $x+\kappa\|y-\bar{y}\|\mathbf{B}$ 与 $F^{-1}(\bar{y})$ 有非空交集, 那么 $d\left(x,F^{-1}(\bar{y})\right)\leqslant\kappa\|y-\bar{y}\|$. 因此, 对任何 $x\in U$, 必须有 $d\left(x,F^{-1}(\bar{y})\right)\leqslant\inf_y\{\kappa\|y-\bar{y}\||y\in F(x)\cap V\}$, 即 (3.9) 成立, 且有 $\mathrm{clm}(F^{-1};\bar{y}|\bar{x})\geqslant\mathrm{subreg}(F;\bar{x}|\bar{y})$.

必要性. 我们需要证明若 $\mathrm{subreg}(F;\bar{x}|\bar{y})<\kappa<\infty$, 对于某些邻域 U 和 V 有 (3.10) 成立. 考虑任何满足 $\mathrm{subreg}(F;\bar{x}|\bar{y})<\kappa'<\kappa$ 的 κ', 对于这样的 κ', 存在 U 和 V 使得对所有的 $x\in U$, 有 $d\left(x,F^{-1}(\bar{y})\right)\leqslant\kappa' d(\bar{y},F(x)\cap V)$, 则有当 $x\in U$, $y\in F(x)\cap V$ 时, 或等价地当 $x\in F^{-1}(y)\cap U$ 且 $y\in V$ 时, $d\left(x,F^{-1}(\bar{y})\right)\leqslant\kappa'\|y-\bar{y}\|$ 成立. 固定 $y\in V$, 若 $y=\bar{y}$, 则结论显然成立. 令 $y\neq\bar{y}$, 若 $x\in F^{-1}(y)\cap U$, 则 $d\left(x,F^{-1}(\bar{y})\right)\leqslant\kappa'\|y-\bar{y}\|<\kappa\|y-\bar{y}\|$. 那么一定有点 $x'\in F^{-1}(\bar{y})$, 满足 $\|x'-x\|\leqslant\kappa\|y-\bar{y}\|$, 因此有 (3.10) 成立. ■

3.2　稳定性的微分准则

这一节是本书的核心部分之一, 着重阐述如何用集值映射的微分来刻画 Aubin 性质、强正则性、孤立平稳性等.

3.2.1 Aubin 性质

下面的定理给出 Aubin 性质的刻画, 把 Aubin 性质的描述性定义用一个漂亮的等式表示. Mordukhovich 准则提供了一种计算公式, 可用于判断集值映射是否具有 Aubin 性质.

定理 3.4[73,Theorem 9.40] (Mordukhovich 准则) 设 $S:\Re^n \rightrightarrows \Re^m$, $\bar{x}\in \mathrm{dom}\, S$, $\bar{u}\in S(\bar{x})$. 设 gph S 在 $(\bar{x},\bar{u})$ 点是局部闭的. 则 S 在 $\bar{x}$ 点关于 $\bar{u}$ 具有 Aubin 性质当且仅当

$$D^*S(\bar{x}|\bar{u})(0)=\{0\},$$

或等价地, $|D^*S(\bar{x}|\bar{u})|^+<\infty$. 此时lip $S(\bar{x}|\bar{u})=|D^*S(\bar{x}|\bar{u})|^+$.

若 dom $\widehat{D}S(\bar{x}|\bar{u})=\Re^n$, 则上述条件成立, 且它等价于 $\widehat{D}S(\bar{x}|\bar{u})=DS(\bar{x}|\bar{u})$, 即 S 在 $\bar{x}$ 点关于 $\bar{u}$ 图正则.

证明 首先证明关于正则导数映射 $\widehat{D}S(\bar{x}|\bar{u})$ 的论述. 由于 $\widehat{D}S(\bar{x}|\bar{u})$ 的图是正则切锥 $\widehat{T}_{\mathrm{gph}\ S}(\bar{x},\bar{u})$, 为凸锥. 故它到 $\Re^n$ 上的投影, 即锥 $D:=\mathrm{dom}\,\widehat{D}S(\bar{x}|\bar{u})$ 也为凸锥. 而 $D=\Re^n$ 当且仅当 $D^-=\{0\}$, 其中 D^- 表示 D 的极锥, 即 $v\in D^-$ 当且仅当 $\langle v,w\rangle\leqslant 0$, $\forall w\in D$, 或等价地, $\langle (v,0),(w,z)\rangle\leqslant 0$, $\forall (w,z)\in \widehat{T}_{\mathrm{gph}\ S}(\bar{x},\bar{u})$, 也即等价于 $(v,0)\in \widehat{T}_{\mathrm{gph}\ S}(\bar{x},\bar{u})^-$. 而 $\widehat{T}_{\mathrm{gph}\ S}(\bar{x},\bar{u})^-=N_{\mathrm{gph}\ S}(\bar{x},\bar{u})^{--}=\mathrm{clcon}\ N_{\mathrm{gph}\ S}(\bar{x},\bar{u})$, 因此, dom $\widehat{D}S(\bar{x}|\bar{u})=\Re^n$ 当且仅当

$$(v,0)\in \mathrm{clcon}\ N_{\mathrm{gph}\ S}(\bar{x},\bar{u}) \Longrightarrow v=0.$$

另一方面, 由伴同导数的定义知, $D^*S(\bar{x}|\bar{u})(0)=\{0\}$ 当且仅当

$$(v,0)\in N_{\mathrm{gph}\ S}(\bar{x},\bar{u}) \Longrightarrow v=0.$$

注意到 clcon $N_{\mathrm{gph}\ S}(\bar{x},\bar{u})\supset N_{\mathrm{gph}\ S}(\bar{x},\bar{u})$, 且等式成立的一个充分条件是 gph S 在 $(\bar{x},\bar{u})$ 点处是 Clarke 正则的, 这等价于 $\widehat{D}S(\bar{x}|\bar{u})=DS(\bar{x}|\bar{u})$. 所以定理的后半部分, 即关于 $\widehat{D}S(\bar{x}|\bar{u})$ 的论述得证.

下面证明定理的主要部分. 注意到条件 $D^*S(\bar{x}|\bar{u})(0)=\{0\}$, 如果用法锥 $N_{\mathrm{gph}\ S}(\bar{x},\bar{u})$ 来刻画, 则只与gph S 在 $(\bar{x},\bar{u})$ 的任意小的邻域的性质有关. Aubin 性质也是如此. 这里不失一般性, (3.1) 式中的邻域可以只局限于 $V=\mathbf{B}(\bar{x},\delta)$, $W=\mathbf{B}(\bar{u},\varepsilon)$ 的形式, 即 (3.1) 可写为

$$S(x')\cap \mathbf{B}(\bar{u},\varepsilon)\subset S(x)+\kappa\|x'-x\|\mathbf{B},\quad \forall x,x'\in \mathbf{B}(\bar{x},\delta). \tag{3.11}$$

因此只需考虑 gph S 在 $(\bar{x},\bar{u})$ 的邻域 $\mathbf{B}(\bar{x},\delta)\times\mathbf{B}(\bar{u},\varepsilon+2\kappa\delta)$ 上的信息即可.

所以不妨设 gph S 整体是一闭集, 则对每一个 x, $S(x)$ 为闭集. 下面证明伴同导数的条件等价于在命题 3.2(c) 中 Aubin 性质的距离函数的刻画, 这样同时也可

证明

$$\kappa_1 := \text{lip}\ S(\bar{x}|\bar{u}), \quad \kappa_2 := |D^*S(\bar{x}|\bar{u})|^+$$

二者是相等的.

必要性. 假设 Aubin 性质成立, κ_1 即为满足命题 3.2(c) 的所有 κ 的下确界. 因为 κ_2 是满足 $\|v\| \leqslant \kappa\|y\|$ 的 $\kappa \in \Re_+$ 的下确界, 其中 $v \in D^*S(\bar{x}|\bar{u})(y)$, 或等价地, $(v,-y) \in N_{\text{gph }S}(\bar{x},\bar{u})$. 所以要验证性质 $D^*S(\bar{x}|\bar{u}) = \{0\}$ 等价于验证 $\kappa_2 < \infty$. 而 $(v,-y) \in N_{\text{gph }S}(\bar{x},\bar{u})$ 当且仅当 $\exists(x^\nu,u^\nu) \to (\bar{x},\bar{u})$, $(x^\nu,u^\nu) \in \text{gph } S$, $\exists(v^\nu,-y^\nu) \in \widehat{N}_{\text{gph }S}(x^\nu,u^\nu)$, $(v^\nu,-y^\nu) \to (v,-y)$. 因为 gph S 是闭集, 由引理 1.3 知可以要求正则法向量 $(v^\nu,-y^\nu)$ 是邻近法向量. 因此, κ_2 也为满足存在 $\delta > 0$, $\varepsilon > 0$, 使得下述条件成立的所有 $\kappa \in \Re_+$ 的下确界:

$$\left.\begin{array}{r}\text{当 } (v,-y) \text{ 为 gph } S \text{ 在 } (\widetilde{x},\widetilde{u}) \text{ 点的邻近法向量时, 有 } \|v\| \leqslant \kappa\|y\|, \\ \text{其中 } \|\widetilde{x}-\bar{x}\| < \delta,\ \|\widetilde{u}-\bar{u}\| < \varepsilon.\end{array}\right\} \tag{3.12}$$

因此, 考虑任何满足 (3.11) 的 κ, δ, ε, 目标是要证明它们满足 (3.12). 这就可以推出 $\kappa_1 \geqslant \kappa_2$, 进而得到必要性.

设任取 $(\widetilde{x},\widetilde{u}) \in \text{gph } S$, 满足 $\|\widetilde{x}-\bar{x}\| < \delta$ 和 $\|\widetilde{u}-\bar{u}\| < \varepsilon$. $(v,-y)$ 为 gph S 在 $(\widetilde{x},\widetilde{u})$ 点的邻近法向量等价于存在 $\tau > 0$, 满足 $(\widetilde{x},\widetilde{u})$ 属于投影 $P_{\text{gph }S}((\widetilde{x},\widetilde{u}) + \tau(v,-y))$. 在不影响投影性质的情况下, 还可减小 τ, 使得 $\widetilde{u}-\tau y \in \text{int } \mathbf{B}(\bar{u},\varepsilon)$; 记 $\widehat{u}$ 为 $\widetilde{u}-\tau y$, 则 $\|\widehat{u}-\bar{u}\| < \varepsilon$. 所以 $\|(x,u)-(\widetilde{x}+\tau v,\widehat{u})\| \geqslant \|(\tau v,-\tau y)\|$, $\forall (x,u) \in$ gph S, 即

$$\|x-(\widetilde{x}+\tau v)\|^2 + \|u-\widehat{u}\|^2 \geqslant \tau^2\|v\|^2 + \tau^2\|y\|^2, \quad \forall u \in S(x),$$

上述不等式当 $u = \widetilde{u}$, $x = \widetilde{x}$ 时等号成立. 所以有

$$\|x-(\widetilde{x}+\tau v)\|^2 + d(\widehat{u},S(x))^2 \geqslant \tau^2\|v\|^2 + \tau^2\|y\|^2, \ \forall x,$$

$$\|\widetilde{x}-(\widetilde{x}+\tau v)\|^2 + d(\widehat{u},S(x))^2 = \tau^2\|v\|^2 + \tau^2\|y\|^2,$$

进而得到

$$\begin{aligned}&\tau^2\|v\|^2 - \|x-(\widetilde{x}+\tau v)\|^2 \leqslant d(\widehat{u},S(x))^2 - d(\widehat{u},S(\widetilde{x}))^2 \\ =&[d(\widehat{u},S(x)) - d(\widehat{u},S(\widetilde{x}))][d(\widehat{u},S(x)) + d(\widehat{u},S(\widetilde{x}))].\end{aligned} \tag{3.13}$$

由于 $\|\widetilde{x}-\bar{x}\| < \delta$, $\|\widehat{u}-\bar{u}\| < \varepsilon$, 由 (3.11) 式可得

$$d(\widehat{u},S(x)) - d(\widehat{u},S(\widetilde{x})) \leqslant \kappa\|x-\widetilde{x}\|, \quad \text{只要} x \in \mathbf{B}(\bar{x},\delta).$$

另一方面, $d(u,S(\widetilde{x}))$ 关于 u 是 Lipschitz 连续的, Lipschitz 常数为 1. 故 $d(\widehat{u},S(\widetilde{x}))\leqslant d(\widetilde{u},S(\widetilde{x}))+\tau\|y\|$, 其中 $d(\widetilde{u},S(\widetilde{x}))=0$. 类似地, 有 $d(\widehat{u},S(x))\leqslant d(\widetilde{u},S(x))+\tau\|y\|$, 而当 $x\in\mathbf{B}(\bar{x},\delta)$ 时, 又有 $d(\widetilde{u},S(x))\leqslant d(\widetilde{u},S(\widetilde{x}))+\kappa\|x-\widetilde{x}\|$. 由 (3.13) 知

$$2\tau\langle v,x-\widetilde{x}\rangle-\|x-\widetilde{x}\|^2\leqslant\kappa\|x-\widetilde{x}\|(\kappa\|x-\widetilde{x}\|+2\tau\|y\|),\quad\forall x\in\mathbf{B}(\bar{x},\delta).$$

将上式应用到点 $x=\widetilde{x}+\lambda v$ 上, 其中 $\lambda>0$ 充分小时可保证 $x\in\mathbf{B}(\bar{x},\delta)$ (这是因为 $\|\widetilde{x}-\bar{x}\|<\delta$), 则有

$$2\tau\lambda\|v\|^2-\lambda^2\|v\|^2\leqslant\kappa\lambda\|v\|(\kappa\lambda\|v\|+2\tau\|y\|).$$

除非 $\|v\|=0$, 否则总有 $(2\tau-\lambda)\|v\|\leqslant\kappa(\kappa\lambda\|v\|+2\tau\|y\|)$, 令 $\lambda\downarrow 0$ 取极限, 则有 $2\tau\|v\|\leqslant 2\tau\kappa\|y\|$, 即 $\|v\|\leqslant\kappa\|y\|$. 由此得到 (3.12) 中刻画的性质.

充分性. 在必要性证明的开始部分刻画的 κ_2 也可以做如下变动: 利用命题 1.4 和法锥 $N_{\mathrm{gph}\ S}(\bar{x},\bar{u})$ 的定义, 有 $(v,-y)\in N_{\mathrm{gph}\ S}(\bar{x},\bar{u})$ 当且仅当存在 $(x^\nu,u^\nu)\to(\bar{x},\bar{u})$, $(x^\nu,u^\nu)\in\mathrm{gph}\ S$, 存在 $(v^\nu,-y^\nu)\in N_{\mathrm{gph}\ S}(x^\nu,u^\nu)$, $(v^\nu,-y^\nu)\to(v,-y)$. 因此, κ_2 也为所有满足存在 $\delta_0>0$, $\varepsilon_0>0$, 使得下式成立的 $\kappa\in\Re_+$ 的下确界:

$$\|v\|\leqslant\kappa\|y\|,\quad(v,-y)\in N_{\mathrm{gph}\ S}(\widehat{x},\widehat{u}),\quad\widehat{x}\in\mathbf{B}(\bar{x},\delta_0),\quad\widehat{u}\in\mathbf{B}(\bar{u},\varepsilon_0).\tag{3.14}$$

假设 (3.14) 成立, 目标是要证明存在 $\delta>0$, $\varepsilon>0$ 满足 (3.11). 这就可以建立充分性及不等式 $\kappa_2\geqslant\kappa_1$.

不妨设映射 S 是外半连续的, 易证函数 $(x,u)\to d(u,S(x))$ 在 $\Re^n\times\Re^m$ 上是下半连续的. 固定 $\widetilde{u}$, 下面考虑下半连续函数 $d_{\widetilde{u}}(x):=d(\widetilde{u},S(x))$ 的正则次梯度, 因为这些正则次梯度可以用来生成 $d_{\widetilde{u}}$ 的其他次梯度, 且由 [73] 的定理 9.13①, 还可得到 $d_{\widetilde{u}}$ 的严格连续性.

假设 $v\in\widehat{\partial}d_{\widetilde{u}}(\widehat{x})$, 其中 $\widehat{x}$ 满足 $d_{\widetilde{u}}(\widehat{x})$ 有限, 故 $S(\widehat{x})\neq\varnothing$. 由命题 1.7 中正则次梯度的变分描述知, 存在定义在 $\widehat{x}$ 的某一开邻域 $\mathcal{O}$ 上的光滑函数 $h\leqslant d_{\widetilde{u}}$, 满足 $h(\widehat{x})=d_{\widetilde{u}}(\widehat{x})$, $\nabla h(\widehat{x})=v$. 则 $\widehat{x}\in\arg\min_{\mathcal{O}}(d_{\widetilde{u}}-h)$. 令 $\widehat{u}$ 为 $S(\widehat{x})$ 中与 $\widetilde{u}$ 距离最近的点, 即有 $\|\widehat{u}-\widetilde{u}\|=d_{\widetilde{u}}(\widehat{x})$. 则点 $(\widehat{x},\widehat{u})$ 处函数 $-h(x)+\|u-\widetilde{u}\|$ 在 $(x,u)\in\mathrm{gph}\ S$, $x\in\mathcal{O}$ 上达到极小.

我们也可以换一种方式表述. 设 $V\subset\mathcal{O}$ 为 $\bar{x}$ 的闭邻域. 定义 $\Re^n\times\Re^m$ 上的下半连续正常函数 $f_0(x,u):=-h(x)+\|u-\widetilde{u}\|$, 若 $x\in V$; $f_0(x,u):=\infty$, 若 $x\notin V$. 则

① 设 $f:\Re^n\to\overline{\Re}$ 在 $\bar{x}$ 处是局部下半连续的, $f(\bar{x})$ 是一有限值, 则 f 在 $\bar{x}$ 处的严格连续性等价于 $\partial^\infty f(\bar{x})=\{0\}$. 当这些条件成立时, $\partial f(\bar{x})$ 是非空紧致的,

$$\mathrm{lip}\,f(\bar{x})=\max_{|w|=1}\widehat{d}f(\bar{x})(w)=\max_{v\in\partial f(\bar{x})}|v|.$$

$(\widehat{x},\widehat{u})$ 为 f_0 在闭集 gph S 上的最小值点. 由于

$$\partial f_0(\widehat{x},\widehat{u}) \subset \{(-v,y): y\in \mathbf{B}\}, \quad \partial^\infty f_0(\widehat{x},\widehat{u}) = \{(0,0)\},$$

其中关于 $\partial^\infty f_0(\widehat{x},\widehat{u})$ 的表达式可以推出约束规范成立, 所以有最优性条件

$$\partial f_0(\widehat{x},\widehat{u}) + N_{\text{gph } S}(\widehat{x},\widehat{u}) \ni (0,0).$$

结合 $\partial f_0(\widehat{x},\widehat{u})$ 的包含关系式可得, 对向量 v, 必存在 $y\in\mathbf{B}$, 使得 $(v,-y)\in N_{\text{gph } S}(\widehat{x},\widehat{u})$.

到目前为止, 我们知道若 $\widehat{x}\in\mathbf{B}(\bar{x},\delta_0)$, $\widehat{u}\in\mathbf{B}(\bar{u},\varepsilon_0)$, 则由 (3.14) 知 $\|v\|\leqslant\kappa\|y\|\leqslant\kappa$. 注意到 $\|\widehat{u}-\bar{u}\|\leqslant\|\widehat{u}-\widetilde{u}\|+\|\widetilde{u}-\bar{u}\| = d_{\widetilde{u}}(\widehat{x})+\|\widehat{u}-\bar{u}\|$. 所以有

$$若 v\in\widehat{\partial} d_{\widetilde{u}}(\widehat{x}), \|\widehat{x}-\bar{x}\|\leqslant\delta_0, d_{\widetilde{u}}(\widehat{x})+\|\widehat{u}-\bar{u}\|\leqslant\varepsilon_0,\ 则\|v\|\leqslant\kappa. \tag{3.15}$$

若 $\widetilde{u}=\bar{u}$, 则 $d_{\bar{u}}(\bar{x})=0$. 由定义, $\partial^\infty d_{\bar{u}}(\bar{x})$ 由无界次梯度序列 $v^\nu\in\widehat{\partial} d_{\bar{u}}(x^\nu)$ 的极限点构成, 其中 $x^\nu\to\bar{x}$ 满足 $d_{\bar{u}}(x^\nu)\to d_{\bar{u}}(\bar{x})$. 但在 (3.14) 中令 $\widehat{x}=x^\nu$, $v=v^\nu$, 结合 $\widetilde{u}=\bar{u}$, 得知, ν 充分大以后, $\|v^\nu\|\leqslant\kappa$. 由此 $\partial^\infty d_{\bar{u}}(\bar{x})=\{0\}$. 由 [73] 中的定理 9.13 知 $d_{\bar{u}}$ 在 $\bar{x}$ 严格连续, 因此在 $\bar{x}$ 的某一邻域上也是严格连续且有限的, 进而意味着 S 在此邻域上取值非空. 另一方面, 若 $S(x)\neq\varnothing$, 则函数 $u\to d(u,S(x))$ 是 Lipschitz 连续的且 Lipschitz 常数是 1, 所以函数 $(x,u)\to d(u,S(x))$ 在 $(\bar{x},\bar{u})$ 附近有限且平稳.

现在不考虑常数的大小, 只需验证存在 $\lambda\in\Re_+$, $\mu\in\Re_+$, 满足

$$d(u,S(x))\leqslant\lambda(\|x-\bar{x}\|+\|u-\bar{u}\|),\quad 当\|x-\bar{x}\|\leqslant\mu,\ \|u-\bar{u}\|\leqslant\mu.$$

为了满足此式, 需要选取 $\delta>0$, $\varepsilon>0$ 充分小, 使得 $2\delta\leqslant\min\{\mu,\delta_0\}$, $\varepsilon\leqslant\min\{\mu,\delta_0/2\}$, 且 $\lambda(2\delta+\varepsilon)\leqslant\varepsilon_0/2$. 再将 (3.15) 式应用到 $\widetilde{u}\in\mathbf{B}(\bar{u},\varepsilon)$, $\widehat{x}\in\mathbf{B}(\bar{x},2\delta)$, 得到 $\widehat{\partial} d_{\widetilde{u}}(\widehat{x})\subset\kappa\mathbf{B}$. 由此结合 $\partial d_{\widetilde{u}}(x)$ 的定义, 有 $\partial d_{\widetilde{u}}(x)\subset\kappa\mathbf{B}$, $\forall x\in\operatorname{int}\mathbf{B}(\bar{x},2\delta)$. 由 [73] 中的定理 9.13 知对 $x\in\operatorname{int}\mathbf{B}(\bar{x},2\delta)$, 有 $\operatorname{lip} d_{\widetilde{u}}(x)\leqslant\kappa$, 这意味着 $d_{\widetilde{u}}$ 在 int $\mathbf{B}(\bar{x},2\delta)$ 上以常数 κ Lipschitz 连续. 特别地, $d_{\widetilde{u}}$ 在 $\mathbf{B}(\bar{x},\delta)$ 上以常数 κ Lipschitz 连续. 故 (3.11) 式成立. ■

3.2.2　强正则性

考虑由参数广义方程定义的解映射

$$S(x)=\{z\in\Re^k: 0\in C(x,z)+N_Q(z)\}, \tag{3.16}$$

其中 $C:\mathcal{A}\times\Re^k\to\Re^k$ 是一连续可微映射, $\mathcal{A}\subset\Re^n$ 是一开集合, $Q\subset\Re^k$ 是一非空闭凸集合. 给定 $(x_0,z_0)\in$ gph S, $x_0\in\mathcal{A}$. 我们要寻求条件, 在这一条件下存在 x_0

的一个邻域 $\mathcal{O}$ 和 z_0 的一个邻域 V 满足在 $\mathcal{O}$ 上存在一个单值的 Lipschitz 连续映射 $\sigma:\mathcal{O}\to V$ 使得

$$\sigma(x_0)=z_0,\quad \sigma(x)\in S(x),\quad \forall x\in\mathcal{O}, \tag{3.17}$$

或者使得

$$\sigma(x)=S(x)\cap V,\quad \forall x\in\mathcal{O}. \tag{3.18}$$

定义

$$\Sigma(\xi)=\{z\in\Re^k:\xi\in C(x_0,z_0)+\mathcal{J}_zC(x_0,z_0)(z-z_0)+N_Q(z)\} \tag{3.19}$$

与

$$r(x,z)=C(x_0,z_0)+\mathcal{J}_zC(x_0,z_0)(z-z_0)-C(x,z).$$

容易验证下述结论.

命题 3.3 下述关系成立

$$z\in S(x)\ \text{当且仅当}\ z\in\Sigma(r(x,z)).$$

证明 根据 Σ 与 r 的定义, 有

$$z\in S(x)\ \text{当且仅当}\ 0\in C(x,z)+N_Q(z) \tag{3.20}$$

与

$$z\in\Sigma(r(x,z))\ \text{当且仅当}\ r(x,z)\in C(x_0,z_0)+\mathcal{J}_zC(x_0,z_0)(z-z_0)+N_Q(z). \tag{3.21}$$

简单的计算可得 (3.20) 与 (3.21) 中的广义方程是等价的. ■

由于 C 在 $\mathcal{A}\times\Re^k$ 上是连续可微的, 可以选取 x_0 的邻域 $\widetilde{U}$, z_0 的邻域 $\widetilde{V}$ 与一正的实常数 L 满足

$$\|C(x_1,z)-C(x_2,z)\|\leqslant L\|x_1-x_2\|,\quad \forall x_1\in\widetilde{U},\quad z\in\widetilde{V}. \tag{3.22}$$

定理 3.5 (a) 设存在 $0\in\Re^k$ 的邻域 W, 存在单值 Lipschitz 连续映射 $\phi:W\to\Re^k$, 其 Lipschitz 常数为 γ, 满足

$$\phi(0)=z_0,\quad \phi(\xi)\in\Sigma(\xi),\quad \forall\xi\in W. \tag{3.23}$$

则对每一 $\varepsilon>0$, 存在 x_0 的邻域 U_ε 与 z_0 的邻域 V_ε, 以及一单值映射 $\sigma:U_\varepsilon\to V_\varepsilon$ 满足

$$\sigma(x_0)=z_0,\quad \sigma(x)\in S(x),\quad \forall x\in U_\varepsilon, \tag{3.24}$$

且映射 σ 在 U_ε 上是 Lipschitz 连续的, Lipschitz 常数为 $(\gamma+\varepsilon)L$, 其中 L 由 (3.22) 定义.

(b) 如果还有存在 z_0 的一邻域 V 满足

$$\phi(\xi)=\Sigma(\xi)\cap V, \quad \forall \xi\in W, \tag{3.25}$$

则

$$\sigma(x)=S(x)\cap V_\varepsilon, \quad \forall x\in U_\varepsilon. \tag{3.26}$$

证明 先证明 (a). 对任意固定的 $\varepsilon>0$, 选取 $\delta=\delta(\varepsilon)>0$, $\rho=\rho(\varepsilon)>0$ 与 x_0 的一邻域 U_ε, 满足对于 $V_\varepsilon=z_0+\rho\mathbf{B}$, 有

$$\begin{aligned}
&\gamma\delta<\varepsilon/(\gamma+\varepsilon),\\
&r(x,z)\in W, && \forall (x,z)\in U_\varepsilon\times V_\varepsilon,\\
&\|\mathcal{J}_zC(x_0,z_0)-\mathcal{J}_zC(x,z)\|\leqslant\delta, && \forall (x,z)\in U_\varepsilon\times V_\varepsilon,\\
&\|C(x_0,z_0)-C(x,z)\|\leqslant(1-\gamma\delta)\rho/\gamma, && \forall x\in U_\varepsilon.
\end{aligned} \tag{3.27}$$

把 (a) 的证明分成两部分: ① 构造 σ; ② 验证 σ 的 Lipschitz 连续性.

对每一固定的 $\overline{x}\in U_\varepsilon$, 定义映射 $\Phi_{\overline{x}}:\Re^k\to\Re^k$,

$$\Phi_{\overline{x}}(\cdot):=\phi(r(\overline{x},\cdot)). \tag{3.28}$$

下面我们证明

$$\Phi_{\overline{x}}\ \text{是}V_\varepsilon\ \text{上的一压缩映射, 它把}V_\varepsilon\text{映到}V_\varepsilon. \tag{3.29}$$

如果上述结论成立, 则由 Banach 不动点定理可得, 存在 $\overline{z}\in V_\varepsilon$ 满足

$$\overline{z}=\Phi_{\overline{x}}(\overline{z})=\phi(r(\overline{x},\overline{z})).$$

于是根据 (3.23),

$$\overline{z}\in\Sigma(r(\overline{x},\overline{z})).$$

由命题 3.3 可得 $\overline{z}\in S(\overline{x})$, 因为 $\overline{x}$ 是 U_ε 中的任意点, 定义在 U_ε 上的映射

$$\sigma:x\to z\in S(x)$$

是存在的. 由

$$\Phi_{x_0}(z_0)=\phi(r(x_0,z_0))=\phi(0)=z_0$$

可得 $\sigma(x_0)=z_0$, 这证得 (3.24). 下面只需验证 (3.29) 式.

为验证 $\Phi_{\overline{x}}$ 的压缩性质, 对 $z_1, z_2 \in V_\varepsilon$, 由 W 上定义的 ϕ 的 Lipschitz 连续性质可得

$$\begin{aligned}\|\Phi_{\overline{x}}(z_1) - \Phi_{\overline{x}}(z_2)\| &\leqslant \gamma\|r(\overline{x}, z_1) - r(\overline{x}, z_2)\| \\ &\leqslant \gamma \cdot \sup\{\|\mathcal{J}_z r(\overline{x}, (1-\mu)z_1 + \mu z_2)\| : \mu \in (0,1)\} \cdot \|z_1 - z_2\|.\end{aligned}$$

由于 $\mathcal{J}_z r(\overline{x}, z) = \mathcal{J}_z C(x_0, z_0) - \mathcal{J}_z C(\overline{x}, z)$, 由 (3.27) 可得

$$\|\Phi_{\overline{x}}(z_1) - \Phi_{\overline{x}}(z_2)\| \leqslant \gamma\delta\|z_1 - z_2\|, \quad \forall z_1, z_2 \in V_\varepsilon. \tag{3.30}$$

由 δ 的选取有 $\gamma\delta < 1$, $\Phi_{\overline{x}}$ 实际上是一压缩映射. 进一步,

$$\begin{aligned}\|\Phi_{\overline{x}}(z_0) - z_0\| &= \|\phi(r(\overline{x}, z_0)) - \phi(0)\| \\ &\leqslant \gamma\|r(\overline{x}, z_0) - 0\| \\ &= \gamma\|C(x_0, z_0) - C(\overline{x}, z_0)\| \\ &\leqslant (1 - \gamma\delta)\rho.\end{aligned}$$

这意味着对于 $z \in V_\varepsilon (= z_0 + \rho\mathbf{B})$,

$$\begin{aligned}\|\Phi_{\overline{x}}(z) - z_0\| &\leqslant \|\Phi_{\overline{x}}(z) - \Phi_{\overline{x}}(z_0)\| + \|\Phi_{\overline{x}}(z_0) - z_0\| \\ &\leqslant \gamma\delta\|z - z_0\| + (1 - \gamma\delta)\rho \\ &\leqslant \rho,\end{aligned} \tag{3.31}$$

即 $\Phi_{\overline{x}}$ 映 V_ε 到自身. 不等式 (3.30) 与 (3.31) 表明, 可以用 Banach 不动点定理, 从而保证映射 σ 的存在性.

现在证明 σ 在 U_ε 上是 Lipschitz 连续的, Lipschitz 常数是 $(\gamma + \varepsilon)L$. 不妨设 $U_\varepsilon \times V_\varepsilon \subset \widetilde{U} \times \widetilde{V}$, 其中 $\widetilde{U}, \widetilde{V}$ 由 (3.22) 定义, 则对任意 $x_1, x_2 \in U_\varepsilon$,

$$\begin{aligned}\|\sigma(x_1) - \sigma(x_2)\| &= \|\Phi_{x_1}(\sigma(x_1)) - \Phi_{x_2}(\sigma(x_2))\| \\ &\leqslant \|\Phi_{x_1}(\sigma(x_1)) - \Phi_{x_1}(\sigma(x_2))\| + \|\Phi_{x_1}(\sigma(x_2)) - \Phi_{x_2}(\sigma(x_2))\|.\end{aligned}$$

由 (3.30) 可得

$$\|\Phi_{x_1}(\sigma(x_1)) - \Phi_{x_1}(\sigma(x_2))\| \leqslant \gamma\delta\|\sigma(x_1) - \sigma(x_2)\|.$$

由 ϕ 的 Lipschitz 连续性可得

$$\begin{aligned}\|\Phi_{x_1}(\sigma(x_2)) - \Phi_{x_2}(\sigma(x_2))\| &= \|\phi(r(x_1, \sigma(x_2))) - \phi(r(x_2, \sigma(x_2)))\| \\ &\leqslant \gamma\|C(x_1, \sigma(x_2)) - C(x_2, \sigma(x_2))\|.\end{aligned}$$

结合这些估计和 (3.22) 得到

$$\begin{aligned}\|\sigma(x_1)-\sigma(x_2)\| &\leqslant \gamma\delta\|\sigma(x_1)-\sigma(x_2)\|+\gamma\|C(x_1,\sigma(x_2))-C(x_2,\sigma(x_2))\|\\ &\leqslant \gamma\delta\|\sigma(x_1)-\sigma(x_2)\|+\gamma L\|x_1-x_2\|,\end{aligned}$$

由此可推出

$$\|\sigma(x_1)-\sigma(x_2)\|\leqslant \frac{\gamma L}{1-\gamma\delta}\|x_1-x_2\|<(\gamma+\varepsilon)L\|x_1-x_2\|,$$

即 σ 在 U_ε 上是 Lipschitz 连续的.

再来证明 (b). 如果有必要, 可以选择 (3.27) 中的 ρ 充分小, 所以可以假设 $V_\varepsilon\subset V$. 现在固定 $x\in U_\varepsilon$, 令 z 是从 $S(x)\cap V_\varepsilon$ 中任意选取的元素. 为证明 (3.26), 只需证明 $z=\sigma(x)$. 根据命题 3.3 有 $z\in\Sigma(r(x,z))\cap V_\varepsilon$. 由 (3.27) 可得 $r(x,z)\in W$, 于是由假设 (3.25) 和定义式 (3.28) 有

$$z=\phi(r(x,z))=\Phi_x(z).$$

因为 $\Phi_x(\cdot)$ 在 V_ε 上仅有一个不动点, z 必是由 (a) 确定的唯一的不动点 $\sigma(x)$, 这证得

$$\sigma(x)=S(x)\cap V_\varepsilon,\quad \forall x\in U_\varepsilon.$$

■

针对集值映射的强正则性, Klatte 和 Kummer[39] 利用严格图导数的性质给出了强正则性的刻画.

称集值映射 $F:X\rightrightarrows Y$ 在 $(\bar{x},\bar{y})$ 处是强正则的, 若其逆映射 F^{-1} 在 $(\bar{y},\bar{x})$ 处具有 Aubin 性质, 且还分别存在 $\bar{x}$ 的邻域 U, $\bar{y}$ 的邻域 V, 使得对 $y\in V$, 有 $U\cap F^{-1}(y)$ 是单值的.

称严格图导数 $D_*F(\bar{x}|\bar{y})$ 是单射, 若有 $0\in D_*F(\bar{x}|\bar{y})(u)\Longrightarrow u=0$.

定理 3.6[39,Lemma 3.1] (强正则性的严格图导数准则)　设集值映射 $F:X\rightrightarrows Y$(赋范空间), $\bar{z}=(\bar{x},\bar{y})\in \mathrm{gph}\ F$. 则有

(a) 若 F 在 $\bar{z}$ 处是强正则的, 那么 $D_*F(\bar{z})$ 是单射;

(b) 若 $X=\Re^n$, 则 F 在 $\bar{z}$ 处是强正则的充要条件是 $D_*F(\bar{z})$ 是单射且 F^{-1} 在 $(\bar{y},\bar{x})$ 处是 Lipschitz 下半连续的.

证明　反证法. (a) 假设 $D_*F(\bar{z})$ 不是单射, 则 $\exists u\neq 0$, 使得 $0\in D_*F(\bar{z})(u)$. 由定义知, 存在 $\eta^k\in F(x^k+t_ku^k)$, $t_k\downarrow 0$, $\mathrm{gph}\ F\ni(x^k,y^k)\to\bar{z}$, $u^k\to u$, 有 $v^k=\eta^k-y^k/t_k\to 0$. 令 $\xi^k=x^k+t_ku^k$, 则

$$\text{存在}(x^k,y^k),(\xi^k,\eta^k)\xrightarrow{\mathrm{gph}\ F}\bar{z},\text{使得}d(\xi^k,x^k)>kd((\eta^k),y^k),\tag{3.32}$$

这与 F 在 $\bar{z}$ 处是强正则的矛盾.

(b) 设 $X=\Re^n$. 假设 F 在 $\bar{z}$ 处不是强正则的, 这等价于 (3.32) 或

$$\text{存在}\ \ y^k\to\bar{y},\text{使得}\ \ d(\bar{x},F^{-1}(y^k))>kd(y^k,\bar{y}). \tag{3.33}$$

其中, (3.33) 意味着 F^{-1} 在 $(\bar{y},\bar{x})$ 处不是 Lipschitz 下半连续的. 若 (3.32) 成立 (特别地, 当 $F^{-1}(y^k)$ 在 $\bar{x}$ 附近是多值时), 设 $t_k=\|\xi^k-x^k\|$ 且 $u^k=(\xi^k-x^k)/t_k$. (3.32) 等价于满足以下条件的序列 η^k 的存在性:

$$\eta^k\in F(x^k+t_ku^k),t_k\downarrow 0,\mathrm{gph}\ F\ni(x^k,y^k)\to\bar{z},\|u^k\|=1,v:=\lim(\eta^k-y^k)/t_k=0.$$

由于 $X=\Re^n$, 则 $\exists u\neq 0$, 使得 $u^k\to u$, 则有 $\exists u\neq 0$, $v=\lim(\eta^k-y^k)/t_k=0$, 其中 $\eta^k\in F(x^k+t_ku^k)$, $t_k\downarrow 0$, $\mathrm{gph}\ F\ni(x^k,y^k)\to\bar{z}$, $u^k\to u$, 即 $\exists u\neq 0$, 使得 $0\in D_*F(\bar{z})$, 与单射条件矛盾.

反之, 假设 $D_*F(\bar{z})$ 不是单射或 F^{-1} 在 $(\bar{y},\bar{x})$ 处不是 Lipschitz 下半连续的, 由 (a) 知第一种情况与 F 在 $\bar{z}$ 处是强正则的矛盾, 而第二种情况也与 F 在 $\bar{z}$ 处是强正则的矛盾. ■

3.2.3 Lipschitz 函数的可逆性

这一节包括 Clarke[14] 的 Lipschitz 函数的隐函数定理、用严格图导数刻画的局部 Lipschitz 单值化和 Lipschitz 函数的可逆性、Lipschitz 函数的可逆性的伴同导数准则, 以及局部 Lipschitz 同胚的刻画.

设 X,Y 是两个有限维的 Hilbert 空间, $(\bar{x},\bar{y})\in X\times Y$, 记

$$\pi_x\partial H(\overline{x},\overline{y})\ \text{为}\ \partial H(\overline{x},\overline{y})\ \text{到空间}\ X\ \text{上的投影}.$$

引理 3.2 设 $H:X\times Y\to X$ 是 $(\overline{x},\overline{y})\in X\times Y$ 的某一开邻域上的局部 Lipschitz 连续函数, $H(\overline{x},\overline{y})=0$. 如果 $\pi_x\partial H(\overline{x},\overline{y})$ 中的每一元素均是非奇异的, 则存在 $\overline{y}$ 的一开邻域 $\mathcal{O}_Y$ 与一局部 Lipschitz 连续函数 $x(\cdot):\mathcal{O}_Y\to X$ 满足 $x(\overline{y})=\overline{x}$ 且对每一 $y\in\mathcal{O}_Y$,

$$H(x(y),y)=0\,.$$

进一步, 如果 H 在 $(\overline{x},\overline{y})$ 的开邻域中的每一点均是 (强) 半光滑的, 则 $x(\cdot)$ 在 $\mathcal{O}_Y$ 中的每一点均是 (强) 半光滑的.

证明 结合 Clarke 关于局部 Lipschitz 连续函数的隐函数定理[14,Section 7.1] 可直接得到前半部分结论成立. 后半部分的证明由 [81, Corollary 2.1] 可知, 如果 H 在 $(\overline{x},\overline{y})$ 的开邻域中的每一点均是 (强) 半光滑的, 则 $x(\cdot)$ 在 $\mathcal{O}_Y$ 中的每一点均是 (强) 半光滑的. ■

定理 3.7 [73,Theorem 9.54] (单值局部化)　设 $S:\Re^n \rightrightarrows \Re^m$, $\bar{u}\in S(\bar{x})$. 设 S 以下述含义在 $\bar{x}$ 相对于 $\bar{u}$ 是局部内半连续的, 即存在邻域 $V\in\mathcal{N}(\bar{x})$ 与 $W\in\mathcal{N}(\bar{u})$, 满足对任何 $x\in V$ 与 $\varepsilon>0$, 存在 $\delta>0$,

$$\left.\begin{array}{l} S(x)\cap W\subset S(x')+\varepsilon\mathbf{B} \\ S(x')\cap W\subset S(x)+\varepsilon\mathbf{B}\end{array}\right\} \text{当 } x'\in V\cap\mathbf{B}(x,\delta) \text{ 时.}$$

(a) S 在 $\bar{x}$ 处相对于 $\bar{u}$ 具有一 Lipschitz 连续的单值局部化 T 当且仅当 $D_*S(\bar{x}|\bar{u})(0)=\{0\}$. 此时有 $D^*S(\bar{x}|\bar{u})(0)=\{0\}$ 与

$$\operatorname{lip} T(\bar{x}) = |D_*S(\bar{x}|\bar{u})|^+ = |D^*S(\bar{x}|\bar{u})|^+.$$

(b) 如果 S 是凸值的, 则 S^{-1} 在 $\bar{u}$ 处相对于 $\bar{x}$ 具有一 Lipschitz 连续的单值局部化 T 当且仅当 $D_*S(\bar{x}|\bar{u})^{-1}(0)=\{0\}$ 且 $m=n$. 此时 $D^*S(\bar{x}|\bar{u})^{-1}(0)=\{0\}$,

$$\operatorname{lip}\ T(\bar{u}) = |D_*S(\bar{x}|\bar{u})^{-1}|^+ = |D^*S(\bar{x}|\bar{u})^{-1}|^+.$$

证明　先证明, 不需要任何连续性假设, 条件 $D_*S(\bar{x}|\bar{u})(0)=\{0\}$ 等价于存在邻域 $V_0\in\mathcal{N}(\bar{x})$ 与 $W_0\in\mathcal{N}(\bar{u})$, 满足截断映射 $S_0: x\to S(x)\cap W_0$ 是单值的且相对于 $V_0\cap\operatorname{dom} S_0$ 是 Lipschitz 连续的. 注意, 对于一个正齐次的集值映射 H 而言, H 为外半连续且局部有界的充分必要条件是 H 相对于 0 的某一邻域是外半连续的且 $H(0)=\{0\}$, 所以 $D_*S(\bar{x}|\bar{u})(0)=\{0\}$ 当且仅当 $D_*S(\bar{x}|\bar{u})$ 是局部有界的, $|D_*S(\bar{x}|\bar{u})|^+<\infty$. 这对应着存在 $\kappa\in\Re_+$ 与 $W_0\in\mathcal{N}(\bar{u})$, 满足当 $z=[u'-u]/\tau$, 其中 $u'\in S(x+\tau w)\cap W_0$, $w\in\mathbf{B}(x,u)$ 在 gph S 上充分接近 $(\bar{x},\bar{u})$ 且 τ 接近 0 时, $\|z\|\leqslant\kappa$. 因此, 当 $u\in S_0(x)$, $u'\in S_0(x')$ 满足 (x,u) 与 (x',u') 充分接近于 $(\bar{x},\bar{u})$ 时, $\|u'-u\|\leqslant\kappa\|x'-x\|$. 因此 S_0 在 $\bar{x}$ 附近不可能是多值的 (取 $x'=x$ 可得); 存在 $V_0\in\mathcal{N}(\bar{x})$, S_0 相对于 $V_0\cap\operatorname{dom} S_0$ 是单值的且 Lipschitz 连续的.

(a) 的充分性. 当 $D_*S(\bar{x}|\bar{u})(0)=\{0\}$ 时, 取 T 为前面分析的截断 S_0 在 $\bar{x}$ 的一邻域上的限制. 我们内半连续的假设使得 S_0 为非空值的.

(a) 的必要性. 当 S 有 (a) 中所述的一局部化 T 时, S 在 $\bar{x}$ 处相对于 $\bar{u}$ 具有 Aubin 性质. 则根据定理 3.4 有 $D^*S(\bar{x}|\bar{u})(0)=\{0\}$ 与 $\operatorname{lip} T(\bar{x})=|D^*S(\bar{x}|\bar{u})|^+$. 另一方面, T 必在 $\bar{x}$ 附近与上述的截断 S_0 重合, 因此 $D_*S(\bar{x}|\bar{u})(0)=\{0\}$. 进一步,

$$\operatorname{lip} T(\bar{x}) = \limsup_{x\to\bar{x},\tau\downarrow 0}\left(\sup_{w\in\mathbf{B}}\left\|\frac{T(x+\tau w)-T(x)}{\tau}\right\|\right), \tag{3.34}$$

这里我们将差商视为定义 1.16 中的一个 S. 当 $x\to\bar{x}$ 且 $\tau\downarrow 0$ 时, 这些差商的聚点是 $D_*(\bar{x}|\bar{u})(w)$ 中的元素. 根据 (3.34), 可得 $\operatorname{lip} T(\bar{x})=\max\left\{\|z\| \,|\, z\in D_*S(\bar{x}|\bar{u})(\mathbf{B})\right\}=:|D_*S(\bar{x}|\bar{u})|^+$.

(b) 的必要性. 证明与 (a) 的必要性相同, 代替 S, 将 (a) 中的必要性结果用于 S^{-1}, 这里用到关系式 $DS^{-1}(\bar{u}|\bar{x}) = DS(\bar{x}|\bar{u})^{-1}$ 与 $D_*S^{-1}(\bar{u}|\bar{x}) = D_*S(\bar{x}|\bar{u})^{-1}$, 以及 $y \in D^*S^{-1}(\bar{u}|\bar{x})(v)$ 意味着 $-y \in D^*S(\bar{x}|\bar{u})^{-1}(-v)$ 的事实.

(b) 的充分性. 类似于本定理证明开始时的分析, 用 S^{-1} 代替 S, 由

$$D_*S(\bar{x}|\bar{u})^{-1}(0) = \{0\}$$

出发推出存在邻域 $V_0 \in \mathcal{N}(\bar{x})$ 与 $W_0 \in \mathcal{N}(\bar{u})$ 满足截断 $T_0 : u \to S^{-1}(u) \cap V_0$ 相对于 $W_0 \cap \mathrm{dom}\, T_0$ 是单值的且 Lipschitz 连续的. 然而, 我们需要验证 $\bar{u}$ 是 $W_0 \cap \mathrm{dom}\, T_0$ 的内部点.

与我们关于 S 的内半连续的假设相结合, 由 S 的凸值可推出, 存在 $\bar{x}$ 的附近的一连续选择 $s(x) \in S(x)$, 满足 $s(\bar{x}) = \bar{u}$. 事实上, 考虑在内半连续性质中的邻域 V 与 W, 选取 $\lambda > 0$ 满足 $\mathbf{B}(\bar{u}, 2\lambda) \subset W$. 取 V 中的邻域 $V_1 \in \mathcal{N}(\bar{x})$, 满足当 $x \in V_1$ 时, $S(x) \cap \mathrm{int}\, \mathbf{B}(\bar{u}, \lambda) \neq \varnothing$. 则对任何 $x \in V_1$ 与 $\varepsilon \in (0, \lambda)$, 存在 $\delta > 0$ 满足: 由 $x' \in V_1 \cap \mathbf{B}(\bar{x}, \delta)$ 可推出

$$\varnothing \neq S(x) \cap \mathbf{B}(\bar{u}, 2\lambda - \varepsilon) \subset [S(x') + \varepsilon\mathbf{B}] \cap \mathbf{B}(\bar{u}, 2\lambda - \varepsilon) \subset S(x') \cap \mathbf{B}(\bar{u}, 2\lambda - \varepsilon) + \varepsilon\mathbf{B}.$$

由此可得 $\lim_{\varepsilon \downarrow 0} S(x) \cap \mathbf{B}(\bar{u}, 2\lambda - \varepsilon) \subset \liminf_{x' \to x} S(x') \cap \mathbf{B}(\bar{u}, 2\lambda)$, 其中左端的极限包含 $S(x) \cap \mathbf{B}(\bar{u}, 2\lambda)$, 因为 $S(x)$ 是凸值的且与 $\mathrm{int}\, \mathbf{B}(\bar{u}, 2\lambda)$ 相交. 于是得到截断 $S_0 : x \to S(x) \cap \mathbf{B}(\bar{u}, 2\lambda)$ 在 V_1 上是内半连续的, 也是凸值的. 当 $x \neq \bar{x}$ 时, $S_1(x) = S_0(x)$, $S_1(\bar{x}) = \{\bar{u}\}$. 则 S_1 在 V_1 上也是内半连续的, 且是凸值的. 将内半连续映射的 Michael 表示定理①——[73] 中的定理 5.58 用于 S_1, 可得所期望的选择 s.

在 $(\bar{u}, \bar{x})$ 附近, 对这一选择 s, s^{-1} 的图必在 $\mathrm{gph}\, T_0$ 内. 因此, 存在一包含 $\bar{x}$ 的充分小的开集合 $\mathcal{O}$ 使得 $s(\mathcal{O}) \subset W$, s 是一对一的, 具有连续的逆映射, 它是 $\mathcal{O}$ 与包含 $\bar{u}$ 的一集合 $\mathcal{O}' \subset W_0 \cap \mathrm{dom}\, T_0$ 的同胚. 由 Brouwer 定理, $\mathcal{O}'$ 是开集合且 $m = n$. ■

推论 3.1[73,Corollary 9.55] (单值 Lipschitz 函数的可逆性) 令 $\mathcal{O} \subset \Re^n$ 是一开集合, $F : \mathcal{O} \to \Re^n$ 是一连续映射. 对于 $\bar{x} \in \mathcal{O}$, F^{-1} 在 $\bar{u} = F(\bar{x})$ 处具有一 Lipschitz 连续的单值局部化的充分必要条件是 F 满足非奇异严格导数条件:

$$D_*F(\bar{x})(w) = 0 \Longrightarrow w = 0.$$

① Michael 表示定理: 设映射 $S : \Re^n \rightrightarrows \Re^m$ 相对于 $\mathrm{dom}\, S$ 是内半连续的, 且是闭凸值的, $\mathrm{dom}\, S$ 是 σ-紧致的, 即 $\mathrm{dom}\, S$ 可以表示为可数个紧致集合的并. 则 S 存在一连续的选择. 实际上 S 有一 Michael 表示: 存在 S 的可数个相对于 $\mathrm{dom}\, S$ 连续的选择 $\{s_i\}_{i \in I}$ 满足

$$S(x) = \mathrm{cl}\left\{s_i(x) : i \in I\right\}, \quad \forall x \in \mathrm{dom}\, S.$$

此时 F 也满足非奇异伴同导数条件:

$$D^*F(\bar{x})(y) = 0 \Longrightarrow y = 0,$$

且有 $\operatorname{lip} F^{-1}(\bar{u}|\bar{x}) = |D_*F(\bar{x})^{-1}|^+ = |D^*F(\bar{x})^{-1}|^+$.

当 F 在 $\bar{x}$ 处是严格可微时, 两个条件是等价的, 且对应着 $\mathcal{J}F(\bar{x})$ 是非奇异的情况. 此时有 $\operatorname{lip} F^{-1}(\bar{u}|\bar{x}) = \|\mathcal{J}F(\bar{x})^{-1}\|$, 局部逆映射在 $\bar{u}$ 处是严格可微的, 且以 $\mathcal{J}F(\bar{x})^{-1}$ 为 Jacobian 阵.

证明 本推论是将集值映射 S 替换为单值映射 F 后定理 3.7(b) 的具体化. 注意到严格可微性即 $D_*F(\bar{x})$ 的线性性, 可以得到关于严格可微性的结论. 严格导数可表示为 $D_*F(\bar{x})(w) = \mathcal{J}F(\bar{x})w$. 由 [73] 的练习 9.25(c)①可得 $D^*F(\bar{x})(y) = \mathcal{J}F(\bar{x})^*y$. ■

以下的内容取自 [40].

下面的定义可用于刻画局部 Lipschitz 可逆性质.

定义 3.17 [40,Definition 1.3] 设 $F : \Re^n \to \Re^m$ 是一个连续函数, $x \in \Re^n$, 定义 $\Delta F(x)$ 为

$$\Delta F(x) = \left\{ z \mid \exists x^\nu \to x, y^\nu \to x\,, x^\nu \neq y^\nu,\ \text{使得}[F(y^\nu) - F(x^\nu)]/\|y^\nu - x^\nu\| \to z \right\}.$$

引理 3.3 [40,Lemma 2.1] 连续函数 $F : \Re^n \to \Re^n$ 在 x 附近是局部 Lipschitz 可逆的当且仅当 $0 \notin \Delta F(x)$.

证明 必要性. 利用反证法. 假设连续函数 F 在 x 附近是局部 Lipschitz 可逆的, 但 $0 \in \Delta F(x)$, 则存在 $x^\nu \to x, y^\nu \to x\,, x^\nu \neq y^\nu$ 使得

$$[F(y^\nu) - F(x^\nu)]/\|y^\nu - x^\nu\| \to 0$$

成立. 而由 F^{-1} 在 $F(x)$ 处局部 Lipschitz 连续可得, 存在正数 κ 使得

$$\|F^{-1}(F(y^\nu)) - F^{-1}(F(x^\nu))\| \leqslant \kappa \|F(y^\nu) - F(x^\nu)\|$$

成立. 这产生了矛盾.

充分性. 若 $0 \notin \Delta F(x)$, 则存在正数 ε 和 κ 使得

$$\|F(x') - F(x'')\| \geqslant \kappa \|x' - x''\|, \quad \forall x', x'' \in \mathbf{B}(x, \varepsilon). \tag{3.35}$$

由 (3.35) 知 F 是一单射, 再注意它是连续的, 则对于开集合 $\mathcal{O} \subset \Re^n$, 有 $F(\mathcal{O})$ 是开集合. 于是存在 $\delta > 0$ 使得 $\mathbf{B}(F(x), \delta) \subset F(\mathbf{B}(x, \varepsilon))$. 所以由 (3.35) 可得, $F(y) = z, y \in \mathbf{B}(x, \varepsilon)$ 存在唯一解 $y = F^{-1}(z)$ 且 F^{-1} 在 $\mathbf{B}(F(x), \delta)$ 上是 Lipschitz 连续的. ■

① F 在 $\bar{x}$ 处严格可微的充分必要条件是 F 在 $\bar{x}$ 处是严格连续的, 且 $D^*F(\bar{x})$ 是单值的, 此时 $D^*F(\bar{x})$ 是线性的, $D^*F(\bar{x})(y) = \mathcal{J}F(\bar{x})^*y$.

引理 3.4[40,Lemma 2.2] 若 $F\in\mathcal{C}^{0,1}(\Re^n,\Re^m)$, 则 $\Delta F(x)=\bigcup_{\|u\|=1}D_*F(x)(u)$.

证明 由定义可知, $\bigcup_{\|u\|=1}D_*F(x)(u)\subset\Delta F(x)$ 是显然的. 现证明相反的包含关系. 任取 $z\in\Delta F(x)$, 则存在 $x^\nu\to x, y^\nu\to x\,, x^\nu\neq y^\nu$ 使得

$$z^\nu=[F(y^\nu)-F(x^\nu)]/\|y^\nu-x^\nu\|\to z$$

成立. 令 $\lambda^\nu=\|y^\nu-x^\nu\|, u^\nu=(y^\nu-x^\nu)/\lambda^\nu$, 则 $\{u^\nu\}$ 是有界数列, 不妨设 $u^\nu\to u$, 则 $\|u\|=1$. 定义 $v^\nu=(F(x^\nu+\lambda^\nu u)-F(x^\nu))/\lambda^\nu$, 则对充分大的 ν, 存在正数 κ 使得

$$\begin{aligned}\|z^\nu-v^\nu\|&=\|F(y^\nu)-F(x^\nu+\lambda^\nu u)\|/\lambda^\nu\\&=\|F(x^\nu+\lambda^\nu u^\nu)-F(x^\nu+\lambda^\nu u)\|/\lambda^\nu\\&\leqslant\kappa\|\lambda^\nu(u^\nu-u)\|/\lambda^\nu\end{aligned}$$

成立. 所以 $\lim_{\nu\to\infty}z^\nu=z=\lim_{\nu\to\infty}v^\nu\in D_*F(x)(u)$. ■

基于上述引理可以得到逆函数定理.

定理 3.8[40,Theorem 1.1] (Kummer 逆函数定理) 设函数 $F:\mathcal{O}\subset\mathcal{X}\to\mathcal{X}$ 在 $x\in\mathcal{O}$ 附近是局部 Lipschitz 连续的. 则 F 在 $\bar{x}$ 附近是 Lipschitz 同胚的当且仅当下述非奇异条件成立:

$$0\notin D_*F(\bar{x})(u),\quad \forall 0\neq u\in X.$$

证明 由引理 3.3 和引理 3.4 可知, F 在 $\bar{x}$ 附近是 Lipschitz 同胚的当且仅当

$$0\notin\bigcup_{\|u\|=1}D_*F(\bar{x})(u).$$

而由 $D_*F(x)$ 的正齐次性可得

$$0\notin\bigcup_{\|u\|=1}D_*F(x)(u)$$

等价于 $0\notin D_*F(\bar{x})(u), \forall\, 0\neq u\in X$. ■

3.2.4 孤立平稳性的图导数准则

本节旨在结合 [43, Proposition 4.1] 及 [36, Proposition 2.1], 给出集值映射孤立平稳性的图导数准则, 即用集值映射的图导数刻画孤立平稳性.

设 X, Y 是两个有限维的 Hilbert 空间.

定理 3.9 (孤立平稳性的图导数准则) 设集值映射 $F:X\rightrightarrows Y$. 对 $(\bar{x},\bar{y})\in$ gph F, F 在 $\bar{x}$ 处关于 $\bar{y}$ 孤立平稳的充要条件是 $\{0\}=DF(\bar{x}|\bar{y})(0)$.

证明　必要性. 考虑任一 $v \in DF(\bar{x}|\bar{y})(0)$, 则存在序列 $v^k \to v$, $u^k \to 0$, $t_k \downarrow 0$, 满足对 $\forall k$, 有 $\bar{y} + t_k v^k \in F(\bar{x} + t_k u^k)$. 因为 F 在 $\bar{x}$ 处关于 $\bar{y}$ 是孤立平稳的, 有 $\bar{x}$ 的邻域 V, $\bar{y}$ 的邻域 W, 常数 $\kappa > 0$ 满足 $F(x) \cap W \subseteq \{\bar{y}\} + \kappa\|x - \bar{x}\|\mathbf{B}_Y$, $\forall x \in V$. 对充分大的 k, 有 $\bar{y} + t_k v^k \in \bar{y} + \kappa\|t_k u^k\|\mathbf{B}_Y$, 即 v^k 包含在半径为 $\kappa\|u^k\|$ 的球中, 由于 $\{u^k\} \to 0$, 则 v 必为 0.

充分性. 反证法. 假设 F 在 $\bar{x}$ 处关于 $\bar{y}$ 不是孤立平稳的, 则存在序列 $x^k \to \bar{x}$, $\exists y^k \in F(x^k)$, 使得 $y^k \notin \{\bar{y}\} + k\|x^k - \bar{x}\|\mathbf{B}_Y$, 则有 $\|y^k - \bar{y}\| > k\|x^k - \bar{x}\|$. 令 $t_k = \|y^k - \bar{y}\|$, $v^k = y^k - \bar{y}/t_k$, 则 $\|v^k\| = 1$, 由于 Y 是有限维的, $\exists v \neq 0$, 使得 $v^k \to v$. 令 $u^k = x^k - \bar{x}/t_k$, 则 $u^k = x^k - \bar{x}/\|y^k - \bar{y}\| < 1/k \to 0$, 即存在 $t_k \downarrow 0$, $(u^k, v^k) \to (0, v)$ 满足 $\bar{y} + t_k v^k \in F(\bar{x} + t_k u^k)$, 这意味着 $0 \neq v \in DF(\bar{x}|\bar{y})(0)$, 与条件矛盾. ■

第 4 章　线性系统与非线性系统的稳定性

4.1　Hoffman 引理

Hoffman 引理是各类非线性系统的误差界理论的最早形式, 它考虑一点 x 到线性不等式组 $Az \leqslant b$ 的解集合的距离与残量 $[Ax-b]_+$ 间的关系, 其中 $A \in \Re^{m\times n}, b \in \Re^m$, 这一结果由 Hoffman[34] 给出. 给定 $A \in \Re^{m\times n}$, 记

$$\mathcal{M}(b) = \left\{x \in \Re^n : Ax \leqslant b\right\}, \quad b \in \Re^m.$$

引理 4.1 (Hoffman 引理)　给定集合 $A \in \Re^{m\times n}$, 则存在依赖于 A 的常数 $\kappa > 0$, 满足对任何 $b \in \operatorname{dom}\mathcal{M}$,

$$d(x, \mathcal{M}(b)) \leqslant \kappa \|(Ax-b)_+\|_1, \quad \forall x \in \Re^n, \tag{4.1}$$

其中 $\|\cdot\|_1$ 表示 l_1-范数, $d(x,C) := \inf\left\{\|z-x\|_1 : z \in C\right\}$.

证明　因 $b \in \operatorname{dom}\mathcal{M}(b)$, 不等式组 $Az \leqslant b$ 有一可行解. 设 $\|\cdot\|_\infty$ 是 l_∞-范数, 即 l_1-范数的对偶范数. 有

$$\begin{aligned} d(x,\mathcal{M}(b)) &= \inf_{x' \in \mathcal{M}(b)} \|x'-x\| \\ &= \inf_{Ax' \leqslant b} \sup_{\|z\|_\infty \leqslant 1} z^{\mathrm{T}}(x-x') \\ &= \sup_{\|z\|_\infty \leqslant 1} \inf_{Ax' \leqslant b} z^{\mathrm{T}}(x-x'), \end{aligned} \tag{4.2}$$

其中极小与极大运算的交换由引理 2.1 得到. 取 $y = x - x'$, 根据线性规划的对偶定理有

$$\inf_{Ax' \leqslant b} z^{\mathrm{T}}(x-x') = \inf_{Ay \geqslant Ax-b} z^{\mathrm{T}} y = \sup_{\lambda \geqslant 0, A^{\mathrm{T}}\lambda = z} z^{\mathrm{T}}(Ax-b),$$

于是得到

$$d(x,\mathcal{M}(b)) = \sup_{\lambda \geqslant 0, \|A^{\mathrm{T}}\lambda\|_\infty \leqslant 1} \lambda^{\mathrm{T}}(Ax-b).$$

注意 $S = \{\lambda \geqslant 0, \|A^{\mathrm{T}}\lambda\|_\infty \leqslant 1\}$ 是一多面体, 因 (4.2) 是有限的, 这一线性规划问题的最优值在 S 的某一极点 $\bar{\lambda}$ 上达到, 有

$$\begin{aligned} d(x,\mathcal{M}(b)) &= \lambda^{\mathrm{T}}(Ax-b) \\ &\leqslant \bar{\lambda}^{\mathrm{T}}(Ax-b)_+ \leqslant \|\bar{\lambda}\|_\infty \|(Ax-b)_+\|_1. \end{aligned}$$

注意 S 的极点是有限多个的, 仅依赖于 A, 设它们是 $\lambda^1,\cdots,\lambda^s$, $s\geqslant 1$. 令 $\kappa=\max_{1\leqslant i\leqslant s}\|\lambda^i\|_\infty$, 即得结论. ■

给定 $c\in\Re^n$, $A\in\Re^{m\times n}$, 定义线性规划问题的解映射

$$\mathcal{S}(b)=\arg\min\left\{c^{\mathrm{T}}x:Ax\leqslant b\right\}.$$

类似上述引理的证明可以得到下述结论.

命题 4.1[78, Theorem 7.12] 存在依赖于A 的正常数γ, 满足对任意的$b,b'\in\operatorname{dom}\mathcal{S}$, 对任意 $x\in\mathcal{S}(b)$,

$$d(x,\mathcal{S}(b'))\leqslant\gamma\|b-b'\|. \tag{4.3}$$

证明　线性规划问题可以等价地表示为

$$\begin{cases}\min & t\\ \text{s.t.} & Ax\leqslant b, c^{\mathrm{T}}x\leqslant t.\end{cases}$$

定义

$$\mathcal{M}(b)=\left\{(x,t):Ax\leqslant b,c^{\mathrm{T}}x\leqslant t\right\}.$$

设 $b,b'\in\operatorname{dom}\mathcal{S}$, 考虑 $(x,t)\in\mathcal{M}(b)$. 则

$$d\left((x,t)\mathcal{M}(b')\right)=\sup_{\|(z,a)\|_\infty\leqslant 1}\ \inf_{Ax'\leqslant b',c^{\mathrm{T}}x'\leqslant t'} z^{\mathrm{T}}(x-x')+a(t-t').$$

取 $y=x-x'$, $s=t-t'$, 由线性规划的对偶定理有

$$\inf_{Ax'\leqslant b',c^{\mathrm{T}}x'\leqslant t'} z^{\mathrm{T}}(x-x')+a(t-t')=\sup_{\lambda\geqslant 0,a\geqslant 0,A^{\mathrm{T}}\lambda+ac=z}\lambda^{\mathrm{T}}(Ax-b')+a(c^{\mathrm{T}}x-t).$$

于是存在 $(\bar\lambda,\bar a)$ 使得

$$d\left((x,t)\mathcal{M}(b')\right)=\bar\lambda^{\mathrm{T}}(Ax-b')+\bar a(c^{\mathrm{T}}x-t),$$

满足 $(\bar\lambda,\bar a)$ 是下述问题的最优解

$$\begin{cases}\displaystyle\max_{\lambda\geqslant 0,a\geqslant 0} & \lambda^{\mathrm{T}}(Ax-b')+a(c^{\mathrm{T}}x-t)\\ \text{s.t.} & \|A^{\mathrm{T}}\lambda\|_\infty\leqslant 1, a\leqslant 1.\end{cases}$$

不妨设 $\|c\|_\infty\leqslant 1$, 那么上述问题的可行域

$$\left\{(\lambda,a)\in\Re^{m+1}_+:\|A^{\mathrm{T}}\lambda+ac\|_\infty\leqslant 1,a\leqslant 1\right\}$$

被包含在

$$S=\left\{(\lambda,a)\in\Re^{m+1}_+:\|A^{\mathrm{T}}\lambda\|_\infty\leqslant 2\right\}$$

中. 设 $(\widehat{\lambda},\widehat{a})$ 是

$$\begin{cases}\max & \lambda^{\mathrm{T}}(Ax-b')+a(c^{\mathrm{T}}x-t)\\ \text{s.t.} & (\lambda,a)\in S\end{cases}$$

的最优极点, 则 $\widehat{\lambda}$ 是 $\{\lambda\in\Re^m_+:\|A^{\mathrm{T}}\lambda\|_\infty\leqslant 2\}$ 的极点, 存在仅依赖于 A 的正常数 γ, 满足 $\|\widehat{\lambda}\|_\infty\leqslant\gamma$. 注意到由 $(x,t)\in\mathcal{M}(b)$ 可得 $Ax-b\leqslant 0$, $c^{\mathrm{T}}x-t\leqslant 0$, 有

$$\overline{\lambda}^{\mathrm{T}}(Ax-b)+\overline{a}(c^{\mathrm{T}}x-t)\leqslant\widehat{\lambda}^{\mathrm{T}}(Ax-b)+\widehat{a}(c^{\mathrm{T}}x-t)\leqslant\widehat{\lambda}^{\mathrm{T}}(Ax-b).$$

从而得到

$$\begin{aligned}d\left((x,t)\mathcal{M}(b')\right)&\leqslant\widehat{\lambda}^{\mathrm{T}}(Ax-b')\\&=\widehat{\lambda}^{\mathrm{T}}(Ax-b)+\widehat{\lambda}^{\mathrm{T}}(b-b')\\&\leqslant\widehat{\lambda}^{\mathrm{T}}(b-b')\leqslant\|\widehat{\lambda}\|_\infty\|b-b'\|_1\leqslant\gamma\|b-b'\|_\infty.\end{aligned}$$

由此可推出不等式 (4.3). ■

4.2 线性系统的稳定性

这一节考虑复杂一些的线性系统. 首先考虑下述系统

$$Ax=b,\quad x\in K,\tag{4.4}$$

其中 $A\in\Re^{m\times n},b\in\Re^m$, 集合 $K\subset\Re^n$ 是包含原点的闭凸锥. 这一节以及后续的两节的素材选自 [74].

引理 4.2 设系统 (4.4) 对每一向量 $b\in\Re^m$ 均有解存在, 则存在 $\rho>0$(称为该系统的模), 满足对每一 $b\in\Re^m$, 存在系统 (4.4) 的一个解 $x(b)$ 满足

$$\|x(b)\|\leqslant\rho\|b\|.$$

证明 定义

$$Y:=\{Ax:x\in K,\|x\|\leqslant 1\}.$$

这是一凸集合, 满足对每一 $b\in\Re^m$, 它都是某一 kY 中的元素, 其中 k 是某一正整数. 因此

$$\Re^m=\bigcup_{k\in\mathbf{N}}kY\subset\operatorname{lin}(Y),$$

从而可以推出 $\operatorname{int}Y\neq\varnothing$. 设 $0\notin\operatorname{int}Y$, 则由分离定理可得, 存在 $h\neq 0$,

$$\langle h,y\rangle\leqslant 0,\quad\forall y\in\operatorname{int}Y.$$

由于 int $Y \neq \varnothing$, Y 是凸集合, 有 $\mathrm{cl}(\mathrm{int}\, Y) = Y$. 从而

$$\langle h, y\rangle \leqslant 0, \quad \forall y \in Y.$$

上式可以写为

$$\langle h, Ax\rangle \leqslant 0, \quad \forall x \in K, \quad \|x\| \leqslant 1.$$

由正齐次性, 可得

$$\langle h, Ax\rangle \leqslant 0, \quad \forall x \in K.$$

在系统 (4.4) 中取 $b = h$, 则存在一解 $x \in K$, 由上述不等式可得 $\|h\|^2 \leqslant 0$, 这导出矛盾. 因此 $0 \in \mathrm{int}\, Y$. 则存在 $\varepsilon > 0$, 满足对于 $b \in \mathbb{B}_\varepsilon(0)$, 系统 (4.4) 的一解 $x(b) \in K$ 且 $\|x(b)\| \leqslant 1$. 对任意的 $b \in \Re^m$, 可定义

$$x(b) := \frac{\|b\|}{\varepsilon} x\Big(\frac{\varepsilon b}{\|b\|}\Big).$$

它满足 $x(b) \in K$ 且 $Ax(b) = b$. 进一步

$$\|x(b)\| \leqslant \frac{1}{\varepsilon}\|b\|.$$

取 $\rho = 1/\varepsilon$, 即得结论. ■

考虑 (4.4) 的扰动系统

$$\tilde{A}x = \tilde{b}, \quad x \in K, \tag{4.5}$$

其中 $\tilde{A} \in \Re^{m\times n}$, $\tilde{b} \in \Re^m$.

定理 4.1　设系统 (4.4) 对每一 $b \in \Re^m$ 均有解存在, 设 $\rho > 0$ 是引理 4.2 中的常数, 且

$$K \setminus \{0\} + \mathrm{cl}\, K \subset K. \tag{4.6}$$

如果 $\|\tilde{A} - A\| < 1/\rho$, 则对每一 $\tilde{b} \in \Re^m$, 系统 (4.5) 均有解且相应的模为

$$\tilde{\rho} = \frac{\rho}{1 - \rho\|\tilde{A} - A\|}.$$

进一步, 对于系统 (4.4) 的每一解 x, 存在系统 (4.5) 的解 $\tilde{x}$, 满足

$$\|\tilde{x} - x\| \leqslant \tilde{\rho}\Big(\|\tilde{b} - b\| + \|\tilde{A} - A\|\|x\|\Big).$$

证明　令 $\widehat{x}(r)$ 为系统 $(Ax = r, x \in K)$ 的解, 则由上述引理可得 $\|\widehat{x}(r)\| \leqslant \rho\|r\|$. 任取 $x_0 \in K$, 构造如下两个序列 $\{x_k\}, \{r_k\}$:

$$\begin{aligned} r_k &= \tilde{b} - \tilde{A}x_k, \\ x_{k+1} &= x_k + \widehat{x}(r_k), \quad k = 0, 1, 2, \cdots. \end{aligned} \tag{4.7}$$

显然由于 $\widehat{x}(r_k)\in K$, 有 $\{x_k\}\subset K$. 直接计算得

$$\begin{aligned}\tilde{A}x_{k+1}&=\tilde{A}x_k+\tilde{A}\widehat{x}(r_k)\\&=\tilde{A}x_k+A\widehat{x}(r_k)+(\tilde{A}-A)\widehat{x}(r_k)\\&=\tilde{b}+(\tilde{A}-A)\widehat{x}(r_k).\end{aligned}$$

因此,

$$\begin{aligned}\|r_{k+1}\|&=\|\tilde{b}-\tilde{A}x_{k+1}\|\\&\leqslant\|\tilde{A}-A\|\|\widehat{x}(r_k)\|\\&\leqslant\rho\|\tilde{A}-A\|\|r_k\|,\quad k=0,1,2,\cdots.\end{aligned}$$

定义 $\rho_0:=\rho\|\tilde{A}-A\|$, 则 $\rho_0<1$,

$$\|r_k\|\leqslant\rho_0^k\|r_0\|,\quad k=0,1,2,\cdots.$$

这表明 $k\to\infty$ 时, $r_k\to 0$. 进一步,

$$\|x_{k+1}-x_k\|\leqslant\|\widehat{x}(r_k)\|\leqslant\rho\|r_k\|\leqslant\rho\rho_0^k\|r_0\|,\quad k=0,1,2,\cdots.$$

所以序列 $\{x^k\}$ 收敛, 设它的极限是 $\tilde{x}$, 则 $\tilde{A}\tilde{x}=\tilde{b}$.

如果 $x_0\in K\setminus\{0\}$, 则

$$\tilde{x}=x_0+\sum_{k=0}^{\infty}\widehat{x}(r_k)\in K\setminus\{0\}+\mathrm{cl}\ K.$$

由条件 (4.6), $\tilde{x}\in K$. 如果 $x_0=0$, $r_0\neq 0$, 则 $x_1\in K\setminus\{0\}$, 同样的道理可以得到 $\tilde{x}\in K$. 当然, 如果 $x_0=0$, $r_0=0$, 则有 $\tilde{x}=0$. 综合上述, 总有 $\tilde{x}$ 是系统 (4.5) 的解. 进一步,

$$\|\tilde{x}-x_0\|\leqslant\sum_{k=0}^{\infty}\|x_{k+1}-x_k\|\leqslant\rho\sum_{k=0}^{\infty}\rho_0^k\|r_0\|=\frac{\rho}{1-\rho_0}\|r_0\|.\tag{4.8}$$

如果从 $x_0=0$ 出发, 由上述估计式可得

$$\|\tilde{x}\|\leqslant\frac{\rho}{1-\rho_0}\|\tilde{b}\|=\tilde{\rho}\|\tilde{b}\|.$$

如果 x_0 满足 $x_0\in K$, $Ax_0=b$, 则

$$r_0=\tilde{b}-\tilde{A}x_0=(\tilde{b}-b)-(\tilde{A}-A)x_0.$$

此时, (4.8) 即为

$$\|\tilde{x}-x_0\|\leqslant\frac{\rho}{1-\rho_0}\Big(\|\tilde{b}-b\|+\|\tilde{A}-A\|\|x_0\|\Big),$$

这就是第二个结论. ■

推论 4.1　考虑下述两个系统

$$A_1x = b_1, \quad x \in K, \tag{4.9}$$

$$A_2x = b_2, \quad x \in K. \tag{4.10}$$

设条件 (4.6) 成立, 对每一 $b_1 \in \Re^m$, 系统 (4.9) 总有解, 设 ρ 是该系统对应的模. 设 A_2 满足 $\|A_2 - A_1\| < 1/\rho$, 则对系统 (4.9) 的每一解 x_1, (4.10) 总有解 x_2, 满足

$$\|x_2 - x_1\| \leqslant \tilde{\rho}\Big(\|b_2 - b_1\| + \|x_1\|\|A_2 - A_1\|\Big),$$

其中 $\tilde{\rho}$ 是定理 4.1 中的常数.

证明　令 $d = x - x_1$, 系统 (4.10) 变为

$$A_2d = b_2 - A_2x_1, \quad d \in K \setminus \{x_1\}.$$

由于 $K \subset K - \{x_1\}$, 我们考虑 $A_2d = b_2 - A_2x_1$, $d \in K$. 由定理 4.1 可得, 该系统有一解 $\tilde{d}$ 满足 $\|\tilde{d}\| \leqslant \tilde{\rho}\|h\|$. 再由

$$\|h\| = \|b_2 - b_1 + (A_1 - A_2)x_1\| \leqslant \|b_2 - b_1\| + \|x_1\|\|A_2 - A_1\|,$$

可得结论. ■

考虑系统

$$Ax = b, \quad x \in Q, \tag{4.11}$$

其中 $A \in \Re^{m\times n}$, $b \in \Re^m$, $Q \subset \Re^n$ 是一闭凸集合.

定义 4.1　称系统 (4.11) 的正则条件成立, 如果

$$0 \in \mathrm{int}\Big\{b - Ax : x \in Q\Big\}. \tag{4.12}$$

引理 4.3　设 D 是 $\Re^n$ 的一闭凸子集合, $0 \in D$. 则

$$K = \{(d, t) : d \in tD, t \geqslant 0\}$$

是一锥, 且

$$\mathrm{cl}\, K \setminus K = \{(\bar{d}, 0) : \bar{d} \in D^\infty, \bar{d} \neq 0\},$$

其中 D^∞ 是 D 的回收锥.

定理 4.2　设系统 (4.11) 满足正则性条件 (4.12). 则对系统 (4.11) 的每一个解 x_0, 存在 $\varepsilon > 0$ 和常数 $\rho_1 > 0$, 对所有满足 $\|\tilde{A} - A\| + \|\tilde{b} - b\| \leqslant \varepsilon$ 的 $\tilde{A}$ 与 $\tilde{b}$, 下述扰动系统

$$\tilde{A}x = \tilde{b}, \quad x \in Q \tag{4.13}$$

存在一解 $\tilde{x}$, 满足

$$\|\tilde{x} - x_0\| \leqslant \rho_1\Big(\|\tilde{A} - A\| + \|\tilde{b} - b\|\Big).$$

证明 定义

$$D := Q - \{x_0\}, \quad K := \{(d,t) : d \in tD, t \geqslant 0\},$$

则由引理 4.3 可推出条件 (4.6) 成立. 考虑系统

$$Ad - 0t = h, \quad (d,t) \in K, \quad \text{其中 } h = \tilde{b} - b. \tag{4.14}$$

当 $h = 0$ 时, $(0,1)$ 是系统 (4.14) 的解. 根据正则性条件, 当 h 在 0 附近时, 系统 (4.14) 总是有解的. 注意到该系统是正齐次的, 所以对于任意选取的 $h \in \Re^m$, 系统 (4.14) 均有解存在, 如果记为 $(d(h),t(h))$, 则存在 $\rho > 0$, 使得 $\|(d(h),t(h))\| \leqslant \rho\|h\|$.

再考虑系统 (4.14) 的矩阵扰动

$$\tilde{A}d - ht = 0, \quad (d,t) \in K, \quad \text{其中 } h = \tilde{b} - b. \tag{4.15}$$

由定理 4.1, 如果 $\|\tilde{A} - A\| + \|h\| \leqslant 1/(2\rho)$, 则系统 (4.15) 有解 $(\tilde{d},\tilde{t})$ 满足

$$\|(\tilde{d},\tilde{t}) - (0,1)\| \leqslant \tilde{\rho}(\|\tilde{A} - A\| + \|h\|),$$

其中

$$\tilde{\rho} = \frac{\rho}{1 - \rho(\|\tilde{A} - A\| + \|h\|)} \leqslant 2\rho.$$

如果 $\|\tilde{A} - A\| + \|h\| \leqslant 1/(4\rho)$, 我们得到 $|\tilde{t} - 1| \leqslant 1/2$, 从而 $\tilde{t} \geqslant 1/2$. 进一步 $d = \tilde{d}/\tilde{t}$ 是系统 $\tilde{A}d = h, d \in D$ 的解, 而此系统与 (4.13) 等价. 令 $\tilde{x} = x_0 + \tilde{d}/\tilde{t}$, 可以得到下述估计式

$$\|\tilde{x} - x_0\| = \left\|\frac{\tilde{d}}{\tilde{t}}\right\| \leqslant \frac{2\rho}{\tilde{t}}(\|\tilde{A} - A\| + \|h\|) \leqslant 4\rho(\|\tilde{A} - A\| + \|h\|).$$

令 $\rho_1 = 4\rho$, 得到欲证之结果. ■

4.3 非线性系统的稳定性

考虑非线性系统

$$h(x,u) = 0, \quad x \in Q, \tag{4.16}$$

其中 $u \in \Re^s$ 是参数向量, $h : \Re^n \times \Re^s \to \Re^m$, $Q \subset \Re^n$ 是一闭凸集合.

定义 4.2 称系统 (4.16) 在解 (x_0,u_0) 处是稳定的 (stable), 如果存在 $\varepsilon > 0$, $\rho > 0$, 对任何 $(x,u) \in \mathbf{B}(x_0,\varepsilon) \times \mathbf{B}(u_0,\varepsilon)$, 存在 $x' \in Q$, 满足 $h(x',u) = 0$,

$$\|x' - x\| \leqslant \rho\Big(d(x,Q) + \|h(x,u)\|\Big).$$

称特殊的系统 $h(x,u) = g(x) - u = 0, x \in Q$ 在 $(x_0,0)$ 处的稳定性为该系统的度量正则性 (metric regularity).

称下述正则性条件为 Robinson 约束规范或 Robinson 条件:

$$0 \in \operatorname{int}\Big\{\mathcal{J}_x h(x_0, u_0)(x - x_0) : x \in Q\Big\}. \tag{4.17}$$

定理 4.3　设系统 (4.16) 对于 $u = u_0$ 有解 x_0. 如果正则性条件 (4.17) 成立, 则系统 (4.16) 在 (x_0, u_0) 处是稳定的.

证明　不妨设 $x_0 = 0$. 我们通过求解下述线性化系统而生成序列 $\{x_j\}$:

$$h(x_k, u) + \mathcal{J}_x h(x_0, u_0)(x - x_k) = 0, \quad x \in Q, \tag{4.18}$$

它的解记为 x_{k+1}.

首先设 $x \in Q$. 令 $x_1 = x$,

$$\tilde{b}_k = \mathcal{J}_x h(x_0, u_0)x_k - h(x_k, u).$$

则系统 (4.18) 可以表示为

$$\mathcal{J}_x h(x_0, u_0)x = \tilde{b}_k, \quad x \in Q. \tag{4.19}$$

定义

$$K = \{(x, t) : x \in tQ, t \geqslant 0\},$$

考虑系统

$$\mathcal{J}_x h(x_0, u_0)x - 0t = b, \quad (x, t) \in K. \tag{4.20}$$

根据正则性条件, 由定理 4.1 可推出对于每一 $b \in \Re^m$, 系统 (4.20) 有解存在. 令 $\rho > 0$ 为此系统对应的模. 考虑矩阵扰动的系统

$$\mathcal{J}_x h(x_0, u_0)x - bt = 0, \quad (x, t) \in K. \tag{4.21}$$

令 $b_k = Ax_k$. 显然, 对于 $b = b_k$, 上述系统有解 $(x_k, 1)$. 根据推论 4.1, 如果 $\|\tilde{b}_k\| < 1/\rho$, 系统 (4.21) 有解 (y_{k+1}, t_{k+1}), 满足

$$\begin{aligned}\|(y_{k+1}, t_{k+1}) - (x_k, 1)\| &\leqslant \tilde{\rho}\|(x_k, 1)\|\|\tilde{b}_k - b_k\| \\ &= \tilde{\rho}\|(x_k, 1)\|\|h(x_k, u)\|,\end{aligned}$$

其中

$$\tilde{\rho} = \frac{\rho}{1 - \rho\|\tilde{b}_k\|}.$$

设 $\|\tilde{b}_k\| \leqslant 1/(2\rho), \|x_k\| \leqslant 1$(因为 (x, u) 可以选取得与 (x_0, u_0) 充分接近, 这样的假设对于 $k = 1$ 是可以保证的). 则得 $\tilde{\rho} \leqslant 2\rho$,

$$\|(y_{k+1}, t_{k+1}) - (x_k, 1)\| \leqslant 4\rho\|h(x_k, u)\|. \tag{4.22}$$

令 $\varepsilon_1 > 0$, 满足只要 $(x', u') \in \mathbf{B}(x_0, \varepsilon_1) \times \mathbf{B}(u_0, \varepsilon_1)$, 就有

$$\|h(x', u)\| \leqslant 1/(8\rho), \quad \|\mathcal{J}_x h(x_0, u_0)x' - h(x', u)\| \leqslant 1/(2\rho).$$

如果 $(x_k, u) \in \mathbf{B}(x_0, \varepsilon_1) \times \mathbf{B}(u_0, \varepsilon_1)$, 由 (4.22), 可得 $t_{k+1} \geqslant 1/2$. 观察到

$$x_{k+1} = \frac{y_{k+1}}{t_{k+1}}$$

是线性化系统 (4.18) 的解, 可以得到

$$\begin{aligned}\|x_{k+1} - x_k\| &= \frac{1}{t_{k+1}}\|y_{k+1} - x_k\| + \left\|\frac{x_k}{t_{k+1}} - x_k\right\| \\ &\leqslant 2\|y_{k+1} - x_k\| + 2|1 - t_{k+1}|\|x_k\| \\ &\leqslant 16\rho\|h(x_k, u)\|. \end{aligned} \tag{4.23}$$

令 $\lambda > 0$, $\varepsilon_2 \in (0, \varepsilon_1)$, 满足只要 $(x', u') \in \mathbf{B}(x_0, \varepsilon_2) \times \mathbf{B}(u_0, \varepsilon_2)$, 就有

$$\|\mathcal{J}_x h(x_0, u_0) - \mathcal{J}_x h(x', u')\| \leqslant \lambda < 1/(16\rho).$$

令 $\bar{x}(\theta) = \theta x_{k+1} + (1-\theta)x_k$, 用 Newton-Leibniz 定理可得

$$\begin{aligned}h(x_{k+1}, u) &= h(x_k, u) + \int_0^1 \mathcal{J}_x h(\bar{x}(\theta), u)(x_{k+1} - x_k)d\theta \\ &= h(x_k, u) + \mathcal{J}_x h(x_0, u_0)(x_{k+1} - x_k) \\ &\quad + \int_0^1 \big[\mathcal{J}_x h(\bar{x}(\theta), u) - \mathcal{J}_x h(x_0, u_0)\big](x_{k+1} - x_k)d\theta \\ &= \int_0^1 \big[\mathcal{J}_x h(\bar{x}(\theta), u) - \mathcal{J}_x h(x_0, u_0)\big](x_{k+1} - x_k)d\theta.\end{aligned}$$

如果 $\|x_k - x_0\| \leqslant \varepsilon_2, \|x_{k+1} - x_0\| \leqslant \varepsilon_2$ 与 $\|u - u_0\| \leqslant \varepsilon_2$, 则

$$\begin{aligned}\|h(x_{k+1}, u)\| &\leqslant \int_0^1 \|\mathcal{J}_x h(\bar{x}(\theta), u) - \mathcal{J}_x h(x_0, u_0)\|\|x_{k+1} - x_k\|d\theta \\ &\leqslant \lambda\|x_{k+1} - x_k\|.\end{aligned} \tag{4.24}$$

定义 $\mu = 16\lambda\rho < 1$, 设 $\varepsilon_0 \in (0, \varepsilon_2/2)$, 满足如果 $(x', u') \in \mathbf{B}(x_0, \varepsilon_0) \times \mathbf{B}(u_0, \varepsilon_0)$,

$$\|h(x', u')\| \leqslant \frac{\varepsilon_2(1-\mu)}{32\rho}.$$

我们来证明结论: 对 $k = 1, 2, \cdots$, 有

$$\begin{aligned}\|h(x_k, u)\| \quad &\leqslant \mu^{k-1}\|(h(x_1, u)\|, \\ \|x_{k+1} - x_k\| &\leqslant 16\rho\mu^{k-1}\|h(x_1, u)\|.\end{aligned} \tag{4.25}$$

根据 (4.23), 它们对 $k=1$ 是成立的. 如果它们对所有的 $j=1,2,\cdots,k$ 成立, 则对所有的这样的 j,

$$\|x_{j+1}-x_1\| \leqslant \sum_{i=1}^{j}\|x_{i+1}-x_i\| \leqslant \frac{16\rho}{1-\mu}\|h(x_1,u)\| \leqslant \frac{\varepsilon_2}{2}.$$

因此 $\|x_{j+1}-x_0\| \leqslant \varepsilon_2$. 我们对 k 可以用不等式 (4.23) 与 (4.24). 对于 $k+1$, 可直接得 (4.25). 由归纳原理, 关系 (4.25) 对所有的 k 均成立. 由这些关系可得序列 $\{x_k\}$ 有一极限 $\bar{x}$, 满足 $h(\bar{x},u)=0$, 且

$$\|\bar{x}-x\| \leqslant \frac{16\rho}{1-\mu}\|h(x_1,u)\|. \tag{4.26}$$

集合 Q 是闭的, 从而 $\bar{x}\in Q$. 因为 $x_1=x$, 令 $\rho_0=16\rho/(1-\mu)$, 可得结论.

现在设 $x\notin Q$. 此种情形, 定义 $x_1=\Pi_Q(x)$. 显然 $\|x_1-x_0\|\leqslant\|x-x_0\|$, 我们可以像上述一样构造 $\{x_k\}$. 估计式 (4.26) 仍然成立. 因为 $h(\cdot,u)$ 是连续可微的, 它在 $\mathrm{B}_{\varepsilon_0}$ 内是 Lipschitz 连续的. 所以存在 $L>0$, 满足

$$\|h(x_1,u)\| \leqslant \|h(x,u)\| + Ld(x,Q).$$

此不等式与 (4.26) 结合, 令

$$\rho_0=\frac{16\rho(L+1)}{1-\mu},$$

可得结论. ■

现在考虑下述非线性系统

$$g(x)-u=0,\quad x\in Q, \tag{4.27}$$

我们来讨论该系统在 $(x_0,0)$ 处的稳定性, 亦即度量正则性. 该系统的 Robinson 约束规范为

$$0\in \mathrm{int}\Big\{\mathcal{J}g(x_0)(x-x_0): x\in Q\Big\}. \tag{4.28}$$

下面的定理非常重要, 它揭示了系统 (4.27) 的度量正则性与 Robinson 约束规范的等价性.

定理 4.4　系统 (4.27) 是度量正则的充分必要条件是条件 (4.28) 成立.

证明　只需要证明由系统 (4.27) 的度量正则性可以推出条件 (4.28). 假设不然,

$$0\notin \mathrm{int}\Big\{\mathcal{J}g(x_0)(x-x_0): x\in Q\Big\}.$$

令 $S=\Big\{\mathcal{J}g(x_0)(x-x_0): x\in Q\Big\}$, 则 S 及其内部都是凸集合. 由分离定理, 存在 $d\neq 0$ 满足 $\langle d,s\rangle\leqslant 0,\ \forall s\in S$.

考虑 $u(t)=td$, $x=x_0$, 如果此系统是度量正则的, 则对 $t>0$ 充分小, 存在 $\bar{x}(t)\in Q$, 满足

$$\|\bar{x}(t)-x_0\|\leqslant \rho t\|d\|,\quad g(\bar{x}(t))=td. \tag{4.29}$$

把 g 在 x_0 点处展开,

$$g(\bar{x}(t))=\mathcal{J}g(x_0)(\bar{x}(t)-x_0)+o(t).$$

所以有

$$\langle d,\mathcal{J}g(x_0)(\bar{x}(t)-x_0)\rangle\leqslant 0,$$

从而

$$\langle d,g(\bar{x}(t))\rangle\leqslant\langle d,o(t)\rangle.$$

把上式与 (4.29) 式结合可得

$$t\|d\|^2\leqslant\langle d,o(t)\rangle.$$

由此我们得到 $d=0$, 产生矛盾. 可见 $0\in \mathrm{int}S$. ■

上述结果可以推广到研究下述系统的稳定性:

$$\Phi(u):=\big\{x\in\Re^n:g(x,u)\in K,x\in Q\big\}, \tag{4.30}$$

其中 $g:\Re^n\times\Re^s\to\Re^m$ 是光滑的, $K\subset\Re^m$ 是闭凸集合. 我们可以把系统 (4.30) 等价地表示为

$$g(x,u)-y=0,\quad (x,y)\in Q\times K. \tag{4.31}$$

我们称系统 (4.30) 在 (x_0,u_0) 处是稳定的, 如果系统 (4.31) 在点 (x_0,y_0,u_0) 处是稳定的, 其中 $y_0=g(x_0,u_0)$.

引理 4.4 系统 (4.30) 在 (x_0,u_0) 处是稳定的当且仅当存在 $\varepsilon>0$, $\rho>0$ 满足对任意的 $(x,u)\in\mathbf{B}(x_0,\varepsilon)\times\mathbf{B}(u_0,\varepsilon)$, 存在 $\bar{x}\in Q$ 满足

$$g(\bar{x},u)\in K$$

且

$$\|\bar{x}-x\|\leqslant\rho\Big(d(x,Q)+d(g(x,u),K)\Big). \tag{4.32}$$

证明 如果系统 (4.31) 是稳定的, 则存在 $\varepsilon>0,\rho>0$, 对任何 $(x,y,u)\in \mathrm{B}(x_0,\varepsilon)\times\mathbf{B}(y_0,\varepsilon)\times\mathbf{B}(u_0,\varepsilon)$, 存在 $\bar{x}\in Q$, $\bar{y}\in K$, 满足

$$g(\bar{x},u)-\bar{y}=0$$

和

$$\|\bar{x}-x\|+\|\bar{y}-y\|\leqslant\rho\Big(d(x,Q)+d(y,K)+\|g(x,u)-y\|\Big). \tag{4.33}$$

尤其, 选取

$$y=\Pi_K(g(x,u)),$$

则 $d(y,K)=0$,

$$\|g(x,u)-y\|=d(g(x,u),K).$$

从而由 (4.33) 可得 (4.32).

另一方面, 如果 (4.32) 成立, 则由三角不等式可得

$$d(g(x,u),K)\leqslant d(y,K)+\|g(x,u)-y\|,\quad \forall y.$$

因此, (4.32) 可以表示为

$$\|\bar{x}-x\|\leqslant\rho\Big(d(x,Q)+d(y,K)+\|g(x,u)-y\|\Big). \tag{4.34}$$

我们选取

$$\bar{y}=g(\bar{x},u),$$

则得

$$\begin{aligned}\|\bar{y}-y\|&=\|g(\bar{x},u)-y\|\\&\leqslant\|g(\bar{x},u)-g(x,u)\|+\|g(x,u)-y\|\\&\leqslant L\|\bar{x}-x\|+\|g(x,u)-y\|.\end{aligned} \tag{4.35}$$

由 (4.34) 与 (4.35), 可推出

$$\|\bar{x}-x\|+\|\bar{y}-y\|\leqslant(2+L\rho)\Big(d(x,Q)+d(y,K)+\|g(x,u)-y\|\Big).$$

这就证得系统 (4.31) 的稳定性. ■

定理 4.5 对于系统 (4.30), 如果

$$0\in\operatorname{int}\Big\{\mathcal{J}_x g(x_0,u_0)(x-x_0)-(y-g(x_0)):x\in Q,y\in K\Big\}, \tag{4.36}$$

则系统 (4.30) 在 (x_0,u_0) 处是稳定的.

由定理 4.4 与定理 4.3 可得如下定理.

定理 4.6 系统

$$g(x)-u\in K,\quad x\in Q$$

在 (x_0,u_0) 处是稳定的充分必要条件是下述 Robinson 约束规范成立:

$$0\in\operatorname{int}\{\mathcal{J}g(x_0)(x-x_0)-(y-g(x_0)):x\in Q,y\in K\}. \tag{4.37}$$

在稳定性理论基础上可推导集合 $\Phi := G^{-1}(\{0_q\} \times \Re_-^{p-q}) \cap Q$ 在某点处的切锥公式.

定理 4.7 如果系统

$$G(x) \in \{0_q\} \times \Re_-^{p-q}, \quad x \in Q$$

在 x_0 处是稳定的 (即系统 $G(x) - u \in \{0_q\} \times \Re_-^{p-q}$, $x \in Q$ 在 $(x_0, 0)$ 处是度量正则的), 则

$$T_\Phi(x_0) = \left\{ d \in \Re^n : d \in T_Q(x_0), \mathcal{J}G(x_0)d \in T_{\{0_q\} \times \Re_-^{p-q}}(G(x_0)) \right\}. \tag{4.38}$$

证明 设 $d \in T_\Phi(x_0)$, 则存在 $x^k \in \Phi$, $t_k \downarrow 0$ 满足

$$d = \lim_{k \to \infty} \frac{x^k - x_0}{t_k}.$$

定义 $y^k = G(x^k)$, $y_0 = G(x_0)$, 有

$$y^k = y_0 + \mathcal{J}G(x_0)(x^k - x_0) + o_k,$$

其中 $o_k / t_k \to 0$. 则由上式的展开有

$$\lim_{k \to \infty} \frac{y^k - y_0}{t_k} = \mathcal{J}G(x_0)d.$$

由于 $y^k \in K$, $K := \{0_q\} \times \Re_-^{p-q}$, 有 $\mathcal{J}G(x_0)d \in T_K(y_0)$. 于是 (4.38) 的右端包含在左端.

再来证相反的包含关系. 设 d 属于 (4.38) 的右端, 考虑

$$x(t) = x_0 + td, \quad t > 0.$$

由于 $d \in T_Q(x_0)$, 所以

$$d(x(t), Q) = o_1(t), \tag{4.39}$$

其中当 $t \downarrow 0$ 时, $o_1(t)/t \to 0$. 利用展开式

$$G(x(t)) = G(x_0) + t\mathcal{J}G(x_0)d + o_2(t),$$

其中当 $t \downarrow 0$ 时, $\|o_2(t)\|/t \to 0$. 注意到 $\mathcal{J}G(x_0)d \in T_K(G(x_0))$, 所以有

$$d(G(x(t)), K) \leqslant \|o_2(t)\| + d(G(x_0) + t\mathcal{J}G(x_0)d, K) = o_3(t), \tag{4.40}$$

其中当 $t\downarrow 0$ 时, $o_3(t)/t\to 0$. 在度量正则性中取 $(x,y)=(x(t),0)$, 对于充分小的 $t>0$, 存在 $\bar{x}(t)\in Q$ 满足

$$\|\bar{x}(t)-x(t)\|\leqslant \rho\Big(d(x(t),Q)+d(G(x(t)),K)\Big).$$

由 (4.39) 与 (4.40), 我们得到

$$\lim_{t\downarrow 0}\frac{\bar{x}(t)-x_0}{t}=d.$$

可见 $d\in T_\Phi(x_0)$. ■

由定理 4.6 知道, 如果 Robinson 约束规范成立, 则约束集合的切锥具有表达式 (4.38). 对于 $Q=\Re^n$, 可得 Mangasarian-Fromovitz 约束规范[98,例3.4] 与系统 $G(x)-u\in\{0_q\}\times\Re^{p-q}_-$ 的度量正则性的等价性.

为了得到 $T_\Phi(x_0)$ 的极锥, 我们需要下述引理, 其证明留给读者.

引理 4.5 考虑凸锥

$$K=\{x\in K_1: ax\in K_2\},$$

其中 $A\in\Re^{m\times n}$, 集合 $K_1\subset\Re^n$ 与 $K_2\subset\Re^m$ 均是凸闭锥, 如果

$$0\in \operatorname{int}\Big(Ax-y: x\in K_1, y\in K_2\Big), \tag{4.41}$$

则

$$K^-=K_1^-+\Big\{A^{\mathrm{T}}y: y\in K_2^-\Big\}.$$

由上述引理可得, 对于集合 $\Phi=G^{-1}(K)\cap Q$, 如果 Robinson 约束规范成立, 则

$$[T_\Phi(x_0)]^-=[T_Q(x_0)]^-+\Big\{\mathcal{J}G(x_0)^{\mathrm{T}}y: y\in[T_K(G(x_0))]^-\Big\}. \tag{4.42}$$

4.4 抽象约束系统的稳定性

4.4.1 广义开映射定理

下述的 Baire 引理在完备的度量空间的框架下是成立的, 当然限定在有限维 Hilbert 空间的框架下也是成立的.

引理 4.6[9, Lemma 2.1] (Baire 引理) 设 (E,ρ) 是一完备的度量空间, $\{F_n\}$ 是 E 的一闭子集合序列. 若对所有的 $n\in\mathbf{N}$, $\operatorname{int}(F_n)$ 均是空集, 则 $\operatorname{int}(\bigcup_{n\in\mathbf{N}}F_n)$ 也是空集.

证明 定义 $G_n = E \setminus F_n$. 只需证明 $G = \bigcap_{n\in\mathbf{N}} G_n$ 在 E 中是稠密的, 即对任何 $x_0 \in E$, $r_0 > 0$, 集合 $G \cap \mathbb{B}(x_0, r_0)$ 非空. 由于 G_1 是开的, 且在 E 中是稠密的, 所以存在 $x_1 \in G_1, r_1 \in (0, r_0/2)$, 满足 $\mathbb{B}(x_1, r_1) \subset G_1 \cap \mathbb{B}(x_0, r_0/2)$. 由归纳法得到序列 $x_n \in E$, $r_n > 0$ 满足 $r_n < r_{n-1}/2$, 且

$$\mathrm{cl}\,\mathbb{B}(x_n, r_n) \subset G_n \cap \mathbb{B}(x_{n-1}, r_{n-1}/2).$$

显然 $\{x_n\}$ 是一 Cauchy 序列. 由于 E 是完备的. $\{x_n\}$ 有极限 $x \in E$, 它属于 $\mathbb{B}(x_0, r_0/2)$ 的闭包, 因此属于 $\mathbb{B}(x_0, r_0)$. 由构造, x 属于所有的 $G_n, n \in \mathbf{N}$. ■

称集合 $S \subset X$ 是吸收的, 若对任何 $x \in X$, 存在 $t > 0$, 满足 $tx \in S$.

引理 4.7[9, Lemma 2.71] 设 S 是 Banach 空间 X 的一闭凸子集. 若 S 是吸收的, 则 $0 \in \mathrm{int}\, S$.

证明 考虑集合 $S_n = nS$. 由于 S 是吸收的, 有 $X = \bigcup_{n=1}^{\infty} S_n$, 因此由 Baire 引理, 至少有一 S_n 具有非空内部. 于是得到 S 具有非空内部, 即存在 $x \in S$ 及 $\varepsilon > 0$ 满足 $\mathbb{B}(x, \varepsilon) \subset S$. 由于 S 是吸收的, 对某一 $t > 0$, $-tx \in S$. 由凸性得 $\mathbb{B}(0, r) \subset S$, 其中 $r = \varepsilon t/(1+t)$, 因而有 $0 \in \mathrm{int}\, S$. ■

引理 4.8[9, Lemma 2.74] (Robinson 引理) 令 C 是 $X \times Y$ 的闭凸子集. 若 $\Pi_X(C)$ 是有界的, 则 $\mathrm{int}(\mathrm{cl}\,\Pi_Y(C)) = \mathrm{int}(\Pi_Y(C))$.

证明 只需证 $\mathrm{int}(\mathrm{cl}\,\Pi_Y(C)) \subset \Pi_Y(C)$. 考虑点 $\bar{y} \in \mathrm{int}(\mathrm{cl}\,\Pi_Y(C))$, 如果能构造一点 $\bar{x} \in X$, 满足 $(\bar{x}, \bar{y}) \in C$, 就说明了所需要的包含关系. 令 $\varepsilon > 0$ 满足 $\mathbb{B}(\bar{y}, 2\varepsilon) \subset \mathrm{cl}(\Pi_Y(C))$, 令 (x^0, y^0) 是 C 中的一点 (若 C 是空集, 则结论平凡成立). 设 $\{(x^k, y^k)\} \subset C$ 由下述过程生成:

当 $y^k \neq \bar{y}$ 时,

(a) 令 $\alpha_k = \varepsilon \|y^k - \bar{y}\|^{-1}$, $w = \bar{y} + \alpha_k(\bar{y} - y^k) \in \mathbb{B}(\bar{y}, \varepsilon) \subset \mathrm{cl}\,(\Pi_Y(C))$;

(b) 取 $(u, v) \in C$ 满足 $\|v - w\| \leqslant \dfrac{1}{2}\|y^k - \bar{y}\|$, 置

$$(x^{k+1}, y^{k+1}) = \frac{\alpha_k}{1+\alpha_k}(x^k, y^k) + \frac{1}{1+\alpha_k}(u, v) \in C.$$

若序列是有限的, 则 $y^k = \bar{y}$, 而 $\bar{x} = x^k$ 即所求的点. 否则, 序列满足

(i) $\|x^{k+1} - x^k\| = \dfrac{\|x^k - u\|}{1+\alpha_k} \leqslant \dfrac{\mathrm{diam}(\Pi_X(C))}{\varepsilon}$① $\|y^k - \bar{y}\|$;

(ii) $\|y^{k+1} - \bar{y}\| = \dfrac{\|v - w\|}{1+\alpha_k} \leqslant \dfrac{1}{2}\|y^k - \bar{y}\|$.

关系式 (ii) 可推出 $\|y^k - \bar{y}\| \leqslant 2^{-k}\|y^0 - \bar{y}\|$. 因此 y^k 收敛到 $\bar{y}$, 结合 (i), 可得序列 $\{x^k\}$ 是一 Cauchy 序列. 因为 X 是 Banach 空间, $\{x^k\}$ 有极限 $\bar{x}$. 因为 C 是闭集, 由此得 $(\bar{x}, \bar{y}) \in C$. ■

① $\mathrm{diam}\, S = \sup_{x, x' \in S} \|x - x'\|$ 表示集合 S 的直径.

回顾, 称集值映射 $S: X \rightrightarrows Y$ 是凸的, 若它的图 gph S 是 $X \times Y$ 中的一凸子集. 或等价地, S 是凸的充分必要条件是对任何 $x_1, x_2 \in X$, $t \in [0,1]$,

$$tS(x_1) + (1-t)S(x_2) \subset S(tx_1 + (1-t)x_2).$$

若 S 是凸的集值映射, E 是 X 的一凸子集, 则 $S(E) := \bigcup_{x \in E} S(x)$ 是 Y 的一凸子集. 称 S 在 $\bar{x} \in X$ 处是以 $c > 0$ 为模上 Lipschitz 连续的, 若

$$S(x) \subset S(\bar{x}) + c\,\|x - \bar{x}\| \operatorname{cl} \mathbb{B}_Y$$

对 $\bar{x}$ 的一邻域中的所有 x 均成立.

令 X 与 Y 是 Banach 空间. 下面的定理将一连续的线性算子开映射定理推广到具有闭凸图的集值映射的情形.

定理 4.8[9, Theorem 2.70] (广义开映射定理) 设 X 与 Y 是 Banach 空间, $S: X \rightrightarrows Y$ 是一外半连续的凸的集值映射. 令 $y \in \operatorname{int}(\operatorname{rge} S)$, 则对每一 $x \in S^{-1}(y)$ 及所有的 $r > 0$, 有 $y \in \operatorname{int} S(\mathbb{B}_X(x, r))$.

证明 不失一般性, 可设 $x = 0, y = 0$ 且 $r = 1$. 考虑集合 $Z = \operatorname{cl}\left(\frac{1}{2}S(\mathbb{B}_X)\right)$. 显然, 由于 S 是凸的, Z 是非空闭凸集. 考虑任意点 $y \in Y$. 因为 $0 \in \operatorname{int}(\operatorname{rge} S)$, 存在 $\alpha > 0$ 满足 $\alpha y \in \operatorname{rge} S$, 因此存在 $x \in X$ 满足 $\alpha y \in S(x)$. 进一步, 对任意的 $t \in (0,1)$,

$$t\alpha y = t\alpha y + (1-t)0 \in tS(x) + (1-t)S(0) \subset S(tx + (1-t)0) = S(tx),$$

因此对某一充分小的 $t > 0$ 有$t\alpha y \in S\left(\frac{1}{2}\mathbb{B}_X\right)$. 因此集合 $S\left(\frac{1}{2}\mathbb{B}_X\right)$ 是吸收的, 进而集合 Z 是吸收的. 因此, 由引理 4.7, 得到 0 是 Z 的一内点. 那么存在 $\eta > 0$ 满足 $\eta\mathbb{B}_Y \subset \operatorname{int}\left(\operatorname{cl} S\left(\frac{1}{2}\mathbb{B}_X\right)\right)$. 考虑集合 $C = (\operatorname{gph} S) \cap \left(\frac{1}{2}\operatorname{cl}\mathbb{B}_X \times Y\right)$. 显然, $S\left(\frac{1}{2}\operatorname{cl}\mathbb{B}_X\right) = \Pi_Y(C)$. 进一步, C 是闭的凸的集合且 $\Pi_X(C) \subset \frac{1}{2}\operatorname{cl}\mathbb{B}_X$ 是有界的. 因此, 由引理 4.8 得 $\operatorname{int}(\operatorname{cl}\Pi_Y(C)) = \operatorname{int}(\Pi_Y(C))$, 从而

$$\eta\mathbb{B}_Y \subset \operatorname{int}\left(\operatorname{cl} S\left(\frac{1}{2}\mathbb{B}_X\right)\right) \subset \operatorname{int}\left(\operatorname{cl} S\left(\frac{1}{2}\operatorname{cl}\mathbb{B}_X\right)\right) = \operatorname{int}\left(S\left(\frac{1}{2}\operatorname{cl}\mathbb{B}_X\right)\right) \subset \operatorname{int}(S(\mathbb{B}_X)),$$

这证得结论. ■

定义 4.3 称集值映射 $\Psi: X \rightrightarrows Y$ 在 $(x_0, y_0) \in \operatorname{gph}\Psi$ 是以线性率为 $\gamma > 0$ 的开映射, 若存在 $t_{\max} > 0$ 及 (x_0, y_0) 的邻域 V, 满足对任意的 $(x, y) \in \operatorname{gph}\Psi \cap V$, $\forall t \in [0, t_{\max}]$, 下述包含关系成立:

$$y + t\gamma\mathbb{B}_Y \subset \Psi(x + t\mathbb{B}_X). \tag{4.43}$$

命题 4.2[9, Proposition 2.77] 若集值映射 Ψ 是凸的, 则 Ψ 在点 $(x_0,y_0)\in \mathrm{gph}\Psi$ 处为开的充分必要条件是存在正数 η,ν 满足

$$y_0+\eta\mathbb{B}_Y\subset\Psi(x_0+\nu\mathbb{B}_X). \tag{4.44}$$

证明 显然, 取 $\nu=t_{\max},\eta=\gamma t_{\max}$, 由 (4.43) 可得 (4.44). 相反地, 设 Ψ 是凸的, 且 (4.44) 成立. 不妨设 $x_0=0,y_0=0$. 取

$$V=\nu\mathbb{B}_X\times\frac{1}{2}\eta\mathbb{B}_Y, \tag{4.45}$$

令 $(x,y)\in \mathrm{gph}\ \Psi\cap V$. 由 $y\in\Psi(x)$, Ψ 的凸性及 (4.44), 对任何 $t\in[0,1]$, 我们得到

$$\begin{aligned}
y+\frac{1}{2}t\eta\mathbb{B}_Y&=(1-t)y+t\left(y+\frac{1}{2}\eta\mathbb{B}_Y\right)\\
&\subset(1-t)y+t\eta\mathbb{B}_y\\
&\subset(1-t)\Psi(x)+t\Psi(\nu\mathbb{B}_X)\\
&\subset\Psi((1-t)x+t\nu\mathbb{B}_X)\\
&\subset\Psi(x+2t\nu\mathbb{B}_X).
\end{aligned}$$

令

$$\gamma=\frac{\eta}{4\nu},\qquad t_{\max}=2\nu,$$

由 V 的定义, 可得 (4.43). ■

命题 4.3[9, Proposition 2.79] 设集值映射 $\Psi:X\rightrightarrows Y$ 是外半连续的、凸的. 则 Ψ 在 (x_0,y_0) 处是开的当且仅当 $y_0\in\mathrm{int}(\mathrm{rge}\ \Psi)$.

证明 注意到, 若集值映射 Ψ 是外半连续的、凸的, 根据广义开映射定理 (定理 4.8), 由正则性条件 $y_0\in\mathrm{int}(\mathrm{rge}\ \Psi)$ 可推出存在 η 与 ν 满足 (4.44), 从而由命题 4.2, Ψ 在点 $(x_0,y_0)\in\mathrm{gph}\ \Psi$ 处为开的. 显然, 相反的结论亦成立. ■

4.4.2 度量正则性

下述结果表明, 开性与度量正则性的概念是等价的.

定理 4.9[9, Theorem 2.81] 集值映射 $\Psi:X\rightrightarrows Y$ 在 $(x_0,y_0)\in\mathrm{gph}\ \Psi$ 处以率 c 度量正则当且仅当 Ψ 在 (x_0,y_0) 处以 $\gamma=c^{-1}$ 为率是开的.

证明 设 Ψ 在 (x_0,y_0) 处是以率 $\gamma>0$ 的开映射. 令 $t_{\max}>0$ 与 N 为定义 4.3 给出的. 不失一般性, 可设 V 具有下述形式

$$V=\varepsilon_x\mathbb{B}_X\times\varepsilon_y\mathbb{B}_Y.$$

若有必要, 减小 $t_{\max}$, 再设

$$t_{\max}\gamma\leqslant\frac{1}{2}\varepsilon_y. \tag{4.46}$$

令 (x, y) 满足

$$\|x - x_0\| < \varepsilon_x', \quad \|y - y_0\| < \varepsilon_y', \tag{4.47}$$

其中 $\varepsilon_x', \varepsilon_y'$ 是满足下式的正常数

$$\varepsilon_x' \leqslant \varepsilon_x, \quad \gamma\varepsilon_x' + \varepsilon_y' \leqslant t_{\max}\gamma. \tag{4.48}$$

注意到上述关系表明 $\varepsilon_y' \leqslant \dfrac{1}{2}\varepsilon_y$. 现在来证关系式

$$d(x, \Psi^{-1}(y)) \leqslant cd(y, \Psi(x)) \tag{4.49}$$

在 $c = \gamma^{-1}$ 时是成立的. 事实上, 由于 $\varepsilon_y' \leqslant \varepsilon_y$ 且 Ψ 在 (x_0, y_0) 处是开的, 存在 $x^* \in \Psi^{-1}(y)$ 满足 $\|x^* - x_0\| \leqslant \gamma^{-1}\|y - y_0\|$ (由 $y_0 + \|y - y_0\|\mathbb{B}_Y \subset \Psi(x_0 + \gamma^{-1}\|y - y_0\|\mathbb{B}_X)$ 得到). 从而有

$$d(x, \Psi^{-1}(y)) \leqslant \|x - x^*\| \leqslant \|x - x_0\| + \gamma^{-1}\|y - y_0\| \leqslant \varepsilon_x' + \gamma^{-1}\varepsilon_y'.$$

则若

$$d(y, \Psi(x)) \geqslant \gamma(\varepsilon_x' + \gamma^{-1}\varepsilon_y') = \gamma\varepsilon_x' + \varepsilon_y',$$

(尤其, 若 $\Psi(x) = \varnothing$ 这是成立的), 即证得结论. 否则, 由 (4.48), 对充分小的 $\alpha > 0$, 存在 $y_\alpha \in \Psi(x)$, 满足

$$\|y - y_\alpha\| \leqslant d(y, \Psi(x)) + \alpha < \gamma\varepsilon_x' + \varepsilon_y' \leqslant t_{\max}\gamma. \tag{4.50}$$

则由 (4.46)—(4.48) 可得

$$\|y_\alpha - y_0\| \leqslant \|y_\alpha - y\| + \|y - y_0\| < t_{\max}\gamma + \varepsilon_y' \leqslant \varepsilon_y. \tag{4.51}$$

因此, $(x, y_\alpha) \in \operatorname{gph} \Psi \cap V$. 结合 (4.51) 与 Ψ 的开性 (于 (x_0, y_0) 处的), 可推出存在 $x' \in \Psi^{-1}(y)$ 满足 $\|x' - x\| \leqslant \gamma^{-1}\|y - y_\alpha\|$. 于是得到

$$d(x, \Psi^{-1}(y)) \leqslant \|x' - x\| \leqslant \gamma^{-1}\|y - y_\alpha\| \leqslant \gamma^{-1}d(y, \Psi(x)) + \gamma^{-1}\alpha.$$

由于 $\alpha > 0$ 是任意的, 当 $c = \gamma^{-1}$ 时, (4.49) 是成立的.

相反地, 设 Ψ 在 (x_0, y_0) 处以率 $c > 0$ 度量正则. 令 $(x, y) \in \operatorname{gph} \Psi$, $z \in Y$ 满足 $\|y - z\| < tc^{-1}$. 则对充分接近于 (x_0, y_0) 的 (x, y) 与充分小的 $t > 0$, 有

$$d(x, \Psi^{-1}(z)) \leqslant c\, d(z, \Psi(x)) \leqslant c\|z - y\| < t.$$

这意味着存在 $w \in \Psi^{-1}(z)$ 满足 $\|w - x\| < t$, 因此有 $z \in \Psi(x + t\mathbb{B}_X)$. 这就证得定理. ■

推论 4.2　设集值映射 $\Psi: X \rightrightarrows Y$ 是闭的、凸的. 则 Ψ 在 (x_0, y_0) 点处是度量正则的当且仅当 $y_0 \in \operatorname{int}(\operatorname{rge} \Psi)$.

4.4.3 约束集合的稳定性

考虑连续映射 $G: X \to Y$, 闭凸集 $K \subset Y$, 与相应的集值映射

$$\mathcal{F}_G(x) = G(x) - K. \tag{4.52}$$

关系 $y_0 \in \mathcal{F}_G(x_0)$ 意味着 $G(x_0) - y_0 \in K$. 设 $y_0 \in \mathcal{F}_G(x_0)$, 若 $\mathcal{F}_G$ 在 (x_0, y_0) 处是度量正则的, 即如果 (x, y) 在 (x_0, y_0) 的一邻域中, 有

$$d(x, \mathcal{F}_G^{-1}(y)) \leqslant c\, d(y, \mathcal{F}_G(x)), \tag{4.53}$$

或等价地,

$$d(x, G^{-1}(K + y)) \leqslant c\, d(G(x) - y, K), \tag{4.54}$$

其中 $c > 0$ 是某一常数. 设 $H: X \to Y$ 是另一连续映射. 下述定理给出条件, 在此条件下, 相应的集值映射 $\mathcal{F}_H(x) = H(x) - K$ 在 $(x_0, H(x_0) - G(x_0) + y_0)$ 处也是度量正则的.

定理 4.10[9, Theorem 2.84] 设 $G: X \to Y$ 是一连续映射. 设相应的集值映射 $\mathcal{F}_G$ 在 (x_0, y_0) 处以率 $c > 0$ 度量正则, 差值映射 $D(x) := G(x) - H(x)$ 在 x_0 的一邻域以模 $\kappa < c^{-1}$ Lipschitz 连续. 则集值映射 $\mathcal{F}_H$ 在 $(x_0, y_0 - D(x_0))$ 处以率 $c(\kappa) := c(1 - c\kappa)^{-1}$ 度量正则, 即

$$d(x, \mathcal{F}_H^{-1}(y)) \leqslant c(\kappa) d(y, \mathcal{F}_H(x)) \tag{4.55}$$

对充分接近于 $(x_0, y_0 - D(x_0))$ 的 (x, y) 成立.

证明 设 $\eta_x > 0$, $\eta_y > 0$, 满足只要

$$\|y - y_0\| < \eta_y \ \text{ 且 } \ \|x - x_0\| < \eta_x, \tag{4.56}$$

不等式 (4.53) 成立. 要证 (4.55) 对满足

$$\|y - (y_0 - D(x_0))\| < \eta_y' \ \text{ 且 } \ \|x - x_0\| < \eta_x' \tag{4.57}$$

的 x 与 y 成立, 其中正数 η_x' 与 η_y' 是下面将要估计的正常数.

由于度量正则性不受集值映射加上一常数项的影响, 不妨设 $D(x_0) = 0$. 令 (x, y) 满足 (4.57). 注意到

$$x^* \in \mathcal{F}_H^{-1}(y) \Longleftrightarrow x^* \in \mathcal{F}_G^{-1}(y + D(x^*)). \tag{4.58}$$

令 $\beta \in (c\kappa, 1)$ 且 $\varepsilon > 0$ 满足

$$(1 + \varepsilon)c\kappa < \beta. \tag{4.59}$$

从 $x^1 = x$, 构造序列 $\{x^k\}$, 它将满足下述递归关系:

$$\begin{aligned}&\text{(i)} \qquad x^{k+1} \in \mathcal{F}_G^{-1}(y + D(x^k));\\&\text{(ii)} \qquad \|x^k - x^{k+1}\| \leqslant (1+\varepsilon)\, d(x^k, \mathcal{F}_G^{-1}(y + D(x^k))).\end{aligned} \tag{4.60}$$

令 η'_x, η'_y 满足下述条件 (附加条件之后将给出):

$$\eta'_x < \eta_x; \quad \eta'_y + \kappa\eta'_x < \eta_y. \tag{4.61}$$

则使 (4.57) 成立的 (x, y) 满足

$$\|y + D(x) - y_0\| < \eta_y \ \text{ 且 } \ \|x - x_0\| < \eta_x.$$

因此, 由 $\mathcal{F}_G$ 在 (x_0, y_0) 的度量正则性得到

$$d(x, \mathcal{F}_G^{-1}(y + D(x))) \leqslant c\, d(G(x) - y - D(x), K) = c\, d(y, \mathcal{F}_H(x)).$$

存在 $x^2 \in \mathcal{F}_G^{-1}(y + D(x))$, 由 (4.59) 得

$$\|x^2 - x^1\| \leqslant c(1+\varepsilon)\, d(y, \mathcal{F}_H(x)) < \kappa^{-1}\beta\, d(y, \mathcal{F}_H(x)). \tag{4.62}$$

记

$$\alpha(\eta) = \sup\{\|G(x) - G(x_0)\| : x \in \mathbb{B}(x_0, \eta)\} \tag{4.63}$$

为 G 在 x_0 处的连续性的模数, 则

$$\begin{aligned}d(y, \mathcal{F}_H(x)) &= d(G(x) - y - D(x), K)\\&\leqslant \|G(x) - G(x_0)\| + \|y - y_0\| + \|D(x)\|\\&\leqslant \alpha(\eta'_x) + \kappa\eta'_x + \eta'_y.\end{aligned} \tag{4.64}$$

因此, 由 (4.62),

$$\|x^2 - x^1\| \leqslant \kappa^{-1}\beta(\alpha(\eta'_x) + \kappa\eta'_x + \eta'_y). \tag{4.65}$$

则对充分小的 $\eta'_x > 0$ 与 $\eta'_y > 0$, 下述关系对 $k = 2$ 成立:

$$x^k \in \mathbb{B}(x_0, \eta_x) \ \text{ 且 } \ y + D(x^k) \in \mathbb{B}(y_0, \eta_x). \tag{4.66}$$

现在用数学归纳法证明: 对充分小的 $\eta'_x > 0$ 与 $\eta'_y > 0$, 上述关系对所有的 k 均成立. 若对 $k \geqslant 2$, 这些关系是成立的, 则 $x^k \in \mathcal{F}_G^{-1}(y + D(x^{k-1}))$ 满足

$$\begin{aligned}d(x^k, \mathcal{F}_G^{-1}(y + D(x^k))) &\leqslant c\, d(y + D(x^k), \mathcal{F}_G(x^k))\\&\leqslant c\,\|D(x^k) - D(x^{k-1})\| \leqslant c\kappa\|x^k - x^{k-1}\|.\end{aligned}$$

注意到, 上述的第二个不等式由下式得到:

$$x^k \in \mathcal{F}_G^{-1}(y + D(x^{k-1})) \Longleftrightarrow y + D(x^{k-1}) \in \mathcal{F}_G(x^k).$$

现在设 (4.66) 对所有的 $k < k_0$ 成立, $k_0 > 2$(已经知道这对 $k_0 = 3$ 是成立的). 由 (4.60)(ii), 对 $2 \leqslant k < k_0$ 有

$$\|x^{k+1} - x^k\| < c^{-1}\kappa^{-1}\beta\, d(x^k, \mathcal{F}_G^{-1}(y + D(x^k))) \leqslant \beta\|x^k - x^{k-1}\|,$$

从而 $\|x^{k+1} - x^k\| < \beta^{k-1}\|x^2 - x^1\|$. 由 (4.62) 得

$$\|x^{k_0} - x^1\| < (1-\beta)^{-1}\|x^2 - x^1\| \leqslant \kappa^{-1}\beta(1-\beta)^{-1}d(y, \mathcal{F}_H(x)), \tag{4.67}$$

从而

$$\|x^{k_0} - x_0\| \leqslant \|x^{k_0} - x^1\| + \|x^1 - x_0\| < \eta'_x + \kappa^{-1}\beta(1-\beta)^{-1}d(y, \mathcal{F}_H(x)), \tag{4.68}$$

再由 (4.57) 有

$$\|y + D(x^{k_0}) - y_0\| \leqslant \|y - y_0\| + \kappa\|x^{k_0} - x_0\| \leqslant \eta'_y + \kappa\eta'_x + \beta(1-\beta)^{-1}d(y, \mathcal{F}_H(x)). \tag{4.69}$$

注意到 (4.64), 用数学归纳法证得, 若 $\eta > 0$ 充分小 (不依赖于 k_0), 则 (4.66) 对所有的 k 是成立的.

由于 X 是完备的, 由上述估计可得序列 x^k 存在且收敛到 $\mathbb{B}(x_0, \eta)$ 的闭包中的一点 x^*. 进一步, 由于 $D(\cdot)$ 是连续的且 $\mathcal{F}_G^{-1}$ 是闭的, 有 $x^* \in \mathcal{F}_G^{-1}(y + D(x^*))$, 因此 $x^* \in \mathcal{F}_H^{-1}(y)$.

由 (4.67) 及 $\mathcal{F}_G$ 的度量正则性得到, 对充分接近 (x_0, y_0) 的所有的 (x, y),

$$d(x, \mathcal{F}_H^{-1}(y)) \leqslant \|x - x^*\| \leqslant \kappa^{-1}\beta(1-\beta)^{-1}d(y, \mathcal{F}_H(x)).$$

因为 β 可取充分接近于 $c\kappa$, 结论证得. ■

设 $G(x)$ 是可微的且 $DG(x)$ 是关于 x(以算子范数拓扑) 的连续映射. 考虑点 $x_0 \in \Phi$. 用 $G(\cdot)$ 在 x_0 处的线性化函数来近似集值映射 $\mathcal{F}_G$. 即考虑集值映射

$$\mathcal{F}^*(x) = G(x_0) + DG(x_0)(x - x_0) - K. \tag{4.70}$$

由中值定理, 差函数

$$G(x) - [G(x_0) + DG(x_0)(x - x_0)]$$

在 x_0 的邻域 V 内是 Lipschitz 连续的, 其相应的 Lipschitz 常数 κ 可以充分小, 只要 V 的直径充分小. 结合定理 4.10, 可推出, 若线性化集值映射 $\mathcal{F}^*$ 在 $(x_0, 0)$ 处是

度量正则的, 则 $\mathcal{F}_G$ 在 $(x_0, 0)$ 处亦是度量正则的, 相反地, $\mathcal{F}_G$ 在 $(x_0, 0)$ 处的度量正则性可推出 $\mathcal{F}^*$ 的度量正则性.

由于线性化集值映射 $\mathcal{F}^*$ 是凸的、外半连续的, 所需要的正则性条件 $0 \in \operatorname{int}(\operatorname{rge} \mathcal{F}^*)$ 变为下述形式

$$0 \in \operatorname{int}\{G(x_0) + DG(x_0)X - K\}. \tag{4.71}$$

定义 4.4[9, Definition 2.86] 称 Robinson 约束规范在满足 $G(x_0) \in K$ 的点 $x_0 \in X$, 关于映射 $G(\cdot)$ 及集合 K 是成立的, 若上述正则性条件 (4.71) 是成立的.

定义 4.5 设 $x_0 \in X$ 满足 $G(x_0) \in K$, 称 Lagrange 乘子 $\lambda \in \Lambda(x_0)$ 满足严格约束规范, 若

$$0 \in \operatorname{int}\{G(x_0) + DG(x_0)X - K_0\}, \tag{4.72}$$

其中 $K_0 := \{y \in K : \langle \lambda, y - G(x_0) \rangle = 0\}$.

因为 $K_0 \subset K$, 严格约束规范可推出 Robinson 约束规范. 注意, 若 K 是一凸锥, 则由一阶最优条件有 $\langle \lambda, G(x_0) \rangle = 0$, 因此有 $K_0 = K \cap \ker \lambda$, 此时严格约束规范 (4.72) 具有如下的等价表示形式:

$$DG(x_0)X - T_K(G(x_0)) \cap \ker \lambda = Y. \tag{4.73}$$

命题 4.4 设 λ_0 满足一阶最优性条件且严格约束规范成立, 则 Lagrange 乘子向量 λ_0 是唯一的, 即 $\Lambda(x_0) = \{\lambda_0\}$.

证明 令 $\lambda \in \Lambda(x_0)$, $\mu = \lambda - \lambda_0$. 因为 λ 与 λ_0 是 Lagrange 乘子, 由一阶最优性条件有 $DG(x_0)^*\lambda_0 = DG(x_0)^*\lambda$, 从而对所有的 $h \in X$, $\langle \mu, DG(x_0)h \rangle = \langle DG(x_0)^*\mu, h \rangle = 0$. 由 (4.72) 对每一 $y \in Y$, 存在 $\varepsilon > 0$, $h \in X$ 及 $\kappa_0 \in K_0$ 满足 $\varepsilon y = G(x_0) + DG(x_0)h - \kappa_0$. 因为 $\langle \mu, DG(x_0)h \rangle = 0$, $\lambda \in N_K(G(x_0))$, 则

$$\langle \mu, G(x_0) - \kappa_0 \rangle = \langle \lambda, G(x_0) - \kappa_0 \rangle \geqslant 0,$$

则 $\langle \mu, y \rangle \geqslant 0$. 因为 y 是 Y 中的任何一个元素, 这可推出 $\mu = 0$, 结论得证. ■

定理 4.11[9, Theorem 2.87] (稳定性定理) 设 Robinson 约束规范 (4.71) 在 $x_0 \in \Phi$ 处成立, 则对 x_0 邻域里的 x, 有

$$d(x, \Phi) = O(\operatorname{dist}(G(x), K)). \tag{4.74}$$

若 (4.54) 成立, 即集值映射 $\mathcal{F}_G$ 在 $(x_0, 0)$ 处是度量正则的, 我们称映射 G 在 x_0 处关于 K 是度量正则的 (metric regular). 由定理 4.11 可得, 若 G 是连续可微的且 Robinson 约束规范成立, 则 G 在 x_0 处关于 K 是度量正则的.

由定理 4.10 得, 若映射 G 在 x_0 处是度量正则的, 则其在 x_0 处线性化映射也是度量正则的. 因此, 我们得到下述结论.

命题 4.5 连续可微映射 $G: X \to Y$ 在点 $x_0 \in G^{-1}(K)$ 处关于集合 K 是度量正则的充分必要条件是 Robinson 约束规范 (4.71) 成立.

证明 这一命题的证明基于以下三个事实:

(a) 由定理 4.11, 如果 G 连续可微且 Robinson 约束规范 (4.71) 成立, 则 G 在 x_0 处关于 K 是度量正则的;

(b) 由定理 4.10, 如果 G 在 x_0 处关于 K 是度量正则的, 则它的线性化映射在 x_0 也是度量正则的;

(c) 对于外半连续的凸的映射 $\mathcal{F}^*$, 它在 $(x_0, 0)$ 处的度量正则性等价于 $0 \in \text{int}\,(\text{rge}\,\mathcal{F}^*)$. ■

我们讨论由下述形式定义的抽象约束的可行域的稳定性

$$\Phi(u) := \{x \in X : G(x,u) \in K\}, \tag{4.75}$$

其中 K 是 Y 的闭凸子集, $G: X \times U \to Y$ 是一连续映射. 对 $u \in U$, 考虑 (4.75) 式定义的集合 $\Phi(u)$ 及集值函数 $\mathcal{F}_u(x) := G(x,u) - K$ 与映射 $G(x,u)$ 的联系, 显然, 点 $x \in \Phi(u)$ 当且仅当 $0 \in \mathcal{F}_u(x)$, 因而集合 $\Phi(u)$ 可表示为 $\Phi(u) = \mathcal{F}_u^{-1}(0)$.

设 $G(x,u)$ 关于 x 是可微的且 $D_xG(x,u)$ 是关于 x 与 u 联合变量的 (以算子范数拓扑) 连续映射. 考虑点 $x_0 \in \Phi(u_0)$, 可通过 $G(\cdot, u_0)$ 在 x_0 处的线性化映射来近似集值映射 $\mathcal{F}_u$, 即考虑集值映射

$$\mathcal{F}^*(x) = G(x_0,u_0) + D_xG(x_0,u_0)(x - x_0) - K. \tag{4.76}$$

由中值定理, 有

$$G(x,u) - [G(x_0,u_0) + D_xG(x_0,u_0)(x - x_0)]$$

在 x_0 的邻域 N 上是 Lipschitz 连续的, 其相应的 Lipschitz 常数 $\kappa = \kappa(u)$ 满足

$$\kappa \leqslant \sup_{x \in N} \|D_xG(x,u) - D_xG(x_0,u_0)\|.$$

由 $D_xG(x,u)$ 的连续性, N 可取得充分小, u 与 u_0 充分接近, 常数 κ 可以关于 u 一致地任意小. 结合定理 4.10 可推出, 若线性化集值映射 $\mathcal{F}^*$ 在 $(x_0, 0)$ 处是度量正则的, 则 $\mathcal{F}_{u_0}$ 在 $(x_0, 0)$ 处亦是度量正则的, 相反地, 由 $\mathcal{F}_{u_0}$ 在 $(x_0, 0)$ 处的度量正则性可推出 $\mathcal{F}^*$ 的度量正则性. 相同的论断可以应用到 u 接近 u_0 的情况, 定理 4.10 类似的形式可类似地证明.

由于线性化集值映射 $\mathcal{F}^*$ 是闭凸的, 推论 4.2 中的稳定性结果可应用到 $\mathcal{F}^*$ 上. 所需要的正则性条件 $0 \in \text{int}(\text{rge}\,\mathcal{F}^*)$ 变为下述形式:

$$0 \in \text{int}\,\{G(x_0,u_0) + D_xG(x_0,u_0)X - K\}. \tag{4.77}$$

定义 4.6　称 Robinson 约束规范在满足 $G(x_0,u_0)\in K$ 的点 $x_0\in X$ 处, 关于映射 $G(\cdot,u_0)$ 及集合 K 是成立的, 若上述正则性条件 (4.77) 是成立的.

下述定理是稳定性定理 (定理 4.11) 的 "一致性" 形式的结论.

定理 4.12[9, Theorem 2.87]　设 Robinson 约束规范 (4.77) 在 $x_0\in\Phi(u_0)$ 成立, 则对 (x_0,u_0) 的邻域中的 (x,u), 有

$$d(x,\Phi(u))=O\left(d(G(x,u),K)\right). \tag{4.78}$$

4.4.4　上 Lipschitz 连续性与误差界

上 Lipschitz 连续性是集值映射的一个重要的性质, 它和误差界关系密切, 下面给出它们的定义并讨论它们之间的关系.

回顾集值映射的定义, 集值映射 $S:\Re^n\rightrightarrows\Re^m$ 在 $x_0\in\Re^n$ 点处是模为 $\kappa\geqslant 0$ 的上 Lipschitz 连续的(upper Lipschitzian), 若存在 x_0 的邻域 U, 使得对所有的 $x\in U$,

$$S(x)\subset S(x_0)+\kappa\|x-x_0\|\mathbf{B}.$$

定义 4.7　设 S,T 是 $\Re^n$ 的两个子集, 非负值函数 $r:S\cup T\to\Re_+$ 满足性质:

$$r(x)=0\Leftrightarrow x\in S.$$

由 r 给出的对应于集合对 (S,T) 的误差界 (error bound) 是下述形式的不等式:

$$c_1r(x)^{\gamma_1}\leqslant d(x,S)\leqslant c_2r(x)^{\gamma_2},\quad \forall x\in T, \tag{4.79}$$

其中, c_1, c_2, γ_1, γ_2 为正常数.

上述定义中的 r 称为残差函数 (residual function), 它通常具有简单的形式, 是比距离函数 $d(x,S)$ 更好估计的量. 若 $r(x)$ 是 $1/\gamma_1$ 阶 Hölder 连续的, 则 (4.79) 式的左端不等式成立, 因此研究误差界, 主要是研究 (4.79) 式的右端不等式. 以下即将 (4.79) 替换为

$$d(x,S)\leqslant cr(x)^{\gamma},\quad \forall x\in T.$$

误差界与度量正则性的关系　设集值映射 Ψ 在 $(x_0,y_0)\in\operatorname{gph}\Psi$ 处以率 α 度量正则, 则由度量正则性的定义, 用误差界的术语表示, 即为: 存在 y_0 的一个邻域 V, 使得对任意的 $y\in V$, 集合 $\Psi^{-1}(y)$ 在 $\bar{x}$ 附近具有误差界, 残差函数 $r_y(x)=d(y,\Psi(x))$, 且常数 $c=\alpha$, 与 y 的选取无关.

下面的定理来自文献 [56], 给出误差界与上 Lipschitz 连续的关系.

定理 4.13　设 $S=\{x\in\Re^n|\,g(x)\in K\}$, 其中 $g:\Re^n\to\Re^m$ 为一给定函数, K 是 $\Re^m$ 中的闭子集. 对于残差函数 $r(x)=d(g(x),K)$, $x\in\Re^n$, 与扰动解集映射

$$\Psi(y)=\{x\in\Re^n|\,g(x)\in K+y\},\quad y\in\Re^m,$$

下面的两个条件等价, 其中 c, γ, δ 为正常数且 δ 可以为无穷大.

(a) 对任意满足 $d(g(x), K) \leqslant \delta$ 的 $x \in \Re^n$, 有

$$d(x, S) \leqslant cr(x)^{\gamma}.$$

(b) 对任意满足 $\|y\| \leqslant \delta$ 的 $y \in \Re^m$, 有

$$\Psi(y) \subset \Psi(0) + c\|y\|^{\gamma}\mathbf{B}.$$

下述关于多面集值映射的定理来源于文献 [64].

定理 4.14 设 $S: \Re^n \rightrightarrows \Re^m$ 是一多面集值映射, 则 S 在每个点 $\bar{x} \in \operatorname{dom} S$ 处均是上 Lipschitz 连续的.

证明 由于 gph $S = \bigcup_{i=1}^{r} G_i$, 其中每个 G_i 是一个凸多面体集合. 由每个 G_i 可以引导一个多面体集值映射 S_i, 使得 gph $S_i = G_i$. 任取 i,

$$S_i(w) = \{z : (w, z) \in G_i\} = \pi_2[G_i \cap \pi_1^{-1}(w)],$$

其中, π_i 是投影映射, 满足 $\pi_i(x_1, x_2) = x_i$, $\forall (x_1, x_2) \in \Re^n \times \Re^m$. 由 [92, Theorem 1] 知, 集值映射 $G_i \cap \pi_1^{-1}(\cdot)$ 是 Lipschitz 连续的, 由定义 3.11, 存在 λ_i, 对任意的 w 与 w', 只要 $S_i(w)$ 与 $S_i(w')$ 非空, 则

$$S_i(w) \subset S_i(w') + \lambda_i\|w - w'\|\mathbf{B}.$$

令 $\lambda = \max_{i=1}^{r}\{\lambda_i\}$, 对任意的 $\bar{x} \in \operatorname{dom} S$, 定义 $\mathcal{I} := \{i : \bar{x} \in \pi_1(G_i)\}$, 由于 $\{\bar{x}\} \times \Re^m$ 与 G_i 均是非空多面体凸集, 若 $i \notin \mathcal{I}$, 则二者不相交, 由凸集分离定理, 存在 $\bar{x}$ 的邻域 U_i, 使得 $(U_i \times \Re^m) \cap G_i = \varnothing$. 令 $U := \bigcap_{i \notin \mathcal{I}} U_i$, 则 U 是 $\bar{x}$ 的邻域且

$$(U \times \Re^m) \cap \operatorname{gph} S \subset \left(\bigcup_{i=1}^{k} G_i\right) \Big\backslash \left(\bigcup_{i \notin \mathcal{I}} G_i\right) \subset \bigcup_{i \in \mathcal{I}} G_i.$$

对任意的 $x \in U \cap \operatorname{dom} S$, 任取 $y \in S(x)$, 则

$$(x, y) \in (U \times \Re^m) \cap \operatorname{gph} S \subset \bigcup_{i \in \mathcal{I}} G_i.$$

因此, 存在 $i \in \mathcal{I}$, 使得 $(x, y) \in G_i$. 因为 $S(\bar{x}) = \bigcup_{i \in \mathcal{I}} S_i(\bar{x})$, 所以

$$y \in S_i(x) \subset S_i(\bar{x}) + \lambda_i\|x - \bar{x}\|\mathbf{B} \subset S(\bar{x}) + \lambda\|x - \bar{x}\|\mathbf{B}.$$

由 y 的任意性得到

$$S(x) \subset S(\bar{x}) + l\|x - \bar{x}\|\mathbf{B}.$$

■

4.4.5　凸函数水平集的切锥

在讨论集合 $\Phi = G^{-1}(K)$ 的切锥之前, 先考虑由一个约束函数定义的集合 S:

$$S = \{x \in X : g(x) \leqslant 0\},$$

其中 $g(\cdot)$ 是凸的下半连续函数. 下述命题将 S 的切锥用 $g(\cdot)$ 的一阶上图方向导数表示.

命题 4.6　设 $g : X \to \overline{\mathfrak{R}}$ 是一下半连续凸函数, 水平集 $S = \{x \in X : g(x) \leqslant 0\}$. 设 $g(x_0) = 0$, 且存在 $\bar{x}$ 满足 $g(\bar{x}) < 0$ (Slater 条件), 则

$$T_S(x_0) = \{h \in X : g^{\downarrow}(x_0, h) \leqslant 0\}. \tag{4.80}$$

证明　由于 g 是凸函数, 故集合 S 是凸集, 又因为 g 是下半连续的, 故集合 S 还是闭集. 注意到下述两个包含关系成立:

$$\{h \in X : g^{\downarrow}(x_0, h) < 0\} \subset T_S(x_0), \tag{4.81}$$

$$T_S(x_0) \subset \{h \in X : g^{\downarrow}(x_0, h) \leqslant 0\}. \tag{4.82}$$

事实上, 若 $g^{\downarrow}(x_0, h) < 0$, 存在 $t_n \downarrow 0$ 及 $h_n \to h$ 满足 $g(x_0 + t_n h_n) < 0$. 因此 $h_n \in \mathcal{R}_S(x_0)$(雷达锥), 从而 $h \in T_S(x_0)$, 即 (4.81) 成立. 令 $h \in T_S(x_0)$, 则存在序列 $\{h_n\} \subset \mathcal{R}_S(x_0)$ 满足 $h_n \to h$. 因为 $h_n \in \mathcal{R}_S(x_0)$, 存在 $t_n > 0$, $x_0 + t_n h_n \in S$, 因而有 $g(x_0 + t_n h_n) \leqslant 0$. 取极限得到 $g^{\downarrow}(x_0, h) \leqslant 0$, 这就证得 (4.82).

只需证明, (4.81) 左端的拓扑包与 (4.82) 右端相同, 需要用到 Slater 条件. 考虑向量 $h \in X$ 满足 $g^{\downarrow}(x_0, h) \leqslant 0$, 则存在序列 $h_n \to h$, $\varepsilon_n \downarrow 0$ 及 $t_n \downarrow 0$ 满足 $g(x_0 + t_n h_n) \leqslant \varepsilon_n t_n$. 由 g 的凸性得到, 对所有的 $t \in [0, t_n]$ 有 $g(x_0 + t h_n) \leqslant \varepsilon_n t$. 对满足 $\varepsilon_n / \alpha_n \to 0$ 的序列 $\alpha_n \downarrow 0$, 置

$$h'_n = \alpha_n(\bar{x} - x_0) + (1 - \alpha_n) h_n, \quad \beta_{n,t} := (1 - t\alpha_n)^{-1}(1 - \alpha_n).$$

由于

$$x_0 + t h'_n = t\alpha_n \bar{x} + (1 - t\alpha_n) x_0 + t(1 - \alpha_n) h_n = (1 - t\alpha_n)(x_0 + t\beta_n h_n) + t\alpha_n \bar{x},$$

由 g 的凸性, 对 $t > 0$ 充分小, 有

$$g(x_0 + t h'_n) \leqslant (1 - t\alpha_n) g(x_0 + t\beta_n h_n) + t\alpha_n g(\bar{x}).$$

对固定的 n, 对充分小的 $t > 0$, 有 $g(x_0 + t\beta_n h_n) \leqslant t\beta_n \varepsilon_n$. 得到 $g^{\downarrow}(x_0, h'_n) \leqslant (1 - \alpha_n)\varepsilon_n + \alpha_n g(\bar{x})$. 因为 $\varepsilon_n / \alpha_n \to 0$, 这意味着 $g^{\downarrow}(x_0, h'_n) < 0$, 因此 h'_n 属于 (4.81) 的左端. 因为 $h'_n \to h$, 得到结论. ■

下述命题将 S 的二阶切集与 $g(\cdot)$ 的二阶方向上图导数联系起来.

命题 4.7 设集合 $S=\{x\in X: g(x)\leqslant 0\}$, 其中 $g(\cdot)$ 是正常的下半连续凸函数. 令 $g(x_0)=0$ 且 $g^{\downarrow}(x_0,h)=0$, 设存在 $\bar{x}$ 满足 $g(\bar{x})<0$ (Slater 条件), 则

$$T_S^2(x_0,h)=\{w\in X: g_-^{\downarrow\downarrow}(x_0;h,w)\leqslant 0\}, \tag{4.83}$$

$$T_S^{i,2}(x_0,h)=\{w\in X: g_+^{\downarrow\downarrow}(x_0;h,w)\leqslant 0\}. \tag{4.84}$$

证明 先证明 (4.83) 成立. 考虑 $w\in T_S^2(x_0,h)$, 选取序列 $t_n\downarrow 0$, $w_n\to w$ 满足 $x_0+t_nh+\frac{1}{2}t_n^2w_n\in S$, 因而有 $g\left(x_0+t_nh+\frac{1}{2}t_n^2w_n\right)\leqslant 0$. 则

$$g_-^{\downarrow\downarrow}(x_0;h,w)\leqslant \frac{g\left(x_0+t_nh+\frac{1}{2}t_n^2w_n\right)}{\frac{1}{2}t_n^2}+o(1)\leqslant o(1).$$

从而有 $g_-^{\downarrow\downarrow}(x_0;h,w)\leqslant 0$.

相反地, 先设 $g_-^{\downarrow\downarrow}(x_0;h,w)<0$. 则存在 $t_n\downarrow 0$, $w_n\to w$, 有

$$g\left(x_0+t_nh+\frac{1}{2}t_n^2w_n\right)=\frac{1}{2}t_n^2g_-^{\downarrow\downarrow}(x_0;h,w)+o(t_n^2),$$

对充分大的 n, $g\left(x_0+t_nh+\frac{1}{2}t_n^2w_n\right)<0$. 所以

$$x_0+t_nh+\frac{1}{2}t_n^2w_n\in S,$$

即有 $w\in T_S^2(x_0,h)$.

现在设 $g_-^{\downarrow\downarrow}(x_0;h,w)=0$, 则存在 $t_n\downarrow 0$, $w_n\to w$ 满足 $g\left(x_0+t_nh+\frac{1}{2}t_n^2w_n\right)=o(t_n^2)$. 给定 $\alpha>0$, 置 $w_\alpha=w+\alpha(\bar{x}-x_0)$. 由 g 的凸性可得, 对充分小的 $t\geqslant 0$, 满足 $1-\frac{1}{2}\alpha t^2>0$,

$$g\left(x_0+th+\frac{1}{2}t^2w_\alpha\right)\leqslant\left(1-\frac{1}{2}\alpha t^2\right)\gamma(t,w)+\frac{1}{2}\alpha t^2g(\bar{x}), \tag{4.85}$$

其中

$$\gamma(t,w)=g\left(x_0+t\left(1-\frac{1}{2}\alpha t^2\right)^{-1}h+\frac{1}{2}t^2\left(1-\frac{1}{2}\alpha t^2\right)^{-1}w\right).$$

定义 t_n' 与 w_n' 满足关系: $t_n'\left(1-\frac{1}{2}\alpha t_n'^2\right)^{-1}=t_n$, 即 $t_n'=\alpha^{-1}t_n^{-1}(\sqrt{1+2\alpha t_n^2}-1)^{-1}$ 与 $\left(1-\frac{1}{2}\alpha t_n'^2\right)w_n'=w_n$. 则

$$\gamma(t_n',w_n')=g\left(x_0+t_nh+\frac{1}{2}t_n^2w_n\right)=o(t_n^2).$$

由于 $t'_n \downarrow 0$, $w'_n + \alpha(\bar{x} - x_0) \to w_\alpha$ 及 $g(\bar{x}) < 0$, 由 (4.85), 对任意 $\alpha > 0$, 有

$$g_{-}^{\downarrow\downarrow}(x_0; h, w_\alpha) \leqslant \alpha g(\bar{x}) < 0,$$

因此有 $w_\alpha \in T_S^2(x_0, h)$. 因为 T_S^2 是闭的, 令 $\alpha \downarrow 0$, 得到 $w \in T_S^2(x_0, h)$. ■

4.4.6　$\Phi = G^{-1}(K)$ 的切锥

本节基于稳定性定理, 即定理 4.11 来讨论约束集合 $\Phi = G^{-1}(K)$ 的切锥, 其中 K 是有限维 Hilbert 空间 Y 的闭凸子集, $G : X \to Y$ 是二阶连续可微的映射.

定理 4.15　设映射 $G : X \to Y$ 在点 $x_0 \in \Phi := G^{-1}(K)$ 处是连续可微的, 且 Robinson 约束规范 (4.71) 成立. 则 Φ 在 x_0 处的内切锥、切锥、正则切锥是重合的, 且

$$T_\Phi(x_0) = \{h \in X : DG(x_0)h \in T_K(G(x_0))\}. \tag{4.86}$$

证明　记 $T' := \{h \in X : DG(x_0)h \in T_K(G(x_0))\}$. 首先证明

$$T_\Phi(x_0) \subset \{h \in X : DG(x_0)h \in T_K(G(x_0))\}. \tag{4.87}$$

$\forall h \in T_\Phi(x_0)$, $\exists t_n \downarrow 0$, 满足 $d(x_0 + t_n h, \Phi) = o(t_n)$. 因为 Robinson 约束规范 (4.71) 成立, 由定理 4.11 知 $d(G(x_0 + t_n h), K) = o(t_n)$. 而 $G(x_0 + t_n h) = G(x_0) + t_n DG(x_0)h + o(t_n)$, 故 $d(G(x_0) + t_n DG(x_0)h, K) = o(t_n)$, 即 $h \in T'$.

因为 $T_\Phi^i(x_0) \subset T_\Phi(x_0)$, 只要证明

$$T' \subset T_\Phi^i(x_0), \tag{4.88}$$

就可证得切锥的表达式为 (4.86). 现在证明包含关系 (4.88). 设 $h \in X$ 满足 $DG(x_0)h \in T_K(G(x_0))$. 因为 K 为闭凸集, 则 $T_K(G(x_0)) = T_K^i(G(x_0))$, 因此 $d(G(x_0) + tDG(x_0)h, K) = o(t)$, 故 $d(G(x_0 + th), K) = o(t)$. 再由稳定性定理知 $d(x_0 + th, \Phi) = o(t)$, 此即 $h \in T_\Phi^i(x_0)$.

下面要证明正则切锥 $\widehat{T}_\Phi(x_0)$ 的表达式与切锥表达式 (4.86) 相同. 由于正则切锥 $\widehat{T}_\Phi(x_0)$ 包含在 $T_\Phi(x_0)$ 内, 因此只需证明 $T_\Phi(x_0) \subset \widehat{T}_\Phi(x_0)$. 考虑 $h \in T_\Phi(x_0)$. 令 $x_n \to x_0$, $x_n \in \Phi\backslash\{x_0\}$, $t_n \downarrow 0$. 有 $y_n = G(x_n) \in K$, 由于 G 是连续的, 有 $y_0 = G(x_0)$. 进一步, 由于 G 是连续可微的, 有 $G(x_n + t_n h) = y_n + t_n DG(x_0)h + o(t_n)$. 由于集合 K 是凸的, 有 $T_K(y_0) = \widehat{T}_K(y_0)$. 因为 $DG(x_0)h \in T_K(y_0)$, 存在序列 $z_n \in K$ 满足 $\|z_n - (y_n + t_n DG(x_0)h)\| = o(t_n)$. 从而

$$d\left(G(x_n + t_n h), K\right) \leqslant \|z_n - G(x_n + t_n h)\| = o(t_n),$$

由 (4.74) 我们得 $d\left(x_n + t_n h, \Phi\right) = o(t_n)$, 即存在 $w_n \in \Phi$ 满足 $(w_n - x_n)/t_n \to h$. 这表明 $h \in \widehat{T}_\Phi(x_0)$, 即得要证之结论. ■

4.4.7 $\Phi = G^{-1}(K)$ 的二阶切集

现在设

$$\Phi = G^{-1}(K) = \{x \in X : G(x) \in K\},$$

其中 K 是有限维 Hilbert 空间 Y 的闭凸子集, $G : X \to Y$ 是二阶连续可微的映射. 下述的公式给出用 K 的二阶切集表示的计算 Φ 的二阶切集的法则, 这里 Σ 是收敛到 0 的正数序列的全体.

命题 4.8 设 $K \subset Y$ 是闭凸集, $G : X \to Y$ 是二阶连续可微的映射, $x_0 \in \Phi = G^{-1}(K)$. 设 Robinson 约束规范 (即 $0 \in \mathrm{int}\{G(x_0) + DG(x_0)X - K\}$) 成立. 则对所有的 $h \in X$ 与任意的序列 $\sigma = \{t_n\} \in \Sigma$,

$$T_\Phi^{i,2,\sigma}(x_0, h) = DG(x_0)^{-1}[T_K^{i,2,\sigma}(G(x_0), DG(x_0)h) - D^2G(x_0)(h, h)]. \tag{4.89}$$

证明 考虑点 $w \in T_\Phi^{i,2,\sigma}(x_0, h)$, 令 $x_n = x_0 + t_n h + \frac{1}{2}t_n^2 w$ 是相应的抛物序列. 由 G 的二阶 Taylor 展开, 有

$$G(x_n) = G(x_0) + t_n DG(x_0)h + \frac{1}{2}t_n^2[DG(x_0)w + D^2G(x_0)(h, h)] + o(t_n^2). \tag{4.90}$$

因为 G 是连续可微的, 因此 G 是局部 Lipschitz 连续的且 $d(x_n, \Phi) = o(t_n^2)$, 故 $d(G(x_n), K) = o(t_n^2)$. 结合 (4.90) 得到

$$DG(x_0)w + D^2G(x_0)(h, h) \in T_K^{i,2,\sigma}(G(x_0), DG(x_0)h),$$

因此, (4.89) 的左端包含在 (4.89) 的右端. 相反的包含关系可通过与上述的相反的推证及应用稳定性定理得到. ■

由命题 4.8 的假设及 (4.89) 得到

$$T_\Phi^{i,2}(x_0, h) = DG(x_0)^{-1}[T_K^{i,2}(G(x_0), DG(x_0)h) - D^2G(x_0)(h, h)], \tag{4.91}$$

$$T_\Phi^2(x_0, h) = DG(x_0)^{-1}[T_K^2(G(x_0), DG(x_0)h) - D^2G(x_0)(h, h)]. \tag{4.92}$$

第 5 章　凸优化问题的稳定性分析

5.1　KKT 系统的强正则性与 Aubin 性质的等价性

考虑具有下述一般形式的凸优化问题:

$$(\mathrm{P}) \qquad \min f(x) \quad \text{s.t.} \quad x \in Q, \tag{5.1}$$

其中, $f:\Re^n \to \Re$ 为二次连续可微的凸函数, $Q \subseteq \Re^n$ 为闭凸集.

可用指示函数将问题 (P) 等价地写成无约束优化问题:

$$\min_{x\in\Re^n} f(x) + \delta_Q(x).$$

由于 $f(x)+\delta_Q(x)$ 为凸函数, 且 f 二次连续可微, 则凸优化问题 (P) 的 Karush-Kuhn-Tucher (KKT) 系统可以写成下述广义方程的形式:

$$0 \in \partial(f(x)+\delta_Q(x)) = \nabla f(x) + N_Q(x). \tag{5.2}$$

下文将通过利用 [19, Proposition 5.1] 来构建问题 (P) 的 KKT 系统的强正则性与 Aubin 性质的等价性. 首先给出单调算子的定义:

定义 5.1　称映射 $T:\Re^n \rightrightarrows \Re^n$ 是单调的 (monotone), 如果对于 $v_0 \in T(x_0)$, $v_1 \in T(x_1)$, 有

$$\langle v_1 - v_0, x_1 - x_0\rangle \geqslant 0;$$

称映射 T 是严格单调的 (strictly monotone), 如果对于 $x_0 \neq x_1$, 上述不等式为严格不等式.

映射 T 是极大单调的, 如果图 gph T 不真包含在其他任何的单调算子 $T':\Re^n \rightrightarrows \Re^n$ 的图 gph T' 中. 关于极大单调性, 已有许多熟知的结论, 例如, 下半连续凸函数的次微分是极大单调的. 对于 $\Re^n$ 中的任意闭凸集合 $C \neq \varnothing$, 法锥映射 N_C 是极大单调的. 如果 T 具有下述形式:

$$T(x) = \begin{cases} T_0(x) + N_D(x), & x \in D, \\ \varnothing, & x \notin D, \end{cases}$$

其中 $D \subset \Re^n$ 是一非空闭凸子集合, $T_0 : D \to \Re^n$ 是单值的单调的连续映射, 则这样的算子是极大单调的. 当然, 对于单调算子 T, 其逆映射 T^{-1} 亦是单调的.

命题 5.1[19, Proposition 5.1] 设 X 是 Banach 空间, $F: X \rightrightarrows X^*$ 为单调映射且在 (x_0, y_0) 处具有 Aubin 性质, 那么 F 在 x_0 的一邻域内是单值的.

证明 假设 F 在 x_0 的任何邻域内均不是单值的. 那么存在序列 $x_k \to x_0$ 使得对任一 $y_k \in F(x_k)$, $k=1,2,\cdots$, 存在 $z_k \in F(x_k)$, $k=1,2,\cdots$, 使得对所有 k, 均有 $z_k \neq y_k$. 因为 F 在 (x_0, y_0) 处具有 Aubin 性质, 可选取 $y_k \in F(x_k)$ 满足 $y_k \to y_0$. 对每一个 k 存在一个线性函数严格分离点 y_k 和 z_k, 即对每个 $k=1,2,\cdots$, 存在 $h_k \in X$, $\|h_k\|=1$ 与常数 $b_k > 0$, 使得

$$\langle z_k, h_k \rangle \geqslant b_k + \langle y_k, h_k \rangle. \tag{5.3}$$

设 F 以模 γ 及邻域 U 和 W 具有 Aubin 性质. 取一数列 t_k 满足

$$t_k > 0,\ t_k \to 0,\ 且 t_k < b_k/2\gamma. \tag{5.4}$$

则对充分大的 k, 有 $x_k \in U$, $x_k + t_k h_k \in U$ 且 $y_k \in W$. 根据 F 的 Aubin 性质, 有

$$y_k \in F(x_k) \cap W \subset F(x_k + t_k h_k) + \gamma t_k \mathbf{B}.$$

因此, 存在序列 $u_k \in F(x_k + t_k h_k)$ 使得

$$\|u_k - y_k\| \leqslant \gamma t_k. \tag{5.5}$$

由 F 的单调性,

$$\langle u_k - z_k, x_k + t_k h_k - x_k \rangle \geqslant 0.$$

结合 (5.3), 有

$$\langle u_k, h_k \rangle \geqslant \langle z_k, h_k \rangle \geqslant b_k + \langle y_k, h_k \rangle.$$

进一步, 由 (5.4) 和 (5.5),

$$b_k + \langle y_k, h_k \rangle \leqslant \langle u_k, h_k \rangle \leqslant \langle y_k, h_k \rangle + \gamma t_k < b_k/2 + \langle y_k, h_k \rangle,$$

显然矛盾. 因此, 假设不成立, F 在 x_0 的一邻域是单值的. ■

定理 5.1 对于凸优化问题 (5.1), 广义方程 (5.2) 在 x_0 附近是强正则的 (即 x_0 为 $0 \in \nabla f(x) + N_Q(x)$ 的强正则解) 的充分必要条件为 T^{-1} 在 x_0 处具有 Aubin 性质, 其中映射 $T: \Re^n \rightrightarrows \Re^n$ 为 $T(x) := \nabla f(x_0) + \nabla^2 f(x_0)(x - x_0) + N_Q(x)$.

证明 必要性由强正则的定义即可得到.

充分性. 设 T^{-1} 在 x_0 处具有 Aubin 性质. 由于凸函数 f 的 Hessian 阵是半正定的, 则有下式成立:

$$\langle \nabla^2 f(x_0)(x_1 - x_2), x_1 - x_2 \rangle \geqslant 0, \quad \forall x_1, x_2 \in \Re^n. \tag{5.6}$$

因此, 映射 $T'(x) := \nabla f(x_0) + \nabla^2 f(x_0)(x - x_0)$ 是单调的且单值的, 则映射 T 是单调的, 进而 T^{-1} 是单调的. 由命题 5.1 知, T^{-1} 在 x_0 的一邻域内是单值的, 由强正则定义得结论成立. ■

5.2 几个具体的凸优化问题的稳定性

5.2.1 凸二次规划

本节讨论当一个凸二次规划问题和它的限制 Wolfe 对偶问题的所有参数都发生扰动时的稳定性. 基于可行集映射的连续性, 可以建立凸二次规划问题和限制 Wolfe 对偶的最优解映射的上半连续性. 此外, 通过把最优值函数描述为两个紧致凸集上的极小-极大优化问题, 可证明最优值函数的 Lipschitz 连续性和 Hadamard 方向可微性. 本节取材于 [99].

考虑下面的凸二次规划问题:

$$\begin{cases} \min\limits_{x \in \Re^n} & \dfrac{1}{2}x^{\mathrm{T}}Gx + c^{\mathrm{T}}x \\ \text{s.t.} & Ax \geqslant b, \end{cases} \tag{5.7}$$

其中 $G \in \mathbb{S}^n_+$, $c \in \Re^n$, $A = (a_1, \cdots, a_m)^{\mathrm{T}} \in \Re^{m \times n}$ 和 $b \in \Re^m$.

首先讨论在所有参数扰动下, 二次规划问题 (5.7) 和对偶问题的最优解映射的连续性质. 为了简化符号, 令 $u := (G, A, b, c)$.

考虑二次规划问题 (5.7) 的如下扰动形式:

$$\begin{cases} \min\limits_{x \in \Re^n} & \dfrac{1}{2}x^{\mathrm{T}}\tilde{G}x + \tilde{c}^{\mathrm{T}}x \\ \text{s.t.} & \tilde{A}x \geqslant \tilde{b}. \end{cases} \tag{5.8}$$

$\Phi(\tilde{A}, \tilde{b})$ 表示问题 (5.8) 的可行域, 即

$$\Phi(\tilde{A}, \tilde{b}) := \{x \in \Re^n : \tilde{A}x \geqslant \tilde{b}\}, \tag{5.9}$$

$f(x, \tilde{u})$ 表示问题 (5.8) 的目标函数, 即

$$f(x, \tilde{u}) := \frac{1}{2}x^{\mathrm{T}}\tilde{G}x + \tilde{c}^{\mathrm{T}}x.$$

问题 (5.8) 的最优值和最优解定义如下:

$$\begin{aligned} \theta(\tilde{u}) &:= \min\{f(x, \tilde{u}) : x \in \Phi(\tilde{A}, \tilde{b})\}, \\ \mathrm{Sol}(\tilde{u}) &:= \arg\min\{f(x, \tilde{u}) : x \in \Phi(\tilde{A}, \tilde{b})\}. \end{aligned} \tag{5.10}$$

下面探索当 u 发生扰动时问题 (5.7) 的解集 $\mathrm{Sol}(u)$ 的稳定性. 为了这个目的, 关于问题 (5.7), 做如下的假设.

假设 5.1 对固定的 u, 假设下面三个条件成立:

(A1) 二次规划问题 (5.7) 的最优值是有限的且最优解集是非空紧致的.

(A2) $G \in \mathbb{S}^n$ 是半正定矩阵, 即 $G \in \mathbb{S}^n_+$. $\mathcal{W} = \text{Range}\, G$.

(A3) 二次规划问题 (5.7) 的 Slater 条件成立, 即存在 x_0 满足

$$Ax_0 > b.$$

因为问题 (5.7) 中的矩阵 G 是半正定的, 这导致问题 (5.7) 的 Lagrange 对偶:

$$\max_{\lambda \geqslant 0} \varphi(\lambda) := \min_x L(x, \lambda) \tag{5.11}$$

的显式形式不存在, 其中 $L(x,\lambda) := c^{\mathrm{T}}x + \dfrac{1}{2}x^{\mathrm{T}}Gx + \lambda^{\mathrm{T}}(b - Ax)$ 是问题 (5.7) 的 Lagrange 函数. 所以考虑 Wolfe 对偶:

$$\begin{cases} \max\limits_{x,\lambda} & L(x,\lambda) \\ \text{s.t.} & \nabla_x L(x,\lambda) = 0, \\ & \lambda \geqslant 0, \end{cases} \tag{5.12}$$

该对偶等价于

$$\begin{cases} \max\limits_{x,\lambda} & \lambda^{\mathrm{T}}b - \dfrac{1}{2}x^{\mathrm{T}}Gx \\ \text{s.t.} & c - A^{\mathrm{T}}\lambda + Gx = 0, \\ & \lambda \geqslant 0, \end{cases} \tag{5.13}$$

考虑限制 Wolfe 对偶:

$$\begin{cases} \max\limits_{x,\lambda} & \lambda^{\mathrm{T}}b - \dfrac{1}{2}x^{\mathrm{T}}Gx \\ \text{s.t.} & c - A^{\mathrm{T}}\lambda + Gx = 0, \\ & x \in \text{Range}\, G,\ \lambda \geqslant 0. \end{cases} \tag{5.14}$$

下面的命题证明了当参数 (A, b) 扰动到 $(\tilde{A}, \tilde{b})$ 时, 问题 (5.7) 的 Slater 条件仍然成立.

命题 5.2 设假设 5.1 (A3) 对固定的参数 A 和 b 成立, 则存在 δ_0 使得当 $\|(\tilde{A}, \tilde{b}) - (A, b)\| \leqslant \delta_0$ 时, 问题 (5.8) 的 Slater 条件成立.

证明 由假设 5.1 (A3), 存在 $x_0 \in \Re^n$ 和 $\varepsilon_0 > 0$ 使得

$$Ax_0 - b \geqslant \varepsilon_0 \mathbf{1}_m.$$

令 $M_0 := \max\{\|x_0\|, 1\}$. 当

$$\max_{1 \leqslant i \leqslant m} \left\{ \|\Delta \tilde{a}_i\|, \|\Delta \tilde{b}_i\| \right\} \leqslant \frac{\varepsilon_0}{4M_0}$$

时, 其中 $\Delta\tilde{a}_i := \tilde{a}_i - a_i$, $\Delta\tilde{b}_i := \tilde{b}_i - b_i$, 可得

$$\begin{aligned}(a_i - \tilde{a}_i)^{\mathrm{T}} x_0 - (b_i - \tilde{b}_i) &\leqslant \|\tilde{a}_i - a_i\|\|x_0\| + \|\tilde{b}_i - b_i\| \\ &\leqslant \frac{\varepsilon_0}{4M_0} M_0 + \frac{\varepsilon_0}{4M_0} M_0 \\ &= \frac{\varepsilon_0}{2} < \varepsilon_0 \leqslant a_i^{\mathrm{T}} x_0 - b_i,\end{aligned}$$

或者等价地,

$$\tilde{a}_i^{\mathrm{T}} x_0 - \tilde{b}_i > 0, \quad i = 1, \cdots, m.$$

因此当 $\|(\tilde{A}, \tilde{b}) - (A, b)\| \leqslant \delta_0$ 时, 其中 $\delta_0 = \dfrac{\varepsilon_0}{4M_0}$, 问题 (5.8) 的 Slater 条件成立. ■

为了证明问题 (5.8) 的最优解映射 Sol(·) 的上半连续性, 首先建立下面关于可行集映射的连续性和问题 (5.8) 上水平集的一致有界性这两个结论.

引理 5.1 设假设 5.1 (A3) 对给定的参数 A 和 b 成立. 则对所有满足 $\|(\widehat{A}, \widehat{b}) - (A, b)\| \leqslant \delta_0$ 的参数 $(\widehat{A}, \widehat{b})$, 其中 δ_0 在命题 5.2 中定义, 有

$$\lim_{(\tilde{A},\tilde{b})\to(\widehat{A},\widehat{b})} \Phi(\tilde{A}, \tilde{b}) = \Phi(\widehat{A}, \widehat{b}),$$

其中 $\Phi(\cdot, \cdot)$ 的定义见 (5.9).

证明 因为下面的包含关系

$$\limsup_{(\tilde{A},\tilde{b})\to(\widehat{A},\widehat{b})} \Phi(\tilde{A}, \tilde{b}) \subset \Phi(\widehat{A}, \widehat{b})$$

是显然的, 所以只需要验证

$$\liminf_{(\tilde{A},\tilde{b})\to(\widehat{A},\widehat{b})} \Phi(\tilde{A}, \tilde{b}) \supset \Phi(\widehat{A}, \widehat{b}).$$

接下来对任意的 $\widehat{x} \in \Phi(\widehat{A}, \widehat{b})$, 证明 $\widehat{x} \in \liminf_{(\tilde{A},\tilde{b})\to(\widehat{A},\widehat{b})} \Phi(\tilde{A}, \tilde{b})$. 由命题 5.2, 可得

$$\exists\, \overline{x} \text{ 和 } \widehat{\varepsilon} > 0 \text{ 使得 } \widehat{A}\overline{x} - \widehat{b} \geqslant \widehat{\varepsilon}\mathbf{1}_m.$$

令

$$(\tilde{A}(t), \tilde{b}(t)) := (\widehat{A}, \widehat{b}) + t(\Delta A, \Delta b), \quad x(t) := \widehat{x} + t(\overline{x} - \widehat{x}),$$

显然有 $(\tilde{A}(t), \tilde{b}(t)) \to (\widehat{A}, \widehat{b})$ 和 $x(t) \to \widehat{x}$ 成立. 则有

$$\begin{aligned}&\tilde{A}(t)x(t) - \tilde{b}(t) \\ =\ &(\widehat{A} + t\Delta A)(t\overline{x} + (1-t)\widehat{x}) - (\widehat{b} + t\Delta b)\end{aligned}$$

$$= t(\widehat{A}(\overline{x}-\widehat{x})+\Delta A\widehat{x}-\Delta b)+t^2\Delta A(\overline{x}-\widehat{x})+\widehat{A}\widehat{x}-\widehat{b}$$

$$= t(\widehat{A}\overline{x}-\widehat{b}+\Delta A\widehat{x}-\Delta b)+t^2\Delta A(\overline{x}-\widehat{x})+(1-t)(\widehat{A}\widehat{x}-\widehat{b})$$

$$\geqslant t[(\widehat{\varepsilon}\mathbf{1}_m+\Delta A\widehat{x}-\Delta b)+t\Delta A(\overline{x}-\widehat{x})].$$

因此, 对足够小的 $\|\Delta u\|$, 存在 $\hat{t}>0$ 使得

$$\tilde{A}(t)x(t)-\tilde{b}(t)\geqslant 0,\quad \forall t\in[0,\hat{t}).$$

这推出来 $\widehat{x}\in\liminf_{(\tilde{A},\tilde{b})\to(\widehat{A},\widehat{b})}\Phi(\tilde{A},\tilde{b})$. 证明完成. ■

为了简化, 对任意的 u 和 $\delta>0$, 定义

$$\mathcal{U}(u,\delta):=\left\{\tilde{u}:\|\tilde{u}-u\|\leqslant\delta,\tilde{G}\in\mathbb{S}^n_+,\mathrm{Range}\,\tilde{G}=\mathcal{W}\right\}. \tag{5.15}$$

定义问题 (5.8) 的上水平集, 即

$$\Psi(\tilde{u},\alpha):=\Phi(\tilde{A},\tilde{b})\cap\mathrm{lev}_{\leqslant\alpha}f(\cdot,\tilde{u}), \tag{5.16}$$

其中 $\Phi(\tilde{A},\tilde{b})$ 在 (5.9) 中定义且

$$\mathrm{lev}_{\leqslant\alpha}f(\cdot,\tilde{u}):=\{x\in\Re^n:f(x,\tilde{u})\leqslant\alpha\},\quad \alpha\in\Re.$$

引理 5.2 对固定的参数 u, 设假设 5.1(A1) 和 (A2) 成立. 则对任意 $\alpha\in\Re$, 存在 $\delta_1>0$ 和一个有界集 $\mathcal{B}\subset\Re^n$ 满足

$$\Psi(\tilde{u},\alpha')\subset\mathcal{B},\quad \forall\alpha'\leqslant\alpha,\quad \forall\tilde{u}\in\mathcal{U}(u,\delta_1),$$

其中 $\Psi(\cdot,\cdot)$ 在 (5.16) 中定义.

证明 不失一般性, 假设 $\Psi(\tilde{u},\alpha)\neq\varnothing$. 因为 $\Psi(\tilde{u},\alpha')\subset\Psi(\tilde{u},\alpha),\forall\alpha'\leqslant\alpha$, 只需要证明 $\Psi(\tilde{u},\alpha)\subset\mathcal{B}$. 下面将用反证法证明结果. 假设存在一个序列 $\tilde{u}^k\in\mathcal{U}(u,\delta_1)$ 满足 $\tilde{u}^k\to u$, 取 $x^k\in\Psi(\tilde{u}^k,\alpha)$, 其中 $\|x^k\|\to\infty$. 令 $d_x^k=x^k/\|x^k\|$, 则存在一个序列 k_j 满足 $d_x^{k_j}\to d_x$, 其中 $d_x\in\mathrm{bdry}\,\mathbb{B}$. 由于 $x^{k_j}\in\Psi(\tilde{u}^{k_j},\alpha)$, 可得

$$\begin{cases}\dfrac{1}{2}x^{k_j\mathrm{T}}\tilde{G}^{k_j}x^{k_j}+\tilde{c}^{k_j\mathrm{T}}x^{k_j}\leqslant\alpha,\\ \tilde{a}_i^{k_j\mathrm{T}}x^{k_j}-\tilde{b}_i^{k_j}\geqslant 0,\ i=1,\cdots,m.\end{cases} \tag{5.17}$$

上述两个不等式分别同时除以 $\|x^{k_j}\|^2$ 和 $\|x^{k_j}\|$, 可得

$$\begin{cases}\dfrac{1}{2}d_x^{k_j\mathrm{T}}\tilde{G}^jd_x^{k_j}+\tilde{c}^{k_j\mathrm{T}}d_x^{k_j}/\|x^{k_j}\|\leqslant\alpha/\|x^{k_j}\|^2,\\ \tilde{a}_i^{k_j\mathrm{T}}d_x^{k_j}-\tilde{b}_i^{k_j}/\|x^{k_j}\|\geqslant 0,\ i=1,\cdots,m.\end{cases}$$

由 $\mathcal{U}(u,\delta_1)$ 的定义知 $\tilde{G}^{k_j}\succeq 0$. 所以 (5.17) 的第一个不等式推出

$$\tilde{c}^{k_j\mathrm{T}}d_x^{k_j}\leqslant \alpha/\|x^{k_j}\|.$$

关于上述三个不等式取极限 $j\to\infty$, 可得

$$\frac{1}{2}d_x^{\mathrm{T}}Gd_x\leqslant 0,\quad Ad_x\geqslant 0,\quad c^{\mathrm{T}}d_x\leqslant 0.$$

设 x^* 是问题 (5.7) 的最优解, 则 $x^*+\beta d_x(\ \beta\geqslant 0)$ 也是问题 (5.7) 的最优解, 这与假设 5.1 (A1) 中问题 (5.7) 的最优解的紧致性矛盾. 证明完成. ■

下面应用 [9, Proposition 4.4] 来得到最优解的连续性质. 为了这个目的, 首先回顾 [9] 的命题 4.4. 考虑下述形式的参数优化问题:

$$(\mathrm{P}_u)\qquad\begin{cases}\min\limits_{x\in X} & f(x,u)\\ \text{s.t.} & G(x,u)\in K,\end{cases}$$

其中 $u\in U$, X, Y 和 U 都是 Banach 空间, K 是 Y 的一个闭凸子集, $f:X\times U\to\Re$ 和 $G:X\times U\to Y$ 是连续的. 用

$$\Omega(u):=\{x\in X: G(x,u)\in K\}$$

表示问题 (P_u) 的可行域, 用

$$\nu(u):=\inf_{x\in\Omega(u)}f(x,u)$$

表示最优值函数, 用

$$\mathrm{Sol}(u)=\arg\min_{x\in\Omega(u)}f(x,u)$$

表示对应的最优解集.

命题 5.3 给定 $u_0\in U$. 设

(i) 函数 $f(x,u)$ 在 $X\times U$ 上是连续的;

(ii) 集值映射 $\Omega(\cdot)$ 是闭的;

(iii) 存在 $\alpha\in\Re$ 及紧致集合 $C\subset X$ 使得对 u_0 的某一邻域中的每一个 u, 水平集

$$\mathrm{lev}_{\leqslant\alpha}f(\cdot,u)=\{x\in\Omega(u): f(x,u)\leqslant\alpha\}$$

是非空的且包含在 C 中;

(iv) 对集合 $\mathrm{Sol}(u_0)$ 的任何邻域 $\mathcal{V}_X$, 存在 u_0 的邻域 $\mathcal{V}_U$ 满足对所有的 $u\in\mathcal{V}_U$, $\mathcal{V}_X\cap\Omega(u)$ 是非空的.

则下述命题成立:

(a) 最优值函数 $\nu(u)$ 在 u_0 处是连续的;

(b) 最优解映射 $\mathrm{Sol}(u)$ 在 u_0 处是上半连续的.

基于上述命题, 建立二次规划问题 (5.7) 的最优值函数的连续性和最优解映射的上半连续性.

定理 5.2 假设 5.1 对固定的 u 成立. 对任意的 $\widehat{u}\in\mathcal{U}(u,\delta_1)$, 其中 δ_1 见引理 5.2, 则 (5.10) 中定义的 $\theta(\cdot)$ 和 $\mathrm{Sol}(\cdot)$ 满足: $\theta(\cdot)$ 在 $\widehat{u}$ 处连续, 最优解映射 $\mathrm{Sol}(\cdot)$ 在 $\widehat{u}$ 处是上半连续的, 即, 对任意的 $\varepsilon>0$, 存在数 $\delta_2>0$ 满足

$$\mathrm{Sol}(\tilde{u})\subset \mathrm{Sol}(\widehat{u})+\varepsilon\mathbb{B},\quad \forall \tilde{u}\in\mathbb{B}(\widehat{u},\delta_2).$$

证明 令

$$f(x,\tilde{u})=\frac{1}{2}x^{\mathrm{T}}\tilde{G}x+\tilde{c}^{\mathrm{T}}x,\quad \mathcal{G}(x,\tilde{u})=\tilde{A}x-\tilde{b}\ 且\ K=\Re^m_+.$$

则 $\Phi(\tilde{A},\tilde{b})$ 由下式表示

$$\Omega(\tilde{u})=\{x\in\Re^n:\mathcal{G}(x,\tilde{u})\in K\},\tag{5.18}$$

其中 $\Phi(\tilde{A},\tilde{b})$ 在 (5.9) 中定义. 问题 (5.8) 嵌入到命题 5.3 中. 显然, $f(x,\tilde{u})$ 在 $\Re^n\times\mathcal{U}(u,\delta_1)$ 上是连续的, 即命题 5.3 中的条件 (i) 成立. 由引理 5.1 及集值映射的外半连续性与闭性的等价性, 可得 Ω 是一个闭的集值映射, 从而命题 5.3 的条件 (ii) 成立. 命题 5.3 的条件 (iii) 由引理 5.2 推出. 因为假设 5.1(A3) 可推出 $\Omega(\widehat{u})$ 的 Mangsarian-Fromovitz 约束规范在任何点 $\widehat{x}\in\mathrm{Sol}(\widehat{u})$ 处成立. 则由 [9, Theorem 2.87] 推出

$$d(\widehat{x},\Omega(\tilde{u}))\leqslant\kappa(d(\mathcal{G}(\widehat{x},\tilde{u}),K))\leqslant\kappa\|\mathcal{G}(\widehat{x},\tilde{u})-\mathcal{G}(\widehat{x},\widehat{u})\|$$

对 $\tilde{u}\in\mathcal{V}_U$ 成立, 其中 $\Omega(\tilde{u})$ 在 (5.18) 中定义, $\mathcal{V}_U$ 是 $\widehat{u}$ 在 $\mathbb{S}^n_+\times\Re^{m\times n}\times\Re^m\times\Re^n$ 中的某个邻域且 $\kappa>0$. 因为 $\mathcal{G}$ 是 Lipschitz 连续的, 可得命题 5.3 的条件 (iv) 成立.

因此, 由命题 5.3 可推出最优值函数 $\theta(\cdot)$ 在 $\widehat{u}$ 处是连续的, 且最优解映射 $\mathrm{Sol}(\cdot)$ 在 $\widehat{u}\in\mathbb{S}^n_+\times\Re^{m\times n}\times\Re^m\times\Re^n$ 处是上半连续的, 即, 对 $\varepsilon>0$, 存在数 $\delta_2>0$ 使得

$$\mathrm{Sol}(\tilde{u})\subset \mathrm{Sol}(\widehat{u})+\varepsilon\mathbb{B},\quad \forall \tilde{u}\in\mathbb{B}(\widehat{u},\delta_2).$$

■

下面考虑 Wolfe 对偶 (5.13) 的扰动形式:

$$\begin{cases}\max\limits_{x,\lambda} & \lambda^{\mathrm{T}}\tilde{b}-\dfrac{1}{2}x^{\mathrm{T}}\tilde{G}x\\ \text{s.t.} & \tilde{c}-\tilde{A}^{\mathrm{T}}\lambda+\tilde{G}x=0,\\ & \lambda\geqslant 0\end{cases}\tag{5.19}$$

和限制 Wolfe 对偶 (5.14) 的扰动形式:

$$\begin{cases} \max\limits_{x,\lambda} & \lambda^{\mathrm{T}}\tilde{b} - \dfrac{1}{2}x^{\mathrm{T}}\tilde{G}x \\ \text{s.t.} & \tilde{c} - \tilde{A}^{\mathrm{T}}\lambda + \tilde{G}x = 0, \\ & x \in \operatorname{Range}\tilde{G},\ \lambda \geqslant 0. \end{cases} \tag{5.20}$$

定义问题 (5.19) 的可行域为

$$\mathcal{E}(\tilde{G},\tilde{A},\tilde{c}) := \left\{(x,\lambda) \in \Re^n \times \Re^m_+ : \tilde{c} - \tilde{A}^{\mathrm{T}}\lambda + \tilde{G}x = 0\right\}, \tag{5.21}$$

定义问题 (5.20) 的可行域为 $\mathcal{R}(\tilde{G},\tilde{A},\tilde{c})$, 即

$$\mathcal{R}(\tilde{G},\tilde{A},\tilde{c}) := \mathcal{E}(\tilde{G},\tilde{A},\tilde{c}) \cap (\operatorname{Range}\tilde{G} \times \Re^m). \tag{5.22}$$

在下面的命题中, 首先探索 $\mathcal{E}(\cdot,\cdot,\cdot)$ 在 $(\tilde{G},\tilde{A},\tilde{c})$ 处 Slater 条件的稳定性.

命题 5.4　假设 5.1 对给定的 u 成立. 则存在 $\delta_3 > 0$ 使得当 $\|(\tilde{G},\tilde{A},\tilde{c}) - (G,A,c)\| \leqslant \delta_3$, $\tilde{G} \in \mathbb{S}^n_+$ 成立时, 问题 (5.19) 的 Slater 条件成立, 即, 存在 $(\tilde{x},\tilde{\lambda})$ 使得

$$\tilde{c} - \tilde{A}^{\mathrm{T}}\tilde{\lambda} + \tilde{G}\tilde{x} = 0, \quad \tilde{\lambda} > 0.$$

证明　首先, 在假设 5.1 下, 问题 (5.13) 的 Slater 条件成立, 即, 存在向量 λ 依赖于参数 (G,A,c) 满足

$$c - A^{\mathrm{T}}\lambda + Gx = 0, \quad \lambda \geqslant \varepsilon_1 \mathbf{1}_m$$

成立, 其中 $\varepsilon_1 > 0$, 且矩阵 $(-A^{\mathrm{T}}, G)$ 是行满秩的. 事实上, 假设存在 $d_x \in \Re^n$ 使得

$$\begin{pmatrix} -A \\ G \end{pmatrix} d_x = 0,$$

则 $Ad_x = 0$, $Gd_x = 0$ 和 $c^{\mathrm{T}}d_x = 0$, 或 $d_x \in \mathrm{Sol}(u)^\infty$, 该回收锥包含所有满足下述条件的向量 y : $x + \lambda y \in \mathrm{Sol}(u), \forall\, \lambda > 0, x \in \mathrm{Sol}(u)$ (参见 [67] 的定义). 所以 $d_x = 0$ 一定成立, 否则 $\mathrm{Sol}(u)$ 是无界的, 这与假设 5.1(A1) 矛盾. 从而推出矩阵 $(-A^{\mathrm{T}}, G)$ 是行满秩的. 再由矩阵非奇异性的稳定性, 可得当矩阵 $(\tilde{A}^{\mathrm{T}},\tilde{G})$ 是 (A^{T},G) 的微小扰动时, 矩阵 $(-\tilde{A}^{\mathrm{T}},\tilde{G})$ 也是行满秩的.

由 Slater 条件的性质[9, Proposition 2.104] 和等价条件[9,(2.190)] 知, 问题 (5.19) 的 Slater 条件的有效性等价于下述系统关于变量 $(\tilde{x},\tilde{\lambda})$ 的可解性:

$$\tilde{c} - \tilde{A}^{\mathrm{T}}\tilde{\lambda} + \tilde{G}\tilde{x} = 0, \quad \tilde{\lambda} > 0. \tag{5.23}$$

定义 $(\Delta G,\Delta A,\Delta c) := (\tilde{G},\tilde{A},\tilde{c}) - (G,A,c)$, 其中 $\tilde{G} \in \mathbb{S}^n_+$ 且 $(\Delta x,\Delta\lambda) := (\tilde{x}-x,\tilde{\lambda}-\lambda)$, 由等式

$$\tilde{c} - \tilde{A}^{\mathrm{T}}\tilde{\lambda} + \tilde{G}\tilde{x} = 0,$$
$$c - A^{\mathrm{T}}\lambda + Gx = 0,$$

得

$$(-\tilde{A}^{\mathrm{T}}, \tilde{G})\begin{pmatrix}\Delta\lambda \\ \Delta x\end{pmatrix} = -\Delta c + \Delta A^{\mathrm{T}}\lambda - \Delta G x. \tag{5.24}$$

令 $M := (-A^{\mathrm{T}}, G)$, $\tilde{M} := (-\tilde{A}^{\mathrm{T}}, \tilde{G})$ 和 $\Delta M := (-\Delta A^{\mathrm{T}}, \Delta G)$. 定义 $\Delta N := \Delta M M^{\mathrm{T}} + M\Delta M^{\mathrm{T}} + \Delta M\Delta M^{\mathrm{T}}$, 由 [80, Theorem 2.5], 当 $\|MM^{\mathrm{T}}\Delta N\| < 1$ 时, $\tilde{M}\tilde{M}^{\mathrm{T}}$ 是非奇异的. 因此存在充分小的 $\delta_3 > 0$, 当 $\|\Delta M\| \leqslant \delta_3$ 时, $\tilde{M}\tilde{M}^{\mathrm{T}}$ 是非奇异的. 由 Sherman-Morrison-Woodbury 公式, 可得

$$\begin{aligned}
\tilde{M}^{\dagger} &:= \tilde{M}^{\mathrm{T}}(\tilde{M}\tilde{M}^{\mathrm{T}})^{-1} \\
&= (M+\Delta M)^{\mathrm{T}}(MM^{\mathrm{T}} + \Delta N)^{-1} \\
&= (M+\Delta M)^{\mathrm{T}}[(MM^{\mathrm{T}})^{-1} - (MM^{\mathrm{T}})^{-1}\Delta N[I_m + (MM^{\mathrm{T}})^{-1}\Delta N]^{-1}(MM^{\mathrm{T}})^{-1}] \\
&= M^{\dagger} + \Delta\Sigma.
\end{aligned}$$

由 [80, Theorem 3.8], 存在常数 $\mu > 0$ 满足

$$\|\tilde{M}^{\dagger} - M^{\dagger}\| \leqslant \mu \max\{\|\tilde{M}^{\dagger}\|_2^2, \|M^{\dagger}\|_2^2\}\|\Delta M\|,$$

因此 $\|\Delta\Sigma\| = O(\|\Delta M\|)$. 由 $\tilde{M}\tilde{M}^{\mathrm{T}}$ 的非奇异性, 系统 (5.24) 有最小二乘解, 记作 $(\Delta\lambda^*, \Delta x^*)$, 即

$$\begin{aligned}
\begin{pmatrix}\Delta\lambda^* \\ \Delta x^*\end{pmatrix} &:= \tilde{M}^{\dagger}(-\Delta c + \Delta A^{\mathrm{T}}\lambda - \Delta G x) \\
&= [M^{\dagger} + \Delta\Sigma](-\Delta c + \Delta A^{\mathrm{T}}\lambda - \Delta G x).
\end{aligned} \tag{5.25}$$

由 (5.25), 当 $\delta_3 > 0$ 充分小时, $\|\Delta\lambda^*\| \leqslant \|\lambda\|/2$, 从而 $\lambda + \Delta\lambda^* > 0$. 因此

$$\begin{pmatrix}\tilde{\lambda} \\ \tilde{x}\end{pmatrix} := \begin{pmatrix}\lambda \\ x\end{pmatrix} + \begin{pmatrix}\Delta\lambda^* \\ \Delta x^*\end{pmatrix}$$

满足 (5.23). 证明完成. ■

接下来, 为了证明对偶问题 (5.20) 的最优解映射的上半连续性, 先建立两个引理, 分别对应引理 5.1 和引理 5.2.

引理 5.3 假设 5.1对固定的 u 成立. 则对 (5.21) 中定义的 $\mathcal{E}(\cdot,\cdot,\cdot)$ 和 (5.22) 中定义的 $\mathcal{R}(\cdot,\cdot,\cdot)$, 下式成立

(i) $\displaystyle\lim_{\substack{\tilde{G}\in\mathbb{S}^n_+ \\ (\tilde{G},\tilde{A},\tilde{c})\longrightarrow(\widehat{G},\widehat{A},\widehat{c})}} \mathcal{E}(\tilde{G},\tilde{A},\tilde{c}) = \mathcal{E}(\widehat{G},\widehat{A},\widehat{c}),\ \forall(\widehat{G},\widehat{A},\widehat{c}) \in \mathbb{B}((G,A,c),\delta_3);$

(ii) $\displaystyle\lim_{\substack{\tilde{G}\in\mathbb{S}^n_+,\,\mathrm{Range}\,\tilde{G}=\mathcal{W} \\ (\tilde{G},\tilde{A},\tilde{c})\longrightarrow(\widehat{G},\widehat{A},\widehat{c})}} \mathcal{R}(\tilde{G},\tilde{A},\tilde{c}) = \mathcal{R}(\widehat{G},\widehat{A},\widehat{c}),\ \forall(\widehat{G},\widehat{A},\widehat{c}) \in \mathbb{B}((G,A,c),\delta_3),$

其中 $\widehat{G}\in\mathbb{S}^n_+$ 且满足 Range $\widehat{G}=\mathcal{W}$, δ_3 见命题 5.4.

证明　因为下面的包含关系

$$\limsup_{\substack{(\tilde{G},\tilde{A},\tilde{c})\xrightarrow{\tilde{G}\in\mathbb{S}^n_+}(\widehat{G},\widehat{A},\widehat{c})}}\mathcal{E}(\tilde{G},\tilde{A},\tilde{c})\subset\mathcal{E}(\widehat{G},\widehat{A},\widehat{c})$$

是显然的, 只需验证

$$\liminf_{\substack{(\tilde{G},\tilde{A},\tilde{c})\xrightarrow{\tilde{G}\in\mathbb{S}^n_+}(\widehat{G},\widehat{A},\widehat{c})}}\mathcal{E}(\tilde{G},\tilde{A},\tilde{c})\supset\mathcal{E}(\widehat{G},\widehat{A},\widehat{c}).$$

接下来我们证明对任意的 $(\widehat{x},\widehat{\lambda})\in\mathcal{E}(\widehat{G},\widehat{A},\widehat{c})$, 有

$$(\widehat{x},\widehat{\lambda})\in\liminf_{\substack{(\tilde{G},\tilde{A},\tilde{c})\xrightarrow{\tilde{G}\in\mathbb{S}^n_+}(\widehat{G},\widehat{A},\widehat{c})}}\mathcal{E}(\tilde{G},\tilde{A},\tilde{c}).$$

由命题 5.4 知, 存在 $(\overline{x},\overline{\lambda})$ 使得

$$\widehat{c}-\widehat{A}^{\mathrm{T}}\overline{\lambda}+\widehat{G}\overline{x}=0,\quad \overline{\lambda}>0.$$

对 $(\Delta G,\Delta A,\Delta c)$, $\Delta G\in\mathcal{R}_{\mathbb{S}^n_+}(\widehat{G})$, 其中该雷达锥包含所有满足下述条件的向量 $d\in\mathbb{S}^n$: 存在 $t^*>0$ 使得 $\widehat{G}+td\in\mathbb{S}^n_+$ 对所有 $t\in[0,t^*]$ 成立 (参见 [9, Definition 2.54]), 令 $(\tilde{G}(t),\tilde{A}(t),\tilde{c}(t))=(\widehat{G}+t\Delta G,\widehat{A}+t\Delta A,\widehat{c}+t\Delta c)$. 显然当 $t\downarrow 0$ 时, 有 $(\tilde{G}(t),\tilde{A}(t),\tilde{c}(t))\to(\widehat{G},\widehat{A},\widehat{c})$ 成立且对所有 $t>0$, 有 $\tilde{G}(t)\in\mathbb{S}^n_+$ 成立. 下面寻找一个序列 $(x(t),\lambda(t))\in\mathcal{E}(\tilde{G}(t),\tilde{A}(t),\tilde{c}(t))$ 满足 $(x(t),\lambda(t))$ 收敛到 $(\widehat{x},\widehat{\lambda})$. 假设存在 $(d_x(t),d_\lambda(t))$ 使得

$$(x(t),\lambda(t)):=(\widehat{x},\widehat{\lambda})+t(\overline{x}-\widehat{x},\overline{\lambda}-\widehat{\lambda})+t(d_x(t),d_\lambda(t))$$

满足下面的系统:

$$\tilde{c}(t)-\tilde{A}(t)^{\mathrm{T}}\lambda(t)+\tilde{G}(t)x(t)=0,\tag{5.26}$$

且 $\lambda(t)>0$. 因为 $(x(t),\lambda(t))$ 收敛到 $(\widehat{x},\widehat{\lambda})$, 则找到了这样的序列 $(x(t),\lambda(t))$. 因此, 只需要证明 $(d_x(t),d_\lambda(t))$ 的存在性.

令

$$M(t):=(-\widehat{A}-t\Delta A,\ \widehat{G}+t\Delta G),\quad \tilde{\lambda}_t:=\widehat{\lambda}+t(\overline{\lambda}-\widehat{\lambda}),\quad \tilde{x}_t:=\widehat{x}+t(\overline{x}-\widehat{x}).$$

则等式 (5.26) 等价于

$$M(t)\begin{pmatrix}d_\lambda(t)\\ d_x(t)\end{pmatrix}=-(\Delta c-\Delta A^{\mathrm{T}}\tilde{\lambda}_t+\Delta G\tilde{x}_t).\tag{5.27}$$

由命题 5.4, 当 t 充分小时, $M(t)M(t)^{\mathrm{T}}$ 是非奇异的, 且有 $M(t)^{\dagger} = M(t)^{\mathrm{T}}(M(t) \times M(t)^{\mathrm{T}})^{-1}$.

令 $(d_{\lambda}^*(t), d_x^*(t))$ 是 (5.27) 的最小二乘解:

$$\begin{pmatrix} d_{\lambda}^*(t) \\ d_x^*(t) \end{pmatrix} := -M(t)^{\dagger}[\Delta c - \Delta A^{\mathrm{T}}\tilde{\lambda}_t + \Delta G\tilde{x}_t].$$

关于上式右端项中的 $M(t)^{\dagger}$, 使用与命题 5.4 的证明相似的论述, 可得 $M(t)^{\dagger} = \widehat{M}^{\dagger} + O(t\|\Delta M\|)$. 因此当 $(\tilde{G}, \tilde{A}, \tilde{c}) \in \mathbb{B}((\widehat{G}, \widehat{A}, \widehat{c}), \delta_3)$ 时, $\|M(t)^{\dagger}\| \leqslant 2\|\widehat{M}^{\dagger}\|$ 成立.

令

$$\widehat{\varepsilon} := \frac{\|\overline{\lambda}\|}{4\|\widehat{M}^{\dagger}\| \max\{1, \|\widehat{x}\|, \|\overline{x}\|, \|\widehat{\lambda}\|, \|\overline{\lambda}\|\}}.$$

则对 $\|(\Delta G, \Delta A, \Delta c)\| < \widehat{\varepsilon}$, $\Delta G \in \mathcal{R}_{\mathbb{S}_+^n}(\widehat{G})$,

$$\begin{aligned} \left\| \begin{pmatrix} d_{\lambda}^*(t) \\ d_x^*(t) \end{pmatrix} \right\| &\leqslant \|M(t)^{\dagger}\| \left\| \Delta c - \Delta A^{\mathrm{T}}\tilde{\lambda}_t + \Delta G\tilde{x}_t \right\| \\ &\leqslant 2\|\widehat{M}^{\dagger}\| \max\left\{1, \|\widehat{x}\|, \|\overline{x}\|, \|\widehat{\lambda}\|, \|\overline{\lambda}\|\right\} \|(\Delta c, \Delta A, \Delta G)\| \\ &\leqslant \|\overline{\lambda}\|/2 \end{aligned}$$

和

$$(x^*(t), \lambda^*(t)) = (\widehat{x}, \widehat{\lambda}) + t(\overline{x} - \widehat{x}, \overline{\lambda} - \widehat{\lambda}) + t(d_x^*(t), d_{\lambda}^*(t)).$$

则 $(x^*(t), \lambda^*(t))$ 满足等式 (5.26) 且对任意小的 $t > 0$, 有

$$\lambda^*(t) = \widehat{\lambda} + t(\overline{\lambda} - \widehat{\lambda}) + td_{\lambda}^*(t) = (1-t)\widehat{\lambda} + t(\overline{\lambda} + d_{\lambda}^*(t)) > 0.$$

因此, 对任意小的 $t > 0$,

$$(x^*(t), \lambda^*(t)) \in \mathcal{E}(\widehat{G} + t\Delta G, \widehat{A} + t\Delta A, \widehat{c} + t\Delta c),$$

且 $(x^*(t), \lambda^*(t)) \to (\widehat{x}, \widehat{\lambda})$. 这推出

$$(\widehat{x}, \widehat{\lambda}) \in \liminf_{(\tilde{G}, \tilde{A}, \tilde{c}) \xrightarrow{\tilde{G} \in \mathbb{S}_+^n} (\widehat{G}, \widehat{A}, \widehat{c})} \mathcal{E}(\tilde{c}, \tilde{G}, \tilde{A}).$$

则证明了 (i). 进一步, 利用 $\mathcal{E}(\cdot, \cdot, \cdot)$ 的连续性, 易得 (ii) 中 $\mathcal{R}(\cdot, \cdot, \cdot)$ 的连续性. ■

定义对偶问题 (5.20) 的目标函数 $\phi(x, \lambda, \tilde{u}) := \lambda^{\mathrm{T}}\tilde{b} - \frac{1}{2}x^{\mathrm{T}}\tilde{G}x$ 和集值映射

$$\Gamma(\tilde{u}, \alpha) := \mathcal{R}(\tilde{G}, \tilde{A}, \tilde{c}) \cap \operatorname{lev}_{\geqslant \alpha}\phi(\cdot, \tilde{u}), \tag{5.28}$$

其中

$$\operatorname{lev}_{\geqslant\alpha}\phi(\cdot,\tilde{u})=\{(x,\lambda)\in\Re^n\times\in\Re^m:\phi(x,\lambda,\tilde{u})\geqslant\alpha\},\quad \alpha\in\Re.$$

用 $\Lambda^*(\tilde{u})$ 定义问题 (5.20) 最优解的 λ 部分, 即

$$\Lambda^*(\tilde{u}):=\left\{\lambda\in\Re^m:(x,\lambda)\in\arg\max\{\phi(x,\lambda,\tilde{u}):(x,\lambda)\in\mathcal{R}(\tilde{G},\tilde{A},\tilde{c})\}\right\}. \tag{5.29}$$

与引理 5.2 相似, 下面建立 $\Gamma(\cdot)$ 的一致有界性.

引理 5.4 若对给定的 u, 假设 5.1 成立. 则对任意的 $\alpha\in\Re$, 存在 $\delta_3>0$ 和有界集 $\mathcal{D}\subset\Re^n\times\Re^m$ 满足

$$\Gamma(\tilde{u},\alpha')\subset\mathcal{D},\quad \forall\alpha'\geqslant\alpha,\quad \forall\tilde{u}\in\mathcal{U}(u,\delta_3),$$

其中 $\Gamma(\cdot)$ 在 (5.28) 中定义.

证明 不失一般性, 假设 $\Gamma(\tilde{u},\alpha)\neq\varnothing$. 因为 $\Gamma(\tilde{u},\alpha')\subset\Gamma(\tilde{u},\alpha),\forall\alpha'\geqslant\alpha$, 只需证明 $\Gamma(\tilde{u},\alpha)\subset\mathcal{D}$.

首先利用反证法证明对任意的 $(x,\lambda)\in\Gamma(\tilde{u},\alpha)$, λ 是有界的. 假设存在一个序列 $\tilde{u}^k$, 其中 $G^k\in\mathbb{S}_+^n$ 且 Range $G^k=\mathcal{W}$ 满足 $\tilde{u}^k\to u$, 且存在一个序列 $(x^k,\lambda^k)\in\Gamma(\tilde{u}^k,\alpha)$, 其中 $\|\lambda^k\|\to\infty$. 令 $d_\lambda^k=\lambda^k/\|\lambda^k\|$, $d_x^k=x^k/\|\lambda^k\|$. 因为 x^k 有界, 存在 k_j 使得 $d_\lambda^{k_j}\to d_\lambda$, 其中 $d_\lambda\in\operatorname{bdry}\mathbb{B}$. 鉴于 $(x^{k_j},\lambda^{k_j})\in\Gamma(\tilde{u}^{k_j},\alpha)$, 可得

$$\begin{cases}\lambda^{k_j\mathrm{T}}\tilde{b}^{k_j}-\dfrac{1}{2}x^{k_j\mathrm{T}}\tilde{G}^{k_j}x^{k_j}\geqslant\alpha,\\ \tilde{c}^{k_j}-\tilde{A}^{k_j\mathrm{T}}\lambda^{k_j}+\tilde{G}^{k_j}x^{k_j}=0,\\ x^{k_j}\in\operatorname{Range}\tilde{G}^{k_j},\ \lambda^{k_j}\geqslant 0.\end{cases} \tag{5.30}$$

对 (5.30) 第一个不等式两边同时除以 $\|\lambda^{k_j}\|^2$, 由 $\tilde{G}^{k_j}$ 的半正定性得

$$0\geqslant-\frac{1}{2}d_x^{k_j\mathrm{T}}\tilde{G}^{k_j}d_x^{k_j}\geqslant\alpha/\|\lambda^{k_j}\|^2-\lambda^{k_j\mathrm{T}}\tilde{b}^{k_j}/\|\lambda^{k_j}\|^2.$$

令 $j\to\infty$, 可得 $d_x^{k_j\mathrm{T}}\tilde{G}^{k_j}d_x^{k_j}\to 0$ 或 $\tilde{G}^{k_j\frac{1}{2}}d_x^{k_j}\to 0$, 则当 $j\to\infty$ 时, $\tilde{G}^{k_j}d_x^{k_j}=\tilde{G}^{k_j\frac{1}{2}}\tilde{G}^{k_j\frac{1}{2}}d_x^{k_j}\to 0$ 成立. 结合 $\tilde{G}^{k_j}$ 的半正定性和 (5.30) 中的不等式, 可得

$$\begin{cases}\lambda^{k_j\mathrm{T}}\tilde{b}^{k_j}\geqslant\alpha,\\ \tilde{c}^{k_j}-\tilde{A}^{k_j\mathrm{T}}\lambda^{k_j}+G^{k_j}x^{k_j}=0,\\ x^{k_j}\in\operatorname{Range}\tilde{G}^{k_j},\ \lambda^{k_j}\geqslant 0.\end{cases}$$

对上述不等式两边同时除以 $\|\lambda^{k_j}\|$, 可得

$$\begin{cases}d_\lambda^{k_j\mathrm{T}}\tilde{b}^{k_j}\geqslant\alpha/\|\lambda^{k_j}\|,\\ \tilde{c}^{k_j}/\|\lambda^{k_j}\|-\tilde{A}^{k_j\mathrm{T}}d_\lambda^{k_j}+G^{k_j}d_x^{k_j}=0,\\ d_x^{k_j}\in\operatorname{Range}\tilde{G}^{k_j},\ d_\lambda^{k_j}\geqslant 0.\end{cases}$$

令 $j \to \infty$, 可得

$$d_\lambda^{\mathrm{T}} b \geqslant 0, \quad A^{\mathrm{T}} d_\lambda = 0, \quad d_\lambda \geqslant 0, \quad \|d_\lambda\| = 1. \tag{5.31}$$

不难看出问题 (5.14) 的最优值是有限的, 最优解集的 λ 部分是非空紧致的. 当 $d_\lambda^{\mathrm{T}}(b - Bx) > 0$ 时, 由条件 (5.31) 推出问题 (5.14) 的最优值是无限的, 这与问题 (5.14) 的最优值的有限性矛盾. 当 $d_\lambda^{\mathrm{T}}(b - Bx) = 0$ 时, 由条件 (5.31) 推出问题 (5.14) 的最优解的 λ 部分是无界的, 这也是矛盾的. 因此, $\Gamma(\tilde{u}, \alpha)$ 的 λ 部分是有界的.

现在用反证法证明, 对任意的 $(x, \lambda) \in \Gamma(\tilde{u}, \alpha)$, x 是有界的. 假设存在一个序列 $\tilde{u}^k$ 满足 $\tilde{u}^k \to u$ 且 $(x^k, \lambda^k) \in \Gamma(\tilde{u}^k, \alpha)$, 其中 $\|x^k\| \to \infty$. 从这个引理的第一部分, 知道 $\{\lambda^k\}$ 是有界的. 令 $d_\lambda^k = \lambda^k / \|x^k\|$, $d_x^k = x^k / \|x^k\|$, 能找到一个子列 k_j 使得 $d_x^{k_j} \to d_x$ 且 $d_\lambda^{k_j} \to 0$, 其中 $d_x \in \operatorname{bdry} \mathbb{B}$. 考虑到 $(x^{k_j}, \lambda^{k_j}) \in \Gamma(\tilde{u}^{k_j}, \alpha)$, 可得

$$\begin{cases} \lambda^{k_j \mathrm{T}} \tilde{b}^{k_j} - \dfrac{1}{2} x^{k_j \mathrm{T}} \tilde{G}^{k_j} x^{k_j} \geqslant \alpha, \\ \tilde{c}^{k_j} - \tilde{A}^{k_j \mathrm{T}} \lambda^{k_j} + \tilde{G}^{k_j} x^{k_j} = 0, \\ x^{k_j} \in \operatorname{Range} \tilde{G}^{k_j}, \ \lambda^{k_j} \geqslant 0. \end{cases} \tag{5.32}$$

对 (5.32) 中的第一个不等式两端同时除以 $\|x^{k_j}\|^2$, 再令 $j \to \infty$, 由 $\tilde{G}^{k_j}$ 的半正定性得 $d_x^{\mathrm{T}} G d_x = 0$ 且 $G d_x = 0$. 由假设 5.1 (A2) 和 u 的邻域 $\mathcal{U}(u, \delta)$ 的定义 (5.15) 知, $\operatorname{Range} \tilde{G}^{k_j} = \operatorname{Range} G = \mathcal{W}$. 结合关系 $G d_x = 0$ 且 $d_x \in \mathcal{W}$, 从 (5.32) 中的第三个包含关系得 $d_x \in \operatorname{Range} G$. 这与 $\|d_x\| = 1$ 矛盾. 证明完成. ■

定理 5.3 若对给定的 u, 假设 5.1 成立. 对任意的 $\widehat{u}$ 满足 $\widehat{u} \in \mathcal{U}(u, \delta_3)$, 其中 δ_3 见引理 5.4, 解映射 $\Lambda^*(\cdot)$ 在 $\widehat{u}$ 处是上半连续的, 即, 对 $\varepsilon > 0$, 存在常数 $\delta_4 > 0$ 满足

$$\Lambda^*(\tilde{u}) \subset \Lambda^*(\widehat{u}) + \varepsilon \mathbb{B}, \quad \forall \tilde{u} \in \mathcal{U}(\widehat{u}, \delta_4).$$

证明 结果可以由引理 5.3 和引理 5.4 证明. 因为证明与定理 5.2 的证明相似, 在这里, 我们省略它. ■

下面讨论问题 (5.8) 最优值函数的可微性质. 问题 (5.8) 的 Lagrange 函数定义为

$$L(x, \lambda; \tilde{u}) := \frac{1}{2} x^{\mathrm{T}} \tilde{G} x + \tilde{c}^{\mathrm{T}} x + \lambda^{\mathrm{T}} (\tilde{b} - \tilde{A} x). \tag{5.33}$$

定义

$$\Theta(\tilde{u}, \alpha) := \{\lambda \in \Re^m : \exists x \in \Re^n \text{ 满足} (x, \lambda) \in \Gamma(\tilde{u}, \alpha)\}.$$

由引理 5.2 和引理 5.4, 假设对某个 $\delta_p > 0$ 满足 $\delta_p \leqslant \min\{\delta_1, \delta_3\}$, 有界集 $\mathcal{B}_p \subset \Re^n$ 和 $\mathcal{B}_d \subset \Re^m$, 下式对 $\tilde{u} \in \mathcal{U}(u, \delta_p)$ 和 $\alpha \in \Re$ 成立:

$$\Psi(\tilde{u}, \alpha) \subset \mathcal{B}_p, \quad \Theta(\tilde{u}, \alpha) \subset \mathcal{B}_d.$$

由定理 5.2 和定理 5.3, 当 $\tilde{u} \in \mathcal{U}(u, \delta_d)$ 时, $\theta(\cdot)$ 在 $\tilde{u}$ 处是连续的, 其中 $\delta_d \leqslant \min\{\delta_2, \delta_4\}$. 假设 $\delta_p < \delta_d$ 和 $\alpha \in \Re$ 满足

$$\mathrm{Sol}(\tilde{u}) \subset \Psi(\tilde{u}, \alpha), \quad \Lambda^*(\tilde{u}) \subset \Theta(\tilde{u}, \alpha),$$

其中 $\mathrm{Sol}(\tilde{u})$ 和 $\Lambda^*(\tilde{u})$ 分别在 (5.10) 和 (5.29) 中定义. 因此, 由 Lagrange 对偶理论, 最优值可以写为

$$\theta(\tilde{u}) = \max_{\lambda \in \mathcal{B}_d} \min_{x \in \mathcal{B}_p} L(x, \lambda; \tilde{u}), \tag{5.34}$$

其中 $L(x, \lambda; \tilde{u})$ 在 (5.33) 中定义.

下面的命题证明了最优值函数 $\theta(\tilde{u})$ 是局部 Lipschitz 连续的.

命题 5.5　若对给定的 u, 假设 5.1 成立. 则定义在 (5.34) 的 $\theta(\cdot)$ 在 $u \in \mathbb{S}^n_+ \times \Re^{m\times n} \times \Re^m \times \Re^n$ 附近是局部 Lipschitz 连续的, 即存在某个 $\kappa \geqslant 0$ 依赖于 u 满足当 $\tilde{u}, u' \in \mathcal{U}(u, \delta_5)$ 时,

$$|\theta(\tilde{u}) - \theta(u')| \leqslant \kappa \|\tilde{u} - u'\|, \tag{5.35}$$

其中 $\delta_5 > 0$ 是某个依赖于 u 的正常数. 这里 $\tilde{u} = (\tilde{G}, \tilde{A}, \tilde{b}, \tilde{c})$, $u' = (G', A', b', c')$ 且

$$\|\tilde{u} - u'\| := \|\tilde{G} - G'\| + \|\tilde{A} - A'\| + \|\tilde{b} - b'\| + \|\tilde{c} - c'\|.$$

证明　因为 $L(\cdot, \cdot; \tilde{u})$ 是连续的, 对参数 $\tilde{u}$ 和 u' 最小-最大值是可以得到的. 假设

$$\theta(\tilde{u}) = L(\tilde{x}, \tilde{\lambda}; \tilde{u}), \quad \theta(u') = L(x', \lambda'; u')$$

对 $(\tilde{x}, \tilde{\lambda}), (x', \lambda') \in \mathcal{B}_p \times \mathcal{B}_d$ 成立. 不失一般性, 假设 $\theta(\tilde{u}) \leqslant \theta(u')$. 则

$$\begin{aligned} |\theta(\tilde{u}) - \theta(u')| &= \left| \sup_{\lambda \in \mathcal{B}_d} \inf_{x \in \mathcal{B}_p} L(x, \lambda, \tilde{u}) - \sup_{\lambda \in \mathcal{B}_d} \inf_{x \in \mathcal{B}_p} L(x, \lambda, u') \right| \\ &= L(x', \lambda'; u') - L(\tilde{x}, \tilde{\lambda}; \tilde{u}) \\ &\leqslant L(x', \lambda'; u') - L(\tilde{x}, \lambda'; \tilde{u}) \\ &\leqslant L(\tilde{x}, \lambda'; u') - L(\tilde{x}, \lambda'; \tilde{u}) \\ &\leqslant \sup_{x \in \mathcal{B}_p} \sup_{\lambda \in \mathcal{B}_d} |L(x, \lambda; \tilde{u}) - L(x, \lambda; u')|, \end{aligned} \tag{5.36}$$

其中第一个不等式成立是因为, 对参数 $\tilde{u}$, $\tilde{\lambda}$ 是问题 (5.34) 的最大值点, 所以有 $L(\tilde{x}, \lambda'; \tilde{u}) \leqslant L(\tilde{x}, \tilde{\lambda}; \tilde{u})$. 第二个不等式是因为对参数 u', x' 是对偶问题 (5.34) 的最小值点, 所以有 $L(x', \lambda'; u') \leqslant L(\tilde{x}, \lambda'; u')$.

选择 $\delta_5 \leqslant \delta_p$, $r > 0$, 考虑 $\|\tilde{u} - u'\| \leqslant \delta_5$. 因为 $\mathcal{B}_p$ 和 $\mathcal{B}_d$ 是有界的, 所有存在两个常数 $D_p > 0$ 和 $D_d > 0$ 使得对任意的 $x \in \mathcal{B}_p$ 和 $\lambda \in \mathcal{B}_d$ 分别满足 $\|x\| \leqslant D_p$ 和 $\|\lambda\| \leqslant D_d$,

$$
\begin{aligned}
&|L(x,\lambda;\tilde{u}) - L(x,\lambda;u')| \\
&= \left|\frac{1}{2}x^{\mathrm{T}}(\tilde{G} - G')x + (\tilde{c} - c')^{\mathrm{T}}x - \lambda^{\mathrm{T}}(\tilde{A} - A')x + \lambda^{\mathrm{T}}(\tilde{b} - b')\right| \\
&\leqslant \frac{1}{2}\|x\|^2\|\tilde{G} - G'\| + \|\tilde{c} - c'\|\|x\| + \|\lambda\|\|\tilde{A} - A'\|\|x\| + \|\lambda\|\|\tilde{b} - b'\| \\
&= \max\left\{\frac{1}{2}\|x\|^2, \|x\|, \|\lambda\|\|x\|, \|\lambda\|\right\} \times \left\{\|\tilde{G} - G'\| + \|c - c'\| + \|\tilde{A} - A'\| + \|\tilde{b} - b'\|\right\} \\
&\leqslant \max\left\{\frac{1}{2}D_p^2, D_p, D_d \times D_p, D_d\right\} \times \left\{\|\tilde{G} - G'\| + \|c - c'\| + \|\tilde{A} - A'\| + \|\tilde{b} - b'\|\|\right\} \\
&= \kappa\|\tilde{u} - u'\|,
\end{aligned}
$$

其中 $\kappa := \max\left\{\frac{1}{2}D_p^2, D_p, D_d \times D_p, D_d\right\}$. 结合上述不等式和 (5.36), 当 $\tilde{u}, u' \in \mathcal{U}(u, \delta_5)$ 时, (5.35) 成立. ∎

现在回顾 [78, Theorem 7.24] 中关于极小-极大问题的扰动结果. 考虑下述极小-极大问题:

$$
\min_{x \in X}\left\{\phi(x) := \sup_{y \in Y} f(x,y)\right\} \tag{5.37}
$$

和它的对偶问题:

$$
\sup_{y \in Y}\left\{\iota(y) := \min_{x \in X} f(x,y)\right\}. \tag{5.38}
$$

假设集合 $X \subset \Re^n$ 和 $Y \subset \Re^n$ 是紧凸集, 函数 $f : X \times Y \to \Re$ 是连续的, $f(x,y)$ 关于 $x \in X$ 是凸的, 关于 $y \in Y$ 是凹的. 考虑极小-极大问题 (5.37) 的扰动:

$$
\min_{x \in X}\sup_{y \in Y}\{f(x,y) + t\eta_t(x,y)\}, \tag{5.39}
$$

其中 $\eta_t(x,y)$, $t \geqslant 0$ 在 $X \times Y$ 上是连续的. 用 $v(t)$ 表示上述问题 (5.39) 的最优值. 显然 $v(0)$ 是非扰动问题 (5.37) 的最优值. 则下述引理成立.

引理 5.5 假设

(i) 集合 $X \subset \Re^n$ 和 $Y \subset \Re^m$ 是紧凸的;

(ii) 对所有 $t \geqslant 0$, 函数 $\zeta_t := f + t\eta_t$ 在 $X \times Y$ 上是连续的, 关于 $x \in X$ 是凸的, 关于 $y \in Y$ 是凹的;

(iii) 当 $t \downarrow 0$ 时, η_t 一致收敛到函数 $\gamma(x,y) \in C(X,Y)$,

则

$$
\lim_{t \to 0}\frac{v(t) - v(0)}{t} = \inf_{x \in X^*}\sup_{y \in Y^*}\gamma(x,y),
$$

其中 X^*, Y^* 分别是问题 (5.37) 和问题 (5.38) 的最优解集.

定理 5.4 若对给定的 $u=(G,A,b,c)$, 假设 5.1 成立. 则定义在 (5.34) 中的最优值函数 $\theta(\cdot)$ 在 u 处沿任意方向 $\Delta u=\tilde{u}-u\in\mathcal{R}_{\mathbb{S}^n_+}(G)\times\Re^{m\times n}\times\Re^m\times\Re^n$ 是方向可微的. 另外, $\theta(\cdot)$ 在 $u\in\mathbb{S}^n_+\times\Re^{m\times n}\times\Re^m\times\Re^n$ 处是 Hadamard 方向可微的且 $\theta(\tilde{u})$ 在 u 处的 Taylor 展开形式为

$$\theta(\tilde{u})=\theta(u)+\inf_{x\in\mathrm{Sol}(u)}\sup_{\lambda\in\Lambda^*(u)}\left\{\Delta c^{\mathrm{T}}x+\frac{1}{2}x^{\mathrm{T}}\Delta Gx+\lambda^{\mathrm{T}}\Delta b-\lambda^{\mathrm{T}}\Delta Ax\right\}+o(\|\tilde{u}-u\|),\tag{5.40}$$

其中 $\tilde{u}=(\tilde{G},\tilde{A},\tilde{b},\tilde{c})\in\mathcal{U}(u,\delta_p)$.

证明 在引理 5.5 的环境中, 定义

$$\zeta_t(x,\lambda;u,\tilde{u}):=L(x,\lambda;u_t),\quad f(x,\lambda;u,\tilde{u}):=L(x,\lambda;u),$$

其中 $u_t:=u+t(\tilde{u}-u)$, $\tilde{u}=(\tilde{G},\tilde{A},\tilde{b},\tilde{c})$, $u=(G,A,b,c)$ 且 $\Delta u:=\tilde{u}-u$. 显然 ζ_t 关于 x 是凸的, 关于 λ 是凹的. 因为

$$\begin{aligned}\eta_t(x,\lambda,u,\tilde{u})&:=\frac{1}{t}[\zeta_t(x,\lambda;u,\tilde{u})-f(x,\lambda;u,\tilde{u})]\\&=L(x,\lambda;u_t)-L(x,\lambda;u)\\&=\frac{1}{2}x^{\mathrm{T}}\Delta Gx+\Delta c^{\mathrm{T}}x+\lambda^{\mathrm{T}}\Delta b-\lambda^{\mathrm{T}}\Delta Ax\\&=:\gamma(x,\lambda,u,\tilde{u}),\end{aligned}$$

且关于 t 的收敛性是一致的, 则引理 5.5 中的条件 (iii) 是满足的. 因此引理 5.5 中的所有条件是满足的, 且反过来

$$\begin{aligned}&\lim_{t\downarrow 0}\frac{\theta(u+t(\tilde{u}-u))-\theta(u)}{t}\\=&\inf_{x\in Y^*(u)}\sup_{\lambda\in\Lambda^*(u)}\gamma(x,\lambda;u,\tilde{u})\\=&\inf_{x\in\mathrm{Sol}(u)}\sup_{\lambda\in\Lambda^*(u)}\left\{\frac{1}{2}x^{\mathrm{T}}\Delta Gx+\Delta c^{\mathrm{T}}x+\lambda^{\mathrm{T}}\Delta b-\lambda^{\mathrm{T}}\Delta Ax\right\}.\end{aligned}$$

这意味着 $\theta(\cdot)$ 在 u 处是方向可微的, 且 $\theta(\cdot)$ 在 u 处沿方向 $\tilde{u}-u$ 的方向导数为

$$\theta'(u;\tilde{u}-u)=\inf_{x\in\mathrm{Sol}(u)}\sup_{\lambda\in\Lambda^*(u)}\left\{\frac{1}{2}x^{\mathrm{T}}\Delta Gx+\Delta c^{\mathrm{T}}x+\lambda^{\mathrm{T}}\Delta b-\lambda^{\mathrm{T}}\Delta Ax\right\}.$$

由命题 5.5 知 $\theta(\cdot)$ 是局部 Lipschitz 连续的, 因此由 [9, Proposition 2.49], 可得 $\theta(\cdot)$ 在 u 处是 Hadamard 方向可微的且 $\theta(\cdot)$ 在 u 处的 Taylor 展开能由公式 (5.40) 表示. ■

5.2.2 线性半定规划

对于线性半定规划问题, 在一定条件下, 原始问题的二阶条件与对偶问题的约束规范可以互相等价, 并且由原始与对偶问题的约束非退化条件可与强正则性等一系列结果等价. 本节取材于 [11].

考虑标准的半定规划 (Semidefinite Programming, SDP) 问题:

$$\begin{cases} \min & \langle C, X\rangle \\ \text{s.t.} & \mathcal{A}X = b, \\ & X \in \mathbb{S}^n_+, \end{cases} \tag{5.41}$$

其中, $C \in \mathbb{S}^n$, $\mathbb{S}^n$ 为所有 $n \times n$ 实对称矩阵组成的线空间, $\mathcal{A}: \mathbb{S}^n \to \Re^m$ 为线性算子, $b \in \Re^m$, $\mathbb{S}^n_+$ 是 $\mathbb{S}^n$ 中所有 $n \times n$ 半正定矩阵所构成的锥. 令 $\mathcal{A}^*: \Re^m \to \mathbb{S}^n$ 是 $\mathcal{A}$ 的伴随. SDP 问题 (5.41) 的对偶问题为

$$\begin{cases} \max & b^{\mathrm{T}} y \\ \text{s.t.} & \mathcal{A}^* y + S = C, \\ & S \in \mathbb{S}^n_+. \end{cases} \tag{5.42}$$

SDP 问题 (5.41) 和它的对偶问题 (5.42) 的一阶最优性条件即 KKT 条件为

$$\begin{cases} \mathcal{A}^* y + S = C, \\ \mathcal{A}X = b, \\ \mathbb{S}^n_+ \ni X \perp S \in \mathbb{S}^n_+, \end{cases} \tag{5.43}$$

其中 “$X \perp S$” 意味着 $\langle X, S\rangle = 0$. 任何满足 (5.43) 的点 $(\overline{X}, \overline{y}, \overline{S}) \in \mathbb{S}^n \times \Re^m \times \mathbb{S}^n$ 称为 KKT 点.

考虑下述可行问题:

$$g(x) \in K, \quad x \in \mathcal{X}, \tag{5.44}$$

其中 $\mathcal{X}$ 和 $\mathcal{Y}$ 是两个有限维实向量空间, $g: \mathcal{X} \to \mathcal{Y}$ 是连续可微函数, K 是 $\mathcal{Y}$ 上的非空闭凸集.

定义 5.2 称问题 (5.44) 在可行点 $\overline{x}$ 处是约束非退化的, 若有

$$Dg(\overline{x})\mathcal{X} + \mathrm{lin}(T_K(g(\overline{x}))) = \mathcal{Y}. \tag{5.45}$$

下面根据定义 5.2 分别给出原始问题 (5.41) 及对偶问题 (5.42) 的约束非退化条件定义.

定义 5.3 称 SDP 问题 (5.41) 在可行点 $\overline{X} \in \mathbb{S}^n_+$ 处的原始约束非退化条件成立, 若有

$$\begin{pmatrix} \mathcal{A} \\ \mathcal{I} \end{pmatrix} \mathbb{S}^n + \begin{pmatrix} \{0\} \\ \text{lin}(T_{\mathbb{S}_+^n}(\overline{X})) \end{pmatrix} = \begin{pmatrix} \Re^m \\ \mathbb{S}^n \end{pmatrix} \tag{5.46}$$

或等价地,

$$\mathcal{A}\text{lin}(T_{\mathbb{S}_+^n}(\overline{X})) = \Re^m, \tag{5.47}$$

其中 $\mathcal{I}: \mathbb{S}^n \to \mathbb{S}^n$ 是单位映射. 类似地, 称对偶问题 (5.42) 在可行点 $(\overline{y}, \overline{S}) \in \Re^m \times \mathbb{S}_+^n$ 处的对偶约束非退化条件成立, 若有

$$\begin{pmatrix} \mathcal{A}^* & \mathcal{I} \\ 0 & \mathcal{I} \end{pmatrix} \begin{pmatrix} \Re^m \\ \mathbb{S}^n \end{pmatrix} + \begin{pmatrix} \{0\} \\ \text{lin}(T_{\mathbb{S}_+^n}(\overline{S})) \end{pmatrix} = \begin{pmatrix} \mathbb{S}^n \\ \mathbb{S}^n \end{pmatrix} \tag{5.48}$$

或等价地,

$$\mathcal{A}^*\Re^m + \text{lin}(T_{\mathbb{S}_+^n}(\overline{S})) = \mathbb{S}^n. \tag{5.49}$$

设 $\overline{Z} = (\overline{X}, \overline{y}, \overline{S}) \in \mathbb{S}^n \times \Re^m \times \mathbb{S}^n$ 是满足 KKT 条件 (5.43) 的 KKT 点. 因为 $\mathbb{S}_+^n$ 是自对偶锥, 由 [24] 可知

$$\begin{aligned} \mathbb{S}_+^n \ni X \perp S \in \mathbb{S}_+^n &\iff -X \in N_{\mathbb{S}_+^n}(S) \\ &\iff S - \Pi_{\mathbb{S}_+^n}[S - X] = X - \Pi_{\mathbb{S}_+^n}[X - S] = 0. \end{aligned} \tag{5.50}$$

因此, $(\overline{X}, \overline{y}, \overline{S}) \in \mathbb{S}^n \times \Re^m \times \mathbb{S}^n$ 满足 (5.43) 当且仅当 $(\overline{X}, \overline{y}, \overline{S})$ 是下述非光滑方程系统的解:

$$F(X, y, S) \equiv \begin{pmatrix} C - \mathcal{A}^*y - S \\ \mathcal{A}X - b \\ S - \Pi_{\mathbb{S}_+^n}[S - X] \end{pmatrix} = \begin{pmatrix} C - \mathcal{A}^*y - S \\ \mathcal{A}X - b \\ X - \Pi_{\mathbb{S}_+^n}[X - S] \end{pmatrix} = 0, \tag{5.51}$$

其中 $(X, y, S) \in \mathbb{S}^n \times \Re^m \times \mathbb{S}^n$.

KKT 条件 (5.43) 和非光滑系统 (5.51) 都可写成如下广义方程的形式:

$$0 \in \begin{pmatrix} C - \mathcal{A}^*y - S \\ \mathcal{A}X - b \\ X \end{pmatrix} + \begin{pmatrix} N_{\mathbb{S}^n}(X) \\ N_{\Re^m}(y) \\ N_{\mathbb{S}_+^n}(S) \end{pmatrix}. \tag{5.52}$$

定义 5.4 设 $\mathcal{Z} \equiv \mathbb{S}^n \times \Re^m \times \mathbb{S}^n$. 称 KKT 点 $\overline{Z} = (\overline{X}, \overline{y}, \overline{S}) \in \mathcal{Z}$ 是广义方程 (5.52) 的强正则解, 如果存在原点 $0 \in \mathcal{Z}$ 的邻域 B 及 $\overline{Z}$ 的邻域 V 使得对每一 $\delta \in B$, 广义方程

$$\delta \in \begin{pmatrix} C - \mathcal{A}^*y - S \\ \mathcal{A}X - b \\ X \end{pmatrix} + \begin{pmatrix} N_{\mathbb{S}^n}(X) \\ N_{\Re^m}(y) \\ N_{\mathbb{S}_+^n}(S) \end{pmatrix} \tag{5.53}$$

在 V 中有唯一解, 记为 $Z_V(\delta)$, 并且映射 $Z_V : B \to V$ 是 Lipschitz 连续的.

映射 F 在 $\overline{Z}$ 附近称为局部 Lipschitz 同胚的, 若存在 $\overline{Z}$ 的一开邻域 V 使得局部映射 $F|_V : V \to F(V)$ 是 Lipschitz 连续双射, 并且其逆也是 Lipschitz 连续的. 下面引理表明 F 在 $\overline{Z}$ 附近是局部 Lipschitz 同胚的当且仅当 $\overline{Z}$ 是广义方程 (5.52) 的强正则解.

引理 5.6 设 $\mathcal{Z} \equiv \mathbb{S}^n \times \Re^m \times \mathbb{S}^n$. 设 F 如 (5.51) 定义且 $\overline{Z}$ 是 SDP 问题的 KKT 点, 那么 F 在 $\overline{Z}$ 附近是局部 Lipschitz 同胚的当且仅当 $\overline{Z}$ 是广义方程 (5.52) 的强正则解.

证明 必要性. 假设 F 在 $\overline{Z}$ 附近是局部 Lipschitz 同胚的, 则存在 $\overline{Z}$ 的一开邻域 V 使得 $F(V)$ 是原点 $0 \in \mathcal{Z}$ 的一开邻域, 且对任何 $\hat{\delta} \in F(V)$, 方程 $F(V) = \hat{\delta}$ 在 V 上有唯一解 $\widehat{Z}_V$ 并且 $\widehat{Z}_V : F(V) \to V$ 是 Lipschitz 连续的.

对任何$\delta = (\delta^1, \delta^2, \delta^3) \in B \equiv \dfrac{1}{2}F(V)$, 设 $Z(\delta) = (X(\delta), y(\delta), S(\delta))$ 是 (5.53) 的解 (若存在). 记 $\delta = (\delta^1, \delta^2, \delta^3) \in \mathbb{S}^n \times \Re^m \times \mathbb{S}^n$, 则有

$$\begin{pmatrix} C - \mathcal{A}^* y(\delta) - \mathbb{S}(\delta) \\ \mathcal{A}X(\delta) - b \\ (\mathbb{S}(\delta) + \delta^3) - \Pi_{\mathbb{S}^n_+}[(\mathbb{S}(\delta) + \delta^3) - X(\delta)] \end{pmatrix} = \begin{pmatrix} \delta^1 \\ \delta^2 \\ \delta^3 \end{pmatrix},$$

即

$$F(X(\delta), y(\delta), S(\delta) + \delta^3) = \begin{pmatrix} \delta^1 - \delta^3 \\ \delta^2 \\ \delta^3 \end{pmatrix}.$$

则 $Z(\delta)$ 在 V 中唯一存在且

$$Z(\delta) = \widehat{Z}_V(\delta^1 - \delta^3, \delta^2, \delta^3) - \begin{pmatrix} 0 \\ 0 \\ \delta^3 \end{pmatrix}.$$

因此, $Z(\cdot)$ 在 B 上是 Lipschitz 连续的.

充分性. 假设 $\overline{Z}$ 是广义方程 (5.52) 的强正则解, 则存在原点 $0 \in \mathcal{Z}$ 的邻域 B 及 $\overline{Z}$ 的邻域 V, 且存在局部 Lipschitz 函数 $Z_V : B \to V$ 使得对任何 $\delta \in B$, $Z_V(\delta)$ 是 (5.53) 在 V 中的唯一解. 由证明的第一部分, 可以得到对任何 $\hat{\delta} = (\hat{\delta}^1, \hat{\delta}^2, \hat{\delta}^3) \in \left(\dfrac{1}{2}B\right) \cap (\mathbb{S}^n \times \Re^m \times \mathcal{S}^n)$, $F(Z) = \hat{\delta}$ 有唯一解

$$\widehat{Z}(\hat{\delta}) \in V, \text{ 其中 } \widehat{Z}(\hat{\delta}) = Z_V(\hat{\delta}^1 + \hat{\delta}^3, \hat{\delta}^2, \hat{\delta}^3) + \begin{pmatrix} 0 \\ 0 \\ \hat{\delta}^3 \end{pmatrix},$$

这意味着 $\widehat{Z}(\cdot)$ 在 $\frac{1}{2}B$ 上是 Lipschitz 连续的. 因此, F 在 $\overline{Z}$ 附近是局部 Lipschitz 同胚的. ■

一般非线性半定规划的强正则性与强二阶充分性条件密切相关, 下面介绍 SDP 问题 (5.41) 的强二阶充分性条件. 首先, 对任何 $B \in \mathbb{S}^n$, 定义一个线性-二次函数 $\Upsilon_B : \mathbb{S}^n \times \mathbb{S}^n \to \Re$.

定义 5.5[86, Definition 2.1] 对任何给定的 $B \in \mathbb{S}^n$, 定义线性-二次函数 $\Upsilon_B : \mathbb{S}^n \times \mathbb{S}^n \to \Re$ 如下, 其关于第一个变元是线性的, 关于第二个变元是二次的:

$$\Upsilon_B(S, H) := 2\langle S, HB^\dagger H\rangle, \quad (S, H) \in \mathbb{S}^n \times \mathbb{S}^n,$$

其中 $B^\dagger$ 是 B 的广义逆.

设 $\overline{X} \in \mathbb{S}^n_+$ 是 SDP 问题 (5.41) 的最优解. 记 $\mathcal{M}(\overline{X})$ 是所有满足 $(\overline{X}, y, S)$ 为 KKT 点的点 $(y, S) \in \Re^m \times \mathbb{S}^n$ 的集合. 设 $(\overline{y}, \overline{S}) \in \mathcal{M}(\overline{X})$. 令 $\overline{A} \equiv \overline{X} - \overline{S}$. 由 $\mathbb{S}^n_+ \ni \overline{X} \perp \overline{S} \in \mathbb{S}^n_+$, 可以假设 $\overline{A}$ 有如下谱分解

$$\overline{A} = P\Lambda P^{\mathrm{T}}, \tag{5.54}$$

其中 Λ 为 $\overline{A}$ 的特征值 $\lambda_1 \geqslant \cdots \geqslant \lambda_n$ 构成的对角矩阵, P 为对应的正交向量组成的正交阵. 定义 $\overline{A}$ 的特征值的指标集:

$$\alpha := \{i : \lambda_i > 0\}, \quad \beta := \{i : \lambda_i = 0\}, \quad \gamma := \{i : \lambda_i < 0\}.$$

记

$$\Lambda = \begin{pmatrix} \Lambda_\alpha & 0 & 0 \\ 0 & 0 & 0 \\ 0 & 0 & \Lambda_\gamma \end{pmatrix} \text{ 且 } P = \begin{pmatrix} P_\alpha & P_\beta & P_\gamma \end{pmatrix},$$

其中 $P_\alpha \in \Re^{n\times|\alpha|}$, $P_\beta \in \Re^{n\times|\beta|}$ 且 $P_\gamma \in \Re^{n\times|\gamma|}$. 假设还有

$$\overline{X} = P\begin{pmatrix} \Lambda_\alpha & 0 & 0 \\ 0 & 0 & 0 \\ 0 & 0 & 0 \end{pmatrix}P^{\mathrm{T}}, \quad \overline{S} = P\begin{pmatrix} 0 & 0 & 0 \\ 0 & 0 & 0 \\ 0 & 0 & -\Lambda_\gamma \end{pmatrix}P^{\mathrm{T}}. \tag{5.55}$$

那么有

$$\mathrm{lin}(T_{\mathbb{S}^n_+}(\overline{X})) = \{B \in \mathbb{S}^n : P_\beta^{\mathrm{T}} B P_\beta = 0, P_\beta^{\mathrm{T}} B P_\gamma = 0, P_\gamma^{\mathrm{T}} B P_\gamma = 0\}, \tag{5.56}$$

$$\mathrm{lin}(T_{\mathbb{S}^n_+}(\overline{S})) = \{B \in \mathbb{S}^n : P_\alpha^{\mathrm{T}} B P_\alpha = 0, P_\alpha^{\mathrm{T}} B P_\beta = 0, P_\beta^{\mathrm{T}} B P_\beta = 0\} \tag{5.57}$$

和

$$\mathrm{aff}(\mathcal{C}(\overline{A}; \mathbb{S}^n_+)) = \{B \in \mathbb{S}^n : P_\beta^{\mathrm{T}} B P_\gamma = 0, P_\gamma^{\mathrm{T}} B P_\gamma = 0\},$$

其中 $\mathbb{S}_+^n$ 在 $\overline{A} \in \mathbb{S}^n$ 点的临界锥定义为

$$\begin{aligned}\mathcal{C}(\overline{A}; \mathbb{S}_+^n) &:= T_{\mathbb{S}_+^n}(\overline{X}) \cap \overline{S}^{\perp} \\ &= \{B \in \mathbb{S}^n : P_\beta^{\mathrm{T}} B P_\beta \succeq 0, P_\beta^{\mathrm{T}} B P_\gamma = 0, P_\gamma^{\mathrm{T}} B P_\gamma = 0\},\end{aligned} \tag{5.58}$$

定义

$$\begin{aligned}\mathrm{app}(\overline{y}, \overline{S}) &:= \{B \in \mathbb{S}^n : \mathcal{A}B = 0,\ B \in \mathrm{aff}(\mathcal{C}(\overline{A}; \mathbb{S}_+^n))\} \\ &= \{B \in \mathbb{S}^n : \mathcal{A}B = 0, P_\beta^{\mathrm{T}} B P_\gamma = 0, P_\gamma^{\mathrm{T}} B P_\gamma = 0\}.\end{aligned} \tag{5.59}$$

下面给出 SDP 问题的强二阶充分性条件定义.

定义 5.6 设 $\overline{X} \in \mathbb{S}_+^n$ 是 SDP 问题 (5.41) 的最优解. 称强二阶充分性条件在 $\overline{X}$ 处成立若有

$$\sup_{(y,S)\in\mathcal{M}(\overline{X})} \{-\Upsilon_{\overline{X}}(-S, H)\} > 0, \quad \forall 0 \neq H \in \left\{ \bigcap_{(y,S)\in\mathcal{M}(\overline{X})} \mathrm{app}(y, S) \right\}. \tag{5.60}$$

强二阶充分性条件 (5.60) 看起来比较复杂, 但当 $\mathcal{M}(\overline{X})$ 是单点集时, 下述结果给出非常简单的刻画.

引理 5.7 设 $\overline{X} \in \mathbb{S}_+^n$ 是 SDP 问题 (5.41) 的最优解. 假设 $\mathcal{M}(\overline{X}) = \{(\overline{y}, \overline{S})\}$. 设 $\overline{X}$ 和 $\overline{S}$ 有如 (5.55) 的谱分解, 则强二阶充分性条件 (5.60) 在 $\overline{X}$ 处成立当且仅当对任何 $H \in \mathbb{S}^n$, 下述条件成立:

$$\mathcal{A}H = 0, P_\beta^{\mathrm{T}} B P_\gamma = 0, P_\gamma^{\mathrm{T}} B P_\gamma = 0, P_\alpha^{\mathrm{T}} B P_\gamma = 0 \Longrightarrow H = 0. \tag{5.61}$$

证明 对任何 $H \in \mathbb{S}^n$, 记 $\widetilde{H} = P^{\mathrm{T}} H P$. 由于 $\mathcal{M}(\overline{X}) = \{(\overline{y}, \overline{S})\}$, 强二阶充分性条件 (5.60) 变成

$$-\Upsilon_{\overline{X}}(-\overline{S}, H) > 0, \quad \forall H \in \mathrm{app}(\overline{y}, \overline{S}) \backslash \{0\},$$

这等价于

$$2 \sum_{i\in\alpha, j\in\gamma} \frac{-\lambda_j}{\lambda_i} (\widetilde{H}_{ij})^2 > 0, \quad \forall H \in \mathrm{app}(\overline{y}, \overline{S}) \backslash \{0\}.$$

细节见 (9.45). 则由 (5.59), 在 $\overline{X}$ 处强二阶充分性条件 (5.60) 成立当且仅当

$$\mathcal{A}H = 0, \widetilde{H}_{\beta\gamma} = 0, \widetilde{H}_{\gamma\gamma} = 0, H \neq 0 \Longrightarrow \widetilde{H}_{\alpha\gamma} \neq 0, \quad \forall H \in \mathbb{S}^n,$$

这与 (5.61) 等价. ■

下面我们来建立强二阶充分性条件与对偶约束非退化之间的联系.

命题 5.6 设 $\overline{X} \in \mathbb{S}_+^n$ 是 SDP 问题 (5.41) 的最优解. 在 $\mathcal{M}(\overline{X}) = \{(\overline{y}, \overline{S})\}$ 的假设下, 下列条件等价:

(i) 强二阶充分性条件 (5.60) 在 $\overline{X}$ 处成立;

(ii) 对偶约束非退化条件 (5.49) 在 $(\overline{y}, \overline{S})$ 处成立.

证明 设 $\overline{X}$ 和 $\overline{S}$ 有如 (5.55) 的谱分解. 对任何 $H \in \mathbb{S}^n$, 记 $\widetilde{H} = P^{\mathrm{T}}HP$. 首先证明 "(i)$\Longrightarrow$(ii)". 由引理 5.7, (i) 成立当且仅当下述成立:

$$\mathcal{A}H = 0, \widetilde{H}_{\beta\gamma} = 0, \widetilde{H}_{\gamma\gamma} = 0, \widetilde{H}_{\alpha\gamma} = 0 \Longrightarrow H = 0 \ \forall H \in \mathbb{S}^n. \tag{5.62}$$

反证法. 假设对偶约束非退化条件 (5.49) 在 $(\overline{y}, \overline{S})$ 处不成立, 则有

$$[\mathcal{A}^*\Re^m]^{\perp} \cap [\mathrm{lin}(T_{\mathbb{S}_+^n}(\overline{S}))]^{\perp} \neq \{0\}. \tag{5.63}$$

任意选取 $0 \neq \widetilde{H} \in [\mathcal{A}^*\Re^m]^{\perp} \cap [\mathrm{lin}(T_{\mathbb{S}_+^n}(\overline{S}))]^{\perp}$. 由 $\widetilde{H} \in [\mathcal{A}^*\Re^m]^{\perp}$ 知

$$\langle \widetilde{H}, \mathcal{A}^*y \rangle = 0 \ \forall y \in \Re^m \Longrightarrow \langle \mathcal{A}\widetilde{H}, y \rangle = 0 \ \forall y \in \Re^m \Longrightarrow \mathcal{A}\widetilde{H} = 0, \tag{5.64}$$

并且由 $\widetilde{H} \in [\mathrm{lin}(T_{\mathbb{S}_+^n}(\overline{S}))]^{\perp}$ 知

$$\langle P^{\mathrm{T}}\widetilde{H}P, P^{\mathrm{T}}BP \rangle = \langle \widetilde{H}, B \rangle = 0, \quad \forall B \in \mathrm{lin}(T_{\mathbb{S}_+^n}(\overline{S})),$$

这与 (5.57) 可得

$$P_\alpha^{\mathrm{T}}\overline{H}P_\gamma = 0, \quad P_\beta^{\mathrm{T}}\overline{H}P_\gamma = 0, \quad P_\gamma^{\mathrm{T}}\overline{H}P_\gamma = 0. \tag{5.65}$$

由 (5.62), (5.64) 和 (5.65) 可得 $\overline{H} = 0$, 与 $\overline{H}$ 的选取矛盾, 则 (ii) 成立.

下面证明 "(ii)$\Longrightarrow$(i)". 因为对偶约束非退化条件 (5.49) 在 $(\overline{y}, \overline{S})$ 处成立, 对任何 $H \in \mathbb{S}^n$ 满足 $\mathcal{A}H = 0$, $\widetilde{H}_{\beta\gamma} = 0$, $\widetilde{H}_{\gamma\gamma} = 0$ 且 $\widetilde{H}_{\alpha\gamma} = 0$, 存在 $y \in \Re^m$ 和 $S \in \mathrm{lin}(T_{\mathbb{S}_+^n}(\overline{S}))$ 使得

$$H = \mathcal{A}^*y + S,$$

结合 (5.57) 可得

$$\begin{aligned} \langle H, H \rangle &= \langle H, \mathcal{A}^*y + S \rangle = \langle \mathcal{A}H, y \rangle + \langle H, S \rangle = 0 + \langle P^{\mathrm{T}}HP, P^{\mathrm{T}}SP \rangle \\ &= \left\langle \begin{pmatrix} \widetilde{H}_{\alpha\alpha} & \widetilde{H}_{\alpha\beta} & 0 \\ \widetilde{H}_{\alpha\beta}^{\mathrm{T}} & \widetilde{H}_{\beta\beta} & 0 \\ 0 & 0 & 0 \end{pmatrix}, \begin{pmatrix} 0 & 0 & P_\alpha^{\mathrm{T}}SP_\gamma \\ 0 & 0 & P_\beta^{\mathrm{T}}SP_\gamma \\ P_\gamma^{\mathrm{T}}SP_\alpha & P_\gamma^{\mathrm{T}}SP_\beta & P_\gamma^{\mathrm{T}}SP_\gamma \end{pmatrix} \right\rangle = 0. \end{aligned}$$

由引理 5.7 知 (i) 成立. ■

命题 5.7 设 $(\overline{X},\overline{y},\overline{S})\in\mathbb{S}^n\times\Re^m\times\mathcal{S}^n$ 为 KKT 点. 假设原始约束非退化条件 (5.47) 在 $\overline{X}$ 处成立且对偶约束非退化条件 (5.49) 在 $(\overline{y},\overline{S})$ 处成立, 则 $\partial F(\overline{X},\overline{y},\overline{S})$ 中的每一元素非奇异.

证明 由原始约束非退化条件 (5.47) 可得 $\mathcal{M}(\overline{X})=\{(\overline{y},\overline{S})\}$, 由命题 5.6 可知强二阶充分性条件 (5.60) 在 $\overline{X}$ 处成立. 由命题 9.8 知 $\partial F(\overline{X},\overline{y},\overline{S})$ 中的每一元素非奇异. ■

由 [11, Lemma 1] 可知, $W\in\partial_B F(\overline{X},\overline{y},\overline{S})$ 当且仅当存在 $V\in\partial_B\Pi_{\mathcal{S}^n_+}(\overline{A})$ 使得对所有 $(\Delta X,\Delta y,\Delta S)\in\mathbb{S}^n\times\Re^m\times\mathbb{S}^n$ 有

$$W(\Delta X,\Delta y,\Delta S)=\begin{pmatrix}-\mathcal{A}^*(\Delta y)-\Delta S\\ \mathcal{A}(\Delta X)\\ \Delta X-V(\Delta X-\Delta S)\end{pmatrix},\tag{5.66}$$

其中 $\overline{A}\equiv\overline{X}-\overline{S}$.

命题 5.8 设 $A\in\mathbb{S}$ 有如 (5.54) 的谱分解 $A=P\Lambda P^{\mathrm{T}}$, 那么 $V\in\partial_B\Pi_{\mathcal{S}^n_+}(A)$(或 $\partial\Pi_{\mathcal{S}^n_+}(A)$) 当且仅当存在 $V_{|\beta|}\in\partial_B\Pi_{\mathcal{S}^{|\beta|}_+}(0)$(或 $\partial\Pi_{\mathcal{S}^{|\beta|}_+}(0)$) 使得

$$V(H)=P\begin{pmatrix}\widetilde{H}_{\alpha\alpha} & \widetilde{H}_{\alpha\beta} & U_{\alpha\gamma}\circ\widetilde{H}_{\alpha\gamma}\\ \widetilde{H}^{\mathrm{T}}_{\alpha\beta} & V_{|\beta|}\widetilde{H}_{\beta\beta} & 0\\ \widetilde{H}^{\mathrm{T}}_{\alpha\gamma}\circ U^{\mathrm{T}}_{\alpha\gamma} & 0 & 0\end{pmatrix}P^{\mathrm{T}},\quad\forall H\in\mathbb{S}^n,\tag{5.67}$$

其中 $\widetilde{H}:=P^{\mathrm{T}}HP$, 矩阵 $U\in\mathbb{S}^n$ 中元素为

$$U_{ij}:=\frac{\max\{\lambda_i,0\}+\max\{\lambda_j,0\}}{|\lambda_i|+|\lambda_j|},\quad i,j=1,\cdots,n,\tag{5.68}$$

这里 0/0 定义为 1.

从 $\mathbb{S}^{|\beta|}$ 到 $\mathbb{S}^{|\beta|}$ 的零映射 $V^0_{|\beta|}\equiv 0$ 和恒等映射 $V^{\mathcal{I}}_{|\beta|}=\mathcal{I}$ 均是 $\partial_B\Pi_{\mathbb{S}^{|\beta|}_+}(0)$ 中的元素. 将 (5.67) 中的 $V_{|\beta|}$ 换成 $V^0_{|\beta|}$ 和 $V^{\mathcal{I}}_{|\beta|}$, A 换成 $\overline{A}$ 来分别定义 V^0 和 $V^{\mathcal{I}}$, 并定义

$$\mathrm{ex}(\partial_B\Pi_{\mathbb{S}^n_+}(\overline{A})):=\{V^0,V^{\mathcal{I}}\}.\tag{5.69}$$

对于 $V^0,V^{\mathcal{I}}\in\mathrm{ex}(\partial_B\Pi_{\mathbb{S}^n_+}(\overline{A}))$, 如 (5.66) 来定义 W^0 和 $W^{\mathcal{I}}$. 记

$$\mathrm{ex}(\partial_B F(\overline{X},\overline{y},\overline{S})):=\{W^0,W^{\mathcal{I}}\}\subseteq\partial_B F(\overline{X},\overline{y},\overline{S}).\tag{5.70}$$

命题 5.9 设 $(\overline{X},\overline{y},\overline{S})\in\mathbb{S}^n\times\Re^m\times\mathbb{S}^n$ 为 KKT 点. 如果 $\mathrm{ex}(\partial_B F(\overline{X},\overline{y},\overline{S}))$ 中的元素 W^0 和 $W^{\mathcal{I}}$ 均是非奇异的, 则原始约束非退化条件 (5.47) 及对偶约束非退化条件 (5.49) 分别在 $\overline{X}$ 及 $(\overline{y},\overline{S})$ 处成立.

证明 首先证明 W^0 的非奇异性可推出原始约束非退化条件 (5.47). 反证法. 假设 (5.47) 不成立, 等价的 (5.46) 亦不成立, 则有

$$\left\{\begin{pmatrix} \mathcal{A} \\ I \end{pmatrix} \mathbb{S}^n\right\}^{\perp} \cap \begin{pmatrix} 0 \\ \mathrm{lin}(T_{\mathbb{S}^n_+}(\overline{X})) \end{pmatrix}^{\perp} \neq \begin{pmatrix} 0 \\ 0 \end{pmatrix} \in \begin{pmatrix} \Re^m \\ \mathbb{S}^n \end{pmatrix}.$$

这意味着存在 $0 \neq (\Delta y, \Delta S) \in \left\{\begin{pmatrix} \mathcal{A} \\ I \end{pmatrix} \mathbb{S}^n\right\}^{\perp} \cap \begin{pmatrix} 0 \\ \mathrm{lin}(T_{\mathbb{S}^n_+}(\overline{X})) \end{pmatrix}^{\perp}$. 由 $(\Delta y, \Delta S) \in \left\{\begin{pmatrix} \mathcal{A} \\ I \end{pmatrix} \mathbb{S}^n\right\}^{\perp}$ 可得

$$\langle (\Delta y, \Delta S), (\mathcal{A}H, H)\rangle = 0, \forall H \in \mathbb{S}^n \Longrightarrow \mathcal{A}^*(\Delta y) + \Delta S = 0, \tag{5.71}$$

由 $(\Delta y, \Delta S) \in \begin{bmatrix} 0 \\ \mathrm{lin}(T_{\mathbb{S}^n_+}(\overline{X})) \end{bmatrix}^{\perp}$ 可得

$$\langle P^{\mathrm{T}}(\Delta S)P, P^{\mathrm{T}}HP\rangle = \langle \Delta S, H\rangle = 0, \quad \forall H \in \mathrm{lin}(T_{\mathbb{S}^n_+}(\overline{X})),$$

再结合 (5.56) 有

$$P_\alpha^{\mathrm{T}}(\Delta S)P_\alpha = 0, \quad P_\alpha^{\mathrm{T}}(\Delta S)P_\beta = 0, \quad P_\alpha^{\mathrm{T}}(\Delta S)P_\gamma = 0. \tag{5.72}$$

由命题 5.8 可知, 对于 $V^0 \in \mathrm{ex}(\partial_B \Pi_{\mathbb{S}^n_+}(\overline{A}))$ 有

$$V^0(\Delta S) = P \begin{pmatrix} P_\alpha^{\mathrm{T}}(\Delta S)P_\alpha & P_\alpha^{\mathrm{T}}(\Delta S)P_\beta & U_{\alpha\gamma} \circ (P_\alpha^{\mathrm{T}}(\Delta S)P_\gamma) \\ (P_\alpha^{\mathrm{T}}(\Delta S)P_\beta)^{\mathrm{T}} & 0 & 0 \\ (P_\alpha^{\mathrm{T}}(\Delta S)P_\gamma)^{\mathrm{T}} \circ U_{\alpha\gamma}^{\mathrm{T}} & 0 & 0 \end{pmatrix} P^{\mathrm{T}},$$

这与 (5.72) 可推出 $V^0(\Delta S) = 0 \in \mathbb{S}^n$. 因此, 由 (5.66) 和 (5.71) 可得, 对于 $\Delta X \equiv 0$ 有

$$W^0(\Delta X, \Delta y, \Delta S) = \begin{pmatrix} -\mathcal{A}^*(\Delta y) - \Delta S \\ (A)(\Delta X) \\ \Delta X - V^0(\Delta X - \Delta S) \end{pmatrix} = \begin{pmatrix} 0 \\ 0 \\ V^0(\Delta S) \end{pmatrix} = 0,$$

这意味着 W^0 是奇异的, 与条件矛盾, 因此假设不成立, 则有原始约束非退化条件 (5.47) 在 $\overline{X}$ 处成立.

接下来证明 $W^{\mathcal{I}}$ 的非奇异性可推出对偶约束非退化条件 (5.49). 反证法. 假设对偶约束非退化条件不成立, 则有

$$[\mathcal{A}^*\Re^m]^{\perp} \cap [\mathrm{lin}(T_{\mathbb{S}^n_+}(\overline{S}))]^{\perp} \neq \{0\}.$$

令 $0 \neq \Delta X \in [\mathcal{A}^*\Re^m]^\perp \cap [\mathrm{lin}(T_{\mathbb{S}^n_+}(\overline{S}))]^\perp$. 由 $\Delta X \in [\mathcal{A}^*\Re^m]^\perp$ 可得

$$\langle \Delta X, \mathcal{A}^* y\rangle = 0, \quad \forall y \in \Re^m \Longrightarrow \mathcal{A}(\Delta X) = 0, \tag{5.73}$$

由 $\Delta X \in [\mathrm{lin}(T_{\mathbb{S}^n_+}(\overline{S}))]^\perp$ 可得

$$\langle P^{\mathrm{T}}(\Delta X)P, P^{\mathrm{T}}SP\rangle = \langle \Delta X, S\rangle = 0, \quad \forall S \in \mathrm{lin}(T_{\mathbb{S}^n_+}(\overline{S})),$$

这与 (5.57) 结合可推出

$$P_\alpha^{\mathrm{T}}(\Delta X)P_\gamma = 0, \quad P_\beta^{\mathrm{T}}(\Delta X)P_\gamma = 0, \quad P_\gamma^{\mathrm{T}}(\Delta X)P_\gamma = 0. \tag{5.74}$$

由命题 5.8 可知, 对于 $V^{\mathcal{I}} \in \mathrm{ex}(\partial_B \Pi_{\mathbb{S}^n_+}(\overline{A}))$ 有

$$V^{\mathcal{I}}(\Delta X) = P\begin{pmatrix} P_\alpha^{\mathrm{T}}(\Delta X)P_\alpha & P_\alpha^{\mathrm{T}}(\Delta X)P_\beta & U_{\alpha\gamma}\circ(P_\alpha^{\mathrm{T}}(\Delta X)P_\gamma) \\ (P_\alpha^{\mathrm{T}}(\Delta X)P_\beta)^{\mathrm{T}} & P_\beta^{\mathrm{T}}(\Delta X)P_\beta & 0 \\ (P_\alpha^{\mathrm{T}}(\Delta X)P_\gamma)^{\mathrm{T}}\circ U_{\alpha\gamma}^{\mathrm{T}} & 0 & 0 \end{pmatrix}P^{\mathrm{T}},$$

这与 (5.74) 可推出 $V^{\mathcal{I}}(\Delta X) = \Delta X$. 因此, 由 (5.66) 和 (5.73) 可得对于 $(\Delta y, \Delta S) \equiv (0,0) \in \Re^m \times \mathbb{S}^n$ 有

$$W^{\mathcal{I}}(\Delta X, \Delta y, \Delta S) = \begin{pmatrix} -\mathcal{A}^*(\Delta y) - \Delta S \\ (A)(\Delta X) \\ \Delta X - V^{\mathcal{I}}(\Delta X - \Delta S) \end{pmatrix} = \begin{pmatrix} 0 \\ 0 \\ \Delta X - V^{\mathcal{I}}(\Delta X) \end{pmatrix} = 0,$$

这意味着 $W^{\mathcal{I}}$ 是奇异的, 与条件矛盾, 因此假设不成立, 则有对偶约束非退化条件 (5.49) 在 $(\overline{y}, \overline{S})$ 处成立. ■

下面阐述本节的重要结果.

定理 5.5 设 $(\overline{X}, \overline{y}, \overline{S}) \in \mathbb{S}^n \times \Re^m \times \mathbb{S}^n$ 为满足 KKT 条件 (5.43) 的 KKT 点, 且 F 如 (5.51) 定义. 那么下述所有条件等价:

(i) KKT 点 $(\overline{X}, \overline{y}, \overline{S})$ 是广义方程 (5.52) 的强正则解;

(ii) 函数 F 在 $(\overline{X}, \overline{y}, \overline{S})$ 附近是局部 Lipschitz 同胚的;

(iii) 原始约束非退化条件 (5.47) 在 $\overline{X}$ 处成立, 对偶约束非退化条件 (5.49) 在 $(\overline{y}, \overline{S})$ 处成立;

(iv) $\partial F(\overline{X}, \overline{y}, \overline{S})$ 中的任何元素都是非奇异的;

(v) $\partial F_B(\overline{X}, \overline{y}, \overline{S})$ 中的任何元素都是非奇异的;

(vi) $\mathrm{ex}(\partial F_B(\overline{X}, \overline{y}, \overline{S}))$ 中的两个元素是非奇异的.

证明 由引理 5.6 可得 (i)$\Longleftrightarrow$(ii), 由命题 5.7 和命题 5.9 可得 (iii)$\Longleftrightarrow$(iv)$\Longleftrightarrow$(v)$\Longleftrightarrow$(vi). 进一步, 由 Lipschitz 函数的 Clarke 反函数定理[13, 14] 可得出 (iv)$\Longrightarrow$(ii), 而 (ii)$\Longrightarrow$(v) 可由 [40] 推出. ■

5.2.3　线性二阶锥优化

对于线性二阶锥规划问题, 可以取得与上一节中线性半定规划相类似的稳定性结果.

考虑线性二阶锥规划 (SOCP) 问题:

$$\begin{aligned} \min \quad & \langle c, x\rangle \\ \text{s.t.} \quad & \mathcal{A}x = b, \\ & x \in Q, \end{aligned} \tag{5.75}$$

其中 $Q = Q_{m_1+1}\times\cdots\times Q_{m_J+1}$ 为 J 个二阶锥的卡氏积, $Q_{m_j+1} := \{s = (s_0;\bar{s}) \in \Re\times\Re^{m_j} : s_0 \geqslant \|\bar{s}\|\}$. 同时有 $x = (x^1; x^2; \cdots; x^J)$ 使得 $x^j \in Q_{m_j+1}$, $c \in Q$, $\mathcal{A}: Q \to \Re^m$ 为线性算子, $b \in \Re^m$. 令 $\mathcal{A}^*: \Re^m \to Q$ 是 $\mathcal{A}$ 的伴随. SOCP 问题 (5.75) 的对偶问题为

$$\begin{aligned} \max \quad & b^{\mathrm{T}}y \\ \text{s.t.} \quad & \mathcal{A}^*y + s = c, \\ & s \in Q. \end{aligned} \tag{5.76}$$

SOCP 问题 (5.75) 和它的对偶问题 (5.76) 的一阶最优性条件即 KKT 条件为

$$\begin{cases} \mathcal{A}^*y + s = c, \\ \mathcal{A}x = b, \\ x \in Q, s \in Q, \langle x, s\rangle = 0. \end{cases} \tag{5.77}$$

任何满足 (5.77) 的点 $(x, y, s) \in Q\times\Re^m\times Q$ 称为 KKT 点.

令 $N = \sum_{j=1}^{J}(m_j+1)$. 下面根据定义 5.2 分别给出原始问题 (5.75) 及对偶问题 (5.76) 的约束非退化条件定义.

定义 5.7　称 SOCP 问题 (5.75) 在可行点 $x \in Q$ 处的原始约束非退化条件成立, 若有

$$\begin{pmatrix} \mathcal{A} \\ \mathcal{I} \end{pmatrix}\Re^N + \begin{pmatrix} \{0\} \\ \operatorname{lin}(T_Q(x)) \end{pmatrix} = \begin{pmatrix} \Re^m \\ \Re^N \end{pmatrix}, \tag{5.78}$$

或等价地,

$$\mathcal{A}\operatorname{lin}(T_Q(x)) = \Re^m, \tag{5.79}$$

其中 $\mathcal{I}: Q \to Q$ 是单位映射. 类似地, 称对偶问题 (5.76) 在可行点 $(y, s) \in \Re^m\times Q$ 处的对偶约束非退化条件成立, 若有

$$\begin{pmatrix} \mathcal{A}^* & \mathcal{I} \\ 0 & \mathcal{I} \end{pmatrix}\begin{pmatrix} \Re^m \\ \Re^N \end{pmatrix} + \begin{pmatrix} \{0\} \\ \operatorname{lin}(T_Q(s)) \end{pmatrix} = \begin{pmatrix} \Re^N \\ \Re^N \end{pmatrix}, \tag{5.80}$$

或等价地,

$$\mathcal{A}^*\Re^m + \mathrm{lin}(T_Q(s)) = \Re^N. \tag{5.81}$$

设 $z^* = (x^*, y^*, s^*) \in Q \times \Re^m \times Q$ 是满足 KKT 条件 (5.77) 的 KKT 点. 因为 Q 是自对偶锥, 由 [24] 可知

$$\begin{aligned} Q \ni x \perp s \in Q &\Longleftrightarrow -x \in N_Q(s) \\ &\Longleftrightarrow s - \Pi_Q[s-x] = x - \Pi_Q[x-s] = 0. \end{aligned} \tag{5.82}$$

因此, $(x^*, y^*, s^*) \in Q \times \Re^m \times Q$ 满足 (5.77) 当且仅当 (x^*, y^*, s^*) 是下述非光滑方程系统的解:

$$F(x,y,s) \equiv \begin{pmatrix} c - \mathcal{A}^*y - s \\ \mathcal{A}x - b \\ s - \Pi_Q[s-x] \end{pmatrix} = \begin{pmatrix} c - \mathcal{A}^*y - s \\ \mathcal{A}x - b \\ x - \Pi_Q[x-s] \end{pmatrix} = 0, \tag{5.83}$$

其中 $(x,y,s) \in Q \times \Re^m \times Q$.

KKT 条件 (5.77) 和非光滑系统 (5.83) 都可写成如下广义方程的形式:

$$0 \in \begin{pmatrix} c - \mathcal{A}^*y - s \\ \mathcal{A}x - b \\ x \end{pmatrix} + \begin{pmatrix} N_N(x) \\ N_{\Re^m}(y) \\ N_Q(s) \end{pmatrix}. \tag{5.84}$$

定义 5.8 设 $\mathcal{Z} \equiv Q \times \Re^m \times Q$. 称 KKT 点 $z^* = (x^*, y^*, s^*) \in \mathcal{Z}$ 是广义方程 (5.84) 的强正则解, 如果存在原点 $0 \in \mathcal{Z}$ 的邻域 B 及 z^* 的邻域 V 使得对每一 $\delta \in B$, 广义方程

$$\delta \in \begin{pmatrix} c - \mathcal{A}^*y - s \\ \mathcal{A}x - b \\ x \end{pmatrix} + \begin{pmatrix} N_N(x) \\ N_{\Re^m}(y) \\ N_Q(s) \end{pmatrix} \tag{5.85}$$

在 V 中有唯一解, 记为 $Z_V(\delta)$, 并且映射 $Z_V : B \to V$ 是 Lipschitz 连续的.

设 $x^* \in Q$ 是 SOCP 问题 (5.75) 的最优解. 记 $\mathcal{M}(x^*)$ 是所有满足 (x^*, y, s) 为 KKT 点的点 $(y,s) \in \Re^m \times Q$ 的集合.

SOCP 问题 (5.75) 在 x^* 处的临界锥可表示为

$$C(x^*) = \{h \in \Re^N : \mathcal{A}h = 0, h \in T_Q(x^*), \langle c, h\rangle = 0\}. \tag{5.86}$$

若 $\mathcal{M}(x^*)$ 非空, 设 $(y^*, s^*) \in \mathcal{M}(x^*)$, 则 (5.86) 等价于

$$C(x^*) = \{h \in \Re^N : \mathcal{A}h = 0, h \in T_Q(x^*) \cap s^{*\perp}\}. \tag{5.87}$$

由 (8.4) 知二阶锥 Q_{m_j+1} 在 x^j 处的切锥表达式为

$$T_{Q_{m_j+1}}(x^j)=\begin{cases}\Re^{m_j+1}, & x^j\in \operatorname{int} Q_{m_j+1},\\ Q_{m_j+1}, & x^j=0,\\ \{d\in\Re^{m_j+1}: \bar{d}^{\mathrm{T}}\bar{x}^j-d_0x_0^j\leqslant 0\}, & x^j\in \operatorname{bdry} Q_{m_j+1}\setminus\{0\},\end{cases}$$

于是有

$$\operatorname{lin} T_{Q_{m_j+1}}(x^j)=\begin{cases}\Re^{m_j+1}, & x^j\in \operatorname{int} Q_{m_j+1},\\ 0, & x^j=0,\\ \{d\in\Re^{m_j+1}: \bar{d}^{\mathrm{T}}\bar{x}^j-d_0x_0^j=0\}, & x^j\in \operatorname{bdry} Q_{m_j+1}\setminus\{0\}.\end{cases} \tag{5.88}$$

由命题 8.6 及上述表达式, 可以得到 SOCP 问题 (5.75) 在 x^* 处的临界锥的具体形式为

$$C(x^*)=\left\{h\in\Re^N, \mathcal{A}h=0\;\middle|\;\begin{array}{ll}h^j\in T_{Q_{m_j+1}}(x^{*j}), & s^{*j}=0\\ h^j=0, & s^{*j}\in \operatorname{int} Q_{m_j+1}\\ h^j\in\Re_+(s_0^{*j};-\overline{s^{*j}}), & s^{*j}\in \operatorname{bdry} Q_{m_j+1}\setminus\{0\}, x^{*j}=0\\ \langle h^j,s^{*j}\rangle=0, & s^{*j},x^{*j}\in \operatorname{bdry} Q_{m_j+1}\setminus\{0\}\end{array}\right\}. \tag{5.89}$$

临界锥 $C(x^*)$ 的仿射包为

$$\operatorname{aff} C(x^*)=\left\{h\in\Re^N, \mathcal{A}h=0\;\middle|\;\begin{array}{ll}h^j\in\Re^{m_j+1}, & s^{*j}=0\\ h^j=0, & s^{*j}\in \operatorname{int} Q_{m_j+1}\\ h^j\in[|(s_0^{*j};-\overline{s^{*j}})|], & s^{*j}\in \operatorname{bdry} Q_{m_j+1}\setminus\{0\}, x^{*j}=0\\ \langle h^j,s^{*j}\rangle=0, & s^{*j},x^{*j}\in \operatorname{bdry} Q_{m_j+1}\setminus\{0\}\end{array}\right\}. \tag{5.90}$$

令

$$I^*:=\{j\in\{1,\cdots,J\}: x^{*j}\in \operatorname{int} Q_{m_j+1}\},$$
$$B^*:=\{j\in\{1,\cdots,J\}: x^{*j}\in \operatorname{bdry} Q_{m_j+1}\setminus\{0\}\},$$
$$Z^*:=\{j\in\{1,\cdots,J\}: x^{*j}=0\}.$$

下面给出 SOCP 问题的强二阶充分性条件定义.

定义 5.9 设 $x^*\in Q$ 是 SOCP 问题 (5.75) 的最优解. 称强二阶充分性条件在 x^* 处成立若有

$$\sup_{(y,s)\in\mathcal{M}(x^*)} h^{\mathrm{T}}\mathcal{H}(x^*,s)h>0,\quad \forall 0\neq h\in \operatorname{aff} C(x^*), \tag{5.91}$$

其中 $\mathcal{H}(x^*,s):=\sum_{j=1}^{J}\mathcal{H}^j(x^*,s)$,

$$\mathcal{H}^j(x^*,s):=\begin{cases}-\dfrac{s_0^j}{x_0^{*j}}E_{m_j+1}\begin{pmatrix}1 & 0^{\mathrm{T}}\\ 0 & -I_{m_j}\end{pmatrix}E_{m_j+1}^{\mathrm{T}}, & j\in B^*,\\ 0, & \text{否则}.\end{cases} \tag{5.92}$$

在上述式子中, $E_{m_j+1}:=(0_{(m_1+1)\times(m_j+1)},\cdots,I_{m_j+1},\cdots,0_{(m_J+1)\times(m_j+1)})^{\mathrm{T}}$.

当 $\mathcal{M}(x^*)$ 是单点集时, 下述结果给出强二阶充分性条件的等价刻画.

引理 5.8 设 $x^*\in Q$ 是 SOCP 问题 (5.75) 的最优解. 假设 $\mathcal{M}(x^*)=\{(y^*,s^*)\}$, 则强二阶充分性条件 (5.91) 在 x^* 处成立当且仅当对任何 $h\in\Re^N$, 下述条件成立:

$$\mathcal{A}h=0,\begin{cases}h^j\in\Re^{m_j+1}, & s^{*j}=0,\\ h^j=0, & s^{*j}\in\operatorname{int}Q_{m_j+1},\\ h^j\in[|(s_0^{*j};-\overline{s^{*j}})|], & s^{*j}\in\operatorname{bdry}Q_{m_j+1}\setminus\{0\}\end{cases}\Longrightarrow h=0. \tag{5.93}$$

证明 对任何 $h\in\Re^N$, 由于 $\mathcal{M}(x^*)=\{(y^*,s^*)\}$, 强二阶充分性条件 (5.91) 变成

$$h^{\mathrm{T}}\mathcal{H}(x^*,s^*)h>0,\quad\forall 0\neq h\in\operatorname{aff}C(x^*),$$

这等价于

$$\sum_{j\in B^*}\left(-\frac{s_0^{*j}}{x_0^{*j}}\right)((h_0^j)^2-\bar{h}^{j\mathrm{T}}\bar{h}^j)>0,\quad\forall 0\neq h\in\operatorname{aff}C(x^*).$$

则由 (5.90), 在 x^* 处强二阶充分性条件 (5.91) 成立当且仅当 (5.93) 成立. ■

下面我们来建立强二阶充分性条件与对偶约束非退化之间的联系.

命题 5.10 设 $x^*\in Q$ 是 SOCP 问题 (5.75) 的最优解. 在 $\mathcal{M}(x^*)=\{(y^*,s^*)\}$ 的假设下, 下列条件等价:

(i) 强二阶充分性条件 (5.91) 在 x^* 处成立;

(ii) 对偶约束非退化条件 (5.80) 在 (y^*,s^*) 处成立.

证明 对任何 $h\in\Re^N$, 首先证明 (i)$\Longrightarrow$(ii). 由引理 5.8, (i) 成立当且仅当 (5.93) 成立. 反证法. 假设对偶约束非退化条件 (5.80) 在 (y^*,s^*) 处不成立, 则有

$$[\mathcal{A}^*\Re^m]^\perp\cap[\operatorname{lin}(T_Q(s^*))]^\perp\neq\{0\}. \tag{5.94}$$

任意选取 $0\neq h^*\in[\mathcal{A}^*\Re^m]^\perp\cap[\operatorname{lin}(T_Q(s^*))]^\perp$. 由 $h^*\in[\mathcal{A}^*\Re^m]^\perp$ 知

$$\langle h^*,\mathcal{A}^*y\rangle=0,\ \forall y\in\Re^m\Longrightarrow\langle\mathcal{A}h^*,y\rangle=0,\ \forall y\in\Re^m\Longrightarrow\mathcal{A}h^*=0, \tag{5.95}$$

并且由 $h^* \in [\mathrm{lin}(T_Q(s^*))]^\perp$ 知

$$\forall d^j \in \mathrm{lin}(T_{Q_{m_j+1}}(s^{*j})), \quad \langle h^{*j}, d^j \rangle = 0.$$

由 (5.88) 和 (5.93) 可得 $h^* = 0$, 与 h^* 的选取矛盾, 则 (ii) 成立.

下面证明 (ii)⇒(i). 因为对偶约束非退化条件 (5.80) 在 (y^*, s^*) 处成立, 对任何 $h \in \Re^N$ 满足 $\mathcal{A}h = 0$,

$$\begin{cases} h^j \in \Re^{m_j+1}, & s^{*j} = 0, \\ h^j = 0, & s^{*j} \in \mathrm{int}\, Q_{m_j+1}, \\ h^j \in [|(s_0^{*j}; -\overline{s^{*j}})|], & s^{*j} \in \mathrm{bdry}\, Q_{m_j+1} \setminus \{0\}, \end{cases} \tag{5.96}$$

存在 $y \in \Re^m$ 和 $d \in \mathrm{lin}(T_Q(s^*))$ 使得

$$h = \mathcal{A}^* y + d,$$

结合 (5.88) 可得

$$\langle h, h \rangle = \langle h, \mathcal{A}^* y + d \rangle = \langle \mathcal{A}h, y \rangle + \langle h, d \rangle = 0.$$

由引理 5.8 知 (i) 成立. ■

命题 5.11　设 $(x^*, y^*, s^*) \in Q \times \Re^m \times Q$ 为 KKT 点. 假设原始约束非退化条件在 x^* 处成立且对偶约束非退化条件在 (y^*, s^*) 处成立, 则 $\partial F(x^*, y^*, s^*)$ 中的每一元素非奇异.

证明　由原始约束非退化条件 (5.78) 可得 $\mathcal{M}(x^*) = \{(y^*, s^*)\}$, 由命题 5.10 可知强二阶充分性条件 (5.91) 在 x^* 处成立. 由 [98, 推论 7.1] 知 $\partial F(x^*, y^*, s^*)$ 中的每一元素非奇异. ■

下面阐述本节的重要结果.

定理 5.6　设 $(x^*, y^*, s^*) \in Q \times \Re^m \times Q$ 为满足 KKT 条件 (5.77) 的 KKT 点, 且 F 如 (5.83) 定义. 那么下述所有条件等价:

(i) KKT 点 (x^*, y^*, s^*) 是广义方程 (5.84) 的强正则解;

(ii) 函数 F 在 (x^*, y^*, s^*) 附近是局部 Lipschitz 同胚的;

(iii) 原始约束非退化条件在 x^* 处成立, 对偶约束非退化条件在 (y^*, s^*) 处成立;

(iv) $\partial F(x^*, y^*, s^*)$ 中的任何元素都是非奇异的.

证明　由命题 5.10、命题 5.11 和定理 8.7 可知结论成立. ■

第 6 章　一般优化问题的稳定性分析

6.1　集值映射连续性

Bank, Guddat, Klatte 等在专著 [3] 中给出了丰富的参数优化问题稳定性的结果, 包括定性和定量的稳定性的结论. 下面给出参数优化问题的定性的稳定性结果.

考虑如下形式的参数优化问题:

$$\begin{cases} \inf\limits_{x\in X} & f(x,u) \\ \text{s.t.} & x \in M(u), \end{cases} \tag{6.1}$$

其中 $f: X \times U \to \Re$, X, U 是度量空间, 分别定义最优值函数和最优解映射:

$$\begin{aligned} \phi(u) &:= \inf\{f(x,u) : x \in M(u)\}, \\ \Psi(u) &:= \{x : \phi(u) = f(x,u), x \in X\}. \end{aligned}$$

最优值函数 $\phi(u)$ 和最优解映射 $\Psi(u)$ 有如下的连续性质:

定理 6.1[3, Theorem 4.2.2]　(1) 若 M 在 u_0 处下半连续 (Berge), f 在 $M(u_0)\times\{u_0\}$ 处上半连续, 则 ϕ 在 u_0 处上半连续;

(2) 若 M 在 u_0 处上半连续 (Hausdorff), $M(u_0)$ 是紧致的且 f 在 $M(u_0)\times\{u_0\}$ 处下半连续, 则 ϕ 在 u_0 处下半连续;

(3) 若 ϕ 在 λ_0 处上半连续, 且 (2) 中条件成立, 则 Ψ 在 u_0 处上半连续 (Berge).

以上的概念和结论都是对稳定性的定性的刻画, 为了量化问题的稳定性, 下面给出刻画集值映射伪-Lipschitzian* 性质的定义, 由 [37] 给出.

定义 6.1[37] (伪-Lipschitzian*)　称集值映射 $M: U \rightrightarrows \Re^n$ 在 (x_0, u_0) 处是伪-Lipschitzian*, 其中 $u_0 \in U$, $x_0 \in M(u_0)$, 如果存在 u_0 的邻域 $\mathcal{U} = \mathcal{U}(u_0)$ 和 x_0 的邻域 $\mathcal{V} = \mathcal{V}(x_0)$, 存在 $L > 0$ 满足

$$\left.\begin{aligned} M(u) \cap \mathcal{V} &\subset M(u_0) + Ld(u,u_0)\mathbf{B}, \\ M(u_0) \cap \mathcal{V} &\subset M(u) + Ld(u,u_0)\mathbf{B}, \end{aligned}\right. \quad \forall u \in \mathcal{U}.$$

在 [37] 中, Aubin 性质也称为 Aubin 意义下伪-Lipschitzian. 称集值映射 $M: U \rightrightarrows \Re^n$ 在 (x_0, u_0) 处是在 Aubin 意义下伪-Lipschitzian, 其中 $u_0 \in U$, $x_0 \in M(u_0)$, 如果存在 u_0 的邻域 $\mathcal{U} = \mathcal{U}(u_0)$ 和 x_0 的邻域 $\mathcal{V} = \mathcal{V}(x_0)$, 存在 $L > 0$ 满足

$$M(u') \cap \mathcal{V} \subset M(u'') + Ld(u', u'')\mathbf{B}, \quad \forall u', u'' \in \mathcal{U}.$$

对于一般的参数优化问题 (6.1), 如果 $f : \Re^n \times U \to \Re^n$ 是连续函数, U 为度量空间, M 为闭值的集值映射, 给定 $Q \subset \Re^n$, 分别定义局部可行集、最优值函数和最优解映射如下：

$$\begin{aligned} &M_Q(u) := M(u) \cap \operatorname{cl} Q, \\ &\phi_Q(u) := \inf\{f(x,u), x \in M_Q(u)\}, \\ &\Psi_Q(u) := \{u \in M_Q(u), f(x,u) = \phi_Q(u)\}. \end{aligned}$$

关于参数优化问题 (6.1) 定量的稳定性分析, Klatte 在论文 [37] 中给出了如下的经典的结论.

定理 6.2 对 $u_0 \in U$, 设 M 在 u_0 处是闭的, $Q \subset \Re^n$ 是有界开集, $X = \Psi_Q(u_0)$, 则下述结论成立:

(1) 若对任意的 $(x_0, u_0) \in X \times \{u_0\}$, M 在 (x_0, u_0) 处是伪-Lipschitzian* 的, 且存在 $q > 0$, $\beta_f > 0$ 和 u_0 的邻域 U_0 满足

$$|f(x,u) - f(y,u_0)| \leqslant \beta_f \Big(\|x - y\| + d(u,u_0)^q \Big), \quad \forall x, y \in \operatorname{cl} Q, \quad \forall u \in U_0,$$

则存在 $r > 0$ 和 $\beta > 0$ 满足

$$|\phi_Q(u) - \phi_Q(u_0)| \leqslant \beta_f \Big(\beta d(u,u_0) + d(u,u_0)^q \Big), \quad \forall u \in \mathbb{B}_r(u_0).$$

(2) 若对任意 $(x_0, u_0) \in X \times \{t_0\}$, M 在 (x_0, u_0) 处是 Aubin 意义下伪-Lipschitzian 的 (或满足 Aubin 性质), 若存在 $q > 0$, $\beta_f > 0$ 和 u_0 的邻域 U_0 满足

$$|f(x,u') - f(x,u'')| \leqslant \beta_f \Big(\|x - y\| + d(u',u'')^q \Big), \quad \forall x, y \in \operatorname{cl} Q, \quad \forall u', u'' \in U_0,$$

则存在 $r > 0$ 和 $\beta > 0$ 满足

$$|\phi_Q(u') - \phi_Q(u'')| \leqslant \beta_f \Big(\beta d(u',u'') + d(u',u'')^q \Big), \quad \forall u', u'' \in \mathbb{B}_r(u_0).$$

6.2 强正则性与一致二阶增长条件

本节考虑下面一般形式的约束优化问题

$$(\mathrm{P}) \qquad \begin{cases} \min\limits_{x \in X} & f(x) \\ \text{s.t.} & G(x) \in K, \end{cases} \tag{6.2}$$

其中 $f: X \to \Re$ 和 $G: X \to Y$ 二次连续可微, $K \subset Y$ 是一闭凸集合. 相对应的参数优化问题具有下述形式

$$(\mathrm{P}_u) \qquad \begin{cases} \min\limits_{x \in X} & f(x,u) \\ \text{s.t.} & G(x,u) \in K, \end{cases} \tag{6.3}$$

其中 $f: X \times U \to \Re$, $G: X \times U \to Y$. 假定对于给定的 u_0, 问题 (P_{u_0}) 与非扰动问题 (P) 一致. 本节设 X, Y 与 U 是 Banach 空间.

引理 6.1 设 (x_0, λ_0) 是广义方程

$$0 \in \begin{pmatrix} Df(x) + DG(x)^*\lambda \\ -G(x) \end{pmatrix} + \begin{pmatrix} \{0\} \\ N_K^{-1}(\lambda) \end{pmatrix} \tag{6.4}$$

的强正则解, 则问题 (P) 在 x_0 处的 Robinson 约束规范成立.

证明 对应于 (6.4), 在 (x_0, λ_0) 处的线性化广义方程 (LE_δ) 可以写成形式: 求 $(h, \mu) \in X \times Y^*$ 满足

$$\begin{aligned} &D_{xx}^2 L(x_0, \lambda_0)h + DG(x_0)^*\mu = \delta_1, \\ &G(x_0) + DG(x_0)h + \delta_2 \in N_K^{-1}(\lambda_0 + \mu), \end{aligned} \tag{6.5}$$

其中 $L(x, \lambda) := f(x) + \langle \lambda, G(x) \rangle$, $\delta := (\delta_1, \delta_2) \in X^* \times Y$. 上述线性化广义方程可表示下述问题的一阶最优性条件

$$\begin{cases} \min\limits_{h \in X} & \frac{1}{2} D_{xx}^2 L(x_0, \lambda_0)(h,h) - \langle \delta_1, h \rangle - \langle DG(x_0)^*\lambda_0, h \rangle \\ \text{s.t.} & G(x_0) + DG(x_0)h + \delta_2 \in K. \end{cases} \tag{6.6}$$

若 (x_0, λ_0) 是 (6.4) 的强正则解, 则对充分接近于 $0 \in Y$ 的所有 δ_2, 问题 (6.6) 有可行解, 因此

$$0 \in \operatorname{int}\{G(x_0) + DG(x_0)X - K\}. \tag{6.7}$$

这说明强正则性可推出 Robinson 约束规范. ∎

考虑两个优化问题

$$\min_{x \in \Phi} f(x) \tag{6.8}$$

与

$$\min_{x \in \Phi} g(x), \tag{6.9}$$

其中 $f, g: X \to \Re$. 设问题 (6.8) 具有非空的最有解集 S_0. 视 (6.9) 中的函数 g 是函数 f 的扰动. 下面命题可以导出 (6.9) 的 ε 最优解 $\bar{x}$ 与集合 S_0 的距离的上界.

在 S_0 处的二阶增长条件成立是指存在 S_0 的一个邻域 N 及常数 $c>0$, 满足

$$f(x) \geqslant f_0 + c[d(x, S_0)]^2, \quad \forall x \in \Phi \cap N, \tag{6.10}$$

其中 $f_0 := f(S_0) = \inf_{x\in\Phi} f(x)$.

命题 6.1[9, Proposition 4.32]　设

(i) 二阶增长条件 (6.10) 成立;

(ii) 在 $\Phi \cap N$ 上, 差函数 $g(\cdot) - f(\cdot)$ 是模为 κ 的 Lipschitz 连续的.

令 $\bar{x} \in N$ 是问题 (6.9) 的 ε 解. 则

$$d(\bar{x}, S_0) \leqslant c^{-1}\kappa + c^{-1/2}\varepsilon^{1/2}. \tag{6.11}$$

关于解的扰动解的上界, 结果 (6.11) 是非常适宜的, 因为它几乎不需要考虑最优化问题的任何结构.

考虑最优化问题

$$\min_{x\in\Omega} g(x), \tag{6.12}$$

其中 $g: X \to \Re$, $\Omega \subset X$. 我们视上述问题为目标函数与可行集均发生扰动的问题 (6.8) 的一个扰动. 下述命题将导出 (6.12) 的 ε 最优解与 S_0 间的距离的界值.

命题 6.2[9, Proposition 4.37]　设 S_0 是问题 (6.8) 的最优解集, 令 N 是 S_0 的邻域, 满足

(i) 二阶增长条件 (6.10) 在 N 上成立;

(ii) 函数 f 与 g 在 N 上分别是模为 η_1 与 η_2 的 Lipschitz 连续的;

(iii) 差函数 $g(\cdot) - f(\cdot)$ 在 N 上是模为 κ 的 Lipschitz 连续的,

则 (6.12) 的任何 ε 最优解 $\bar{x} \in N$ 满足

$$d(\bar{x}, S_0) \leqslant c^{-1}\kappa + 2\delta_1 + c^{-1/2}(\eta_1\delta_1 + \eta_2\delta_2)^{1/2} + c^{-1/2}\varepsilon^{1/2}, \tag{6.13}$$

其中 $\delta_1 := \sup_{x\in\Omega\cap N} d(x, \Phi\cap N)$, $\delta_2 := \sup_{x_0\in S_0} d(x_0, \Omega\cap N)$.

注意到, 即使空间 X 是有限维的, 最优化问题 (P) 可能没有最优解. 然而, 只要问题 (P) 的最优值是有限的, 对最优化过程而言, 对任意 $\varepsilon>0$, 问题总有 ε 最优解 $\bar{x}$. 下述 Ekeland 变分原理表明, 可构造另一接近 $\bar{x}$ 的 ε 最优解, 它是微小扰动的目标函数的极小点. 这一结果在后续的内容中起到至关重要的作用.

定理 6.3[9, Theorem 3.22] (Ekeland 变分原理)　设 (E,ρ) 是完备的度量空间, $f: E \to \Re \cup \{+\infty\}$ 是下半连续函数. 设 $\inf_{e\in E} f(e)$ 是有限的, 对给定的 $\varepsilon>0$, $\bar{e} \in E$ 是 f 的 ε 最优解, 即 $f(\bar{e}) \leqslant \inf_{e\in E} f(e) + \varepsilon$. 则对任何 $k>0$, 存在一点 $\hat{e} \in E$ 满足 $\rho(\bar{e},\hat{e}) \leqslant k^{-1}$,

$$f(\hat{e}) \leqslant f(\bar{e}) - \varepsilon k \rho(\bar{e},\hat{e}), \tag{6.14}$$

$$f(\hat{e}) - \varepsilon k\rho(e,\hat{e}) < f(e), \quad \forall e \in E, \quad e \neq \hat{e}. \tag{6.15}$$

下述定理表明问题 (P) 的参数优化问题在一致二阶增长条件和 Robinson 约束规范成立的情况下, 可得到解依赖参数的 Hölder 连续性.

定理 6.4[9, Theorem 5.17] 设 x_0 是稳定点, $(f(x,u),G(x,u))$ 是最优化问题 (P) 的一个 $\mathcal{C}^2$-光滑参数化. 假设所考虑的参数化包含倾斜参数化, (相对于所考虑的参数化的) 一致二阶增长条件在 x_0 处成立, Robinson 约束规范在 (x_0,u_0) 处成立, 则存在 x_0 与 u_0 的邻域 $\mathcal{V}_X$ 与 $\mathcal{V}_U$ 以及常数 $\kappa>0$ 满足: 对任何 $u\in\mathcal{V}_U$, 参数化问题 (P_u) 有局部最优解 $\bar{x}(u)\in\mathcal{V}_X$, 且

$$\|\bar{x}(u)-\bar{x}(u')\| \leqslant \kappa\|u-u'\|^{1/2}, \quad \forall u,u'\in\mathcal{V}_U. \tag{6.16}$$

证明 设 $\mathcal{V}_X$ 与 $\mathcal{V}_U$ 是 x_0 与 u_0 的对应于一致二阶增长条件的邻域. 可假设 $\mathcal{V}_X$ 是闭的. 令 $\beta>0$ 满足 $\mathbb{B}(u_0,2\beta)\subset\mathcal{V}_U$. 给定 $u\in\mathbb{B}(u_0,\beta)$, 取 ε_k 是收敛到 0 的正数序列, x_k, $k=1,2,\cdots$ 是 $f(\cdot,u)$ 在集合

$$\Psi(u):=\{x\in\mathcal{V}_X : G(x,u)\in K\}$$

上极小化问题的 ε_k^2 最优解. 因为 Robinson 约束规范在小的扰动下是稳定的, 如有必要可缩减邻域 $\mathcal{V}_X$ 与 $\mathcal{V}_U$, 可以设映射 $G(\cdot,u)$ 在集合 $\Psi(u)$ 内的每一点 x 处均有 Robinson 约束规范成立, 当然也假设 $\Psi(u)$ 非空.

由 Ekeland 变分原理, 存在 $x_k'\in X$, $\delta_k\in X^*$, 满足 x_k' 是 $f(\cdot,u)$ 在 $\Psi(u)$ 上的 ε_k^2 最优解, $\|x_k-x_k'\|\leqslant\varepsilon_k$, $\|\delta_k\|\leqslant\varepsilon_k\leqslant\beta$ 对充分大的 k 成立, 且 x_k' 是极小化 $\psi_k(\cdot):=f(\cdot,u)-\langle\delta_k,\cdot\rangle$ 于集合 $\Psi(u)$ 上的问题的稳定点. 因为 $u\in\mathbb{B}(u_0,\beta)$, 且 $\mathbb{B}(u_0,2\beta)\subset\mathcal{V}_U$, 一致二阶增长条件适用于这一问题. 由命题 6.1 的界, 对任何 $k,m\in\mathbb{N}$, 有 $\|x_k'-x_m'\|\leqslant c^{-1}\|\delta_k-\delta_m\|$. 这表明 x_k' 是 Cauchy 列, 因而收敛到某一点 $\bar{x}(u)$. 于是得到 $\bar{x}(u)$ 是 $f(\cdot,u)$ 在 $\Psi(u)$ 上的局部极小点. 根据命题 6.2 的界, 由一致二阶增长条件可得 Hölder 连续性性质 (6.16), 因为由稳定性定理, 对 $u,u'\in\mathcal{V}_U$, 集合 $\Psi(u)$ 与 $\Psi(u')$ 间的 Hausdorff 距离是 $O(\|u-u'\|)$ 阶的.

注意到对充分小的 β, $\bar{x}(u)$ 不属于 $\mathcal{V}_X$ 的边界, 因此 $\bar{x}(u)$ 是 (P_u) 的局部最优解. ■

注记 6.1 在上述定理的假设下, 对所有 $u\in\mathcal{V}_U$, 问题 (P_u) 在 $\mathcal{V}_X$ 中有唯一的稳定点 $\bar{x}(u)$, $\bar{x}(u)$ 是 $f(\cdot,u)$ 在集合 $\{x\in\mathcal{V}_X : G(x,u)\in K\}$ 上的极小点. 由 (6.16) 还可以得到, 局部最优解 $\bar{x}(u)\in\mathcal{V}_X$ 关于 $u\in\mathcal{V}_U$ 是连续的且 $\bar{x}(u_0)=x_0$.

下面讨论强正则性与一致二阶增长条件的联系.

引理 6.2 设 $(f(x,u),G(x,u))$ 是问题 (P) 的 $\mathcal{C}^2$-光滑参数化. 设

(i) (x_0,λ_0) 是广义方程 (6.4) 的强正则解;

(ii) x_0 是问题 (P) 的局部最优解;

(iii) 若 $(x,u)\to(x_0,u_0)$, $\lambda(u)\in\Lambda(x,u)$, 则 $\lambda(u)\to\lambda_0$,

则非扰动问题 (P) 的二阶增长条件在 x_0 处成立.

证明　令 $\hat{x}\neq x_0$ 是问题 (P) 的可行解, 则 $f(\hat{x})>f(x_0)$. 令

$$\alpha=\frac{\sqrt{f(\hat{x})-f(x_0)}}{\|\hat{x}-x_0\|},$$

得 $f(\hat{x})=f(x_0)+\alpha^2\|\hat{x}-x_0\|^2$. 令 $\varepsilon=\alpha^2\|\hat{x}-x_0\|^2$, 则 $\hat{x}$ 是 ε 最优解. 由 Ekeland 变分原理, 可知存在 δ 与问题 (P) 的 ε 最优解 $\tilde{x}$, 满足 $\|\tilde{x}-\hat{x}\|\leqslant\alpha\|\hat{x}-x_0\|$, $\|\delta\|\leqslant\alpha\|\hat{x}-x_0\|$, 且 $\tilde{x}$ 是 $f(x)-\langle\delta,x\rangle$ 在约束 $G(x)\in K$ 下的极小化问题的稳定点. 若 $\hat{x}$ 接近于 x_0, α 充分小, 由上面的估计, $\tilde{x}$ 接近于 x_0, 由假设 (iii), 相应的 Lagrange 乘子也接近于 $\bar{\lambda}$. 由强正则性可得存在常数 $\gamma>0$, 满足对充分小的 $\alpha>0$ 与充分接近于 x_0 的 $\hat{x}$, $\|\tilde{x}-x_0\|\leqslant\gamma\|\delta\|$. 结果, $\|\hat{x}-x_0\|\leqslant\|\tilde{x}-x_0\|+\|\tilde{x}-\hat{x}\|\leqslant\alpha(\gamma+1)\|\hat{x}-x_0\|$, 有 $\alpha\geqslant(\gamma+1)^{-1}$, 则 α 不可能任意小, 即存在 κ 使得 $\beta^2\geqslant\kappa$, 对任意 x_0 某邻域内的 $\hat{x}$, 有 $f(\hat{x})\geqslant f(x_0)+\kappa\|\hat{x}-x_0\|^2$, 即 x_0 处二阶增长条件成立. ■

定理 6.5[9, Theorem 5.20]　设 $(f(x,u),G(x,u))$ 是问题 (P) 的 $\mathcal{C}^2$-光滑参数化. 设引理 6.2 的条件 (i)—(iii) 成立, 则存在 x_0 与 u_0 的邻域 $\mathcal{V}_X$ 与 $\mathcal{V}_U$, 满足

(a) 对任何 $u\in\mathcal{V}_U$, 参数化优化问题 (P_u) 有唯一临界点 $(\bar{x}(u),\bar{\lambda}(u))\in\mathcal{V}_X\times Y^*$ 在 $\mathcal{V}_U$ 上是 Lipschitz 连续的;

(b) 对任何 $u\in\mathcal{V}_U$, 点 $\bar{x}(u)$ 是 (P_u) 的局部最优解;

(c) 一致二阶增长条件在 x_0 处成立.

相反地, 令 (x_0,λ_0) 是问题 (P) 的临界点, 设相对于标准参数化一致二阶增长条件在 x_0 处成立, 且 $DG(x_0)$ 是映上的, 则 (x_0,λ_0) 是广义方程 (6.4) 的强正则解.

证明　结论 (a) 可由 [9, Theorem 5.13] 直接得到. 下证结论 (b). 由引理 6.2, 可得问题 (P) 在 x_0 处的二阶增长条件成立. 现考虑一点 $u\in\mathcal{V}_U$. 设邻域 $\mathcal{V}_X$ 满足 (P) 的二阶增长条件在 $\mathcal{V}_X$ 上成立. 令 ε_k 是收敛到 0 的正数序列, x_k 是 $f(\cdot,u)$ 在集合 $\Psi(u):=\mathcal{V}_X\cap\Phi(u)$ 上的 ε_k^2 极小点. 因为二阶增长条件与 Robinson 约束规范在 x_0 处成立, 由命题 6.2, 对充分小的 ε_k, 如有必要可减小邻域 $\mathcal{V}_U$, 可设点 x_k 充分接近 x_0, 因而属于邻域 $\mathcal{V}_X$ 的内部. 由 Ekeland 变分原理, 存在 x_k' 满足 x_k' 是 $f(\cdot,u)$ 在集合 $\Psi(u)$ 上的 ε_k^2 极小点, $\|x_k-x_k'\|\leqslant\varepsilon_k$, 且 x_k' 是函数 $\phi_k(x):=f(x,u)+\varepsilon_k\|x_k-x_k'\|$ 在集合 $\Psi(u)$ 上的极小点. 因为对充分小的 ε_k, 可假设 x_k' 属于 $\mathcal{V}_X$ 的内部, 则对于满足 $\|\delta_k\|\leqslant\varepsilon_k$ 的某一 δ_k, x_k' 是 $f(\cdot,u)-\langle\delta_k,\cdot\rangle$ 在问题 (P_u) 的可行集 $\Phi(u)$ 上的极小化问题的稳定点. 由强正则性有 x_k' 是 Cauchy 列, 因而收敛到某一点 $\hat{x}$. 得到 $\hat{x}$ 是 $f(\cdot,u)$ 在 $\Psi(u)$ 上的极小点, 且是 $\mathcal{V}_X$ 的内部点, 因此是问题 (P_u) 的局部最优解. 结果, $\hat{x}$ 是 (P_u) 的稳定点, 因此与 $\bar{x}(u)$ 重合.

证明 (c). 因为 $\bar{x}(u)$ 是 $f(\cdot,u)$ 在集合 $\Psi(u)$ 上的极小点, 上述推证表明, 原问题在 x_0 处的二阶增长条件关于参数 u 的小的扰动是一致的, 所以可用完全相同的方式证明一致二阶增长条件成立.

下证相反的结论. 考虑 (P) 的标准参数化, 相应的参数向量是 $\delta := (\delta_1, \delta_2) \in X^* \times Y$. 要证对于 $\|\delta\|$ 充分小, 方程 (6.5) 在 (x_0, λ_0) 的邻域内有唯一解 $(h(\delta), \mu(\delta))$ 是 Lipschitz 连续的. 注意到, (6.5) 可解释为最优化问题 (6.6) 的最优性系统.

由一致二阶增长条件, 因为 $DG(x_0)$ 是映上的, 所以 Robinson 约束规范成立, 由定理 6.4 可推出, 存在 $0 \in X^* \times Y$ 的邻域 $\mathcal{V}$ 和 x_0 的邻域 $\mathcal{V}_X$, 满足对所有的 $\delta \in \mathcal{V}$, (6.5) 有唯一解 $(h(\delta), \mu(\delta))$ 连续地依赖于 δ, 使得 $h(\delta)$ 是 (6.6) 的局部最优解. 剩下要证明映射 $(h(\cdot), \mu(\cdot))$ 是 Lipschitz 连续的. 因此, 考虑 $\mathcal{V}$ 中的两个元素 $\hat{\delta}$, $\tilde{\delta}$, 与它们相联系的解记为 $(\hat{h}, \hat{\mu})$ 与 $(\tilde{h}, \tilde{\mu})$. 因为 $DG(x_0)$ 是映上的, 由开映射定理, 存在 $\bar{h}$ 满足 $DG(x_0)\bar{h} = \hat{\delta}_2 - \tilde{\delta}_2$, $\|\bar{h}\| \leqslant M\|\hat{\delta}_2 - \tilde{\delta}_2\|$, 其中 M 是不依赖 $\hat{\delta}$ 与 $\tilde{\delta}$ 的某个常数. 作变量变换 $\eta := h - \bar{h}$ 后, 我们看到对 $\delta = \hat{\delta}$, 方程 (6.5) 等价于

$$D^2_{xx}L(x_0, \lambda_0)\eta + DG(x_0)^*\mu = \hat{\delta}_1 - D^2_{xx}L(x_0, \lambda_0)\bar{h},$$

$$G(x_0) + DG(x_0)\eta + \tilde{\delta}_2 \in N_K^{-1}(\lambda_0 + \mu).$$

将上述问题解释为当 $\delta = \tilde{\delta}$ 时 (6.5) 的扰动, 其中扰动只进入目标函数, 且是 $O(\|\hat{\delta} - \tilde{\delta}\|)$ 阶的. 由命题 6.1, 上述系统的解 η 满足 $\eta = \bar{h} + O(\|\hat{\delta} - \tilde{\delta}\|)$. 回到 $\bar{h}$ 的定义, 即得到 $\hat{h} = \tilde{h} + O(\|\hat{\delta} - \tilde{\delta}\|)$, ■

注记 6.2 注意到强正则性可推出 Robinson 约束规范, 从而可推出 Lagrange 乘子的一致有界性. 若空间 Y 是有限维的, 则定理 6.5 的假设 (iii) 是假设 (i) 的结果.

现在考虑集合 K 在 $y_0 := G(x_0)$ 处 $\mathcal{C}^2$-锥简约为 Banach 空间 Z 的闭凸锥 $\mathcal{C}$ 的情况, 即存在 y_0 的邻域 N 与二次连续可微映射 $\Xi : N \to Z$ 满足 $D\Xi(y_0) : Y \to Z$ 是映上的且 $K \cap N = \{y \in N : \Xi(y) \in \mathcal{C}\}$(见定义 6.2). 令 $\mathcal{G}(x) := \Xi(G(x))$ 且

$$\min_{x \in X} \ f(x) \quad \text{s.t.} \ \mathcal{G}(x) \in \mathcal{C} \tag{6.17}$$

是相应的简化问题. 因为 $D\Xi(y_0)$ 是映上的, 有它的伴随映射 $D\Xi(y_0)^* : Z^* \to Y^*$ 是一对一的且像等于 $[\ker(D\Xi(y_0))]^\perp$, 因而是 Y^* 的闭子空间. 所以简化问题 (6.17) 的临界点的强正则性与原问题 (6.2) 的临界点的强正则性是等价的. 在上述简化之下, 一致二阶增长条件也被保持.

定理 6.6[9, Theorem 5.24] 令 x_0 是问题 (P) 的局部最优解, λ_0 是相应的 Lagrange 乘子. 设空间 Y 是有限维的, 集合 K 在点 $G(x_0)$ 处 $\mathcal{C}^2$ 简约到一点的闭凸锥 $\mathcal{C} \subset Z$. 则 (x_0, λ_0) 是广义方程 (6.4) 的强正则解的充要条件是 x_0 是非退化的且一致二阶增长条件在 x_0 处成立.

证明　充分性. 假设 x_0 是非退化的, 则由 [9, 定义 4.70] 有

$$DG(x_0)X + \ker(D\Xi(y_0)) = Y,$$

对上式两端取极运算可得

$$(DG(x_0)X)^{\perp} \cap [\ker(D\Xi(y_0))]^{\perp} = 0,$$

即

$$\ker DG(x_0)^* \cap \text{Range } D\Xi(y_0)^* = 0.$$

上式等价于如下条件: 若 $DG(x_0)^*z = 0$ 且 $z = D\Xi(y_0)^*\eta$, 则必有 $z = 0$. 由于 $D\Xi(y_0)^*$ 是一对一的, 则有 $\eta = 0$, 即若 $DG(x_0)^*D\Xi(y_0)^*\eta = 0$, 则必有 $\eta = 0$. 因此, $D\Xi(y_0)DG(x_0)$ 是映上的, 即 $D\mathcal{G}(x_0)$ 是映上的. 那么由定理 6.5 可得, 若点 x_0 是非退化的且一致二阶增长条件在 x_0 处成立, 则 (x_0, λ_0) 是强正则的.

必要性. 由定理 6.5, 若 (x_0, λ_0) 是强正则的, 则一致二阶增长条件在 x_0 处成立. 所以只需证明, 若 (x_0, λ_0) 是强正则的, 则 x_0 是非退化的.

先设严格互补条件在 x_0 处成立. 则由 [9, Proposition 4.75], 有 Lagrange 乘子 λ_0 是唯一的当且仅当 x_0 是非退化的. 因为强正则性可推出 λ_0 的唯一性, 所以可得到 x_0 的非退化性质. 现在考虑一般情形. 因为 Y 是有限维的 (任何凸集相对内部非空), 所以 $N_K(y_0)$ 具有非空的相对内部, 如它含有某一向量 $\mu \in Y^*$, 则 $\alpha := \mu - \lambda_0$ 满足 $\lambda_0 + t\alpha \in \text{ri}(N_K(y_0))$ 对所有充分小的 $t > 0$ 成立. 将线性项 $\langle -t\alpha, DG(x_0)x\rangle$ 加到目标函数上, 即考虑标准形式的参数化问题 (P_δ), 其中 $\delta_1 := t[DG(x_0)]^*\alpha$, $\delta_2 := 0$, 则对于 $t > 0$ 充分小, 点 $(x_0, \lambda_0 + t\alpha)$ 是 (P_δ) 的稳定点, 且对问题 (P_δ), 严格互补条件在 $(x_0, \lambda_0 + t\alpha)$ 处成立. 由强正则性, $\lambda_0 + t\alpha$ 是唯一的, 从而 x_0 是非退化的. ■

回顾强稳定性的定义 (定义 3.15), 下述定理表明, 强稳定性与一致二阶增长条件是密切相连的.

定理 6.7[9, Theorem 5.34]　设 x_0 是问题 (P) 的局部最优解, Robinson 约束规范在 x_0 处成立, 则 x_0 处的一致二阶增长条件成立的充分必要条件是 x_0 是强稳定的.

证明　必要性. 由定理 6.4, 若一致二阶增长条件在 x_0 处成立, 则存在 u_0 的邻域 $\mathcal{V}_U$ 和 x_0 的邻域 $\mathcal{V}_X$, 使得当 $u \in \mathcal{V}_U$ 时, 问题 (P_u) 在 $\mathcal{V}_X$ 内存在唯一解 $\bar{x}(u)$ 且它是 Hölder 连续的, 因此 $\bar{x}(\cdot)$ 在 $\mathcal{V}_U$ 上是连续的. 对 $u \in \mathcal{V}_U$, (P_u) 的 Robinson 约束规范在 $\bar{x}(u)$ 处成立, 则 (P_u) 的乘子集非空, 从而 $\bar{x}(u)$ 是稳定点. 综上, x_0 是强稳定的.

充分性. 设 x_0 是强稳定的. 先证明二阶增长条件在 x_0 处成立. 因为 x_0 是问题 (P) 的局部最优解, 存在 x_0 的邻域 $\mathcal{V}_X$, 满足 x_0 是 $f(x)$ 在 $\mathcal{V}_X \cap G^{-1}(K)$ 上的极小点. 考虑点 $\hat{x} \in \mathcal{V}_X \cap G^{-1}(K)$, $\hat{x} \neq x_0$, 则存在 $\alpha \geqslant 0$, 满足 $f(\hat{x}) = f(x_0) + \alpha^2\|\hat{x} - x_0\|^2$,

结果 $\hat{x}$ 是 (P) 限定在 $\mathcal{V}_X$ 上的 ε 最优解, 其中 $\varepsilon := \alpha^2\|\hat{x}-x_0\|^2$. 由 Ekeland 变分原理, 存在 $\delta \in X^*$ 及 (P) 的 ε 最优解 $\tilde{x}$, 满足 $\|\tilde{x}-\hat{x}\| \leqslant \alpha\|\hat{x}-x_0\|$, $\|\delta\| \leqslant \alpha\|\hat{x}-x_0\|$, 且 $\tilde{x}$ 是极小化问题 $\{\min f(x) - \langle\delta, x\rangle,\ G(x) \in K\}$ 的稳定点. 于是, 若 $\alpha < 1$, 则 $\|\tilde{x}-x_0\| \geqslant \|\hat{x}-x_0\| - \|\tilde{x}-\hat{x}\| \geqslant (1-\alpha)\|\hat{x}-x_0\|$, 从而有 $\|\hat{x}-x_0\| \leqslant (1-\alpha)^{-1}\|\tilde{x}-x_0\|$, $\|\delta\| \leqslant \alpha(1-\alpha)^{-1}\|\tilde{x}-x_0\|$.

现在证明存在线性连续的自伴随算子 $A: X \to X^*$, 满足 $\delta = A(\tilde{x}-x_0)$ 且 $\|A\| \leqslant 3\alpha(1-\alpha)^{-1}$. 事实上, 考虑 $h := \tilde{x}-x_0$. 由 Hahn-Banach 定理, 存在 $h^* \in X^*$ 满足 $\|h^*\| = 1$, $\langle h^*, h\rangle = \|h\|$. 定义

$$Ax := \|h\|^{-1}[\langle h^*, x\rangle\delta + \langle\delta, x\rangle h^*] - \|h\|^{-2}\langle\delta, h\rangle\langle h^*, x\rangle h^*. \tag{6.18}$$

显然, A 是自伴随的, $Ah = \delta$, 且

$$\|A\| \leqslant 2\|h\|^{-1}\|h^*\|\|\delta\| + \|h\|^{-1}\|\delta\|\|h^*\|^2 = 3\|h\|^{-1}\|\delta\| \leqslant 3\alpha(1-\alpha)^{-1}.$$

于是得 x_0 与$\tilde{x}$ 是函数 $f(x) - \dfrac{1}{2}\langle x-x_0, A(x-x_0)\rangle$ 在 $G^{-1}(K)$ 上的极小化问题的稳定点. 考虑 (P) 的参数化, 其中 $U := \mathcal{L}(X, X^*)$, $f(x,u) := f(x) + \langle x-x_0, u(x-x_0)\rangle$ 且 $G(x,u) := G(x)$. 因而, 若 α 是任意小的, 则对任意接近于 $0 \in U$ 的某一 $u \in U$, 相应的问题 (P_u) 在 x_0 的邻域内有两个不同的稳定点. 然而, 这与 x_0 的强稳定性矛盾. 于是证得 x_0 处的二阶增长条件成立.

进一步, 用 $\mathcal{C}^2$-光滑参数化 (P_u) 的稳定点 $\bar{x}(u)$ 的连续性, 由定理 6.5 证明相同的推证, 可以证明 $\bar{x}(u)$ 是 $f(\cdot, u)$ 在 $\mathcal{V}_X \cap \Phi(u)$ 上的极小点, 其中 $\mathcal{V}_X$ 是 x_0 的邻域, $\Phi(u)$ 是 (P_u) 的可行集, 则可以用与上述在 x_0 处的二阶增长条件相同的推证完成一致二阶增长条件的证明. ■

上述定理与定理 6.6 可推出强正则性与强稳定性这两个概念间的关系.

定理 6.8[9, Theorem 5.35] 设 x_0 是问题 (P) 的局部最优解, λ_0 是相应的 Lagrange 乘子. 设

(i) 空间 Y 是有限维的;

(ii) 集合 K 在点 $G(x_0)$ 处 $\mathcal{C}^2$ 简约为点的闭凸锥;

(iii) 点 x_0 关于这一简约是非退化的,

则 (x_0, λ_0) 是广义方程 (6.4) 的强正则解的充分必要条件是 x_0 为 (P) 的强稳定点.

6.3 $\mathcal{C}^2$-锥简约优化问题的稳定性分析

6.3.1 Jacobian 唯一性条件

下文取材于 [96].

考虑优化问题

$$(\mathrm{P}) \qquad \begin{cases} \min\limits_{x\in X} & f(x) \\ \text{s.t.} & G(x)\in K, \end{cases} \tag{6.19}$$

其中 $f: X\to\Re$ 和 $G: X\to Y$ 二次连续可微, X 和 Y 为有限维实欧氏空间, K 是 Y 中非空闭凸集. 记 Lagrange 函数 $L: X\times Y\to\Re$ 为

$$L(x,\lambda) := f(x)+\langle\lambda, G(x)\rangle, \quad (x,\lambda)\in X\times Y,$$

问题 (P) 的一阶最优性条件, 即 KKT 条件如下:

$$\nabla_x L(x,\lambda)=0, \quad \lambda\in\mathcal{N}_K(G(x)), \tag{6.20}$$

对任何满足 (6.20) 的 (x,λ), 称 x 为稳定点, (x,λ) 为 KKT 点.

设 x_0 为问题 (P) 可行点, 即 $y_0 := G(x_0)\in K$.

定义 6.2 称闭凸集 K 在 $y_0\in K$ 处是 $\mathcal{C}^2$-锥简约的, 如果存在 y_0 的开邻域 $N\subset Y$, 有限维空间 Z 中的闭凸点锥 $\mathcal{Q}$(锥被称为点的当且仅当它的线空间为原点), 以及二次连续可微映射 $\Xi: N\to Z$ 使得:

(i) $\Xi(y_0)=0\in Z$;

(ii) 导数映射 $D\Xi(y_0): Y\to Z$ 是映上的;

(iii) $K\cap N=\{y\in N \mid \Xi(y)\in\mathcal{Q}\}$.

称 K 是 $\mathcal{C}^2$-锥简约的如果 K 在每一 $y_0\in K$ 处是 $\mathcal{C}^2$-锥简约的.

上述定义中的条件 (iii) 意味着集合 K 可以局部地被定义为约束 $\Xi(y)\in\mathcal{Q}$, 因此在 x_0 附近, 问题 (P) 的可行集可以被局部地定义为约束 $\mathcal{G}(x)\in\mathcal{Q}$, 其中 $\mathcal{G}(x) := \Xi(G(x))$. 进而, 在 x_0 的某邻域内, 原始问题 (P) 与下述退化问题等价:

$$(\mathcal{P}) \qquad \begin{cases} \min\limits_{x\in X} & f(x) \\ \text{s.t.} & \mathcal{G}(x)\in\mathcal{Q}. \end{cases} \tag{6.21}$$

(P) 与 $(\mathcal{P})$ 的可行集在 x_0 附近一致, 因此 (P) 和 $(\mathcal{P})$ 在 x_0 一邻域内有相同的最优解.

称 (P) 在可行点 x_0 处的 Robinson 约束规范 (RCQ) 成立, 如果

$$DG(x_0)X+T_K(G(x_0))=Y,$$

称 (P) 在可行点 x_0 处关于 $\lambda_0\in\Lambda(x_0)\neq\varnothing$ 的严格约束规范 (SRCQ) 成立, 如果

$$DG(x_0)X+T_K(G(x_0))\cap\lambda_0^{\perp}=Y,$$

其中 $\Lambda(x_0)$ 为 (P) 的关于 x_0 的 Lagrange 乘子集合.

注意到, 一般情况下, 甚至当 K 是凸集时, K 的内二阶切集与外二阶切集不等, 即 $T_K^{i,2}(y,h) \neq T_K^2(y,h)$[9, Section 3.3]. 然而, 由 [9, Proposition 3.136], 当 K 是凸的 $\mathcal{C}^2$-锥简约集合时, 上述等式成立. 此时, $T_K^2(y,h)$ 简称为 K 在 $y \in K$ 处关于方向 $h \in Y$ 的二阶切集.

引理 6.3 给定 $y_0 \in K$. 存在 y_0 的开邻域 $N \subset Y$, 有限维空间 Z 中的闭凸点锥 $\mathcal{Q}$, 二次连续可微函数 $\Xi : N \to Z$ 满足定义 6.2 中的 (i)—(iii), 使得任意充分接近 y_0 的 $y \in N$, 有

$$N_K(y) = D\Xi(y)^* N_{\mathcal{Q}}(\Xi(y)). \tag{6.22}$$

设 $\Lambda(x_0)$ 和 $\mathcal{M}(x_0)$ 分别为问题 (P) 和 $(\mathcal{P})$ 的 Lagrange 乘子集合, 则

$$\Lambda(x_0) = D\Xi(y_0)^* \mathcal{M}(x_0). \tag{6.23}$$

注意到 $D\Xi(y_0)$ 是映上的, 则 $D\Xi(y_0)^*$ 是一对一的. 问题 (P) 在 x_0 处的 Robinson 约束规范成立当且仅当问题 $(\mathcal{P})$ 在 x_0 处的 Robinson 约束规范成立.

称问题 (P) 在可行点 x_0 处是约束非退化的, 如果

$$DG(x_0)X + \mathrm{lin}\, T_K(G(x_0)) = Y. \tag{6.24}$$

因为 $D\Xi(y_0)$ 是映上的, 即 $D\Xi(y_0)Y = Z$, 所以由下式

$$\begin{aligned} & DG(x_0)X + \mathrm{lin}\, T_K(G(x_0)) = Y \\ \Longleftrightarrow\ & D\Xi(y_0)DG(x_0)X + \mathrm{lin}[D\Xi(y_0)T_K(G(x_0))] = D\Xi(y_0)Y \\ \Longleftrightarrow\ & D\mathcal{G}(x_0)X + \mathrm{lin}\, T_{\mathcal{Q}}(\mathcal{G}(x_0)) = Z, \end{aligned} \tag{6.25}$$

我们可得问题 (P) 在 x_0 处约束非退化条件成立当且仅当问题 $(\mathcal{P})$ 在 x_0 处约束非退化条件成立.

定义 6.3 称问题 (P) 在可行点 x_0 处严格互补条件成立, 如果存在 Lagrange 乘子 $\lambda \in \Lambda(x_0)$, 使得 $\lambda \in \mathrm{ri}\, N_K(G(x_0))$.

定义 6.4 设 x_0 是问题 (P) 的可行点. 问题 (P) 在 x_0 处的临界锥 $C(x_0)$ 定义为

$$C(x_0) := \{d \in X : DG(x_0)d \in T_K(G(x_0)), Df(x_0)d \leqslant 0\}. \tag{6.26}$$

注意到

$$\begin{aligned} C(x_0) &= \{d \in X : DG(x_0)d \in T_K(G(x_0)), Df(x_0)d \leqslant 0\} \\ &= \{d \in X : D\Xi(y_0)DG(x_0)d \in D\Xi(y_0)T_K(y_0), Df(x_0)d \leqslant 0\} \\ &= \{d \in X : D\mathcal{G}(x_0)d \in T_{\mathcal{Q}}(\mathcal{G}(x_0)), Df(x_0)d \leqslant 0\}, \end{aligned} \tag{6.27}$$

因此问题 (P) 与 ($\mathcal{P}$) 的临界锥相同.

如果 x_0 是问题 (P) 的稳定点, 即 $\exists\lambda \in \Lambda(x_0) \neq \varnothing$, 则

$$\begin{aligned} C(x_0) =& \{d \in X : DG(x_0)d \in T_K(G(x_0)), Df(x_0)d = 0\} \\ =& \{d \in X : DG(x_0)d \in C_K(G(x_0), \lambda)\}, \end{aligned}$$

其中对任何 $y \in K$, 定义 K 在 y 处关于 $\lambda \in N_K(y)$ 的临界锥 $C_K(y,\lambda)$ 为

$$C_K(y,\lambda) := T_K(y) \cap \lambda^{\perp}. \tag{6.28}$$

定义 6.5　令 x_0 是问题 (P) 的稳定点, 我们称问题 (P) 在 x_0 处的二阶充分性条件成立, 如果

$$\sup_{\lambda\in\Lambda(x_0)} \left\{\langle d, \nabla^2_{xx} L(x_0,\lambda)d\rangle - \sigma(\lambda, T^2_K(G(x_0), DG(x_0)d))\right\} > 0, \quad \forall d \in C(x_0)\setminus\{0\}. \tag{6.29}$$

结合 [9, P.242], 可得 (P) 在 x_0 处二阶充分性条件成立当且仅当 ($\mathcal{P}$) 在 x_0 处的二阶充分性条件成立, 即

$$\sup_{\mu\in\mathcal{M}(x_0)} \langle d, \nabla^2_{xx}\mathcal{L}(x_0,\mu)d\rangle > 0, \quad \forall d \in C(x_0)\setminus\{0\}, \tag{6.30}$$

其中 $\mathcal{L} : X \times Z \to \Re$ 为退化问题 ($\mathcal{P}$) 的 Lagrange 函数, 定义为 $\mathcal{L}(x,\mu) := f(x) + \langle \mu, \mathcal{G}(x)\rangle$.

下面给出问题 (P) 的 Jacobian 唯一性条件定义:

定义 6.6　设 x_0 是 (P) 的可行点, 称 x_0 处的 Jacobian 唯一性条件成立, 如果

(i) x_0 为 (P) 的稳定点;

(ii) x_0 处约束非退化条件成立;

(iii) x_0 处严格互补条件成立;

(iv) x_0 处二阶充分性条件成立.

引理 6.4　问题 (P) 在 x_0 处的 Jacobian 唯一性条件成立当且仅当问题 ($\mathcal{P}$) 在 x_0 处的 Jacobian 唯一性条件成立.

KKT 系统 (6.20) 等价于下述非光滑方程:

$$F(x,\lambda) = 0, \tag{6.31}$$

其中 $F : X \times Y \to X \times Y$ 定义为

$$F(x,\lambda) := \begin{pmatrix} \nabla_x L(x,\lambda) \\ G(x) - \Pi_K(G(x)+\lambda) \end{pmatrix} = 0. \tag{6.32}$$

基于 K 是非空闭凸 $\mathcal{C}^2$-锥简约集合的假设, 可得下述关键结论.

命题 6.3 如果问题 (P) 在可行点 x_0 处严格互补条件成立, $\lambda \in \Lambda(x_0)$ 是相应的 Lagrange 乘子, 那么 $\Pi_K(\cdot)$ 在 $\lambda + G(x_0)$ 处 Fréchet 可微.

证明 因为 K 是 C^2-锥简约的, 由 [7, Theorem 7.2] 可知 Π_K 在 $\lambda + G(x_0)$ 处方向可微且对任何方向 $H \in Y$, 方向导数 $\Pi_K'(\lambda + G(x_0); H)$ 是下述强凸问题的唯一最优解:

$$\min\{\|D - H\|^2 - \sigma(\lambda, T_K^2(G(x_0), D)) \mid D \in C_K(G(x_0), \lambda)\}. \tag{6.33}$$

由 [9, Section 3.4.4] 知, 存在自伴随线性算子 $\mathcal{H} : Y \to Y$ 使得

$$\Upsilon(D) := \langle D, \mathcal{H}(D)\rangle = -\sigma(\lambda, T_K^2(G(x_0), D)) \geqslant 0, \quad \forall D \in C_K(G(x_0), \lambda). \tag{6.34}$$

因为 x_0 处相对于 λ 严格互补条件成立, 由 [9, (4.175) 和 (4.176)] 可知, 锥 $C_K(G(x_0), \lambda)$ 是 $n-k$ 维线性子空间, 其中 n 是 Y 的维数, k 是退化空间 Z 的维数, 即

$$C_K(G(x_0), \lambda) = \ker(D\Xi(y_0)) = \{D \in Y \mid D\Xi(y_0)D = 0\}. \tag{6.35}$$

因此, 对任何方向 $H \in Y$, 强凸二次优化问题 (6.33) 有唯一最优解 $\overline{D} := \Pi_K'(\lambda + G(x_0); H)$ 满足下列 KKT 条件:

$$2(\overline{D} - H) + 2\mathcal{H}\overline{D} + D\Xi(y_0)^* z = 0, \quad D\Xi(y_0)\overline{D} = 0, \quad z \in Z. \tag{6.36}$$

尽管 $\mathcal{H}$ 在整个空间 Y 上不是正半定的, 但由 (6.34) 知, 自伴随线性算子 $\mathcal{H}$ 在子空间 $\ker(D\Xi(y_0))$ 上是半正定的. 简单起见, 记 $(I + \mathcal{H})$ 为 A, 其中 $I : Y \to Y$ 是单位映射, 记 $D\Xi(y_0)$ 为 V, 则可得到

$$\overline{D} = (A^{-1} - A^{-1}V^*(VA^{-1}V^*)^{-1}VA^{-1})H, \tag{6.37}$$

可见方向导数 $\Pi_K'(\lambda + G(x_0); H)$ 是关于 H 的线性函数, 则 Π_K 在 $\lambda + G(x_0)$ 处是 Gâteaux 可微的. 另一方面, 因为投影算子 Π_K 在 Y 上是全局 Lipschitz 连续的, 则有 Π_K 在 $\lambda + G(x_0)$ 处是 Fréchet 可微的当且仅当 Π_K 在 $\lambda + G(x_0)$ 处是 Gâteaux 可微的[78, Theorem 7.2], 因此, Π_K 在 $\lambda + G(x_0)$ 处是 Fréchet 可微的. ■

引理 6.5 设 (x_0, λ_0) 为 (P) 的可行点, 且在该点处 Jacobian 唯一性条件成立, 那么 F 的 Jacobian 阵在 (x_0, λ_0) 处是非奇异的.

证明 由 x_0 处的约束非退化条件可知 $\Lambda(x_0)$ 是单点集, 记为 λ_0. 由命题 6.3, 可知 $\Pi_K(\lambda_0 + G(x_0))$ 可微, 即 $D\Pi_K(\lambda_0 + G(x_0))H = \Pi_K'(\lambda_0 + G(x_0); H)$.

任意选取 $d = (d_x, d_\lambda) \in X \times Y$ 满足下式:

$$DF(x_0, \lambda_0)d = \begin{pmatrix} \nabla_{xx}^2 L(x_0, \lambda_0)d_x + DG(x_0)^* d_\lambda \\ DG(x_0)d_x - D\Pi_K(G(x_0) + \lambda_0)(DG(x_0)d_x + d_\lambda) \end{pmatrix} = 0. \tag{6.38}$$

由引理 6.8 的 (i) 可得

$$DG(x_0)d_x \in C_K(G(x_0,\lambda_0)), \quad \langle DG(x_0)d_x, d_\lambda\rangle = -\sigma(\lambda_0, \mathcal{T}_K^2(G(x_0), DG(x_0)d_x)).$$

因此有 $d_x \in C(x_0)$. 还有

$$\begin{aligned} 0 &= \langle d_x, \nabla_{xx}^2 L(x_0,\lambda_0)d_x\rangle + \langle DG(x_0)d_x, d_\lambda\rangle \\ &= \langle d_x, \nabla_{xx}^2 L(x_0,\lambda_0)d_x\rangle - \sigma(\lambda_0, \mathcal{T}_K^2(G(x_0), DG(x_0)d_x)). \end{aligned}$$

因此, 由 $d_x \in C(x_0)$ 及二阶充分性条件可得

$$d_x = 0.$$

从而 (6.38) 退化为

$$\begin{pmatrix} DG(x_0)^* d_\lambda \\ D\Pi_K(G(x_0)+\lambda_0)d_\lambda \end{pmatrix} = 0. \tag{6.39}$$

由引理 6.8 的 (ii), 我们有

$$d_\lambda \in [DG(x_0)X + T_K(G(x_0)) \cap \lambda_0^\perp]^-,$$

结合 x_0 处的严格互补条件、约束非退化条件及 [9, Proposition 4.73], 可得 $d_\lambda = 0$. 因此有 F 的 Jacobian 阵在 (x_0,λ_0) 处是非奇异的. ■

考虑下述参数优化问题

$$(\mathrm{P}_u) \qquad \begin{cases} \min\limits_{x\in X} & f(x,u) \\ \text{s.t.} & G(x,u) \in K, \end{cases} \tag{6.40}$$

其中参数变量 u 属于 Banach 空间 $\mathcal{U}$, $f: X\times\mathcal{U} \to \Re$ 和 $G: X\times\mathcal{U}\to Y$ 是连续函数, X 和 Y 为两个有限维实欧氏空间, K 为 Y 中非空闭凸集. 假设对于给定的 u_0, 问题 (P_{u_0}) 与非扰动问题 (P) 一致.

(P_u) 的 KKT 系统等价于下述非光滑方程:

$$F(x,\lambda,u) = 0, \tag{6.41}$$

其中定义 $F: X\times Y\times\mathcal{U} \to X\times Y$

$$F(x,\lambda,u) := \begin{pmatrix} \nabla_x L(x,\lambda,u) \\ G(x,u) - \Pi_K(G(x,u)+\lambda) \end{pmatrix} = 0, \tag{6.42}$$

Lagrange 函数 $L: X\times Y\times\mathcal{U}\to\Re$ 被定义为

$$L(x,\lambda,u) := f(x,u) + \langle\lambda, G(x,u)\rangle, \quad (x,\lambda,u)\in X\times Y\times\mathcal{U}. \tag{6.43}$$

基于 K 为 $\mathcal{C}^2$-锥简约的假设, 在 x_0 的某一邻域内, 参数优化问题 (P_u) 与下述退化问题等价:

$$(\mathcal{P}_u) \qquad \begin{cases} \min\limits_{x\in X} & f(x,u) \\ \text{s.t.} & \mathcal{G}(x,u)\in\mathcal{Q}, \end{cases} \tag{6.44}$$

其中 $\mathcal{G}(x,u):=\Xi(G(x,u))$. 由定义 6.2 (iii) 可知, 对充分接近 u_0 的 u, (P_u) 与 $(\mathcal{P}_u)$ 的可行集在 x_0 附近一致. 因此, 对充分接近 u_0 的 u, (P_u) 与 $(\mathcal{P}_u)$ 的最优解集在 x_0 附近也一致.

定理 6.9 假设 $f(x,u)$ 和 $G(x,u)$ 均有关于 x 的二阶偏导数, 且函数 $f(\cdot,\cdot)$, $G(\cdot,\cdot)$, $D_xf(\cdot,\cdot)$, $D_xG(\cdot,\cdot)$, $D^2_{xx}f(\cdot,\cdot)$ 和 $D^2_{xx}G(\cdot,\cdot)$ 在 $X\times\mathcal{U}$ 上连续. 令 $u_0\in\mathcal{U}$, (x_0,λ_0) 为问题 (P_{u_0}) 的可行解且在该点 Jacobian 唯一性条件成立.

那么, 存在开邻域 $M(u_0)\subset\mathcal{U}$ 和 $N(x_0,\lambda_0)\subset X\times Y$, 连续函数 $\mathcal{Z}:M\to N$, 使得 $\mathcal{Z}(u_0)=(x_0,\lambda_0)$, 并且对任何 $u\in M$, $\mathcal{Z}(u)$ 是问题 (P_u) 在 N 上唯一的 KKT 点也是函数 $F(\cdot,\cdot,u)$ 在 N 上的唯一零点. 进一步, 若 $\mathcal{Z}(u):=(x(u),\lambda(u))$, 则对任何 $u\in M$, $x(u)$ 是 (P_u) 的孤立局部极小点且在该点处 Jacobian 唯一性条件亦成立.

证明 由引理 6.5, $F(x,\lambda,u)$ 关于 (x,λ) 的 Jacobian 阵在 (x_0,λ_0,u_0) 处是非奇异的, 则由隐函数定理[35, Theorems 1-2(4.XVII)], 存在开邻域 $M_0(u_0)\subset\mathcal{U}$, $N_0(x_0,\lambda_0)\subset X\times Y$ 和连续函数 $\mathcal{Z}:M_0\to N_0$ 使得 $\mathcal{Z}(u_0)=(x_0,\lambda_0)$, 且对任何 $u\in M_0$, $\mathcal{Z}(u)$ 是 $F(\cdot,\cdot,u)$ 在 N_0 上的唯一零点, 即有 $F(\mathcal{Z}(u),u)=0$.

此外, 存在开邻域 $M_1(u_0)$ 和 $N_1(x_0,\lambda_0)$ 使得对于 $(x,\lambda)\in N_1$ 且 $u\in M_1$, 问题 (P_u) 与 $(\mathcal{P}_u)$ 等价.

令 $N:=N_0\cap N_1$, 则由 $\mathcal{Z}$ 连续且 $\mathcal{Z}(u_0)=(x_0,\lambda_0)$, 可以找到一开邻域 $M_2(u_0)\subset M_1\cap M_0$ 使得 $u\in M_2$ 可推出 $\mathcal{Z}(u)\in N$. 因为 $F(\mathcal{Z}(u),u)=0$, 则对任何 $u\in M_2$, $\mathcal{Z}(u)$ 满足 (P_u) 的 KKT 条件. 令 $\mathcal{Z}(u)=(\tilde{x},\tilde{\lambda})$, 由 (6.42) 的第二个等式, 有 $G(\tilde{x},u)=\Pi_K(G(\tilde{x},u)+\tilde{\lambda})$, 这意味着 $\tilde{\lambda}\in N_K(G(\tilde{x},u))$, 则 $N_K(G(\tilde{x},u))\neq\varnothing$, 那么 $G(\tilde{x},u)\in K$, 即 $\tilde{x}$ 是 (P_u) 的可行点, 因此 $\mathcal{Z}(u)$ 是问题 (P_u) 的 KKT 点, 它在 N 上是唯一的因为它是 $F(\cdot,\cdot,u)$ 在 N 上的唯一零点.

进一步, 如果 $\mathcal{Z}(u):=(x(u),\lambda(u))$, 我们有 $\lambda(u)\in N_K(G(x(u),u))$, 由引理 6.3, 可知存在唯一元素 $\mu(u)\in N_{\mathcal{Q}}(\mathcal{G}(x(u),u))$ 使得 $\lambda(u)=D\Xi(G(x(u),u))^*\mu(u)$. 由严格互补条件, 即 $\lambda(u_0)\in\operatorname{ri}N_k(G(x(u_0)))$, 存在唯一元素 $\mu(u_0)\in\operatorname{ri}N_{\mathcal{Q}}(\mathcal{G}(x(u_0)))$. 因为 $\mathcal{Q}$ 是闭凸锥, 且 $\mathcal{G}(x(u_0))=\Xi(G(x_0))=0$, 则有 $\mu(u_0)\in\operatorname{ri}N_{\mathcal{Q}}(\mathcal{G}(x(u_0)))=\operatorname{ri}\mathcal{Q}^-$, 因此存在开邻域 $M_3(u_0)\subset M_2$ 使得对任何 $u\in M_3$, $\mu(u)\in\operatorname{ri}\mathcal{Q}^-$, 即

$$\langle\mu(u),z\rangle<0,\quad \forall z\in\mathcal{Q}\backslash\{0\}.$$

注意到 $\mu(u)\in N_{\mathcal{Q}}(\mathcal{G}(x(u),u))$ 意味着 $\mu(u)\in[|\mathcal{G}(x(u),u)|]^{\perp}$ 且 $\mathcal{G}(x(u),u)\in\mathcal{Q}$, 即

$$\langle\mu(u),\mathcal{G}(x(u),u)\rangle=0,$$

由此可得 $\mathcal{G}(x(u),u)=0$, 则有 $\mu(u)\in\mathrm{ri}\ \mathcal{Q}^{\circ}=\mathrm{ri}\ N_{\mathcal{Q}}(\mathcal{G}(x(u),u))$, 这意味着 $(\mathcal{P}_u)$ 的严格互补条件在 $(x(u),\mu(u))$ 处成立, $\forall u\in M_3$, 由引理 6.4, 严格互补条件在 $\mathcal{Z}(u)$ 处亦成立.

根据 (P_u) 在 x_0 处的约束非退化条件及引理 6.4, 得 $D\mathcal{G}(x_0)X+\mathrm{lin}\,T_{\mathcal{Q}}(\mathcal{G}(x_0))=Z$, 即 $D\mathcal{G}(x_0)X=Z$, 这意味着 $D\mathcal{G}(x_0)X$ 是映上的, 则存在开邻域 $M_4(u_0)\subset M_3$ 使得对任何 $u\in M_4$, $D\mathcal{G}(x(u),u)X=Z$. 因此, 由 $\mathcal{G}(x(u),u)=0$, 有 $\mathrm{lin}\,T_{\mathcal{Q}}(\mathcal{G}(x(u),u))=0$, 则有 $D\mathcal{G}(x(u),u)X+\mathrm{lin}\,T_{\mathcal{Q}}(\mathcal{G}(x(u),u))=Z$, 这意味着 $(\mathcal{P}_u)$ 的约束非退化条件在 $x(u)$ 处成立. 由引理 6.4 可知, (P_u) 在 $x(u)$ 处的约束非退化条件也成立.

下证二阶充分性条件在 $\mathcal{Z}(u)$ 成立. 首先观察到对任何 $u\in M_4$, $\mathcal{Z}(u)$ 是 KKT 点. 考虑集值映射

$$\Gamma(u):=C(x(u),u),$$

其中 $C(x(u),u)$ 是 (P_u) 的临界锥. 不失一般性, 假设 $\Gamma(u)\backslash\{0\}$ 非空. 对任何 $u\in M_4$, 可以很容易地证明 Γ 的图是闭的. 因此, 如果令 B 是 X 中的单位球面, 函数 $\Gamma(u)\cap B$ 在 M_4 上是上半连续的, 且 $\Gamma(u)\cap B$ 非空. 考虑函数

$$\delta(u):=\min_{d\in\Gamma(u)\cap B}\langle d,\nabla^2_{xx}\mathcal{L}(x(u),\mu(u))d\rangle.$$

显然, 上式被极小化的函数关于 u 和 d 连续, 且 $\Gamma(u)\cap B$ 在 u 上是上半连续的, 由 [4, Theorem 2, P.116], 对任何 $u\in M_4$, δ 关于 u 下半连续. 结合 $\mathcal{Z}(u_0)$ 处的二阶充分性条件及 (6.29) 和 (6.30), 可得 $\delta(u_0)>0$. 因此, 存在开邻域 $M(u_0)\subset M_4$ 使得对任何 $u\in M$, 也有 $\delta(u)>0$, 再结合 (6.29) 和 (6.30), 即可得到对任何 $u\in M$, $\mathcal{Z}(u)$ 满足二阶充分性条件. ■

6.3.2　稳健孤立平稳性

本节取材于 [17]. 主要结论为当 K 是 $\mathcal{C}^2$-锥简约时, 在 Robinson 约束规范条件下, KKT 解映射的稳健孤立平稳性等价于严格约束规范和二阶充分性条件.

设 $\mathcal{X}$ 和 $\mathcal{Y}$ 是两个有限维实欧氏空间. 考虑带有标准扰动的优化问题

$$\begin{cases}\min & f(x)-\langle a,x\rangle\\ \mathrm{s.t.} & G(x+b)\in K,\end{cases}\tag{6.45}$$

其中 $f:\mathcal{X}\to\Re$ 和 $G:\mathcal{X}\to\mathcal{Y}$ 二次连续可微, K 是 $\mathcal{Y}$ 中非空闭凸集且是 $\mathcal{C}^2$-锥简约的, $(a,b)\in\mathcal{X}\times\mathcal{Y}$ 为扰动参数.

对任意给定的 $(a,b)\in\mathcal{X}\times\mathcal{Y}$, 记问题 (6.45) 的所有局部最优解集为 $X(a,b)$. 点 $x\in X(a,b)$ 称为孤立的, 若存在 x 的开邻域 $\mathcal{V}$ 使得 $X(a,b)\cap\mathcal{V}=\{x\}$. 对于给定的 (a,b), 记问题 (6.45) 的可行集为 $\Phi(a,b)$, 即

$$\Phi(a,b):=\{x\in\mathcal{X}|G(x)+b\in K\},\quad (a,b)\in\mathcal{X}\times\mathcal{Y}. \tag{6.46}$$

记 Lagrange 函数 $L:\mathcal{X}\times\mathcal{Y}\to\Re$ 为

$$L(x;y):=f(x)+\langle y,G(x)\rangle,\quad (x,y)\in\mathcal{X}\times\mathcal{Y}. \tag{6.47}$$

对任何 $y\in\mathcal{Y}$, 记 $L(\cdot;y)$ 在 $x\in\mathcal{X}$ 处的导数为 $L'_x(x;y)$, 记 $L'_x(x;y)$ 的伴随为 $\nabla_x L(x;y)$. 对于给定的扰动参数 (a,b), 问题 (6.45) 的一阶最优性条件, 即 KKT 条件如下:

$$\begin{cases} a=\nabla_x L(x;y),\\ b\in -G(x)+\partial\sigma(y,K)\end{cases}\Longleftrightarrow\begin{cases} a=\nabla_x L(x;y),\\ y\in N_K(G(x)+b).\end{cases} \tag{6.48}$$

对于给定的 (a,b), KKT 系统 (6.48) 的所有解 (x,y) 集合记为 $S_{\rm KKT}(a,b)$. 记问题 (6.45) 关于 (a,b) 的所有稳定点集合为 $X_{\rm KKT}(a,b)$, 即

$$X_{\rm KKT}(a,b):=\{x\in\mathcal{X}|\exists y\in\mathcal{Y}\text{使得(6.48)在}(x,y)\text{处成立}\}.$$

与 (x,a,b) 有关的 Lagrange 乘子集合定义为

$$M(x,a,b):=\{y\in\mathcal{Y}|(x,y)\in S_{\rm KKT}(a,b)\}. \tag{6.49}$$

为了研究集值映射孤立平稳性与 Aubin 性质之间的关系, 需要下述结果.

引理 6.6[30] 假设 $F:\mathcal{E}\to\mathcal{E}$ 在 $\bar q\in\mathcal{E}$ 附近局部 Lipschitz 连续且 F 在 $\bar q$ 处方向可微. 如果 F^{-1} 在 $\bar p:=F(\bar q)$ 处关于 $\bar q$ 具有 Aubin 性质, 则存在 $\bar q$ 的开邻域 $\mathcal{V}$ 使得 $F^{-1}(\bar p)\cap\mathcal{V}=\{\bar q\}$.

由上述引理可知, 对于满足假设条件的函数 F, F^{-1} 的 Aubin 性质可推出 F^{-1} 的孤立平稳性.

下面引理介绍 $\mathcal{C}^2$-锥简约集合 K 的法锥和 "Sigma 项".

引理 6.7 给定 $\overline{A}\in K$, 则存在 $\overline{A}$ 的开邻域 $\mathcal{W}\subset\mathcal{Y}$、有限维空间 $\mathcal{Z}$ 中的闭凸点锥和二次连续可微函数 $\Xi:\mathcal{W}\to\mathcal{Z}$ 满足定义 6.2 中的 (i)—(iii), 使得对充分接近 $\overline{A}$ 的 $A\in\mathcal{W}$ 有

$$N_K(A)=\Xi'(A)^*N_Q(\Xi(A)), \tag{6.50}$$

其中 $\Xi'(A)^*:\mathcal{Z}\to\mathcal{Y}$ 是 $\Xi'(A)$ 的伴随. 特别地, 对任何 $\overline{B}\in N_K(\overline{A})$, 存在 $N_Q(\Xi(\overline{A}))$ 中的唯一元素 u 使得 $\overline{B}=\Xi'(\overline{A})^*u$, 记为 $(\Xi'(\overline{A})^*)^{-1}\overline{B}$. 进一步, 还有对任何 $D\in C_K(\overline{A},\overline{B})$,

$$\sigma(\overline{B},T_k^2(\overline{A},D))=-\langle(\Xi'(\overline{A})^*)^{-1}\overline{B},\Xi''(\overline{A})(D,D)\rangle, \tag{6.51}$$

其中对任何 $A \in K$, $C_K(A,B)$ 为 K 在 A 处关于 $B \in N_K(A)$ 的临界锥, 定义为 $C_K(A,B) := T_K(A) \cap B^{\perp}$.

当 $(a,b) = (0,0)$ 时, 对于问题 (6.45) 的可行解 $\bar{x}$ 及约束 $G(\bar{x}) \in K$, 设 $\mathcal{W}$, $\mathcal{Q}$ 和 Ξ 分别为 $G(\bar{x})$ 的开邻域、引理 6.7 中定义的闭凸点锥和二次连续可微函数. 因为 G 连续, 可知存在原点的开邻域 $\mathcal{U} \subset \mathcal{X} \times \mathcal{Y}$ 及 $\bar{x}$ 的开邻域 $\mathcal{V}$ 使得对任何 $(x,a,b) \in \mathcal{V} \times \mathcal{U}$, 有 $G(x) + b \in \mathcal{W}$. 因此, 问题 (6.45) 局部等价于 (在 $\mathcal{V}$ 上问题 (6.45) 与 (6.52) 最优解相同) 下述退化问题:

$$\begin{cases} \min & f(x) - \langle a, x\rangle \\ \text{s.t.} & \mathcal{G}(x,b) \in \mathcal{Q}, \end{cases} \tag{6.52}$$

其中对任何 $(x,a,b) \in \mathcal{V} \times \mathcal{U}$, $\mathcal{G}(x,b) := \Xi(G(x) + b)$. 此时可知问题 (6.45) 在可行解 $\bar{x}$ 处的 Robinson 约束规范成立当且仅当问题 (6.52) 在可行解 $\bar{x}$ 处的 Robinson 约束规范成立.

下面介绍关于 $\mathcal{C}^2$-锥简约集合 K 上投影算子方向导数的一些有用结论. 假设 $\overline{B} \in N_K(\overline{A})$. 设 $C := \overline{A} + \overline{B}$, 那么有 $\overline{A} = \Pi_K(C)$. 因为 K 是 $\mathcal{C}^2$-锥简约的, 由 [7, Theorem 7.2] 知 Π_K 在 C 处方向可微且对任何方向 $H \in \mathcal{Y}$, 方向导数 $\Pi_K'(C;H)$ 是下述强凸问题的唯一最优解

$$\min\{\|D - H\|^2 - \sigma(\overline{B}, T_K^2(\overline{A}, D)) | D \in C_K(\overline{A}, \overline{B})\}. \tag{6.53}$$

由引理 6.7 中的 (6.51) 知, 存在自伴随线性算子 $\mathcal{H} : \mathcal{Y} \to \mathcal{Y}$ 使得

$$\Upsilon(D) := \langle D, \mathcal{H}(D)\rangle = -\sigma(\overline{B}, T_K^2(\overline{A}, D)) \geqslant 0, \quad \forall D \in C_K(\overline{A}, \overline{B}), \tag{6.54}$$

这意味着 $\mathcal{H}$ 在锥 $C_K(\overline{A}, \overline{B})$ 上是余正的, 但在整个空间 $\mathcal{Y}$ 上不是半正定的. 为克服这个困难, 定义 $h : \mathcal{Y} \to (-\infty, \infty]$ 为

$$h(D) := \Upsilon(D) + \delta_{C_K(\overline{A},\overline{B})}(D), \quad D \in \mathcal{Y}. \tag{6.55}$$

命题 6.4 如 (6.55) 定义的 h 是闭的正常凸函数且 h 在任何点 $D \in C_K(\overline{A}, \overline{B})$ 处的次微分 $\partial h(D) = \nabla \Upsilon(D) + N_{C_K(\overline{A},\overline{B})}(D)$.

证明 首先由 (6.54) 和 (6.55), 可得

$$h(D) = -\sigma(\overline{B}, T_K^2(\overline{A}, D)) + \delta_{C_K(\overline{A},\overline{B})}(D), \quad \forall D \in \mathcal{Y}.$$

因为对任何 $D \in C_K(\overline{A}, \overline{B})$, $\delta_{C_K(\overline{A},\overline{B})}(D) = 0$, 且函数 $-\sigma(\overline{B}, T_K^2(\overline{A}, \cdot))$ 是闭的正常凸函数, 因此 h 在 $\mathcal{Y}$ 上也是闭的正常凸函数. 此外, 由 [73, Proposition 8.12] 知

$\partial h(D) = \partial_L h(D)$, 其中 $h(D)$ 是 h 在 D 处的极限次微分 (可参考 [52, Definition 1.77]). 因此, 由求和法则 (可参考 [52, Proposition 1.107(ii)]) 可得

$$\partial h(D) = \partial_L h(D) = \nabla\Upsilon(D) + N_{C_K(\overline{A},\overline{B})}(D), \quad \forall D \in C_K(\overline{A},\overline{B}). \qquad \blacksquare$$

引理 6.8 令 $C \in \mathcal{Y}$, $\overline{A} = \Pi_K(C)$, 且 $\overline{B} = C - \overline{A}$.

(i) 设 $\Delta A, \Delta B \in \mathcal{Y}$. $\Delta A - \Pi'_K(C; \Delta A + \Delta B) = 0$ 当且仅当

$$\begin{cases} \Delta A \in C_K(\overline{A},\overline{B}), \\ \Delta B - \dfrac{1}{2}\nabla\Upsilon(\Delta A) \in [C_K(\overline{A},\overline{B})]^-, \\ \langle \Delta A, \Delta B\rangle = -\sigma(\overline{B}, T_K^2(\overline{A},\Delta A)). \end{cases} \tag{6.56}$$

(ii) 设 $\mathcal{A}: \mathcal{X} \to \mathcal{Y}$ 是线性算子, 那么下面两个叙述等价:

(a) $\Delta B \in \mathcal{Y}$ 是下列方程的解

$$\begin{cases} \mathcal{A}^*\Delta B = 0, \\ \Pi'_K(C; \Delta B) = 0; \end{cases}$$

(b) $\Delta B \in \left[\mathcal{A}X + T_K(\overline{A}) \cap \overline{B}^{\perp}\right]^-$.

证明 首先证明 (i). 令 $h: \mathcal{Y} \to (-\infty, \infty]$ 如 (6.55) 定义. 由命题 6.4 可知 $h(\cdot)$ 是闭的正常凸函数, 若 $H = \Delta A + \Delta B$, 则 $\overline{D} \in C_K(\overline{A},\overline{B})$ 是问题 (6.53) 的唯一最优解当且仅当 $\overline{D}$ 是下列强凸优化问题的唯一最优解

$$\min\{\|D - (\Delta A + \Delta B)\|^2 + h(D)\}$$

或等价地,

$$0 \in 2(D - (\Delta A + \Delta B)) + \nabla\Upsilon(D) + N_{C_K(\overline{A},\overline{B})}(\overline{D}).$$

由于 $C_K(\overline{A},\overline{B})$ 是闭凸锥, 则可得到 $\Delta A = \Pi'_K(C; \Delta A + \Delta B)$ 当且仅当

$$\begin{cases} \Delta A \in C_K(\overline{A},\overline{B}), \\ \Delta B - \dfrac{1}{2}\nabla\Upsilon(\Delta A) \in [C_K(\overline{A},\overline{B})]^-, \\ \left\langle \Delta A, \Delta B - \dfrac{1}{2}\nabla\Upsilon(\Delta A)\right\rangle = 0, \end{cases}$$

再结合对任何 $\Delta A \in C_K(\overline{A},\overline{B})$,

$$\langle \Delta A, \nabla\Upsilon(\Delta A)\rangle = 2\Upsilon(\Delta A) = -2\sigma(B, T_K^2(\overline{A},\Delta A)),$$

可得 (6.56) 成立.

利用 $0 \in C_K(\overline{A}, \overline{B})$ 的事实并令 (i) 中的 $\Delta A = 0$, 可以立即得到结果 (ii). ■

对于给定的 $(a,b) \in \mathcal{X} \times \mathcal{Y}$, 众所周知, KKT 系统 (6.48) 的解集可被写为

$$S_{\mathrm{KKT}}(a,b) = \{(x, z - \Pi_K(z)) \in \mathcal{X} \times \mathcal{Y} | \Psi(x,z) = (a,-b)\}, \tag{6.57}$$

其中 $\Psi : \mathcal{X} \times \mathcal{Y} \to \mathcal{X} \times \mathcal{Y}$ 是 Robinson 法映射, 其定义为

$$\Psi(x,z) = \begin{pmatrix} \nabla f(x) + G'(x)^*(z - \Pi_K(z)) \\ G(x) - \Pi_K(z) \end{pmatrix}, \quad (x,z) \in \mathcal{X} \times \mathcal{Y}. \tag{6.58}$$

设 $(\bar{x}, \bar{y})$ 是当 $(a,b) = (0,0)$ 时 KKT 系统 (6.48) 的解. 记 $\bar{z} := G(\bar{x}) + \bar{y}$. 因为 Π_K 是全局 Lipschitz 连续的 (依模 1) 且 G 是局部 Lipschitz 连续的, 可以很容易地证明 KKT 解映射 S_{KKT} 在原点关于 $(\bar{x}, \bar{y})$ 是孤立平稳的 (稳健孤立平稳的) 当且仅当集值映射 Ψ^{-1} 在原点关于 $(\bar{x}, \bar{z})$ 是孤立平稳的 (稳健孤立平稳的). 此外, S_{KKT} 在原点关于 $(\bar{x}, \bar{y})$ 具有 Aubin 性质当且仅当 Ψ^{-1} 在原点关于 $(\bar{x}, \bar{z})$ 具有 Aubin 性质.

当 $(a,b) = (0,0)$ 时, KKT 系统 (6.48) 等价于下述非光滑方程系统:

$$F(x,y) = 0, \tag{6.59}$$

其中 $F : \mathcal{X} \times \mathcal{Y} \to \mathcal{X} \times \mathcal{Y}$ 为如下定义的自然映射:

$$F(x,y) := \begin{pmatrix} \nabla f(x) + G'(x)^* y \\ G(x) - \Pi_K(G(x) + y) \end{pmatrix}, \quad (x,y) \in \mathcal{X} \times \mathcal{Y}. \tag{6.60}$$

显然, $(0,0,\bar{x},\bar{y}) \in \operatorname{gph} S_{\mathrm{KKT}}$ 当且仅当 $(0,0,\bar{x},\bar{y}) \in \operatorname{gph} F^{-1}$. 下述结论可由孤立平稳性的定义得到, 不必假设 K 是 $\mathcal{C}^2$-锥简约的.

引理 6.9　设 $(0,0,\bar{x},\bar{y}) \in \operatorname{gph} S_{\mathrm{KKT}}$. 集值映射 S_{KKT} 在原点关于 $(\bar{x},\bar{y})$ 是孤立平稳的当且仅当集值映射 F^{-1} 在原点关于 $(\bar{x},\bar{y})$ 是孤立平稳的.

证明　首先假设 S_{KKT} 在原点关于 $(\bar{x},\bar{y})$ 是孤立平稳的. 则存在 $\kappa > 0$, $\varepsilon_1 > 0$ 和 ε_2 使得对任何 $(a,b) \in \mathcal{X} \times \mathcal{Y}$ 满足 $\|(a,b)\| < \varepsilon_1$, 有

$$S_{\mathrm{KKT}}(a,b) \cap \{(x,y) \in \mathcal{X} \times \mathcal{Y} | \|(x,y) - (\bar{x},\bar{y})\| < \varepsilon_2\} \subset \{(\bar{x},\bar{y})\} + \kappa \|(a,b)\| \mathbb{B}_{\mathcal{X} \times \mathcal{Y}}. \tag{6.61}$$

注意到 G 是连续可微的, 则存在常数 $\varepsilon_3 > 0$ 使得对任何 (x,y) 满足 $\|(x,y) - (\bar{x},\bar{y})\| < \varepsilon_2$ 有 $\|G'(x)\| \leqslant \varepsilon_3$. 选取 $0 < \eta_1 < \min\{\varepsilon_1/\sqrt{2\varepsilon_3^2 + 2}, \varepsilon_2/2\}$ 和 $0 < \eta_2 < \varepsilon_2/2$. 对任何 $(\hat{a},\hat{b}) \in \mathcal{X} \times \mathcal{Y}$ 满足 $\|(\hat{a},\hat{b})\| < \eta_1$, 任选 $(\hat{x},\hat{y}) \in F^{-1}(\hat{a},\hat{b}) \cap \{(x,y) | \|(x,y) - (\bar{x},\bar{y})\| < \eta_2\}$. 则由 (6.59) 可得

$$\begin{cases} \nabla f(\hat{x}) + G'(\hat{x})^* \hat{y} = \hat{a}, \\ G(\hat{x}) - \hat{b} - \Pi_K(G(\hat{x}) - \hat{b} + \hat{b} + \hat{y}) = 0, \end{cases}$$

这等价于

$$\begin{cases} \nabla f(\hat{x}) + G'(\hat{x})^*(\hat{y}+b) = \hat{a} + G'(\hat{x})^*\hat{b}, \\ \hat{y} + \hat{b} \in N_K(G(\hat{x}) - \hat{b}). \end{cases}$$

因此, 由 (6.48) 可得 $(\hat{x}, \hat{y}+\hat{b}) \in S_{\rm KKT}(\hat{a}+G'(\hat{x})^*\hat{b}, -\hat{b})$. 此外, 因为有 $\|(\hat{x},\hat{y}) - (\bar{x},\bar{y})\| < \eta_2$, 则有

$$\|(\hat{x}, \hat{y}+\hat{b}) - (\bar{x},\bar{y})\| \leqslant \|(\hat{x},\hat{y}) - (\bar{x},\bar{y})\| + \|\hat{b}\| < \eta_2 + \|(\hat{a},\hat{b})\| < \frac{\varepsilon_2}{2} + \eta_1 < \varepsilon_2,$$

这可推出 $(\hat{x}, \hat{y}+\hat{b}) \in S_{\rm KKT}(\hat{a}+G'(\hat{x})^*\hat{b}, -\hat{b}) \cap \{(x,y) | \|(x,y) - (\bar{x},\bar{y})\| < \varepsilon_2\}$. 注意到 $\|(\hat{a}+G'(\hat{x})^*\hat{b}, -\hat{b})\| \leqslant \sqrt{2\varepsilon_3^2+2}\|(\hat{a},\hat{b})\| < \varepsilon_1$, 则由 (6.61) 可得

$$\|(\hat{x}, \hat{y}+\hat{b}) - (\bar{x},\bar{y})\| \leqslant \kappa\sqrt{2\varepsilon_3^2+2}\|(\hat{a},\hat{b})\|.$$

因此, 有

$$\|\hat{x}-\bar{x}\|^2 + \frac{1}{2}\|\hat{y}-\bar{y}\|^2 - \|\hat{b}\|^2 \leqslant \|\hat{x}-\bar{x}\|^2 + \|\hat{y}-\bar{y}+\hat{b}\|^2 \leqslant \kappa^2(2\varepsilon_3^2+2)\|(\hat{a},\hat{b})\|^2.$$

故有 $\|\hat{x}-\bar{x}\|^2 + \|\hat{y}-\bar{y}\|^2 \leqslant 4(\kappa^2(\varepsilon_3^2+1)+1)\|(\hat{a},\hat{b})\|^2$. 由 $(\hat{x},\hat{y})$ 选取的任意性, 可得对任何 $\|(\hat{a},\hat{b})\| < \eta_1$,

$$F^{-1}(\hat{a},\hat{b}) \cap \{(x,y) | \|(x,y) - (\bar{x},\bar{y})\| < \eta_2\} \subset \{(\bar{x},\bar{y})\} + \tau\|(\hat{a},\hat{b})\|\mathbb{B}_{\mathcal{X}\times\mathcal{Y}}, \tag{6.62}$$

其中 $\tau = 2\sqrt{\kappa^2(\varepsilon_3^2+1)+1} > 0$. 因此, F^{-1} 在原点关于 $(\bar{x},\bar{y})$ 是孤立平稳的.

反之, 假设 F^{-1} 在原点关于 $(\bar{x},\bar{y})$ 是孤立平稳的. 则存在 $\tau > 0$, $\eta_1 > 0$ 和 η_2 使得对任何 $\|(\hat{a},\hat{b})\| < \eta_1$, 有 (6.62) 成立. 再由 $G'(x)$ 的连续性, 存在常数 $\eta_3 > 0$ 使得对任何 $\|(x,y) - (\bar{x},\bar{y})\| < \eta_2$ 有 $\|G'(x)\| \leqslant \eta_3$. 选取 $0 < \varepsilon_1 < \min\{\eta_1/\sqrt{2\eta_3^2+2}, \eta_2/2\}$ 和 $0 < \varepsilon_2 < \eta_2/2$. 对任何 $(a,b) \in \mathcal{X}\times\mathcal{Y}$ 满足 $\|(a,b)\| < \varepsilon_1$, 任选 $(\tilde{x},\tilde{y}) \in S_{\rm KKT}(a,b) \cap \{(x,y) | \|(x,y) - (\bar{x},\bar{y})\| < \varepsilon_2\}$. 则由 (6.48) 可得

$$\begin{cases} \nabla f(\tilde{x}) + G'(\tilde{x})^*(\tilde{y}+b) = a + G'(\tilde{x})^*b, \\ G(\tilde{x}) - \Pi_K(G(\tilde{x}) + b + \tilde{y}) = -b. \end{cases}$$

因此, 由 (6.59) 可得 $(\tilde{x}, \tilde{y}+b) \in F^{-1}(a+G'(\tilde{x})^*b, -b)$. 此外, 因为有 $\|(\tilde{x},\tilde{y}) - (\bar{x},\bar{y})\| < \varepsilon_2$, 则有

$$\|(\tilde{x}, \tilde{y}+b) - (\bar{x},\bar{y})\| \leqslant \|(\tilde{x},\tilde{y}) - (\bar{x},\bar{y})\| + \|b\| < \varepsilon_2 + \|(a,b)\| < \frac{\eta_2}{2} + \varepsilon_1 < \eta_2,$$

这可推出 $(\tilde{x}, \tilde{y}+b) \in F^{-1}(a+G'(\tilde{x})^*b, -b) \cap \{(x,y) | \|(x,y) - (\bar{x},\bar{y})\| < \eta_2\}$. 同样注意到 $\|(a+G'(\tilde{x})^*b, -b)\| \leqslant \sqrt{2\eta_3^2+2}\|(a,b)\| < \eta_1$, 则由 (6.62) 可得

$$\|\tilde{x}-\bar{x}\|^2 + \frac{1}{2}\|\tilde{y}-\bar{y}\|^2 - \|b\|^2 \leqslant \|\tilde{x}-\bar{x}\|^2 + \|\tilde{y}-\bar{y}+b\|^2 \leqslant \tau^2(2\eta_3^2+2)\|(a,b)\|^2.$$

故有 $\|\tilde{x}-\bar{x}\|^2+\|\tilde{y}-\bar{y}\|^2 \leqslant 4(\tau^2(\eta_3^2+1)+1)\|(a,b)\|^2$. 由 $(\tilde{x},\tilde{y})$ 的任意性, 可得对任何 $\|(a,b)\|<\varepsilon_1$, (6.61) 成立, 其中 $\kappa=2\sqrt{\tau^2(\eta_3^2+1)+1}>0$. 因此, $S_{\rm KKT}$ 在原点关于 $(\bar{x},\bar{y})$ 是孤立平稳的. ■

在 K 是 $\mathcal{C}^2$-锥简约的假设下, 由 F 在 $(\bar{x},\bar{y})$ 附近是局部 Lipschitz 连续的且在 $(\bar{x},\bar{y})\in\mathcal{X}\times\mathcal{Y}$ 处方向可微, 下述关于 F^{-1} 的孤立平稳性结果可由定理 3.9 与 [73, 8(19)] 直接得到.

引理 6.10 设 $\bar{x}$ 为当 $(a,b)=(0,0)$ 时问题 (6.45) 的稳定点. 假设 $\bar{y}\in M(\bar{x},0,0)$. 那么集值映射 F^{-1} 在原点处关于 $(\bar{x},\bar{y})$ 是孤立平稳的当且仅当 $F'((\bar{x},\bar{y});(\Delta x,\Delta y))=0$ 可推出 $(\Delta x,\Delta y)=0$, 即

$$\left\{\begin{array}{l}\nabla_{xx}^2L(\bar{x};\bar{y})\Delta x+G'(\bar{x})^*\Delta y=0,\\ G'(\bar{x})\Delta x-\Pi_K'(G(\bar{x})+\bar{y};G'(\bar{x})\Delta x+\Delta y)=0\end{array}\right.\Longrightarrow(\Delta x,\Delta y)=0. \tag{6.63}$$

由 [38] 可知对于 $(a,b)=(0,0)$ 时的问题 (6.45)(K 不需要是 $\mathcal{C}^2$-锥简约的), 如果 $S_{\rm KKT}$ 在原点关于 $(\bar{x},\bar{y})$ 具有 Aubin 性质, 则在 $\bar{x}$ 处约束非退化条件成立. 因此, 结合 K 是 $\mathcal{C}^2$-锥简约凸集且 Π_K 在任何点 $y\in\mathcal{Y}$ 处方向可微的事实, 再由引理 6.6 可得下述关于 F^{-1} 的 Aubin 性质及孤立平稳性关系的结论.

命题 6.5 设 $\bar{x}$ 为当 $(a,b)=(0,0)$ 时问题 (6.45) 的稳定点. 假设 F^{-1} 在原点关于 $(\bar{x},\bar{y})$ 具有 Aubin 性质, $\bar{y}\in M(\bar{x},0,0)\neq\varnothing$, 则在 $\bar{x}$ 处约束非退化条件成立且 F^{-1} 在原点关于 $(\bar{x},\bar{y})$ 是孤立平稳的.

命题 6.6 设 $\bar{x}$ 为当 $(a,b)=(0,0)$ 时问题 (6.45) 的稳定点. 如果问题 (6.45) 的二阶充分性条件在 $\bar{x}$ 处成立且严格约束规范在 $\bar{x}$ 处关于 $\bar{y}\in M(\bar{x},0,0)$ 成立, 则 F^{-1} 在原点关于 $(\bar{x},\bar{y})$ 是孤立平稳的.

证明 任取 $(\Delta x,\Delta y)\in\mathcal{X}\times\mathcal{Y}$ 满足

$$\left\{\begin{array}{l}\nabla_{xx}^2L(\bar{x};\bar{y})\Delta x+G'(\bar{x})^*\Delta y=0,\\ G'(\bar{x})\Delta x-\Pi_K'(G(\bar{x})+\bar{y};G'(\bar{x})\Delta x+\Delta y)=0.\end{array}\right. \tag{6.64}$$

由引理 6.8 的 (i), 由 (6.64) 的第二式可得

$$G'(\bar{x})\Delta x\in C_K(G(\bar{x}),\bar{y})\text{且}\langle G'(\bar{x})\Delta x,\Delta y\rangle=-\sigma(\bar{y},T_K^2(G(\bar{x}),G'(\bar{x})\Delta x)).$$

因此可得 $\Delta x\in C(\bar{x})$. 分别将 (6.64) 的第一式两端与 Δx 做内积可得

$$\begin{aligned}0&=\langle\Delta x,\nabla_{xx}^2L(\bar{x},\bar{y})\Delta x\rangle+\langle G'(\bar{x})\Delta x,\Delta y\rangle\\&=\langle\Delta x,\nabla_{xx}^2L(\bar{x},\bar{y})\Delta x\rangle-\sigma(\bar{y},T_K^2(G(\bar{x}),G'(\bar{x})\Delta x)).\end{aligned}$$

则由二阶充分性条件可得 $\Delta x = 0$. 因此, (6.64) 退化为

$$\begin{cases} G'(\bar{x})^*\Delta y = 0, \\ \Pi'_K(G(\bar{x}) + \bar{y}; \Delta y) = 0. \end{cases}$$

由引理 6.8 的 (ii), 可得

$$\Delta y \in [G'(\bar{x})\mathcal{X} + T_K(G(\bar{x})) \cap \bar{y}^{\perp}]^-.$$

则由严格约束规范可知 $\Delta y = 0$. 因此, 由 $(\Delta x, \Delta y)$ 的任意性及引理 6.10, 可得 F^{-1} 在原点关于 $(\bar{x}, \bar{y})$ 是孤立平稳的. ■

引理 6.11 设 $\bar{x}$ 为当 $(a,b) = (0,0)$ 时问题 (6.45) 的稳定点且严格约束规范在 $\bar{x}$ 处关于 $\bar{y} \in M(\bar{x}, 0, 0)$ 成立. 假设 F^{-1} 在原点关于 $(\bar{x}, \bar{y})$ 是孤立平稳的且存在 $\Delta x \in C(\bar{x})\backslash\{0\}$ 使得

$$\langle \Delta x, \nabla_{xx}^2 L(\bar{x}, \bar{y})\Delta x\rangle + \Upsilon(G'(\bar{x})\Delta x) = 0. \tag{6.65}$$

则存在 $\bar{d} \in C(\bar{x})$ 使得

$$\langle \nabla_{xx}^2 L(\bar{x}, \bar{y})\Delta x, \bar{d}\rangle + \frac{1}{2}\langle G'(\bar{x})^*\nabla\Upsilon(G'(\bar{x})\Delta x), \bar{d}\rangle < 0. \tag{6.66}$$

证明 假设对任何 $d \in C(\bar{x})$, 不等式 (6.66) 不成立. 由 (6.65) 及等式

$$\langle \nabla\Upsilon(G'(\bar{x})\Delta x), G'(\bar{x})\Delta x\rangle = 2\Upsilon(G'(\bar{x})\Delta x)$$

可知, Δx 是下列线性锥规划问题的最优解

$$\begin{cases} \min & \langle \nabla_{xx}^2 L(\bar{x}, \bar{y})\Delta x, d\rangle + \dfrac{1}{2}\langle G'(\bar{x})^*\nabla\Upsilon(G'(\bar{x})\Delta x), d\rangle \\ \text{s.t.} & G'(\bar{x})d \in C_K(G(\bar{x}), \bar{y}). \end{cases} \tag{6.67}$$

因为严格约束规范在 $\bar{x}$ 处关于 $\bar{y}$ 成立, 则问题 (6.67) 的 Robinson 约束规范在 Δx 处成立. 因此存在 $\Delta\eta \in \mathcal{Y}$ 使得

$$\begin{cases} \nabla_{xx}^2 L(\bar{x}, \bar{y})\Delta x + \dfrac{1}{2}G'(\bar{x})^*\nabla\Upsilon(G'(\bar{x})\Delta x) + G'(\bar{x})^*\Delta\eta = 0, \\ G'(\bar{x})\Delta x \in C_K(G(\bar{x}), \bar{y}), \\ \Delta\eta \in N_{C_K(G(\bar{x}),\bar{y})}(G'(\bar{x})\Delta x). \end{cases} \tag{6.68}$$

记 $\Delta y := \Delta\eta + \dfrac{1}{2}\nabla\Upsilon(G'(\bar{x})\Delta x)$. 由 $\Delta x \in C(\bar{x})$ 及

$$\langle G'(\bar{x})\Delta x, \nabla\Upsilon(G'(\bar{x})\Delta x)\rangle = 2\Upsilon(G'(\bar{x})\Delta x),$$

可得到

$$\langle G'(\bar{x})\Delta x, \Delta y\rangle = \Upsilon(G'(\bar{x})\Delta x) = -\sigma(\bar{y}, T_K^2(G(\bar{x}), G'(\bar{x})\Delta x)).$$

因此, 由引理 6.8 的 (i) 可得

$$G'(\bar{x})\Delta x - \Pi_K'(G(\bar{x}) + \bar{y}; G'(\bar{x})\Delta x + \Delta y) = 0,$$

结合 (6.68) 的第一个式子, 可得 $0 \neq (\Delta x, \Delta y)$ 满足 (6.63). 这与 F^{-1} 在原点关于 $(\bar{x}, \bar{y})$ 是孤立平稳的矛盾, 假设不成立. ■

应用引理 6.11, 可知命题 6.6 的逆命题也成立.

命题 6.7 设 $\bar{x}$ 为当 $(a,b)=(0,0)$ 时问题 (6.45) 的局部最优解且 Robinson 约束规范在 $\bar{x}$ 处成立. 如果 F^{-1} 在原点关于 $(\bar{x}, \bar{y})$ 是孤立平稳的, 那么

(i) 严格约束规范在 $\bar{x}$ 处关于 $\bar{y}$ 成立;

(ii) 当 $(a, b) = (0, 0)$ 时问题 (6.45) 的二阶充分性条件在 $\bar{x}$ 处成立.

证明 首先证 (i). 反证法, 假设严格约束规范在 $\bar{x}$ 处关于 $\bar{y}$ 不成立. 则存在 $0 \neq \Delta y \in \mathcal{Y}$ 使得

$$\Delta y \in [G'(\bar{x})\mathcal{X} + T_K(G(\bar{x})) \cap \bar{y}^{\perp}]^{-}.$$

由引理 6.8 的 (ii) 可得

$$\begin{cases} G'(\bar{x})^*\Delta y = 0, \\ \Pi_K'(G(\bar{x}) + \bar{y}; \Delta y) = 0, \end{cases}$$

这意味着 $F'((\bar{x}, \bar{y}); (0, \Delta y)) = 0$. 因为 F^{-1} 在原点关于 $(\bar{x}, \bar{y})$ 是孤立平稳的, 由引理 6.10 可知 $\Delta y = 0$. 矛盾显示假设不成立, 则严格约束规范在 $\bar{x}$ 处关于 $\bar{y}$ 成立.

再证 (ii). 因为当 $(a, b) = (0, 0)$ 时 $\bar{x}$ 为问题 (6.45) 的局部最优解且 Robinson 约束规范在 $\bar{x}$ 处成立, 则有

$$\langle d, \nabla_{xx}^2 L(\bar{x}; \bar{y})d\rangle + \Upsilon(G'(\bar{x})d) \geqslant 0, \quad \forall d \in C(\bar{x}). \tag{6.69}$$

因此, 若假设二阶充分性条件在 $\bar{x}$ 处不成立, 则存在 $\Delta x \in C(\bar{x})\backslash\{0\}$ 使得 (6.65) 成立. 因此由引理 6.11 知, 存在 $\bar{d} \in C(\bar{x})$ 使得 (6.66) 成立. 那么, 对任何 $\tau > 0$, 有

$$\begin{aligned} &\langle(\Delta x + \tau\bar{d}), \nabla_{xx}^2 L(\bar{x}; \bar{y})(\Delta x + \tau\bar{d})\rangle + \Upsilon(G'(\bar{x})(\Delta x + \tau\bar{d})) \\ =&\langle\Delta x, \nabla_{xx}^2 L(\bar{x}; \bar{y})\Delta x\rangle + \Upsilon(G'(\bar{x})\Delta x) + \tau^2(\langle\bar{d}, \nabla_{xx}^2 L(\bar{x}; \bar{y})\bar{d}\rangle + \Upsilon(G'(\bar{x})\bar{d})) \\ &+2\tau(\langle\nabla_{xx}^2 L(\bar{x}; \bar{y})\Delta x, \bar{d}\rangle + \frac{1}{2}\langle G'(\bar{x})^*\nabla\Upsilon(G'(\bar{x})\Delta x), \bar{d}\rangle). \end{aligned}$$

因为 $C(\bar{x})$ 为凸锥, 结合 (6.66), 对充分小的 $\tau > 0$, 有 $\Delta x + \tau\bar{d} \in C(\bar{x})$ 且

$$\langle(\Delta x + \tau\bar{d}), \nabla_{xx}^2 L(\bar{x}; \bar{y})(\Delta x + \tau\bar{d})\rangle + \Upsilon(G'(\bar{x})(\Delta x + \tau\bar{d})) < 0,$$

这与二阶必要条件 (6.69) 矛盾. 假设不成立. ■

结合命题 6.6、命题 6.7、引理 6.9、引理 6.11 及 [17, theorem 17], 可以得到下述刻画 S_{KKT}(稳健) 孤立平稳性的结论.

定理 6.10 设 $\bar{x}$ 为当 $(a,b)=(0,0)$ 时问题 (6.45) 的可行解且 Robinson 约束规范在 $\bar{x}$ 处成立. 设 $\bar{y}\in M(\bar{x},0,0)\neq\varnothing$. 则下述条件等价:

(i) 当 $(a,b)=(0,0)$ 时问题 (6.45) 的严格约束规范在 $\bar{x}$ 处关于 $\bar{y}$ 成立且二阶充分性条件在 $\bar{x}$ 处成立;

(ii) $\bar{x}$ 为当 $(a,b)=(0,0)$ 时问题 (6.45) 的局部最优解且 S_{KKT} 在原点关于 $(\bar{x},\bar{y})$ 是稳健孤立平稳的;

(iii) $\bar{x}$ 为当 $(a,b)=(0,0)$ 时问题 (6.45) 的局部最优解且 S_{KKT} 在原点关于 $(\bar{x},\bar{y})$ 是孤立平稳的;

(iv) $\bar{x}$ 为当 $(a,b)=(0,0)$ 时问题 (6.45) 的局部最优解且 F^{-1} 在原点关于 $(\bar{x},\bar{y})$ 是孤立平稳的.

由定义可知, KKT 解映射 S_{KKT} 的强正则性可推出 S_{KKT} 的稳健孤立平稳性和 Aubin 性质. 进一步, 由命题 6.5 和定理 6.10 可得下述关于 S_{KKT} 的强正则性、Aubin 性质和稳健孤立平稳性关系的结果.

推论 6.1 设 $\bar{x}$ 为当 $(a,b)=(0,0)$ 时问题 (6.45) 的局部最优解且 Robinson 约束规范在 $\bar{x}$ 处成立. 设 $\bar{y}\in M(\bar{x},0,0)\neq\varnothing$ 且 $\bar{z}=G(\bar{x})+\bar{y}$. 考虑下述条件:

(i) 当 $(a,b)=(0,0)$ 时, KKT 点 $(\bar{x},\bar{y})$ 是 KKT 系统 (6.48) 的强正则解;

(ii) 映射 Ψ^{-1} 在原点关于 $(\bar{x},\bar{z})$ 具有 Aubin 性质;

(iii) KKT 解映射 S_{KKT} 在原点关于 $(\bar{x},\bar{y})$ 具有 Aubin 性质;

(iv) 当 $(a,b)=(0,0)$ 时问题 (6.45) 的约束非退化条件及二阶充分性条件在 $\bar{x}$ 处成立;

(v) 当 $(a,b)=(0,0)$ 时问题 (6.45) 的严格约束规范在 $\bar{x}$ 处关于 $\bar{y}$ 成立且二阶充分性条件在 $\bar{x}$ 处成立;

(vi) KKT 解映射 S_{KKT} 在原点关于 $(\bar{x},\bar{y})$ 是稳健孤立平稳的;

(vii) 映射 F^{-1} 在原点关于 $(\bar{x},\bar{y})$ 是孤立平稳的.

那么有

$$\text{(i)}\Longrightarrow\text{(ii)}\Longleftrightarrow\text{(iii)}\Longrightarrow\text{(iv)}\Longrightarrow\text{(v)}\Longleftrightarrow\text{(vi)}\Longleftrightarrow\text{(vii)}.$$

6.4 次微分的正则性质

本节主要介绍正常下半连续凸函数的次微分的度量正则性、度量次正则性、强度量正则性和强 (度量) 次正则性等性质的刻画. 本节内容源自文献 [1], [2] 与 [23].

6.4.1 强度量正则与强次正则的定义

令 H 为实 Hilbert 空间, 记 $\Gamma(H)$ 为所有从 H 到 $\Re\cup\{\infty\}$ 的正常下半连续凸函数构成的空间. 回顾对于 $f\in\Gamma(H)$ 定义域内的任何点 x 处的次微分的定义:

$$\partial f(x):=\{u\in H|\langle u,y-x\rangle\leqslant f(y)-f(x),\ \forall y\in H\}.$$

下面回顾度量正则性、度量次正则性的定义, 并给出强度量正则性和强度量次正则性的定义. 下文假设 X, Y 表示实 Hilbert 空间, $\mathbf{B}$ 表示闭的单位球.

称集值映射 $F:X\rightrightarrows Y$ 在 $\bar{x}$ 处关于 $\bar{y}$ 是度量正则的, 如果 $\bar{y}\in F(\bar{x})$ 且存在正的常数 κ, a 和 b 使得对任何 $x\in\mathbf{B}_a(\bar{x})$, $y\in\mathbf{B}_b(\bar{y})$ 有

$$d(x,F^{-1}(y))\leqslant\kappa d(y,F(x)).\tag{6.70}$$

为了介绍下面的正则性质, 需要给出图的局部化的概念. 集值映射 $F:X\rightrightarrows Y$ 在 $(\bar{x},\bar{y})\in\text{gph}\,F$ 处的图的局部化定义为 $\tilde{F}:X\rightrightarrows Y$, 使得对于 $(\bar{x},\bar{y})$ 的某一邻域 $U\times V$ 有 $\text{gph}\,\tilde{F}=(U\times V)\cap\text{gph}\,F$.

定义 6.7 称集值映射 $F:X\rightrightarrows Y$ 在 $\bar{x}$ 处关于 $\bar{y}$ 是强度量正则的, 如果式 (6.70) 对于某一 κ 及 x 的邻域 U 和 y 的邻域 V 成立, 并且 F^{-1} 关于 U 和 V 的图的局部化是单值的. 等价的描述为, 图的局部化 $V\ni y\mapsto F^{-1}(y)\cap U$ 是 Lipschitz 连续函数, 其 Lipschitz 常数为 κ.

称集值映射 $F:X\rightrightarrows Y$ 在 $\bar{x}$ 处关于 $\bar{y}$ 是度量次正则的, 如果 $(\bar{x},\bar{y})\in\text{gph}\,F$ 且存在常数 $\kappa>0$ 及 $\bar{x}$ 的邻域 U 和 $\bar{y}$ 的邻域 V 使得

$$d(x,F^{-1}(\bar{y}))\leqslant\kappa d(\bar{y},F(x)\cap V),\quad\forall x\in U.\tag{6.71}$$

定义 6.8 称集值映射 $F:X\rightrightarrows Y$ 在 $\bar{x}$ 处关于 $\bar{y}$ 是强 (度量) 次正则的, 如果 $(\bar{x},\bar{y})\in\text{gph}\,F$ 且存在常数 $\kappa>0$ 及 $\bar{x}$ 的邻域 U 和 $\bar{y}$ 的邻域 V 使得

$$\|x-\bar{x}\|\leqslant\kappa d(\bar{y},F(x)\cap V),\quad\forall x\in U.\tag{6.72}$$

等价的描述为, F 在 $\bar{x}$ 处关于 $\bar{y}$ 是度量次正则的且 $\bar{x}$ 是 $F^{-1}(\bar{y})$ 的孤立点.

引理 6.12 考虑 $\Gamma(H)$ 中的函数 f 与 $\bar{x}\in H$, $\bar{v}\in H$ 满足 $\bar{v}\in\partial f(\bar{x})$. 定义函数 $g(\cdot):=f(\cdot)-\langle\bar{v},\cdot\rangle$, 有

(1) ∂f 在 $\bar{x}$ 处关于 $\bar{v}$ 是度量次正则的当且仅当 ∂g 在 $\bar{x}$ 处关于 0 是度量次正则的.

(2) ∂f 在 $\bar{x}$ 处关于 $\bar{v}$ 是度量正则的当且仅当 ∂g 在 $\bar{x}$ 处关于 0 是度量正则的.

证明 (1) 映射 ∂f 在 $\bar{x}$ 处关于 $\bar{v}$ 是度量次正则的当且仅当存在正数 a, b 和 κ 使得

$$d(x,(\partial f)^{-1}(\bar{v}))\leqslant\kappa d(\bar{v},\partial f(x)\cap\mathbf{B}_b(\bar{v})),\quad\forall x\in\mathbf{B}_a(\bar{x}).$$

因为 $(\partial f)^{-1}(\bar{v}) = (\partial g)^{-1}(0)$, 上述关系式等价于

$$d(x,(\partial g)^{-1}(0)) \leqslant \kappa d(\bar{v}, \partial g(x)+\bar{v}) \cap (\bar{v}+\mathbf{B}_b(0)) = \kappa d(0, \partial g(x) \cap \mathbf{B}_b(0)),$$

其中 $x \in \mathbf{B}_a(\bar{x})$, 这意味着 ∂g 在 $\bar{x}$ 处关于 0 是度量次正则的.

(2) 映射 ∂f 在 $\bar{x}$ 处关于 $\bar{v}$ 是度量正则的当且仅当存在正数 a, b 和 κ 使得

$$d(x,(\partial f)^{-1}(v)) \leqslant \kappa d(v, \partial f(x)), \quad \forall x \in \mathbf{B}_a(\bar{x}), \quad v \in \mathbf{B}_b(\bar{v}).$$

上式等价于对所有 $x \in \mathbf{B}_a(\bar{x})$, $v \in \mathbf{B}_b(\bar{v})$,

$$d(x,(\partial g)^{-1}(v-\bar{v})) \leqslant \kappa d(v, \partial g(x)+\bar{v}) = \kappa d(v-\bar{v}, \partial g(x)),$$

即对所有 $x \in \mathbf{B}_a(\bar{x})$, $w \in \mathbf{B}_b(0)$ 有

$$d(x,(\partial g)^{-1}(w)) \leqslant \kappa d(w, \partial g(x)),$$

这正是 ∂g 在 $\bar{x}$ 处关于 0 是度量正则的定义. ■

6.4.2 次正则性与二阶增长条件

下述两个定理给出 H 上的正常下半连续凸函数次微分的度量次正则性与强次正则性的刻画.

定理 6.11 考虑 $\Gamma(H)$ 中的函数 f 与 $\bar{x} \in H$, $\bar{v} \in H$ 满足 $\bar{v} \in \partial f(\bar{x})$. 那么 ∂f 在 $\bar{x}$ 处关于 $\bar{v}$ 是度量次正则的当且仅当存在 $\bar{x}$ 的邻域 U 和常数 $c>0$ 使得

$$f(x) \geqslant f(\bar{x}) - \langle \bar{v}, \bar{x}-x \rangle + cd^2(x,(\partial f)^{-1}(\bar{v})), \quad \forall x \in U. \tag{6.73}$$

证明 首先证明当 $\bar{v}=0$ 时的情形. 假设 f 满足 (6.73), 其中 $\bar{v}=0$. 不失一般性我们假设 U 是以 $\bar{x}$ 为中心的闭球. 设 $x \in U$, 如果 $d(x,(\partial f)^{-1}(0))=0$, 则结论直接成立. 因此假设对某一 $\alpha>0$, 有 $d(x,(\partial f)^{-1}(0))>\alpha$. 下证 $d(0,\partial f(x)) \geqslant c\alpha$. 考虑 $v \in \partial f(x)$(如果 $\partial f(x)=\varnothing$ 则结论直接成立). 设 x_0 是 x 到闭凸集 $(\partial f)^{-1}(0)$ 上的投影, 即 $\|x-x_0\| = d(x,(\partial f)^{-1}(0))$. 设 x_1 是从 x 到 x_0 线段上的一点, 满足 $\|x_1-x_0\|=\alpha$. 因为 $v \in \partial f(x)$, $\langle v, x-x_0\rangle \geqslant f(x)-f(x_0)$. 进一步, 因为 x_0 和 $\bar{x}$ 分别是 x 和 $\bar{x}$ 在 $(\partial f)^{-1}(0)$ 上的投影, 我们有 $\|x_0-\bar{x}\| \leqslant \|x-\bar{x}\|$(因为投影映射的 Lipschitz 模为 1). 因为 $x_0 \in U$, 则有 $x_1 \in U$. 由函数 f 的凸性和性质 (6.73), 可得

$$\|v\| \geqslant \frac{\langle v, x-x_0\rangle}{\|x-x_0\|} \geqslant \frac{f(x)-f(x_0)}{\|x-x_0\|} \geqslant \frac{f(x_1)-f(x_0)}{\|x_1-x_0\|} \geqslant c\alpha,$$

因此有 $d(x,(\partial f)^{-1}(0)) \leqslant (1/c)d(0,\partial f(x))$, 则对任何 0 的邻域 V, 有

$$d(x,(\partial f)^{-1}(0)) \leqslant \frac{1}{c} d(0, \partial f(x) \cap V),$$

这表示 ∂f 在 $\bar{x}$ 处关于 0 依常数 $1/c$ 是度量次正则的.

反之, 假设 ∂f 在 $\bar{x}$ 关于 0 依常数 $\kappa>0$, $\bar{x}$ 的邻域 U 和 0 的邻域 V 满足性质 (6.71). 如果 (6.73) 不成立, 则对任意 $n\in\mathbb{N}\setminus\{0\}$, 存在 $z_n\in\bar{x}+(1/n)\mathbf{B}$ 使得

$$f(z_n)<f(\bar{x})+\frac{1}{5k}d^2(z_n,(\partial f)^{-1}(0)).$$

因此 $0<d(z_n,(\partial f)^{-1}(0))\leqslant 1/n$. 若取 $\lambda_n:=(1/2)d(z_n,(\partial f)^{-1}(0))$, 由 Ekeland 变分原理, 存在 x_n 使得 $\|x_n-z_n\|\leqslant\lambda_n$ 且对任意 $x\in H$,

$$\begin{aligned}f(x)&\geqslant f(x_n)-\frac{1}{5k\lambda_n}d^2(z_n,(\partial f)^{-1}(0))\|x-x_n\|\\&\geqslant f(x_n)-\frac{2}{5k}d(z_n,(\partial f)^{-1}(0))\|x-x_n\|.\end{aligned}$$

因此 x_n 是凸函数 $f(\cdot)+2/(5\kappa)d(z_n,(\partial f)^{-1}(0))\|\cdot-x_n\|$ 的极小点, 因此

$$\begin{aligned}0&\in\partial\left(f(\cdot)+\frac{4}{5\kappa}\lambda_n\|\cdot-x_n\|\right)(x_n)\\&\subset\partial f(x_n)+\frac{4}{5\kappa}\lambda_n\partial(\|\cdot-x_n\|)(x_n)\\&\subset\partial f(x_n)+\frac{4}{5\kappa}\lambda_n\mathbf{B}.\end{aligned}$$

则存在 $v_n\in\partial f(x_n)$ 使得 $\|v_n\|\leqslant 2/(5\kappa)d(z_n,(\partial f)^{-1}(0))\leqslant 2/(5\kappa n)$. 因为

$$\begin{aligned}d(z_n,(\partial f)^{-1}(0))&\leqslant\|z_n-x_n\|+d(x_n,(\partial f)^{-1}(0))\\&\leqslant\lambda_n+d(x_n,(\partial f)^{-1}(0))\\&=\frac{1}{2}d(z_n,(\partial f)^{-1}(0))+d(x_n,(\partial f)^{-1}(0)),\end{aligned}$$

则有 $d(z_n,(\partial f)^{-1}(0))\leqslant 2d(x_n,(\partial f)^{-1}(0))$, 那么

$$\|v_n\|\leqslant 2/(5\kappa)d(z_n,(\partial f)^{-1}(0))\leqslant 4/(5\kappa)d(x_n,(\partial f)^{-1}(0)),$$

即对任意正整数 n, 存在 $v_n\in 2/(5\kappa n)\mathbf{B}$ 和 $x_n\in(\partial f)^{-1}(v_n)$ 使得 $d(x_n,(\partial f)^{-1}(0))\geqslant(5\kappa/4)\|v_n\|$. 因此始终有

$$d(x_n,(\partial f)^{-1}(0))\geqslant\frac{5}{4}\kappa d(0,\partial f(x_n)\cap V).$$

由 $0<d(z_n,(\partial f)^{-1}(0))\leqslant 2d(x_n,(\partial f)^{-1}(0))$, 可得 $d(0,\partial f(x_n)\cap V)>0$, 并且有

$$\|x_n-\bar{x}\|\leqslant\|x_n-z_n\|+\|z_n-\bar{x}\|\leqslant\frac{1}{2}d(z_n,(\partial f)^{-1}(0))+\frac{1}{n}\leqslant\frac{3}{2n},$$

这与 (6.71) 矛盾.

下面证明 $\bar{v} \neq 0$ 的情形. 考虑函数 $f \in \Gamma(H)$, 点 $\bar{x} \in H$ 使得 $\bar{v} \in \partial f(\bar{x})$. 取 $g(\cdot) := f(\cdot) - \langle \bar{v}, \cdot \rangle$, 则有 $g \in \Gamma(H)$, 并且由 $\partial g(\cdot) = \partial f(\cdot) - \bar{v}$ 得 $0 \in \partial g(\bar{x})$. 因此, 对函数 g 应用前述 $\bar{v} = 0$ 的情形, 可得 ∂g 在 $\bar{x}$ 处关于 0 是度量次正则的当且仅当存在 $\bar{x}$ 的邻域 U 和常数 $c > 0$, 使得

$$g(x) \geqslant g(\bar{x}) + cd^2(x, (\partial g)^{-1}(0)), \quad \forall x \in U.$$

由引理 6.12 且 $(\partial g)^{-1}(0) = (\partial f)^{-1}(\bar{v})$, 可得结论成立. ■

定理 6.12 考虑 $\Gamma(H)$ 中的函数 f 与 $\bar{x} \in H, \bar{v} \in H$ 满足 $\bar{v} \in \partial f(\bar{x})$. 那么 ∂f 在 $\bar{x}$ 处关于 $\bar{v}$ 是强次正则的当且仅当存在 $\bar{x}$ 的邻域 U 和常数 $c > 0$ 使得

$$f(x) \geqslant f(\bar{x}) - \langle \bar{v}, \bar{x} - x \rangle + c\|x - \bar{x}\|^2, \quad \forall x \in U. \tag{6.74}$$

证明 结论可由定理 6.11 直接得到. 如果 ∂f 在 $\bar{x}$ 处关于 $\bar{v}$ 是强次正则的, 则它必是次正则的且对 $\bar{x}$ 的某一邻域 U 有 $(\partial f)^{-1}(\bar{v}) \cap U = \{\bar{x}\}$. 由 f 的凸性可得 $(\partial f)^{-1}(\bar{v}) = \{\bar{x}\}$, 因此由 (6.73) 可得 (6.74) 成立.

反之, 性质 (6.74) 可推出 (6.73), 则 ∂f 在 $\bar{x}$ 处关于 $\bar{v}$ 是度量次正则的. 此外, 特别地, 当 $\bar{x}$ 是 $(\partial f)^{-1}(\bar{v})$ 的孤立点时 (6.74) 也成立, 因此 ∂f 在 $\bar{x}$ 处关于 $\bar{v}$ 是强次正则的. ■

下面定理给出关于 H 上正常下半连续凸函数的次微分的度量正则性结果.

定理 6.13 考虑 $\Gamma(H)$ 中的函数 f 与 $\bar{x} \in H, \bar{v} \in H$ 满足 $\bar{v} \in \partial f(\bar{x})$. 那么 ∂f 在 $\bar{x}$ 处关于 $\bar{v}$ 是度量正则的当且仅当存在 $\bar{x}$ 的邻域 U, $\bar{v}$ 的邻域 V 和常数 $c > 0$ 使得对所有 $v \in V$ 有

$$(\partial f)^{-1}(v) \neq \varnothing, \tag{6.75}$$

$$f(x) \geqslant f(\tilde{x}) - \langle \bar{v}, \tilde{x} - x \rangle + cd^2(x, (\partial f)^{-1}(v)), \quad \forall x \in U, \quad \tilde{x} \in (\partial f)^{-1}(v). \tag{6.76}$$

证明 同样地, 只证明 $\bar{v} = 0$ 的情形. 因为当 $\bar{v} \neq 0$ 时, 可由引理 6.12 及 $\bar{v} = 0$ 的情形得到.

假设 (6.75) 和 (6.76) 对 $\bar{x}$ 的某邻域 U 及 0 的某邻域 V 成立. 由 (6.75), 可得对任何 $x \in U, v \in V$ 有 $d(x, (\partial f)^{-1}(v)) < \infty$. 固定 $x \in U, v \in V$, 下证

$$d(x, (\partial f)^{-1}(v)) \leqslant \frac{1}{c} d(v, \partial f(x)).$$

若 $d(x, (\partial f)^{-1}(v)) = 0$, 则结论直接成立. 因此假设对某一 $\alpha > 0$, 有 $d(x, (\partial f)^{-1}(v)) = \alpha$. 考虑任意 $v' \in \partial f(x)$ (如果 $\partial f(x) = \varnothing$, 则结论直接成立). 设 x_0 是 x 到 $(\partial f)^{-1}(v)$ 上的投影, 即 $\|x - x_0\| = \alpha$. 将 x, v 及 $x_0 \in (\partial f)^{-1}(v)$ 代入 (6.76) 式得

$$f(x) - f(x_0) \geqslant -\langle v, x_0 - x \rangle + cd^2(x, (\partial f)^{-1}(v)).$$

再由 $v' \in \partial f(x)$, 可得

$$\|v'-v\| \geqslant \frac{\langle v'-v, x-x_0\rangle}{\|x-x_0\|} \geqslant \frac{f(x)-f(x_0)-\langle v, x-x_0\rangle}{\|x-x_0\|} \geqslant c\alpha,$$

由 v' 的任意性, 有 $d(v,\partial f(x)) \geqslant c\alpha \geqslant cd(x,(\partial f)^{-1}(v))$, 这表示 ∂f 在 $\bar{x}$ 处关于 0 依常数 $1/c$ 是度量正则的.

反之, 假设 ∂f 在 $\bar{x}$ 关于 0 依常数 $\kappa>0$, $\bar{x}$ 的邻域 U 和 0 的邻域 V 满足性质 (6.70). 往证存在 $\delta>0$ 和 $c>0$, 使得对所有 $v\in(\delta/\kappa)\mathbf{B}$, $x\in(\bar{x}+\delta\mathbf{B})\cap((\partial f)^{-1}(v)+2\delta\mathbf{B})$ 和 $\tilde{x}\in(\partial f)^{-1}(v)$ 有

$$f(\tilde{x})-\langle v,\tilde{x}-x\rangle \leqslant f(x)-cd^2(x,(\partial f)^{-1}(v)). \tag{6.77}$$

如果 (6.77) 不成立, 则对任意 $n\in\mathbb{N}\setminus\{0\}$, 存在 $v_n\in(1/\kappa n)\mathbf{B}$, $z_n\in(\bar{x}+(1/n)\mathbf{B})\cap((\partial f)^{-1}(v_n)+(2/n)\mathbf{B})$ 和 $\tilde{x}_n\in(\partial f)^{-1}(v_n)$ 使得

$$f(z_n) < f(\tilde{x}_n)-\langle v_n,\tilde{x}_n-z_n\rangle+\frac{1}{5k}d^2(z_n,(\partial f)^{-1}(v_n)). \tag{6.78}$$

因为 $v_n\in\partial f(\tilde{x}_n)$, 有 $\langle v_n,\tilde{x}_n-z_n\rangle \geqslant f(\tilde{x}_n)-f(z_n)$. 那么有

$$0<f(\tilde{x}_n)-f(z_n)-\langle v_n,\tilde{x}_n-z_n\rangle+\frac{1}{5\kappa}d^2(z_n,(\partial f)^{-1}(v_n)) \leqslant \frac{1}{5\kappa}d^2(z_n,(\partial f)^{-1}(v_n)).$$

因此 $0<d(z_n,(\partial f)^{-1}(v_n))\leqslant 2/n$. 进一步, 因为 $v_n\in\partial f(\tilde{x}_n)$, 可得对所有 $x\in H$, 有 $\langle v_n,\tilde{x}_n-x\rangle \geqslant f(\tilde{x}_n)-f(x)$, 即

$$f(\tilde{x}_n)-\langle v_n,\tilde{x}_n\rangle \leqslant f(x)-\langle v_n,x\rangle, \quad \forall x\in H.$$

令 $g_n(\cdot):=f(\cdot)-\langle v_n,\cdot\rangle$. 那么 $\inf_{x\in H} g_n(x)=g_n(\tilde{x}_n)$ 并且由 (6.78), 有

$$g_n(z_n) < \inf_{x\in H} g_n(x)+\frac{1}{5\kappa}d^2(z_n,(\partial f)^{-1}(v_n)).$$

取 $\lambda_n:=(1/2)d(z_n,(\partial f)^{-1}(v_n))$, 由 Ekeland 变分原理, 存在 x_n 使得 $\|x_n-z_n\|\leqslant\lambda_n$ 且对任意 $x\in H$,

$$\begin{aligned} g_n(x) &\geqslant g_n(x_n)-\frac{1}{5k\lambda_n}d^2(z_n,(\partial f)^{-1}(v_n))\|x-x_n\| \\ &\geqslant g_n(x_n)-\frac{2}{5k}d(z_n,(\partial f)^{-1}(v_n))\|x-x_n\|. \end{aligned}$$

因此 x_n 是凸函数 $g_n(\cdot)+2/(5\kappa)d(z_n,(\partial f)^{-1}(v_n))\|\cdot-x_n\|$ 的极小点, 于是

$$\begin{aligned} 0 &\in \partial\left(g_n(\cdot)+\frac{4}{5\kappa}\lambda_n\|\cdot-x_n\|\right)(x_n) \\ &\subset \partial g_n(x_n)+\frac{4}{5\kappa}\lambda_n\partial(\|\cdot-x_n\|)(x_n) \\ &\subset \partial f(x_n)-v_n+\frac{4}{5\kappa}\lambda_n\mathbf{B}. \end{aligned}$$

则存在 $w_n \in \partial f(x_n)$ 使得 $\|w_n - v_n\| \leqslant 4\lambda/(5\kappa)$. 因为

$$\begin{aligned} d(z_n, (\partial f)^{-1}(v_n)) &\leqslant \|z_n - x_n\| + d(x_n, (\partial f)^{-1}(v_n)) \\ &\leqslant \frac{1}{2} d(z_n, (\partial f)^{-1}(v_n)) + d(x_n, (\partial f)^{-1}(v_n)), \end{aligned}$$

则有 $d(z_n, (\partial f)^{-1}(v_n)) \leqslant 2d(x_n, (\partial f)^{-1}(v_n))$, 那么

$$\|w_n - v_n\| \leqslant 2/(5\kappa) d(z_n, (\partial f)^{-1}(v_n)) \leqslant 4/(5\kappa) d(x_n, (\partial f)^{-1}(v_n)).$$

因此有

$$d(x_n, (\partial f)^{-1}(v_n)) \geqslant \frac{5}{4}\kappa\|w_n - v_n\| \geqslant \frac{5}{4}\kappa d(v_n, \partial f(x_n)). \tag{6.79}$$

因为 $0 < d(z_n, (\partial f)^{-1}(v_n)) \leqslant 2d(x_n, (\partial f)^{-1}(v_n))$, 可得 $d(v_n, \partial f(x_n)) > 0$, 并且由 $\|v_n\| \leqslant 1/(\kappa n)$ 与

$$\|x_n - \bar{x}\| \leqslant \|x_n - z_n\| + \|z_n - \bar{x}\| \leqslant \frac{1}{2} d(z_n, (\partial f)^{-1}(v_n)) + \frac{1}{n} \leqslant \frac{2}{n}, \tag{6.80}$$

可知 (6.79) 与 (6.70) 矛盾. 因此, 对某些 $\delta > 0$, $c > 0$ 有 (6.77) 成立. 如有必要可使 δ 足够小使得 $(\delta/\kappa)\mathbf{B} \subset V$. 那么若 $v \in (\delta/\kappa)\mathbf{B}$ 且 $x \in \bar{x} + \delta\mathbf{B}$, 则

$$d(x, (\partial f)^{-1}(v)) \leqslant \|x - \bar{x}\| + d(\bar{x}, (\partial f)^{-1}(v)) \leqslant \delta + \kappa d(v, \partial f(\bar{x})) \leqslant \delta + \kappa\|v\| \leqslant 2\delta. \tag{6.81}$$

因此对所有 $v \in (\delta/\kappa)\mathbf{B}$ 有 $(\bar{x} + \delta\mathbf{B}) \cap ((\partial f)^{-1}(v) + 2\delta\mathbf{B}) = \bar{x} + \delta\mathbf{B}$, 并且对于 $U' := \bar{x} + \delta\mathbf{B}$ 与 $V' := (\delta/\kappa)\mathbf{B}$, (6.77) 可推出 (6.76). 同时, (6.81) 意味着 (6.75) 亦成立. ■

作为上述一系列理论的一个应用, 考虑下述优化问题

$$\min f(x) \quad \text{s.t.} \quad x \in K, \tag{6.82}$$

其中 $f \in \Gamma(H)$, K 是 H 中的非空闭凸子集. 在下述条件

$$f \text{ 在 } \operatorname{int} K \text{ 中的某一点取有限值}, \tag{6.83}$$

$$f \text{ 在 } K \text{ 中的某一点连续且取有限值}, \tag{6.84}$$

之一成立时, $\bar{x} \in H$ 是全局最优解的充要条件为

$$0 \in \partial f(\bar{x}) + N_K(\bar{x}). \tag{6.85}$$

考虑凸函数 $f(\cdot) + \delta_K(\cdot)$, 则 (6.83) 或 (6.84) 之一成立时, 有

$$\partial(f + \delta_K)(x) = \partial f(x) + N_K(x), \quad \forall x \in H.$$

因此, 可以将前述一系列结果应用到函数 $f + \delta_K$ 上. 如由定理 6.12 可得如下结论.

推论 6.2 设 $f \in \Gamma(H)$, K 为 H 上的闭凸子集满足 (6.83) 或 (6.84), 且设 $\bar{x} \in H$ 是 (6.82) 的解. 那么 $\partial f + N_K$ 在 $\bar{x}$ 处关于 0 是强次正则的当且仅当存在 $\bar{x}$ 的邻域 U 和常数 $c > 0$, 使得

$$f(x) \geqslant f(\bar{x}) + c\|x - \bar{x}\|^2, \quad \forall x \in U \cap K. \tag{6.86}$$

对处处二次连续可微函数 $f : H \to \Re$（可能非凸）, 二阶增长条件 (6.86) 等价于二阶充分条件

$$\langle u, \nabla^2 f(\bar{x})u \rangle \geqslant \beta\|u\|^2, \quad \forall u \in C(\bar{x}). \tag{6.87}$$

因此由推论 6.2, 有下述刻画:

推论 6.3 设 $f \in \Gamma(H)$ 是二次连续可微函数, K 为 H 上的闭凸子集, 且设 $\bar{x} \in H$ 满足 (6.85). 那么 $\partial f + N_K$ 在 $\bar{x}$ 处关于 0 是强次正则的当且仅当二阶充分条件 (6.87) 在 $\bar{x}$ 处对某一 $\beta > 0$ 成立.

此外, 当 K 是 $\Re^n$ 上的多面体集且 $f : \Re^n \to \Re$（可能非凸）是二次连续可微时, 条件 (6.87) 退化为

$$\langle u, \nabla^2 f(\bar{x})u \rangle > 0, \quad \forall u \in C(\bar{x}) \setminus \{0\}, \tag{6.88}$$

则有下述结论成立, 此时 f 的凸性不是必要条件.

命题 6.8 设 $f : \Re^n \to \Re$ 是二次连续可微函数, K 为 $\Re^n$ 上的非空多面体集, 且设 $\bar{x}$ 满足 (6.85). 那么 $\bar{x}$ 是 (6.82) 局部最优解且 $\nabla f + N_K$ 在 $\bar{x}$ 处关于 0 是强次正则的当且仅当二阶充分条件 (6.88) 在 $\bar{x}$ 处成立.

6.4.3 次微分的次正则性在 Banach 空间的推广

下述两个结论表明定理 6.11 和定理 6.12 对于 Banach 空间依然成立. 下文假设 X 和 Y 是实 Banach 空间, 记 $\Gamma(X)$ 是所有从 X 到 $\Re \cup \{\infty\}$ 的正常下半连续凸函数构成的空间.

定理 6.14 给定 Banach 空间 X, 考虑 $\Gamma(X)$ 中的函数 f 与 $\bar{x} \in X$, $\bar{y}^* \in X^*$ 满足 $\bar{y}^* \in \partial f(\bar{x})$. 那么 ∂f 在 $\bar{x}$ 处关于 $\bar{y}^*$ 是度量次正则的当且仅当存在 $\bar{x}$ 的邻域 U 和常数 $c > 0$ 使得

$$f(x) \geqslant f(\bar{x}) - \langle \bar{y}^*, \bar{x} - x \rangle + cd^2(x, (\partial f)^{-1}(\bar{y}^*)), \quad \forall x \in U. \tag{6.89}$$

特别地, 如果 ∂f 在 $\bar{x}$ 处关于 $\bar{y}^*$ 依常数 κ 是度量次正则的, 则 (6.89) 对所有 $c < 1/(4\kappa)$ 成立; 反之, 如果 (6.89) 依常数 c 成立, 那么 ∂f 在 $\bar{x}$ 处关于 $\bar{y}^*$ 依常数 $1/c$ 是度量次正则的.

证明 首先假设 (6.89) 成立. 固定 $x \in U$ 并考虑任何 $y^* \in \partial f(x)$ (如果 $\partial f(x) = \varnothing$ 结论显然成立). 任选 $\varepsilon > 0$. 因为 $(\partial f)^{-1}(\bar{y}^*) \neq \varnothing$, 则有某一 $x_\varepsilon \in (\partial f)^{-1}(\bar{y}^*)$ 使得 $\|x - x_\varepsilon\| \leqslant d(x, (\partial f)^{-1}(\bar{y}^*)) + \varepsilon$. 那么由次微分的定义有

$$\langle y^*, x - x_\varepsilon \rangle \geqslant f(x) - f(x_\varepsilon),$$

$$-\langle \bar{y}^*, \bar{x} - x_\varepsilon \rangle \geqslant f(x_\varepsilon) - f(\bar{x}).$$

由 (6.89) 还有

$$-\langle \bar{y}^*, x - \bar{x} \rangle \geqslant f(\bar{x}) - f(x) + cd^2(x, (\partial f)^{-1}(\bar{y}^*)).$$

由此

$$\begin{aligned}\|y^* - \bar{y}^*\|(d(x, (\partial f)^{-1}(\bar{y}^*)) + \varepsilon) &\geqslant \|y^* - \bar{y}^*\|\|x - x_\varepsilon\| \\ &\geqslant \langle y^* - \bar{y}^*, x - x_\varepsilon \rangle \\ &= \langle y^*, x - x_\varepsilon \rangle - \langle \bar{y}^*, x - \bar{x} \rangle - \langle \bar{y}^*, \bar{x} - x_\varepsilon \rangle \\ &\geqslant cd^2(x, (\partial f)^{-1}(\bar{y}^*)).\end{aligned}$$

令 $\varepsilon \to 0$ 有

$$cd^2(x, (\partial f)^{-1}(\bar{y}^*)) \leqslant \|y^* - \bar{y}^*\| d(x, (\partial f)^{-1}(\bar{y}^*)).$$

如果 $d(x, (\partial f)^{-1}(\bar{y}^*)) = 0$, 则 $x \in (\partial f)^{-1}(\bar{y}^*)$, 因为 $(\partial f)^{-1}(\bar{y}^*)$ 是闭集, 由此有 $d(\bar{y}^*, \partial f(x)) = 0$. 否则有

$$d(x, (\partial f)^{-1}(\bar{y}^*)) \leqslant \frac{1}{c}\|y^* - \bar{y}^*\|.$$

由 $y^* \in \partial f(x)$ 及其任意性, 可得

$$d(x, (\partial f)^{-1}(\bar{y}^*)) \leqslant \frac{1}{c} d(\bar{y}^*, \partial f(x)), \quad \forall x \in U,$$

即 ∂f 在 $\bar{x}$ 处关于 $\bar{y}^*$ 依常数 $1/c$ 是度量次正则的.

反之, 如果 ∂f 在 $\bar{x}$ 处关于 $\bar{y}^*$ 依常数 κ 是度量次正则的, 则存在常数 $a > 0$ 使得

$$d(x, (\partial f)^{-1}(\bar{y}^*)) \leqslant \kappa d(\bar{y}^*, \partial f(x)), \quad \forall x \in \mathbf{B}_a(\bar{x}). \tag{6.90}$$

反证法. 假设存在 $z \in \mathbf{B}_{2a/3}(\bar{x})$ 使得

$$f(z) + \langle \bar{y}^*, \bar{x} - z \rangle < f(\bar{x}) + cd^2(z, (\partial f)^{-1}(\bar{y}^*)). \tag{6.91}$$

因为 $\bar{y}^* \in \partial f(\bar{x})$, 则 $\bar{x}$ 是下半连续凸函数 $f(\cdot) + \langle \bar{y}^*, \bar{x} - \cdot \rangle$ 的全局极小点. 此外, 再由 (6.91) 可得 $d(z, (\partial f)^{-1}(\bar{y}^*)) > 0$. 由 Ekeland 变分原理, 存在 $u \in X$ 使得 $\|u - z\| \leqslant (1/2)d(z, (\partial f)^{-1}(\bar{y}^*))$ 且对任何 $x \in X$,

$$\begin{aligned} f(x) + \langle \bar{y}^*, \bar{x} - x \rangle &\geqslant f(u) + \langle \bar{y}^*, \bar{x} - u \rangle - \frac{cd^2(z, (\partial f)^{-1}(\bar{y}^*))}{(1/2)d(z, (\partial f)^{-1}(\bar{y}^*))} \|x - u\| \\ &= f(u) + \langle \bar{y}^*, \bar{x} - u \rangle - 2cd(z, (\partial f)^{-1}(\bar{y}^*)) \|x - u\|. \end{aligned}$$

因此, u 是凸函数 $f(\cdot) + \langle \bar{y}^*, \bar{x} - \cdot \rangle + 2cd(z, (\partial f)^{-1}(\bar{y}^*)) \| \cdot - u\|$ 的极小点. 由此有

$$\begin{aligned} 0 &\in \partial (f(\cdot) + \langle \bar{y}^*, \bar{x} - \cdot \rangle + 2cd(z, (\partial f)^{-1}(\bar{y}^*)) \| \cdot - u\|)(u) \\ &= \partial f(u) - \bar{y}^* + 2cd(z, (\partial f)^{-1}(\bar{y}^*)) \mathbf{B}. \end{aligned} \tag{6.92}$$

因此, 存在 $y^* \in \partial f(u)$ 使得 $\|y^* - \bar{y}^*\| \leqslant 2cd(z, (\partial f)^{-1}(\bar{y}^*))$. 此外, 由

$$\begin{aligned} d(z, (\partial f)^{-1}(\bar{y}^*)) &\leqslant \|z - u\| + d(u, (\partial f)^{-1}(\bar{y}^*)) \\ &\leqslant \frac{1}{2} d(z, (\partial f)^{-1}(\bar{y}^*)) + d(u, (\partial f)^{-1}(\bar{y}^*)) \end{aligned}$$

可得 $0 < d(z, (\partial f)^{-1}(\bar{y}^*)) \leqslant 2d(u, (\partial f)^{-1}(\bar{y}^*))$, 因此

$$d(\bar{y}^*, \partial f(u)) \leqslant \|y^* - \bar{y}^*\| \leqslant 4cd(u, (\partial f)^{-1}(\bar{y}^*)) < \frac{1}{\kappa} d(u, (\partial f)^{-1}(\bar{y}^*)),$$

结合 $\|u - \bar{x}\| \leqslant \|u - z\| + \|z - \bar{x}\| \leqslant \frac{3}{2}\|z - \bar{x}\| \leqslant a$, 可知与 (6.90) 矛盾. ■

定理 6.15 给定 Banach 空间 X, 考虑 $\Gamma(X)$ 中的函数 f 与 $\bar{x} \in X$, $\bar{y}^* \in X^*$ 满足 $\bar{y}^* \in \partial f(\bar{x})$. 那么 ∂f 在 $\bar{x}$ 处关于 $\bar{y}^*$ 是强次正则的当且仅当存在 $\bar{x}$ 的邻域 U 和常数 $c > 0$ 使得

$$f(x) \geqslant f(\bar{x}) + \langle \bar{y}^*, x - \bar{x} \rangle + c\|x - \bar{x}\|^2, \quad \forall x \in U. \tag{6.93}$$

特别地, 如果 ∂f 在 $\bar{x}$ 处关于 $\bar{y}^*$ 依常数 κ 是强次正则的, 则 (6.93) 对所有 $c < 1/(4\kappa)$ 成立; 反之, 如果 (6.93) 依常数 c 成立, 那么 ∂f 在 $\bar{x}$ 处关于 $\bar{y}^*$ 依常数 $1/c$ 是强次正则的.

证明 首先假设 (6.93) 成立. 设 $x \in U$ 且 $\bar{y}^* \in \partial f(x)$. 则有

$$\langle \bar{y}^*, x - \bar{x} \rangle \geqslant f(x) - f(\bar{x}),$$

那么由 (6.93) 知必有 $x = \bar{x}$. 因此, $(\partial f)^{-1}(\bar{y}^*) \cap U = \{\bar{x}\}$. 此外, (6.93) 可推出 (6.89) 成立, 则由定理 6.14 可知, ∂f 在 $\bar{x}$ 处关于 $\bar{y}^*$ 依常数 $1/c$ 是强次正则的.

反之, 如果 ∂f 在 $\bar{x}$ 处关于 $\bar{y}^*$ 依常数 κ 是强次正则的, 则存在 $\bar{x}$ 的邻域 U 使得 (6.89) 对任何 $c<1/(4\kappa)$ 成立, 且 $(\partial f)^{-1}(\bar{y}^*)\cap U=\{\bar{x}\}$. 不失一般性, 可假设 $U=\mathbf{B}_{2a}(\bar{x})$, 其中 $a>0$. 任选 $x\in\mathbf{B}_a(\bar{x})$ 且设 $z\in(\partial f)^{-1}(\bar{y}^*)$. 若 $z\notin\mathbf{B}_{2a}(\bar{x})$, 则

$$\|x-z\|\geqslant\|z-\bar{x}\|-\|x-\bar{x}\|\geqslant 2a-a=a\geqslant\|x-\bar{x}\|.$$

由此可得

$$d(x,(\partial f)^{-1}(\bar{y}^*))=d(x,(\partial f)^{-1}(\bar{y}^*)\cap\mathbf{B}_{2a}(\bar{x}))=\|x-\bar{x}\|.$$

因此可知 (6.93) 对任何 $x\in\mathbf{B}_a(\bar{x})$ 成立. ■

推论 6.4 (强次正则次微分的和) 设 $f,g\in\Gamma(X)$ 且 $\bar{x}\in X$, $\bar{y}^*,\bar{w}^*\in X^*$ 使得 $\bar{y}^*\in\partial f(\bar{x})$, $\bar{w}^*\in\partial g(\bar{x})$. 如果 ∂f 和 ∂g 分别在 $\bar{x}$ 处关于 $\bar{y}^*$ 和 $\bar{x}$ 处关于 $\bar{w}^*$ 是强次正则的, 则 $\partial(f+g)$ 在 $\bar{x}$ 处关于 $\bar{y}^*+\bar{w}^*$ 是强次正则的.

证明 由定理 6.15, $\partial f(\partial g)$ 在 $\bar{x}$ 处关于 $\bar{y}^*(\bar{x}$ 处关于 $\bar{w}^*)$ 的强次正则性等价于存在 $\bar{x}$ 的两个邻域 U_1 和 U_2, 两个正常数 c_1 和 c_2 使得

$$f(x)\geqslant f(\bar{x})+\langle\bar{y}^*,x-\bar{x}\rangle+c_1\|x-\bar{x}\|^2,\quad\forall x\in U_1,\tag{6.94}$$

$$g(x)\geqslant g(\bar{x})+\langle\bar{w}^*,x-\bar{x}\rangle+c_2\|x-\bar{x}\|^2,\quad\forall x\in U_2,\tag{6.95}$$

对上面两个式子求和可得

$$(f+g)(x)\geqslant(f+g)(\bar{x})+\langle\bar{y}^*+\bar{w}^*,x-\bar{x}\rangle+(c_1+c_2)\|x-\bar{x}\|^2,\quad\forall x\in U:=U_1\cap U_2,\tag{6.96}$$

即 $\partial(f+g)$ 在 $\bar{x}$ 处关于 $\bar{y}^*+\bar{w}^*$ 是强次正则的. ■

定义 6.9 给定集值映射 $T:X\rightrightarrows X^*$, 称点 $(\bar{x},\bar{y}^*)\in\operatorname{gph}T$ 相对于图 $\operatorname{gph}T$ 是局部强单调的, 如果存在 $\bar{x}$ 的邻域 U 和 $\bar{y}^*$ 的邻域 V, 常数 $c>0$ 使得

$$\langle y^*-\bar{y}^*,x-\bar{x}\rangle\geqslant c\|x-\bar{x}\|^2,\quad\forall(x,y^*)\in\operatorname{gph}T\cap(U\times V).$$

定理 6.16 (次微分强度量次正则的刻画) 考虑 $\Gamma(X)$ 中的函数 f 与 $\bar{x}\in X$, $\bar{y}^*\in X^*$ 满足 $\bar{y}^*\in\partial f(\bar{x})$. 则下述论断等价:

(i) 集值映射 ∂f 在 $\bar{x}$ 处关于 $\bar{y}^*$ 是强次正则的;

(ii) 存在 $\bar{x}$ 的邻域 U 和常数 $c>0$ 使得

$$f(x)\geqslant f(\bar{x})+\langle\bar{y}^*,x-\bar{x}\rangle+c\|x-\bar{x}\|^2,\quad\forall x\in U;\tag{6.97}$$

(iii) 存在 $\bar{x}$ 的邻域 U 和常数 $c>0$ 使得

$$\langle y^*-\bar{y}^*,x-\bar{x}\rangle\geqslant c\|x-\bar{x}\|^2,\quad\forall x\in U,\quad y^*\in\partial f(x);\tag{6.98}$$

(iv) 点 $(\bar{x},\bar{y}^*)$ 相对于图 $\operatorname{gph}(\partial f)$ 是局部强单调的.

证明　(i) $\Longleftrightarrow$ (ii) 可由定理 6.15 得到.

(ii) $\Longrightarrow$ (iii). 假设 (ii) 成立. 任选 $x \in U$, $y^* \in \partial f(x)$. 那么有 $f(\bar{x}) \geqslant f(x) + \langle y^*, \bar{x} - x\rangle$, 且

$$\langle y^* - \bar{y}^*, x - \bar{x}\rangle = \langle y^*, x - \bar{x}\rangle + \langle \bar{y}^*, \bar{x} - x\rangle \geqslant c\|x - \bar{x}\|^2,$$

则有 (iii) 成立.

(iii) $\Longrightarrow$ (iv) 由定义直接得到.

(iv) $\Longrightarrow$ (i). 由定义 6.9,

$$\langle y^* - \bar{y}^*, x - \bar{x}\rangle \geqslant c\|x - \bar{x}\|^2, \quad \forall (x, y^*) \in \operatorname{gph}(\partial f) \cap (U \times V).$$

取 $x \in U \setminus \{\bar{x}\}$. 如果 $\partial f(x) \cap V = \varnothing$, 则结论成立. 否则任选 $y^* \in \partial f(x) \cap V$. 那么有

$$\|x - \bar{x}\|^2 \leqslant \frac{1}{c}\langle y^* - \bar{y}^*, x - \bar{x}\rangle \leqslant \frac{1}{c}\|y^* - \bar{y}^*\|\|x - \bar{x}\|.$$

因此, $\|x - \bar{x}\| \leqslant \dfrac{1}{c}\|y^* - \bar{y}^*\|$, 且由 y^* 的任意性有

$$\|x - \bar{x}\| \leqslant \frac{1}{c} d(\bar{y}^*, \partial f(x) \cap V),$$

即 ∂f 在 $\bar{x}$ 处关于 $\bar{y}^*$ 依常数 $\dfrac{1}{c}$ 是强次正则的. ■

推论 6.5　考虑函数 $f \in \Gamma(X)$. 那么 ∂f 在 $\bar{x}$ 处关于 $\bar{y}^*$ 是强次正则的, 如果存在常数 $c > 0$ 使得图导数 $D\partial f(\bar{x}|\bar{y}^*)$ 关于模 c 是正定的, 即

$$\langle z^*, w\rangle \geqslant c\|w\|^2, \quad \forall w \in X, \quad z^* \in D\partial f(\bar{x}|\bar{y}^*)(w). \tag{6.99}$$

进一步, 当 $\dim X < \infty$ 时, 逆命题亦成立. 具体而言, 如果 (6.99) 成立, 那么 ∂f 在 $\bar{x}$ 处关于 $\bar{y}^*$ 依常数 $\kappa > 1/c$ 是强次正则的.

证明　假设 ∂f 在 $\bar{x}$ 处关于 $\bar{y}^*$ 是强次正则的. 设 $w \in X$ 且 $z^* \in D\partial f(\bar{x}|\bar{y}^*)(w)$. 那么存在 $(x_n, y_n^*) \in \operatorname{gph} \partial f$ 和 $t_n \downarrow 0$ 使得 $(x_n, y_n^*) \to (\bar{x}, \bar{y}^*)$ 且 $[(x_n, y_n^*) - (\bar{x}, \bar{y}^*)]/t_n \to (w, z^*)$. 由定理 6.16, 存在邻域 U 和常数 c 使得 (6.98) 成立. 由次微分定义可得始终有

$$\langle y_n^* - \bar{y}^*, x_n - \bar{x}\rangle \geqslant c\|x_n - \bar{x}\|^2,$$

则始终有

$$\left\langle \frac{y_n^* - \bar{y}^*}{t_n}, \frac{x_n - \bar{x}}{t_n} \right\rangle \geqslant c\left\|\frac{x_n - \bar{x}}{t_n}\right\|^2,$$

令 $n \to \infty$ 可得 $\langle z, w\rangle \geqslant c\|w\|^2$.

反之, 提供两种证明方法. 其一, 特别地, 由 (6.99) 可推出有 $D\partial f(\bar{x}|\bar{y}^*)(0)=\{0\}$, 则由 [23, Theorem 5.3] 得 ∂f 在 $\bar{x}$ 处关于 $\bar{y}^*$ 是强次正则的.

其二, 反证法. 任选 $\kappa>1/c$. 假设存在 $\bar{x}$ 的邻域 U 和 $\bar{y}^*$ 的邻域 V 使得

$$\|x-\bar{x}\|\leqslant\kappa\|y^*-\bar{y}^*\|,\quad\forall(x,y^*)\in(\mathrm{gph}\,\partial f)\cap(U\times V).\tag{6.100}$$

否则, $\forall n\in\mathbb{N}$, 存在 $(x_n,y_n^*)\in\mathrm{gph}\,\partial f$ 且 $\|x_n-\bar{x}\|\leqslant 1/n$, $\|y_n^*-\bar{y}^*\|\leqslant 1/n$, 使得 $\|x_n-\bar{x}\|>\kappa\|y_n^*-\bar{y}^*\|$. 这意味着对所有 n, $x_n\neq\bar{x}$, 并且由 X 是有限维的可知, 有界序列 $(x_n-\bar{x})/\|x_n-\bar{x}\|$ 和 $(y_n^*-\bar{y}^*)/\|x_n-\bar{x}\|$ 必有收敛子列. 不妨设原序列为收敛子列, 则存在 w 和 z^* 满足

$$\left(\frac{x_n-\bar{x}}{\|x_n-\bar{x}\|},\frac{y_n^*-\bar{y}^*}{\|x_n-\bar{x}\|}\right)\to(w,z^*)\in\mathrm{gph}\,D\partial f(\bar{x}|\bar{y}^*).$$

由 (6.99) 可得

$$1=\|w\|\geqslant\kappa\|z^*\|\geqslant\kappa c\|w\|>1,$$

显然矛盾, 则 (6.100) 成立, 即 ∂f 在 $\bar{x}$ 处关于 $\bar{y}^*$ 依常数 $\kappa>1/c$ 是强次正则的. ■

推论 6.6 考虑函数 $f\in\Gamma(X)$, $\dim X<\infty$, 点 $\bar{x}\in X$ 使得 f 在 $\bar{x}$ 的邻域是二次连续可微的. 那么 ∇f 在 $\bar{x}$ 处关于 $\nabla f(\bar{x})$ 是强次正则的当且仅当存在常数 $c>0$ 使得 $\nabla^2 f(\bar{x})$ 关于模 c 是正定的, 即

$$\langle\nabla^2 f(\bar{x})u,u\rangle\geqslant c\|u\|^2,\quad\forall u\in X.\tag{6.101}$$

下述命题给出强次正则性的充分条件, 该条件类似函数的强凸性质, 但比强凸性弱.

命题 6.9 设函数 $f\in\Gamma(X)$. 假设存在 $\bar{x}\in X$ 的邻域 U 使得对 $\forall x\in U$, $\lambda\in(0,1)$,

$$f((1-\lambda)x+\lambda\bar{x})\leqslant(1-\lambda)f(x)+\lambda f(\bar{x})-c\lambda(1-\lambda)\|x-\bar{x}\|^2.\tag{6.102}$$

那么对任意 $y^*\in\partial f(\bar{x})$, $x\in U$,

$$f(x)\geqslant f(\bar{x})+\langle y^*,x-\bar{x}\rangle+c\|x-\bar{x}\|^2.\tag{6.103}$$

特别地, ∂f 在 $\bar{x}$ 处关于任何点 $y^*\in\partial f(\bar{x})$ 均是强次正则的.

证明 设 $y^*\in\partial f(\bar{x})$, $\lambda\in(0,1)$ 且 $x\in U$. 由 (6.102) 可得

$$(1-\lambda)f(x)\geqslant f((1-\lambda)x+\lambda\bar{x})-\lambda f(\bar{x})+c(1-\lambda)\|x-\bar{x}\|^2,$$

即

$$f(x)\geqslant\frac{1}{1-\lambda}f((1-\lambda)x+\lambda\bar{x})-\frac{\lambda}{1-\lambda}f(\bar{x})+c\lambda\|x-\bar{x}\|^2.\tag{6.104}$$

进一步, 由 $y^* \in \partial f(\bar{x})$, 可得 $f((1-\lambda)x+\lambda\bar{x}) \geqslant f(\bar{x})+(1-\lambda)\langle y^*, x-\bar{x}\rangle$, 则由 (6.104) 有

$$f(x) \geqslant f(\bar{x})+\langle y^*, x-\bar{x}\rangle + c\lambda\|x-\bar{x}\|^2.$$

令 $\lambda \uparrow 1$, 可得 (6.103) 成立. ■

不难看出, 度量次正则和强次正则的定义与集值映射的平稳性和孤立平稳性有着紧密的联系, 即设 $\bar{y} \in F(\bar{x})$, 则 F 在 $\bar{x}$ 处关于 $\bar{y}$ 依常数 κ 是平稳的当且仅当逆映射 F^{-1} 在 $\bar{y}$ 处关于 $\bar{x}$ 依相同的常数是度量次正则的. 类似地, F 在 $\bar{x}$ 处关于 $\bar{y}$ 是孤立平稳的当且仅当逆映射 F^{-1} 在 $\bar{y}$ 处关于 $\bar{x}$ 是强度量次正则的.

回顾共轭函数的定义及事实: 如果 X 是自反的且 f 是正常的下半连续凸函数, 那么有 $(\partial f)^{-1} = \partial f^* : X^* \rightrightarrows X$. 因此由定理 6.14 和定理 6.15 可得下述结论.

推论 6.7 给定自反的 Banach 空间 X, 考虑 $\Gamma(X)$ 中的函数 f 与 $\bar{x} \in X$, $\bar{y}^* \in X^*$ 满足 $\bar{y}^* \in \partial f(\bar{x})$. 那么下述结论成立.

(i) ∂f 在 $\bar{x}$ 处关于 $\bar{y}^*$ 是平稳的当且仅当存在 $\bar{y}^*$ 的邻域 V 和常数 $c>0$ 使得

$$f^*(y^*) \geqslant f^*(\bar{y}^*)+\langle \bar{x}, y^*-\bar{y}^*\rangle + cd^2(y, \partial f(\bar{x})), \quad \forall y^* \in V. \tag{6.105}$$

特别地, 如果 ∂f 在 $\bar{x}$ 处关于 $\bar{y}^*$ 依常数 κ 是平稳的, 则 (6.105) 对所有 $c<1/(4\kappa)$ 成立; 反之, 如果 (6.105) 依常数 c 成立, 那么 ∂f 在 $\bar{x}$ 处关于 $\bar{y}^*$ 依常数 $1/c$ 是平稳的.

(ii) ∂f 在 $\bar{x}$ 处关于 $\bar{y}^*$ 是孤立平稳的当且仅当存在 $\bar{y}^*$ 的邻域 V 和常数 $c>0$ 使得

$$f^*(y^*) \geqslant f^*(\bar{y}^*)+\langle \bar{x}, y^*-\bar{y}^*\rangle + c\|y^*-\bar{y}^*\|, \quad \forall y^* \in V. \tag{6.106}$$

特别地, 如果 ∂f 在 $\bar{x}$ 处关于 $\bar{y}^*$ 依常数 κ 是孤立平稳的, 则 (6.106) 对所有 $c<1/(4\kappa)$ 成立; 反之, 如果 (6.106) 依常数 c 成立, 那么 ∂f 在 $\bar{x}$ 处关于 $\bar{y}^*$ 依常数 $1/c$ 是孤立平稳的.

第 7 章　非线性规划的稳定性分析

7.1　到多面体集合的投影

这一节的内容素材取自 [25, Section 3.3.3, Section 4.1]. 给定一集合 $K \subset \Re^n$ 与映射 $F: K \to \Re^n$, 变分不等式问题 $\mathrm{VI}(K,F)$ 是求 $x \in K$ 满足

$$\langle y - x, F(x)\rangle \geqslant 0, \quad \forall y \in K.$$

集合映射对 (K,F) 在 $x \in K$ 的临界锥 (critical cone) 定义为

$$\mathcal{C}(x;K,F) = T_K(x) \cap F(x)^{\perp}.$$

设 K 由等式和不等式约束定义

$$K = \{x \in \Re^n : h(x) = 0,\, g(x) \leqslant 0\}, \tag{7.1}$$

其中 $h: \Re^n \to \Re^l$, $g: \Re^n \to \Re^m$. 如果在 $x \in K$ 处 MF 约束规范成立, 则切锥可以表示为

$$T_K(x) = \{d \in \Re^n : \nabla h_j(x)^{\mathrm{T}} d = 0, j = 1, \cdots, l, \nabla g_i(x)^{\mathrm{T}} d \leqslant 0, i \in I(x)\},$$

其中 $I(x) = \{i : g_i(x) = 0\}$. 如果 x 是问题 $\mathrm{VI}(K,F)$ 的解, MF 约束规范在 x 处成立, 则 $\mathcal{C}(x;K,F)$ 可以表示为

$$\mathcal{C}(x;K,F) = \{d : F(x)^{\mathrm{T}} d \leqslant 0, \nabla h_j(x)^{\mathrm{T}} d = 0, j = 1, \cdots, l, \nabla g_i(x)^{\mathrm{T}} d \leqslant 0, i \in I(x)\}. \tag{7.2}$$

问题 $\mathrm{VI}(K,F)$ 的 KKT 条件如下:

$$\begin{gathered} 0 = F(x) + \sum_{j=1}^{l} \mu_j \nabla h_j(x) + \sum_{i=1}^{m} \lambda_i \nabla g_i(x), \\ h(x) = 0, \\ 0 \leqslant \lambda \perp g(x) \leqslant 0. \end{gathered} \tag{7.3}$$

记所有满足上述 KKT 条件的 (μ, λ) 的集合为 $\mathcal{M}(x)$. 令 $(\mu,\lambda) \in \mathcal{M}(x)$, 定义

$$\alpha = \{i : \lambda_i > 0 = g_i(x)\}$$

$$\beta = \{i : \lambda_i = 0 = g_i(x)\}$$

$$\gamma = \{i : \lambda_i = 0 > g_i(x)\}.$$

引理 7.1　设 K 由 (7.1) 定义, 其中 h_j, g_i 是连续可微函数. 设 x 是问题 VI(K,F) 的解, Abadie 约束规范在 x 处成立①. 则对任何 $(\mu,\lambda)\in\mathcal{M}(x)$, 有

$$\mathcal{C}(x;K,F)=\{d:\mathcal{J}h(x)d=0,\nabla g_i(x)^{\mathrm{T}}d=0,i\in\alpha,\nabla g_i(x)^{\mathrm{T}}d\leqslant 0,i\in\beta\}. \tag{7.4}$$

设 h_j 是仿射函数, g_i 是凸函数, 则 K 是凸集合. 对每一 $x\in\Re^n$, 到 K 的投影向量 $\overline{x}=\Pi_K(x)$ 是下述凸规划问题的解:

$$\begin{aligned} \min\quad & \frac{1}{2}(y-x)^{\mathrm{T}}(y-x)\\ \text{s.t.}\quad & h(y)=0,\\ & g(y)\leqslant 0. \end{aligned} \tag{7.5}$$

容易验证这一投影问题的一阶最优性条件是变分不等式问题 VI$(K,I-x)$, 其中 I 是恒等映射. 用 $\mathcal{C}_\pi(x;K)$ 记这一变分不等式在 $\overline{x}$ 处的临界锥, 则

$$\mathcal{C}_\pi(x;K)=T_K(\overline{x})\cap(\overline{x}-x)^{\perp}.$$

投影问题 (7.5) 的 KKT 条件为

$$\begin{gathered} \overline{x}-x+\sum_{j=1}^{l}\mu_j\nabla h_j(\overline{x})+\sum_{i=1}^{m}\lambda_i\nabla g_i(\overline{x})=0,\\ h(\overline{x})=0,\\ 0\leqslant\lambda\perp g(\overline{x})\leqslant 0. \end{gathered}$$

记所有满足上述 KKT 条件的 (μ,λ) 的集合为 $\mathcal{M}_\pi(x)$. 当 K 是多面体集合时, 上述 KKT 条件给出 $\overline{x}=\Pi_K(x)$ 的充分必要条件. 下面的定理表明 $\Pi_K(x)$ 是处处强 B-可微的②, 并且给出方向导数的计算公式.

定理 7.1　设 $K\subset\Re^n$ 是一多面体集合. 则对任何 $x\in\Re^n$, 存在 x 的一邻域 V, 满足

$$\Pi_K(y)=\Pi_K(x)+\Pi_{\mathcal{C}}(y-x),\quad \forall y\in V, \tag{7.6}$$

① 如果切锥等于线性化锥, 则称 Abadie 约束规范在 x 处成立. 如果 K 由 (7.1) 定义, Abadie 约束规范在 x 处成立即下述等式成立:

$$T_K(x)=\{d\in\Re^n:\nabla h_j(x)^{\mathrm{T}}d=0,j=1,\cdots,l,\nabla g_i(x)^{\mathrm{T}}d\leqslant 0,i\in I(x)\}.$$

② 映射 $F:\Re^n\to\Re^m$ 在 $x\in\Re^n$ 处是 B(ouligand)-可微的, 如果 F 在 x 的一邻域上是 Lipschitz 连续的且在 x 点处方向可微. 如果 $e(y)=F(y)-F(x)-F'(x;y-x)$ 满足

$$\lim_{(y',y'')\to(x,x),y'\neq y''}\frac{e(y')-e(y'')}{\|y'-y''\|}=0,$$

则称 F 在 x 处是强 B-可微的 (见 [25, Definition 3.1.2]).

其中 $\mathcal{C}=\mathcal{C}_\pi(x;K)$. 因此有

$$\Pi'_K(x;d)=\Pi_{\mathcal{C}}(d), \quad \forall d\in\Re^n,$$

从而 $\Pi_K(x)$ 在 $\Re^n$ 上是处处强 B-可微的.

证明 用反证法. 假设不存在这样的邻域. 则存在收敛到 x 的序列 $\{x^k\}$ 满足对所有的 k,

$$\Pi_K(x^k)\neq\Pi_K(x)+\Pi_{\mathcal{C}}(x^k-x).$$

记 $\overline{x}=\Pi_K(x)$, $\overline{x}^k=\Pi_K(x^k)$. 不妨设

$$K=\{y\in\Re^n : Ay\leqslant b\}, \tag{7.7}$$

其中 $A\in\Re^{m\times n}$, $b\in\Re^m$. 记 $A=(a_1,\cdots,a_m)^{\mathrm{T}}$. 对每一 k, 存在 $\lambda^k\in\Re^m$ 满足

$$\begin{aligned}&\overline{x}^k-x^k+\sum_{i=1}^m\lambda_i^k a_i=0,\\&0\leqslant\lambda^k\perp\left(b-A\overline{x}^k\right)\geqslant 0.\end{aligned}$$

可以取 λ^k 满足向量组

$$\{a_i : i\in\operatorname{supp}(\lambda^k)\}$$

是线性无关的, 其中 $\operatorname{supp}(\lambda^k)=\{i:\lambda_i^k>0\}$. 如有必要, 可选一子序列, 不妨设指标集合 $\operatorname{supp}(\lambda^k)$ 均是相同的, 为指标集合 $\mathcal{J}$. 显然有 $\mathcal{J}\subset I(\overline{x})$. 记 $B=(a_i : i\in\mathcal{J})^{\mathrm{T}}$. 则

$$\begin{aligned}\overline{x}^k-x^k+B^{\mathrm{T}}\lambda^k=0,\\ B\overline{x}^k=b_{\mathcal{J}},\end{aligned}$$

由上式可得

$$\begin{aligned}\lambda_{\mathcal{J}}^k&=(BB^{\mathrm{T}})^{-1}(Bx^k-b_{\mathcal{J}}),\\ \overline{x}^k&=[I-B^{\mathrm{T}}(BB^{\mathrm{T}})^{-1}B]x^k+B^{\mathrm{T}}(BB^{\mathrm{T}})^{-1}b_{\mathcal{J}}.\end{aligned}$$

令 $k\to\infty$, 可得

$$\overline{x}=[I-B^{\mathrm{T}}(BB^{\mathrm{T}})^{-1}B]x+B^{\mathrm{T}}(BB^{\mathrm{T}})^{-1}b_{\mathcal{J}};$$

序列 $\{\lambda_{\mathcal{J}}^k\}$ 收敛到

$$\overline{\lambda}_{\mathcal{J}}=(BB^{\mathrm{T}})^{-1}(Bx-b_{\mathcal{J}}).$$

对 $i\notin\mathcal{J}$, 定义 $\overline{\lambda}_i=0$, 可得 $\overline{\lambda}\in\mathcal{M}_\pi(x)$. 对这一乘子, 根据引理 7.1 可得

$$\mathcal{C}=\{d : a_i^{\mathrm{T}}d=0, i\in\operatorname{supp}(\overline{\lambda}), a_j^{\mathrm{T}}d\leqslant 0, j\in I(\overline{x})\setminus\operatorname{supp}(\overline{\lambda})\}.$$

注意 $\mathrm{supp}(\overline{\lambda})\subset\mathcal{J}$, 有

$$d^k:=\overline{x}^k-\overline{x}=[I-B^{\mathrm{T}}(BB^{\mathrm{T}})^{-1}B](x^k-x).$$

我们给出论断 $d^k=\Pi_{\mathcal{C}}(x^k-x)$. 下面就来证明它. 定义

$$\widetilde{\lambda}^k_{\mathcal{J}}=(BB^{\mathrm{T}})^{-1}B(x^k-x),$$

则有

$$d^k-(x^k-x)+B^{\mathrm{T}}\widetilde{\lambda}^k_{\mathcal{J}}=0$$

与

$$Bd^k=0.$$

对于 $i\in I(\overline{x})\setminus\mathcal{J}$,

$$a_i^{\mathrm{T}}d^k=a_i^{\mathrm{T}}\overline{x}^k-a_i^{\mathrm{T}}\overline{x}\leqslant 0.$$

由上述三个式子可以建立 $d^k=\Pi_{\mathcal{C}}(x^k-x)$. 这就得到一矛盾. 因此, 对于充分接近 x 的 y, 有

$$\Pi_K(y)=\Pi_K(x)+\Pi_{\mathcal{C}}(y-x).$$

由这一等式可立即得到方向导数 $\Pi_K'(x;d)$ 的表达式, 也可建立 Π_K 的强 B-可微性. ■

7.2 NLP 约束集合的切锥与二阶切集

设集合 Φ 定义为下述形式:

$$\Phi=\{x\in\Re^n:h(x)=0,g(x)\leqslant 0\},\tag{7.8}$$

其中约束函数 $h:\Re^n\to\Re^q$ 与 $g:\Re^n\to\Re^p$ 是二阶连续可微映射. 则 Φ 可以表示为

$$\Phi=G^{-1}(K),\ 其中\ G=(h_1,\cdots,h_q;g_1,\cdots,g_p)^{\mathrm{T}},K=\{0_q\}\times\Re^p_-.$$

很容易验证负卦限的切锥与二阶切集公式

$$T_K(y)=\{d\in\Re^{q+p}:d_i=0,i=1,\cdots,q;\ d_i\leqslant 0,i\in I(y)\},$$

且对 $d\in T_K(y)$,

$$T_K^2(y,d)=\{w\in\Re^{q+p}:w_i=0,i=1,\cdots,q;\ w_i\leqslant 0,i\in I_1(y,d)\},$$

其中

$$I(y)=\{i:y_i=0,i=q+1,\cdots,q+p\},\quad I_1(y,d):=\{i\in I(y):d_i=0\}.$$

设 Mangasarian-Fromovitz 约束规范在 x_0 处成立, 即

(i) 向量 $\nabla h_i(x_0),i=1,\cdots,q$ 是线性无关的.

(ii) $\exists\overline{d}\in\Re^n:\nabla h_i(x_0)^{\mathrm{T}}\overline{d}=0,i=1,\cdots,q;\nabla g_i(x_0)^{\mathrm{T}}\overline{d}<0,i\in I(x_0)$.

由切锥的链式法则 (见定理 4.15)

$$T_\Phi(x_0)=\{d\in\Re^n:\nabla h_j(x_0)^{\mathrm{T}}d=0,j=1,\cdots,q,\ \nabla g_i(x_0)^{\mathrm{T}}d\leqslant 0,i\in I(x_0)\},$$

其中

$$I(x_0)=\{i:g_i(x_0)=0,i=1,\cdots,p\}$$

记在 x_0 点起作用的不等式约束的集合. 由二阶切集的链式法则 (见公式 (4.92)),

$$T_\Phi^{i,2}(x_0,d)=\mathcal{J}G(x_0)^{-1}[T_K^{i,2}(G(x_0),\mathcal{J}G(x_0)d)-D^2G(x_0)(d,d)] \tag{7.9}$$

与

$$T_\Phi^{2}(x_0,d)=\mathcal{J}G(x_0)^{-1}[T_K^{2}(G(x_0),\mathcal{J}G(x_0)d)-D^2G(x_0)(d,d)], \tag{7.10}$$

其中

$$\begin{aligned}&D^2G(x_0)(d,d)\\=&\left(d^{\mathrm{T}}\nabla^2h_1(x_0)d,\cdots,d^{\mathrm{T}}\nabla^2h_q(x_0)d;d^{\mathrm{T}}\nabla^2g_1(x_0)d,\cdots,d^{\mathrm{T}}\nabla^2g_p(x_0)d\right)^{\mathrm{T}}.\end{aligned}$$

显然可得 $T_\Phi^{i,2}(x_0,d)=T_\Phi^2(x_0,d)$, 且对 $d\in T_\Phi(x_0)$,

$$T_\Phi^2(x_0,d)=\left\{w\in\Re^n:\begin{array}{ll}\nabla h_i(x_0)^{\mathrm{T}}w+d^{\mathrm{T}}\nabla^2h_i(x_0)d=0, & i=1,\cdots,q,\\ \nabla g_i(x_0)^{\mathrm{T}}w+d^{\mathrm{T}}\nabla^2g_i(x_0)d\leqslant 0, & i\in I_1(x_0,d)\end{array}\right\}, \tag{7.11}$$

其中

$$I_1(x_0,d):=\{i\in I(x_0):\nabla g_i(x_0)^{\mathrm{T}}d=0\}.$$

7.3 NLP 的一二阶最优性条件

考虑如下形式的非线性规划问题

$$(\mathrm{NLP})\qquad\left\{\begin{array}{ll}\min & f(x)\\ \mathrm{s.t.} & h(x)=0,\\ & g(x)\leqslant 0,\end{array}\right. \tag{7.12}$$

其中目标函数 $f:\Re^n\to\Re$ 与约束映射 $h:\Re^n\to\Re^q$, $g:\Re^n\to\Re^p$ 是二次连续可微的映射. 我们讨论上述问题 (NLP) 的一阶最优性条件, 用 $I(x)$ 记在 x 处起作用的不等式约束集合

$$I(x)=\{i:g_i(x)=0,\,i=1,\cdots,p\}.$$

定义 7.1　问题 (NLP) 的可行点 $\bar{x}$ 处的广义 Lagrange 乘子集合 $\Lambda^g(\bar{x})$ 定义为满足下述一阶最优性条件的非零向量 $(\lambda_0,\mu,\lambda)=(\lambda_0,\mu_1,\cdots,\mu_q,\lambda_1,\cdots,\lambda_p)$ 的全体:

$$\nabla_x L^g(\bar{x},\lambda_0,\mu,\lambda)=0,\ \lambda_0\geqslant 0,\ \lambda_i\geqslant 0,\ \lambda_i g_i(\bar{x})=0,\ i=1,\cdots,p,$$

其中 $L^g(x,\lambda_0,\mu,\lambda)=\lambda_0 f(x)+\langle\mu,h(x)\rangle+\langle\lambda,g(x)\rangle$. 若一广义 Lagrange 乘子 (λ_0,μ,λ) 满足 $\lambda_0=0$, 则称 (μ,λ) 是一奇异 Lagrange 乘子. 若 $\lambda_0=1$, 则称 (μ,λ) 是 Lagrange 乘子, Lagrange 乘子集合记为 $\Lambda(\bar{x})$.

命题 7.1[9,Proposition 5.47]　设 $\bar{x}$ 是 (NLP) 的局部最优解. 则广义 Lagrange 乘子集合 $\Lambda^g(\bar{x})$ 是非空的, 且下述条件是等价的:

(a) Mangasarian-Fromovitz 约束规范在 $\bar{x}$ 处成立;

(b) 奇异 Lagrange 乘子集合是空集;

(c) Lagrange 乘子集合 $\Lambda(\bar{x})$ 是非空有界凸集.

现在讨论二阶最优性条件. 与 (NLP) 的可行点 $\bar{x}$ 相联系的临界锥可以表示为下述形式:

$$C(\bar{x})=\{d:\nabla f(\bar{x})^{\mathrm{T}}d\leqslant 0,\nabla h_j(\bar{x})^{\mathrm{T}}d=0,\ j\leqslant q,\ \nabla g_i(\bar{x})^{\mathrm{T}}d\leqslant 0,\ i\in I(\bar{x})\}.$$

用 $I(\bar{x},h)$ 记在 $\bar{x}$ 处起作用的且沿方向 d 的一阶量也是起作用的约束集合, 即

$$I(\bar{x},d):=\{i\in I(\bar{x}):\mathcal{J}g_i(\bar{x})d=0\}.$$

命题 7.2[9,Proposition 5.48] (二阶最优性条件)　设 $\bar{x}$ 是问题 (NLP) 的可行点. 则下述结论成立.

(a) 若 $\bar{x}$ 是 (NLP) 的一局部最优解, 则对每一 $d\in C(\bar{x})$, 存在一广义 Lagrange 乘子 $(\lambda_0,\mu,\lambda)\in\Lambda^g(\bar{x})$ 满足

$$d^{\mathrm{T}}\nabla^2_{xx}L^g(\bar{x},\lambda_0,\mu,\lambda)d\geqslant 0. \tag{7.13}$$

(b) 若对每一 $d\in C(\bar{x})\setminus\{0\}$, 存在 $(\lambda_0,\mu,\lambda)\in\Lambda^g(\bar{x})$ 满足

$$d^{\mathrm{T}}\nabla^2_{xx}L^g(\bar{x},\lambda_0,\mu,\lambda)d>0, \tag{7.14}$$

则 $\bar{x}$ 是 (NLP) 的满足二阶增长条件的局部最优解.

证明 (a) 令 $d \in C(\bar{x})$ 是一临界方向. 首先考虑 $\nabla h_i(\bar{x}),\ i=1,\cdots,q$ 是线性相关的情况. 则存在一奇异 Lagrange 乘子 $(\widehat{\mu},\widehat{\lambda})$ 满足 $\widehat{\lambda}=0$. 若 $(\mu,\lambda):=(\widehat{\mu},\widehat{\lambda})$, 有 (7.13) 式成立, 则我们得到结论, 否则, 由于 $-(\widehat{\mu},\widehat{\lambda})$ 是另一奇异 Lagrange 乘子, 且

$$d^{\mathrm{T}}\nabla_{xx}^2 L^g(\bar{x},0,-\widehat{\mu},-\widehat{\lambda})d=-d^{\mathrm{T}}\nabla_{xx}^2 L^g(\bar{x},0,\widehat{\mu}),$$

则 $(\mu,\lambda)=-(\widehat{\mu},\widehat{\lambda})$ 时 (7.13) 式成立.

现在讨论 $\nabla h_i(\bar{x}),i=1,\cdots,q$ 是线性无关的情形. 考虑线性规划

$$\begin{array}{ll}\min\limits_{(w,z)\in\Re^n\times\Re} & z\\ \text{s.t.} & \nabla f(\bar{x})^{\mathrm{T}}w+d^{\mathrm{T}}\nabla^2 f(\bar{x})d\leqslant z,\\ & \nabla h_j(\bar{x})^{\mathrm{T}}w+d^{\mathrm{T}}\nabla^2 h_j(\bar{x})d=0,\ j=1,\cdots,q,\\ & \nabla g_i(\bar{x})^{\mathrm{T}}w+d^{\mathrm{T}}\nabla^2 g_i(\bar{x})d\leqslant z,\ i\in I(\bar{x},d).\end{array}\tag{7.15}$$

这一问题的最优值是 0. 反证法. 假设存在 w 满足

$$\begin{aligned}&\nabla f(\bar{x})^{\mathrm{T}}w+d^{\mathrm{T}}\nabla^2 f(\bar{x})d<0,\\ &\nabla h_j(\bar{x})^{\mathrm{T}}w+d^{\mathrm{T}}\nabla^2 h_j(\bar{x})d=0,\ j=1,\cdots,q,\\ &\nabla g_i(\bar{x})^{\mathrm{T}}w+d^{\mathrm{T}}\nabla^2 g_i(\bar{x})d<0,\ i\in I(\bar{x},d).\end{aligned}\tag{7.16}$$

因为 $\bar{x}$ 是可行点, d 是临界方向, $h_i(\bar{x})=0,\ \nabla h_i(\bar{x})d=0,\ i=1,\cdots,q$, 由 (7.16) 的第二方程得到

$$h_i\left(\bar{x}+td+\frac{1}{2}t^2w\right)=\frac{1}{2}t^2[\nabla h_i(\bar{x})^{\mathrm{T}}w+d^{\mathrm{T}}\nabla^2 h_i(\bar{x})d]+o(t^2)=o(t^2).$$

由隐函数定理, 存在一路径 $x(t)=\bar{x}+td+\frac{1}{2}t^2w+o(t^2)$ 满足 $h_i(x(t))=0,i=1,\cdots,q$, 对充分小的 $t>0$ 是成立的. 则由二阶 Taylor 展开式, 对充分小的 $t>0$ 有

$$f(x(t))=f(\bar{x})+t\nabla f(\bar{x})^{\mathrm{T}}d+\frac{1}{2}t^2[\nabla f(\bar{x})^{\mathrm{T}}w+d^{\mathrm{T}}\nabla^2 f(\bar{x})d]+o(t^2)<f(\bar{x}),$$

类似地, 对所有的 $i\in I(\bar{x},d)$ 有 $g_i(x(t))<0$. 若 $i\notin I(\bar{x},d)$, 则或者 $g_i(\bar{x})<0$ 或 $g_i(\bar{x})=0$ 且 $\nabla g_i(\bar{x})^{\mathrm{T}}d<0$, 两种情形均有, 对充分小的 $t>0$, $g_i(x(t))<0$. 因此, 对充分小的 $t>0$, $x(t)$ 是可行的且 $f(x(t))<f(\bar{x})$, 这与 $\bar{x}$ 的局部最优性相矛盾. 这证得 (7.15) 有一非负的最优值.

因为 $\nabla h_i(\bar{x}),i=1,\cdots,q$ 是线性无关的, (7.15) 中的等式约束有一可行解, 因此, 由于 z 可取任意地大, 问题 (7.15) 是相容的. 所以, (7.15) 具有一有限的非负的最优值. 因为 (7.15) 是一线性规划问题, 与其对偶问题具有相同的最优值. 问题

(7.15) 的对偶问题是

$$\begin{array}{ll}\max\limits_{\lambda\in\Re^p} & d^{\mathrm T}\nabla^2_{xx}L^g(\bar x,\lambda_0,\mu,\lambda)d\\ \text{s.t.} & \nabla_x L^g(\bar x,\lambda_0,\mu,\lambda)=0,\quad \lambda_0+\sum\limits_{i\in I(\bar x,d)}\lambda_i=1,\\ & \lambda_0\geqslant 0,\ \lambda_i\geqslant 0,\ i\in I(\bar x,d),\lambda_i=0,\ i\notin I(\bar x,d).\end{array}$$

因为这一对偶问题的最优解是一与 $\bar x$ 相联系的广义 Lagrange 乘子, 其对偶目标函数是 $d^{\mathrm T}\nabla^2_{xx}L^g(\bar x,\lambda_0,\mu,\lambda)d$, 结论 (a) 得证.

现在考虑结论 (b). 假设命题 (b) 的结论不真. 则存在一可行点序列 $x_k\to\bar x$ 满足 $f(x_k)\leqslant f(\bar x)+o(\|x_k-\bar x\|^2)$. 置 $t_k:=\|x_k-\bar x\|$. 则

$$\limsup_{k\to\infty}\frac{f(x_k)-f(\bar x)}{t_k^2}\leqslant 0.$$

如有必要, 可抽取一子列, 不妨设 $d_k:=(x_k-\bar x)/t_k$ 收敛到一单位范数的向量 $\widehat d$, 即 $x_k=\bar x+t_k\widehat d+o(t_k),\|\widehat d\|=1$. 因为 $f(x_k)\leqslant f(\bar x)+o(\|x_k-\bar x\|^2)$ 且 x_k 是可行的, 由 $f(x_k), h_j(x_k), j=1,\cdots,q; g_i(x_k), i=1,\cdots,p$ 的一阶展开式可得 $\widehat d$ 是一临界方向. 令 $(\widehat\lambda_0,\widehat\mu,\widehat\lambda)$ 是一广义 Lagrange 乘子满足

$$\alpha=\widehat d^{\mathrm T}\nabla^2_{xx}L^g(\bar x,\widehat\lambda_0,\widehat\mu,\widehat\lambda)\widehat d>0.$$

则, 由于 $\widehat\lambda$ 的分量是非负的, $\nabla_x L^g(\bar x,\widehat\lambda_0,\widehat\mu,\widehat\lambda)=0$, 有

$$\begin{aligned}\widehat\lambda_0 f(x_k)&\geqslant L^g(x_k,\widehat\lambda_0,\widehat\mu,\widehat\lambda)=\widehat\lambda_0 f(\bar x)+\frac12 t_k^2\widehat d^{\mathrm T}\nabla^2_{xx}L^g(\bar x,\widehat\lambda_0,\widehat\mu,\widehat\lambda)\widehat d+o(t_k^2)\\ &\geqslant \widehat\lambda_0 f(\bar x)+\frac12\alpha t_k^2+o(t_k^2).\end{aligned}$$

可得到

$$\alpha\leqslant 2\widehat\lambda_0\limsup_{k\to\infty}\frac{f(x_k)-f(\bar x)}{t_k^2}\leqslant 0,$$

这导致一矛盾. ■

由于对每一 $h\in C(x_0)$, 集合 K 在 $G(x_0)$ 处沿 $\mathcal{J}G(x_0)h$ 是外二阶正则的, 可得下述结果.

定理 7.2　设 x_0 是问题 (P) 的稳定点, 即 $\Lambda(x_0)\neq\varnothing$, 且 x_0 处 MF 约束规范成立, 则二阶条件

$$\sup_{\lambda\in\Lambda(x_0)}\{\nabla^2_{xx}L(x_0,\lambda)(h,h)\}>0,\quad\forall h\in C(x_0)\setminus\{0\}\tag{7.17}$$

是在点 x_0 处二阶增长条件成立的充分必要条件.

7.4 Jacobian 唯一性条件

本节取材于文献 [63] 和 [29].

对 NLP 问题 (7.12) 的目标函数及约束同时进行一般性的扰动, 得到下述扰动问题:

$$(\mathrm{P}_\varepsilon)\qquad \begin{cases} \min & f(x,\varepsilon) \\ \text{s.t.} & h(x,\varepsilon)=0, \\ & g(x,\varepsilon)\leqslant 0, \end{cases} \tag{7.18}$$

其中 $f:\Re^n\times\Re^k\to\Re$ 是目标函数, $h:\Re^n\times\Re^k\to\Re^q$, $g:\Re^n\times\Re^k\to\Re^p$ 是约束映射. 不失一般性, 假设当 $\varepsilon=0$ 时, (P_0) 即为 NLP 问题.

定义扰动问题的 Lagrange 函数为

$$L(x,u,w,\varepsilon)=f(x,\varepsilon)+u^{\mathrm{T}}g(x,\varepsilon)+w^{\mathrm{T}}h(x,\varepsilon).$$

下述定理为文献 [29] 中刻画扰动问题 (P_ε) 的稳定性的基础性结果.

定理 7.3[29,Theorem 3.2.2] (i) 设问题 (P_ε) 的目标函数及约束映射在 $(x^*,0)$ 的一邻域内关于 x 二次连续可微, 同时它们关于 x 的偏导数及约束映射关于参数 ε 连续可微;

(ii) 问题 (P_0) 在 x^* 处的二阶充分性条件成立, u^* 和 w^* 为相应的 Lagrange 乘子;

(iii) 梯度 $\nabla_x g_i(x^*,0)$(对 $g_i(x^*,0)=0$ 的 i) 和 $\nabla_x h_j(x^*,0)$(对所有 j) 线性无关;

(iv) 当 $g_i(x^*,0)=0$ 时, $u_i^*>0(i=1,\cdots,p)$, 即严格互补条件成立.

则有

(a) x^* 是问题 (P_0) 的局部孤立极小点且相应的 Lagrange 乘子 u^* 与 w^* 是唯一的;

(b) 对于 0 的某一邻域内的 ε, 存在唯一的连续可微的向量值函数 $y(\varepsilon)=[x(\varepsilon),u(\varepsilon),w(\varepsilon)]^{\mathrm{T}}$ 满足问题 (P_ε) 的二阶充分性条件且有 $y(0)=(x^*,u^*,w^*)^{\mathrm{T}}=y^*$, 并且 $x(\varepsilon)$ 是问题 (P_ε) 的局部唯一孤立极小点, 相应的 Lagrange 乘子为 $u(\varepsilon)$ 与 $w(\varepsilon)$;

(c) 对于 0 附近的 ε, 不等式约束的指标集不变, 严格互补条件成立, 有效约束的梯度在 $x(\varepsilon)$ 处线性无关.

证明 若 (b) 成立, 则 (a) 显然成立, 由于其固有性质, 所以将 (a) 单独叙述. 由假设 (ii) 知, x^* 是 (P_0) 的严格局部极小点, $\nabla_x L(x^*,u^*,w^*)=0$. 由假设 (iii) 可得 u^* 与 w^* 的唯一性.

如下所示, 针对 (P_ε) 的一阶必要性条件直接应用隐函数定理可得 (b) 成立. 假设 (ii) 意味着下述 KKT 条件在 $(x,u,w,\varepsilon)=(x^*,u^*,w^*,0)$ 处成立:

$$\nabla_x L(x,u,w,\varepsilon)=0,\quad u_i g_i(x,\varepsilon)=0, i=1,\cdots,p,\quad h_j(x,\varepsilon)=0, j=1,\cdots,q. \tag{7.19}$$

假设 (i) 意味着系统 (7.19) 关于所有变量连续可微, 所以 (7.19) 关于 (x,u,w) 的 Jacobian 矩阵是有意义的. 由假设 (ii),(iii),(iv) 可得该矩阵在 $(x^*,u^*,w^*,0)$ 处可逆. 由隐函数定理[29,Theorem 2.4.1] 可得在 (x^*,u^*,w^*) 的一邻域内, 对于 0 的某一邻域内的 ε, 存在唯一的连续可微函数 $(x(\varepsilon),u(\varepsilon),w(\varepsilon))$ 满足 (7.19) 并且 $(x(0),u(0),w(0))=(x^*,u^*,w^*)$. 这意味着 $x(\varepsilon)$ 是问题 (P_ε) 的 KKT 点, 相应乘子为 $u(\varepsilon)$ 和 $w(\varepsilon)$.

要证 (c), 首先, 注意到在 $x(0)$ 处的有效约束在充分接近 0 的 ε 处依然成立. 对于等式约束, 可由 $h_j(x(\varepsilon),\varepsilon)=0$ 看出; 对于不等式约束, 由 (7.19) 可得 $u_i(\varepsilon)g_i(x(\varepsilon),\varepsilon)=0(i=1,\cdots,p)$. 如果对于某些 i 有 $g_i(x(0),0)=0$, 那么由严格互补条件有 $u_i(0)>0$, 由 $u(\varepsilon)$ 的连续性可得对于 0 附近的 ε 有 $u_i(\varepsilon)>0$, 进而有 $g_i(x(\varepsilon),\varepsilon)=0$. 如果对于某些 i 有 $g_i(x(0),0)>0$, 则由连续性知对于 0 附近的 ε 有 $g_i(x(\varepsilon),\varepsilon)>0$. 因此, 定义

$$B(\varepsilon)\equiv\{i|g_i(x(\varepsilon),\varepsilon)=0\},$$

我们有对于 0 附近的 ε 有 $B(\varepsilon)=B(0)$, 由此可得扰动问题的严格互补条件成立.

其次, 证明对任何充分接近 0 的 ε, 二阶充分性条件在 $(x(\varepsilon),u(\varepsilon),w(\varepsilon))$ 处成立, 即存在 $\delta>0$ 使得对任何满足 $|\varepsilon|<\delta$ 的 ε 和 $z(\varepsilon)\neq 0$ 有 $z(\varepsilon)^{\mathrm{T}}\nabla^2_{xx}L(x(\varepsilon),u(\varepsilon),w(\varepsilon))z(\varepsilon)>0$, 其中 $z(\varepsilon)$ 要满足 $\nabla_x g_i(x(\varepsilon),\varepsilon)z(\varepsilon)=0$, $\forall i\in B(0)$ 并且 $\nabla_x h_j(x(\varepsilon),\varepsilon)z(\varepsilon)=0$, $\forall j$. 反证法. 假设结论不成立, 则必存在 $\varepsilon_k>0$, $z^k\neq 0$ 使得 $\varepsilon_k\to 0$, $\nabla_x g_i(x(\varepsilon_k),\varepsilon_k)z^k=0$, $\forall i\in B(0)$ 并且 $\nabla_x h_j(x(\varepsilon_k),\varepsilon_k)z^k=0$, $\forall j$, 且还有 $(z^k)^{\mathrm{T}}\times\nabla^2_{xx}L(x(\varepsilon_k),u(\varepsilon_k),w(\varepsilon_k),\varepsilon_k)z^k\leqslant 0$, $k=1,2,\cdots$. 不失一般性, 假设对所有 k, $\|z^k\|=1$. 选取 $\{z^k\}$ 的一个收敛到 $\bar{z}$ 的子列, 不妨设仍为 $\{z^k\}$. 令 $k\to+\infty$, 由假设 (i) 可得对于满足 $\|\bar{z}\|=1$, $\nabla_x g_i(x^*,0)\bar{z}=0$, $\forall i\in B(0)$ 且 $\nabla_x h_j(x^*,0)\bar{z}=0$, $\forall j$ 的某些 $\bar{z}$, 有 $\bar{z}^{\mathrm{T}}\nabla^2_{xx}L(x^*,u^*,w^*,0)\leqslant 0$. 这与假设 (ii) 矛盾, 假设不成立. 二阶充分性条件得证. 因为已得对充分接近 0 的 ε, $(x(\varepsilon),u(\varepsilon),w(\varepsilon))$ 是 (7.19) 的唯一解, 则 $x(\varepsilon)$ 是问题 (P_ε) 的局部唯一极小点, (b) 得证.

设有效约束维数为 $r+q$, 已知在 $x(0)$ 处 KKT 系统的 $(r+q)\times(r+q)$ 的 Jacobian 阵是非奇异的, 由假设中一阶导数的连续性知对充分接近 0 的 ε, $x(\varepsilon)$ 处 KKT 系统的 $(r+q)\times(r+q)$ 的 Jacobian 阵也是非奇异的, 则 (c) 中线性无关结论得证. ■

几乎同一时期, Robinson[63] 在较弱的假设条件下给出了与定理 7.3 类似的定理证明, 即定理 7.3 中的假设 (i) 替换为如下条件: 目标函数和约束映射关于 x 的

二阶偏导数关于 (x,ε) 连续, 进而结论中仅得到 $(x(\varepsilon),u(\varepsilon),w(\varepsilon))$ 的连续性. 由于两个定理的证明过程略有不同, 下面再给出 Robinson[63] 的定理叙述.

定义函数

$$F(x,u,w,\varepsilon):=(\nabla_x L(x,u,w,\varepsilon),u_1g_1(x,\varepsilon),\cdots,u_pg_p(x,\varepsilon),h_1(x,\varepsilon),\cdots,h_q(x,\varepsilon))^{\mathrm{T}},$$

则注意到问题 (P_ε) 的 KKT 条件等价于 $F(x,u,w,\varepsilon)=0$.

定理 7.4[63,Theorem 2.1] 考虑扰动问题 (7.18). 设 $\mathcal{O}$ 是 Banach 空间, $\Gamma\subset\Re^n$ 和 $\Pi\subset\mathcal{O}$ 为开集. 设 $f(x,\varepsilon)$, $g(x,\varepsilon)$ 和 $h(x,\varepsilon)$ 分别为 $\Gamma\times\Pi$ 到 $\Re$, $\Re^p$ 和 $\Re^q$ 的函数, 它们均有关于 x 的二阶偏导数且偏导数在 $\Gamma\times\Pi$ 上关于 (x,ε) 连续. 假设 $(\bar{x},\bar{u},\bar{w})\in\Gamma\times\Re^p\times\Re^q$ 为问题 (P_0) 的 KKT 点, 且在该点处二阶充分性条件和严格互补条件成立, 有效约束的梯度线性无关. 那么有

存在开邻域 $M(0)\subset\Pi$ 和 $N(\bar{x},\bar{u},\bar{w})\subset\Gamma\times\Re^p\times\Re^q$, 连续函数 $Z:M\to N$ 使得 $Z(0)=(\bar{x},\bar{u},\bar{w})$, 并且对任何 $\varepsilon\in M$, $Z(\varepsilon)$ 即 (P_ε) 在 N 上唯一的 KKT 点, 也是函数 $F(\cdot,\cdot,\cdot,\varepsilon)$ 在 N 上的唯一零点. 进一步, 若有 $Z(\varepsilon):=(x(\varepsilon),u(\varepsilon),w(\varepsilon))$, 那么对任何 $\varepsilon\in M$, $x(\varepsilon)$ 是问题 (P_ε) 的孤立局部极小点, 且在 $x(\varepsilon)$ 处二阶充分性条件和严格互补条件成立, 有效约束的梯度线性无关.

证明 记 $z=(x,u,w)\in\Re^{n+p+q}$, $\bar{z}=(\bar{x},\bar{u},\bar{w})$, $F(z,\varepsilon)=F(x,u,w,\varepsilon)$. 由已知条件可知 Jacobian 矩阵 $F_z(\bar{z},0)$ 非奇异. 由于 $F(\bar{z},0)=0$, 则应用隐函数定理 ([35, Theorems 1-2(4.XVII)]) 可知存在开邻域 $M_0(0)\subset\Pi$, $N_0(\bar{z})\in\Gamma\times\Re^p\times\Re^q$ 与连续函数 $Z:M_0\to N_0$ 使得 $Z(0)=\bar{z}$ 并且对任何 $\varepsilon\in M_0$, $Z(\varepsilon)$ 是 $F(\cdot,\varepsilon)$ 在 N_0 上的唯一零点.

此外, 存在开邻域 $N_1(\bar{z})$ 和 $M_1(0)$ 使得对 $(x,u,w)\in N_1$ 与 $\varepsilon\in M_1$, 有对 $1\leqslant i\leqslant m$,

$$g_i(\bar{x},0)<0\Rightarrow\ g_i(x,\varepsilon)<0,\bar{u}_i>0\Rightarrow\ u_i>0. \tag{7.20}$$

令 $N:=N_0\cap N_1$, 则由 Z 的连续性及 $Z(0)=\bar{z}$, 可以找到开邻域 $M_2(0)\subset M_1\cap M_0$ 使得若 $\varepsilon\in M_2$, 则有 $Z(\varepsilon)\in N$. 对任何 $\varepsilon\in M_2$, 由 $F(Z(\varepsilon),\varepsilon)=0$ 知 $Z(\varepsilon)$ 满足 KKT 条件. 选取 $i\in[1,m]$, 设 $Z(\varepsilon)=(\tilde{x},\tilde{u},\tilde{w})$. 如果 $\bar{u}_i>0$, 由 $Z(\varepsilon)\in N_1$ 可得 $\tilde{u}_i>0$, 进而有 $g_i(\tilde{x},\varepsilon)=0$; 另一方面, 如果 $g_i(\bar{x},0)<0$, 那么 $g_i(\tilde{x},\varepsilon)<0$, 故有 $\tilde{u}_i=0$. 因为 $(\bar{x},\bar{u},\bar{w})$ 处严格互补条件成立, 则对每个 i, 上述两种情况必有一个成立, 因此有 $\tilde{u}\geqslant 0$ 且 $g(\tilde{x},\varepsilon)\leqslant 0$, 即 $Z(\varepsilon)$ 可行, 进而有 $Z(\varepsilon)$ 是 KKT 点, 也是 N 上 $F(\cdot,\varepsilon)$ 的唯一零点.

下证定理的后一部分. 注意到对任何 $\varepsilon\in M_2$, 作用到 $x(0)$ 上的有效约束在 $x(\varepsilon)$ 处仍然有效, 则在 $Z(\varepsilon)$ 处严格互补条件成立. 因为作用到 $x(0)$ 上的有效约束的梯度线性无关, 由 Z 的连续性可知, 对任何 $\varepsilon\in M_2$, $\nabla_x g(x(\varepsilon),\varepsilon)$ 和 $\nabla_x h(x(\varepsilon),\varepsilon)$

关于 ε 连续, 因此存在开邻域 $M_3(0) \subset M_2$ 使得线性无关条件仍然成立. 下证二阶充分性条件成立.

若有效约束的维数是 n, 则二阶充分性条件平凡成立. 故不失一般性, 假设有效约束的维数少于 n. 对任何 $\varepsilon \in M_3$, 令 $G(\varepsilon)$ 为在 $(x(\varepsilon), \varepsilon)$ 处的有效约束的梯度为行向量组成的矩阵. 考虑多值函数

$$\Gamma(\varepsilon) := \{d \in \Re^n, G(\varepsilon)d = 0\}.$$

显然 Γ 的图是闭的, 因此若令 S 为 $\Re^n$ 上的单位球面, 则函数 $\Gamma(\varepsilon) \cap S$ 在 M_3 上是上半连续的且非空的. 考虑函数

$$\delta(\varepsilon) := \min_d \{d^{\mathrm{T}} \nabla^2_{xx} L(x(\varepsilon), u(\varepsilon), w(\varepsilon), \varepsilon) d : d \in \Gamma(\varepsilon) \cap S\}.$$

因为上式括号中极小化的函数关于 d 和 ε 是连续的, 且约束集合 $\Gamma(\varepsilon) \cap S$ 关于 ε 是上半连续的, 则由 [4, Theorem 2] 可得对每个 $\varepsilon \in M_3$, δ 关于 ε 是下半连续的. 由于 $Z(0)$ 处二阶充分性条件成立, 我们有 $\delta(0) > 0$, 因此对某个开邻域 $M(0) \subset M_3$ 中的所有 ε, 仍有 $\delta(\varepsilon) > 0$, 即 $Z(\varepsilon)$ 处的二阶充分性条件成立. ■

简单起见, 我们给出 Jacobian 唯一性条件的定义, 即可将上述两个定理的条件进行简化描述.

定义 7.2 设 $\bar{x}$ 是 NLP 问题 (7.12) 的可行点. 称 Jacobian 唯一性条件在 $\bar{x}$ 处成立, 如果有下述条件均成立:

(i) 点 $\bar{x}$ 为 NLP 问题的稳定点;

(ii) 点 $\bar{x}$ 处的约束非退化条件成立;

(iii) 点 $\bar{x}$ 处的严格互补条件成立;

(iv) 点 $\bar{x}$ 处的二阶充分性条件成立.

7.5 多面体凸集合上的变分不等式的强正则性

这一节及下几节的内容取自经典文献 [21]. 设 $F : \Re^d \times \Re^n \to \Re^n$ 是一映射, $C \subset \Re^n$ 是一非空凸多面体集. 考虑

$$z + F(w, x) + N_C(x) \ni 0. \tag{7.21}$$

令 $p = (z, w) \in \Re^n \times \Re^d$, 定义

$$S(p) = \{x \in \Re^n : 0 \in z + F(w, x) + N_C(x)\}.$$

给定参考点 $p_0 = (z_0, w_0)$ 与 $x_0 \in S(p_0)$. 一个令人感兴趣的问题是在什么条件下, S 在 (p_0, x_0) 附近是一局部的单值 Lipschitz 连续映射, 即存在 $U \in \mathcal{N}(x_0)$, $V \in \mathcal{N}(p_0)$,

满足 $p \to S(p) \cap U$ 是 $p \in V$ 上的 Lipschitz 连续映射. 为此给出下述关于 F 的条件:

(A) 在 (w_0, x_0) 的一个邻域内 F 关于 x 是可微的, Jacobian 矩阵 $\mathcal{J}_x F(w, x)$ 关于 (w, x) 是连续的;

(B) 在 (w_0, x_0) 附近, F 关于 x 是局部一致的且关于变量 w 是 Lipschitz 连续的. 即存在 $U \in \mathcal{N}(x_0)$, $V \in \mathcal{N}(w_0)$ 与一正数 $l > 0$, 满足对所有的 $x \in U$ 与 $w_1 \in V, w_2 \in V$,

$$\|F(w_1, x) - F(w_2, x)\| \leqslant l\|w_1 - w_2\|.$$

映射 S 的分析与下述线性变分不等式密切相关:

$$q + Ax + N_C(x) \ni 0, \tag{7.22}$$

其中 q 是下述 q_0 的标准参数扰动,

$$A = \mathcal{J}_x F(w_0, x_0), \quad q_0 = z_0 + F(w_0, x_0) - \mathcal{J}_x F(w_0, x_0)x_0. \tag{7.23}$$

7.5.1 线性问题解集合的 Aubin 性质

令 $L(q)$ 为下述的集值映射

$$L(q) = \{x \in \Re^n : 0 \in q + Ax + N_C(x)\}.$$

对每一 $x \in C$, $v \in N_C(x)$, 定义

$$K(x, v) = \{x' \in T_C(x) : \langle x', v\rangle = 0\}. \tag{7.24}$$

这一集合也是多面凸锥. 对于 (q_0, x_0), 与 (7.22) 相联系的临界锥为

$$K_0 = K(x_0, v_0), \quad v_0 = -Ax_0 - q_0. \tag{7.25}$$

引理 7.2 对任何 $(x, v) \in G = \operatorname{gph} N_C$, 存在 $(0, 0) \in \Re^n \times \Re^n$ 的邻域 U, 使得对任何 $(x', v') \in U$,

$$v + v' \in N_C(x + x') \Longleftrightarrow v' \in N_{K(x,v)}(x'). \tag{7.26}$$

尤其, G 在 (x, v) 的切锥 $T_G(x, v)$ 为 $\operatorname{gph} N_{K(x,v)}$.

下面定理表明, 线性变分不等式 (7.22) 在点 (q_0, x_0) 处的强正则性等价于 L 在 (q_0, x_0) 处的 Aubin 性质.

定理 7.5　下述结论是等价的:

(a) L 在 (q_0, x_0) 附近是内半连续的;

(b) L 在 (q_0, x_0) 处具有 Aubin 性质;

(c) L 在 (q_0, x_0) 附近是一局部单值的 Lipschitz 连续映射;

(d) 线性变分不等式 (7.22) 在点 (q_0, x_0) 处是强正则的.

证明　显然有 (d) $\Longleftrightarrow$ (c) $\Longrightarrow$ (b) $\Longrightarrow$ (a). 因此, 只需证明 (a) $\Longrightarrow$ (c). 对 (7.25) 中定义的临界锥 K_0, 考虑变分不等式

$$q' + Ax' + N_{K_0}(x') \ni 0. \tag{7.27}$$

记 $L'(q') = \{x' \in \Re^n : q' + Ax' + N_{K_0}(x') \ni 0\}$. 根据引理 7.2, 只要 (x', v') 与 $(0, 0)$ 充分接近就有

$$v_0 + v' \in N_C(x_0 + x') \text{ 当且仅当} v' \in N_{K_0}(x').$$

因此

$$(q_0 + q') + A(x_0 + x') + N_C(x_0 + x') \ni 0 \text{ 当且仅当 } q' + Ax' + N_{K_0}(x') \ni 0.$$

定义 $x = x_0 + x'$, $q = q_0 + q'$, 则有

$$x \in L(q) \text{ 当且仅当 } x' \in L'(q').$$

尤其 $0 \in L'(0)$, (a) 中 L 在 (q_0, x_0) 附近的内半连续性简化为 L' 在 $(0, 0)$ 附近的内半连续性. 由于 K_0 是一锥, L' 是正齐次的, 因此 L' 在 $(0, 0)$ 附近的内半连续性意味着 L' 在 $\Re^n$ 的所有点处均是非空值的且是内半连续的. 所以, 我们的任务就变成要证明, L' 在 $(0, 0)$ 附近的内半连续性可推出 L' 在 $(0, 0)$ 附近的局部单值与局部 Lipschitz 连续性.

设 h 是与变分不等式 (7.27) 相联系的法映射 (normal map)

$$h(u) = [u - \Pi_{K_0}(u)] + A\Pi_{K_0}(u).$$

为了应用关于法映射理论的已知结果, 下面证明 h 是一开映射: 它将开集合映为开集合.

为了这个目的, 固定任何开集合 $\mathcal{O} \subset \Re^n$ 与任何点 $h(u)$, 其中 $u \in \mathcal{O}$; 记 $q' = -h(u)$. 任取序列 $q'_i \to q'$, $i \to \infty$, 通过证明存在序列 $u_i \to u$ 满足 $q'_i = -h(u_i)$, 就可推出 i 充分大时 $-q'_i \in h(\mathcal{O})$, 从而得到 $h(\mathcal{O})$ 是开集合. 由 L' 与 h 的定义, 根据 q' 的选取, 对于 $x' = \Pi_{K_0}(u)$, 有 $-q' = [u - x'] + Ax'$, $u - x' \in N_{K_0}(x')$. 因此有 $x' \in L'(q')$, $x' - q' - Ax' = u$. 由 L' 在 $\Re^n$ 上的非空值性质与内半连续性可推出, 对充分大的 i, 存在点 $x'_i \in L'(q'_i)$ 满足 $x'_i \to x'$. 因为 $x'_i \in L'(q'_i)$, 有 $-q'_i - Ax'_i \in N_{K_0}(x'_i)$,

故点 $u_i = x_i' - q_i' - Ax_i'$ 满足 $\Pi_{K_0}(u_i) = x_i'$. 然而 $x_i' - q_i' - Ax_i' \to x' - q - Ax'$, 因而有 $u_i \to u$, 这正是我们要证明的.

剩下的证明基于两个著名的结论. 第一个结论是分片仿射映射 (因为 Π_{K_0} 是分片线性的, 这里的 h 是分片仿射映射) 是开的当且仅当它具有一致方向 (coherently oriented), 见 [77, Proposition 2.3.7]. 第二个结论是, 多面体凸集合上的线性变分不等式问题的法映射具有一致方向当且仅当它是一对一的映射, 见 [62, Theorem 4.3]. 结合这两个结论可得 h^{-1} 是处处单值的且 Lipschitz 连续的. 由等价关系

$$x' \in L'(q') \Longleftrightarrow x' = \Pi_{K_0}(h^{-1}(q'))$$

可推出 L' 是处处单值且 Lipschitz 连续的. 于是证得结论 (c). ■

推论 7.1 下述两个条件是等价的:

(a) L 在 $\Re^n$ 上是内半连续的;

(b) 对任何 $q \in \Re^n, L(q)$ 是单点集合.

证明 设 (a) 成立, 用 h_C 记与 (7.22) 相联系的法映射. 类似于定理 7.5 的证明, 但要把 h 用 h_C 代替, L_0 用 L' 代替, 可得到 h_C 是处处开的, 从而 L 是处处单值的. 相反地, 在 (b) 条件下, 映射 h_C 是一同胚, 它是处处 Lipschitz 连续的. 则 L 是 Lipschitz 连续的, 尤其是处处内半连续的. ■

下面给出刻画解映射 L 的 Aubin 性质的一个很重要的条件: 临界面条件 (critical face condition). 对于多面凸锥 K, 它的闭面 F 是下述形式的多面凸锥

$$F = \{x \in K : \langle x, v\rangle = 0\}, \quad v \in K^- \text{是一向量}, \tag{7.28}$$

其中 K^- 是 K 的极锥. 回顾

$$v' \in N_K(x') \Longleftrightarrow x' \in K, v' \in K^-, \langle x', v'\rangle = 0. \tag{7.29}$$

定义 7.3 称在点 (q_0, x_0) 处临界面条件成立, 如果对任何满足 $F_1 \supset F_2$ 的临界锥 K_0 的闭面 F_1 与 F_2,

$$u \in F_1 - F_2, A^{\mathrm{T}}u \in (F_1 - F_2)^- \Longrightarrow u = 0.$$

显然, 当临界锥 K_0 是一子空间时, 它的唯一的闭面就是 K_0 本身, 临界面条件简化为 A 相对于该子空间的一个非奇异条件:

$$u \in K_0, A^{\mathrm{T}}u \in K_0 \Longrightarrow u = 0.$$

定理 7.6 变分不等式 (7.22) 的解映射 L 在点 (q_0, x_0) 具有 Aubin 性质 (或者具有定理 7.5 的等价性质) 的充分必要条件是临界面条件在 (q_0, x_0) 处成立.

证明　根据 Mordukhovich 准则, 解映射 L 在点 (q_0, x_0) 具有 Aubin 性质当且仅当

$$A^{\mathrm{T}}u + D^*N_C(x_0\,|\,v_0)(u) \ni 0 \Longrightarrow u = 0,$$

其中映射 $D^*N_C(x_0\,|\,v_0)$ 是映射 N_C 在 $(x_0, v_0) \in G = \mathrm{gph}\, N_C$ 的伴同导数.

上述条件等价于

$$(A^{\mathrm{T}}u, u) \in N_G(x_0, v_0) \Longrightarrow u = 0. \tag{7.30}$$

由于 G 是 $\Re^{2n}$ 中的有限多个凸多面集合的并集合, 在 (x_0, v_0) 附近的点 (x, v) 仅有有限多个不同的切锥 $T_G(x, v)$. 因此, 对任意充分小的 (x_0, v_0) 的邻域 U, 有

$$N_G(x_0, v_0) = \bigcup_{(x,v)\in U\cap G} T_G(x, v)^-. \tag{7.31}$$

根据引理 7.2, 有 $T_G(x, v) = \mathrm{gph}\, N_{K(x,v)}$, 于是

$$T_G(x, v) = \{(x', v')\,|\,x' \in K(x, v), v' \in K(x, v)^-, \langle x', v'\rangle = 0\}.$$

计算得

$$\begin{aligned} T_G(x, v)^- = &\{(r, u)\,|\,\langle (r, u), (x', v')\rangle \leqslant 0,\ \forall (x', v') \in T_G(x, v)\} \\ = &\{(r, u)\,|\,\langle r, x'\rangle + \langle u, v'\rangle \leqslant 0,\ \forall x' \in K(x, v), \\ &v' \in K(x, v)^- \text{ 满足} \langle x', v'\rangle = 0\}. \end{aligned}$$

在上面的表示中首先考虑 $v' = 0$, 然后再考虑 $x' = 0$, 可以得到

$$T_G(x, v)^- = K(x, v)^- \times K(x, v). \tag{7.32}$$

因此 $N_G(x_0, v_0)$ 是所有乘积集合 $K^- \times K$ 的并, 其中 $K = K(x, v)$, $(x, v) \in G$ 是充分接近 (x_0, v_0) 的点. 下面我们说明这样的 K 恰好是形式为 $F_1 - F_2$ 的锥, 其中 F_1 与 F_2 是满足 $F_1 \supset F_2$ 的 $K_0 = K(x_0, v_0)$ 的闭面. 由此论断, 再根据 (7.30), (7.31) 与 (7.32) 即完成定理的证明.

因为 C 是多面体凸集合, 对充分接近 x_0 的 $x \in C$, 有

$$T_C(x) = T_C(x_0) + [x - x_0] \supset T_C(x_0),$$

$$N_C(x) = N_C(x_0) \cap [x - x_0]^{\perp} \subset N_C(x_0).$$

进一步, 对于充分接近 x_0 的 $x \in C$, 向量 $x - x_0$ 是具有充分小范数, 且 $x - x_0 \in T_C(x_0)$. 另一方面, 对 $v \in N_C(x_0)$, 锥 $T_C(x_0) \cap [v]^{\perp}$ 是 $T_C(x_0)$ 的闭面, 当 $v \in N_C(x_0)$

且 $v \to v_0$ 时 $T_C(x_0) \cap [v]^\perp$ 的外极限包含在 $T_C(x_0) \cap [v_0]^\perp$ 内. 因为 $T_C(x_0)$ 具有有限多个闭面, 当 $v \in N_C(x_0)$ 充分接近 v_0 时, $T_C(x_0) \cap [v]^\perp \subset T_C(x_0) \cap [v_0]^\perp$. 因为临界锥 $K_0 = T_C(x_0) \cap [v_0]^\perp$ 本身是 $T_C(x_0)$ 的一闭面, 任何在 K_0 中的 $T_C(x_0)$ 的闭面也是 K_0 的一闭面.

基于此, 考虑任意接近 (x_0, v_0) 的点 $(x, v) \in G$ 定义的锥 $K = K(v, x)$, 存在 $x' \in T_C(x_0) \cap [v_0]^\perp$, $v \in N_C(x_0) \cap [x']^\perp$, v 充分接近 v_0, $x'(x' = x - x_0)$ 充分接近 0 时

$$K = (T_C(x_0) + [x']) \cap [v]^\perp.$$

因为 $\langle x', v \rangle = 0$, 所以 $K = (T_C(x_0) \cap [v]^\perp) + [x']$. 如果 K 具有这一形式, 令 $F_1 = T_C(x_0) \cap [v]^\perp$, 它是多面体锥 K_0 的一个闭面. 可得 $x' \in F_1$, 而且实际上有 $K = F_1 - F_2$, 其中 F_2 是把 x' 作为相对内点的 F_1 的闭面. 因此 F_2 也是 K_0 的一闭面, 这就得到 K 的表示.

相反地, 如果 $K = F_1 - F_2$, 其中 F_1 与 F_2 是满足 $F_1 \supset F_2$ 的 K_0 的闭面, 则必存在一向量 $v \in N_C(x_0)$ 满足 $T_C(x_0) \cap [v]^\perp = F_1$. 则 F_2 是 F_1 的一闭面. 令 $x' \in \operatorname{ri} F_2$, 显然有 $x' \in T_C(x_0)$, 可以取 x' 的范数充分小使得点 $x = x_0 + x'$ 在 C 中. 此时有 $\langle x', v \rangle = 0$ 与

$$\begin{aligned} F_1 - F_2 &= (T_C(x_0) \cap [v]^\perp) + [x'] \\ &= (T_C(x_0) + [x']) \cap [v]^\perp \\ &= (T_C(x_0) + [x - x_0]) \cap [v]^\perp \\ &= T_C(x) \cap [v]^\perp, \end{aligned}$$

这正是需要的形式. ■

推论 7.2 映射 L 在 (q_0, x_0) 处的 Aubin 性质 (或者定理 7.5 的其他等价性质) 成立的一个充分条件是, 对任何 $0 \neq u \in K_0 - K_0$, $\langle u, Au \rangle > 0$.

证明 不等式 $\langle u, Au \rangle \leqslant 0$ 等价于 $\langle u, A^{\mathrm{T}} u \rangle \leqslant 0$, 这一不等式当 u 属于锥 $F_1 - F_2 \subset K_0 - K_0$ 且 $A^{\mathrm{T}} u \in (F_1 - F_2)^-$ 时成立. 此种情况只有 $u = 0$ 才能成立. ■

根据定理 7.6, 临界面条件和与线性变分不等式 (7.22) 相联系的法映射具有一致方向是等价的.

7.5.2 非线性问题解集合的 Aubin 性质

这一节我们要论证系统 (7.21) 在 (p_0, x_0) 处的强正则性与 (7.22) 在 (q_0, x_0) 处的强正则性是等价的. 下面的结论表明, 条件 (A) 可推出 F 在 (w_0, x_0) 附近关于 x 的严格可微性.

引理 7.3　设条件 (A) 成立, 则对任意 $\varepsilon > 0$, 存在 x_0 的邻域 U 和 w_0 的邻域 V, 满足对任何 $x_1, x_2 \in U$ 与 $w \in V$,

$$\|F(w,x_1) - F(w,x_2) - \mathcal{J}_x F(w_0,x_0)(x_1 - x_2)\| \leqslant \varepsilon \|x_1 - x_2\|.$$

证明　对任意满足 $\|e\| = 1$ 的向量 $e \in \Re^n$, 对任意的 $x_1, x_2 \in \Re^n$, $w \in \Re^d$, 将中值定理用于函数 $\phi(t) = \langle e, F(w, tx_1 + (1-t)x_2)\rangle$, 则存在 $\tau \in (0,1)$ 满足 $\phi(1) - \phi(0) = \phi'(\tau)$, 即

$$\langle e, F(w,x_1) - F(w,x_2)\rangle = \langle e, \mathcal{J}_x F(w, \tau x_1 + (1-\tau)x_2)(x_1 - x_2)\rangle.$$

由条件 (A), 可选取 x_0 的邻域 U 和 w_0 的邻域 V 使得 U 是凸集合, 满足对任何 $x \in U, w \in V$ 有 $\|\mathcal{J}_x F(w,x) - \mathcal{J}_x F(w_0,x_0)\| \leqslant \varepsilon$. 则对任何 $x_1, x_2 \in U$, $w \in V$,

$$\begin{aligned}
&\langle e, [F(w,x_1) - F(w,x_2) - \mathcal{J}_x F(w_0,x_0)(x_1 - x_2)]\rangle \\
&= \langle e, [\mathcal{J}_x F(w, \tau x_1 + (1-\tau)x_2) - \mathcal{J}_x F(w_0,x_0)](x_1 - x_2)\rangle \\
&\leqslant \|\mathcal{J}_x F(w, \tau x_1 + (1-\tau)x_2) - \mathcal{J}_x F(w_0,x_0)\|\|x_1 - x_2\| \\
&\leqslant \varepsilon \|x_1 - x_2\|.
\end{aligned}$$

由于这一不等式对所有的满足 $\|e\| = 1$ 的向量 e 都成立, 所以结论得证. ■

命题 7.3　对映射 L 与 S, 下述条件等价:

(a) L 在点 (q_0, x_0) 处具有 Aubin 性质;

(b) S 在点 (p_0, x_0) 处具有 Aubin 性质.

证明　注意到与 S 相联系的伴同导数和与 L 相联系的伴同导数相同, 我们直接由 Mordukhovich 准则得到 (a) 与 (b) 的等价性. 这里我们介绍 Dontchev 和 Rockafellar 的证明[21].

设 L 在 (q_0, x_0) 处具有常数为 M 的 Aubin 性质, 即存在 $a > 0$, $b > 0$ 满足对 $q', q'' \in \mathbf{B}_b(q_0)$,

$$L(q') \cap \mathbf{B}_a(x_0) \subset L(q'') + M\|q' - q''\|\mathbf{B}. \tag{7.33}$$

令 $\varepsilon > 0$ 满足 $M\varepsilon < 1$. 选取 $\alpha > 0$, $\beta_1 > 0$,

$$\alpha < \min\{a, b/\varepsilon\}$$

满足对于 $x', x'' \in \mathbf{B}_\alpha(x_0)$,$w \in \mathbf{B}_{\beta_1}(w_0)$, 引理 7.3 的严格可微性不等式成立. 令 $\beta > 0$ 满足

$$\beta \leqslant \min\left\{\beta_1, \frac{\alpha(1-\varepsilon M)}{4M(1+l)}, \frac{b - \varepsilon\alpha}{1+l}\right\}. \tag{7.34}$$

下面证明 S 在 (p_0, x_0) 处具有常数为 $M' = M(l+1)/[1-\varepsilon M]$ 的 Aubin 性质. 固定 $p', p'' \in \mathbf{B}_\beta(p_0)$, $p' = (z', w'), p'' = (z'', w'')$, 考虑 $x' \in S(p') \cap \mathbf{B}_{\alpha/2}(x_0)$. 则

$$
\begin{aligned}
0 &\in z' + F(w', x') + N_C(x') \\
&= [z' + F(w', x') - \mathcal{J}_x F(w_0, x_0)x'] + Ax' + N_C(x'),
\end{aligned}
$$

从而对于 $q' = z' + F(w', x') - \mathcal{J}_x F(w_0, x_0)x'$, 有 $x' \in L(q') \cap \mathbf{B}_{\alpha/2}(x_0)$. 定义线性化映射

$$
g(x) = F(w_0, x_0) + \mathcal{J}_x F(w_0, x_0)(x - x_0) = q_0 - z_0 + \mathcal{J}_x F(w_0, x_0)x, \tag{7.35}
$$

可表示 $q' - q_0 = z' - z_0 + F(w', x') - g(x')$. 用 (7.34) 可得

$$
\begin{aligned}
\|q' - q_0\| &= \|z' - z_0 + F(w', x') - g(x')\| \\
&\leqslant \|z' - z_0\| + \|F(w', x_0) - F(w_0, x_0)\| \\
&\quad + \|F(w', x') - F(w', x_0) - \mathcal{J}_x F(w_0, x_0)(x' - x_0)\| \\
&\leqslant \|p' - p_0\| + \varepsilon\|x' - x_0\| + l\|w' - w_0\| \leqslant \beta(1+l) + \frac{\varepsilon\alpha}{2},
\end{aligned} \tag{7.36}
$$

所以 $\|q'-q_0\| \leqslant b$, 即 $q' \in \mathbf{B}_b(q_0)$. 类似地, 对向量 $q'' = z''+F(w'', x')-\mathcal{J}_x F(w_0, x_0)x' = q_0 + z'' - z_0 + F(w'', x') - g(x')$, 也有 $q'' \in \mathbf{B}_b(q_0)$. 令 $x_1 = x'$, 基于 (7.33), 存在 x_2 满足

$$
z'' + F(w'', x_1) + \mathcal{J}_x F(w_0, x_0)(x_2 - x_1) + N_C(x_2) \ni 0
$$

与

$$
\begin{aligned}
\|x_2 - x_1\| &\leqslant M\|q' - q''\| \leqslant M(\|z' - z''\| + \|F(w', x_1) - F(w'', x_1)\|) \\
&\leqslant M(\|z' - z''\| + l\|w' - w''\|) \leqslant M(l+1)\|p' - p''\|.
\end{aligned}
$$

设存在点 $x_2, x_3, \cdots, x_{n-1}$ 满足

$$
z'' + F(w'', x_{i-1}) + \mathcal{J}_x F(w_0, x_0)(x_i - x_{i-1}) + N_C(x_i) \ni 0
$$

与

$$
\|x_i - x_{i-1}\| \leqslant M(l+1)\|p' - p''\|(M\varepsilon)^{i-2}, \quad i = 2, \cdots, n-1.
$$

则对每一 i, 由 (7.34) 有

$$\begin{aligned}\|x_i - x_0\| &\leqslant \|x_1 - x_0\| + \sum_{j=2}^{i} \|x_j - x_{j-1}\| \\ &\leqslant \frac{\alpha}{2} + M(l+1)\|p' - p''\| \sum_{j=2}^{i} (M\varepsilon)^{j-2} \\ &\leqslant \frac{\alpha}{2} + \frac{M(l+1)}{1-\varepsilon M}\|p' - p''\| \\ &\leqslant \frac{\alpha}{2} + \frac{2M\beta(l+1)}{1-\varepsilon M} \leqslant \alpha.\end{aligned}$$

对 $i = 2, 3, \cdots, n-1$, 置

$$q_i = z'' + F(w'', x_i) - \mathcal{J}_x F(w_0, x_0) x_i = q_0 + z'' - z_0 + F(w'', x_i) - g(x_i),$$

可得

$$\begin{aligned}\|q_i - q_0\| &= \|z'' - z_0 + F(w'', x_i) - g(x_i)\| \\ &\leqslant \|z'' - z_0\| + \|F(w'', x_i) - F(w'', x_0) - \mathcal{J}_x F(w_0, x_0)(x_i - x_0)\| \\ &\quad + \|F(w'', x_0) - F(w_0, x_0)\| \\ &\leqslant \|p' - p_0\| + \varepsilon\|x_i - x_0\| + l\|w'' - w_0\| \\ &\leqslant \beta(1+l) + \varepsilon\alpha \leqslant b,\end{aligned}$$

从而有 $q_i \in \mathbf{B}_b(q_0)$. 因为 $x_{n-1} \in L(q_{n-2}) \cap \mathbf{B}_\alpha(x_0)$, 根据 Aubin 性质 (7.33), 存在 x_n 满足

$$z'' + F(w'', x_{n-1}) + \mathcal{J}_x F(w_0, x_0)(x_n - x_{n-1}) + N_C(x_n) \ni 0 \tag{7.37}$$

与

$$\begin{aligned}\|x_n - x_{n-1}\| &\leqslant M\|q_{n-1} - q_{n-2}\| \\ &\leqslant M\|F(w'', x_{n-1}) - F(w'', x_{n-2}) - \mathcal{J}_x F(w_0, x_0)(x_{n-1} - x_{n-2})\| \\ &\leqslant M\varepsilon\|x_{n-1} - x_{n-2}\| \leqslant M(l+1)\|p' - p''\|(M\varepsilon)^{n-2}.\end{aligned}$$

由数学归纳法可得一在 $\mathbf{B}_\alpha(x_0)$ 中的无穷序列 $x_1, x_2, \cdots, x_n, \cdots$, 它是一 Cauchy 序列, 因此它收敛到某点 $x'' \in \mathbf{B}_\alpha(x_0)$. 因为 $F(w'', \cdot)$ 在 $\mathbf{B}_\alpha(x_0)$ 中是连续的, 法锥映射 N_C 具有闭图, 由 (7.37) 可得 $x'' \in S(p'')$. 进一步, 由于

$$\begin{aligned}\|x_n-x'\| &\leqslant \sum_{i=2}^{n}\|x_i-x_{i-1}\| \\ &\leqslant M(l+1)\|p'-p''\|\sum_{i=2}^{n}(M\varepsilon)^{i-2} \\ &\leqslant \frac{M(l+1)}{1-\varepsilon M}\|p'-p''\|,\end{aligned}$$

取极限即得

$$\|x''-x'\| \leqslant \frac{M(l+1)}{1-\varepsilon M}\|p'-p''\| \leqslant M'\|p'-p''\|.$$

这就建立了关系 (a) $\Longrightarrow$ (b).

再来证明 (b) $\Longrightarrow$ (a). 设 S 在 (p_0,x_0) 处具有常数 M 的 Aubin 性质. 如上面一样选取相对于 M 的 ε,α 和 β. 将要证明 L 在 (q_0,x_0) 处具有常数 $M'=M/(1-\varepsilon M)$ 的 Aubin 性质.

考虑 $q',q''\in \mathbf{B}_\beta(q_0)$ 与 $x'\in L(q')\cap \mathbf{B}_{\alpha/2}(x_0)$:

$$q'+\mathcal{J}_x f(w_0,x_0)x'+N_C(x')\ni 0.$$

则对于

$$z'=q'+\mathcal{J}_x F(w_0,x_0)x'-F(w_0,x')=z_0+[q'-q_0]-[F(w_0,x')-g(x')]$$

与 $p'=(z',w_0)$, 有 $x'\in S(p')\cap \mathbf{B}_{\alpha/2}(x_0)$. 令

$$z''=q''+\mathcal{J}_x F(w_0,x_0)x'-F(w_0,x')=z_0+[q''-q_0]-[F(w_0,x')-g(x')]$$

与 $p''=(z'',w_0)$. 类似于 (7.36) 的估计式的推导, 可得 $p',p''\in \mathbf{B}_b(p_0)$. 则存在 x_2 满足

$$z''+F(w_0,x_2)+F(w_0,x_0)+\mathcal{J}_x F(w_0,x_0)(x'-x_0)-F(w_0,x')+N_C(x_2)\ni 0$$

与

$$\|x_2-x'\|\leqslant M\|p'-p''\|=M\|z'-z''\|.$$

类似第一部分的证明, 由数学归纳法可得到一序列 $x'=x_1,x_2,\cdots,x_n,\cdots$, 收敛到 x'', 且满足

$$z''+F(w_0,x_n)+F(w_0,x_0)+\mathcal{J}_x F(w_0,x_0)(x_{n-1}-x_0)-F(w_0,x_{n-1})+N_C(x_n)\ni 0$$

与

$$\|x_n-x'\|\leqslant M\|q'-q''\|\sum_{i=2}^{n}(M\varepsilon)^{i-2}.$$

取极限可得 $x'' \in L(q'')$ 与

$$\|x' - x''\| \leqslant \frac{M}{1-\varepsilon M}\|q' - q''\| = M'\|q' - q''\|.$$

这就完成了证明. ■

注记 7.1　考虑集值映射

$$\Sigma(p) = \{x \in X \,|\, 0 \in z + F(w, x) + T(x)\}$$

与

$$\Lambda(z) = \{x \in X \,|\, 0 \in z + G(x) + T(x)\},$$

其中 $p = (z, w), T : X \rightrightarrows Z$, X 是完备距离空间, Z 是赋范线性空间, $F : W \times X \to Z$ 是一映射, W 是赋范空间, $G : X \to Z$ 是连续映射, 它在 (w_0, x_0) 附近强近似 F.①如果 F 满足条件 (b)(将 (b) 中的范数换成 W 中的度量), 对于 $x_0 \in \Sigma(p_0)$, 则有 Σ 在 (p_0, x_0) 处具有 Aubin 性质的充分必要条件是 Λ 在 (z_0, x_0) 处具有 Aubin 性质.

命题 7.4　对映射 L 与 S, 下述条件等价:

(a) L 在点 (q_0, x_0) 附近是局部单值的且 Lipschitz 连续的;

(b) S 在点 (p_0, x_0) 附近是局部单值的且 Lipschitz 连续的.

证明　设 (a) 成立. 显然 L 具有 Aubin 性质, 根据命题 7.3, S 也具有 Aubin 性质. 为证得 (b), 只需验证 S 是局部单值的. 用反证法. 假设在 p_0 的每一邻域 V 和 x_0 的每一邻域 X, 存在 $\overline{p} = (\overline{z}, \overline{x})$ 与 $x_1, x_2 \in S(\overline{p}) \cap X$ 满足 $x_1 \neq x_2$:

$$\overline{z} + F(\overline{w}, x_i) + N_C(x_i) \ni 0, \quad i = 1, 2.$$

设 M 是 L 在 (q_0, x_0) 附近的 Lipschitz 常数, 取 $\varepsilon > 0$ 充分小, 满足 $M\varepsilon < 1$. 由引理 7.3, 选取 x_0 的邻域 U 与 w_0 的邻域 V 满足 $U \subset X$ 及

$$\|F(w, x') - F(w, x'') - \mathcal{J}_x F(w_0, x_0)(x' - x'')\| \leqslant \varepsilon\|x' - x''\|, \quad x', x'' \in U, \quad w \in V.$$

对 $i = 1, 2$, 取 x_0 充分小的邻域 $U' \subset U$ 满足 $L(q_i) \cap U' = \{x_i\}$, 其中 $q_i = q' + \mathcal{J}_x F(w_0, x_0)x' - F(w_0, x') = q_0 + [\overline{z} - z_0] + [F(\overline{w}, x_i) - g(x_i)]$, g 由 (7.35) 定义. 则

$$\begin{aligned}\|x_1 - x_2\| &\leqslant M\|q_1 - q_2\| \\ &= M\|[F(\overline{w}, x_1) - g(x_1)] - [F(\overline{w}, x_2) - g(x_2)]\| \\ &= M\|F(\overline{w}, x_1) - F(\overline{w}, x_2) - \mathcal{J}_x F(w_0, x_0)(x_1 - x_2)\| \\ &\leqslant M\varepsilon\|x_1 - x_2\| < \|x_1 - x_2\|,\end{aligned}$$

① 称 h_1 在 w_0 处强近似 h_2, 如果对每一 $\varepsilon > 0$, 存在 w_0 的一邻域 U, 满足对于 $w, w' \in U$,

$$\|[h_1(w) - h_2(w)] - [h_1(w') - h_2(w')]\| \leqslant \varepsilon\|w - w'\|.$$

这是一矛盾. 因此 S 在 (p_0, x_0) 附近是局部单值的.

相反的推出关系 (b) $\Longrightarrow$ (a) 可用相同的方式证明. ■

结合命题 7.3、命题 7.4 与定理 7.5 和定理 7.6, 可得下述结果.

定理 7.7 下述性质是等价的:

(a) 非线性变分不等式 (7.21) 在 (p_0, x_0) 处是强正则的;

(b) 定义 7.3 中的临界面条件在 (q_0, x_0) 处成立;

(c) 解映射 S 在 (p_0, x_0) 处具有 Aubin 性质;

(d) 解映射 S 在 (p_0, x_0) 附近是局部单值的且 Lipschitz 连续的.

7.6 非线性互补问题的稳定性

考虑非线性互补问题如下的标准扰动问题

$$x \geqslant 0, \quad F(w, x) + z \geqslant 0, \quad \langle x, F(w, x) + z \rangle = 0, \tag{7.38}$$

这一问题是 (7.21) 中 $C = \Re^n_+$ 的特殊情形. 我们仍然沿用 (7.21), (7.22), (7.23) 与 (7.25) 中的记号. 与向量 $v_0 \in N_C(x_0)$ 相联系的 $\{1, \cdots, n\}$ 的指标集合 J_1, J_2, J_3 定义为

$$J_1 = \{i \,|\, x_0^i > 0, v_0^i = 0\},$$

$$J_2 = \{i \,|\, x_0^i = 0, v_0^i = 0\},$$

$$J_3 = \{i \,|\, x_0^i = 0, v_0^i < 0\}.$$

命题 7.5 在非线性互补问题的情况下, 临界锥 K_0 由满足下述关系的 x' 构成:

$$\begin{cases} x'_i \text{ 无符号限制}, & i \in J_1, \\ x'_i \geqslant 0, & i \in J_2, \\ x'_i = 0, & i \in J_3. \end{cases}$$

对于满足 $F_1 \supset F_2$ 的 K_0 的闭面 F_1, F_2, 锥 $F_1 - F_2$ 是具有下述形式的锥 K: 存在 $\{1, 2, \cdots, n\}$ 的一个分划 J'_1, J'_2, J'_3, 满足 $J_1 \subset J'_1 \subset J_1 \cup J_2$, $J_3 \subset J'_3 \subset J_3 \cup J_2$, K 由满足下述条件的 x' 构成:

$$\begin{cases} x'_i \text{ 无符号限制}, & i \in J'_1, \\ x'_i \geqslant 0, & i \in J'_2, \\ x'_i = 0, & i \in J'_3. \end{cases} \tag{7.39}$$

满足 $u\in K$ 与 $A^{\mathrm T}u\in K^-$ 的向量 u 是使得下述条件成立的向量

$$\begin{cases} u_i \text{ 无符号限制}, (A^{\mathrm T}u)_i=0, & i\in J_1', \\ u_i\geqslant 0, (A^{\mathrm T}u)_i\leqslant 0, & i\in J_2', \\ u_i=0, (A^{\mathrm T}u)_i \text{ 无符号限制}, & i\in J_3'. \end{cases}$$

证明　容易验证 K_0 具有所述形式, 我们分析它的闭面. 每一这样的面 F 具有形式 $K_0\cap[v']^\perp$, 其中 $v'\in K_0^-$. 向量 v' 满足

$$\begin{cases} v_i'=0, & i\in J_1, \\ v_i'\leqslant 0, & i\in J_2, \\ v_i' \text{ 无符号限制}, & i\in J_3. \end{cases}$$

K_0 的闭面 F 与 J_2 的子集合是一一对应的: 对应指标集合 J_2^F 的面 F 由下述向量 x' 组成

$$\begin{cases} x_i' \text{ 无符号限制}, & i\in J_1, \\ x_i'\geqslant 0, & i\in J_2\setminus J_2^F, \\ x_i'=0, & i\in J_3\cup J_2^F. \end{cases}$$

如果 F_1 与 F_2 满足 $J_2^{F_1}\subset J_2^{F_2}$ 使得 $F_1\supset F_2$, 则 F_1-F_2 由 (7.39) 给出, 其中 $J_1'=J_1\cup[J_2\setminus J_2^{F_2}]$, $J_2'=J_2^{F_2}\setminus J_2^{F_1}$, $J_3'=J_3\cup J_2^{F_1}$. ■

定理 7.8　一般互补问题 (7.38) 在 (p_0,x_0) 处是强正则的当且仅当下述条件对 A 的元素 a_{ij} 成立: 如果 $u_i, i\in J_1\cup J_2$ 满足

$$\sum_{i\in J_1\cup J_2} u_i a_{ij}\begin{cases} =0, & \text{对} j\in J_1 \text{ 与} j\in J_2 \text{ 满足} u_j<0, \\ \leqslant 0, & \text{对} j\in J_2 \text{ 满足} u_j>0, \end{cases}$$

则 $u_i=0, \forall i\in J_1\cup J_2$.

证明　根据命题 7.5, 这一条件就是具体到互补问题 (7.38) 的临界面条件, 用定理 7.7 证得结论. ■

7.7　NLP 问题的 KKT 系统的强正则性

考虑下述参数非线性规划问题

$$\begin{cases} \min\limits_x \quad g_0(w,x)+\langle v,x\rangle \\ \text{s.t.} \quad g_i(w,x)-u_i\begin{cases} =0, & i=1,\cdots,r, \\ \leqslant 0, & i=r+1,\cdots,m, \end{cases} \end{cases} \tag{7.40}$$

其中 $g_i : \Re^d \times \Re^n \to \Re$, $i = 0, 1, \cdots, m$ 是二次连续可微函数, 向量 $w \in \Re^d, v \in \Re^n$ 与 $u = (u_1, \cdots, u_m)^{\mathrm{T}} \in \Re^m$ 是参数. 定义

$$L(w, x, y) = g_0(w, x) + \sum_{i=1}^{m} y_i g_i(w, x),$$

这一问题的 Karush-Kuhn-Tucker 条件为

$$\begin{cases} v + \nabla_x L(w, x, y) = 0, \\ -u + \nabla_y L(w, x, y) \in N_Y(y), \text{其中} Y = \Re^r \times \Re_+^{m-r}. \end{cases} \tag{7.41}$$

这些条件可以表示为变分不等式

$$(v, u) + F(w, x, y) + N_C(x, y) \ni (0, 0), \tag{7.42}$$

其中

$$F(w, x, y) = (\nabla_x L(w, x, y), -\nabla_y L(w, x, y)), \quad C = \Re^n \times Y. \tag{7.43}$$

记 $S_{\mathrm{KKT}}(u, v) := \{(w, x, y) \in \Re^d \times \Re^n \times \Re^m : (0, 0) \in (v, u) + F(w, x, y) + N_C(x, y)\}$. 对给定的 u_0, v_0, w_0, 考虑满足 KKT 条件 (7.41) 的 (x_0, y_0). 我们讨论变分不等式 (7.42) 在点 $(u_0, v_0, w_0, x_0, y_0)$ 处的强正则性, 即对充分接近 (u_0, v_0, w_0) 的 (u, v, w), 探讨由 (7.41) 确定的 KKT 对 (x, y) 所定义的映射 S_{KKT} 的局部单值性与 Lipschitz 连续性.

与 $(u_0, v_0, w_0, x_0, y_0)$ 相联系的 $\{1, 2, \cdots, m\}$ 的指标集合 I_1, I_2 与 I_3 定义为

$$\begin{aligned} I_1 &= \{i \in \{r+1, \cdots, m\} \mid g_i(w_0, x_0) - u_{0i} = 0, y_{0i} > 0\} \cup \{1, \cdots, r\}, \\ I_2 &= \{i \in \{r+1, \cdots, m\} \mid g_i(w_0, x_0) - u_{0i} = 0, y_{0i} = 0\}, \\ I_3 &= \{i \in \{r+1, \cdots, m\} \mid g_i(w_0, x_0) - u_{0i} < 0, y_{0i} = 0\}. \end{aligned}$$

切锥 $T_C(x_0, y_0)$ 为

$$T_C(x_0, y_0) = \{(x', y') \in \Re^n \times \Re^m \mid y'_i \geqslant 0, i \in I_2 \cup I_3\}.$$

临界锥 K_0 定义为 $K_0 = T_C(x_0, y_0) \cap [(v_0, u_0) + F(w_0, x_0, y_0)]^{\perp}$, 可简化为

$$(x', y') \in K_0 \Longleftrightarrow \begin{cases} x' \text{ 无符号限制}, & \\ y'_i \text{ 无符号限制}, & i \in I_1, \\ y'_i \geqslant 0, & i \in I_2, \\ y'_i = 0, & i \in I_3. \end{cases} \tag{7.44}$$

另一方面, 临界面条件中的矩阵 A 为

$$A=\begin{pmatrix} H(w_0,x_0,y_0) & G(w_0,x_0)^{\mathrm{T}} \\ -G(w_0,x_0) & 0 \end{pmatrix}, \tag{7.45}$$

其中 $H(w,x,y)=\nabla_{xx}^2 L(w,x,y)$, $G(w,x)=\mathcal{J}_y\nabla_x L(w,x,y)$.①

定理 7.9　与 KKT 条件 (7.41) 相联系的变分不等式 (7.42) 与 (7.43) 在点 (u_0,v_0,w_0,x_0,y_0) 处强正则的充分必要条件, 即此种情形的临界面条件, 是下述两个条件成立:

(a) 向量 $\nabla_x g_i(w_0,x_0)$, $i\in I_1\cup I_2$ 是线性无关的;

(b) 对满足 $I_1\subset I_1'\subset I_1\cup I_2, I_3\subset I_3'\subset I_3\cup I_2$ 的 $\{1,\cdots,m\}$ 的分划 I_1',I_2',I_3', 定义

$$K(I_1',I_2')=\{x'\in\Re^n\,|\,\langle\nabla_x g_i(w_0,x_0),x'\rangle=0, i\in I_1'; \langle\nabla_x g_i(w_0,x_0),x'\rangle\leqslant 0, i\in I_2'\}.$$

锥 $K(I_1',I_2')\subset\Re^n$ 满足

$$x'\in K(I_1',I_2'), \nabla_{xx}^2 L(w_0,x_0,y_0)x'\in K(I_1',I_2')^-\Longrightarrow x'=0.$$

证明　对于满足 $F_1\supset F_2$ 的 K_0 的闭面 F_1 和 F_2, 锥 F_1-F_2 与分划 (I_1',I_2',I_3') 一一对应, 对应关系为

$$(x',y')\in F_1-F_2\Longleftrightarrow\begin{cases} x' \text{ 无符号限制}, & \\ y_i' \text{ 无符号限制}, & i\in I_1', \\ y_i'\geqslant 0, & i\in I_2', \\ y_i'=0, & i\in I_3', \end{cases} \tag{7.46}$$

相应地,

$$(x'',y'')\in(F_1-F_2)^-\Longleftrightarrow\begin{cases} x''=0, & \\ y_i''=0, & i\in I_1', \\ y_i''\leqslant 0, & i\in I_2', \\ y_i'' \text{ 无符号限制}, & i\in I_3'. \end{cases}$$

注意, 由 (7.45) 定义的矩阵 A 的结构, 临界锥条件等价于对于满足 (7.46) 的 x' 与 y', 由

$$H(w_0,x_0,y_0)x'-\sum_{i=1}^m y_i'\nabla_x g_i(w_0,x_0)=0,\quad x'\in K(I_1',I_2')$$

① $G(w_0,x_0)^{\mathrm{T}}=(\nabla_x g_1(w_0,x_0),\cdots,\nabla_x g_m(w_0,x_0))$.

可推出 $x'=0$ 与 $y'=0$.

由 Farkas 引理知, 对于满足 (7.46) 的 y', $\sum_{i=1}^m y_i'\nabla_x g_i(w_0,x_0)$ 是 $K(I_1',I_2')^-$ 的元素, 注意由上述临界锥条件可推出, 满足 (7.46) 式与式 $\sum_{i=1}^m y_i'\nabla_x g_i(w_0,x_0)=0$ 的向量 y' 只有 $y'=0$, 由此即得 (b). 因为 $I_1'=I_1\cup I_2$, $I_2'=\varnothing$, $I_3'=I_3$ 是一特殊的分划, 满足 (7.46) 式与式 $\sum_{i=1}^m y_i'\nabla_x g_i(w_0,x_0)=0$ 的 y' 必为零, 此种划分时的这一性质恰好是 (a). ■

下面的定理是著名的非线性规划的扰动定理.

定理 7.10 下述性质是等价的:

(a) 映射 $S_{\rm KKT}$ 在 (u_0,v_0,w_0,x_0,y_0) 附近是局部单值的且 Lipschitz 连续的, 进一步还具有这样的性质: 对所有 (u_0,v_0,w_0,x_0,y_0) 的某一邻域中的 $(u,v,w,x,y)\in{\rm gph}\,S_{\rm KKT}$, x 是对应参数 (u,v,w) 的问题 (7.40) 的一局部最优解.

(b) 梯度向量 $\nabla_x g_i(w_0,x_0), i\in I_1\cup I_2$ 是线性无关的, 且在点 (u_0,v_0,w_0,x_0,y_0) 处的强二阶充分条件成立: 对任何 $0\neq x'\in M=\{x'\,|\,\langle x',\nabla_x g_i(w_0,x_0)\rangle=0, i\in I_1\}$, 有

$$\langle x',\nabla_{xx}^2 L(w_0,x_0,y_0)x'\rangle>0.$$

证明 根据定理 7.9, 我们已经知道 (a) 中的局部单值与 Lipschitz 连续性要求 (b) 中的线性无关性. 另一方面, 根据定理 7.9, (b) 中的正定性可推出 $S_{\rm KKT}$ 在 (u_0,v_0,w_0,x_0,y_0) 附近的局部单值性与 Lipschitz 连续性, 因为当 x' 与 $\nabla_{xx}^2L(w_0,x_0,y_0)x'$ 分别属于互为极锥的两个锥时, $\langle x',\nabla_{xx}^2L(w_0,x_0,y_0)x'\rangle\leqslant 0$. 因此 (a) 与 (b) 可推出定理 7.9 中的 (a) 与 (b), 而后者与 $S_{\rm KKT}$ 的局部单值与 Lipschitz 连续性是等价的. 尤其

$$x'\in M,\ \nabla_{xx}^2L(w_0,x_0,y_0)x'\in M^\perp\Longrightarrow x'=0, \tag{7.47}$$

因为当 $I_1'=I_1$,$I_2'=\varnothing$, $I_3'=I_2\cup I_3$ 时, $K(I_1',I_2')=M$, $K(I_1',I_2')^-=M^\perp$. 下面只需验证 (a) 的局部最优性对应着 (b) 的正定性条件.

为简便起见, 用 $S_0(u,v,w)$ 记在局部单值映射 $S_{\rm KKT}(u,v,w)$ 所唯一确定的点对 (x,y). 设 (u,v,w) 充分靠近 (u_0,v_0,w_0). 用 $P(u,v,w)$ 记 (7.40) 中与 (u,v,w) 相联系的非线性规划问题. 对这一问题 $(x,y)=S_0(u,v,w)$ 是一 KKT 对, 满足当 $(u,v,w)\to(u_0,v_0,w_0)$ 时 $(x,y)\to(x_0,y_0)$. 当 (u,v,w) 接近 (u_0,v_0,w_0) 时, 在 (x,y) 处指标集合 $I_1(u,v,w)$, $I_2(u,v,w)$ 与 $I_3(u,v,w)$ (三个指标集合的定义对应着 (x_0,y_0) 处的 I_1, I_2 与 I_3) 满足

$$I_1\subset I_1(u,v,w)\subset I_1\cup I_2,\quad I_3\subset I_3(u,v,w)\subset I_3\cup I_2. \tag{7.48}$$

尤其 $I_1(u,v,w)\cup I_2(u,v,w)\subset I_1\cup I_2$, 因此梯度 $\nabla_x g_i(w,x)$,$i\in I_1(u,v,w)\cup I_2(u,v,w)$ 是线性无关的. 对于问题 $P(u,v,w)$ 的局部最优解 x, 必有对满足下述条件的所有

x':

$$\langle\nabla_x g_i(w,x),x'\rangle=0,\forall i\in I_1(u,v,w) \text{ 且} \langle\nabla_x gi(w,x),x'\rangle\leqslant 0,\forall i\in I_2(u,v,w),\tag{7.49}$$

均有

$$\langle x',\nabla_{xx}^2 L(w,x,y)x'\rangle\geqslant 0.$$

如果对满足 (7.49) 的 $x'\neq 0$, 上式中的 “$\geqslant$” 替换成 “$>$”, 则 x 是 $P(u,v,w)$ 的局部最优解. 由 (7.48) 与上面所述的充分性条件立即可得 (b) 的正定性条件可推出 (a) 的局部最优性.

相反地, 如果 (a) 成立, 对充分接近 (u_0,v_0,w_0) 的 (u,v,w), $(x,y)=S_0(u,v,w)$ 满足二阶必要条件. 梯度线性无关性质使得可取点列 $x_k\to x_0$ 满足

$$g_i(w_0,x_k)-u_{0i}\begin{cases}=0, & i\in I_1,\\ <0, & i\in I_2\cup I_3.\end{cases}$$

令 $v_k=-\nabla_x L(w_0,x_k,y_0)$, (x_k,y_0) 满足 $P(u_0,v_k,w_0)$ 的 KKT 条件, 故 $(x_k,y_0)=S_0(u_0,v_k,w_0)$ (对充分大的 k). 则必要条件 (7.49) 对这些向量是成立的, 其中 $I_1(u_0,v_k,w_0)=I_1$, $I_2(u_0,v_k,w_0)=\varnothing$, 这一条件即

$$\langle x',\nabla_{xx}^2 L(w_0,x_k,y_0)x'\rangle\geqslant 0,\quad \forall x'\in M.$$

取 $k\to\infty$ 时的极限, 可得

$$\langle x',\nabla_{xx}^2 L(w_0,x_0,y_0)x'\rangle\geqslant 0,\quad \forall x'\in M.$$

相对于 M 的这一半正定性实际上就是正定性, 因为否则, 根据 $\nabla_{xx}^2 L(w_0,x_0,y_0)$ 的对称性, 存在 M 中的向量 $x'\neq 0$ 满足 $\nabla_{xx}^2 L(w_0,x_0,y_0)x'\in M^{\perp}$. 根据 (7.47), 这是不可能的. ■

推论 7.3　在凸规划的情形 (其中 $i=1,\cdots,r$ 时 $g_i(w,x)$ 是 x 的仿射函数, $i=r+1,\cdots,m$ 和 $i=0$ 时 $g_i(w,x)$ 是 x 的凸函数), 定理 7.10 中的条件 (b) 是映射 $S_{\rm KKT}$ 为局部单值且 Lipschitz 连续的充分必要条件.

证明　此种情况下定理 7.10(a) 中的局部最优性是自动成立的. ■

7.8　NLP 问题的稳定性分析

考虑下述非线性规划问题

$$\begin{cases}\min\limits_x & f(x)\\ \text{s.t.} & h_i(x)=0,i=1,\cdots,m,\\ & g_i(x)\leqslant 0,i=1,\cdots,p,\end{cases}\tag{7.50}$$

其中 $f:\Re^n\to\Re$, $h_i:\Re^n\to\Re$, $i=1,\cdots,m$, $g_i:\Re^n\to\Re$, $i=1,\cdots,p$ 是二次连续可微函数. 问题 (7.50) 的 Lagrange 函数定义为

$$L(x,\zeta,\lambda)=f(x)+\langle\zeta,h(x)\rangle+\langle\lambda,g(x)\rangle,$$

其中, $h(x)=(h_1(x),\cdots,h_m(x))^{\mathrm{T}}$, $g(x)=(g_1(x),\cdots,g_p(x))^{\mathrm{T}}$. 设 x 是问题 (7.50) 的可行点, 用 $\mathcal{M}(x)$ 记 x 点处的乘子集合. 如果 $\mathcal{M}(x)\neq\varnothing$, 则 $(\zeta,\lambda)\in\mathcal{M}(x)$ 意味着 (x,ζ,λ) 满足 KKT 条件

$$\nabla_x L(x,\zeta,\lambda)=0,\quad -h(x)=0,\quad \lambda\in N_{\Re^p_-}(g(x)). \tag{7.51}$$

KKT 条件 (7.51) 可以等价地表示为下述非光滑方程组

$$F(x,\zeta,\lambda)=\begin{pmatrix}\nabla_x L(x,\zeta,\lambda)\\ -h(x)\\ -g(x)+\Pi_{\Re^p_-}(g(x)+\lambda)\end{pmatrix}=\begin{pmatrix}\nabla_x L(x,\zeta,\lambda)\\ -h(x)\\ \lambda-\Pi_{\Re^p_+}(g(x)+\lambda)\end{pmatrix}=0. \tag{7.52}$$

KKT 条件 (7.51) 也可以等价地表示为下述的广义方程

$$0\in\begin{pmatrix}\nabla_x L(x,\zeta,\lambda)\\ -h(x)\\ -g(x)\end{pmatrix}+\begin{pmatrix}N^n_{\Re}(x)\\ N_{\Re^m}(\zeta)\\ N_{\Re^p_+}(\lambda)\end{pmatrix}. \tag{7.53}$$

定义 $Z=\Re^n\times\Re^m\times\Re^p$, $D=\Re^n\times\Re^m\times\Re^p_+$. 对 $z=(x,\zeta,\lambda)\in Z$, 定义

$$\phi(z)=\begin{pmatrix}\nabla_x L(x,\zeta,\lambda)\\ -h(x)\\ -g(x)\end{pmatrix},$$

则广义方程 (7.53) 可表示为

$$0\in\phi(z)+N_D(z).$$

对 $\eta\in Z$, 定义

$$S_{\mathrm{KKT}}(\eta)=\{z\in Z:\eta\in\phi(z)+N_D(z)\}. \tag{7.54}$$

注意到对 $z=(x,\zeta,y)\in\Re^n\times\Re^m\times\Re^p$,

$$\Pi_D(z)=(x,\zeta,\Pi_{\Re^p_+}(y)),$$

广义方程的法映射 (normal map) 定义为

$$\mathcal{F}(z)=\phi(\Pi_D(z))+z-\Pi_D(z)$$
$$=\begin{pmatrix} \nabla_x L(x,\zeta,y-\Pi_{\Re^p_-}(y)) \\ -h(x) \\ -g(x)+\Pi_{\Re^p_-}(y) \end{pmatrix}. \tag{7.55}$$

则 $(\overline{x},\overline{\zeta},\overline{\lambda})$ 是广义方程 (7.53) 的解当且仅当

$$\mathcal{F}(\overline{x},\overline{\zeta},\overline{y})=0,$$

其中 $\overline{y}=\overline{\lambda}+g(\overline{x})$, $\overline{\lambda}=\Pi_{\Re^p_+}(\overline{y})$.

下面的引理和命题是为本节主要的稳定性刻画定理做准备的.

引理 7.4　点 $(\overline{x},\overline{\zeta},\overline{\lambda})$ 是广义方程 (7.53) 的强正则解当且仅当 $\mathcal{F}$ 在 $(\overline{x},\overline{\zeta},\overline{y})$ 附近是 Lipschitz 同胚的.

证明　注意 $\mathcal{F}$ 是 Lipschitz 连续映射, 容易验证此结论. ■

命题 7.6　设 $\overline{x}$ 是问题 (7.50) 的可行点满足 $\mathcal{M}(\overline{x})\neq\varnothing$. 令 $(\overline{\zeta},\overline{\lambda})\in\mathcal{M}(\overline{x})$, $\overline{y}=\overline{\lambda}+g(\overline{x})$. 考虑下述条件:

(a) 强二阶充分条件在 $\overline{x}$ 成立, 且 $\overline{x}$ 满足线性无关约束规范.

(b) $\partial\mathcal{F}(\overline{x},\overline{\zeta},\overline{y})$ 中的任何元素是非奇异的.

(c) KKT 点 $(\overline{x},\overline{\zeta},\overline{\lambda})$ 是广义方程 (7.53) 的强正则解,

则 (a) $\Longrightarrow$ (b) $\Longrightarrow$ (c).

证明　先证明 (a) $\Longrightarrow$ (b). 因为线性无关约束规范在 $\overline{x}$ 处成立, 故 $\mathcal{M}(\overline{x})=\{(\overline{\zeta},\overline{\lambda})\}$ 且

$$\operatorname{aff}(C(\overline{x}))=\{d\in\Re^n\mid \mathcal{J}h(\overline{x})d=0,\nabla g_i(\overline{x})^{\mathrm{T}}d=0,\forall i:\ g_i(\overline{x})=0,\overline{\lambda}_i>0\}.$$

在 $\overline{x}$ 处的强二阶充分性条件具有下述形式

$$\langle d,\nabla^2_{xx}L(\overline{x},\zeta,\lambda)d\rangle>0,\quad \forall d\in\operatorname{aff}(C(\overline{x}))\setminus\{0\}. \tag{7.56}$$

令 $W\in\partial\mathcal{F}(\overline{x},\overline{\zeta},\overline{y})$. 我们证明 W 是非奇异的. 设 $(\Delta x,\Delta\zeta,\Delta y)\in\Re^n\times\Re^m\times\Re^p$ 满足

$$W(\Delta x,\Delta\zeta,\Delta y)=0.$$

根据 $\mathcal{F}$ 的定义, 存在 $V \in \partial\Pi_{\Re^p_-}(\overline{y})$ 满足

$$W(\Delta x, \Delta\zeta, \Delta y) = \begin{pmatrix} \nabla^2_{xx}L(\overline{x}, \overline{\zeta}, \overline{\lambda})\Delta x + \mathcal{J}h(\overline{x})^{\mathrm{T}}\Delta\zeta + \mathcal{J}g(\overline{x})^{\mathrm{T}}[\Delta y - V(\Delta y)] \\ -\mathcal{J}h(\overline{x})\Delta x \\ -\mathcal{J}g(\overline{x})\Delta x + V(\Delta y) \end{pmatrix} = 0. \tag{7.57}$$

由 (7.57) 的第三式可得 $\nabla g(\overline{x})^{\mathrm{T}}\Delta x = 0, \forall i : g_i(\overline{x}) = 0, \overline{\lambda}_i > 0$. 再结合 (7.57) 的第二式得到

$$\Delta x \in \text{aff}\,(C(\overline{x})). \tag{7.58}$$

令 $\Delta y - V\Delta y = \Delta\xi$, 由 (7.57) 的第三式可得 $\Delta y = \mathcal{J}g(\overline{x})\Delta x + \Delta\xi$. 从而 (7.57) 表示为

$$W(\Delta x, \Delta\zeta, \Delta y) = \begin{pmatrix} \nabla^2_{xx}L(\overline{x}, \overline{\zeta}, \overline{\lambda})\Delta x + \mathcal{J}h(\overline{x})^{\mathrm{T}}\Delta\zeta + \mathcal{J}g(\overline{x})^{\mathrm{T}}\Delta\xi \\ -\mathcal{J}h(\overline{x})\Delta x \\ -\mathcal{J}g(\overline{x})\Delta x + V(\mathcal{J}g(\overline{x})\Delta x + \Delta\xi) \end{pmatrix} = 0. \tag{7.59}$$

由 (7.59) 的前两式可得

$$\begin{aligned} 0 &= \langle \Delta x, \nabla^2_{xx}L(\overline{x}, \overline{\zeta}, \overline{\lambda})\Delta x + \mathcal{J}h(\overline{x})^{\mathrm{T}}\Delta\zeta + \mathcal{J}g(\overline{x})^{\mathrm{T}}\Delta\xi\rangle \\ &= \langle \Delta x, \nabla^2_{xx}L(\overline{x}, \overline{\zeta}, \overline{\lambda})\Delta x\rangle + \langle \Delta\zeta, \mathcal{J}h(\overline{x})\Delta x\rangle + \langle \Delta\xi, \mathcal{J}g(\overline{x})\Delta x\rangle \\ &= \langle \Delta x, \nabla^2_{xx}L(\overline{x}, \overline{\zeta}, \overline{\lambda})\Delta x\rangle + \langle \Delta\xi, \mathcal{J}g(\overline{x})\Delta x\rangle, \end{aligned} \tag{7.60}$$

注意 $\mathcal{J}g(\overline{x})\Delta x = V\Delta y$, $\Delta\xi = [I - V]\Delta y$, 由于 $V \in \partial\Pi_{\Re^p_-}(\overline{y})$ 满足 $[I - V]V$ 是半正定的对角阵, 所以有

$$\langle \Delta\xi, \mathcal{J}g(\overline{x})\Delta x\rangle = \langle \Delta y, [I - V]V\Delta y\rangle \geqslant 0.$$

从而由 (7.60) 可得

$$0 \geqslant \langle \Delta x, \nabla^2_{xx}L(\overline{x}, \overline{\zeta}, \overline{\lambda})\Delta x\rangle. \tag{7.61}$$

因此, 由 (7.58) 和强二阶充分条件必有 $\Delta x = 0$. 于是 (7.59) 可简化为

$$\begin{pmatrix} \mathcal{J}h(\overline{x})^{\mathrm{T}}\Delta\zeta + \mathcal{J}g(\overline{x})^{\mathrm{T}}\Delta\xi \\ V(\Delta\xi) \end{pmatrix} = 0. \tag{7.62}$$

注意 $V = \text{Diag}(v_{ii})$, 其中

$$v_{ii} \begin{cases} = 0, & g_i(\overline{x}) = 0, \overline{\lambda}_i > 0, \\ \in [0, 1], & g_i(\overline{x}) = 0, \overline{\lambda}_i = 0, \\ = 1, & g_i(\overline{x}) < 0, \overline{\lambda}_i = 0. \end{cases}$$

由 $V(\Delta\xi)=0$ 可得 $\Delta\xi_i=0, \forall i: g_i(\bar{x})<0, \bar{\lambda}_i=0$. 由线性无关约束规范, 从 (7.62) 可以得到 $\Delta\zeta=0$ 与 $\Delta\xi=0$, 再加上前面已得到的 $\Delta x=0$, 可得到 W 的非奇异性.

再来证明 (b) $\Longrightarrow$ (c). 由 Clarke 的反函数定理[13] 可得 $\mathcal{F}$ 是 $(\bar{x},\bar{\zeta},\bar{y})$ 附近的局部 Lipschitz 同胚, 由引理 7.4, 这等价于 $(\bar{x},\bar{\zeta},\bar{\lambda})$ 是广义方程 (7.53) 的强正则解. ■

引理 7.5　设 $\bar{x}$ 是问题 (7.50) 的稳定点. 设 MF 约束规范在 $\bar{x}$ 处成立. 如果在 $\bar{x}$ 处关于标准参数化的一致二阶增长条件成立, 则强二阶充分条件在 $\bar{x}$ 处成立.

证明　令 $(\bar{\zeta},\bar{\lambda})\in\mathcal{M}(\bar{x})$. 设 $\bar{y}=g(\bar{x})+\bar{\lambda}$. 考虑下述参数非线性规划问题

$$\left\{\begin{array}{ll}\min\limits_{x\in\Re^n} & f(x)\\ \text{s.t.} & h(x)=0,\\ & g(x)-\tau\sum\limits_{i\in I_0(\bar{x})}\bar{e}_i\in\Re^p_-,\end{array}\right.\tag{7.63}$$

其中 $I_0(\bar{x})=\{i:g_i(\bar{x})=0,\bar{\lambda}_i=0\}$, $\bar{e}_i\in\Re^p$ 是 $\Re^p$ 的第 i 个单位向量, $\tau\in\Re$. 则对任何 $\tau>0$, $(\bar{x},\bar{\zeta},\bar{\lambda})$ 满足参数化问题 (7.63) 的 KKT 条件:

$$\nabla_x L_\tau(\bar{x},\bar{\zeta},\bar{\lambda})=\nabla_x L(\bar{x},\bar{\zeta},\bar{\lambda})=0,\quad -h(\bar{x})=0,\quad \bar{\lambda}\in N_{\Re^p_-}\left(g(\bar{x})-\tau\sum_{i\in I_0(\bar{x})}\bar{e}_i\right),\tag{7.64}$$

其中

$$L_\tau(x,\zeta,\lambda)=L(x,\zeta,\lambda)-\tau\sum_{i\in I_0(\bar{x})}\lambda_i,\quad (x,\zeta,\lambda)\in\Re^n\times\Re^m\times\Re^p.$$

用 $\mathcal{M}_\tau(\bar{x})$ 记所有满足 (7.64) 的 $(\zeta,\lambda)\in\Re^m\times\Re^p$.

对任何 $\tau>0$, 问题 (7.63) 在 $\bar{x}$ 处的临界锥 $C_\tau(\bar{x})$ 具有下述形式:

$$C_\tau(\bar{x})=\{d:\mathcal{J}h(\bar{x})d=0,\nabla g_i(\bar{x})^{\mathrm{T}}d=0,\forall i:g_i(\bar{x})=0,\bar{\lambda}_i>0\}=\mathrm{aff}\,(C(\bar{x})).\tag{7.65}$$

因为问题 (7.63) 的二阶增长条件在 $\bar{x}$ 处成立, 可得对 $\tau>0$ 有

$$\sup_{(\zeta,\lambda)\in\mathcal{M}_\tau(\bar{x})}\left\{\langle d,\nabla^2_{xx}L_\tau(\bar{x},\zeta,\lambda)d\rangle\right\}>0,\quad \forall d\in C_\tau(\bar{x})\setminus\{0\}.$$

注意对任何 $(\zeta,\lambda)\in\mathcal{M}_\tau(\bar{x})$, $\nabla^2_{xx}L_\tau(\bar{x},\zeta,\lambda)=\nabla^2_{xx}L(\bar{x},\zeta,\lambda)$, 由 (7.65) 可推出

$$\sup_{(\zeta,\lambda)\in\mathcal{M}_\tau(\bar{x})}\left\{\langle d,\nabla^2_{xx}L(\bar{x},\zeta,\lambda)d\rangle\right\}>0,\quad \forall d\in\mathrm{aff}\,(C(\bar{x}))\setminus\{0\}.\tag{7.66}$$

因为对任何 $\tau>0$, $\mathcal{M}_\tau(\bar{x})\subset\mathcal{M}(\bar{x})$, (7.66) 可推出

$$\sup_{(\zeta,\lambda)\in\mathcal{M}(\bar{x})}\left\{\langle d,\nabla^2_{xx}L(\bar{x},\zeta,\lambda)d\rangle\right\}>0,\quad \forall d\in\mathrm{aff}\,(C(\bar{x}))\setminus\{0\}.$$

即强二阶充分性条件成立. ■

归纳一下, 就可以得到下面的关于非线性规划的稳定性的若干等价条件的表示定理.

定理 7.11 设 $\bar{x}$ 是问题 (7.50) 的局部最优解. 设 MF 约束规范在 $\bar{x}$ 成立, 从而 $\bar{x}$ 为稳定点. 设 $(\bar{\zeta},\bar{\lambda}) \in \mathcal{M}(\bar{x})$, 那么 $(\bar{\zeta},\bar{\lambda})$ 满足问题 (7.50) 的 KKT 条件. 令 $\bar{y} = g(\bar{x}) + \bar{\lambda}$. 则下述条件是等价的:

(a) 强二阶充分条件在 $\bar{x}$ 成立且 $\bar{x}$ 满足线性无关约束规范;

(b) $\partial\mathcal{F}(\bar{x},\bar{\zeta},\bar{y})$ 中的任何元素均是非奇异的;

(c) KKT 点 $(\bar{x},\bar{\zeta},\bar{\lambda})$ 是广义方程 (7.53) 的强正则解;

(d) 一致二阶增长条件在 $\bar{x}$ 成立且 $\bar{x}$ 满足线性无关约束规范.

证明 根据命题 7.6 可知 (a) $\Longrightarrow$ (b) $\Longrightarrow$ (c), 由定理 6.6 可得 (c) $\Longleftrightarrow$ (d). 再根据引理 7.5, 得 (d) $\Longrightarrow$ (a). ■

7.9 NLP 问题 KKT 映射的稳健孤立平稳性

本节内容取自[20]. 主要结论为 NLP 问题的 KKT 映射的稳健孤立平稳性等价于严格 MF 约束规范与二阶充分性条件成立.

考虑下述参数非线性规划问题

$$\min g_0(w,x) + \langle v,x\rangle \quad \text{s.t.} \quad x \in C(u,w), \tag{7.67}$$

其中 $C(u,w)$ 表示下列约束:

$$g_i(w,x) - u_i \begin{cases} = 0, & i = 1,\cdots,r, \\ \leqslant 0, & i = r+1,\cdots,m, \end{cases} \tag{7.68}$$

其中 $g_i : \Re^d \times \Re^n \to \Re$, $i = 0,1,\cdots,m$ 是二次连续可微函数, 向量 $w \in \Re^d, v \in \Re^n$ 与 $u = (u_1,\cdots,u_m)^{\mathrm{T}} \in \Re^m$ 是参数. 将它们结合起来记为 $p = (v,u,w)$, 记 $X(p)$ 为 (7.67) 的局部最优解集, 称映射 $p \mapsto X(p)$ 为解映射. 称 $x \in X(p)$ 是孤立的, 如果在 x 的某个邻域 U 内有 $X(p) \cap U = \{x\}$. 记 $C(p)$ 为可行集, 称映射 $p \mapsto C(p)$ 为约束映射.

定义

$$L(w,x,y) = g_0(w,x) + \sum_{i=1}^m y_i g_i(w,x),$$

这一问题的 Karush-Kuhn-Tucker 条件为

$$\begin{cases} v + \nabla_x L(w,x,y) = 0, \\ -u + \nabla_y L(w,x,y) \in N_Y(y), \text{其中} Y = \Re^r \times \Re^{m-r}_+. \end{cases} \tag{7.69}$$

对于给定的 $p=(v,u,w)$, KKT 系统的解集 (x,y) 记为 $S_{\mathrm{KKT}}(p)$, 称映射 $p\mapsto S_{\mathrm{KKT}}(p)$ 为 KKT 映射. 记 $X_{\mathrm{KKT}}(p)$ 为稳定点集, 即 $X_{\mathrm{KKT}}(p)=\{x|\exists y \text{ s.t. } (x,y)\in S_{\mathrm{KKT}}(p)\}$, 称映射 $p\mapsto X_{\mathrm{KKT}}(p)$ 为稳定点映射. 关于 x 和 p 的 Lagrange 乘子集合记为 $Y_{\mathrm{KKT}}(x,p)=\{y|(x,y)\in S_{\mathrm{KKT}}(p)\}$.

与 $(u_0,v_0,w_0,x_0,y_0)\in \mathrm{gph}\, S_{\mathrm{KKT}}(p)$ 相联系的 $\{1,2,\cdots,m\}$ 的指标集合 I_1, I_2 与 I_3 定义为

$$
\begin{aligned}
I_1&=\{i\in\{r+1,\cdots,m\}\,|\,g_i(w_0,x_0)-u_{0i}=0, y_{0i}>0\}\cup\{1,\cdots,r\},\\
I_2&=\{i\in\{r+1,\cdots,m\}\,|\,g_i(w_0,x_0)-u_{0i}=0, y_{0i}=0\},\\
I_3&=\{i\in\{r+1,\cdots,m\}\,|\,g_i(w_0,x_0)-u_{0i}<0, y_{0i}=0\}.
\end{aligned}
$$

称严格 Mangasarian-Fromovitz (MF) 条件在 (p_0,x_0) 处成立, 如果存在 Lagrange 乘子 $y_0\in Y_{\mathrm{KKT}}(x_0,p_0)$ 使得:

(a) $i\in I_1$ 中的 $\nabla_x g_i(w_0,x_0)$ 线性无关;

(b) 存在向量 $z\in\Re^n$ 使得 $i\in I_1$ 时 $\nabla_x g_i(w_0,x_0)^{\mathrm{T}}z=0, i\in I_2$ 时 $\nabla_x g_i(w_0,x_0)^{\mathrm{T}}z<0$.

对给定的 $p_0=(v_0,u_0,w_0)$, 设 (x_0,y_0) 满足 KKT 条件 (7.69). 记 $A=\nabla^2_{xx}L(w_0,x_0,y_0)$, $B=\nabla^2_{yx}L(w_0,x_0,y_0)$, (7.69) 在 (u_0,v_0,w_0,x_0,y_0) 处的线性化表示为下述线性变分不等式:

$$
\left\{\begin{array}{l}
v+\nabla_x L(w_0,x_0,y_0)+A(x-x_0)+B^{\mathrm{T}}(y-y_0)=0,\\
-u+g(w_0,x_0)+B(x-x_0)\in N_Y(y).
\end{array}\right. \tag{7.70}
$$

对任何 (u,v), 记所有满足 (7.70) 的 (x,y) 的集合为 L_{KKT}.

令 $P=\Re^d\times\Re^m$, 考虑映射

$$
\Sigma(p)=\{x\in\Re^n|y\in f(w,x)+F(w,x)\},\quad p=(w,y), \tag{7.71}
$$

其中 $f:\Re^d\times\Re^n\to\Re^m$ 为函数, $F:\Re^d\times\Re^n\to\Re^m$ 为集值映射. 假设对于 $p_0=(w_0,y_0)\in P$, $x_0\in\Sigma(p_0)$ 且函数 $f(w_0,\cdot)$ 关于 x_0 可微, Jacobian 阵为 $\nabla_x f(w_0,x_0)$. 考虑 f 的线性化映射:

$$
\Lambda(p)=\{x\in\Re^n|y\in f(w_0,x_0)+\nabla_x f(w_0,x_0)(x-x_0)+F(w,x)\}. \tag{7.72}
$$

定理 7.12[18] 假设存在 x_0 的邻域 U, w_0 的邻域 W 与常数 l 使得对任何 $x\in U, w\in W$ 有

$$
\|f(w,x)-f(w_0,x)\|\leqslant l\|w-w_0\|. \tag{7.73}
$$

那么下述结论等价:

(i) Λ 在 (p_0, x_0) 处是孤立平稳的;

(ii) Σ 在 (p_0, x_0) 处是孤立平稳的.

推论 7.4 假设定理 7.12 中的假设条件成立且设 $F: \Re^n \to \Re^m$ 为多面体映射, 那么下述结论等价:

(i) 存在 x_0 的邻域 U 使得

$$[f(w_0, x_0) + \nabla f(w_0, x_0)(\cdot - x) + F(\cdot)]^{-1}(y_0) \cap U = \{x_0\};$$

(ii) 映射 Σ 在 (p_0, x_0) 处是孤立平稳的.

证明 映射 $\Lambda = [f(w_0, x_0) + \nabla f(w_0, x_0)(\cdot - x) + F(\cdot)]^{-1}$ 是多面体, 因此由 [64] 知 Λ 在 $\Re^m$ 上是孤立平稳的, 则 (i) 可推出 Λ 在 (y_0, x_0) 处是孤立平稳的. 应用定理 7.12 得 Σ 在 (p_0, x_0) 处是孤立平稳的. 再应用定理 7.12 可得 (ii) 可推出 (i). ■

由于 N_Y 是多面体集, 对 KKT 系统 (7.69) 应用推论 7.4 可得下面结论.

推论 7.5 下述结论等价:

(i) (x_0, y_0) 为集合 $L_{\rm KKT}(p_0)$ 的孤立点;

(ii) 映射 $S_{\rm KKT}$ 在 $(p_0, x_0, y_0) \in {\rm gph}\, S_{\rm KKT}$ 处是孤立平稳的.

引理 7.6 假设 x_0 是当 $p = p_0$ 时 (7.67) 的孤立局部极小点, 设 (p_0, x_0) 处的 MF 约束条件成立. 那么映射 X 在 (p_0, x_0) 处下半连续, 即对任何 x_0 的邻域 U, 存在 p_0 的邻域 V 使得对任何 $p \in V$, 集合 $X(p) \cap U$ 非空.

证明 由 [51, 推论 4.5] 可知约束映射 C 在 (w_0, u_0, x_0) 处具有 Aubin 性质当且仅当 MF 约束条件在 (w_0, u_0, x_0) 处成立. 设 a, b 和 γ 为映射 C 的 Aubin 性质相关常数, 即对 $p_1, p_2 \in \mathbf{B}(p_0, b)$,

$$C(p_1) \cap \mathbf{B}(x_0, a) \subset C(p_2) + \gamma(\|p_1 - p_2\|)\mathbf{B}.$$

令 U 为 x_0 的任意邻域. 选取 $\alpha \in (0, a)$ 使得 x_0 是当 $p = p_0$ 时 (7.67) 在 $\mathbf{B}(x_0, \alpha)$ 中的唯一极小点且 $\mathbf{B}(x_0, \alpha) \subset U$.

对此固定的 α 和 $p \in \mathbf{B}(p_0, b)$, 考虑映射

$$p \mapsto C_\alpha(p) = \{x \in C(p) | \|x - x_0\| \leqslant \alpha + \gamma\|p - p_0\|\}.$$

显然映射 C_α 在 $p = p_0$ 处是上半连续的, 下证其也是下半连续的. 选取 $x \in C_\alpha(p_0) = C(p_0) \cap \mathbf{B}(x_0, \alpha)$. 由映射 C 的 Aubin 性质, 对任何 p_0 附近的 p, 存在 $x_p \in C(p)$ 使得 $\|x_p - x\| \leqslant \gamma\|p - p_0\|$. 则有 $\|x_p - x_0\| \leqslant \|x_p - x\| + \|x - x_0\| \leqslant \alpha + \gamma\|p - p_0\|$. 因此 $x_p \in C_\alpha(p)$ 且当 $p \to p_0$ 时, $x_p \to x$. 所以 C_α 在 $p = p_0$ 处是下半连续的.

由于 $C_\alpha(p)$ 是非空紧致的, 则问题

$$\min_x g_0(w, x) + \langle x, v \rangle \quad \text{s.t. } x \in C_\alpha(p) \tag{7.74}$$

对任何 p_0 附近的 p 有解, 并且由 α 的选择可知 x_0 是 $p = p_0$ 时此问题的唯一极小点. 由 Berge 定理, (7.74) 的解映射 X_α 在 $p = p_0$ 处上半连续; 换言之, 对任何 $\delta > 0$, 存在 $\eta \in (0, b)$ 使得对任何 $p \in \mathbf{B}(p_0, \eta)$, (7.74) 的 (全局) 最优解集是非空的且包含在 $\mathbf{B}(x_0, \delta)$ 内. 因为 $X_\alpha(p_0) = \{x_0\}$, 映射 X_α 在 p_0 处连续. 设 δ' 满足 $0 < \delta' < \alpha$, 则存在 $\eta' > 0$ 使得对任何 $p \in \mathbf{B}(p_0, \eta')$, 任何解 $x \in X_\alpha(p)$ 满足 $\|x - x_0\| \leqslant \delta' < \alpha + \gamma\|p - p_0\|$. 因此, 对 $p \in \mathbf{B}(p_0, \eta')$ 约束 $\|x - x_0\| \leqslant \alpha + \gamma\|p - p_0\|$ 在问题 (7.74) 中是无效的. 那么对任何 $p \in \mathbf{B}(p_0, \eta')$ 我们有 $X_\alpha(p) \subset X(p) \cap \mathbf{B}(x_0, \delta')$. ■

回顾二阶充分性条件在 $(p_0, x_0, y_0) \in \mathrm{gph}\, S_{\mathrm{KKT}}$ 处成立, 如果 $\forall x' \in D \backslash \{0\}$ 有

$$\langle x', \nabla^2_{xx} L(w_0, x_0, y_0) x' \rangle > 0,$$

其中锥 $D = \{x' | \nabla_x g_i(w_0, x_0) x' = 0, i \in I_1; \nabla_x g_i(w_0, x_0) x' \leqslant 0, i \in I_2\}$.

下面阐述本节的主要结论.

定理 7.13　下述条件等价:

(i) 映射 S_{KKT} 在 $(p_0, x_0, y_0) \in \mathrm{gph}\, S_{\mathrm{KKT}}$ 处是稳健孤立平稳的, 且 x_0 是问题 (7.67) 关于 p_0 的局部最优解;

(ii) 严格 MF 约束条件和二阶充分性条件在 (p_0, x_0, y_0) 处成立.

证明　假设 (i) 成立, 则 y_0 是 $Y_{\mathrm{KKT}}(x_0, p_0)$ 中的孤立点. 注意到 $Y_{\mathrm{KKT}}(x_0, p_0)$ 是凸的, 则有 $Y_{\mathrm{KKT}}(x_0, p_0) = \{y_0\}$. 因此严格 MF 约束条件成立. 进一步, 由推论 7.5, 不存在 (x_0, y_0) 附近的 (x, y) 满足 $(x, y) \in L_{\mathrm{KKT}}(p_0)$. 不失一般性, 假设 $I_1 = \{1, 2, \cdots, m_1\}$, $I_2 = \{m_1 + 1, \cdots, m_2\}$ 且分别记 B_1 和 B_2 为 B 对应指标集 I_1 和 I_2 的子矩阵. 那么 $(x, y) = (0, 0)$ 为下述变分系统的孤立解:

$$\begin{aligned} &Ax + B^{\mathrm{T}} y = 0, \\ &B_1 x = 0, \\ &B_2 x \leqslant 0, y_i \geqslant 0, y_i (Bx)_i = 0, i \in [m_1 + 1, m_2]. \end{aligned} \tag{7.75}$$

观察到由于 $y_{0i} > 0, i \in I_1$, 则对于 $i \in I_1$ 中的 y_i 符号没有限制. 事实上, 因为 (7.75) 的解集是一个锥, 则 $(0, 0)$ 为 (7.75) 的唯一解. 由 x_0 处的二阶必要性条件, 可得

$$\langle x', Ax' \rangle \geqslant 0, \quad \forall x' \in D \backslash \{0\}.$$

只需证上述不等式的等号始终不成立. 假设存在非零向量 $x' \in D$ 使得 $Ax' = 0$, 则非零向量 $(x', 0)$ 也为 (7.75) 的解, 矛盾.

反之, 假设 (ii) 成立, 则 x_0 是 (7.67) 关于 p_0 的孤立局部解且 y_0 为相应的唯一乘子. 假设 (p_0, x_0) 相应的指标集 I_1 是非空的且 $\mathcal{U}$ 和 $\mathcal{W}$ 分别为 x_0 和 w_0 的邻

域使得对所有的 $x\in\mathcal{U}$, $w\in\mathcal{W}$ 有 $\nabla_x g_i(w,x), i\in I_1$ 是线性无关的. 由引理 7.6, 对 p_0 附近的 p, $X(p)\cap\mathcal{U}\neq\varnothing$. 那么对所有 p_0 附近的 p, x_0 附近的 $x(p)\in X(p)$, 存在接近 $y_{0i}, i\in I_1$ 的 $y_i(p), i\in I_1$ 使得

$$v+\nabla_x g_0(w,x(p))+\sum_{i\in I_1}y_i(p)\nabla_x g_i(w,x(p))=0.$$

注意到 $\forall i\in I_1$, $y_i(p)>0$, 对 $i\in I_2\cup I_3$, 取 $y_i(p)=0$, 得到 $y(p)=(y_1(p),\cdots,y_m(p))$ 是扰动问题的 Lagrange 乘子且接近 y_0. 因此, 如果 U 为 (x_0,y_0) 的邻域且 p 充分接近 p_0, 则有 $S_{\rm KKT}(p)\cap U\neq\varnothing$.

如果 $I_1=\varnothing$, 那么 $y_0=0=Y_{\rm KKT}(x_0,p_0)$. 由引理 7.6, 对 x_0 的任何邻域 $\mathcal{U}$ 与充分接近 p_0 的 p, 有 $X(p)\cap\mathcal{U}\neq\varnothing$. 进一步, MF 约束条件保证对 p_0 附近的 p, x_0 附近的 x, Lagrange 乘子集 $Y_{\rm KKT}(x,p)$ 非空有界. 假设存在 $\alpha>0$, 序列 $p_k\to p_0$ 和 $x_k\to x_0$ 使得 $\forall y\in Y_{\rm KKT}(x_k,p_k), k=1,2,\cdots$, 有 $\|y\|\geqslant\alpha$. 选取序列 $y_k\in Y_{\rm KKT}(x_k,p_k)$, 则该序列有界, 存在聚点 $\bar{y}\neq 0$. 在 KKT 系统中对 k 取极限可得 $\bar{y}\in Y_{\rm KKT}(x_0,p_0)$, 这表明 $Y_{\rm KKT}(x_0,p_0)$ 不是单点集, 这与严格 MF 约束条件矛盾. 因此对 $y_0=0$ 的任何邻域 $\mathcal{Y}$, 当 p 充分接近 p_0 且 $x\in X(p)$ 充分接近 x_0 时, 有 $Y_{\rm KKT}(x,p)\cap\mathcal{Y}\neq\varnothing$. 那么, 对 (x_0,y_0) 的某邻域 U 及充分接近 p_0 的 p, 也有 $S_{\rm KKT}(x,p)\cap U\neq\varnothing$.

假设映射 $S_{\rm KKT}$ 在 $(p_0,x_0,y_0)\in{\rm gph}\,S_{\rm KKT}$ 处不是孤立平稳的, 那么由推论 7.5, (7.75) 有非零解 (x',y') 且该解可与 $(0,0)$ 无限接近. 假设 $y'\in\Re^m$ 且对 $i\in I_3$ 有 $y'_i=0$. 如果 $x'=0$, 则 $y'\neq 0$. 注意到如果对某些 $i\in I_2$ 有 $y'_i\neq 0$, 则 $y'_i>0$. 因为对 $i\in I_1$ 有 $y_{0i}>0$, 且 y' 充分接近 0, 向量 y_0+y' 为关于 x_0 与 p_0 的 Lagrange 乘子. 这与严格 MF 约束条件矛盾. 因此, $x'\neq 0$, 但是 $x'\in D$. 在 (7.75) 的第一个方程两边同时乘以 x', 得到 $\langle x',Ax'\rangle=0$, 与二阶充分性条件矛盾. ■

根据孤立平稳性的图导数准则, 可得如下结论:

定理 7.14 设 MF 约束条件在 $x_0\in X_{\rm KKT}(p_0)$ 处成立, 其中 $p_0=(v_0,u_0,w_0)$. 那么下述条件是映射 $X_{\rm KKT}$ 在 (p_0,x_0) 处孤立平稳的充分必要条件: 不存在 $x'\neq 0$ 与某些

$$y_0\in\arg\max\{\langle x',\nabla^2_{xx}L(w_0,x_0,y)x'\rangle|y满足(x_0,y)\in S_{\rm KKT}(p_0)\}$$

满足目标函数为 $h_0(x')=\langle x',\nabla^2_{xx}L(w_0,x_0,y_0)x'\rangle$, 约束条件为

$$\begin{cases}\langle\nabla_x g_0(w_0,x_0)-v_0,x'\rangle=0,\\ \langle\nabla_x g_i(w_0,x_0),x'\rangle=0, i\in[1,r],\\ \langle\nabla_x g_i(w_0,x_0),x'\rangle\leqslant 0, i\in[r+1,m], g_i(w_0,x_0)-u_{0i}=0\end{cases}$$

的子问题的 KKT 条件.

证明　由 [44] 中的定理 3.1 和定理 3.2, 满足子问题 KKT 条件的 x' 构成了 0 在与 (p_0, x_0) 处 X_{KKT} 相联系的图导数映射下的像. 应用 [36] 中的命题 2.1, 可得该集合中这样的 $x' \neq 0$ 的不存在性与映射 X_{KKT} 在 (p_0, x_0) 处是孤立平稳的等价. ■

基于引理 7.6 和定理 7.14 可以得到下述推论:

推论 7.6　设 x_0 是 (7.67) 的孤立局部极小点, 其中 $p_0 = (v_0, u_0, w_0)$. 假设 MF 约束条件在 (p_0, x_0) 处成立且设定理 7.14 中的条件成立. 那么 (7.67) 的解映射在 (p_0, x_0) 处是稳健孤立平稳的.

第 8 章　二阶锥约束优化的稳定性

8.1　二阶锥简介

我们将 $\Re^{m+1}$ 中的向量 s 记作 $s=(s_0;\bar{s})$, 其中 $\bar{s}=(s_1,s_2,\cdots,s_m)\in\Re^m$. $\Re^{m+1}$ 中的二阶锥可表示如下:

$$Q_{m+1}=\{s=(s_0;\bar{s})\in\Re\times\Re^m:\|\bar{s}\|\leqslant s_0\},$$

不难证明, 它是一自对偶的闭凸锥. 记 int Q_{m+1} 为 Q_{m+1} 所有内点组成的集合, bdry Q_{m+1} 为 Q_{m+1} 的边界, 即

$$\begin{aligned}\text{int } Q_{m+1}&:=\{s=(s_0;\bar{s})\in\Re\times\Re^m:\|\bar{s}\|<s_0\},\\ \text{bdry } Q_{m+1}&:=\{s=(s_0;\bar{s})\in\Re\times\Re^m:\|\bar{s}\|=s_0\}.\end{aligned}$$

与二阶锥密切相关的一种代数是所谓的欧氏 Jordan 代数. 对于 $x,y\in\Re^{m+1}$, 定义它们的 Jordan 乘法:

$$x\circ y=(x^{\mathrm{T}}y;x_0\bar{y}+y_0\bar{x}).$$

于是, 通常的加法 “+”“$\circ$”, 以及单位元 $e=(1;0)$ 就产生了与二阶锥相联系的 Jordan 代数, 记为 $(\Re^{m+1},\circ)$.

与矩阵的谱分解相类似, $\Re^{m+1}$ 中的向量 x 有与上述 Jordan 乘法相对应的谱分解:

$$x=\lambda_1(x)c_1(x)+\lambda_2(x)c_2(x),\tag{8.1}$$

其中, $\lambda_1(x),\lambda_2(x)$ 称为 x 的特征值, $c_1(x),c_2(x)$ 称为 x 的对应于特征值 $\lambda_1(x),\lambda_2(x)$ 的特征向量, 它们通过下列式子给出:

$$\begin{aligned}\lambda_i(x)&=x_0+(-1)^i\|\bar{x}\|,\\ c_i(x)&=\begin{cases}\dfrac{1}{2}\left(1;(-1)^i\dfrac{\bar{x}}{\|\bar{x}\|}\right), & \bar{x}\neq 0,\\ \dfrac{1}{2}(1;(-1)^iw), & \bar{x}=0,\end{cases}\end{aligned}\tag{8.2}$$

在上式中, $i=1,2$, $w\in\Re^m$ 满足 $\|w\|=1$. 向量 x 的行列式 $\det(x)=\lambda_1(x)\lambda_2(x)=x_0^2-\|\bar{x}\|^2$.

结合二阶锥的定义与 $\Re^{m+1}$ 中向量特征值的表达式, 容易知道二阶锥 Q_{m+1} 可以等价地表示为

$$Q_{m+1} = \{s \circ s : s \in \Re^{m+1}\} = \{s \in \Re^{m+1} : \lambda_1(s) \geqslant 0\}. \tag{8.3}$$

下面给出的性质将在本章的讨论中用到.

命题 8.1 若 $x, y \in Q_{m+1}$ 且 $x \circ y = 0$, 则或者 a) $x = 0$, 或者 b) $y = 0$, 或者 c) 存在 $\sigma > 0$ 使得 $x = \sigma(y_0; -\bar{y})$.

证明 由于 $x, y \in Q_{m+1}$, 所以有 $x_0 \geqslant \|\bar{x}\|, y_0 \geqslant \|\bar{y}\|$. 根据 Jordan 乘法的定义, 由 $x \circ y = 0$ 可得 $\bar{x}^{\mathrm{T}}\bar{y} + x_0 y_0 = 0$, 因此, 一方面, 由上面的结论可得 $-\bar{x}^{\mathrm{T}}\bar{y} \geqslant \|\bar{x}\|\|\bar{y}\|$, 另一方面, 由 Cauchy-Schwarz 不等式得到 $-\bar{x}^{\mathrm{T}}\bar{y} \leqslant \|\bar{x}\|\|\bar{y}\|$, 于是有 $-\bar{x}^{\mathrm{T}}\bar{y} = \|\bar{x}\|\|\bar{y}\|$, 或者 a) $x = 0$, 或者 b) $y = 0$ 成立时, 上式成立; 或者存在 $\sigma > 0$ 使得 $\bar{x} = -\sigma\bar{y}$, 此时可得 $x_0 = \|\bar{x}\|, y_0 = \|\bar{y}\|$, 于是有 $x_0 = \sigma y_0$, 从而得到 $x = \sigma(y_0; -\bar{y})$. ■

8.2 二阶锥的变分几何

令 $\psi(s) = \|\bar{s}\| - s_0$, 则二阶锥 Q_{m+1} 可以表示为

$$Q_{m+1} = \{s \in \Re^{m+1} : \psi(s) \leqslant 0\},$$

可以用凸函数水平集的切锥与二阶切集公式来计算 Q_{m+1} 的切锥与二阶切集.

命题 8.2 令 $s \in Q_{m+1}$. 则,

$$T_{Q_{m+1}}(s) = \begin{cases} \Re^{m+1}, & s \in \operatorname{int} Q_{m+1}, \\ Q_{m+1}, & s = 0, \\ \{d \in \Re^{m+1} : \bar{d}^{\mathrm{T}}\bar{s} - d_0 s_0 \leqslant 0\}, & s \in \operatorname{bdry} Q_{m+1} \setminus \{0\}. \end{cases} \tag{8.4}$$

证明 当 $s \in \operatorname{int} Q_{m+1}$ 及 $s = 0$ 时, 由切锥的定义可直接得到所要的结论.

下面假设 $s \in \operatorname{bdry} Q_{m+1} \setminus \{0\}$, 即 $s_0 = \|\bar{s}\| \neq 0$. 注意到在这种情况下 ($\|\bar{s}\| \neq 0$), $\psi(s)$ 是连续可微函数. 由于函数 $\psi(s)$ 是 Lipschitz 连续的, $\psi' = \psi^{\downarrow}$, 可得到

$$T_{Q_{m+1}}(s) = \{d \in \Re^{m+1} : \psi'(s; d) \leqslant 0\}.$$

因为此时 $\psi'(s)(s; d) = \nabla\psi(s)^{\mathrm{T}} d = \bar{d}^{\mathrm{T}}\bar{s}/\|\bar{s}\| - d_0$, 所以当 $s \in \operatorname{bdry} Q_{m+1} \setminus \{0\}$ 时, 结论成立. 命题得证. ■

命题 8.3 假设 $s \in Q_{m+1}$ 及 $d \in T_{Q_{m+1}}(s)$. 则,

$$T^2_{Q_{m+1}}(s, d) = \begin{cases} \Re^{m+1}, & d \in \operatorname{int} T_{Q_{m+1}}(s), \\ T_{Q_{m+1}}(d), & s = 0, \\ \{w \in \Re^{m+1} : \bar{w}^{\mathrm{T}}\bar{s} - w_0 s_0 \leqslant d_0^2 - \|\bar{d}\|^2\}, & \text{否则}. \end{cases} \tag{8.5}$$

证明 当 $d \in \operatorname{int} T_{Q_{m+1}}(s)$ 及 $s=0$ 时, 由外二阶切集的定义可直接得到.

下面假设 $s \in \operatorname{bdry} Q_{m+1} \setminus \{0\}$ 且 $d \in \operatorname{bdry} T_{Q_{m+1}}(s)$. 由于函数 $\psi(s)$ 是 Lipschitz 连续的, $\psi''=\psi^{\downarrow\downarrow}$, $T^2_{Q_{m+1}}(s,d)$ 可以表示为

$$T^2_{Q_{m+1}}(s,d)=\{w\in \Re^{m+1}: \psi''(s;d,w)\leqslant 0\}, \tag{8.6}$$

其中,

$$\psi''(s;d,w)=\lim_{t\downarrow 0}\frac{\psi\left(s+td+\dfrac{1}{2}t^2w\right)-\psi(s)-t\psi'(s;d)}{\dfrac{1}{2}t^2}.$$

由于此时, ψ 是二阶连续可微的函数, 所以有

$$\psi''(s;d,w)=\nabla\psi(s)^{\mathrm{T}}w+d^{\mathrm{T}}\nabla^2\psi(s)d=\frac{\bar{s}^{\mathrm{T}}\bar{w}}{\|\bar{s}\|}-w_0+\frac{\|\bar{d}\|^2}{\|s\|}-\frac{(\bar{d}^{\ \mathrm{T}}\bar{s})^2}{\|s\|^3},$$

注意到 $\|\bar{s}\|=s_0$(因 $s\in \operatorname{bdry} Q_{m+1}\setminus\{0\}$) 以及 $\bar{s}^{\mathrm{T}}\bar{d}=s_0d_0$ (因 $d\in\operatorname{bdry}T_{Q_{m+1}}(s)$), 可立即得到所要证明的结论. 命题得证. ■

8.3 二阶锥的投影映射

本节介绍二阶锥上投影算子的相关性质.

设 $u\in\Re^{m+1}$ 具有谱分解

$$u=\lambda_1(u)c_1(u)+\lambda_2(u)c_2(u),$$

则 u 到 Q_{m+1} 上的度量投影 (即在欧氏距离意义下的投影), 记为 $\Pi_{Q_{m+1}}(u)$, 可表示为

$$\Pi_{Q_{m+1}}(u)=[\lambda_1(u)]_+c_1(u)+[\lambda_2(u)]_+c_2(u), \tag{8.7}$$

其中 $[\lambda_i]_+=\max\{0,\lambda_i\}, i=1,2$. 直接计算可得

$$\Pi_{Q_{m+1}}(u)=\begin{cases}\dfrac{1}{2}\Big(1+\dfrac{u_0}{\|\bar{u}\|}\Big)(\|\bar{u}\|,\bar{u}), & |u_0|<\|\bar{u}\|,\\ u, & \|\bar{u}\|\leqslant u_0,\\ 0, & \|\bar{u}\|\leqslant -u_0.\end{cases} \tag{8.8}$$

由文献 [12] 可知投影算子 $\Pi_{Q_{m+1}}(\cdot)$ 在 $\Re^{m+1}$ 中的每一点处均是方向可微的, 同时是强半光滑的, 即对 $u\in\Re^{m+1}$, $v\in\Re^{m+1}$, 存在 $V\in\partial\Pi_{Q_{m+1}}(u+v)$, 满足

$$\Pi_{Q_{m+1}}(u+v)=\Pi_{Q_{m+1}}(u)+Vv+O(\|v\|^2). \tag{8.9}$$

引理 8.1[55] 投影算子 $\Pi_{Q_{m+1}}$ 在 z 处沿 h 的方向导数表示为

$$\Pi'_{Q_{m+1}}(z;h)=\begin{cases}\mathcal{J}\Pi_{Q_{m+1}}(z)h, & z\in\Re^{m+1}\backslash\{-Q_{m+1}\cup Q_{m+1}\},\\ h, & z\in \text{int } Q_{m+1},\\ h-2[c_1(z)^{\mathrm{T}}h]_-c_1(z), & z\in \text{bdry } Q_{m+1}\setminus\{0\},\\ 0, & z\in \text{int } Q_{m+1}^-,\\ 2[c_2(z)^{\mathrm{T}}h]_+c_2(z), & z\in \text{bdry } Q_{m+1}^-\setminus\{0\},\\ \Pi_{Q_{m+1}}(h), & z=0,\end{cases}\tag{8.10}$$

其中

$$\mathcal{J}\Pi_{Q_{m+1}}(z)=\frac{1}{2}\begin{pmatrix}1 & \dfrac{\bar{z}^{\mathrm{T}}}{\|\bar{z}\|}\\ \dfrac{\bar{z}}{\|\bar{z}\|} & I_m+\dfrac{z_0}{\|\bar{z}\|}I_m-\dfrac{z_0}{\|\bar{z}\|}\dfrac{\bar{z}\bar{z}^{\mathrm{T}}}{\|\bar{z}\|^2}\end{pmatrix},$$

$$\left[c_1(z)^{\mathrm{T}}h\right]_-=\min\left\{0,c_1(z)^{\mathrm{T}}h\right\},\quad \left[c_2(z)^{\mathrm{T}}h\right]_+=\max\left\{0,c_2(z)^{\mathrm{T}}h\right\}.$$

由 Rademacher 定理可知 $\Pi_{Q_{m+1}}(\cdot)$ 在 $\Re^{m+1}$ 上是几乎处处 F-可微的, 且对任意的 $y\in\Re^{m+1}$, 投影算子 $\Pi_{Q_{m+1}}$ 的 Clarke 广义 Jacobian 与 B-次微分都是有定义的, 它们可以由文献 [57] 直接得到, 具体由下述引理描述.

引理 8.2 对于 $u\in\Re^{m+1}$

(a) 如果 $|u_0|<\|\bar{u}\|$, 则

$$\partial\Pi_{Q_{m+1}}(u)=\partial_B\Pi_{Q_{m+1}}(u)=\left\{\frac{1}{2}\begin{pmatrix}1 & \dfrac{\bar{u}^{\mathrm{T}}}{\|\bar{u}\|}\\ \dfrac{\bar{u}}{\|\bar{u}\|} & I_m+\dfrac{u_0}{\|\bar{u}\|}I_m-\dfrac{u_0}{\|\bar{u}\|}\dfrac{\bar{u}\bar{u}^{\mathrm{T}}}{\|\bar{u}\|^2}\end{pmatrix}\right\};$$

(b) 如果 $u\in \text{int } Q_{m+1}$, 则

$$\partial\Pi_{Q_{m+1}}(u)=\partial_B\Pi_{Q_{m+1}}(u)=\{I_{m+1}\};$$

(c) 如果 $u\in \text{bdry } Q_{m+1}\backslash\{0\}$, 即 $u_0=\|\bar{u}\|\neq 0$, 则

$$\partial_B\Pi_{Q_{m+1}}(u)=\left\{I_{m+1},\ \frac{1}{2}\begin{pmatrix}1 & \dfrac{\bar{u}^{\mathrm{T}}}{\|\bar{u}\|}\\ \dfrac{\bar{u}}{\|\bar{u}\|} & 2I_m-\dfrac{\bar{u}\bar{u}^{\mathrm{T}}}{\|\bar{u}\|^2}\end{pmatrix}\right\};$$

(d) 如果 $u\in \text{int } Q_{m+1}^-$, 则

$$\partial\Pi_{Q_{m+1}}(u)=\partial_B\Pi_{Q_{m+1}}(u)=\{0\};$$

(e) 如果 $u \in \text{bdry}\, Q_{m+1}^{-}\backslash\{0\}$, 即 $-u_0 = \|\bar{u}\| \neq 0$, 则

$$\partial_B \Pi_{Q_{m+1}}(u) = \left\{ 0,\ \frac{1}{2}\begin{pmatrix} 1 & \dfrac{\bar{u}^{\mathrm{T}}}{\|\bar{u}\|} \\ \dfrac{\bar{u}}{\|\bar{u}\|} & \dfrac{\bar{u}\bar{u}^{\mathrm{T}}}{\|\bar{u}\|^2} \end{pmatrix} \right\};$$

(f) 如果 $u = 0$, 则

$$\begin{aligned} &\partial_B \Pi_{Q_{m+1}}(0) \\ &= \{0, I_{m+1}\} \cup \left\{ \frac{1}{2}\begin{pmatrix} 1 & w^{\mathrm{T}} \\ w & 2a(I_m - ww^{\mathrm{T}}) + ww^{\mathrm{T}} \end{pmatrix} \middle|\, a \in [0,1], \|w\| = 1 \right\}. \end{aligned}$$

8.4 投影算子的伴同导数

这一节的内容取自论文 [55]. 因为 $\Pi_{Q_{m+1}}(\cdot)$ 是 Lipschitz 连续的、方向可微的, 因此它是 B-可微的,

$$\Pi_{Q_{m+1}}(z+h) - \Pi_{Q_{m+1}}(z) - \Pi'_{Q_{m+1}}(z;h) = o(\|h\|).$$

根据正则伴同导数 $\widehat{D}^*\Pi_{Q_{m+1}}(z)$ 的定义, 对任何 $u^* \in \Re^{m+1}$,

$$z^* \in \widehat{D}^*\Pi_{Q_{m+1}}(z)(u^*) \Longleftrightarrow \langle z^*, h\rangle \leqslant \langle u^*, \Pi'_{Q_{m+1}}(z;h)\rangle, \quad \forall h \in \Re^{m+1}. \tag{8.11}$$

根据方向导数 $\Pi'_{Q_{m+1}}(z;h)$ 的公式, 可得正则伴同导数 $\widehat{D}^*\Pi_{Q_{m+1}}(z)$ 的刻画.

定理 8.1 设 $z \in \Re^{m+1}$ 具有谱分解 $z = \lambda_1(z)c_1(z) + \lambda_2(z)c_2(z)$. 取 $u^* \in \Re^{m+1}$. 有

(a) 如果 $\det(z) \neq 0$, 则

$$\widehat{D}^*\Pi_{Q_{m+1}}(z)(u^*) = \{\Pi'_{Q_{m+1}}(z)u^*\}.$$

(b) 如果 $\det(z) = 0$, $\lambda_2(z) \neq 0$, 即 $z \in \text{bdry}\, Q_{m+1} \setminus \{0\}$, 则

$$\widehat{D}^*\Pi_{Q_{m+1}}(z)(u^*) = \{z^* : u^* - z^* \in \Re_+ c_1(z), \langle z^*, c_1(z)\rangle \geqslant 0\}.$$

(c) 如果 $\det(z) = 0$, $\lambda_1(z) \neq 0$, 即 $z \in \text{bdry}\,(-Q_{m+1}) \setminus \{0\}$, 则

$$\widehat{D}^*\Pi_{Q_{m+1}}(z)(u^*) = \{z^* : z^* \in \Re_+ c_2(z), \langle u^* - z^*, c_2(z)\rangle \geqslant 0\}.$$

(d) 如果 $\det(z) = 0$, $\lambda_1(z) = \lambda_2(z) = 0$, 即 $z = 0$, 则

$$\widehat{D}^*\Pi_{Q_{m+1}}(0)(u^*) = \{z^* \in Q_{m+1} : u^* - z^* \in Q_{m+1}\}.$$

证明　(a) 因为 $\det(z) \neq 0$, 有 $\Pi_{Q_{m+1}}(\cdot)$ 在 z 处是连续可微, $\Pi'_{Q_{m+1}}(z)$ 是自伴随的.

(b) 根据 (8.11) 与引理 8.1 可得

$$\begin{aligned}
& z^* \in \widehat{D}^*\Pi_{Q_{m+1}}(z)(u^*) \\
\Longleftrightarrow\ & \langle z^* - u^*, h\rangle + 2\langle u^*, [c_1(z)^{\mathrm{T}}h]_- c_1(z)\rangle \leqslant 0,\ \forall h \in \Re^{m+1} \\
\Longleftrightarrow\ & \begin{cases} \langle z^* - u^*, h\rangle \leqslant 0, & \forall c_1(z)^{\mathrm{T}}h \geqslant 0, \\ \langle z^* - u^*, h\rangle + 2\langle u^*, c_1(z)\rangle[c_1(z)^{\mathrm{T}}h]_- \leqslant 0, & \forall c_1(z)^{\mathrm{T}}h \leqslant 0, \end{cases}
\end{aligned}$$

由此可推出

$$z^* \in \widehat{D}^*\Pi_{Q_{m+1}}(z)(u^*) \Longleftrightarrow \exists \alpha \geqslant 0 \text{ 满足} u^* - z^* = \alpha c_1(z) \text{且} -\alpha + \langle u^*, c_1(z)\rangle \geqslant 0,$$

即

$$z^* \in \widehat{D}^*\Pi_{Q_{m+1}}(z)(u^*) \Longleftrightarrow \exists \alpha \geqslant 0 \text{ 满足} u^* - z^* = \alpha c_1(z) \text{且} \langle u^*, c_1(z)\rangle \geqslant 0,$$

因为

$$\langle z^*, c_1(z)\rangle = \langle u^*, c_1(z)\rangle - 2\alpha c_1(z)^{\mathrm{T}} c_1(z) \geqslant \alpha - \alpha.$$

这证得 (b).

(c) 可类似 (b) 的证明, 这里省略掉它的证明.

(d) 令 $z^* \in \widehat{D}^*\Pi_{Q_{m+1}}(z)(u^*)$. 根据 (8.11) 与引理 8.1 可得

$$\langle z^*, h\rangle \leqslant \langle u^*, \Pi_{Q_{m+1}}(h)\rangle, \quad \forall h \in \Re^{m+1},$$

结合对任何 $h \in -Q_{m+1}$ 有 $\Pi_{Q_{m+1}}(h) = 0$, 可得

$$\begin{cases} \langle z^*, h\rangle \leqslant \langle u^*, h\rangle, & \forall h \in Q_{m+1}, \\ \langle z^*, h\rangle \leqslant 0, & \forall h \in -Q_{m+1}. \end{cases}$$

因此有 $u^* - z^* \in Q_{m+1}$ 与 $z^* \in Q_{m+1}$.

相反地, 令 $z^* \in \Re^{m+1}$ 满足 $u^* - z^* \in Q_{m+1}$ 与 $z^* \in Q_{m+1}$. 对任何 $h \in \Re^{m+1}$, 有

$$\begin{aligned}
\langle z^*, h\rangle - \langle u^*, \Pi_{Q_{m+1}}(h)\rangle &= \langle z^*, \Pi_{Q_{m+1}}(h) + \Pi_{-Q_{m+1}}(h)\rangle - \langle u^*, \Pi_{Q_{m+1}}(h)\rangle \\
&= \langle z^* - u^*, \Pi_{Q_{m+1}}(h)\rangle + \langle z^*, \Pi_{-Q_{m+1}}(h)\rangle \\
&\leqslant 0.
\end{aligned}$$

因此有

$$\langle z^*, h\rangle \leqslant \langle u^*, \Pi_{Q_{m+1}}(h)\rangle, \quad \forall h \in \Re^{m+1}.$$

结合 (8.11) 与引理 8.1 可得 $z^* \in \widehat{D}^*\Pi_{Q_{m+1}}(0)(u^*)$. ■

基于定理 8.1 的结果可以得到 $D^*\Pi_{Q_{m+1}}(z)(u^*)$ 计算公式.

定理 8.2 设 $z \in \Re^{m+1}$ 具有谱分解 $z = \lambda_1(z)c_1(z)+\lambda_2(z)c_2(z)$. 取 $u^* \in \Re^{m+1}$. 有

(a) 如果 $\det(z) \neq 0$, 则

$$D^*\Pi_{Q_{m+1}}(z)(u^*) = \{\Pi'_{Q_{m+1}}(z)u^*\} = \partial_B\Pi_{Q_{m+1}}(z)u^*.$$

(b) 如果 $\det(z) = 0$, $\lambda_2(z) \neq 0$, 即 $z \in \operatorname{bdry} Q_{m+1} \setminus \{0\}$, 则

$$D^*\Pi_{Q_{m+1}}(z)(u^*) = \partial_B\Pi_{Q_{m+1}}(z)u^* \cup \{z^* : u^* - z^* \in \Re_+c_1(z), \langle z^*, c_1(z)\rangle \geqslant 0\}.$$

(c) 如果 $\det(z) = 0$, $\lambda_1(z) \neq 0$, 即 $z \in \operatorname{bdry}(-Q_{m+1}) \setminus \{0\}$, 则

$$D^*\Pi_{Q_{m+1}}(z)(u^*) = \partial_B\Pi_{Q_{m+1}}(z)u^* \cup \{z^* \in \Re_+c_2(z) : \langle u^* - z^*, c_2(z)\rangle \geqslant 0\}.$$

(d) 如果 $\det(z) = 0$, $\lambda_1(z) = \lambda_2(z) = 0$, 即 $z = 0$, 则

$$\begin{aligned} D^*\Pi_{Q_{m+1}}(0)(u^*) = &\partial_B\Pi_{Q_{m+1}}(0)u^* \cup \{z^* \in Q_{m+1} : u^* - z^* \in Q_{m+1}\} \\ &\cup \bigcup_{\xi \in C} \{z^* : u^* - z^* \in \Re_+\xi, \langle z^*, \xi\rangle \geqslant 0\} \\ &\cup \bigcup_{\eta \in C} \{z^* \in \Re_+\eta : \langle u^* - z^*, \eta\rangle \geqslant 0\}, \end{aligned}$$

其中

$$C = \left\{\frac{1}{2}(w, 1)^{\mathrm{T}} : w \in \Re^m, \|w\| = 1\right\}.$$

证明 由伴同导数的定义, 根据引理 8.2 与定理 8.1 很容易得到 (a)—(c). 我们只需要证明 (d).

由伴同导数的定义与定理 8.1 得

$$
\begin{aligned}
& D^*\Pi_{Q_{m+1}}(0)(u^*) \\
= & \limsup_{z\to 0, u\to u^*} \widehat{D}^*\Pi_{Q_{m+1}}(0)(u) \\
= & \limsup_{\substack{z\to 0, u\to u^* \\ \det(z)\neq 0}} \widehat{D}^*\Pi_{Q_{m+1}}(z)(u) \cup \limsup_{u\to u^*} \widehat{D}^*\Pi_{Q_{m+1}}(0)(u) \\
& \cup \limsup_{\substack{z\to 0, u\to u^* \\ \det(z)=0, \lambda_2(z)\neq 0}} \widehat{D}^*\Pi_{Q_{m+1}}(z)(u) \cup \limsup_{\substack{z\to 0, u\to u^* \\ \det(z)=0, \lambda_1(z)\neq 0}} \widehat{D}^*\Pi_{Q_{m+1}}(z)(u) \\
= & \partial_B\Pi_{Q_{m+1}}(0)(u^*) \cup \limsup_{u\to u^*} \{z^* \in Q_{m+1} : u - z^* \in Q_{m+1}\} \\
& \cup \limsup_{z\to 0, u\to u^*} \{z^* : u - z^* \in \Re_+ c_1(z), \langle z^*, c_1(z)\rangle \geqslant 0\} \\
& \cup \limsup_{z\to 0, u\to u^*} \{z^* \in \Re_+ c_2(z) : \langle u - z^*, c_2(z)\rangle \geqslant 0\} \\
= & \partial_B\Pi_{Q_{m+1}}(0)(u^*) \cup \{z^* \in Q_{m+1} : u^* - z^* \in Q_{m+1}\} \\
& \cup \bigcup_{\xi\in C} \{z^* : u^* - z^* \in \Re_+\xi, \langle z^*, \xi\rangle \geqslant 0\} \cup \bigcup_{\eta\in D} \{z^* \in \Re_+\eta, \langle u^* - z^*, \eta\rangle \geqslant 0\},
\end{aligned}
$$

其中 $C = \left\{\frac{1}{2}(-w, 1)^{\mathrm{T}} : w \in \Re^m, \|w\| = 1\right\}$, $D = \left\{\frac{1}{2}(w, 1)^{\mathrm{T}} : w \in \Re^m, \|w\| = 1\right\}$. 因为 $C = D$, 可得结论. ■

按照 [55, Theorem 3, Theorem 4], 可以进一步简化定理 8.2 中的公式的形式, 这里我们只给出结果, 其证明可参看 [55]. 定义

$$
A(z) = I_{m+1} + \frac{1}{2}\begin{pmatrix} -1 & \dfrac{\bar{z}^{\mathrm{T}}}{\|\bar{z}\|} \\ \dfrac{\bar{z}}{\|\bar{z}\|} & -\dfrac{\bar{z}\bar{z}^{\mathrm{T}}}{\|\bar{z}\|^2} \end{pmatrix}, \quad B(z) = \frac{1}{2}\begin{pmatrix} 1 & \dfrac{\bar{z}^{\mathrm{T}}}{\|\bar{z}\|} \\ \dfrac{\bar{z}}{\|\bar{z}\|} & \dfrac{\bar{z}\bar{z}^{\mathrm{T}}}{\|\bar{z}\|^2} \end{pmatrix},
$$

可以验证

$$
A(z) = \Pi_{c_1(z)^{\perp}}(\cdot), \quad B(z) = I_{m+1} - \Pi_{c_2(z)^{\perp}}(\cdot).
$$

再定义

$$
\mathcal{A} = \left\{ I_{m+1} + \frac{1}{2}\begin{pmatrix} -ww^{\mathrm{T}} & w \\ w^{\mathrm{T}} & -1 \end{pmatrix} : w \in \Re^m, \|w\| = 1, \left\langle u^*, \begin{pmatrix} -w \\ 1 \end{pmatrix} \right\rangle \geqslant 0 \right\}
$$

与

$$
\mathcal{B} = \left\{ \frac{1}{2}\begin{pmatrix} ww^{\mathrm{T}} & w \\ w^{\mathrm{T}} & 1 \end{pmatrix} : w \in \Re^m, \|w\| = 1, \left\langle u^*, \begin{pmatrix} w \\ 1 \end{pmatrix} \right\rangle \geqslant 0 \right\}.
$$

定理 8.3 设 $z \in \Re^{m+1}$ 具有谱分解 $z = \lambda_1(z)c_1(z) + \lambda_2(z)c_2(z)$. 取 $u^* \in \Re^{m+1}$. 有

(a) 如果 $\det(z) = 0$, $\lambda_2(z) \neq 0$, 即 $z \in \operatorname{bdry} Q_{m+1} \setminus \{0\}$, 则

$$D^*\Pi_{Q_{m+1}}(z)(u^*) = \begin{cases} \operatorname{con}\{u^*, A(z)u^*\}, & \langle u^*, c_1(z)\rangle \geqslant 0, \\ \{u^*, A(z)u^*\}, & \text{否则}. \end{cases}$$

(b) 如果 $\det(z) = 0$, $\lambda_1(z) \neq 0$, 即 $z \in \operatorname{bdry}(-Q_{m+1}) \setminus \{0\}$, 则

$$D^*\Pi_{Q_{m+1}}(z)(u^*) = \begin{cases} \operatorname{con}\{0, B(z)u^*\}, & \langle u^*, c_2(z)\rangle \geqslant 0, \\ \{0, B(z)u^*\}, & \text{否则}. \end{cases}$$

(c) 如果 $\det(z) = 0$, $\lambda_1(z) = \lambda_2(z) = 0$, 即 $z = 0$, 则

$$\begin{aligned} D^*\Pi_{Q_{m+1}}(0)(u^*) = {} & \partial_B \Pi_{Q_{m+1}}(0)u^* \cup [Q_{m+1} \cap (u^* - Q_{m+1})] \\ & \cup \bigcup_{A \in \mathcal{A}} \operatorname{con}\{u^*, Au^*\} \cup \bigcup_{B \in \mathcal{B}} \operatorname{con}\{0, Bu^*\}. \end{aligned}$$

8.5 二阶锥约束优化的最优性条件

8.5.1 SOP 问题

这一节考虑下述形式的最优化问题

$$\text{(SOP)} \qquad \begin{array}{ll} \min\limits_{x \in \Omega} & f(x) \\ \text{s.t.} & g^j(x) \in Q_{m_j+1}, j = 1, \cdots, J, \end{array} \tag{8.12}$$

其中 Ω 是欧氏空间 $\Re^n$ 的一非空闭凸子集, $f: \Re^n \to \Re$, $g^j: \Re^n \to \Re^{m_j+1}, j = 1, \cdots, J$, 是二阶连续可微映射. 令 Q 为 J 个二阶锥的卡氏积, 即 $Q = Q_{m_1+1} \times Q_{m_2+1} \times \cdots \times Q_{m_J+1}$. 相应地, 令 $g(x) = (g^1(x); g^2(x); \cdots; g^J(x))$, 则问题 (8.12) 的约束可表示为 $g(x) \in Q$. 我们称问题 (8.12) 为二阶锥规划 (SOP) 问题.

二阶锥 Q_{m+1} 的元素可以通过如下线性矩阵不等式进行刻画:

$$s = (s_0; \bar{s}) \in Q_{m+1} \quad \text{当且仅当} \quad \operatorname{Arw}(s) := \begin{pmatrix} s_0 & \bar{s}^{\mathrm{T}} \\ \bar{s} & s_0 I_m \end{pmatrix} \succeq 0,$$

由以上的等价关系知道, 问题 (8.12) 等价于如下形式的半定规划问题:

$$\text{(SDP)} \qquad \begin{array}{ll} \min\limits_{x \in \Omega} & f(x) \\ \text{s.t.} & G^j(x) = \operatorname{Arw}(g^j(x)) \succeq 0, j = 1, \cdots, J. \end{array} \tag{8.13}$$

值得一提的是, 虽然二阶锥问题可以转化为半定规划问题进行求解, 但是这样做会带来两方面的后果: 其一, 使得问题的规模变大, 从而在实际计算中带来困难; 其二, 变化后的问题可能会丧失原问题的一些好的结构, 例如, 若原问题是线性二阶锥问题, 则转化后的半定规划问题一般来说不再是线性的. 因此, 有必要从二阶锥问题本身的视角来研究它的理论与方法.

8.5.2 一阶必要性条件

二阶锥规划问题 (8.12) 的 Lagrange 函数具有下述形式:

$$L(x, y) = f(x) - y^{\mathrm{T}} g(x),$$

其中 $y = (y^1; y^2; \cdots; y^J)$, $y^j \in \Re^{m_j+1}$, $j = 1, 2, \cdots, J$.

因此, 问题 (8.12) 的 (Lagrange) 对偶问题为

$$\text{(DSOP)} \quad \max_{y \in Q} \left\{ \min_{x \in \Omega} L(x, y) \right\}. \tag{8.14}$$

若二阶锥规划问题 (8.12) 及其对偶问题 (8.14) 有有限最优值且相等, 由鞍点定理得知, 原始对偶问题的解对 (x, y) 可以由下述系统进行刻画:

$$\begin{cases} L(x, y) = \min\limits_{x' \in \Omega} L(x', y); \\ y^j \in Q_{m_j+1}; \quad g^j(x) \in Q_{m_j+1}; \\ y^j \circ g^j(x) = 0, \quad j = 1, 2, \cdots, J. \end{cases} \tag{8.15}$$

于是, 由 Lagrange 对偶理论, 我们有下述命题成立.

命题 8.4 令 val(P) 与 val(D) 分别表示原始问题 (8.12) 与对偶问题 (8.14) 的最优值. 则 val(D) $\leqslant$ val(P). 进一步, val(P) = val(D), 且 x 与 y 分别是 (P) 与 (D) 的最优解的充分必要条件是 (8.15) 成立.

称 (x^*, y^*) 是二阶锥规划问题 (8.12) 的 KKT 点, 若 (x^*, y^*) 满足下列 KKT 条件:

$$\nabla_x L(x^*, y^*) = \nabla f(x) - \nabla g(x^*) y^* = 0, \tag{8.16a}$$

$$g(x^*) \in Q,\ y^* \in Q,\ g(x^*) \circ y^* = 0. \tag{8.16b}$$

如果 (x^*, y^*) 满足上述 KKT 条件, 则称 x^* 是问题 (8.12) 的一个稳定点, 用 $\Lambda(x^*)$ 记满足 KKT 条件的 Lagrange 乘子 y^* 的集合.

定理 8.4 假设 x^* 是二阶锥规划问题 (8.12) 的一个局部极小点, 且满足 Robinson 约束规范:

$$0 \in \operatorname{int}\{g(x^*) + \mathcal{J} g(x^*) \Re^n - Q\}. \tag{8.17}$$

则在 x^* 处的 Lagrange 乘子集合 $\Lambda(x^*)$ 是非空紧致凸集合.

假设 x^* 是二阶锥规划问题 (8.12) 的稳定点. 称 x^* 是非退化的, 若在 x^* 处, 下述的约束非退化条件成立:

$$\mathcal{J}g(x^*)\Re^n + \text{lin}\, T_Q(g(x^*)) = \Re^m.$$

对于二阶锥规划的一般形式 (8.12), 可以得到在最优解 x^* 处非退化的条件. 令

$$\begin{aligned}
I_g^* &:= \{1 \leqslant j \leqslant J |\ g^j(x^*) \in \text{int}\, Q_{m_j+1}\},\\
Z_g^* &:= \{1 \leqslant j \leqslant J |\ g^j(x^*) = 0\},\\
B_g^* &:= \{1 \leqslant j \leqslant J |\ g^j(x^*) \in \text{bdry}\, Q_{m_j+1} \setminus \{0\}\}.
\end{aligned}$$

定理 8.5 假设 x^* 是二阶锥规划问题 (8.12) 的稳定点, 则 x^* 是非退化的当且仅当由矩阵 $\mathcal{J}g^j(x^*), j \in Z_g^*$ 的行向量及所有的 $g^j(x^*)^{\mathrm{T}} R_{m_j} \mathcal{J}g^j(x^*), j \in B_g^*$ 构成的行向量组线性无关, 其中 $R_{m_j} := \begin{pmatrix} 1 & 0^{\mathrm{T}} \\ 0 & -I_{m_j} \end{pmatrix}$.

证明 不妨设

$$I_g^* = \{1, \cdots, r\}, \quad Z_g^* = \{r+1, \cdots, s\}, \quad B_g^* = \{s+1, \cdots, J\}.$$

由二阶锥的切锥公式, 约束非退化性条件

$$\mathcal{J}g(x^*)\Re^n + \text{lin}\, T_Q(g(x^*)) = \Re^m$$

等价于

$$\begin{aligned}
&\mathcal{J}g(x^*)\Re^n + \text{lin}\, \Re^{m_1+1} \times \cdots \times \Re^{m_r+1} \times Q_{m_{r+1}+1} \times \cdots \\
&\times Q_{m_s+1} \times T_{s+1}^* \times \cdots \times T_J^* = \Re^m,
\end{aligned} \tag{8.18}$$

其中 $T_i^* = T_{Q_{m_i+1}}(g^i(x^*)), i \in B_g^*$. 由于 $\text{lin}\, Q_{m_i+1} = \{0\}, i \in Z_g^*$, 根据 $T_{Q_{m_i+1}}(g^i(x^*))$ 的表达式, $\text{lin}\, T_i^* = \ker[g^i(x^*)^{\mathrm{T}} R_{m_i}], i \in B_g^*$, (8.18) 等价于

$$\mathcal{J}g_*(x^*)\Re^n + \prod_{i \in Z_g^*} \{0\} \times \prod_{i \in B_g^*} \ker[g^i(x^*)^{\mathrm{T}} R_{m_i}] = \Re^{m_*}, \tag{8.19}$$

其中 $g_* = (g_{r+1}; \cdots; g_J)$, $m^* = J - r$. 将 (8.19) 两边取极运算得到等价形式

$$\ker \mathcal{J}g_*(x^*)^{\mathrm{T}} \cap \prod_{i \in Z_g^*} \Re^{m_i+1} \times \prod_{i \in B_g^*} \text{rge}[R_{m_i}^{\mathrm{T}} g^i(x^*)] = \{0\}. \tag{8.20}$$

则对任何 $\xi = (\xi_{r+1}; \cdots; \xi_s)$, $\eta = (\eta_{s+1}; \cdots; \eta_J)$, $\xi_i \in \Re^{m_i+1}$, $i \in Z_g^*$, $\eta_j \in \Re^{m_j+1}$, $j \in B_g^*$, 如果

$$\mathcal{J}g_{Z_g^*}(x^*)\xi + \sum_{j=s+1}^{J} \mathcal{J}g^j(x^*) R_{m_j}^{\mathrm{T}} g^j(x^*) \eta_j = 0,$$

则必有 $\xi=0,\eta=0$. 这表明在 x^* 处的约束非退化条件等价于由矩阵 $\mathcal{J}g^j(x^*)$, $j\in Z_g^*$ 的行向量及所有的 $g^j(x^*)^{\mathrm{T}}R_{m_j}\mathcal{J}g^j(x^*),j\in B_g^*$ 构成的行向量组的线性无关性. ■

非退化条件与 Lagrange 乘子的唯一性有如下关系.

命题 8.5 假设 x^* 是二阶锥规划问题 (8.12) 的一个稳定点, 若 x^* 是非退化的, 则存在唯一的 Lagrange 乘子 y^*. 反之, 如果 (x^*,y^*) 满足严格互补条件, 即 $g(x^*)+y^*\in\operatorname{int}Q$, 且 y^* 是唯一的对应于 x^* 的 Lagrange 乘子, 则 x^* 是非退化的.

8.5.3 二阶最优性条件

假设 x^* 是问题 (8.12) 的一个稳定点, 问题 (8.12) 在 x^* 处的临界锥由如下定义:

$$C(x^*)=\{h\in\Re^n|\mathcal{J}g(x^*)h\in T_Q(g(x^*)),\langle\nabla f(x^*),h\rangle=0\}.\tag{8.21}$$

若 $\Lambda(x^*)$ 非空, $y^*\in\Lambda(x^*)$, 则 (8.21) 等价于:

$$C(x^*)=\{h\in\Re^n|\mathcal{J}g(x^*)h\in\big(T_Q(g(x^*))\cap(y^*)^{\perp}\big)\}.\tag{8.22}$$

根据二阶锥 Q_{m+1} 在 $s\in Q_{m+1}$ 处的切锥的表达式, 不难得到关于 $C(x^*)$ 的下述结果.

命题 8.6 假设 x^* 是问题 (8.12) 的一个稳定点, $y\in\Lambda(x^*)$. 给定 $h\in\Re^n$, 记 $d^j(h)=\mathcal{J}g^j(x^*)h,s^j=g^j(x^*)$, 则临界锥由如下给出:

$$C(x^*)=\left\{d\in\Re^n\left|\begin{array}{ll}d^j(h)\in T_{Q_{m_j+1}}(s^j), & y^j=0,\\ d^j(h)=0, & y^j\in\operatorname{int}Q_{m_j+1},\\ d^j(h)\in\Re_+(y_0^j;-\bar{y}^j), & y^j\in\operatorname{bdry}Q_{m_j+1}\setminus\{0\},s^j=0,\\ \langle d^j(h),y^j\rangle=0, & y^j,s^j\in\operatorname{bdry}Q_{m_j+1}\setminus\{0\}\end{array}\right.\right\}.\tag{8.23}$$

证明 既然 $Q=\prod_{j=1}^J Q_{m_j+1}$, 由 (8.22) 知 $C(x^*)$ 具有下述形式:

$$C(x^*)=\{h\in\Re^n|d^j(h)\in T_{Q_{m_j+1}}(s^j),\langle d^j(h),y^j\rangle=0,j=1,\cdots,J\}.\tag{8.24}$$

二阶锥 Q_{m+1} 在 $s\in Q_{m+1}$ 处的切锥为

$$T_{Q_{m+1}}(s)=\begin{cases}\Re^{m+1}, & s\in\operatorname{int}Q_{m+1},\\ Q_{m+1}, & s=0,\\ \{h\in\Re^{m+1}:\bar{h}^{\mathrm{T}}\bar{s}-h_0s_0\leqslant 0\}, & s\in\operatorname{bdry}Q_{m+1}\setminus\{0\}.\end{cases}$$

(1) 若 $y^j=0$, 结论显然成立;

(2) 若 $y^j \in \operatorname{int} Q_{m_j+1}$, 则由 KKT 条件得到 $s^j = 0$, 因此有 $T_{Q_{m_j+1}}(s^j) = Q_{m_j+1}$, 由 (8.24) 可得到 $d^j(h) = 0$;

(3) 若$y^j \in \operatorname{bdry} Q_{m_j+1} \setminus \{0\}, s^j = 0$, 则有 $T_{Q_{m_j+1}}(s^j) = Q_{m_j+1}$, 通过计算可得, $d^j(h) \in Q_{m_j+1} \cap (y^j)^\perp$ 当且仅当 $d_0^j(h) = \|\bar{d}^j(h)\|$ 且 $\bar{d}^j(h) \in \Re_- \bar{y}^j$, 因此结论成立;

(4) 若 $y^j, s^j \in \operatorname{bdry} Q_{m_j+1} \setminus \{0\}$, 则 $T_{Q_{m_j+1}}(s^j) = \{h \in \Re^{m+1} : \bar{h}^{\mathrm{T}}\bar{s} - h_0 s_0 \leqslant 0\}$, 由 (8.22) 可得结论成立. ■

定义 $\mathcal{H}(x^*, y) = \sum_{j=1}^J \mathcal{H}^j(x^*, y^j)$, 其中 $\mathcal{H}^j(x^*, y^j), j = 1, \cdots, J$ 由如下公式定义:

$$\mathcal{H}^j(x^*, y^j) = \begin{cases} -\dfrac{y_0^j}{s_0^j} \nabla g^j(x^*) \begin{pmatrix} 1 & 0^{\mathrm{T}} \\ 0 & -I_{m_j} \end{pmatrix} \mathcal{J} g^j(x^*), & s^j \in \operatorname{bdry} Q_{m_j+1} \setminus \{0\}, \\ 0, & \text{否则}, \end{cases} \tag{8.25}$$

在上述式子中, $s^j = g^j(x^*)$.

定理 8.6 假设 x^* 是二阶锥规划问题 (8.12) 的一个稳定点, 且满足 Robinson 约束规范:

$$0 \in \operatorname{int}\{g(x^*) + \mathcal{J} g(x^*) \Re^n - Q\}. \tag{8.26}$$

则在 x^* 处二阶增长条件成立当且仅当下述二阶条件成立

$$\sup_{y \in \Lambda(x^*)} \left\{h^{\mathrm{T}} \nabla_{xx}^2 L(x^*, y) h + h^{\mathrm{T}} \mathcal{H}(x^*, y) h\right\} > 0, \quad \forall h \in C(x^*) \setminus \{0\}, \tag{8.27}$$

其中临界锥 $C(x^*)$ 由式 (8.23) 所给出.

证明 若定理条件成立, 由于集合 Q 在 $g(x^*)$ 处沿 $\mathcal{J} g(x^*) h$ 是二阶正则的, 在 x^* 处二阶增长条件成立当且仅当下述条件成立:

$$\sup_{y \in \Lambda(x^*)} \left\{h^{\mathrm{T}} \nabla_{xx}^2 L(x^*, y) h - \sigma(-y; \mathcal{T}^2)\right\} > 0, \quad \forall h \in C(x^*) \setminus \{0\}, \tag{8.28}$$

其中, $\mathcal{T}^2 := T_Q^2(g(x^*), \mathcal{J} g(x^*) h)$ 表示在 $g(x^*)$ 处沿着方向 $\mathcal{J} g(x^*) h$ 的二阶切集, $\sigma(\cdot; \mathcal{T}^2)$ 表示集合 $\mathcal{T}^2$ 的支撑函数.

因此, 我们只需要证明 (8.27) 就是 (8.28) 的具体形式即可. 回顾, 在 $s^j = g^j(x^*)$ 处沿着方向 $d^j(h) = \mathcal{J} g^j(x^*) h$ 的二阶切集:

$$\begin{aligned} \mathcal{T}_j^2 &= T_{Q_{m_j+1}}^2(s^j, d^j(h)) \\ &= \begin{cases} \Re^{m_j+1}, & d^j(h) \in \operatorname{int} T_{Q_{m_j+1}}(s^j), \\ T_{Q_{m_j+1}}(d^j(h)), & s^j = 0, \\ \{w \in \Re^{m_j+1} : \bar{w}^{\mathrm{T}} \bar{s^j} - w_0 s_0^j \leqslant d_0^j(h)^2 - \|\bar{d}^j(h)\|^2\}, & \text{否则}. \end{cases} \end{aligned} \tag{8.29}$$

由于 $Q=\prod_{j=1}^{J} Q_{m_j+1}$, 所以 $\sigma(-y;\mathcal{T}^2)=\sum_{j=1}^{J}\sigma(-y^j;\mathcal{T}_j^2)$. 下面计算 $\sigma(-y^j;\mathcal{T}_j^2)$.

由 $h\in C(x^*)$ 得知 $d^j(h)\in T_{Q_{m_j+1}}(s^j)$, 又因为 $-y^j\in N_{Q_{m_j+1}}(s^j)$ 且 $s^j\in Q_{m_j+1}$, 根据二阶切集的定义, 得到 $\sigma(-y^j;\mathcal{T}_j^2)\leqslant 0$. 因此, 若 $0\in\mathcal{T}_j^2$, 则有 $\sigma(-y^j;\mathcal{T}_j^2)=0$. 由 (8.29) 可知, 当 $d^j(h)\in \operatorname{int} T_{Q_{m_j+1}}(s^j)$, 或者 $s^j=0$, 或者 $d^j(h)=0$ 时, 都有 $0\in\mathcal{T}_j^2$.

下面考虑 $s^j\in \operatorname{bdry} Q_{m_j+1}\setminus\{0\}$ 且 $d^j(h)\in \operatorname{bdry} T_{Q_{m_j+1}}(s^j)$ 时的情形. 记 $\alpha:=\{j|s^j\in \operatorname{bdry} Q_{m_j+1}\setminus\{0\}, d^j(h)\in \operatorname{bdry} T_{Q_{m_j+1}}(s^j)\}$. 对于 $j\in\alpha$, 由 (8.29), 我们得到

$$\sigma(-y^j;\mathcal{T}_j^2)=\sup_{w\in\Re^{m_j+1}}\{-(w_0y_0^j+\bar{w}^{\mathrm{T}}\bar{y}^j)|\bar{w}^{\mathrm{T}}\bar{s}^j-w_0s_0^j\leqslant d_0^j(h)^2-\|\bar{d}^j(h)\|^2\}. \tag{8.30}$$

由 KKT 条件的 $y^j\circ s^j=0$ 得到 $\bar{y}^j=-(y_0^j/s_0^j)\bar{s}^j$, 于是有 $-(w_0y_0^j+\bar{w}^{\mathrm{T}}\bar{y}^j)=(y_0^j/s_0^j)(\bar{w}^{\mathrm{T}}\bar{s}^j-w_0s_0^j)$, 由此得到, 当 $j\in\alpha$ 时,

$$\sigma(-y^j;\mathcal{T}_j^2)=\frac{y_0^j}{s_0^j}(d_0^j(h)^2-\|\bar{d}^j(h)\|^2).$$

从而有

$$\sigma(-y;\mathcal{T}^2)=\sum_{j\in\alpha}\frac{y_0^j}{s_0^j}(d_0^j(h)^2-\|\bar{d}^j(h)\|^2).$$

命题得证. ■

8.6 二阶锥约束优化的稳定性分析

8.6.1 强二阶充分条件

考虑更一般的二阶锥约束优化问题

$$(\text{SOCP})\qquad \begin{cases}\min & f(x)\\ \text{s.t.} & h(x)=0,\\ & g(x)\in Q,\end{cases} \tag{8.31}$$

其中 $f:\Re^n\to\Re, h:\Re^n\to\Re^l$ 与 $g:\Re^n\to\Re^N$ 是二次连续可微函数, Q 是 J 个二阶锥的卡氏积, $Q=Q_{m_1+1}\times\cdots\times Q_{m_J+1}\subset\Re^N, N=\sum_{j=1}^{J}(m_j+1), Q_{m_j+1}:=\{s=(s_0;\bar{s})\in\Re\times\Re^{m_j}: s_0\geqslant\|\bar{s}\|\}$ 是空间 $\Re^{m_j+1}$ 中的二阶锥. 与问题 (8.12) 相比较, 问题 (8.31) 含有等式约束. 记 $g(x)=(g^1(x),\cdots,g^J(x))^{\mathrm{T}}$ 与 $g^j=(g_0^j;\bar{g}^j):\Re^n\to\Re^{m_j+1}$, $j\in\{1,\cdots,J\}$. 有下述等价关系:

$$g(x)\in Q\Longleftrightarrow g^j(x)\in Q_{m_j+1}, \forall j\in\{1,\cdots,J\}\Longleftrightarrow g_0^j(x)\geqslant\|\bar{g}^j(x)\|, \forall j\in\{1,\cdots,J\}.$$

问题 (8.31) 的 Lagrange 函数为 $L(x,\lambda,\mu)=f(x)+\langle\lambda,h(x)\rangle-\langle\mu,g(x)\rangle$, 其中 $(\lambda,\mu)=(\lambda,\mu_1,\cdots,\mu_J)\in\Re^l\times\Re^{m_1+1}\times\cdots\times\Re^{m_J+1}=\Re^l\times\Re^N$. 如果 x^* 是问题 (8.31) 的局部最优解, f,g,h 在 x^* 处满足 Robinson 约束规范

$$0\in\operatorname{int}\left\{\begin{pmatrix}h(x)\\ g(x)\end{pmatrix}+\begin{pmatrix}\mathcal{J}h(x)\\ \mathcal{J}g(x)\end{pmatrix}\Re^n-\begin{pmatrix}\{0\}\\ Q\end{pmatrix}\right\},$$

则存在 $(\lambda,\mu)\in\Re^l\times\Re^N$, 满足下述的 Karush-Kuhn-Tucker 条件

$$\begin{gathered}\nabla_x L(x^*,\lambda,\mu)=\nabla f(x^*)+\mathcal{J}h(x^*)^{\mathrm{T}}\lambda-\mathcal{J}g(x^*)^{\mathrm{T}}\mu=0,\\ h(x^*)=0,\quad -\mu\in N_Q(g(x^*)),\end{gathered}\tag{8.32}$$

且问题 (8.31) 的 Lagrange 乘子集合, 记为 $\Lambda(x^*)$, 是非空闭有界的凸集合, 这里 (8.32) 中的第三式即

$$Q_{m_j+1}\ni\mu_j\perp g^j(x^*)\in Q_{m_j+1},\quad j=1,\cdots,J.\tag{8.33}$$

下面的引理刻画了 x^* 与对应乘子 μ^* 的关系, 其证明由命题 8.1 容易得到.

引理 8.3 设 (x^*,λ^*,μ^*) 是问题 (8.31) 的 KKT 点. 则对所有的 $j=1,\cdots,J$, 或者 $g^j(x^*)=0$, 或者 $\mu_j^*=0$, 或者存在 $\xi_j>0$ 满足 $\mu_j^*=\xi_j(g_0^j(x^*);-\bar{g}^j(x^*))$.

问题 (8.31) 在点 x^* 处的约束非退化条件为

$$\begin{pmatrix}\mathcal{J}g(x^*)\\ \mathcal{J}h(x^*)\end{pmatrix}\Re^n+\begin{pmatrix}\operatorname{lin}(T_Q(g(x^*)))\\ \{0\}\end{pmatrix}=\begin{pmatrix}\Re^N\\ \Re^l\end{pmatrix}.\tag{8.34}$$

在此条件下, 如果 x^* 是局部最优解, 则 $\Lambda(x^*)$ 是单点集合. 类似于定理 8.5, 问题 (8.31) 的约束非退化条件可由下述引理刻画.

引理 8.4 设 x^* 是问题 (8.31) 的局部最优解, 则在 x^* 处非退化条件成立的充分必要条件是由

$$\mathcal{A}(d)=\begin{pmatrix}\mathcal{J}h(x^*)d\\ \mathcal{J}g^{Z^*}(x^*)d\\ g^{B^*}(x^*)^{\mathrm{T}}R_{m_j}\mathcal{J}g^{B^*}(x^*)d\end{pmatrix}\tag{8.35}$$

定义的映射 $\mathcal{A}:\Re^n\to\Re^l\times\Re^{|Z|}\times\Re^{|B|}$ 是满射, 其中

$$\begin{aligned}I^*=I_g^*&:=\{j\in\{1,\cdots,J\}:g^j(x^*)\in\operatorname{int}Q_{m_{j+1}}\},\\ Z^*=Z_g^*&:=\{j\in\{1,\cdots,J\}:g^j(x^*)=0\},\\ B^*=B_g^*&:=\{j\in\{1,\cdots,J\}:g^j(x^*)\in\operatorname{bdry}Q_{m_j+1}\setminus\{0\}\}\end{aligned}\tag{8.36}$$

是 $\{1,\cdots,J\}$ 的三个子集合, $g^{Z^*}(\cdot)$ 记由 $g^j(\cdot)$, $j\in Z^*$ 构成的映射, $g^{B^*}(\cdot)$ 记由 $g^j(\cdot)$, $j\in B^*$ 构成的映射, $R_{m_j}=\begin{pmatrix}1 & 0^{\mathrm{T}}\\ 0 & -I_{m_j}\end{pmatrix}\in\Re^{(m_j+1)\times(m_j+1)}$.

记 $|Z|=\sum_{j\in Z^*}(m_j+1)$, $|B|=\sum_{j\in B^*}(m_j+1)$. 令

$$S:=\{j\mid g^j(x^*)+\mu_j^*\in\operatorname{int}Q_{m_j+1},\ j=1,\cdots,J\},\quad N:=\{1,\cdots,J\}\setminus S.$$

定义指标集合

$$\begin{aligned}&S_1:=\{j\in S:g^j(x^*)=0\},\\&S_2:=\{j\in S:g^j(x^*)\in\operatorname{bdry}Q_{m_j+1}\setminus\{0\},\ \mu_j^*\in\operatorname{bdry}Q_{m_j+1}\setminus\{0\}\},\\&S_3:=\{j\in S:g^j(x^*)\in\operatorname{int}Q_{m_j+1}\}\end{aligned}\tag{8.37}$$

与

$$\begin{aligned}&N_1:=\{j:g^j(x^*)=\mu_j^*=0\},\\&N_2:=\{j:g^j(x^*)=0,\ \mu_j^*\in\operatorname{bdry}Q_{m_j+1}\setminus\{0\}\},\\&N_3:=\{j:g^j(x^*)\in\operatorname{bdry}Q_{m_j+1}\setminus\{0\},\ \mu_j^*=0\}.\end{aligned}\tag{8.38}$$

显然 $\{S_1,S_2,S_3\}$ 是 S 的一个分划, $\{N_1,N_2,N_3\}$ 是 N 的一个分划.

设 x^* 是问题 (8.31) 的可行解, $\Lambda(x^*)$ 非空, 则临界锥的仿射包 $\operatorname{aff}(C(x^*))$ 为

$$\operatorname{aff}(C(x^*))=\left\{d\in\Re^n\left|\begin{array}{l}\mathcal{J}g^j(x^*)d=0,j\in S_1;\quad\langle\mu_j^*,\mathcal{J}g^j(x^*)d\rangle=0,j\in S_2;\\ \mathcal{J}g^j(x^*)d\in\Re((\mu_j^*)_0;-\overline{\mu_j^*}),j\in N_2;\quad\mathcal{J}h(x^*)d=0\end{array}\right.\right\}.\tag{8.39}$$

定义 8.1 设 x^* 是问题 (8.31) 的可行解, 满足 $\Lambda(x^*)=\{(\lambda^*,\mu^*)\}$ 是单点集合. 称强二阶充分条件 (简记为 SSOSC) 在 x^* 处成立, 如果

$$\langle d,\nabla_{xx}^2L(x^*,\lambda^*,\mu^*)d\rangle+\langle d,\mathcal{H}(x^*,\mu^*)d\rangle\}>0,\quad\forall d\in\operatorname{aff}(C(x^*))\setminus\{0\},\tag{8.40}$$

其中 $\{(\lambda^*,\mu^*)\}=\Lambda(x^*)\subset\Re^l\times\Re^N$, $\mathcal{H}(x^*,\mu):=\sum_{j=1}^J\mathcal{H}^j(x^*,\mu)$,

$$\mathcal{H}^j(x^*,\mu):=\begin{cases}-\dfrac{(\mu_j)_0}{g_0^j(x^*)}\mathcal{J}g^j(x^*)^{\mathrm{T}}\begin{pmatrix}1 & 0^{\mathrm{T}}\\ 0 & -I_{m_j}\end{pmatrix}\mathcal{J}g^j(x^*), & j\in B^*,\\ 0, & \text{否则}.\end{cases}\tag{8.41}$$

8.6.2 稳定性的等价条件

设 x^* 是问题 (8.31) 的稳定点. 则 (x^*,λ^*,μ^*) 满足 KKT 条件 (8.32) 的充分

必要条件是 $F(x^*,\lambda^*,\ \mu^*)=0$, 其中

$$F(x,\ \lambda,\ \mu):=\begin{pmatrix}\nabla f(x^*)+\mathcal{J}h(x)^*\lambda-\mathcal{J}g(x)^*\mu\\ h(x)\\ g(x)-\Pi_Q(g(x^*)-\mu)\end{pmatrix}. \tag{8.42}$$

现在研究 KKT 条件 (8.32) 的强正则解与问题 (8.31) 的强稳定解的性质. 设 (x^*,λ^*,μ^*) 是问题 (8.31) 的 KKT 点, 有 $F(x^*,\lambda^*,\mu^*)=0$, 其中 F 由 (9.80) 定义, 这一方程等价于 (x^*,λ^*,μ^*) 是下述系统的解

$$0\in\begin{pmatrix}\nabla_x L(x,\lambda,\mu)\\ h(x)\\ g(x)\end{pmatrix}+\begin{pmatrix}N_{\Re^n}(x)\\ N_{\Re^l}(\lambda)\\ N_Q(\mu)\end{pmatrix}. \tag{8.43}$$

方程 (8.43) 可以表示为下述广义方程的形式

$$0\in\phi(z)+N_D(z), \tag{8.44}$$

其中 ϕ 是由有限维的向量空间 $Z=\Re^n\times\Re^l\times\Re^N$ 到它自身的连续可微映射,

$$\phi(z)=\begin{pmatrix}\nabla_x L(x,\lambda,\mu)\\ h(x)\\ g(x)\end{pmatrix},\quad z=(x,\lambda,\mu),$$

集合 $D=\Re^n\times\Re^l\times Q$ 是 Z 的一闭凸锥. 具体到广义方程 (8.44), Robinson[65] 引入广义方程的解的强正则性的概念可表述如下:

定义 8.2　称 $z^*=(x^*,\lambda^*,\mu^*)$ 为 KKT 条件系统的强正则解, 如果存在 (x^*,λ^*,μ^*) 的一个邻域 V 与 $(0_n\times 0_l\times 0_N)$ 的一个邻域 $B\in\Re^n\times\Re^l\times\Re^N$, 满足对每一 $\delta:=(\delta_1,\delta_2,\delta_3)\in B$, 下述线性化系统

$$\delta\in\phi(z^*)+\mathcal{J}\phi(z^*)(z-z^*)+N_D(z) \tag{8.45}$$

具有唯一解 $z_V(\delta)=(x_V(\delta_1),\lambda_V(\delta_2),\mu_V(\delta_3))\in V$, 且这一解是 Lipschitz 连续的.

为了讨论解的强正则性, 需要引入一致二次增长条件. 设

$$\left\{\begin{array}{ll}\min\limits_x & f(x,u)\\ \text{s.t.} & h(x,u)=0,\\ & g(x,u)\in Q\end{array}\right. \tag{8.46}$$

是问题 (8.31) 的扰动问题, 其中 $\mathcal{U}$ 是一有限维空间, $u\in\mathcal{U}$, $f(\cdot,\cdot):\Re^n\times\mathcal{U}\to\Re$, $h(\cdot,\cdot):\Re^n\times\mathcal{U}\to\Re^l$, $g(\cdot,\cdot):\Re^n\times\mathcal{U}\to\Re^N$ 是二次连续可微的, 满足 $f(\cdot,0)=$

$f(\cdot), h(\cdot,0)=h(\cdot), g(\cdot,0)=g(\cdot)$. 下述一致二阶增长条件的概念是定义 3.16 具体化到二阶锥约束优化问题的具体形式.

定义 8.3 设 x^* 是问题 (8.31) 的稳定点. 称关于 $\mathcal{C}^2$-参数化 $(f(x,u),h(x,u),g(x,u))$ 的一致二阶增长条件在 x^* 处成立, 如果存在 $\alpha>0$ 和 x^* 的邻域 V 与 0 的邻域 $U\subset\mathcal{U}$ 满足, 对任何 $u\in U$ 与问题 (8.46) 的稳定点 $x(u)\in V$, 下述不等式成立:

$$f(x,u)\geqslant f(x(u),u)+\alpha\|x-x(u)\|^2,\quad \forall x\in V,\ \text{满足}\ h(x,u)=0,\ g(x,u)\in Q. \tag{8.47}$$

如果条件 (8.47) 对任何 $\mathcal{C}^2$-参数化均成立, 则称一致二阶增长条件在 x^* 处成立.

下述强稳定点的概念是定义 3.15 在二阶锥约束优化问题的具体形式.

定义 8.4 设 x^* 是问题 (8.31) 的稳定点. 如果对任何 $\mathcal{C}^2$-参数化 $(f(x,u),h(x,u),g(x,u))$, 存在 x^* 的邻域 V 与 0 的邻域 $U\subset\mathcal{U}$, 满足对任何 $u\in\mathcal{U}$, 相应的扰动问题 (8.46) 有唯一的稳定点 $x(u)\in V$, 且 $x(\cdot)$ 在 $\mathcal{U}$ 上是连续的, 我们称 x^* 是强稳定的.

对于 (SOCP) 的 KKT 点 (x^*,λ^*,μ^*), $F(x^*,\lambda^*,\mu^*)=0$, 其中 F 由 (9.80) 定义. 则 F 在 (x^*,λ^*,μ^*) 处是方向可微的, 函数 F 在 (x^*,λ^*,μ^*) 处沿 $\delta:=(\delta_1,\delta_2,\delta_3)\in\Re^n\times\Re^l\times\Re^N$ 的方向导数为

$$F'(x^*,\lambda^*,\mu^*;\delta)=\begin{pmatrix}\nabla^2_{xx}L(x^*,\lambda^*,\mu^*)\delta_1+\mathcal{J}h(x^*)^*\delta_2-\mathcal{J}g(x^*)^*\delta_3\\ -\mathcal{J}h(x^*)\delta_1\\ -\mathcal{J}g(x^*)\delta_1+\Pi'_Q(g(x^*)-\mu^*,\mathcal{J}g(x^*)\delta_1-\delta_3)\end{pmatrix}=:\Psi(\delta). \tag{8.48}$$

由于 $\Psi(\cdot)$ 是 Lipschitz 连续的, $\partial_B\Psi(0)$ 是有定义的.

命题 8.7 设 $u^*=g(x^*)-\mu^*$ 与 $\Psi(\delta)$ 由 (8.48) 定义, 则

$$\partial_B\Psi(0)=\partial_B F(x^*,\lambda^*,\mu^*).$$

证明 定义 $\Theta:\Re^n\times\Re^l\times\Re^N\to\Re^N$:

$$\Theta(\delta):=\Pi'_Q(g(x^*)-\mu^*,\mathcal{J}g(x^*)\delta_1+\delta_3)=\Pi'_Q(u^*,\Upsilon(\delta)),$$

其中 $\delta:=(\delta_1,\delta_2,\delta_3)\in\Re^n\times\Re^l\times\Re^N$, $\Upsilon(\delta):=\mathcal{J}g(x^*)\delta_1+\delta_3$.

记 $\Gamma(\cdot):=\Pi'_Q(u,\cdot)$, 由 [57, Lemma 14] 有 $\partial_B\Gamma(0)=\partial_B\Pi_Q(u)$. 根据引理 1.9, 有

$$\partial_B\Theta(0)=\partial_B\Pi_Q(u)\mathcal{J}_\delta\Upsilon(0),$$

再结合 (8.48) 与引理 1.9, 即得结论. ■

现在来叙述并证明主要的稳定性定理.

定理 8.7 设 x^* 是非线性二阶锥约束优化问题 (8.31) 的局部最优解, Robinson 约束规范在 x^* 处成立, $(\lambda^*, \mu^*) \in \Re^l \times \Re^N$ 是对应 x^* 的 Lagrange 乘子. 则下述条件彼此是等价的.

(a) 点 x^* 是非退化的且 SSOSC(8.40) 在点 x^* 处成立;

(b) 广义微分 $\partial F(x^*, \lambda^*, \mu^*)$ 的每一元素都是非奇异的;

(c) KKT 点 (x^*, λ^*, μ^*) 是广义方程 (8.43) 的强正则解;

(d) 点 x^* 是非退化的, 且一致二阶增长条件在 x^* 处成立;

(e) 点 x^* 是非退化的强稳定点;

(f) 函数 F 在 KKT 点 (x^*, λ^*, μ^*) 附近是一局部 Lipschitz 同胚;

(g) 广义微分 $\partial\Psi(0)$ 中的每一元素均是非奇异的.

证明 显然, 根据 [98, 定理 7.7] 与 [98, 推论 7.1] 有 (a) $\Longrightarrow$ (b). 关系 (c) $\Longleftrightarrow$ (d) $\Longleftrightarrow$ (e) 由定理 6.6、定理 6.8 得到, (a) $\Longleftrightarrow$ (c) 由 [8, Theorem 30] 得到. 由命题 8.7 可以推出 (g) $\Longleftrightarrow$ (b). 根据 [13] 与 [14] 的 Clarke 反函数定理, 可得 (b) $\Longrightarrow$ (f). 根据 [61, Lemma 3.1] 或者 [40, Theorem 3.1], 以及 [11, Lemma 3.4], 我们得到 (f) $\Longleftrightarrow$ (c). ■

8.6.3 Jacobian 唯一性条件

本节考虑下述形式的非线性二阶锥规划问题

$$
\text{(NLSOCP)} \qquad \begin{cases} \min & f(x) \\ \text{s.t.} & h(x) = 0_l, \\ & g(x) \leqslant 0_p, \\ & q(x) \in Q, \end{cases} \tag{8.49}
$$

其中 $f: \Re^n \to \Re$, $h: \Re^n \to \Re^l$ 和 $g: \Re^n \to \Re^p$ 是二次连续可微函数. Q 为 J 个二阶锥的卡氏积, 即 $Q = Q_{m_1+1} \times Q_{m_2+1} \times \cdots \times Q_{m_J+1}$. 相应地, $q(x) = (q^1(x); q^2(x); \cdots; q^J(x))$, 其中 $q^j: \Re^n \to \Re^{m_j+1}, j = 1, \cdots, J$ 是二次连续可微函数.

二阶锥规划问题 (8.49) 的 Lagrange 函数具有下述形式:

$$
L(x, \mu, \xi, \lambda) = f(x) + \mu^{\mathrm{T}} h(x) + \xi^{\mathrm{T}} g(x) - \lambda^{\mathrm{T}} q(x),
$$

其中 $\lambda = (\lambda^1; \lambda^2; \cdots; \lambda^J)$, $\lambda^j := (\lambda_0^j, \bar{\lambda}^j) \in \Re^{m_j+1}$, $j = 1, 2, \cdots, J$. 相应地, 记 $q_0^j(x) := (q_0^j(x), \bar{q}^j(\bar{x}))$, $j = 1, \cdots, J$.

定义 8.5 (Jacobian 唯一性条件) 设 $\bar{x}$ 是问题 (NLSOCP) 的最优解, f, h, g, q 在 $\bar{x}$ 附近二次连续可微. 称 $\bar{x}$ 处 Jacobian 唯一性条件成立若如下条件成立:

(i) $\Lambda(\bar{x}) \neq \varnothing$;

(ii) 约束非退化条件在 $\bar{x}$ 处成立;

(iii) 严格互补条件成立, 即当 $g_i(\bar{x})=0$ 时, $\xi_i>0$; $q^j(\bar{x})+\lambda^j\in \operatorname{int} Q_{m_j+1}$, $j=1,\cdots,J$;

(iv) 二阶充分性条件在 $(\bar{x},\mu,\xi,\lambda)$ 处成立, 即 $\forall d\in C(\bar{x})\setminus\{0\}$,

$$d^{\mathrm{T}}\nabla^2_{xx}L(\bar{x},\mu,\xi,\lambda)d+d^{\mathrm{T}}\mathcal{H}(\bar{x},\lambda)d>0.$$

定义如下函数

$$F(x,\mu,\xi,\lambda)=\begin{pmatrix}\nabla_x L(x,\mu,\xi,\lambda)\\ h(x)\\ g(x)-\Pi_{\Re^p_-}(\xi+g(x))\\ q(x)-\Pi_Q(q(x)-\lambda)\end{pmatrix}, \tag{8.50}$$

引理 8.5　设 Jacobian 唯一性条件在 $(\bar{x},\mu,\xi,\lambda)$ 处成立, 则如上定义的函数的 Jacobian 矩阵 $\mathcal{J}F(\cdot,\cdot,\cdot,\cdot)$ 在 $(\bar{x},\mu,\xi,\lambda)$ 处非奇异.

证明　不妨设 $g(\bar{x})$ 的前 $t<p$ 个分量满足 $g_i(\bar{x})=0$, $i=1,\cdots,t$, 即 $I(\bar{x})=\{1,\cdots,t\}$. 另记

$$I_q^*=\{1,\cdots,r\},\quad Z_q^*=\{r+1,\cdots,s\},\quad B_q^*=\{s+1,\cdots,J\}.$$

约束非退化条件意味着乘子唯一. 由严格互补条件, 乘子 $\xi_i>0, i=1,\cdots,t$; $\xi_i=0, i=t+1,\cdots,p$; 乘子 $\lambda^j=0, j=1,\cdots,r$; $\lambda^j\in\operatorname{int} Q_{m_j+1}$, $j=r+1,\cdots,s$; $\lambda^j=\sigma_j(q_0^j(\bar{x});-\bar{q}^j(\bar{x})), j=s+1,\cdots,J$. 对于任取的向量 $(\eta_1,\eta_2,\eta_3,\eta_4)\in\Re^n\times\Re^l\times\Re^p\times\Re^m$, 若 $\mathcal{J}F(\bar{x},\mu,\xi,\lambda)(\eta_1,\eta_2,\eta_3,\eta_4)^{\mathrm{T}}=0$, 即

$$\nabla^2_{xx}L(\bar{x},\mu,\xi,\lambda)\eta_1+\mathcal{J}h(\bar{x})^{\mathrm{T}}\eta_2+\mathcal{J}g(\bar{x})^{\mathrm{T}}\eta_3-\mathcal{J}q(\bar{x})^{\mathrm{T}}\eta_4=0, \tag{8.51}$$

$$\mathcal{J}h(\bar{x})\eta_1=0, \tag{8.52}$$

$$\mathcal{J}g(\bar{x})\eta_1-\Pi'_{\Re^p_-}(g(\bar{x})+\xi;\mathcal{J}g(\bar{x})\eta_1+\eta_3)=0, \tag{8.53}$$

$$j=1,\cdots,J,\quad \mathcal{J}q^j(\bar{x})\eta_1-\Pi'_{Q_{m_j+1}}(q^j(\bar{x})-\lambda^j;\mathcal{J}q^j(\bar{x})\eta_1-\eta_4^j)=0. \tag{8.54}$$

首先观察 (8.53). 当 $i=1,\cdots,t$ 时, 乘子 $\xi_i>0$, $g_i(\bar{x})=0$, 此时 $\Pi'_{\Re_-}(\xi_i;\nabla g_i(\bar{x})^{\mathrm{T}}\eta_1+(\eta_3)_i)=0$; 当 $i=t+1,\cdots,p$ 时, 乘子 $\xi_i=0$, $g_i(\bar{x})<0$, 此时 $\Pi'_{\Re_-}(g_i(\bar{x});\nabla g_i(\bar{x})^{\mathrm{T}}\eta_1+(\eta_3)_i)=\nabla g_i(\bar{x})^{\mathrm{T}}\eta_1+(\eta_3)_i$. (8.53) 式意味着

$$i\in I(\bar{x}),\nabla g_i(\bar{x})^{\mathrm{T}}\eta_1=0;\quad i\notin I(\bar{x}),(\eta_3)_i=0. \tag{8.55}$$

再观察 (8.54). 在严格互补条件成立时, I_q^*, Z_q^*, B_q^* 等价于下述表示:

$I_q^*=N_1(x):=\{j=1,\cdots,r|q^j(x)\in\operatorname{int} Q_{m_j+1},\lambda_j=0\}$,

$Z_q^*=N_2(x):=\{j=r+1,\cdots,s|q^j(x)=0,\lambda_j\in\operatorname{int} Q_{m_j+1}\}$,

$B_q^*=N_3(x):=\{j=s+1,\cdots,J|q^j(x)\in\operatorname{bdry} Q_{m_j+1}\setminus\{0\},\lambda_j\in\operatorname{bdry} Q_{m_j+1}\setminus\{0\}\}$.

由引理 8.1 可知

$$
\begin{aligned}
&\Pi'_{Q_{m_j+1}}(q^j(\bar{x})-\lambda^j;\mathcal{J}q^j(\bar{x})\eta_1-\eta_4^j)\\
=&\begin{cases}
\mathcal{J}q^j(\bar{x})\eta_1-\eta_4^j, & j\in N_1(\bar{x}),\\
0, & j\in N_2(\bar{x}),\\
\mathcal{J}\Pi_{Q_{m_j+1}}(q^j(\bar{x})-\lambda^j)(\mathcal{J}q^j(\bar{x})\eta_1-\eta_4^j), & j\in N_3(\bar{x}).
\end{cases}
\end{aligned}
\tag{8.56}
$$

当 $j\in N_1(\bar{x})$ 时, 有 $\mathcal{J}q^j(\bar{x})\eta_1=\mathcal{J}q^j(\bar{x})\eta_1-\eta_4^j$, 则有 $\eta_4^j=0$;

当 $j\in N_2(\bar{x})$ 时, 有 $\mathcal{J}q^j(\bar{x})\eta_1=0$;

当 $j\in N_3(\bar{x})$ 时, 有 $q^j(\bar{x}):=(\bar{q}^{j1};\bar{q}^{j2})\in \operatorname{bdry} Q_{m_j+1}\setminus\{0\}$, $\lambda_j=(\sigma\bar{q}^{j1};-\sigma\bar{q}^{j2})\in \operatorname{bdry} Q_{m_j+1}\setminus\{0\}$, $\sigma>0$, 则 $\bar{y}^j=q^j(\bar{x})-\lambda_j=((1-\sigma)\bar{q}^{j1};(1+\sigma)\bar{q}^{j2})$. 记 $w_j:=\dfrac{\bar{q}^{j2}}{\|\bar{q}^{j2}\|}$, 结合 (8.54) 可得

$$
\mathcal{J}q^j(\bar{x})\eta_1=\mathcal{J}\Pi_{Q_{m_j+1}}(\bar{y}^j)(\mathcal{J}q^j(\bar{x})\eta_1-\eta_4^j)=A_j(\mathcal{J}q^j(\bar{x})\eta_1-\eta_4^j),
$$

其中

$$
A_j:=\mathcal{J}\Pi_{Q_{m_j+1}}(\bar{y}_j)=\frac{1}{2}\begin{pmatrix}1 & w_j^{\mathrm{T}}\\ w_j & \dfrac{2}{1+\sigma}I-\dfrac{1-\sigma}{1+\sigma}w_jw_j^{\mathrm{T}}\end{pmatrix},
\tag{8.57}
$$

因此有

$$
\left\langle \mathcal{J}g^j(\bar{x})\eta_1,\begin{pmatrix}\bar{q}^{j1}(\bar{x})\\ -\bar{q}^{j2}(\bar{x})\end{pmatrix}\right\rangle=\bar{q}^{j1}(\bar{x})\left\langle A_j(\mathcal{J}q^j(\bar{x})\eta_1-\eta_4^j),\begin{pmatrix}1\\ -w_j\end{pmatrix}\right\rangle=0.
$$

综上, (8.54) 式意味着

$$
j\in I_q^*,\eta_4^j=0;\quad j\in Z_q^*,\mathcal{J}q^j(\bar{x})\eta_1=0;\quad j\in B_q^*,\langle\mathcal{J}q^j(\bar{x})\eta_1,\lambda^j\rangle=0.
\tag{8.58}
$$

综合式 (8.53), (8.55) 和 (8.58), 得 $\eta_1\in C(\bar{x})$.

由 (8.51), 可得

$$
\begin{aligned}
&\eta_1^{\mathrm{T}}\nabla_{xx}^2L(\bar{x},\mu,\xi,\lambda)\eta_1+\eta_1^{\mathrm{T}}\mathcal{J}h(\bar{x})^{\mathrm{T}}\eta_2+\eta_1^{\mathrm{T}}\mathcal{J}g(\bar{x})^{\mathrm{T}}\eta_3-\eta_1^{\mathrm{T}}\mathcal{J}q(\bar{x})^{\mathrm{T}}\eta_4\\
=&\eta_1^{\mathrm{T}}\nabla_{xx}^2L(\bar{x},\mu,\xi,\lambda)\eta_1+(\mathcal{J}h(\bar{x})\eta_1)^{\mathrm{T}}\eta_2+\sum_{i\in I(\bar{x})}((\eta_3)_i\nabla g_i(\bar{x})^{\mathrm{T}}\eta_1)\\
&-\sum_{j\in Z_q^*}(\mathcal{J}q^j(\bar{x})\eta_1)^{\mathrm{T}}\eta_4^j-\sum_{j\in B_q^*}(\mathcal{J}q^j(\bar{x})\eta_1)^{\mathrm{T}}\eta_4^j\\
=&\eta_1^{\mathrm{T}}\nabla_{xx}^2L(\bar{x},\mu,\xi,\lambda)\eta_1-\sum_{j\in B_q^*}(\mathcal{J}q^j(\bar{x})\eta_1)^{\mathrm{T}}\eta_4^j=0.
\end{aligned}
$$

由 [98, 命题 7.8] 可得, $-\sum_{j\in B_q^*}(\mathcal{J}q^j(\bar{x})\eta_1)^{\mathrm{T}}\eta_4^j \geqslant \sum_{j\in B_q^*}\mathcal{K}^j(\bar{x},\lambda^j)$, 其中

$$\mathcal{K}^j(\bar{x},\lambda^j)=\begin{cases} -\dfrac{\lambda_0^j}{q_0^j(\bar{x})}(\mathcal{J}q^j(\bar{x})\eta_1)^{\mathrm{T}}\begin{pmatrix} 1 & 0^{\mathrm{T}} \\ 0 & -I_{m_j}\end{pmatrix}(\mathcal{J}q^j(\bar{x})\eta_1), & j\in B_q^*, \\ 0, & \text{否则}. \end{cases} \tag{8.59}$$

则由二阶充分性条件可知, $\eta_1=0$. 因此 (8.51) 与 (8.54) 可简化为

$$\mathcal{J}h(\bar{x})^{\mathrm{T}}\eta_2+\mathcal{J}g(\bar{x})^{\mathrm{T}}\eta_3-\sum_{j\in Z_q^*}\mathcal{J}q^j(\bar{x})^{\mathrm{T}}\eta_4^j-\sum_{j\in B_q^*}\mathcal{J}q^j(\bar{x})^{\mathrm{T}}\eta_4^j=0, \tag{8.60}$$

$$j\in B_q^*,\ \Pi'_{Q_{m_j+1}}(q^j(\bar{x})-\lambda^j;\eta_4^j)=0. \tag{8.61}$$

由上面第二式, (8.54), (8.56) 及 (8.57), 可得 $\eta_4^j=0,\ j\in B_q^*$.

由引理 8.4 关于约束非退化条件的表示, 存在 $d\in\Re^n$ 满足

$$\mathcal{J}h(\bar{x})d=\eta_2,\quad \mathcal{J}g(\bar{x})d=\eta_3,\quad \mathcal{J}q^{Z^*}(\bar{x})d=-{\eta_4}^{Z^*}.$$

于是有

$$\begin{aligned}\langle\eta_2,\eta_2\rangle+\langle\eta_3,\eta_3\rangle+\langle\eta_4,\eta_4\rangle &=\langle\eta_2,\eta_2\rangle+\langle\eta_3,\eta_3\rangle+\langle\eta_4^{Z^*},\eta_4^{Z^*}\rangle \\ &=\langle\eta_2,\mathcal{J}h(\bar{x})d\rangle+\langle\eta_3,\mathcal{J}g(\bar{x})d\rangle-\langle\eta_4^{Z^*},\mathcal{J}q^{Z^*}(\bar{x})d\rangle \\ &=\langle d,\mathcal{J}h(\bar{x})^{\mathrm{T}}\eta_2\rangle+\langle d,\mathcal{J}g(\bar{x})^{\mathrm{T}}\eta_3\rangle-\langle d,\mathcal{J}q^{Z^*}(\bar{x})^{\mathrm{T}}\eta_4^{Z^*}\rangle \\ &=\langle d,\mathcal{J}h(\bar{x})^{\mathrm{T}}\eta_2+\mathcal{J}g(\bar{x})^{\mathrm{T}}\eta_3-\mathcal{J}q^{Z^*}(\bar{x})^{\mathrm{T}}\eta_4^{Z^*}\rangle=0,\end{aligned}$$

这意味着 $\eta_2=0,\ \eta_3=0,\ \eta_4^{Z^*}=0$. 综上有 $(\eta_1,\eta_2,\eta_3,\eta_4)\equiv 0$, 即 $\mathcal{J}F(\bar{x},\mu,\xi,\lambda)$ 非奇异. ■

考虑以下关于非线性二阶锥规划的扰动问题:

$$(\text{NLSOCP}_u)\qquad \begin{cases}\min & f(x,u) \\ \text{s.t.} & h(x,u)=0_l, \\ & g(x,u)\leqslant 0_p, \\ & q(x,u)\in Q,\end{cases} \tag{8.62}$$

其中映射 $f:\Re^n\times\mathcal{U}\to\Re$, $h:\Re^n\times\mathcal{U}\to\Re^l$, $g:\Re^n\times\mathcal{U}\to\Re^p$ 和 $q:\Re^n\times\mathcal{U}\to\Re^m$, 依赖的参数向量 u 属于 Banach 空间 $\mathcal{U}$. 同样地, Q 为 J 个二阶锥的卡氏积, 即 $Q=Q_{m_1+1}\times Q_{m_2+1}\times\cdots\times Q_{m_J+1}$, 并且 $m=\sum_{j=1}^J(m_j+1)$. 设 $f(x,\bar{u})=f(x)$, $h(x,\bar{u})=h(x)$, $g(x,\bar{u})=g(x)$, $q(x,\bar{u})=q(x)$. 那么 (NLSOCP) 问题等价于问题 $(\text{NLSOCP}_{\bar{u}})$.

(NLSOCP$_u$) 的 KKT 系统等价于下述非光滑方程:

$$F(x,\mu,\xi,\lambda,u)=0, \tag{8.63}$$

其中 $F:\Re^n\times\Re^l\times\Re^p\times\Re^m\times\mathcal{U}\to\Re^n\times\Re^l\times\Re^p\times\Re^m$ 定义为

$$F(x,\mu,\xi,\lambda,u):=\begin{pmatrix}\nabla_x L(x,\mu,\xi,\lambda,u)\\ h(x,u)\\ g(x,u)-\Pi_{\Re^p_-}(g(x,u)+\xi)\\ q(x,u)-\Pi_Q(q(x,u)-\lambda)\end{pmatrix}, \tag{8.64}$$

Lagrange 函数 $L:\Re^n\times\Re^l\times\Re^p\times\Re^m\times\mathcal{U}\to\Re$ 定义为

$$L(x,\mu,\xi,\lambda,u):=f(x,u)+\mu^{\mathrm{T}}h(x,u)+\xi^{\mathrm{T}}g(x,u)-\lambda^{\mathrm{T}}q(x,u). \tag{8.65}$$

下面给出关于扰动问题 (NLSOCP$_u$) 的重要的稳定性结果, 这里的分析主要依赖于隐函数定理的应用. 值得注意的是, 这里假设的参数扰动问题比 $\mathcal{C}^2$ 光滑化更一般化.

定理 8.8 假设问题 (NLSOCP$_u$) 中的 $f(x,u)$, $G(x,u):=(h(x,u),g(x,u),q(x,u))$ 均有关于 x 的二阶偏导数, 且函数 $f(\cdot,\cdot)$, $G(\cdot,\cdot)$, $D_xf(\cdot,\cdot)$, $D_xG(\cdot,\cdot)$, $D^2_{xx}f(\cdot,\cdot)$ 和 $D^2_{xx}G(\cdot,\cdot)$ 关于 $\Re^n\times\mathcal{U}$ 连续. 设 $\bar{u}\in\mathcal{U}$, $(\bar{x},\bar{\mu},\bar{\xi},\bar{\lambda})$ 为问题 (NLSOCP$_{\bar{u}}$) 的 KKT 点, 并且在该点处 Jacobian 唯一性条件成立.

那么, 存在邻域 $M(\bar{u})\subset\mathcal{U}$ 和 $N(\bar{x},\bar{\mu},\bar{\xi},\bar{\lambda})\subset\Re^n\times\Re^l\times\Re^p\times\Re^m$, 以及连续函数 $\mathcal{Z}:M\to N$, 使得 $\mathcal{Z}(\bar{u})=(\bar{x},\bar{\mu},\bar{\xi},\bar{\lambda})$, 且对任何 $u\in M$, $\mathcal{Z}(u)$ 即问题 (NLSOCP$_u$) 在 N 中唯一的 KKT 点, 也是 $F(\cdot,\cdot,\cdot,\cdot,u)$ 在 N 上的唯一零点. 进一步, 如果 $\mathcal{Z}(u):=(x(u),\mu(u),\xi(u),\lambda(u))$, 那么对任何 $u\in M$, $x(u)$ 是 (NLSOCP$_u$) 的孤立局部极小点, 且在 $x(u)$ 处 Jacobian 唯一性条件亦成立.

证明 记 $z=(x,\mu,\xi,\lambda)\in\Re^n\times\Re^l\times\Re^p\times\Re^m$ 且 $\bar{z}=(\bar{x},\bar{\mu},\bar{\xi},\bar{\lambda})$. $f(\cdot,\cdot)$, $G(\cdot,\cdot)$, $D_xf(\cdot,\cdot)$, $D_xG(\cdot,\cdot)$, $D^2_{xx}f(\cdot,\cdot)$ 和 $D^2_{xx}G(\cdot,\cdot)$ 的连续性意味着 F 及 F 关于 z 的 Jacobian 矩阵在 $\Re^n\times\Re^l\times\Re^p\times\Re^m\times\mathcal{U}$ 上是连续的. 由引理 8.5, Jacobian 矩阵 $J_zF(\bar{z},\bar{u})$ 是非奇异的. 由 $F(\bar{z},\bar{u})=0$, 由隐函数定理[35,Theorems 1−2(4.XVII)] 可得存在开邻域 $M_0(\bar{u})\subset\mathcal{U}$ 和 $N_0(\bar{z})\subset\Re^n\times\Re^l\times\Re^p\times\Re^m$, 以及连续函数 $\mathcal{Z}:M_0\to N_0$ 使得 $\mathcal{Z}(\bar{u})=\bar{z}$, 且对任何 $u\in M_0(\bar{u})$, $\mathcal{Z}(u)$ 是 $F(\cdot,u)$ 在 $N_0(\bar{z})$ 上的唯一零点.

此外, 存在开邻域 $M_1(\bar{u})$ 和 $N_1(\bar{z})$ 使得对于 $(x,\mu,\xi,\lambda)\in N_1(\bar{z})$, $u\in M_1(\bar{u})$, 对 $1\leqslant i\leqslant p$ 和 $1\leqslant j\leqslant J$, 有

$$g_i(\bar{x},\bar{u})<0\Longrightarrow g_i(x,u)<0, \tag{8.66a}$$

$$\bar{\xi}_i>0\Longrightarrow \xi_i>0, \tag{8.66b}$$

$$q^j(\bar{x},\bar{u})\in \operatorname{int} Q_{m_j+1}\Longrightarrow q^j(x,u)\in \operatorname{int} Q_{m_j+1}, \tag{8.66c}$$

$$\bar{\lambda}^j\in \operatorname{int} Q_{m_j+1}\Longrightarrow \lambda^j\in \operatorname{int} Q_{m_j+1}, \tag{8.66d}$$

$$q^j(\bar{x},\bar{u})\in \operatorname{bdry} Q_{m_j+1}\setminus\{0\}\Longrightarrow q^j(x,u)\in \operatorname{bdry} Q_{m_j+1}\setminus\{0\}. \tag{8.66e}$$

对 (8.66e) 式作出说明, 因为 $F(x(u),\mu(u),\xi(u),\lambda(u),u)=0$, 则对任何 $u\in M_1(\bar{u})$, $(x(u),\mu(u),\xi(u),\lambda(u))$ 满足问题 (NLSOCP$_u$) 的 KKT 条件, 此时若 $q^j(x,u)=(\bar{q}^j(x,u);\ q_0^j(x,u))\in \operatorname{int} Q_{m_j+1}$, 必有 $\lambda^j=(\sigma\bar{q}^j(x,u);-\sigma q_0^j(x,u))\notin Q_{m_j+1}$, $\sigma>0$, 这与 λ^j 满足 KKT 条件中的 $\lambda^j\in Q_{m_j+1}$ 矛盾. 因此 (8.66e) 式是成立的.

令 $N:=N_0(\bar{z})\cap N_1(\bar{z})$. 因为 $\mathcal{Z}$ 连续且 $\mathcal{Z}(\bar{u})=(\bar{x},\bar{\mu},\bar{\xi},\bar{\lambda})$, 可以找到开邻域 $M_2\subset M_1(\bar{u})\cap M_0(\bar{u})$, 使得 $u\in M_2$ 可推出 $\mathcal{Z}(u)\in N$. 因为 $F(\mathcal{Z}(u),u)=0$, 则对任何 $u\in M_2$, $\mathcal{Z}(u)$ 满足问题 (P_u) 的 KKT 条件. 设 $\mathcal{Z}(u)=(\tilde{x},\tilde{\mu},\tilde{\xi},\tilde{\lambda})$, 选定 $i:1\leqslant i\leqslant p$, 如果 $\bar{\xi}_i>0$, 则由于 $\mathcal{Z}(u)\in N_1$, 我们有 $\tilde{\xi}_i>0$, 因此 $g_i(\tilde{x},u)=0$; 另一方面, 如果 $g_i(\bar{x},\bar{u})<0$, 则有 $g_i(\tilde{x},u)<0$, 因此 $\tilde{\xi}_i=0$. 由于严格互补条件在 $(\bar{x},\bar{\mu},\bar{\xi},\bar{\lambda})$ 处成立, 对于每一个 i, 上述两种情况一定有一种成立, 因此有 $\tilde{\xi}\geqslant 0$ 且 $g(\tilde{x},u)\leqslant 0$. 二阶锥约束条件亦同理可证, 即有 $Q_{m_j+1}\ni\tilde{\lambda}_j\perp q^j(\tilde{x},u)\in Q_{m_j+1}$. 综上可知 $\tilde{x}$ 为问题 (NLSOCP$_u$) 可行点, 因此 $\mathcal{Z}(u)$ 是问题 (NLSOCP$_u$) 的 KKT 点, 又由于 $\mathcal{Z}(u)$ 是函数 $F(\cdot,\cdot,\cdot,\cdot,u)$ 在 N 上的唯一零点, 则 $\forall u\in M_2$, $\mathcal{Z}(u)$ 是 (NLSOCP$_u$) 在 N 上的唯一的 KKT 点. 进一步, 若 $\mathcal{Z}(u):=(x(u),\mu(u),\xi(u),\lambda(u))$, 由 (8.66) 我们注意到 $\forall u\in M_2$, $x(u)$ 与 $x(\bar{u})$ 有相同的不等式约束, 因此对于 $\mathcal{Z}(u)$ 严格互补条件也成立.

因为 $x(\bar{u})$ 处约束非退化条件成立, 则算子 $\mathcal{A}(x(\bar{u}),\bar{u})$ 是映上的. 其中, $\forall d\in\Re^n$,

$$\mathcal{A}(x(u),u)d:=\begin{pmatrix}\mathcal{J}_x h(x(u),u)d\\ \mathcal{J}_x g^{I(x(u))}(x(u),u)d\\ \mathcal{J}_x q^{Z_q^*}(x(u),u)d\\ q^{B_q^*}(x(u),u)^{\mathrm{T}}R_{m_j}\mathcal{J}q^{B_q^*}(x(u),u)d\end{pmatrix}, \tag{8.67}$$

其中 $I(x(u))=\{i:g_i(x(u),u)=0\}=\{i:g_i(\bar{x})=0\}$, $R_{m_j}:=\begin{pmatrix}1 & 0^{\mathrm{T}}\\ 0 & -I_{m_j}\end{pmatrix}$. 由函数 $\mathcal{Z}$ 的连续性, 可知算子 $\mathcal{A}(x(u),u)$ 在 $\bar{u}$ 的充分小的邻域内关于 u 连续, 因此存在开邻域 $M_3(\bar{u})\subset M_2$, 算子 $\mathcal{A}(x(u),u)$ 也是映上的, 即 $\forall u\in M_3$, $x(u)$ 处的约束非退化条件成立.

下证 $\mathcal{Z}(u)$ 处的二阶充分性条件仍然成立. 注意到对任何 $u\in M_3$, $\mathcal{Z}(u)$ 是

KKT 点, 若有效梯度约束 (算子 $\mathcal{A}(x(u),u)$ 的维数) 包含 n 个向量, 则 $\forall u\in M_3$, $\mathcal{Z}(u)$ 的二阶充分性条件平凡成立. 不失一般性, 我们假设有效梯度约束包含的向量个数少于 n 个. $\forall u\in M_3$, 考虑集值映射:

$$\Gamma(u):=\{d\in\Re^n:\mathcal{A}(x(u),u)d=0\}.$$

显然, 集值映射 Γ 的图是闭的, 因此令 B 为 $\Re^n$ 空间中的单位球面, 那么 $\Gamma(u)\cap B$ 在 M_3 上是上半连续的. 由假设有效梯度约束包含的向量个数小于 n, 可知 $\Gamma(u)\cap B$ 是非空的. 考虑函数

$$\delta(u):=\min_{d\in\Gamma(u)\cap B}\left\{d^{\mathrm{T}}\nabla_{xx}^2L(x(u),\mu(u),\xi(u),\lambda(u))d+d^{\mathrm{T}}\mathcal{H}(\bar{x},\lambda)d\right\},$$

其中 $\mathcal{H}(\bar{x},\lambda)=\sum_{j=1}^J\mathcal{H}^j(\bar{x},\lambda^j)$, $\mathcal{H}^j(\bar{x},\lambda^j)$ 由公式 (8.25) 给出. 由 $\mathcal{Z}(u)$ 的连续性, 可知上式的目标函数在 M_3 上关于 u, d 均连续, 并且约束集合 $\Gamma(u)\cap B$ 关于 u 是上半连续的, 由 [4, Theorem 2], 可得 δ 在 M_3 上关于 u 是下半连续的. 又由于 $\mathcal{Z}(\bar{u})$ 处的二阶充分性条件成立, 则有 $\delta(\bar{u})>0$. 因此, 存在一个开邻域 $M(\bar{u})\subset M_3$, 使得 $\forall u\in M$, 均有 $\delta(u)>0$ 成立, 即 $\forall u\in M$, $\mathcal{Z}(u)$ 满足二阶充分性条件. ■

8.7 二阶锥优化的孤立平稳性

本节内容选自文献 [100]. 主要结论为对于非线性二阶锥规划问题, 二阶充分性条件与严格约束规范条件是稳定点映射孤立平稳性的充分性条件, 也是 KKT 映射孤立平稳性的充分必要条件.

考虑下述标准非线性二阶锥规划问题:

$$(\mathrm{P})\qquad\begin{array}{ll}\min & f(x)\\ \text{s.t.} & g_j(x)\in\mathcal{K}_{m_j},\ j=1,2,\cdots,J,\\ & h(x)=0,\end{array}\tag{8.68}$$

其中 $f:\Re^n\to\Re$, $g_j:\Re^n\to\Re^{m_j}$, $j=1,2,\cdots,J$, $h:\Re^n\to\Re^q$ 为二次连续可微函数,

$$\mathcal{K}_{m_j}:=\{(x_1;x_2)\in\Re\times\Re^{m_j-1}|\ x_1\geqslant\|x_2\|\}$$

是维数为 m_j 的二阶锥. 如果 $m_j=1$, $\mathcal{K}_{m_j}$ 为非负实数轴 $\Re_+$. 方便起见, 记 $g(x):=(g_1(x);g_2(x);\cdots;g_J(x))\in\Re^m$, $\mathcal{K}:=\mathcal{K}_{m_1}\times\mathcal{K}_{m_2}\times\cdots\times\mathcal{K}_{m_J}$, 其中 $m:=\sum_{j=1}^J m_j$. 设 (P) 的 Lagrange 函数为 $L:\Re^n\times\Re^m\times\Re^q\to\Re$,

$$L(x,\lambda,\mu):=f(x)-\langle\lambda,g(x)\rangle-\langle\mu,h(x)\rangle.$$

如果 x 为问题 (P) 的局部极小点, 则在某些约束规范条件下, 存在乘子 (λ,μ) 使得 KKT 条件成立:

$$\nabla_x L(x,\lambda,\mu)=\nabla f(x)-\nabla g(x)\lambda-\nabla h(x)\mu=0, \tag{8.69}$$

$$-\lambda\in N_{\mathcal{K}}(g(x)), \tag{8.70}$$

$$h(x)=0, \tag{8.71}$$

其中 $N_{\mathcal{K}}(y):=N_{\mathcal{K}_{m_1}}(y_1)\times N_{\mathcal{K}_{m_2}}(y_2)\times\cdots\times N_{\mathcal{K}_{m_J}}(y_J)$. (8.70) 可以写成在二阶锥上投影的形式

$$g(x)-\Pi_{\mathcal{K}}(g(x)-\lambda)=0,$$

其中

$$\Pi_{\mathcal{K}}(g(x)-\lambda):=\Pi_{\mathcal{K}_{m_1}}(g_1(x)-\lambda_1)\times\Pi_{\mathcal{K}_{m_2}}(g_2(x)-\lambda_2)\times\cdots\times\Pi_{\mathcal{K}_{m_J}}(g_J(x)-\lambda_J).$$

定义 Kojima 函数 $F:\Re^n\times\Re^m\times\Re^q\to\Re^{n+m+q}$:

$$F(x,\lambda,\mu):=\begin{pmatrix}\nabla f(x)-\nabla g(x)\lambda-\nabla h(x)\mu\\ g(x)-\Pi_{\mathcal{K}}(g(x)-\lambda)\\ h(x)\end{pmatrix}.$$

那么, KKT 系统 (8.69)—(8.71) 可以等价地写为

$$F(x,\lambda,\mu)=0.$$

考虑扰动的 KKT 系统

$$F(x,\lambda,\mu)=p,\quad p\in\Re^{n+m+q}.$$

记 $\mathcal{S}(p):=\{(x,\lambda,\mu)|\ F(x,\lambda,\mu)=p\}$, 称映射 $p\to\mathcal{S}(p)$ 为 KKT 映射. 记 $\mathcal{X}(p):=\{x|\ \exists(\lambda,\mu)\ \text{s.t.}\ (x,\lambda,\mu)\in\mathcal{S}(p)\}$ 为稳定点集, 称映射 $p\to\mathcal{X}(p)$ 为稳定点映射. 与 x 和 p 相联系的扰动 Lagrange 乘子集记为 $\Lambda_p(x):=\{(\lambda,\mu)|\ (x,\lambda,\mu)\in\mathcal{S}(p)\}$.

由定理 3.9 知集值映射的孤立平稳性可用图导数准则判别, 因此下面研究问题 (P) 稳定点映射及 KKT 映射的图导数. 方便起见, 首先定义下述指标集:

$$N_1(x):=\{j|g_j(x)\in\operatorname{int}\mathcal{K}_{m_j},\lambda_j=0\},$$

$$N_2(x):=\{j|g_j(x)=0,\lambda_j\in\operatorname{int}\mathcal{K}_{m_j}\},$$

$$N_3(x):=\{j|g_j(x)\in\operatorname{bd}\mathcal{K}_{m_j}\setminus\{0\},\lambda_j\in\operatorname{bd}\mathcal{K}_{m_j}\setminus\{0\}\},$$

$$N_4(x):=\{j|g_j(x)\in\operatorname{bd}\mathcal{K}_{m_j}\setminus\{0\},\lambda_j=0\},$$

$$N_5(x):=\{j|g_j(x)=0,\lambda_j\in\operatorname{bd}\mathcal{K}_{m_j}\setminus\{0\}\},$$

$$N_6(x):=\{j|g_j(x)=0,\lambda_j=0\}.$$

为了刻画 $\mathcal{S}(p)$ 和 $\mathcal{X}(p)$ 的孤立平稳性, 首先给出 F 图导数的显式表达式.

引理 8.6 固定 (x,λ,μ) 和 (u,v,w). 那么

$$DF(x,\lambda,\mu)(u,v,w)=\left\{(\xi,\eta,\zeta)\left|\begin{array}{l}\xi=\nabla_{xx}^2L(x,\lambda,\mu)u-\nabla g(x)v-\nabla h(x)w\\ \eta=\mathcal{J}g(x)u-\Pi_{\mathcal{K}}'(g(x)-\lambda;\mathcal{J}g(x)u-v)\\ \zeta=\mathcal{J}h(x)u\end{array}\right.\right\}. \tag{8.72}$$

证明 函数 F 可写成 $F(x,\lambda,\mu)=M(x)N(x,\lambda,\mu)$, 其中

$$M(x)=\begin{pmatrix}\nabla f(x) & \nabla g(x) & 0 & \nabla h(x)\\ g(x) & 0 & -I & 0\\ h(x) & 0 & 0 & 0\end{pmatrix},\quad N(x,\lambda,\mu)=\begin{pmatrix}1\\ -\lambda\\ \Pi_{\mathcal{K}}(g(x)-\lambda)\\ -\mu\end{pmatrix}. \tag{8.73}$$

因为 $F(x,\lambda,\mu)$ 是单值的 Lipschitz 连续函数, $N(x,\lambda,\mu)$ 方向可微且 $M(x)$ 连续可微, 那么

$$\begin{aligned}DF(x,\lambda,\mu)(u,v,w)=&\left\{z\in\Re^{n+m+q}\left|z=\lim_{k\to\infty}\frac{F(x+t_ku^k,\lambda+t_kv^k,\mu+t_kw^k)}{t_k},\right.\right.\\ &\left.\exists t_k\downarrow 0,u^k\to u,v^k\to v,w^k\to w\right\}\\ =&F'((x,\lambda,\mu);(u,v,w))\\ =&\mathcal{J}M(x)uN(x,\lambda,\mu)+M(x)N'((x,\lambda,\mu);(u,v,w)).\end{aligned} \tag{8.74}$$

还有

$$\mathcal{J}M(x)u=\begin{pmatrix}\nabla^2 f(x)u & \nabla^2 g(x)u & 0 & \nabla^2 h(x)u\\ \mathcal{J}g(x)u & 0 & 0 & 0\\ \mathcal{J}h(x)u & 0 & 0 & 0\end{pmatrix}$$

和

$$N'((x,\lambda,\mu);(u,v,w))=\begin{pmatrix}0\\ -v\\ \Pi_{\mathcal{K}}'(g(x)-\lambda;\mathcal{J}g(x)u-v)\\ -w\end{pmatrix},$$

结合 (8.74), 可以很容易地得到 $DF(x,\lambda,\mu)(u,v,w)$ 的显式表达. ■

由逆映射图导数的关系 (1.17), 可得扰动 KKT 系统 $\mathcal{S}$ 的图导数形式为

$$
\begin{aligned}
&D\mathcal{S}(p;(x,\lambda,\mu))(\xi,\eta,\zeta)\\
&=\left\{(u,v,w)\ \middle|\ \begin{array}{l}\xi=\nabla_{xx}^2L(x,\lambda,\mu)u-\nabla g(x)v-\nabla h(x)w\\ \eta=\mathcal{J}g(x)u-\Pi_{\mathcal{K}}'(g(x)-\lambda;\mathcal{J}g(x)u-v)\\ \zeta=\mathcal{J}h(x)u\end{array}\right\}.
\end{aligned}
\tag{8.75}
$$

下面讨论在 Robinson 约束规范下, $\mathcal{X}$ 的图导数中元素的刻画.

定理 8.9 设 Robinson 约束规范在 (P) 的任何稳定点 $\bar{x}$ 处均成立. 考虑扰动的稳定点映射 $\mathcal{X}(p)$, 其中 p 在 0 附近变化. 那么, 下述等价关系成立:

$$
u\in D\mathcal{X}(0;\bar{x})(p^0)\Longleftrightarrow\exists(\lambda,\mu)\in\Lambda_0(\bar{x}):p^0\in DF(\bar{x},\lambda,\mu)(u,\Re^m,\Re^q).
$$

证明 必要性. 设 $p^0=(\xi,\eta,\zeta)$ 且 $u\in D\mathcal{X}(0;\bar{x})(p^0)$. 由图导数 $D\mathcal{X}$ 的定义, 存在序列 $p^k\to p^0$, $u^k\to u$, $\theta^k\downarrow 0$ 使得

$$
x^k:=\bar{x}+\theta^ku^k\in\mathcal{X}(0+\theta^kp^k).
$$

任取 $(\lambda^k,\mu^k)\in\Lambda(\theta^kp^k,x^k)$, 则有

$$
F(x^k,\lambda^k,\mu^k)=\theta^kp^k.
$$

因为 Robinson 约束规范在 $\bar{x}$ 处成立, 则 $\Lambda_0(\bar{x})$ 是闭的且非空有界的. 因为 F 连续, 由 [73, Theorem 5.7] 可知 $\Lambda(p,x)=\{(\lambda,\mu)|F(x,\lambda,\mu)=p\}$ 在 $(0,\bar{x})$ 处是外半连续的. 不失一般性, 可以假设 $\lambda^k\to\lambda$, $\mu^k\to\mu$, 且 $(\lambda,\mu)\in\Lambda_0(\bar{x})$. 往证存在 $(v,w)\in\Re^m\times\Re^q$ 使得

$$
\begin{aligned}
&\xi=\nabla_{xx}^2L(\bar{x},\lambda,\mu)u-\nabla g(\bar{x})v-\nabla h(\bar{x})w,\\
&\eta=\mathcal{J}g(\bar{x})u-\Pi_{\mathcal{K}}'(g(\bar{x})-\lambda;\mathcal{J}g(\bar{x})u-v),\\
&\zeta=\mathcal{J}h(\bar{x})u.
\end{aligned}
$$

由 $F(x^k,\lambda^k,\mu^k)=\theta^kp^k$ 和

$$
F(\bar{x},\lambda,\mu)=\begin{pmatrix}\nabla_xL(\bar{x},\lambda,\mu)\\ g(\bar{x})-\Pi_{\mathcal{K}}(g(\bar{x})-\lambda)\\ h(\bar{x})\end{pmatrix}=0,
$$

可得

$$
\theta^kp^k=\begin{pmatrix}\nabla_xL(x^k,\lambda^k,\mu^k)-\nabla_xL(\bar{x},\lambda,\mu)\\ g(x^k)-g(\bar{x})-\Pi_{\mathcal{K}}(g(x^k)-\lambda^k)+\Pi_{\mathcal{K}}(g(\bar{x})-\lambda)\\ h(x^k)-h(\bar{x})\end{pmatrix}.
$$

那么, $\theta^k p^k$ 可表示为 $\theta^k p^k = A^k + B^k$, 其中

$$A^k = \begin{pmatrix} \nabla_x L(x^k, \lambda, \mu) - \nabla_x L(\bar{x}, \lambda, \mu) \\ g(x^k) - g(\bar{x}) \\ h(x^k) - h(\bar{x}) \end{pmatrix},$$

$$\begin{aligned} B^k &= \begin{pmatrix} -\nabla g(x^k)(\lambda^k - \lambda) - \nabla h(x^k)(\mu^k - \mu) \\ -[\Pi_{\mathcal{K}}(g(x^k) - \lambda^k) - \Pi_{\mathcal{K}}(g(\bar{x}) - \lambda)] \\ 0 \end{pmatrix} \\ &= \begin{pmatrix} 0 & \nabla g(x^k) & 0 & \nabla h(x^k) \\ 0 & 0 & -I & 0 \\ 0 & 0 & 0 & 0 \end{pmatrix} \begin{pmatrix} 0 \\ -(\lambda^k - \lambda) \\ \Pi_{\mathcal{K}}(g(x^k) - \lambda^k) - \Pi_{\mathcal{K}}(g(\bar{x}) - \lambda) \\ -(\mu^k - \mu) \end{pmatrix} \\ &= R^k[N(x^k, \lambda^k, \mu^k) - N(\bar{x}, \lambda, \mu)], \end{aligned}$$

其中 R^k 为上述乘积的第一个矩阵. 因为 $\nabla_x L, g, h, \nabla g, \nabla h$ 是可微函数且 $N(x, \lambda, \mu)$ 是 Lipschitz 连续的, 则

$$\lim_{k\to\infty} \frac{A^k}{\theta^k} = \begin{pmatrix} \nabla_{xx}^2 L(\bar{x}, \lambda, \mu)u \\ \mathcal{J}g(\bar{x})u \\ \mathcal{J}h(\bar{x})u \end{pmatrix},$$

$$\lim_{k\to\infty} \frac{[R^k - R][N(x^k, \lambda^k, \mu^k) - N(\bar{x}, \lambda, \mu)]}{\theta^k} = 0,$$

其中

$$R = \begin{pmatrix} 0 & \nabla g(\bar{x}) & 0 & \nabla h(\bar{x}) \\ 0 & 0 & -I & 0 \\ 0 & 0 & 0 & 0 \end{pmatrix}.$$

那么有

$$\begin{aligned} &\lim_{k\to\infty} \frac{R^k[N(x^k, \lambda^k, \mu^k) - N(\bar{x}, \lambda, \mu)]}{\theta^k} \\ =&\lim_{k\to\infty} \frac{R[N(x^k, \lambda^k, \mu^k) - N(\bar{x}, \lambda, \mu)]}{\theta^k} = p^0 - \lim_{k\to\infty} \frac{A^k}{\theta^k}. \end{aligned}$$

记

$$v := \lim_{k\to\infty} \frac{\lambda^k - \lambda}{\theta^k}, \quad \alpha := \lim_{k\to\infty} \frac{1}{\theta^k}[\Pi_{\mathcal{K}}(g(x^k) - \lambda^k) - \Pi_{\mathcal{K}}(g(\bar{x}) - \lambda)]$$

和

$$w := \lim_{k\to\infty} \frac{\mu^k - \mu}{\theta^k}.$$

因为

$$\lim_{k\to\infty} \frac{g(x^k) - g(\bar{x})}{\theta^k} = \lim_{k\to\infty} \frac{g(\bar{x} + \theta^k u^k) - g(\bar{x})}{\theta^k} = \mathcal{J}g(\bar{x})u,$$

我们有

$$\begin{aligned}\alpha &= \lim_{k\to\infty} \frac{1}{\theta^k}[\Pi_{\mathcal{K}}(g(x^k) - \lambda^k) - \Pi_{\mathcal{K}}(g(\bar{x}) - \lambda)] \\ &= \lim_{k\to\infty} \frac{\Pi_{\mathcal{K}}\left(g(\bar{x}) - \lambda + \theta^k \dfrac{g(x^k) - \lambda^k - g(\bar{x}) + \lambda}{\theta^k}\right) - \Pi_{\mathcal{K}}(g(\bar{x}) - \lambda)}{\theta^k} \\ &= \Pi'_{\mathcal{K}}(g(\bar{x}) - \lambda; \mathcal{J}g(\bar{x})u - v).\end{aligned}$$

由 DN 的定义, 有 $(0, -v, \alpha, -w) \in DN(\lambda, \mu)(\Re^m, \Re^q)$. 因此,

$$\begin{aligned}\begin{pmatrix} \xi \\ \eta \\ \zeta \end{pmatrix} &= p^0 = \lim_{k\to\infty} p^k = \lim_{k\to\infty} \frac{F(x^k, \lambda^k, \mu^k)}{\theta^k} \\ &= \lim_{k\to\infty} \frac{A^k}{\theta^k} + \lim_{k\to\infty} \frac{R^k[N(x^k, \lambda^k, \mu^k) - N(\bar{x}, \lambda, \mu)]}{\theta^k} \\ &= \begin{pmatrix} \nabla^2_{xx} L(\bar{x}, \lambda, \mu)u \\ \mathcal{J}g(\bar{x})u \\ \mathcal{J}h(\bar{x})u \end{pmatrix} + R \begin{pmatrix} 0 \\ -v \\ \alpha \\ -w \end{pmatrix},\end{aligned}$$

结合引理 8.6, 结论成立.

充分性. 如果对某些 $(\lambda, \mu) \in \Lambda_0(\bar{x})$ 和 $(v, w) \in \Re^m \times \Re^q$, 有 $p^0 \in DF(\bar{x}, \lambda, \mu)(u, v, w)$, 则由 DF 的定义, 存在 $\theta^k \downarrow 0$, $p^k \to p^0$ 使得

$$\theta^k p^k = F(\bar{x} + \theta^k u, \lambda + \theta^k v, \mu + \theta^k w),$$

这意味着 $\bar{x} + \theta^k u \in \mathcal{X}(0 + \theta^k p^k)$ 且 $u \in D\mathcal{X}(0; \bar{x})(p^0)$. ■

结合 $F(x, \lambda, \mu)$ 图导数的显式表达 (8.72), 可看出下述问题可以刻画 KKT 映射或稳定点映射的孤立平稳性: 给定 (P) 的稳定点 $\bar{x}$, 相应乘子 $(\lambda, \mu) \in \Lambda_0(\bar{x})$, 寻找 (u, v, w) 使其满足系统

$$\nabla^2_{xx} L(\bar{x}, \lambda, \mu)u - \nabla g(\bar{x})v - \nabla h(\bar{x})w = 0, \tag{8.76}$$

$$\mathcal{J}g(\bar{x})u - \Pi'_{\mathcal{K}}(g(\bar{x}) - \lambda; \mathcal{J}g(\bar{x})u - v) = 0, \tag{8.77}$$

$$\mathcal{J}h(\bar{x})u = 0. \tag{8.78}$$

由定理 3.9, (1.17) 及 (8.75), 可得下述定理:

定理 8.10 设 $(0,\bar{x},\bar{\lambda},\bar{\mu})\in \mathrm{gph}\,\mathcal{S}$. 那么, $\mathcal{S}$ 在 $(0,\bar{x},\bar{\lambda},\bar{\mu})$ 处是孤立平稳的当且仅当不存在 $(u,v,w)\neq 0$ 满足 $(\lambda,\mu)=(\bar{\lambda},\bar{\mu})$ 时的 (8.76)—(8.78).

设 $\bar{x}$ 是问题 (P) 的稳定点, 相应乘子 $(\bar{\lambda},\bar{\mu})\in\Lambda_0(\bar{x})$, 则由命题 8.2 和命题 8.6 可知临界锥 $C(\bar{x})$ 表达式如下:

$$C(\bar{x})=\left\{u\in\Re^n \left|\begin{array}{ll}\mathcal{J}h(\bar{x})u=0, & \\ \mathcal{J}g_j(\bar{x})u\in\Re^{m_j}, & j\in N_1(\bar{x}),\\ \mathcal{J}g_j(\bar{x})u=0, & j\in N_2(\bar{x}),\\ \left\langle \mathcal{J}g_j(\bar{x})u,\begin{pmatrix} g_{j1}(\bar{x})\\ -g_{j2}(\bar{x})\end{pmatrix}\right\rangle=0, & j\in N_3(\bar{x}),\\ \left\langle \mathcal{J}g_j(\bar{x})u,\begin{pmatrix} g_{j1}(\bar{x})\\ -g_{j2}(\bar{x})\end{pmatrix}\right\rangle\geqslant 0, & j\in N_4(\bar{x}),\\ \mathcal{J}g_j(\bar{x})u\in\Re_+\begin{pmatrix}\bar{\lambda}_{j1}\\ -\bar{\lambda}_{j2}\end{pmatrix}, & j\in N_5(\bar{x}),\\ \mathcal{J}g_j(\bar{x})u\in\mathcal{K}_{m_j}, & j\in N_6(\bar{x})\end{array}\right.\right\}. \tag{8.79}$$

引理 8.7 对 $(0,\bar{x},\bar{\lambda},\bar{\mu})\in\mathrm{gph}\,\mathcal{S}$, 如果 (u,v,w) 为 $(\lambda,\mu)=(\bar{\lambda},\bar{\mu})$ 时 (8.76)—(8.78) 的解, 则有 $u\in C(\bar{x})$.

证明 方便起见, 记 $\bar{y}=g(\bar{x})-\bar{\lambda}$. 由引理 8.1 可知

$$\begin{aligned}&\Pi'_{\mathcal{K}_{m_j}}(\bar{y}_j;\mathcal{J}g_j(\bar{x})u-v_j)\\ =&\begin{cases}\mathcal{J}g_j(\bar{x})u-v_j, & j\in N_1(\bar{x}),\\ 0, & j\in N_2(\bar{x}),\\ \mathcal{J}\Pi_{\mathcal{K}_{m_j}}(\bar{y}_j)(\mathcal{J}g_j(\bar{x})u-v_j), & j\in N_3(\bar{x}),\\ \mathcal{J}g_j(\bar{x})u-v_j-2[c_1(\bar{y}_j)^{\mathrm{T}}(\mathcal{J}g_j(\bar{x})u-v_j)]_-c_1(\bar{y}_j), & j\in N_4(\bar{x}),\\ 2[c_2(\bar{y}_j)^{\mathrm{T}}(\mathcal{J}g_j(\bar{x})u-v_j)]_+c_2(\bar{y}_j), & j\in N_5(\bar{x}),\\ \Pi_{\mathcal{K}_{m_j}}(\mathcal{J}g_j(\bar{x})u-v_j), & j\in N_6(\bar{x}).\end{cases}\end{aligned} \tag{8.80}$$

显然, 当 $j\in N_1(\bar{x})$ 时, $\mathcal{J}g_j(\bar{x})u\in\Re^{m_j}$. 由 (8.77), 当 $j\in N_2(\bar{x})$ 时, $\mathcal{J}g_j(\bar{x})u=\Pi'_{\mathcal{K}_{m_j}}(g_j(\bar{x})-\bar{\lambda}_j;\mathcal{J}g_j(\bar{x})u-v_j)=0$. 当 $j\in N_3(\bar{x})$ 时, 有 $g_j(\bar{x}):=(\bar{g}_{j1};\bar{g}_{j2})\in\mathrm{bd}\mathcal{K}_{m_j}\setminus\{0\}$, $\bar{\lambda}_j=(\sigma\bar{g}_{j1};-\sigma\bar{g}_{j2})\in\mathrm{bd}\mathcal{K}_{m_j}\setminus\{0\}$, $\sigma>0$, 则 $\bar{y}_j=g_j(\bar{x})-\bar{\lambda}_j=((1-\sigma)\bar{g}_{j1};(1+\sigma)\bar{g}_{j2})$. 记 $w_j:=\dfrac{\bar{g}_{j2}}{\|\bar{g}_{j2}\|}$, 结合 (8.77) 可得

$$\mathcal{J}g_j(\bar{x})u=\mathcal{J}\Pi_{\mathcal{K}_{m_j}}(\bar{y}_j)(\mathcal{J}g_j(\bar{x})u-v_j)=A_j(\mathcal{J}g_j(\bar{x})u-v_j),$$

其中

$$A_j := \mathcal{J}\Pi_{\mathcal{K}_{m_j}}(\bar{y}_j) = \frac{1}{2}\begin{pmatrix} 1 & w_j^{\mathrm{T}} \\ w_j & \dfrac{2}{1+\sigma}I - \dfrac{1-\sigma}{1+\sigma}w_j w_j^{\mathrm{T}} \end{pmatrix}, \tag{8.81}$$

因此有

$$\left\langle \mathcal{J}g_j(\bar{x})u, \begin{pmatrix} g_{j1}(\bar{x}) \\ -g_{j2}(\bar{x}) \end{pmatrix} \right\rangle = g_{j1}(\bar{x}) \left\langle A_j(\mathcal{J}g_j(\bar{x})u - v_j), \begin{pmatrix} 1 \\ -w_j \end{pmatrix} \right\rangle = 0.$$

当 $j \in N_4(\bar{x})$ 时, 有 $\bar{\lambda}_j = 0$ 且 $\bar{y}_j = g_j(\bar{x}) := (\bar{g}_{j1}; \bar{g}_{j2}) \in \mathrm{bd}\, \mathcal{K}_{m_j} \setminus \{0\}$, 则 $c_1(\bar{y}_j) = \dfrac{1}{2}\left(1; -\dfrac{\bar{g}_{j2}}{\bar{g}_{j1}}\right)$, 因此

$$\begin{aligned} &\left\langle \mathcal{J}g_j(\bar{x})u, \begin{pmatrix} g_{j1}(\bar{x}) \\ -g_{j2}(\bar{x}) \end{pmatrix} \right\rangle \\ =& \left\langle \Pi'_{\mathcal{K}_{m_j}}(g_j(\bar{x}) - \bar{\lambda}_j; \mathcal{J}g_j(\bar{x})u - v_j), \begin{pmatrix} g_{j1}(\bar{x}) \\ -g_{j2}(\bar{x}) \end{pmatrix} \right\rangle \\ =& g_{j1}(\bar{x}) \left\langle \mathcal{J}g_j(\bar{x})u - v_j - 2[c_1(\bar{y}_j)^{\mathrm{T}}(\mathcal{J}g_j(\bar{x})u - v_j)]_- c_1(\bar{y}_j), 2c_1(\bar{y}_j) \right\rangle \\ =& g_{j1}(\bar{x}) \left\{ 2c_1(\bar{y}_j)^{\mathrm{T}}(\mathcal{J}g_j(\bar{x})u - v_j) - 2[c_1(\bar{y}_j)^{\mathrm{T}}(\mathcal{J}g_j(\bar{x})u - v_j)]_- \right\} \\ \geqslant& 0. \end{aligned}$$

当 $j \in N_5(\bar{x})$ 时, 有 $g_j(\bar{x}) = 0$ 且 $\bar{\lambda}_j = -\bar{y}_j \in \mathrm{bd}\, \mathcal{K}_{m_j} \setminus \{0\}$, 则 $c_2(\bar{y}_j) = \dfrac{1}{2}\left(1; -\dfrac{\bar{\lambda}_{j2}}{\bar{\lambda}_{j1}}\right)$ 且

$$\mathcal{J}g_j(\bar{x})u = 2[c_2(\bar{y}_j)^{\mathrm{T}}(\mathcal{J}g_j(\bar{x})u - v_j)]_+ c_2(\bar{y}_j) \in \Re_+ \begin{pmatrix} \bar{\lambda}_{j1} \\ -\bar{\lambda}_{j2} \end{pmatrix}.$$

当 $j \in N_6(\bar{x})$ 时, 有 $\mathcal{J}g_j(\bar{x})u = \Pi_{\mathcal{K}_{m_j}}(\mathcal{J}g_j(\bar{x})u - v_j) \in \mathcal{K}_{m_j}$. 结合上述六种情况及 (8.78) 和 (8.79), 可得 $u \in C(\bar{x})$. ■

引理 8.8　设 $(0, \bar{x}, \bar{\lambda}, \bar{\mu}) \in \mathrm{gph}\, \mathcal{S}$. 那么

$$\Pi'_{\mathcal{K}}(g(\bar{x}) - \bar{\lambda}; h) = 0 \Longleftrightarrow h \in (T_{\mathcal{K}}(g(\bar{x})) \cap \bar{\lambda}^{\perp})^-.$$

证明　仍然分六种情况讨论:

情况 1　当 $j \in N_1(\bar{x})$ 时, 有 $g_j(\bar{x}) \in \mathrm{int}\, \mathcal{K}_{m_j}$, $\bar{\lambda}_j = 0$, 则 $T_{\mathcal{K}_{m_j}}(g_j(\bar{x})) = \Re^{m_j}$ 且 $\bar{\lambda}_j^{\perp} = \Re^{m_j}$, 因此 $(T_{\mathcal{K}_{m_j}}(g_j(\bar{x})) \cap \bar{\lambda}_j^{\perp})^- = \{0\}$. 另一方面, $\Pi'_{\mathcal{K}_{m_j}}(g_j(\bar{x}) - \bar{\lambda}_j; h_j) = h_j = 0$. 所以有 $\Pi'_{\mathcal{K}_{m_j}}(g_j(\bar{x}) - \bar{\lambda}_j; h_j) = 0 \Longleftrightarrow h_j \in T_{\mathcal{K}_{m_j}}(g_j(\bar{x})) \cap \bar{\lambda}_j^{\perp})^-$.

情况 2　当 $j \in N_2(\bar{x})$ 时, 有 $g_j(\bar{x}) = 0$, $\bar{\lambda}_j \in \mathrm{int}\, \mathcal{K}_{m_j}$, 则 $T_{\mathcal{K}_{m_j}}(g_j(\bar{x})) = \mathcal{K}_{m_j}$ 且 $\bar{\lambda}_j^{\perp} = \{0\}$, 因此 $(T_{\mathcal{K}_{m_j}}(g_j(\bar{x})) \cap \bar{\lambda}_j^{\perp})^- = \Re^{m_j}$. 由引理 8.1, 对任何 $h_j \in \Re^{m_j}$,

$j \in N_2(\bar{x})$, 有 $\Pi'_{\mathcal{K}_{m_j}}(g_j(\bar{x})-\bar{\lambda}_j;h_j)=0$ 成立. 因此, $\Pi'_{\mathcal{K}_{m_j}}(g_j(\bar{x})-\bar{\lambda}_j;h_j)=0 \Longleftrightarrow h_j \in (T_{\mathcal{K}_{m_j}}(g_j(\bar{x}))\cap \bar{\lambda}_j^{\perp})^-$.

情况 3 当 $j \in N_3(\bar{x})$ 时, 有 $g_j(\bar{x}) := (\bar{g}_{j1};\bar{g}_{j2}) \in \mathrm{bd}\,\mathcal{K}_{m_j}\setminus\{0\}$, $\bar{\lambda}_j = (\sigma\bar{g}_{j1};-\sigma\bar{g}_{j2}) \in \mathrm{bd}\,\mathcal{K}_{m_j}\setminus\{0\}$, $\sigma>0$, 则

$$T_{\mathcal{K}_{m_j}}(g_j(\bar{x}))=\left\{d \,\middle|\, \left\langle d,\begin{pmatrix}\bar{g}_{j1}\\ -\bar{g}_{j2}\end{pmatrix}\right\rangle \geqslant 0\right\}$$

且

$$T_{\mathcal{K}_{m_j}}(g_j(\bar{x}))\cap\bar{\lambda}_j^{\perp}=\left\{d \,\middle|\, \left\langle d,\begin{pmatrix}\bar{g}_{j1}\\ -\bar{g}_{j2}\end{pmatrix}\right\rangle = 0\right\},$$

因此 $T_{\mathcal{K}_{m_j}}(g_j(\bar{x}))\cap\bar{\lambda}_j^{\perp})^- = \Re\begin{pmatrix}\bar{g}_{j1}\\ -\bar{g}_{j2}\end{pmatrix}$. 另一方面, 可以推断

$$\Pi'_{\mathcal{K}_{m_j}}(g_j(\bar{x})-\bar{\lambda}_j;h_j)=\mathcal{J}\Pi_{\mathcal{K}_{m_j}}(g_j(\bar{x})-\bar{\lambda}_j)h_j=A_jh_j=0,$$

当且仅当 $h_j \in \Re(\bar{g}_{j1};-\bar{g}_{j2})$. 那么 $\Pi'_{\mathcal{K}_{m_j}}(g_j(\bar{x})-\bar{\lambda}_j;h_j)=0 \Longleftrightarrow h_j\in T_{\mathcal{K}_{m_j}}(g_j(\bar{x}))\cap \bar{\lambda}_j^{\perp})^-$.

情况 4 当 $j \in N_4(\bar{x})$ 时, 有 $g_j(\bar{x}) := (\bar{g}_{j1};\bar{g}_{j2}) \in \mathrm{bd}\,\mathcal{K}_{m_j}\setminus\{0\}$, $\bar{\lambda}_j=0$, $\bar{y}_j := g_j(\bar{x})-\bar{\lambda}_j = g_j(\bar{x})$, $c_1(\bar{y}_j)=\dfrac{1}{2}\left(1;-\dfrac{\bar{g}_{j2}}{\bar{g}_{j1}}\right)$, 则

$$T_{\mathcal{K}_{m_j}}(g_j(\bar{x}))\cap\bar{\lambda}_j^{\perp}=\left\{d \,\middle|\, \left\langle d,\begin{pmatrix}\bar{g}_{j1}\\ -\bar{g}_{j2}\end{pmatrix}\right\rangle \geqslant 0\right\},$$

因此 $(T_{\mathcal{K}_{m_j}}(g_j(\bar{x}))\cap\bar{\lambda}_j^{\perp})^- = \Re_-\begin{pmatrix}\bar{g}_{j1}\\ -\bar{g}_{j2}\end{pmatrix}$. 另一方面, 由引理 8.1,

$$\Pi'_{\mathcal{K}_{m_j}}(g_j(\bar{x})-\bar{\lambda}_j;h_j)=h_j-2[c_1(\bar{y}_j)^{\mathrm{T}}h_j]_-c_1(\bar{y}_j)=0$$

当且仅当 $h_j=2[c_1(\bar{y}_j)^{\mathrm{T}}h_j]_-c_1(\bar{y}_j)\in\Re_-(\bar{g}_{j1};-\bar{g}_{j2})$. 因此有 $\Pi'_{\mathcal{K}_{m_j}}(g_j(\bar{x})-\bar{\lambda}_j;h_j)=0 \Longleftrightarrow h_j\in (T_{\mathcal{K}_{m_j}}(g_j(\bar{x}))\cap \bar{\lambda}_j^{\perp})^-$.

情况 5 当 $j \in N_5(\bar{x})$ 时, 有 $g_j(\bar{x})=0$, $\bar{\lambda}_j \in \mathrm{bd}\,\mathcal{K}_{m_j}\setminus\{0\}$, $\bar{y}_j := g_j(\bar{x})-\bar{\lambda}_j = -\bar{\lambda}_j$, $c_2(\bar{y}_j)=\dfrac{1}{2}\left(1;-\dfrac{\bar{\lambda}_{j2}}{\bar{\lambda}_{j1}}\right)$, 则

$$T_{\mathcal{K}_{m_j}}(g_j(\bar{x}))\cap\bar{\lambda}_j^{\perp}=\Re_+\begin{pmatrix}\bar{\lambda}_{j1}\\ -\bar{\lambda}_{j2}\end{pmatrix},$$

因此

$$(T_{\mathcal{K}_{m_j}}(g_j(\bar{x}))\cap\bar{\lambda}_j^{\perp})^-=\left\{d\,\middle|\,\left\langle d,\begin{pmatrix}\bar{\lambda}_{j1}\\-\bar{\lambda}_{j2}\end{pmatrix}\right\rangle\leqslant 0\right\}.$$

另一方面, 由引理 8.1,

$$\Pi'_{\mathcal{K}_{m_j}}(g_j(\bar{x})-\bar{\lambda}_j;h_j)=2[c_2(\bar{y}_j)^{\mathrm{T}}h_j]_+c_2(\bar{y}_j)=0$$

当且仅当 $c_2(\bar{y}_j)^{\mathrm{T}}h_j\leqslant 0$, 即

$$h_j\in\left\{d\,\middle|\,\left\langle d,\begin{pmatrix}\bar{\lambda}_{j1}\\-\bar{\lambda}_{j2}\end{pmatrix}\right\rangle\leqslant 0\right\}.$$

因此有 $\Pi'_{\mathcal{K}_{m_j}}(g_j(\bar{x})-\bar{\lambda}_j;h_j)=0\Longleftrightarrow h_j\in(T_{\mathcal{K}_{m_j}}(g_j(\bar{x}))\cap\bar{\lambda}_j^{\perp})^-$ 成立.

情况 6　当 $j\in N_6(\bar{x})$ 时, 有 $g_j(\bar{x})=0$, $\bar{\lambda}_j=0$, 则 $T_{\mathcal{K}_{m_j}}(g_j(\bar{x}))\cap\bar{\lambda}_j^{\perp}=\mathcal{K}_{m_j}$, 因此 $(T_{\mathcal{K}_{m_j}}(g_j(\bar{x}))\cap\bar{\lambda}_j^{\perp})^-=-\mathcal{K}_{m_j}$. 另一方面,

$$\Pi'_{\mathcal{K}_{m_j}}(g_j(\bar{x})-\bar{\lambda}_j;h_j)=\Pi_{\mathcal{K}_{m_j}}(h_j)=0$$

当且仅当 $h_j\in-\mathcal{K}_{m_j}$, 即 $\Pi'_{\mathcal{K}_{m_j}}(g_j(\bar{x})-\bar{\lambda}_j;h_j)=0\Longleftrightarrow h_j\in(T_{\mathcal{K}_{m_j}}(g_j(\bar{x}))\cap\bar{\lambda}_j^{\perp})^-$.

综上六种情况的讨论, 结论成立. ■

下面将建立当问题 (P) 在 KKT 点的二阶充分性条件下, $\mathcal{X}(p)$ 和 $\mathcal{S}(p)$ 的孤立平稳性.

定理 8.11　考虑二阶锥规划 (P) 并设 $(0,\bar{x},\bar{\lambda},\bar{\mu})\in\operatorname{gph}\mathcal{S}$. 如果严格约束规范在 $\bar{x}$ 处成立, $(\bar{\lambda},\bar{\mu})\in\Lambda_0(\bar{x})$, 且二阶充分性条件在 $(\bar{x},\bar{\lambda},\bar{\mu})$ 处成立, 即

$$Q(d):=d^{\mathrm{T}}\nabla^2_{xx}L(\bar{x},\bar{\lambda},\bar{\mu})d+d^{\mathrm{T}}\mathcal{H}(\bar{x},\bar{\lambda})d>0,\quad\forall d\in C(\bar{x})\setminus\{0\},\tag{8.82}$$

其中 $\mathcal{H}(\bar{x},\bar{\lambda})$ 如 (8.25) 中定义. 那么 $\mathcal{S}$ 在 $(0,\bar{x},\bar{\lambda},\bar{\mu})$ 处是孤立平稳的.

证明　反证法. 如果 $\mathcal{S}$ 在 $(0,\bar{x},\bar{\lambda},\bar{\mu})$ 处不是孤立平稳的, 由定理 8.10, 存在 $(u,v,w)\neq 0$ 是 $(\lambda,\mu)=(\bar{\lambda},\bar{\mu})$ 时 (8.76)—(8.78) 的解. 由引理 8.7 知 $u\in C(\bar{x})$.

如果 $u=0$, (8.76)—(8.78) 退化为

$$\begin{aligned}-\nabla g(\bar{x})v-\nabla h(\bar{x})w&=0,\\\Pi'_{\mathcal{K}}(g(\bar{x})-\lambda;-v)&=0.\end{aligned}\tag{8.83}$$

由引理 8.8 知 (8.83) 等价于

$$-v\in(T_{\mathcal{K}}(g(\bar{x}))\cap\bar{\lambda}^{\perp})^-.$$

因为严格约束规范 $\bar{x}$ 处成立, $(\bar{\lambda},\bar{\mu})\in\Lambda_0(\bar{x})$, 可得 $v=0$, $w=0$, 与 $(u,v,w)\neq 0$ 矛盾. 因此 $u\neq 0$.

在 (8.76) 两边乘以 u^{T}, 结合 (8.77) 和 (8.78) 可得

$$\alpha^{\mathrm{T}}v=u^{\mathrm{T}}\nabla_{xx}^2L(\bar{x},\bar{\lambda},\bar{\mu})u,$$

其中 $\alpha=\Pi'_{\mathcal{K}}(g(\bar{x})-\bar{\lambda};\mathcal{J}g(\bar{x})u-v)$, 那么

$$\begin{aligned}&u^{\mathrm{T}}\nabla_{xx}^2L(\bar{x},\bar{\lambda},\bar{\mu})u+u^{\mathrm{T}}\mathcal{H}(\bar{x},\bar{\lambda})u\\=&\alpha^{\mathrm{T}}v+u^{\mathrm{T}}\mathcal{H}(\bar{x},\bar{\lambda})u\\=&\sum_{j=1}^{J}\{\alpha_j^{\mathrm{T}}v_j+u^{\mathrm{T}}\mathcal{H}_j(\bar{x},\bar{\lambda}_j)u\}.\end{aligned}$$

方便起见, 记 $\bar{y}=g(\bar{x})-\bar{\lambda}$. 由 (8.77) 和 (8.80), 我们仍分下述六种情况讨论:

情况 1 当 $j\in N_1(\bar{x})$ 时, 有 $\alpha_j=\mathcal{J}g_j(\bar{x})u=\mathcal{J}g_j(\bar{x})u-v_j$ 和 $\mathcal{H}_j(\bar{x},\bar{\lambda}_j)=0$, 则 $v_j=0$, 因此 $\alpha_j^{\mathrm{T}}v_j+u^{\mathrm{T}}\mathcal{H}_j(\bar{x},\bar{\lambda}_j)u=0$.

情况 2 当 $j\in N_2(\bar{x})$ 时, 有 $\alpha_j=0$ 和 $\mathcal{H}_j(\bar{x},\bar{\lambda}_j)=0$, 则有 $\alpha_j^{\mathrm{T}}v_j+u^{\mathrm{T}}\mathcal{H}_j(\bar{x},\bar{\lambda}_j)u=0$.

情况 3 当 $j\in N_3(\bar{x})$ 时, 有 $g_j(\bar{x}):=(\bar{g}_{j1};\bar{g}_{j2})\in\operatorname{bd}\mathcal{K}_{m_j}\setminus\{0\}$, $\bar{\lambda}_j=(\sigma\bar{g}_{j1};-\sigma\bar{g}_{j2})\in\operatorname{bd}\mathcal{K}_{m_j}\setminus\{0\}$, $\sigma>0$, 则 $\bar{y}_j=g_j(\bar{x})-\bar{\lambda}_j=((1-\sigma)\bar{g}_{j1};(1+\sigma)\bar{g}_{j2})$. 记 $w_j:=\dfrac{\bar{g}_{j2}}{\|\bar{g}_{j2}\|}$, 我们有

$$\alpha_j=\mathcal{J}\Pi_{\mathcal{K}_{m_j}}(\bar{y}_j)(\mathcal{J}g_j(\bar{x})u-v_j)=A_j(\mathcal{J}g_j(\bar{x})u-v_j).$$

另一方面, $\alpha_j=\mathcal{J}g_j(\bar{x})u$, 则有 $(A_j-I)\mathcal{J}g_j(\bar{x})u=A_jv_j$, 因此

$$\begin{aligned}\alpha_j^{\mathrm{T}}v_j&=(\mathcal{J}g_j(\bar{x})u-v_j)^{\mathrm{T}}A_j^{\mathrm{T}}v_j=(\mathcal{J}g_j(\bar{x})u-v_j)^{\mathrm{T}}A_jv_j\\&=(\mathcal{J}g_j(\bar{x})u-v_j)^{\mathrm{T}}(A_j-I)\mathcal{J}g_j(\bar{x})u\\&=(\mathcal{J}g_j(\bar{x})u-v_j)^{\mathrm{T}}(A_j-I)A_j(\mathcal{J}g_j(\bar{x})u-v_j)\\&=-(\mathcal{J}g_j(\bar{x})u-v_j)^{\mathrm{T}}\begin{pmatrix}0&0\\0&\dfrac{\sigma}{(1+\sigma)^2}I-\dfrac{\sigma}{(1+\sigma)^2}w_jw_j^{\mathrm{T}}\end{pmatrix}(\mathcal{J}g_j(\bar{x})u-v_j).\end{aligned}$$

此外, 由 (8.77), 还有

$$\begin{aligned}u^{\mathrm{T}}\mathcal{H}_j(\bar{x},\bar{\lambda}_j)u&=-\sigma(\mathcal{J}g_j(\bar{x})u)^{\mathrm{T}}R_{m_j}\mathcal{J}g_j(\bar{x})u\\&=-\sigma(\mathcal{J}g_j(\bar{x})u-v_j)^{\mathrm{T}}A_j^{\mathrm{T}}R_{m_j}A_j(\mathcal{J}g_j(\bar{x})u-v_j)\\&=-(\mathcal{J}g_j(\bar{x})u-v_j)^{\mathrm{T}}\begin{pmatrix}0&0\\0&\dfrac{\sigma}{(1+\sigma)^2}I-\dfrac{\sigma}{(1+\sigma)^2}w_jw_j^{\mathrm{T}}\end{pmatrix}(\mathcal{J}g_j(\bar{x})u-v_j),\end{aligned}$$

其中 $R_{m_j}=\begin{pmatrix}1 & 0^{\mathrm{T}}\\ 0 & -I\end{pmatrix}$. 则 $\alpha_j^{\mathrm{T}}v_j+u^{\mathrm{T}}\mathcal{H}_j(\bar{x},\bar{\lambda}_j)u=0$.

情况 4　当 $j\in N_4(\bar{x})$ 时, 有 $\mathcal{H}_j(\bar{x},\bar{\lambda}_j)=0$. 记 $t:=c_1(\bar{y}_j)^{\mathrm{T}}(\mathcal{J}g_j(\bar{x})u-v_j)$, 那么 $\alpha_j=(\mathcal{J}g_j(\bar{x})u-v_j)-2t_-c_1(\bar{y}_j)=\mathcal{J}g_j(\bar{x})u$ 且 $v_j=-2t_-c_1(\bar{y}_j)$, 因此

$$\begin{aligned}\alpha_j^{\mathrm{T}}v_j&=(\mathcal{J}g_j(\bar{x})u-v_j)^{\mathrm{T}}v_j-2t_-(c_1(\bar{y}_j)^{\mathrm{T}}v_j)\\&=-2t_-(\mathcal{J}g_j(\bar{x})u-v_j)^{\mathrm{T}}c_1(\bar{y}_j)+4t_-^2(c_1(\bar{y}_j)^{\mathrm{T}}c_1(\bar{y}_j))\\&=-2t_-t+2t_-^2=0.\end{aligned}$$

因此有 $\alpha_j^{\mathrm{T}}v_j+u^{\mathrm{T}}\mathcal{H}_j(\bar{x},\bar{\lambda}_j)u=0$.

情况 5　当 $j\in N_5(\bar{x})$ 时, 有 $\mathcal{H}_j(\bar{x},\bar{\lambda}_j)=0$. 记 $t:=c_2(\bar{y}_j)^{\mathrm{T}}(\mathcal{J}g_j(\bar{x})u-v_j)$, 那么 $\alpha_j=2t_+c_2(\bar{y}_j)=\mathcal{J}g_j(\bar{x})u$, 因此

$$\begin{aligned}\alpha_j^{\mathrm{T}}v_j&=\alpha_j^{\mathrm{T}}[\alpha_j-(\mathcal{J}g_j(\bar{x})u-v_j)]\\&=4t_+^2(c_2(\bar{y}_j)^{\mathrm{T}}c_2(\bar{y}_j))-2t_+[c_2(\bar{y}_j)^{\mathrm{T}}(\mathcal{J}g_j(\bar{x})u-v_j)]\\&=2t_+^2-2t_+t=0.\end{aligned}$$

因此有 $\alpha_j^{\mathrm{T}}v_j+u^{\mathrm{T}}\mathcal{H}_j(\bar{x},\bar{\lambda}_j)u=0$.

情况 6　当 $j\in N_6(\bar{x})$ 时, 有 $\alpha_j=\mathcal{J}g_j(\bar{x})u=\Pi_{\mathcal{K}_{m_j}}(\mathcal{J}g_j(\bar{x})u-v_j)$ 和 $\mathcal{H}_j(\bar{x},\bar{\lambda}_j)=0$. 由 [73, proposition 6.17] 可得 $-v_j\in N_{\mathcal{K}_{m_j}}(\mathcal{J}g_j(\bar{x})u)$, 则 $\alpha_j^{\mathrm{T}}v_j=v_j^{\mathrm{T}}\mathcal{J}g_j(\bar{x})u=0$, 因此有 $\alpha_j^{\mathrm{T}}v_j+u^{\mathrm{T}}\mathcal{H}_j(\bar{x},\bar{\lambda}_j)u=0$.

综上六种情况, 可以选取 $u\in C(\bar{x})\setminus\{0\}$ 使得 $u^{\mathrm{T}}\nabla_{xx}^2L(\bar{x},\bar{\lambda},\bar{\mu})u+u^{\mathrm{T}}\mathcal{H}(\bar{x},\bar{\lambda})u=0$, 这与问题 (P) 在 $(\bar{x},\bar{\lambda},\bar{\mu})$ 处的二阶充分性条件矛盾, 因此 $\mathcal{S}$ 在 $(0,\bar{x},\bar{\lambda},\bar{\mu})$ 处是孤立平稳的. ■

如果严格约束规范在 $\bar{x}$ 处成立, $(\bar{\lambda},\bar{\mu})\in\Lambda_0(\bar{x})$, 我们有 $\Lambda_0(\bar{x})=\{(\bar{\lambda},\bar{\mu})\}$ 且 $F(\bar{x},\bar{\lambda},\bar{\mu})=0$. 由定理 3.9, $\mathcal{X}$ 在 $(0,\bar{x})$ 处是孤立平稳的当且仅当

$$u\in D\mathcal{X}(0,\bar{x})(0)\Longrightarrow u=0. \tag{8.84}$$

由定理 8.9, (8.84) 等价于

$$0\in DF(\bar{x},\bar{\lambda},\bar{\mu})(u,\Re^m,\Re^q)\Longrightarrow u=0,$$

由引理 8.6, 这等价于当 $u\neq 0$ 且 $(\lambda,\mu)=(\bar{\lambda},\bar{\mu})$ 时, (8.76)—(8.78) 无解. 类似于定理 8.11 的证明, 稳定点映射 $\mathcal{X}$ 在 $(0,\bar{x})$ 处也具有孤立平稳性.

定理 8.12　考虑二阶锥规划 (P) 并设 $(0,\bar{x})\in\operatorname{gph}\mathcal{X}$. 如果严格约束规范在 $\bar{x}$ 处成立, $(\bar{\lambda},\bar{\mu})\in\Lambda_0(\bar{x})$, 且二阶充分性条件在 $(\bar{x},\bar{\lambda},\bar{\mu})$ 处成立, 那么 $\mathcal{X}$ 在 $(0,\bar{x})$ 处是孤立平稳的.

下文将探讨定理 8.11 的相反方向是否成立, 首先证明下述引理.

引理 8.9 考虑二阶锥规划 (P) 并设 $(0,\bar{x},\bar{\lambda},\bar{\mu})\in \mathrm{gph}\,\mathcal{S}$. 假设 $\mathcal{S}$ 在 $(0,\bar{x},\bar{\lambda},\bar{\mu})$ 处是孤立平稳的, 且严格约束规范在 $\bar{x}$ 处依乘子 $(\bar{\lambda},\bar{\mu})\in\Lambda_0(\bar{x})$ 成立. 如果存在 $\tilde{u}\in C(\bar{x})\setminus\{0\}$ 使得

$$\tilde{u}^{\mathrm{T}}\nabla_{xx}^2 L(\bar{x},\bar{\lambda},\bar{\mu})\tilde{u}+\tilde{u}^{\mathrm{T}}\mathcal{H}(\bar{x},\bar{\lambda})\tilde{u}=0,$$

那么存在 $z\in C(\bar{x})$ 使得

$$z^{\mathrm{T}}\nabla_{xx}^2 L(\bar{x},\bar{\lambda},\bar{\mu})\tilde{u}+z^{\mathrm{T}}\mathcal{H}(\bar{x},\bar{\lambda})\tilde{u}<0. \tag{8.85}$$

证明 反证法. 假设对任何 $z\in C(\bar{x})$, 不等式 (8.85) 不成立. 则 $z=\tilde{u}$ 是下述线性二阶锥规划问题的最优解:

$$\left\{\begin{array}{lll}\min\limits_{z\in\Re^m} & z^{\mathrm{T}}\nabla_{xx}^2 L(\bar{x},\bar{\lambda},\bar{\mu})\tilde{u}+z^{\mathrm{T}}\mathcal{H}(\bar{x},\bar{\lambda})\tilde{u} & \\ \text{s.t.} & \mathcal{J}h(\bar{x})z=0, & \\ & \mathcal{J}g_j(\bar{x})z\in\Re^{m_j}, & j\in N_1(\bar{x}),\\ & \mathcal{J}g_j(\bar{x})z=0, & j\in N_2(\bar{x}),\\ & \left\langle \mathcal{J}g_j(\bar{x})z,\begin{pmatrix} g_{j1}(\bar{x})\\ -g_{j2}(\bar{x})\end{pmatrix}\right\rangle=0, & j\in N_3(\bar{x}),\\ & \left\langle \mathcal{J}g_j(\bar{x})z,\begin{pmatrix} g_{j1}(\bar{x})\\ -g_{j2}(\bar{x})\end{pmatrix}\right\rangle\geqslant 0, & j\in N_4(\bar{x}),\\ & \mathcal{J}g_j(\bar{x})z\in\Re_+\begin{pmatrix}\bar{\lambda}_{j1}\\ -\bar{\lambda}_{j2}\end{pmatrix}, & j\in N_5(\bar{x}),\\ & \mathcal{J}g_j(\bar{x})z\in\mathcal{K}_{m_j}, & j\in N_6(\bar{x}).\end{array}\right. \tag{8.86}$$

因为严格约束规范在 $\bar{x}$ 处依乘子 $(\bar{\lambda},\bar{\mu})\in\Lambda_0(\bar{x})$ 成立, 则 (8.86) 的 Robinson 约束规范在 $z=\tilde{u}$ 处成立. 因此存在乘子 $(\delta,\tau)\in\Re^m\times\Re^q$ 使得

$$\nabla_{xx}^2 L(\bar{x},\bar{\lambda},\bar{\mu})\tilde{u}+\mathcal{H}(\bar{x},\bar{\lambda})\tilde{u}+\nabla g(\bar{x})\delta+\nabla h(\bar{x})\tau=0, \tag{8.87}$$

$$\begin{array}{ll} j\in N_1(\bar{x}), & \delta_j=0;\\ j\in N_2(\bar{x}), & \delta_j\in\Re^{m_j};\\ j\in N_3(\bar{x}), & \delta_j\in\Re(g_{j1}(\bar{x});-g_{j2}(\bar{x}));\\ j\in N_4(\bar{x}), & \delta_j\in\Re_-(g_{j1}(\bar{x});-g_{j2}(\bar{x})),\langle\delta_j,\mathcal{J}g_j(\bar{x})\tilde{u}\rangle=0;\\ j\in N_5(\bar{x}), & \left\langle\delta_j,\begin{pmatrix}\bar{\lambda}_{j1}\\ -\bar{\lambda}_{j2}\end{pmatrix}\right\rangle\leqslant 0,\langle\delta_j,\mathcal{J}g_j(\bar{x})\tilde{u}\rangle=0;\\ j\in N_6(\bar{x}), & \delta_j\in-\mathcal{K}_{m_j},\langle\delta_j,\mathcal{J}g_j(\bar{x})\tilde{u}\rangle=0.\end{array} \tag{8.88}$$

令

$$v_j := \begin{cases} \dfrac{\bar{\lambda}_{j1}}{g_{j1}(\bar{x})} R_{m_j} \mathcal{J} g_j(\bar{x})\tilde{u} - \delta_j, & j \in N_3(\bar{x}), \\ -\delta_j, & \text{否则}, \end{cases} \tag{8.89}$$

其中 $j = 1, 2, \cdots, J$, $w := -\tau$, 则 (8.87) 可被写为

$$\nabla^2_{xx} L(\bar{x}, \bar{\lambda}, \bar{\mu})\tilde{u} - \nabla g(\bar{x})v - \nabla h(\bar{x})w = 0.$$

结合 $\tilde{u} \in C(\bar{x}) \setminus \{0\}$, 可得 $(\tilde{u}, v, w) \neq 0$ 满足 (8.76), (8.78), 其中 $(\lambda, \mu) = (\bar{\lambda}, \bar{\mu})$. 下证 (8.77) 也成立. 记 $\bar{y} = g(\bar{x}) - \bar{\lambda}$. 下面分六种情况讨论.

情况 1　当 $j \in N_1(\bar{x})$ 时, 有 $\Pi'_{\mathcal{K}_{m_j}}(\bar{y}_j; \mathcal{J} g_j(\bar{x})\tilde{u} - v_j) = \mathcal{J} g_j(\bar{x})\tilde{u} - v_j = \mathcal{J} g_j(\bar{x})\tilde{u}$.

情况 2　当 $j \in N_2(\bar{x})$ 时, 有 $\Pi'_{\mathcal{K}_{m_j}}(\bar{y}_j; \mathcal{J} g_j(\bar{x})\tilde{u} - v_j) = 0 = \mathcal{J} g_j(\bar{x})\tilde{u}$.

情况 3　当 $j \in N_3(\bar{x})$ 时, 有 $g_j(\bar{x}) := (\bar{g}_{j1}; \bar{g}_{j2}) \in \operatorname{bd} \mathcal{K}_{m_j} \setminus \{0\}$, $\bar{\lambda}_j = (\sigma \bar{g}_{j1}; -\sigma \bar{g}_{j2}) \in \operatorname{bd} \mathcal{K}_{m_j} \setminus \{0\}$, $\sigma > 0$, 则 $\bar{y}_j = g_j(\bar{x}) - \bar{\lambda}_j = ((1-\sigma)\bar{g}_{j1}; (1+\sigma)\bar{g}_{j2})$. 记 $w_j := \dfrac{\bar{g}_{j2}}{\|\bar{g}_{j2}\|}$, 则 $\delta_j \in \Re(1; -w_j)$, 并且有

$$\begin{aligned}
&\Pi'_{\mathcal{K}_{m_j}}(\bar{y}_j; \mathcal{J} g_j(\bar{x})\tilde{u} - v_j) \\
=& \mathcal{J}\Pi_{\mathcal{K}_{m_j}}(\bar{y}_j)(\mathcal{J} g_j(\bar{x})\tilde{u} - v_j) \\
=& \mathcal{J}\Pi_{\mathcal{K}_{m_j}}(\bar{y}_j)(\mathcal{J} g_j(\bar{x})\tilde{u} - \sigma R_{m_j} \mathcal{J} g_j(\bar{x})\tilde{u} + \delta_j) \\
=& \frac{1}{2}\begin{pmatrix} 1 & w_j^{\mathrm{T}} \\ w_j & \dfrac{2}{1+\sigma} I - \dfrac{1-\sigma}{1+\sigma} w_j w_j^T \end{pmatrix} (I - \sigma R_{m_j}) \mathcal{J} g_j(\bar{x})\tilde{u} \\
&+ \frac{1}{2}\begin{pmatrix} 1 & w_j^{\mathrm{T}} \\ w_j & \dfrac{2}{1+\sigma} I - \dfrac{1-\sigma}{1+\sigma} w_j w_j^{\mathrm{T}} \end{pmatrix} \delta_j \\
=& \frac{1}{2}\begin{pmatrix} 1 & w_j^{\mathrm{T}} \\ w_j & \dfrac{2}{1+\sigma} I - \dfrac{1-\sigma}{1+\sigma} w_j w_j^{\mathrm{T}} \end{pmatrix} \begin{pmatrix} 1-\sigma & 0^{\mathrm{T}} \\ 0 & (1+\sigma) I \end{pmatrix} \mathcal{J} g_j(\bar{x})\tilde{u} \\
=& \mathcal{J} g_j(\bar{x})\tilde{u} + \frac{1}{2}\begin{pmatrix} -1-\sigma & (1+\sigma) w_j^{\mathrm{T}} \\ (1-\sigma) w_j & -(1-\sigma) w_j w_j^{\mathrm{T}} \end{pmatrix} \mathcal{J} g_j(\bar{x})\tilde{u}.
\end{aligned}$$

因为 $\tilde{u} \in C(\bar{x})$, 有

$$\left\langle \mathcal{J} g_j(\bar{x})\tilde{u}, \begin{pmatrix} g_{j1}(\bar{x}) \\ -g_{j2}(\bar{x}) \end{pmatrix} \right\rangle = 0,$$

则

$$\frac{1}{2}\begin{pmatrix} -1-\sigma & (1+\sigma)w_j^{\mathrm{T}} \\ (1-\sigma)w_j & -(1-\sigma)w_jw_j^{\mathrm{T}} \end{pmatrix}\mathcal{J}g_j(\bar{x})\tilde{u}=0,$$

因此 $\Pi'_{\mathcal{K}_{m_j}}(\bar{y}_j;\mathcal{J}g_j(\bar{x})\tilde{u}-v_j)=\mathcal{J}g_j(\bar{x})\tilde{u}$.

情况 4 当$j\in N_4(\bar{x})$ 时, 有 $\bar{\lambda}_j=0$ 且 $\bar{y}_j=g_j(\bar{x}):=(\bar{g}_{j1};\bar{g}_{j2})\in \mathrm{bd}\,\mathcal{K}_{m_j}\setminus\{0\}$. 记 $w_j:=\dfrac{\bar{g}_{j2}}{\|\bar{g}_{j2}\|}$, 则 $c_1(\bar{y}_j)=\dfrac{1}{2}(1;-w_j)$. 令 $\delta_j=l(\bar{g}_{j1};-\bar{g}_{j2})$, 其中 $l\leqslant 0$, 则 $\delta_j=2l\bar{g}_{j1}c_1(\bar{y}_j)$. 因为 $\langle\delta_j,\mathcal{J}g_j(\bar{x})\tilde{u}\rangle=0$ 且 $\left\langle \mathcal{J}g_j(\bar{x})\tilde{u},\begin{pmatrix}\bar{g}_{j1}\\ -\bar{g}_{j2}\end{pmatrix}\right\rangle\geqslant 0$, 可得 $l=0$ 或 $\left\langle \mathcal{J}g_j(\bar{x})\tilde{u},\begin{pmatrix}\bar{g}_{j1}\\ -\bar{g}_{j2}\end{pmatrix}\right\rangle=0$, 即 $l=0$ 或 $(\mathcal{J}g_j(\bar{x})\tilde{u})^{\mathrm{T}}c_1(\bar{y}_j)=0$. 记 $t:=c_1(\bar{y}_j)^{\mathrm{T}}(\mathcal{J}g_j(\bar{x})\tilde{u}-v_j)$, 那么

$$t=c_1(\bar{y}_j)^{\mathrm{T}}\mathcal{J}g_j(\bar{x})\tilde{u}+c_1(\bar{y}_j)^{\mathrm{T}}\delta_j=c_1(\bar{y}_j)^{\mathrm{T}}\mathcal{J}g_j(\bar{x})\tilde{u}+l\bar{g}_{j1}.$$

如果 $l=0$, 有 $v_j=-\delta_j=0$ 且 $t=c_1(\bar{y}_j)^{\mathrm{T}}\mathcal{J}g_j(\bar{x})\tilde{u}\geqslant 0$, 则 $t_-=0$, 因此

$$\Pi'_{\mathcal{K}_{m_j}}(\bar{y}_j;\mathcal{J}g_j(\bar{x})\tilde{u}-v_j)=(\mathcal{J}g_j(\bar{x})\tilde{u}-v_j)-2t_-c_1(\bar{y}_j)=\mathcal{J}g_j(\bar{x})\tilde{u}.$$

如果 $(\mathcal{J}g_j(\bar{x})\tilde{u})^{\mathrm{T}}c_1(\bar{y}_j)=0$, 有 $t=l\bar{g}_{j1}\leqslant 0$, 则 $t_-=l\bar{g}_{j1}$, 因此

$$\begin{aligned}\Pi'_{\mathcal{K}_{m_j}}(\bar{y}_j;\mathcal{J}g_j(\bar{x})\tilde{u}-v_j)&=(\mathcal{J}g_j(\bar{x})\tilde{u}-v_j)-2t_-c_1(\bar{y}_j)\\&=\mathcal{J}g_j(\bar{x})\tilde{u}+2l\bar{g}_{j1}c_1(\bar{y}_j)-2l\bar{g}_{j1}c_1(\bar{y}_j)\\&=\mathcal{J}g_j(\bar{x})\tilde{u}.\end{aligned}$$

情况 5 当$j\in N_5(\bar{x})$ 时, 有 $g_j(\bar{x})=0$ 且 $\bar{\lambda}_j=-\bar{y}_j\in\mathrm{bd}\,\mathcal{K}_{m_j}\setminus\{0\}$, 则 $c_2(\bar{y}_j)=\dfrac{1}{2}\left(1;-\dfrac{\bar{\lambda}_{j1}}{\bar{\lambda}_{j2}}\right)$. 令 $\mathcal{J}g_j(\bar{x})\tilde{u}=l(\bar{\lambda}_{j1};-\bar{\lambda}_{j2})$, 其中 $l\geqslant 0$, 则 $\mathcal{J}g_j(\bar{x})\tilde{u}=2l\bar{\lambda}_{j1}c_2(\bar{y}_j)$. 因为 $\left\langle\delta_j,\begin{pmatrix}\bar{\lambda}_{j1}\\ -\bar{\lambda}_{j2}\end{pmatrix}\right\rangle\leqslant 0$ 且 $\langle\delta_j,\mathcal{J}g_j(\bar{x})\tilde{u}\rangle=0$, 可得 $2l\bar{\lambda}_{j1}c_2(\bar{y}_j)^{\mathrm{T}}\delta_j=0$, 则 $l=0$ 或 $c_2(\bar{y}_j)^{\mathrm{T}}\delta_j=0$.

记 $t:=c_2(\bar{y}_j)^{\mathrm{T}}(\mathcal{J}g_j(\bar{x})\tilde{u}-v_j)$, 那么 $t=l\bar{\lambda}_{j1}+c_2(\bar{y}_j)^{\mathrm{T}}\delta_j$. 如果 $l=0$, 有 $\mathcal{J}g_j(\bar{x})\tilde{u}=0$ 且 $t=c_2(\bar{y}_j)^{\mathrm{T}}\delta_j\leqslant 0$, 则 $t_+=0$, 因此 $\Pi'_{\mathcal{K}_{m_j}}(\bar{y}_j;\mathcal{J}g_j(\bar{x})\tilde{u}-v_j)=2t_+c_2(\bar{y}_j)=0=\mathcal{J}g_j(\bar{x})\tilde{u}$. 如果 $c_2(\bar{y}_j)^{\mathrm{T}}\delta_j=0$, 有 $t=l\bar{\lambda}_{j1}\geqslant 0$, 则 $t_+=l\bar{\lambda}_{j1}$ 且 $\Pi'_{\mathcal{K}_{m_j}}(\bar{y}_j;\mathcal{J}g_j(\bar{x})\tilde{u}-v_j)=2l\bar{\lambda}_{j1}c_2(\bar{y}_j)=\mathcal{J}g_j(\bar{x})\tilde{u}$. 因此, $\Pi'_{\mathcal{K}_{m_j}}(\bar{y}_j;\mathcal{J}g_j(\bar{x})\tilde{u}-v_j)=\mathcal{J}g_j(\bar{x})\tilde{u}$.

情况 6 当 $j \in N_6(\bar{x})$ 时, 有 $\Pi'_{\mathcal{K}_{m_j}}(\bar{y}_j; \mathcal{J}g_j(\bar{x})\tilde{u} - v_j) = \Pi_{\mathcal{K}_{m_j}}(\mathcal{J}g_j(\bar{x})\tilde{u} + \delta_j)$. 因为 $\langle \delta_j, \mathcal{J}g_j(\bar{x})\tilde{u} \rangle = 0$ 且 $\delta_j \in -\mathcal{K}_{m_j}$, 则有 $\Pi_{\mathcal{K}_{m_j}}(\mathcal{J}g_j(\bar{x})\tilde{u} + \delta_j) = \mathcal{J}g_j(\bar{x})\tilde{u}$ 成立, 因此 $\Pi'_{\mathcal{K}_{m_j}}(\bar{y}_j; \mathcal{J}g_j(\bar{x})\tilde{u} - v_j) = \mathcal{J}g_j(\bar{x})\tilde{u}$.

综上六种情况, 可知 (8.77) 成立. 那么 $(\tilde{u}, v, w) \neq 0$ 满足 (8.76)—(8.78), 其中 $(\lambda, \mu) = (\bar{\lambda}, \bar{\mu})$. 这与 $\mathcal{S}$ 在 $(0, \bar{x}, \bar{\lambda}, \bar{\mu})$ 处的孤立平稳性矛盾. ■

下述定理证明二阶充分性条件和严格约束规范也是 $\mathcal{S}$ 孤立平稳性的必要条件.

定理 8.13 考虑二阶锥规划 (P), 设 $\bar{x}$ 是 (P) 的局部极小点且 $(0, \bar{x}, \bar{\lambda}, \bar{\mu}) \in \operatorname{gph} \mathcal{S}$. 如果 $\mathcal{S}$ 在 $(0, \bar{x}, \bar{\lambda}, \bar{\mu})$ 处是孤立平稳的, 那么严格约束规范在 $\bar{x}$ 处依乘子 $(\bar{\lambda}, \bar{\mu}) \in \Lambda_0(\bar{x})$ 成立且二阶充分性条件在 $(\bar{x}, \bar{\lambda}, \bar{\mu})$ 处成立.

证明 首先证明严格约束规范在 $\bar{x}$ 处依乘子 $(\bar{\lambda}, \bar{\mu}) \in \Lambda_0(\bar{x})$ 成立. 反证法. 如果严格约束规范在 $\bar{x}$ 处不成立, 则存在 $(l, d) \in \Re^m \times \Re^q$ 且 $(l, d) \neq 0$ 使得

$$\begin{aligned} &\nabla g(\bar{x})l + \nabla h(\bar{x})d = 0, \\ &l \in (T_{\mathcal{K}}(g(\bar{x})) \cap \bar{\lambda}^{\perp})^{-}. \end{aligned} \tag{8.90}$$

由引理 8.8, (8.90) 等价于 $\Pi'_{\mathcal{K}}(g(\bar{x}) - \bar{\lambda}; l) = 0$. 取 $(u, v, w) := (0, -l, -d)$. 可以证明 $(u, v, w) \neq 0$ 满足 (8.76)—(8.78), 其中 $(\lambda, \mu) = (\bar{\lambda}, \bar{\mu})$, 这与 $\mathcal{S}$ 在 $(0, \bar{x}, \bar{\lambda}, \bar{\mu})$ 处的孤立平稳性矛盾. 因此, 严格约束规范在 $\bar{x}$ 处依乘子 $(\bar{\lambda}, \bar{\mu}) \in \Lambda_0(\bar{x})$ 成立.

下面验证二阶充分性条件在 $(\bar{x}, \bar{\lambda}, \bar{\mu})$ 处成立. 因为 $\bar{x}$ 是 (P) 的局部极小点且严格约束规范在 $\bar{x}$ 处依乘子 $(\bar{\lambda}, \bar{\mu}) \in \Lambda_0(\bar{x})$ 成立, 则二阶必要性条件在 $(\bar{x}, \bar{\lambda}, \bar{\mu})$ 处成立, 即

$$u^{\mathrm{T}} \nabla^2_{xx} L(\bar{x}, \bar{\lambda}, \bar{\mu}) u + u^{\mathrm{T}} \mathcal{H}(\bar{x}, \bar{\lambda}) u \geqslant 0, \quad \forall u \in C(\bar{x}). \tag{8.91}$$

任选 $\tilde{u} \in C(\bar{x}) \setminus \{0\}$ 且假设 $\tilde{u}^{\mathrm{T}} \nabla^2_{xx} L(\bar{x}, \bar{\lambda}, \bar{\mu}) \tilde{u} + \tilde{u}^{\mathrm{T}} \mathcal{H}(\bar{x}, \bar{\lambda}) \tilde{u} = 0$, 则由引理 8.9 知存在 $z \in C(\bar{x})$ 使得 $z^{\mathrm{T}} \nabla^2_{xx} L(\bar{x}, \bar{\lambda}, \bar{\mu}) \tilde{u} + z^{\mathrm{T}} \mathcal{H}(\bar{x}, \bar{\lambda}) \tilde{u} < 0$. 因此,

$$\begin{aligned} &(\tilde{u} + \theta z)^{\mathrm{T}} [\nabla^2_{xx} L(\bar{x}, \bar{\lambda}, \bar{\mu}) + \mathcal{H}(\bar{x}, \bar{\lambda})](\tilde{u} + \theta z) \\ =& \tilde{u}^{\mathrm{T}} [\nabla^2_{xx} L(\bar{x}, \bar{\lambda}, \bar{\mu}) + \mathcal{H}(\bar{x}, \bar{\lambda})] \tilde{u} + 2\theta \tilde{u}^{\mathrm{T}} [\nabla^2_{xx} L(\bar{x}, \bar{\lambda}, \bar{\mu}) + \mathcal{H}(\bar{x}, \bar{\lambda})] z \\ &+ \theta^2 z^{\mathrm{T}} [\nabla^2_{xx} L(\bar{x}, \bar{\lambda}, \bar{\mu}) + \mathcal{H}(\bar{x}, \bar{\lambda})] z, \end{aligned}$$

这意味着对充分小的 $\theta > 0$,

$$(\tilde{u} + \theta z)^{\mathrm{T}} [\nabla^2_{xx} L(\bar{x}, \bar{\lambda}, \bar{\mu}) + \mathcal{H}(\bar{x}, \bar{\lambda})](\tilde{u} + \theta z) < 0,$$

其中 $\tilde{u} + \theta z \in C(\bar{x})$. 这与 (8.91) 矛盾, 则对所有 $u \in C(\bar{x}) \setminus \{0\}$, 均有

$$u^{\mathrm{T}} \nabla^2_{xx} L(\bar{x}, \bar{\lambda}, \bar{\mu}) u + u^{\mathrm{T}} \mathcal{H}(\bar{x}, \bar{\lambda}) u > 0$$

成立, 即二阶充分性条件成立. ■

综合定理 8.11 和定理 8.13, 可以得到下述刻画 $\mathcal{S}$ 的孤立平稳性的结果.

定理 8.14 考虑二阶锥规划 (P), 设 $\bar{x}$ 是 (P) 的可行解且 $(\bar{\lambda},\bar{\mu})\in\Lambda_0(\bar{x})\neq\varnothing$. 那么下列叙述等价:

(a) $\bar{x}$ 是 (P) 的局部极小点且 $\mathcal{S}$ 在 $(0,\bar{x},\bar{\lambda},\bar{\mu})$ 处是孤立平稳的;

(b) 严格约束规范在 $\bar{x}$ 处依乘子 $(\bar{\lambda},\bar{\mu})\in\Lambda_0(\bar{x})$ 成立且二阶充分性条件在 $(\bar{x},\bar{\lambda},\bar{\mu})$ 处成立.

第 9 章　半定优化的稳定性分析

9.1　非线性半定规划的最优性条件

这一节讨论具有下述形式的非线性半定规划问题:

$$\begin{cases} \min\limits_{x\in Q} & f(x) \\ \text{s.t.} & G(x)\in \mathbb{S}^p_-, \end{cases} \tag{9.1}$$

其中 $f:\Re^n\to\Re$ 是实值函数, $G:\Re^n\to\mathbb{S}^p$ 是一矩阵值函数, $Q\subset\Re^n$ 是一闭凸集合.

9.1.1　对称负半定矩阵锥的切锥

这一节给出对称半负定矩阵锥 $\mathbb{S}^p_-$ 的切锥和二阶切集合的公式. 将 $\mathbb{S}^p_-$ 表示为下述凸函数的水平集

$$\mathbb{S}^p_- = \{X\in\mathbb{S}^p : \lambda_{\max}(X)\leqslant 0\}.$$

不难看到, Slater 条件对函数 $\lambda_{\max}(\cdot)$ 是成立的. 给定 $A\in\mathbb{S}^p_-$. 设 $\lambda_{\max}(A)=0$, 则 $\operatorname{rank}(A)=p-s$, 其中 s 是 A 的最大特征值的重数.

由于 $\lambda_{\max}(\cdot)$ 是 Lipschitz 连续的, $\lambda'_{\max}=\lambda^{\downarrow}_{\max}$, 根据命题 4.6, 有

$$T_{\mathbb{S}^p_-}(A)=\{H\in\mathbb{S}^p:\lambda'_{\max}(A;H)\leqslant 0\}, \tag{9.2}$$

如果 $\lambda_{\max}(A)=0, \lambda'_{\max}(A,H)=0$. 由于 $\lambda_{\max}$ 是 Lipschitz 连续的, 则 $\lambda''_{\max}=\lambda^{\downarrow\downarrow}_{\max}$, 由命题 4.7, 有 $T^{i,2}_{\mathbb{S}^p_-}(A,H)=T^2_{\mathbb{S}^p_-}(A,H)$ 且

$$T^2_{\mathbb{S}^p_-}(A,H)=\{W\in\mathbb{S}^p:\lambda''_{\max}(A;H,W)\leqslant 0\}. \tag{9.3}$$

设 E 是对应 A 的 0 特征值的特征向量空间的一组标准正交基为列构成的矩阵, 即 $E=(u_1,\cdots,u_s)$, 其中 $u_1,\cdots,u_s$ 是对应 0 特征值的特征向量, 满足 $E^{\mathrm T}E=I_s$. 根据任意特征值的方向导数公式有

$$\lambda'_{\max}(A;H)=\lambda_{\max}(E^{\mathrm T}HE). \tag{9.4}$$

如果 $\lambda_{\max}(A)=0, \lambda'_{\max}(A,H)=0$. 设 F 是对应 $E^{\mathrm T}HE$ 的 0 特征值的特征向量空间的一组标准正交基为列构成的矩阵, 即 $F=(v_1,\cdots,v_r)$, 其中 $v_1,\cdots,v_r$ 是

对应 0 特征值的特征向量, 满足 $F^{\mathrm{T}}F = I_r$, $\mathrm{rank}\,(E^{\mathrm{T}}HE) = s - r$. 根据任意特征值的二阶方向导数公式有

$$\lambda''_{\max}(A; H, W) = \lambda_{\max}[F^{\mathrm{T}}E^{\mathrm{T}}(W - 2HA^{\dagger}H)EF]. \tag{9.5}$$

结合上面关于 $\lambda'_{\max}(A; H)$ 的公式, 有

$$T_{\mathbb{S}^p_-}(A) = \{H \in \mathbb{S}^p : E^{\mathrm{T}}HE \preceq 0\}, \tag{9.6}$$

注意到, 若 $\lambda_{\max}(A) < 0$, 则 A 是锥 $\mathbb{S}^p_-$ 的内部点, 此种情形 $T_{\mathbb{S}^p_-}(A) = \mathbb{S}^p$.

现在设 $\lambda_{\max}(A) = 0, \lambda'_{\max}(A, H) = 0$. 结合上述公式可得

$$T^2_{\mathbb{S}^p_-}(A, H) = \{W \in \mathbb{S}^p : F^{\mathrm{T}}E^{\mathrm{T}}WEF \preceq 2F^{\mathrm{T}}E^{\mathrm{T}}HA^{\dagger}HEF\}. \tag{9.7}$$

设 $A \in \mathbb{S}^p_-$, $\lambda_{\max}(A) = 0$, 则

$$T_{\mathbb{S}^p_-}(A) = \{H \in \mathbb{S}^p : E^{\mathrm{T}}HE \preceq 0\},$$

从而

$$\mathrm{lin}\, T_{\mathbb{S}^p_-}(A) = \{H \in \mathbb{S}^p : E^{\mathrm{T}}HE = 0\}. \tag{9.8}$$

称点 $x \in \Re^n$ 关于光滑映射 $G : \Re^n \to \mathbb{S}^p$ 是约束非退化的, 如果

$$\mathrm{lin}\, T_{\mathbb{S}^p_-}(G(x)) + DG(x)\Re^n = \mathbb{S}^p. \tag{9.9}$$

命题 9.1 令 $G(x) \in \mathbb{S}^p_-$, $\mathrm{rank}(G(x)) = r$, 用 $u_1, \cdots, u_{p-r}$ 记矩阵 $G(x)$ 的零空间的一组标准正交基. 则点 $x \in \Re^n$ 关于映射 G 是约束非退化的充分必要条件是下述的 n 维向量是线性无关的:

$$v_{ij} = \begin{pmatrix} u_i^{\mathrm{T}} \dfrac{\partial G(x)}{\partial x_1} u_j \\ \vdots \\ u_i^{\mathrm{T}} \dfrac{\partial G(x)}{\partial x_n} u_j \end{pmatrix}, \quad 1 \leqslant i \leqslant j \leqslant p - r.$$

证明 在方程 (9.9) 的两边取直交补, 我们得点 $x \in \Re^n$ 关于映射 G 是约束非退化的当且仅当下述条件成立:

$$[\mathrm{lin}\, T_{\mathbb{S}^p_-}(A)]^{\perp} \cap [DG(x)\Re^n]^{\perp} = \{0\}, \tag{9.10}$$

其中 $A := G(x)$. 由公式 (9.8), 空间 $\mathrm{lin}\, T_{\mathbb{S}^p_-}(A)$ 的直交补由向量 $u_iu_j^{\mathrm{T}} + u_ju_i^{\mathrm{T}}$, $1 \leqslant i \leqslant j \leqslant p - r$ 生成. 因为 $DG(x)h = \sum_{k=1}^n h_k \dfrac{\partial G(x)}{\partial x_k}$, 我们有

$$[DG(x)\Re^n]^{\perp} = \left\{W \in \mathbb{S}^p : \left\langle W, \frac{\partial G(x)}{\partial x_k} \right\rangle = 0,\ k = 1, \cdots, n\right\}.$$

因此, 条件 (9.10) 成立当且仅当下述以 α_{ij}, $1 \leqslant i \leqslant j \leqslant p-r$ 为未知数的方程组只有零解:

$$\sum_{1\leqslant i\leqslant j\leqslant p-r} \alpha_{ij} \left\langle u_i u_j^{\mathrm{T}} + u_j u_i^{\mathrm{T}}, \frac{\partial G(x)}{\partial x_k} \right\rangle = 0, \quad k = 1, \cdots, n.$$

这等价于向量 v_{ij}, $1 \leqslant i \leqslant j \leqslant p-r$ 的线性无关性. ■

9.1.2　对偶性

问题 (9.1) 的 Lagrange 函数可以写为下述形式

$$L(x,Y) := f(x) + \langle Y, G(x) \rangle, \quad (x,Y) \in \Re^n \times \mathbb{S}^p.$$

因此, (9.1) 的 Lagrange 对偶问题为

$$\text{(D)} \qquad \max_{Y \succeq 0} \left\{ \inf_{x\in Q} L(x,Y) \right\}. \tag{9.11}$$

回顾, 称 $(\bar{x}, \overline{Y})$ 为 Lagrange 函数 $L(x,Y)$ 在集合 $Q \times \mathbb{S}^p_+$ 上的鞍点, 若

$$\bar{x} \in \arg\min_{x\in Q} L(x, \overline{Y}), \quad \overline{Y} \in \arg\max_{Y\in\mathbb{S}^p_+} L(\bar{x}, Y). \tag{9.12}$$

(9.12) 的第二条件意味着 $G(\bar{x}) \in \mathbb{S}^p_-$, $\overline{Y} \in \mathbb{S}^p_+$, 互补条件 $\langle \overline{Y}, G(\bar{x}) \rangle = 0$ 成立. 于是得到条件 (9.12) 等价于

$$\bar{x} \in \arg\min_{x\in Q} L(x, \overline{Y}), \quad \langle \overline{Y}, G(\bar{x}) \rangle = 0, \quad G(\bar{x}) \preceq 0, \quad \overline{Y} \succeq 0. \tag{9.13}$$

由 Lagrange 对偶的一般理论有下述结论.

命题 9.2[9,Proposition 5.77]　令 (P) 与 (D) 分别表示原始问题 (9.1) 与对偶问题 (9.11). 则val(D) $\leqslant$ val(P). 进一步, val(P) = val(D) 且 $\bar{x}$ 与 $\overline{Y}$ 分别是 (P) 与 (D) 的最优解的充分必要条件是 $(\bar{x}, \overline{Y})$ 为 $L(x,Y)$ 在 $Q \times \mathbb{S}^p_+$ 上的鞍点, 即当且仅当条件 (9.13) 成立.

现在让我们从共轭对偶性的观点来讨论原始与对偶问题. 与原始问题 (9.1) 相联系的 (标准) 参数化问题是

$$\min_{x\in Q} f(x) \quad \text{s.t.} \quad G(x) + Y \preceq 0, \tag{9.14}$$

它依赖于参数矩阵 $Y \in \mathbb{S}^p$. 我们将这一问题记为 (P_Y), 用 $v(Y)$ 记它的最优值, 即 $v(Y) := \mathrm{val}(\mathrm{P}_Y)$. 问题 (P_0) 与原始问题 (P) 重合且 val(P)= $v(0)$. 在目前的情况下, 函数 $v(\cdot)$ 的共轭函数由下式给出

$$-v^*(Y^*) = \begin{cases} \inf\limits_{x\in Q} L(x, Y^*), & Y^* \succeq 0, \\ -\infty, & \text{否则}. \end{cases} \tag{9.15}$$

因此, 对偶问题 (9.11) 可以表示为在约束 $Y \succeq 0$ 之下极大化 $-v^*(Y)$ 这一问题, 进一步, val(P)= $v(0)$ 且 val(D)= $v^{**}(0)$. 由共轭对偶性的一般性理论, 下述结果成立.

命题 9.3[9,Proposition 5.80] 下述性质成立:

(a) 若 val(D) 是有限的, 则 $\mathrm{Sol(D)} = \partial v^{**}(0)$.

(b) 若 $v(Y)$ 在 $Y = 0$ 处是次可微的, 则原始问题与对偶问题间没有对偶间隙, 且 $\mathrm{Sol(D)} = \partial v(0)$.

(c) 若 val(P) = val(D) 是有限的, 则 (可能空的) 对偶问题的最优解集 Sol(D) 与 $\partial v(0)$ 重合.

现在考虑约束规范

$$0 \in \operatorname{int}\{G(Q) - \mathbb{S}^p_-\}, \tag{9.16}$$

它意味着对 $0 \in \mathbb{S}^p$ 的邻域中的所有的 Y, 成立着 $v(Y) < +\infty$. 由共轭对偶性理论, 得到下述结果.

定理 9.1[9,Theorem 5.81] 设原始问题 (P) 是凸的. 若问题 (P) 的 Slater 条件成立, 则原始与对偶问题间没有对偶间隙, 进一步, 若它们的公共的最优值是有限的, 则对偶问题的最优解集合 Sol(D) 是非空的且有界的.

相反地, 若对偶问题具有非空有界的最优解集, 则问题 (P) 的 Slater 条件成立且原始与对偶问题间不存在对偶间隙.

9.1.3 一阶最优性条件

这一节, 我们讨论 SDP 问题 (9.1) 的一阶最优性条件. 设目标函数 $f(x)$ 与约束映射 $G(x)$ 是连续可微的. 为简单起见, 还设集合 Q 与整个空间 $\Re^n$ 重合.

暂时设问题 (P) 是凸的, 考虑最优性条件 (9.13). 因为 $L(\cdot,\overline{Y})$ 是凸的, 有 $\bar{x}$ 是 $L(\cdot,\overline{Y})$ 的极小点的充分必要条件是 $D_xL(\bar{x},\overline{Y}) = 0$. 因此, 这些条件可以表示为下述形式

$$D_xL(\bar{x},\overline{Y}) = 0, \quad \langle \overline{Y}, G(\bar{x})\rangle = 0, \quad G(\bar{x}) \preceq 0, \quad \overline{Y} \succeq 0. \tag{9.17}$$

定理 9.2[9,Theorem 5.83] 设 SDP 问题 (P) 是凸的, $\bar{x}$ 是它的最优解. 若 (P) 的 Slater 条件成立, 则 Lagrange 乘子矩阵的集合 $\Lambda(\bar{x})$ 对 (P) 的任何最优解均是非空有界的且相同的. 相反地, 若 $\Lambda(\bar{x})$ 是非空的且有界的, 则 Slater 条件成立.

因为锥 $\mathbb{S}^p_-$ 具有非空的内部, 它由负定矩阵构成, SDP 问题 (P) 的 Robinson 约束规范可以表示为下述形式:

$$\exists h \in \Re^n : G(\bar{x}) + DG(\bar{x})h \prec 0. \tag{9.18}$$

若映射 $G(x)$ 是矩阵凸的①, 则在任何可行点 $\bar{x}$ 处上述条件 (9.18) 成立的充分必要条件是问题 (P) 的 Slater 条件成立. 条件 (9.18) 表示 SDP 问题 (P) 在 $\bar{x}$ 处的线性化问题的 Slater 条件. 它还可视为一推广的 Mangasarian-Fromovitz 约束规范.

SDP 问题 (P) 的广义 Lagrange 函数为

$$L^g(x,\alpha,Y)=\alpha f(x)+\langle Y,G(x)\rangle,\quad (\alpha,Y)\in\Re\times\mathbb{S}^p,\tag{9.19}$$

用 $\Lambda^g(x)$ 记满足下述条件的广义 Lagrange 乘子 (α,Y) 的集合:

$$\begin{aligned}&\nabla_x L^g(x,\alpha,Y)=0,\quad \langle Y,G(x)\rangle=0,\quad G(x)\preceq 0,\\&Y\succeq 0,\quad \alpha\geqslant 0,\quad (\alpha,Y)\neq(0,0).\end{aligned}\tag{9.20}$$

定理 9.3[9,Theorem 5.84]　设 $\bar{x}$ 是 SDP 问题 (P) 的局部最优解. 则

(a) 满足条件 (9.20) 的广义 Lagrange 乘子集合 $\Lambda^g(\bar{x})$ 是非空的;

(b) Lagrange 乘子矩阵集合 $\Lambda(\bar{x})$ 非空且有界的充分必要条件是约束规范 (9.18) 成立.

约束规范 (9.18) 可以等价地表示为下述形式:

$$DG(\bar{x})\Re^n+T_{\mathbb{S}^p_-}(G(\bar{x}))=\mathbb{S}^p.\tag{9.21}$$

显然, 若 $\bar{x}$ 是非退化的, 则约束规范 (9.18) 在 $\bar{x}$ 处成立.

称严格互补条件在可行点 $\bar{x}$ 处成立, 若存在一 Lagrange 乘子矩阵 $Y\in\Lambda(\bar{x})$ 满足

$$\operatorname{rank}(G(\bar{x}))+\operatorname{rank}(Y)=p.\tag{9.22}$$

定理 9.4[9,Theorem 5.85]　设 $\bar{x}$ 是 SDP 问题 (P) 的局部最优解. 则下述结论成立:

(a) 若点 $\bar{x}$ 是非退化的, 则 $\Lambda(\bar{x})$ 是单点集, 即 Lagrange 乘子矩阵存在且唯一.

(b) 相反地, 若 $\Lambda(\bar{x})$ 是单点集且严格互补条件在 $\bar{x}$ 处成立, 则点 $\bar{x}$ 是非退化的.

在没有严格互补条件成立的前提下, $\bar{x}$ 的非退化性只是 Lagrange 乘子矩阵唯一性的充分条件, 但却不是必要条件. 现在讨论 Lagrange 乘子矩阵唯一性这一问题. 令 $Y\in\Lambda(\bar{x})$, $r=\operatorname{rank}(G(\bar{x}))$, $\rho=\operatorname{rank}(Y)$, 令 E 是一 $p\times(p-r)$ 矩阵, 它的列是正交的且生成矩阵 $G(\bar{x})$ 的零空间. 则由于 $Y\succeq 0$ 且互补条件成立, 有 $Y=E \circledR E^{\mathrm{T}}$,

① 称映射 $G(x)$ 是矩阵凸的, 若对任何 $t\in[0,1]$, 对任意 x_1, x_2, 有

$$tG(x_1)+(1-t)G(x_2)\succeq G(tx_1+(1-t)x_2).$$

其中 Ⓗ $\in \mathbb{S}_+^{p-r}$. 注意到, Ⓗ 的秩等于 Y 的秩 ρ. 回顾严格约束规范的定义 (见定义 4.5), 将此约束规范应用到线性化约束 $DG(\bar{x})h \in T_{\mathbb{S}_-^p}(G(\bar{x}))$, 它可以表示为下述形式

$$DG(\bar{x})\Re^n + T_{\mathbb{S}_-^p}(G(\bar{x})) \cap Y^\perp = \mathbb{S}^p, \tag{9.23}$$

其中 $Y^\perp$ 表示其值域与 Y 的值域垂直的对称矩阵的集合. 因此, 结合命题 4.4 可以得到下述命题.

命题 9.4[9,Proposition 5.86] 条件 (9.23) 是 Lagrange 乘子矩阵 Y 唯一性的充分条件.

由 $\mathbb{S}_-^p$ 的切锥的表达式 (9.6), 有

$$T_{\mathbb{S}_-^p}(G(\bar{x})) \cap Y^\perp = \{Z \in \mathbb{S}^p : E^{\mathrm{T}}ZE \preceq 0, \langle Ⓗ, E^{\mathrm{T}}ZE\rangle = 0\}. \tag{9.24}$$

因此, 若矩阵 Ⓗ 是正定的, 即严格互补条件成立, 则 (9.24) 的右端由方程 $E^{\mathrm{T}}ZE = 0$ 给出. 此种情形, $T_{\mathbb{S}_-^p}(G(\bar{x})) \cap Y^\perp$ 与 $T_{\mathbb{S}_-^p}(G(\bar{x}))$ 的线空间重合. 我们得到, 在严格互补条件成立的情况下, (9.23) 与 (9.9) 等价, 即等价于点 $\bar{x}$ 的非退化性.

现在设 Y 的秩 ρ 小于 $p-r$, 即严格互补条件不成立. 我们可取矩阵 E 满足 Ⓗ $= \begin{pmatrix} Ⓗ_{11} & 0 \\ 0 & 0. \end{pmatrix}$, 其中 $Ⓗ_{11}$ 是一 $\rho \times \rho$ 的正定矩阵. 令 $E = (E_1\, E_2)$ 是矩阵 E 的相应的分划, 因此有 $Y = E_1 Ⓗ_{11} E_1^T$. 所以

$$T_{\mathbb{S}_-^p}(G(\bar{x})) \cap Y^\perp = \{Z \in \mathbb{S}^p : E_1^{\mathrm{T}}ZE_1 = 0,\ E_1^{\mathrm{T}}ZE_2 = 0,\ E_2^{\mathrm{T}}ZE_2 \preceq 0\}. \tag{9.25}$$

设 $E = (u_1, \cdots, u_{p-r})$, 考虑向量

$$v_{ij} = \begin{pmatrix} u_i^{\mathrm{T}} \dfrac{\partial G(x)}{\partial x_1} u_j \\ \vdots \\ u_i^{\mathrm{T}} \dfrac{\partial G(x)}{\partial x_n} u_j \end{pmatrix}, \quad 1 \leqslant i \leqslant j \leqslant p-r$$

与指标集合

$$\mathcal{I} = \{(i,j) : 1 \leqslant i \leqslant j \leqslant \rho\} \cup \{(i,j) : i = 1, \cdots, \rho, j = \rho+1, \cdots, p-r\}.$$

条件 (9.23) 可由下述两个条件推出:

(i) 向量 $v_{ij}, (i,j) \in \mathcal{I}$ 是线性无关的;

(ii) 存在 $h \in \Re^n$ 满足 $h \circ v_{ij} = 0, (i,j) \in \mathcal{I}$, 且

$$\sum_{k=1}^n h_k E_2^{\mathrm{T}} \frac{\partial G(x)}{\partial x_k} E_2 \succ 0. \tag{9.26}$$

因而得到, 上述条件 (i) 与 (ii) 是 Lagrange 乘子矩阵 Y 的唯一性的充分性条件. 若 $\rho = p - r$, 即严格互补条件成立, 则上述条件 (i) 与 (ii) 可简化为向量 $v_{ij}, i, j = 1, \cdots, p - r$ 的线性无关性, 它是点 $\bar{x}$ 的非退化性的充分必要条件.

9.1.4 二阶最优性条件

这一节我们讨论 SDP 问题 (9.1) 的二阶最优性条件. 设 $f(x)$ 与 $G(x)$ 是二次连续可微的且 $Q = \Re^n$.

对 $A \in \mathbb{S}^p_-, H \in T_{\mathbb{S}^p_-}(A)$, 下面来计算二阶切集 $\mathcal{T}^2 = T^2_{\mathbb{S}^p_-}(A, H)$ 的支撑函数. 由 (9.7) 可以得到①

$$\sigma(Y, \mathcal{T}^2) = \sup\{\langle Y, W\rangle : F^{\mathrm{T}}E^{\mathrm{T}}WEF \preceq 2F^{\mathrm{T}}E^{\mathrm{T}}HA^{\dagger}HEF\}.$$

注意到这一集合是非空的. 还有, 若 $\langle Y, A\rangle \neq 0$ 或者 $\langle Y, H\rangle \neq 0$, 则 Y 不属于切锥 $T_{T_{\mathbb{S}^p_-}(A)}(H)$ 的极锥, 因此此种情况有 $\sigma(Y, \mathcal{T}^2) = +\infty$. 所以, 设 $Y \in \mathbb{S}^p_+$ 满足 $\langle Y, A\rangle = 0$ 且 $\langle Y, H\rangle = 0$, 因而 Y 可以写为形式 $Y = EF\Psi F^{\mathrm{T}}E^{\mathrm{T}}$, 其中 $\Psi \succeq 0$ 为某一矩阵. 由于 $\Psi \succeq 0$, 所以有若 $Z_1 \preceq Z_2$, 则 $\langle \Psi, Z_1\rangle \leqslant \langle \Psi, Z_2\rangle$. 从而有

$$\begin{aligned}\sigma(Y, \mathcal{T}^2) &= \sup\{\langle \Psi, Z\rangle : Z \preceq 2F^{\mathrm{T}}E^{\mathrm{T}}HA^{\dagger}HEF\} \\ &= \langle \Psi, 2F^{\mathrm{T}}E^{\mathrm{T}}HA^{\dagger}HEF\rangle = 2\langle Y, HA^{\dagger}H\rangle.\end{aligned}$$

因此

$$\sigma(Y, \mathcal{T}^2) = \begin{cases} 2\langle Y, HA^{\dagger}H\rangle, & Y \succeq 0, \langle Y, A\rangle = 0, \langle Y, H\rangle = 0, \\ +\infty, & \text{否则}. \end{cases} \tag{9.27}$$

设 $\bar{x}$ 是 SDP 问题 (P) 的局部最优解. 令 $\Lambda^g(\bar{x})$ 是相应的广义 Lagrange 乘子集合, 令

$$C(\bar{x}) = \{h \in \Re^n : DG(\bar{x})h \in T_{\mathbb{S}^p_-}(G(\bar{x})), Df(\bar{x})h \leqslant 0\} \tag{9.28}$$

是临界锥. 回顾, 若 Lagrange 乘子集合 $\Lambda(\bar{x})$ 是非空的, 则对任何 $Y \in \Lambda(\bar{x})$, 这一临界锥还可以表示为

$$C(\bar{x}) = \{h \in \Re^n : DG(\bar{x})h \in T_{\mathbb{S}^p_-}(G(\bar{x})), \langle Y, DG(\bar{x})h\rangle = 0\}. \tag{9.29}$$

令 $h \in C(\bar{x}), (\alpha, Y) \in \Lambda^g(\bar{x})$. 由一阶最优性条件 (9.20), 有 $\langle Y, G(\bar{x})\rangle = 0$. 若 $\alpha \neq 0$, 则 $\alpha^{-1}Y \in \Lambda(\bar{x})$, 因此 $\langle Y, DG(\bar{x})h\rangle = 0$. 若 $\alpha = 0$, 则对任何 $h \in \Re^n$ 有 $\langle Y, DG(\bar{x})h\rangle = 0$. 回顾

$$DG(\bar{x})h = \sum_{i=1}^{n} h_i \frac{\partial G(\bar{x})}{\partial x_i}.$$

① $\sigma(x, C)$ 记集合 C 的支撑函数, 即 $\sigma(x, C) = \max\{\langle x, v\rangle : v \in C\}$.

因此, 利用公式 (9.27), 相应的 "Sigma 项" 可表示为下述形式

$$\sigma(Y, \mathcal{T}^2(h)) = -h^{\mathrm{T}}\mathcal{H}(\bar{x}, Y)h, \tag{9.30}$$

其中 $\mathcal{T}^2(h) = T^2_{\mathbb{S}^p_-}(G(\bar{x}), DG(\bar{x})h), \mathcal{H}(\bar{x}, Y)$ 是具有下述元素的 $n \times n$ 对称矩阵

$$[\mathcal{H}(\bar{x}, Y)]_{ij} = -2\left\langle Y, \frac{\partial G(\bar{x})}{\partial x_i}[G(\bar{x})]^{\dagger}\frac{\partial G(\bar{x})}{\partial x_j}\right\rangle. \tag{9.31}$$

等价地, 矩阵 $\mathcal{H}(\bar{x}, Y)$ 可以表示为形式

$$\mathcal{H}(\bar{x}, Y) = -2\mathcal{J}[\mathrm{vec}\, G](\bar{x})(Y \otimes [G(\bar{x})]^{\dagger})\mathcal{J}[\mathrm{vec}\, G](\bar{x})^{\mathrm{T}}, \tag{9.32}$$

其中 "$\otimes$" 是 Kronecker 积, 记 $\mathcal{J}[\mathrm{vec}\, G](\bar{x})^{\mathrm{T}}$ 为 $p^2 \times n$ Jacobian 阵

$$\mathcal{J}[\mathrm{vec}\, G](\bar{x})^{\mathrm{T}} = \left(\mathrm{vec}\,\frac{\partial G(\bar{x})}{\partial x_1}, \cdots, \mathrm{vec}\,\frac{\partial G(\bar{x})}{\partial x_n}\right),$$

记 $\mathrm{vec}(A)$ 为由 A 的列拉直得到的向量.

注意集合 $\mathbb{S}^p_-$ 是外二阶正则的, 尤其, $\mathbb{S}^p_-$ 的外二阶切集与内二阶切集实际上是重合的, 则可得到下述结果:

定理 9.5 设问题 (P) 中的 $Q = \Re^n$, f, G 是二次连续可微的.

(a) 设 $\bar{x}$ 是 SDP 问题 (P) 的局部最优解. 则对任何 $h \in C(\bar{x})$, 存在 $(\alpha, Y) \in \Lambda^g(\bar{x})$ 满足

$$h^{\mathrm{T}}\nabla^2_{xx}L^g(\bar{x}, \alpha, Y)h + h^{\mathrm{T}}\mathcal{H}(\bar{x}, Y)h \geqslant 0. \tag{9.33}$$

如果还有 Robinson 约束规范在 $\bar{x}$ 成立, 则

$$\sup_{Y \in \Lambda(\bar{x})} h^{\mathrm{T}}(\nabla^2_{xx}L(\bar{x}, Y) + \mathcal{H}(\bar{x}, Y))h \geqslant 0, \quad \forall h \in C(\bar{x}). \tag{9.34}$$

(b) 令 $\bar{x}$ 是 SDP 问题 (P) 的一可行点, 满足集合 $\Lambda^g(\bar{x})$ 是非空的. 则二阶增长条件在 $\bar{x}$ 处成立的充分必要条件是: 对任何 $h \in C(\bar{x})\backslash\{0\}$, 存在 $(\alpha, Y) \in \Lambda^g(\bar{x})$ 满足

$$h^{\mathrm{T}}(\nabla^2_{xx}L^g(\bar{x}, \alpha, Y) + \mathcal{H}(\bar{x}, Y))h > 0. \tag{9.35}$$

如果 $\Lambda(\bar{x}) \neq \varnothing$, Robinson 约束规范在 $\bar{x}$ 成立, 则二阶增长条件成立的充分必要条件是

$$\sup_{Y \in \Lambda(\bar{x})} h^{\mathrm{T}}(\nabla^2_{xx}L(\bar{x}, Y) + \mathcal{H}(\bar{x}, Y))h > 0, \quad \forall h \in C(\bar{x}) \setminus \{0\}. \tag{9.36}$$

9.2 非线性半定规划的稳定性分析

这一节讨论的非线性半定规划问题具有下述形式

$$\begin{cases} \min\limits_{x\in X} & f(x) \\ \text{s.t.} & h(x)=0, \\ & g(x)\in \mathbb{S}_+^p, \end{cases} \tag{9.37}$$

其中 X 是有限维的 Hilbert 空间, $f: X\to \Re$, $h: X\to \Re^m$, $g: X\to \mathbb{S}^p$ 是二次连续可微函数. 在下面的讨论中, 除了用 $\mathcal{F}$ 在 $(\overline{x},\overline{\zeta},\overline{\Gamma}+g(\overline{x}))$ 处的性质代替 F 在 $(\overline{x},\overline{\zeta},\overline{\Gamma})$ 的性质来刻画问题的稳定性之外, 这一节的其他素材均取自 [86].

9.2.1 线性-二次函数

为了分析非线性半定规划二阶最优性条件中的 Sigma 项, 我们需要回顾下述线性-二次函数的定义. 对任何 $B\in\mathbb{S}^p$, 定义函数 $\Upsilon_B:\mathbb{S}^p\times\mathbb{S}^p\to\Re$, 它是关于第一个变量的线性函数, 是关于第二个变量的二次函数,

$$\Upsilon_B(\Gamma,A):=2\langle\Gamma, AB^{\dagger}A\rangle,\quad (\Gamma,A)\in\mathbb{S}^p\times\mathbb{S}^p.$$

下述结果在后续的分析中起着关键性的作用.

命题 9.5 设 $B\in\mathbb{S}_+^p$, $\Gamma\in N_{\mathbb{S}_+^p}(B)$. 则对任何满足 $\Delta B=V(\Delta B+\Delta\Gamma)$ 的 $V\in\partial\Pi_{\mathbb{S}_+^p}(B+\Gamma)$ 与 $\Delta B,\Delta\Gamma\in\mathbb{S}^p$, 有

$$\langle\Delta B,\Delta\Gamma\rangle\geqslant -\Upsilon_B(\Gamma,\Delta B). \tag{9.38}$$

证明 令 $A:=B+\Gamma$. 则根据 $\Gamma\in N_{\mathbb{S}_+^p}(B)$ 可得

$$B=\Pi_{\mathbb{S}_+^p}(B+\Gamma)=\Pi_{\mathbb{S}_+^p}(A),\quad B\Gamma=\Gamma B=0.$$

设 A 具有谱分解 $A=P\Lambda P^{\mathrm{T}}$,

$$\Lambda=\mathrm{Diag}(\Lambda_\alpha,0_{|\beta|},\Lambda_\gamma), \tag{9.39}$$

其中

$$\alpha=\{i:\lambda_i(A)>0\},\quad \beta=\{i:\lambda_i(A)=0\},\quad \gamma=\{i:\lambda_i(A)<0\},$$

$\lambda_1(A)\geqslant\lambda_2(A)\geqslant\cdots\geqslant\lambda_p(A)$ 是 A 的按递降顺序的特征值. 则 B 与 Γ 具有如下的谱分解

$$B=P\begin{pmatrix}\Lambda_\alpha & 0 & 0\\ 0&0&0\\ 0&0&0\end{pmatrix}P^{\mathrm{T}},\quad \Gamma=P\begin{pmatrix}0&0&0\\0&0&0\\0&0&\Lambda_\gamma\end{pmatrix}P^{\mathrm{T}}.$$

对任何 $Z \in \mathbb{S}^p$, 引入记号 $\widetilde{X} = P^{\mathrm{T}} Z P$. 则根据 [86, Proposition 2.2] 可得, 存在 $W \in \partial \Pi_{\mathbb{S}_+^{|\beta|}}(0)$, 满足

$$\begin{aligned}
&V(\Delta B + \Delta\Gamma) \\
&= P \begin{pmatrix} \widetilde{\Delta B}_{\alpha\alpha} + \widetilde{\Delta\Gamma}_{\alpha\alpha} & \widetilde{\Delta B}_{\alpha\beta} + \widetilde{\Delta\Gamma}_{\alpha\beta} & U_{\alpha\gamma} \circ \widetilde{\Delta B}_{\alpha\gamma} + \widetilde{\Delta\Gamma}_{\alpha\gamma} \\ (\widetilde{\Delta B}_{\alpha\beta} + \widetilde{\Delta\Gamma}_{\alpha\beta})^{\mathrm{T}} & W(\widetilde{\Delta B}_{\beta\beta} + \widetilde{\Delta\Gamma}_{\beta\beta}) & 0 \\ (\widetilde{\Delta B}_{\alpha\gamma} + \widetilde{\Delta\Gamma}_{\alpha\gamma})^{\mathrm{T}} \circ U_{\alpha\gamma}^{\mathrm{T}} & 0 & 0 \end{pmatrix} P^{\mathrm{T}}.
\end{aligned}$$

由假设 $\Delta B = V(\Delta B + \Delta\Gamma)$ 可得

$$\widetilde{\Delta\Gamma}_{\alpha\alpha} = 0, \quad \widetilde{\Delta\Gamma}_{\alpha\beta} = 0, \quad \widetilde{\Delta B}_{\beta\gamma} = 0, \quad \widetilde{\Delta B}_{\gamma\gamma} = 0, \tag{9.40}$$

$$\widetilde{\Delta B}_{\beta\beta} = W(\widetilde{\Delta B}_{\beta\beta} + \widetilde{\Delta\Gamma}_{\beta\beta}), \tag{9.41}$$

以及

$$\widetilde{\Delta B}_{\alpha\gamma} - U_{\alpha\gamma} \circ \widetilde{\Delta B}_{\alpha\gamma} = U_{\alpha\gamma} \circ \widetilde{\Delta\Gamma}_{\alpha\gamma}. \tag{9.42}$$

根据引理 1.4 中的 (iii), 由 (9.41) 可得

$$\langle \widetilde{\Delta B}_{\beta\beta}, \widetilde{\Delta B}_{\beta\beta} \rangle = \langle W(\widetilde{\Delta B}_{\beta\beta} + \widetilde{\Delta\Gamma}_{\beta\beta}), (\mathcal{I} - W)(\widetilde{\Delta B}_{\beta\beta} + \widetilde{\Delta\Gamma}_{\beta\beta}) \rangle \geqslant 0, \tag{9.43}$$

其中 $\mathcal{I} : \mathbb{S}^p \to \mathbb{S}^p$ 是单位映射. 因此由 (9.40), (9.42) 与 (9.43) 可以得到

$$\begin{aligned}
\langle \Delta B, \Delta\Gamma \rangle = \langle \widetilde{\Delta B}, \widetilde{\Delta\Gamma} \rangle &= 2\mathrm{Tr}(\widetilde{\Delta B}_{\alpha\gamma}^{\mathrm{T}} \widetilde{\Delta\Gamma}_{\alpha\gamma}) + \mathrm{Tr}(\widetilde{\Delta B}_{\beta\beta}^{\mathrm{T}} \widetilde{\Delta\Gamma}_{\beta\beta}) \\
&\geqslant 2\mathrm{Tr}(\widetilde{\Delta B}_{\alpha\gamma}^{\mathrm{T}} \widetilde{\Delta\Gamma}_{\alpha\gamma}) = 2 \sum_{i\in\alpha, j\in\gamma} \widetilde{\Delta B}_{ij} \widetilde{\Delta\Gamma}_{ij} \\
&= 2 \sum_{i\in\alpha, j\in\gamma} \frac{|\lambda_j|}{\lambda_i} \widetilde{\Delta B}_{ij}^2 = -2 \sum_{i\in\alpha, j\in\gamma} \frac{\lambda_j}{\lambda_i} \widetilde{\Delta B}_{ij}^2.
\end{aligned} \tag{9.44}$$

注意到 $B^\dagger$ 可以表示为

$$B^\dagger = P \begin{pmatrix} \Lambda_\alpha^{-1} & 0 & 0 \\ 0 & 0 & 0 \\ 0 & 0 & 0 \end{pmatrix} P^{\mathrm{T}},$$

由 (9.40) 与 Γ 的谱分解可得

$$\begin{aligned}
\Upsilon_B(\Gamma, \Delta B) &= 2\langle \Gamma, (\Delta B) B^\dagger (\Delta B) \rangle = 2\langle (\Delta B)\Gamma, B^\dagger(\Delta B) \rangle \\
&= 2\big\langle (\widetilde{\Delta B})\widetilde{\Gamma}, (P^{\mathrm{T}} B^\dagger P)(\widetilde{\Delta B}) \big\rangle \\
&= 2\mathrm{Tr}\big([\widetilde{\Delta B}_{\alpha\gamma} \Lambda_\gamma]^{\mathrm{T}} [\Lambda_\alpha]^{-1} \widetilde{\Delta B}_{\alpha\gamma} \big) \\
&= 2 \sum_{i\in\alpha, j\in\gamma} \frac{\lambda_j}{\lambda_i} \widetilde{\Delta B}_{ij}^2.
\end{aligned} \tag{9.45}$$

结合 (9.44) 与 (9.45) 可得 (9.38). ■

9.2.2 强二阶充分条件

问题 (9.37) 的 Lagrange 函数定义为

$$L(x,\zeta,\Gamma)=f(x)+\langle\zeta,h(x)\rangle+\langle\Gamma,g(x)\rangle.$$

称 $\overline{x}$ 是问题 (9.37) 的稳定点, 如果存在 $\overline{\zeta}\in\Re^m$, $\overline{\Gamma}\in\mathbb{S}^p$ 满足

$$\mathcal{J}_xL(\overline{x},\overline{\zeta},\overline{\Gamma})=0,\quad h(\overline{x})=0,\quad \overline{\Gamma}\in N_{\mathbb{S}^p_+}(g(\overline{x})).$$

满足上式的 $(\overline{\zeta},\overline{\Gamma})$ 的集合称为 Lagrange 乘子集合, 记为 $\mathcal{M}(\overline{x})$.

如果 $\overline{x}$ 是问题 (9.37) 的稳定点, 则 $\mathcal{M}(\overline{x})\neq\varnothing$, 临界锥 $C(\overline{x})$ 可以表示为

$$C(\overline{x})=\{d\in X:\mathcal{J}h(\overline{x})d=0,\mathcal{J}g(\overline{x})d\in T_{\mathbb{S}^p_+}(g(\overline{x})),\mathcal{J}f(\overline{x})d=0\}.\tag{9.46}$$

记 $A=g(\overline{x})+\overline{\Gamma}$ 具有谱分解 (9.39), 则 $g(\overline{x})$ 与 Γ 具有如下的谱分解

$$g(\overline{x})=P\begin{pmatrix}\Lambda_\alpha&0&0\\0&0&0\\0&0&0\end{pmatrix}P^{\mathrm{T}},\quad \overline{\Gamma}=P\begin{pmatrix}0&0&0\\0&0&0\\0&0&\Lambda_\gamma\end{pmatrix}P^{\mathrm{T}}.\tag{9.47}$$

根据 (9.6) 与 (9.8), 可得

$$T_{\mathbb{S}^p_+}(g(\overline{x}))=\{B\in\mathbb{S}^p:[P_\beta\,P_\gamma]^{\mathrm{T}}B[P_\beta\,P_\gamma]\succeq 0\}$$

与

$$\mathrm{lin}\left(T_{\mathbb{S}^p_+}(g(\overline{x}))\right)=\{B\in\mathbb{S}^p:[P_\beta\,P_\gamma]^{\mathrm{T}}B[P_\beta\,P_\gamma]=0\}.$$

包含关系 $\overline{\Gamma}\in N_{\mathbb{S}^p_+}(g(\overline{x}))$ 等价于互补关系

$$\mathbb{S}^p_+\ni-\overline{\Gamma}\perp g(\overline{x})\in\mathbb{S}^p_+.\tag{9.48}$$

锥 $\mathbb{S}^p_+$ 在 A 处与互补问题 (9.48) 相联系的临界锥为

$$C(A;\mathbb{S}^p_+)=T_{\mathbb{S}^p_+}(g(\overline{x}))\cap(g(\overline{x})-A)^{\perp},$$

即

$$\begin{aligned}C(A;\mathbb{S}^p_+)&=T_{\mathbb{S}^p_+}(g(\overline{x}))\cap\overline{\Gamma}^{\perp}\\&=\{B\in\mathbb{S}^p:P_\beta BP_\beta\succeq 0,P_\beta^{\mathrm{T}}BP_\gamma=0,P_\gamma^{\mathrm{T}}BP_\gamma=0\}.\end{aligned}\tag{9.49}$$

$C(A;\mathbb{S}_+^p)$ 的仿射包可表示为

$$\operatorname{aff}\,(C(A;\mathbb{S}_+^p))=\{B\in\mathbb{S}^p:P_\beta^{\mathrm{T}}BP_\gamma=0,P_\gamma^{\mathrm{T}}BP_\gamma=0\}.$$

如果 $\mathcal{M}(\overline{x})\neq\varnothing$, 则问题 (9.37) 在 $\overline{x}$ 处的临界锥 $C(\overline{x})$ 可表示为

$$\begin{aligned}C(\overline{x})&=\{d:\mathcal{J}h(\overline{x})d=0,[P_\beta\,P_\gamma]^{\mathrm{T}}(\mathcal{J}g(\overline{x})d)[P_\beta P_\gamma]\succeq 0,P_\gamma^{\mathrm{T}}(\mathcal{J}g(\overline{x})d)P_\gamma=0\}\\&=\{d:\mathcal{J}h(\overline{x})d=0,P_\beta^{\mathrm{T}}(\mathcal{J}g(\overline{x})d)P_\beta\succeq 0,[P_\beta\,P_\gamma]^{\mathrm{T}}(\mathcal{J}g(\overline{x})d)P_\gamma=0\}\\&=\{d:\mathcal{J}h(\overline{x})d=0,\mathcal{J}g(\overline{x})d\in C(A;\mathbb{S}_+^p)\}.\end{aligned}\tag{9.50}$$

对于 $(\overline{\zeta},\overline{\Gamma})\in\mathcal{M}(\overline{x})$, 定义

$$\operatorname{app}(\overline{\zeta},\overline{\Gamma})=\{d:\mathcal{J}h(\overline{x})d=0,[P_\beta\,P_\gamma]^{\mathrm{T}}(\mathcal{J}g(\overline{x})d)P_\gamma=0\}.\tag{9.51}$$

显然有

$$\operatorname{aff}(C(\overline{x}))\subset\operatorname{app}(\overline{\zeta},\overline{\Gamma}).\tag{9.52}$$

如果 $\beta=\varnothing$, 即 $\operatorname{rank}(g(\overline{x}))+\operatorname{rank}(\overline{\Gamma})=p$, 有 $\operatorname{aff}(C(\overline{x}))=\operatorname{app}(\overline{\zeta},\overline{\Gamma})$.

由 $\operatorname{lin}T_{\mathbb{S}_+^p}(g(\overline{x}))$ 与 $C(A;\mathbb{S}_+^p)$ 的表示, 有

$$\operatorname{lin}T_{\mathbb{S}_+^p}(g(\overline{x}))\subset T_{\mathbb{S}_+^p}(g(\overline{x}))\cap\overline{\Gamma}^{\perp},\tag{9.53}$$

从而约束非退化条件

$$\begin{pmatrix}\mathcal{J}h(\overline{x})\\ \mathcal{J}g(\overline{x})\end{pmatrix}X+\begin{pmatrix}\{0\}\\ \operatorname{lin}T_{\mathbb{S}_+^p}(g(\overline{x}))\end{pmatrix}=\begin{pmatrix}\Re^m\\ \mathbb{S}^p\end{pmatrix}\tag{9.54}$$

是下述的严格约束规范的充分条件:

$$\begin{pmatrix}\mathcal{J}h(\overline{x})\\ \mathcal{J}g(\overline{x})\end{pmatrix}X+\begin{pmatrix}\{0\}\\ T_{\mathbb{S}_+^p}(g(\overline{x}))\cap\overline{\Gamma}^{\perp}\end{pmatrix}=\begin{pmatrix}\Re^m\\ \mathbb{S}^p\end{pmatrix}.\tag{9.55}$$

类似于命题 9.1 的证明, 可以证明下述结论.

命题 9.6 设 $X=\Re^n$, $\overline{x}$ 是问题 (9.37) 的可行点, $g(\overline{x})\in\mathbb{S}_+^p$ 满足 $\operatorname{rank}g(\overline{x})=r$. 用 $u_1,\cdots,u_{p-r}$ 记矩阵 $g(\overline{x})$ 的零空间的一组基. 则点 $\overline{x}$ 满足约束非退化条件 (9.54) 的充分必要条件是下述的 n 维向量

$$v_{ij}=\begin{pmatrix}u_i^{\mathrm{T}}\dfrac{\partial g(\overline{x})}{\partial x_1}u_j\\ \vdots\\ u_i^{\mathrm{T}}\dfrac{\partial g(\overline{x})}{\partial x_n}u_j\end{pmatrix},\quad 1\leqslant i\leqslant j\leqslant p-r$$

与 $\{\nabla h_1(\overline{x}),\cdots,\nabla h_m(\overline{x})\}$ 构成线性无关的向量组.

下面的命题表明严格约束规范 (9.55) 是 $\mathrm{aff}(C(\overline{x})) = \mathrm{app}(\overline{\zeta},\overline{\Gamma})$ 成立的充分条件.

命题 9.7 设 $\overline{x}$ 是问题 (9.37) 的可行点, $(\overline{\zeta},\overline{\Gamma}) \in \mathcal{M}(\overline{x})$. 如果 $(\overline{\zeta},\overline{\Gamma})$ 满足严格约束规范 (9.55), 则 $\mathcal{M}(\overline{x})$ 是单点集合, 即 $\mathcal{M}(\overline{x}) = \{(\overline{\zeta},\overline{\Gamma})\}$, 且 $\mathrm{aff}(C(\overline{x})) = \mathrm{app}(\overline{\zeta},\overline{\Gamma})$.

证明 由 [9, Proposition 4.50] 可得 $(\overline{\zeta},\overline{\Gamma})$ 的唯一性. 只需要建立包含关系 $\mathrm{app}(\overline{\zeta},\overline{\Gamma}) \subset \mathrm{aff}(C(\overline{x}))$ 即可. 任取 $d \in \mathrm{app}(\overline{\zeta},\overline{\Gamma})$. 记 $A = g(\overline{x}) + \overline{\Gamma}$, 设它具有谱分解 (9.39), $g(\overline{x})$ 与 $\overline{\Gamma}$ 满足 (9.47). 令 $S \in \mathbb{S}^p$ 是任意满足下述条件的矩阵:

$$P^T SP = \begin{pmatrix} P_\alpha^{\mathrm{T}} SP_\alpha & P_\alpha^{\mathrm{T}} SP_\beta & P_\alpha^{\mathrm{T}} SP_\gamma \\ P_\beta^{\mathrm{T}} SP_\alpha & P_\beta^{\mathrm{T}} SP_\beta & 0 \\ P_\gamma^{\mathrm{T}} SP_\alpha & 0 & 0 \end{pmatrix}, \quad P_\beta^{\mathrm{T}} SP_\beta \succ 0.$$

根据严格约束规范 (9.55), 存在向量 $\overline{d} \in X$ 与一矩阵 $U \in T_{\mathbb{S}_+^p}(g(\overline{x})) \cap \overline{\Gamma}^{\perp}$ 满足

$$\begin{cases} \mathcal{J}h(\overline{x})(-\overline{d}) = 0, \\ \mathcal{J}g(\overline{x})(-\overline{d}) + U = -S, \end{cases} \tag{9.56}$$

结合 (9.49) 可推出

$$\mathcal{J}g(\overline{x})\overline{d} = U + S \in T_{\mathbb{S}_+^p}(g(\overline{x})) \cap \overline{\Gamma}^{\perp}, \quad P_\beta^{\mathrm{T}}(\mathcal{J}g(\overline{x})\overline{d})P_\beta \succ 0, \quad \overline{d} \in C(\overline{x}).$$

令 $\overline{\tau} > 0$ 充分大满足

$$P_\beta^{\mathrm{T}}[\mathcal{J}g(\overline{x})(\overline{\tau}\overline{d} - d)]P_\beta = \overline{\tau} P_\beta^{\mathrm{T}}[\mathcal{J}g(\overline{x})\overline{d}]P_\beta - P_\beta^{\mathrm{T}}[\mathcal{J}g(\overline{x})d]P_\beta \succeq 0.$$

进一步, 由于

$$P_\beta^{\mathrm{T}}[\mathcal{J}g(\overline{x})\overline{d}]P_\gamma = P_\beta^{\mathrm{T}}[\mathcal{J}g(\overline{x})d]P_\gamma = 0, \quad P_\gamma^{\mathrm{T}}[\mathcal{J}g(\overline{x})\overline{d}]P_\gamma = P_\gamma^{\mathrm{T}}[\mathcal{J}g(\overline{x})d]P_\gamma = 0,$$

有

$$\overline{\tau}\overline{d} - d \in C(\overline{x}).$$

因此, 注意到 $d = \overline{\tau}\overline{d} - (\overline{\tau}\overline{d} - d)$ 以及 $\overline{\tau}\overline{d}$ 与 $\overline{\tau}\overline{d} - d$ 均是 $C(\overline{x})$ 中的元素, 这证得结论. ■

引理 9.1 设 $\overline{x}$ 是问题 (9.37) 的可行点, $\mathcal{M}(\overline{x}) \neq \varnothing$. 则对任何 $\mu = (\zeta, \Gamma) \in \mathcal{M}(\overline{x})$, $\zeta \in \Re^m$, $\Gamma \in \mathbb{S}^p$, 有

$$\begin{aligned} &\sigma(\mu, T^2_{\{0_m\}\times\mathbb{S}_+^p}((h(\overline{x}), g(\overline{x})), (\mathcal{J}h(\overline{x})d, \mathcal{J}g(\overline{x})d))) \\ &= \sigma\big(\Gamma, T^2_{\mathbb{S}_+^p}(g(\overline{x}), \mathcal{J}g(\overline{x})d)\big) \\ &= \Upsilon_{g(\overline{x})}(\Gamma, \mathcal{J}g(\overline{x})d), \quad \forall d \in C(\overline{x}). \end{aligned}$$

定义

$$\widehat{C}(\overline{x}) = \bigcap_{(\zeta,\Gamma)\in\mathcal{M}(\overline{x})} \operatorname{app}(\zeta,\Gamma), \tag{9.57}$$

则 $\widehat{C}(\overline{x})$ 是线性空间, 且满足

$$\operatorname{aff} C(\overline{x}) \subset \widehat{C}(\overline{x}).$$

下面给出强二阶充分性条件的定义.

定义 9.1 设 $\overline{x}$ 是问题 (9.37) 的可行点, $\mathcal{M}(\overline{x}) \neq \varnothing$. 称强二阶充分性条件在 $\overline{x}$ 处成立, 如果

$$\sup_{(\zeta,\Gamma)\in\mathcal{M}(\overline{x})} \left\{\langle d, \nabla_{xx}^2 L(\overline{x},\zeta,\Gamma)d\rangle - \Upsilon_{g(\overline{x})}(\Gamma, \mathcal{J}g(\overline{x})d)\right\} > 0, \quad \forall d \in \widehat{C}(\overline{x}) \setminus \{0\}. \tag{9.58}$$

9.2.3 稳定性的等价刻画

设 x 是问题 (9.37) 的可行点满足 $\mathcal{M}(x) \neq \varnothing$. 存在 $(\zeta,\Gamma) \in \mathcal{M}(x)$ 满足 KKT 条件

$$\mathcal{J}_x L(x,\zeta,\Gamma) = 0, \quad -h(x) = 0, \quad \Gamma \in N_{\mathbb{S}_+^p}(g(x)), \tag{9.59}$$

其中

$$L(x,\zeta,\Gamma) = f(x) + \langle \zeta, h(x)\rangle + \langle \Gamma, g(x)\rangle.$$

KKT 条件 (9.59) 可以等价地表示为下述非光滑方程组

$$F(x,\zeta,\Gamma) = \begin{pmatrix} \mathcal{J}_x L(x,\zeta,\Gamma) \\ -h(x) \\ -g(x) + \Pi_{\mathbb{S}_+^p}(g(x)+\Gamma) \end{pmatrix} = \begin{pmatrix} \mathcal{J}_x L(x,\zeta,\Gamma) \\ -h(x) \\ \Gamma - \Pi_{\mathbb{S}_-^p}(g(x)+\Gamma) \end{pmatrix} = 0. \tag{9.60}$$

KKT 条件 (9.59) 也可以等价地表示为下述的广义方程

$$0 \in \begin{pmatrix} \mathcal{J}_x L(x,\zeta,\Gamma) \\ -h(x) \\ -g(x) \end{pmatrix} + \begin{pmatrix} N_X(x) \\ N_{\Re^m}(\zeta) \\ N_{\mathbb{S}_-^p}(\Gamma) \end{pmatrix}. \tag{9.61}$$

定义 $Z = \Re^n \times \Re^m \times \mathbb{S}^p$, $D = \Re^n \times \Re^m \times \mathbb{S}_-^p$. 对 $z = (x,\zeta,\Gamma) \in Z$, 定义

$$\phi(z) = \begin{pmatrix} \mathcal{J}_x L(x,\zeta,\Gamma) \\ -h(x) \\ -g(x) \end{pmatrix},$$

则广义方程 (9.61) 可表示为

$$0 \in \phi(z) + N_D(z).$$

注意到对 $z = (x, \zeta, Y) \in \Re^n \times \Re^m \times \mathbb{S}^p$,

$$\Pi_D(z) = (x, \zeta, \Pi_{\mathbb{S}^p_+}(Y)),$$

广义方程的法映射定义为

$$\begin{aligned}\mathcal{F}(z) &= \phi(\Pi_D(z)) + z - \Pi_D(z) \\ &= \begin{pmatrix} \mathcal{J}_x L(x, \zeta, Y - \Pi_{\mathbb{S}^p_+}(Y)) \\ -h(x) \\ -g(x) + \Pi_{\mathbb{S}^p_+}(Y) \end{pmatrix}.\end{aligned} \tag{9.62}$$

则 $(\overline{x}, \overline{\zeta}, \overline{\Gamma})$ 是广义方程 (9.61) 的解当且仅当

$$\mathcal{F}(\overline{x}, \overline{\zeta}, \overline{Y}) = 0,$$

其中 $\overline{Y} = \overline{\Gamma} + g(\overline{x})$, $\overline{\Gamma} = \Pi_{\mathbb{S}^p_+}(\overline{Y})$.

下面的引理和命题是为了主要的稳定性刻画的定理做准备的.

引理 9.2　点 $(\overline{x}, \overline{\zeta}, \overline{\Gamma})$ 是广义方程 (9.61) 的强正则解当且仅当 $\mathcal{F}$ 是 $(\overline{x}, \overline{\zeta}, \overline{Y})$ 附近的 Lipschitz 同胚.

证明　注意 $\mathcal{F}$ 是 Lipschitz 连续映射, 容易验证此结论. ■

命题 9.8　设 $\overline{x}$ 是问题 (9.37) 的可行点满足 $\mathcal{M}(\overline{x}) \neq \varnothing$. 令 $(\overline{\zeta}, \overline{\Gamma}) \in \mathcal{M}(\overline{x})$, $\overline{Y} = \overline{\Gamma} + g(\overline{x})$. 考虑下述条件:

(a) 强二阶充分条件 (9.58) 在 $\overline{x}$ 成立, 且 $\overline{x}$ 满足约束非退化条件;

(b) 广义梯度 $\partial \mathcal{F}(\overline{x}, \overline{\zeta}, \overline{Y})$ 中的任何元素是非奇异的;

(c) KKT 点 $(\overline{x}, \overline{\zeta}, \overline{\Gamma})$ 是广义方程 (9.61) 的强正则解,

则 (a) $\Longrightarrow$ (b) $\Longrightarrow$ (c).

证明　先证明 (a) $\Longrightarrow$ (b). 因为约束非退化条件在 $\overline{x}$ 处成立, $(\overline{\zeta}, \overline{\Gamma})$ 满足严格约束规范 (9.55). 根据命题 9.7, $\mathcal{M}(\overline{x}) = \{(\overline{\zeta}, \overline{\Gamma})\}$ 与 $\operatorname{aff}(C(\overline{x})) = \operatorname{app}(\overline{\zeta}, \overline{\Gamma})$. 在 $\overline{x}$ 处的强二阶充分性条件 (9.58) 具有下述形式

$$\sup_{(\zeta, \Gamma) \in \mathcal{M}(\overline{x})} \left\{ \langle d, \nabla^2_{xx} L(\overline{x}, \zeta, \Gamma) d \rangle - \Upsilon_{g(\overline{x})}(\Gamma, \mathcal{J} g(\overline{x}) d) \right\} > 0, \quad \forall d \in \operatorname{aff} C(\overline{x}) \backslash \{0\}. \tag{9.63}$$

令 $W \in \partial \mathcal{F}(\overline{x}, \overline{\zeta}, \overline{Y})$. 我们证明 W 是非奇异的. 设 $(\Delta x, \Delta \zeta, \Delta Y) \in \Re^n \times \Re^m \times \mathbb{S}^p$ 满足

$$W(\Delta x, \Delta \zeta, \Delta Y) = 0.$$

根据 $\mathcal{F}$ 的定义, 存在 $V \in \partial\Pi_{\mathbb{S}^p_+}(\overline{Y})$ 满足

$$W(\Delta x, \Delta\zeta, \Delta Y) = \begin{pmatrix} \nabla^2_{xx}L(\overline{\zeta}, \overline{\Gamma})\Delta x + \mathcal{J}h(\overline{x})^*\Delta\zeta + \mathcal{J}g(\overline{x})^*[\Delta Y - V(\Delta Y)] \\ -\mathcal{J}h(\overline{x})\Delta x \\ -\mathcal{J}g(\overline{x})\Delta x + V(\Delta Y) \end{pmatrix} = 0. \tag{9.64}$$

注意 $\overline{Y}$ 即上一节中的 A, 观察到 A 的谱分解, 用半正定矩阵锥投影的次微分公式, 由 (9.64) 的第三式可得 $[P_\beta\, P_\gamma]^{\mathrm{T}}(\mathcal{J}g(\overline{x})\Delta x)P_\gamma = 0$. 再结合 (9.64) 的第二式得到

$$\Delta x \in \operatorname{app}(\overline{\zeta}, \overline{\Gamma}) = \operatorname{aff}(C(\overline{x})). \tag{9.65}$$

令 $\Delta Y - V\Delta Y = \Delta\Gamma$, 由 (9.64) 的第三式可得 $\Delta Y = \mathcal{J}g(\overline{x})\Delta x + \Delta\Gamma$. 从而 (9.64) 表示为

$$W(\Delta x, \Delta\zeta, \Delta Y) = \begin{pmatrix} \nabla^2_{xx}L(\overline{\zeta}, \overline{\Gamma})\Delta x + \mathcal{J}h(\overline{x})^*\Delta\zeta + \mathcal{J}g(\overline{x})^*\Delta\Gamma \\ -\mathcal{J}h(\overline{x})\Delta x \\ -\mathcal{J}g(\overline{x})\Delta x + V(\mathcal{J}g(\overline{x})\Delta x + \Delta\Gamma) \end{pmatrix} = 0. \tag{9.66}$$

由 (9.66) 的前两式可得

$$\begin{aligned} 0 &= \langle \Delta x, \nabla^2_{xx}L(\overline{\zeta}, \overline{\Gamma})\Delta x + \mathcal{J}h(\overline{x})^*\Delta\zeta + \mathcal{J}g(\overline{x})^*\Delta\Gamma\rangle \\ &= \langle \Delta x, \nabla^2_{xx}L(\overline{\zeta}, \overline{\Gamma})\Delta x\rangle + \langle \Delta\zeta, \mathcal{J}h(\overline{x})\Delta x\rangle + \langle \Delta\Gamma, \mathcal{J}g(\overline{x})\Delta x\rangle \\ &= \langle \Delta x, \nabla^2_{xx}L(\overline{\zeta}, \overline{\Gamma})\Delta x\rangle + \langle \Delta\Gamma, \mathcal{J}g(\overline{x})\Delta x\rangle, \end{aligned}$$

这一等式与 (9.66) 中的第三式和命题 9.5 相结合, 可得

$$0 \geqslant \langle \Delta x, \nabla^2_{xx}L(\overline{\zeta}, \overline{\Gamma})\Delta x\rangle - \Upsilon_{g(\overline{x})}(\overline{\Gamma}, \mathcal{J}g(\overline{x})\Delta x). \tag{9.67}$$

因此, 由 (9.65),(9.67) 和强二阶充分条件 (9.63) 必有 $\Delta x = 0$. 于是 (9.66) 可简化为

$$\begin{pmatrix} \mathcal{J}h(\overline{x})^*\Delta\zeta + \mathcal{J}g(\overline{x})^*\Delta\Gamma \\ V(\Delta\Gamma) \end{pmatrix} = 0. \tag{9.68}$$

由 $V(\Delta\Gamma) = 0$ 可得

$$P_\alpha^{\mathrm{T}}\Delta\Gamma P_\alpha = 0, \quad P_\alpha^{\mathrm{T}}\Delta\Gamma P_\beta = 0, \quad P_\alpha^{\mathrm{T}}\Delta\Gamma P_\gamma = 0. \tag{9.69}$$

由约束非退化条件, 存在 $d \in X$ 与矩阵 $S \in \operatorname{lin}\big(T_{\mathbb{S}^p_+}(g(\overline{x}))\big)$ 满足

$$\mathcal{J}h(\overline{x})d = \Delta\zeta, \quad \mathcal{J}g(\overline{x})d + S = \Delta\Gamma. \tag{9.70}$$

由 (9.70) 与 (9.68) 的第一式可得

$$\begin{aligned}\langle \Delta\zeta, \Delta\zeta\rangle + \langle \Delta\Gamma, \Delta\Gamma\rangle &= \langle \mathcal{J}h(\overline{x})d, \Delta\zeta\rangle + \langle \mathcal{J}g(\overline{x})d + S, \Delta\Gamma\rangle \\ &= \langle d, \mathcal{J}h(\overline{x})^*\Delta\zeta + \mathcal{J}g(\overline{x})^*\Delta\Gamma\rangle + \langle S, \Delta\Gamma\rangle \\ &= \langle P^{\mathrm{T}}SP, P^{\mathrm{T}}\Delta\Gamma P\rangle.\end{aligned}$$

于是根据 (9.69) 与 $\operatorname{lin}\left(T_{\mathbb{S}^p_+}(g(\overline{x}))\right)$ 的表达式, 可得

$$\langle \Delta\zeta, \Delta\zeta\rangle + \langle \Delta\Gamma, \Delta\Gamma\rangle = \langle P^{\mathrm{T}}SP, P^{\mathrm{T}}\Delta\Gamma P\rangle = 0.$$

可见必有 $\Delta\zeta = 0$ 与 $\Delta\Gamma = 0$, 再注意前面得到的 $\Delta x = 0$ 得到 W 的非奇异性.

再来证明 (b)$\Longrightarrow$(c). 由 Clarke 的反函数定理[13] 可得 $\mathcal{F}$ 是 $(\overline{x}, \overline{\zeta}, \overline{Y})$ 附近的局部 Lipschitz 同胚, 由引理 9.2, 这等价于 $(\overline{x}, \overline{\zeta}, \overline{\Gamma})$ 是广义方程 (9.61) 的强正则解. ■

引理 9.3 设 $\overline{x}$ 是问题 (9.37) 的稳定点. 设 Robinson 约束规范在 $\overline{x}$ 处成立. 如果在 $\overline{x}$ 处关于标准参数化的一致二阶增长条件成立, 则强二阶充分条件 (9.58) 在 $\overline{x}$ 处成立.

证明 令 $(\overline{\zeta}, \overline{\Gamma}) \in \mathcal{M}(\overline{x})$. 设 $A = g(\overline{x}) + \overline{\Gamma}$ 具有谱分解 (9.39), $g(\overline{x})$ 与 $\overline{\Gamma}$ 满足 (9.47). 考虑下述参数非线性半定规划问题

$$\begin{cases} \min\limits_{x\in X} & f(x) \\ \text{s.t.} & h(x) = 0, \\ & g(x) + \tau P_\beta P_\beta^{\mathrm{T}} \in \mathbb{S}^p_+, \end{cases} \tag{9.71}$$

其中 $\tau \in \Re$. 则对任何 $\tau > 0$, $(\overline{x}, \overline{\zeta}, \overline{\Gamma})$ 满足参数化问题 (9.71) 的 KKT 条件:

$$\mathcal{J}_x L_\tau(\overline{x}, \overline{\zeta}, \overline{\Gamma}) = \mathcal{J}_x L(\overline{x}, \overline{\zeta}, \overline{\Gamma}) = 0, \quad -h(\overline{x}) = 0, \quad \overline{\Gamma} \in N_{\mathbb{S}^p_+}(g(\overline{x}) + \tau P_\beta P_\beta^{\mathrm{T}}), \tag{9.72}$$

其中

$$L_\tau(x, \zeta, \Gamma) = L(x, \zeta, \Gamma) + \tau\langle \Gamma, P_\beta P_\beta^{\mathrm{T}}\rangle, \quad (x, \zeta, \Gamma) \in X \times \Re^m \times \mathbb{S}^p.$$

用 $\mathcal{M}_\tau(\overline{x})$ 记所有满足 (9.72) 的 $(\zeta, \Gamma) \in \Re^m \times \mathbb{S}^p$. 因为 $\operatorname{rank}(g(\overline{x}) + \tau P_\beta P_\beta^{\mathrm{T}}) + \operatorname{rank}\overline{\Gamma} = p$ 对任何 $\tau > 0$ 均成立, 问题 (9.71) 在 $\overline{x}$ 处的临界锥 $C_\tau(\overline{x})$ 具有下述形式:

$$C_\tau(\overline{x}) = \{d : \mathcal{J}h(\overline{x})d = 0, P_\gamma^{\mathrm{T}}(\mathcal{J}g(\overline{x})d)P_\gamma = 0\} \supset \operatorname{app}(\overline{\zeta}, \overline{\Gamma}). \tag{9.73}$$

因为问题 (9.71) 的二阶增长条件在 $\overline{x}$ 处成立, 可得对 $\tau > 0$ 有

$$\sup_{(\zeta,\Gamma)\in\mathcal{M}_\tau(\overline{x})} \left\{\langle d, \nabla^2_{xx} L_\tau(\overline{x}, \zeta, \Gamma)d\rangle - \Upsilon_{g(\overline{x})+\tau P_\beta P_\beta^{\mathrm{T}}}(\Gamma, \mathcal{J}g(\overline{x})d)\right\} > 0, \quad \forall d \in C_\tau(\overline{x})\setminus\{0\}.$$

注意对任何 $(\zeta,\Gamma)\in\mathcal{M}_\tau(\overline{x})$,

$$\Upsilon_{g(\overline{x})+\tau P_\beta P_\beta^T}(\Gamma,\mathcal{J}g(\overline{x})d)=\Upsilon_{g(\overline{x})}(\Gamma,\mathcal{J}g(\overline{x})d),\quad \forall d\in \operatorname{app}(\overline{\zeta},\overline{\Gamma}),$$

以及 $\nabla_{xx}^2 L_\tau(\overline{x},\zeta,\Gamma)=\nabla_{xx}^2 L(\overline{x},\zeta,\Gamma)$, 由 (9.73) 可推出

$$\sup_{(\zeta,\Gamma)\in\mathcal{M}_\tau(\overline{x})}\left\{\langle d,\nabla_{xx}^2 L(\overline{x},\zeta,\Gamma)d\rangle-\Upsilon_{g(\overline{x})}(\Gamma,\mathcal{J}g(\overline{x})d)\right\}>0,\quad \forall d\in \operatorname{app}(\overline{x})\backslash\{0\}. \tag{9.74}$$

因为对任何 $\tau>0$, $\mathcal{M}_\tau(\overline{x})\subset\mathcal{M}(\overline{x})$, (9.74) 可推出

$$\sup_{(\zeta,\Gamma)\in\mathcal{M}(\overline{x})}\left\{\langle d,\nabla_{xx}^2 L(\overline{x},\zeta,\Gamma)d\rangle-\Upsilon_{g(\overline{x})}(\Gamma,\mathcal{J}g(\overline{x})d)\right\}>0,\ \forall d\in \operatorname{app}(\overline{x})\setminus\{0\}.$$

即强二阶充分性条件成立. ■

对 $\delta=(\delta_1,\delta_2,\delta_3)\in X\times\Re^m\times\mathbb{S}^p$, 定义

$$\begin{aligned}\Phi(\delta)&=\mathcal{F}'(\overline{x},\overline{\zeta},A;\delta)\\&=\begin{pmatrix}\nabla_{xx}^2 L(\overline{x},\overline{\zeta},\overline{\Gamma})\delta_1+\mathcal{J}h(\overline{x})^*\delta_2+\mathcal{J}g(\overline{x})^*(\delta_3-\Pi_{\mathbb{S}_+^p}(A;\delta_3))\\-\mathcal{J}h(\overline{x})\delta_1\\-\mathcal{J}g(\overline{x})\delta_1+\Pi'_{\mathbb{S}_+^p}(A;\delta_3)\end{pmatrix}.\end{aligned} \tag{9.75}$$

因为 $\Phi(\cdot)$ 是 Lipschitz 连续的, $\partial_B\Phi(0)$ 是有定义的, 容易用定义证明下述结论.

引理 9.4 设 $A=g(\overline{x})+\overline{\Gamma}$, 其中 $\overline{x}$ 是问题 (9.37) 的稳定点, $(\overline{\zeta},\overline{\Gamma})\in\mathcal{M}(\overline{x})$. 则

$$\partial_B\Phi(0)=\partial_B\mathcal{F}(\overline{x},\overline{\zeta},A).$$

下面的定理就是关于非线性半定规划的稳定性的若干等价表示定理, 与 [86, Theorem 4.1] 相比较, 我们这里用 $\mathcal{F}$ 代替了原文的 F, 相应的 Φ 的定义也由 $\Phi(\delta)=\mathcal{F}'(\overline{x},\overline{\zeta},A;\delta)$ 代替原文中的 $\Phi(\delta)=F'(\overline{x},\overline{\zeta},\overline{\Gamma};\delta)$.

定理 9.6 设 $\overline{x}$ 是问题 (9.37) 的局部最优解. 设 Robinson 约束规范在 $\overline{x}$ 成立, 从而 $\overline{x}$ 成为稳定点. 设 $(\overline{\zeta},\overline{\Gamma})\in\mathcal{M}(\overline{x})$, 从而 $(\overline{\zeta},\overline{\Gamma})$ 满足问题 (9.37) 的 KKT 条件. 令 $A=g(\overline{x})+\overline{\Gamma}$. 则下述条件是等价的:

(a) 强二阶充分条件 (9.58) 在 $\overline{x}$ 成立且 $\overline{x}$ 是约束非退化的;

(b) $\partial\mathcal{F}(\overline{x},\overline{\zeta},A)$ 中的任何元素均是非奇异的;

(c) KKT 点 $(\overline{x},\overline{\zeta},\overline{\Gamma})$ 是广义方程 (9.61) 的强正则解;

(d) 一致二阶增长条件在 $\overline{x}$ 处成立且 $\overline{x}$ 是约束非退化的;

(e) 点 $\overline{x}$ 是强稳定的且 $\overline{x}$ 是约束非退化的;

(f) $\mathcal{F}$ 在 $(\overline{x},\overline{\zeta},A)$ 附近是一局部 Lipschitz 同胚;

(g) 对每一 $V\in\partial_B\mathcal{F}(\overline{x},\overline{\zeta},A)$, $\operatorname{sign}(\det(V))=\operatorname{ind}(\mathcal{F},(\overline{x},\overline{\zeta},A))=\pm1$;

(h) Φ 是一全局的 Lipschitz 同胚;

(i) 对每一 $V \in \partial_B \Phi(0)$, $\operatorname{sign}(\det(V)) = \operatorname{ind}(\mathcal{F}, (\overline{x}, \overline{\zeta}, A)) = \pm 1$;

(j) $\partial \Phi(0)$ 中的任何元素均是非奇异的.

证明 根据命题 9.8 可知 (a) $\Longrightarrow$ (b) $\Longrightarrow$ (c). 根据引理 9.2 得 (c) $\Longleftrightarrow$ (f). 关系 (c) $\Longleftrightarrow$ (d)$\Longleftrightarrow$ (e) 可由定理 6.6、定理 6.8 得到. 由于 $\mathcal{F}$ 是半光滑的, 根据 [32, Theorem 3, Corollary 4], 可以得到关系 (f) $\Longleftrightarrow$ (g). 根据 $\Pi_{\mathbb{S}^p_+}(\cdot)$ 的半光滑性, 引理 9.4, 由 [57, Theorem 6] 可得 (g)$\Longleftrightarrow$ (h) $\Longleftrightarrow$ (i). 由引理 9.4 可得 (b) $\Longleftrightarrow$ (j). 再根据引理 9.3, 得 (d) $\Longrightarrow$ (a). 从上述所有结论可得, 本定理的 10 个条件是相互等价的. ■

9.2.4 Jacobian 唯一性条件

本节考虑非线性半定规划问题的一类比 $\mathcal{C}^2$-光滑参数化更一般的参数扰动问题的稳定性. 证明当原问题的可行解满足 Jacobian 唯一性条件时, 其扰动问题的可行解也满足 Jacobian 唯一性条件. 本节取材于文献 [97].

考虑下述一般化的非线性规划问题:

$$
\text{(NLSDP)} \qquad \left\{\begin{array}{ll} \min & f(x) \\ \text{s.t.} & h(x) = 0_m, \\ & q(x) \leqslant 0_l, \\ & g(x) \in \mathbb{S}^p_+, \end{array}\right. \tag{9.76}
$$

其中 $f : \Re^n \to \Re$, $h : \Re^n \to \Re^m$, $q : \Re^n \to \Re^l$ 与 $g : \Re^n \to \mathbb{S}^p$ 均为二阶连续可微函数. (NLSDP) 问题的一阶最优性条件, 即 KKT 条件为

$$
\nabla_x L(x, \lambda, \mu, \Omega) = 0, \quad h(x) = 0, \quad \mu \in \mathcal{N}_{\Re^l_-}(q(x)), \quad \Omega \in \mathcal{N}_{\Re^p_+}(g(x)), \tag{9.77}
$$

即

$$
\nabla_x L(x, \lambda, \mu, \Omega) = 0, \quad h(x) = 0, \quad 0 \leqslant \mu \perp q(x) \leqslant 0, \quad 0 \preceq g(x) \perp \Omega \preceq 0. \tag{9.78}
$$

其中 Lagrange 函数 $L : \Re^n \times \Re^m \times \Re^l \times \mathbb{S}^p \to \Re$ 定义如下:

$$
L(x, \lambda, \mu, \Omega) = f(x) + \lambda^{\mathrm{T}} h(x) + \mu^{\mathrm{T}} q(x) + \langle \Omega, g(x) \rangle. \tag{9.79}
$$

记所有满足 (9.77) 的 (λ, μ, Ω) 为 x 处的 Lagrange 乘子集合 $\Lambda(x)$.

(NLSDP) 的 KKT 条件等价于下述方程:

$$
F(x, \lambda, \mu, \Omega) := \begin{pmatrix} \nabla_x L(x, \lambda, \mu, \Omega) \\ h(x) \\ q(x) - \Pi_{\Re^l_-}(q(x) + \mu) \\ g(x) - \Pi_{\mathbb{S}^p_+}(g(x) + \Omega) \end{pmatrix} = 0. \tag{9.80}
$$

称 (NLSDP) 问题在可行点 $\bar{x}$ 处约束非退化条件成立, 若有

$$\begin{pmatrix} \mathcal{J}h(\bar{x}) \\ \mathcal{J}q(\bar{x}) \\ Dg(\bar{x}) \end{pmatrix} \Re^n + \begin{pmatrix} \{0\} \\ \operatorname{lin}\left(T_{\Re^l_-}(q(\bar{x}))\right) \\ \operatorname{lin}\left(T_{\mathbb{S}^p_+}(g(\bar{x}))\right) \end{pmatrix} = \begin{pmatrix} \Re^m \\ \Re^l \\ \mathbb{S}^p \end{pmatrix}. \tag{9.81}$$

称 (NLSDP) 问题在可行点 $\bar{x}$ 处严格互补条件成立, 若

$$\exists(\mu,\Omega) \in \Lambda(\bar{x}) \text{ s.t. } \mu_i - q_i(\bar{x}) > 0, \forall i = 1,2,\cdots,l, g(\bar{x}) - \Omega \succ 0. \tag{9.82}$$

设 $\bar{x}$ 为 (NLSDP) 问题的可行解且乘子集 $\Lambda(\bar{x}) \neq \varnothing$, 则 (NLSDP) 问题在 $\bar{x}$ 处的临界锥 $C(\bar{x})$ 如下:

$$C(\bar{x}) = \left\{ d \in \Re^n : \begin{array}{l} \mathcal{J}h(\bar{x})d = 0, \mathcal{J}q(\bar{x})d \in T_{\Re^l_-}(q(\bar{x})), \\ Dg(\bar{x})d \in T_{\mathbb{S}^p_+}(g(\bar{x})), \mathcal{J}f(\bar{x})d = 0 \end{array} \right\}. \tag{9.83}$$

下面给出 (NLSDP) 问题的临界锥的具体形式及约束非退化条件的等价形式, 这些在后面定理证明中需要用到.

引理 9.5 设 $\bar{x}$ 为 (NLSDP) 问题的局部最优解, 且 (NLSDP) 问题在 $\bar{x}$ 处约束非退化条件及严格互补条件成立, 则 (NLSDP) 问题在 $\bar{x}$ 点处的临界锥可表达为

$$C(\bar{x}) = \{d \in \Re^n : \mathcal{J}h(\bar{x})d = 0, \nabla q_i(\bar{x})^{\mathrm{T}} d = 0, i \in I(\bar{x}), P_\gamma^{\mathrm{T}} Dg(\bar{x}) d P_\gamma = 0\}, \tag{9.84}$$

其中 $I(\bar{x}) = \{i | q_i(\bar{x}) = 0, 1 \leqslant i \leqslant l\}$, P_γ 是一 $p \times |\gamma|$ 矩阵, 它的列构成对应于 $g(\bar{x})$ 的最小特征值 0 的特征向量空间的一组标准正交基.

引理 9.6 定义算子 $\mathcal{A} : \Re^n \to \mathcal{L}(\Re^n, \Re^m \times \Re^{|I(x)|} \times \mathbb{S}^{|\gamma|})$ 如下:

$$\mathcal{A}(x)d = (\mathcal{J}h(x)d; \nabla q_i(x)^{\mathrm{T}} d, i \in I(x); \quad P_\gamma(x)^{\mathrm{T}} Dg(x) d P_\gamma(x)), \quad d \in \Re^n. \tag{9.85}$$

其中 $I(x) = \{i | q_i(x) = 0, 1 \leqslant i \leqslant l\}$, $P_\gamma(x)$ 是一 $p \times |\gamma|$ 矩阵, 它的列构成对应于 $g(x)$ 的最小特征值 0 的特征向量空间的一组标准正交基. 那么 (NLSDP) 问题在 x 处的约束非退化条件等价于算子 $\mathcal{A}(x)$ 是映上的.

令 $\zeta = (\lambda, \mu, \Omega) \in \Re^m \times \Re^l \times \mathbb{S}^p$, 那么对任意 $\zeta \in \Lambda(\bar{x})$ 及 $d \in C(\bar{x})$, "Sigma 项" 可以写成

$$\begin{aligned}
\sigma(\zeta, \mathcal{T}_K^2(G(\bar{x}), \mathcal{J}G(\bar{x})d)) &= \sigma(\lambda, \mathcal{T}_{\{0\}}^2(h(\bar{x}), \mathcal{J}h(\bar{x})d)) + \sigma(\mu, \mathcal{T}_{\Re^l_-}^2(q(\bar{x}), \mathcal{J}q(\bar{x})d)) \\
&\quad + \sigma(\Omega \mathcal{T}_{S^p_+}^2(g(\bar{x}), Dg(\bar{x})d)) \\
&= 0 + 0 + \sigma(\Omega, \mathcal{T}_{S^p_+}^2(g(\bar{x}), Dg(\bar{x})d)) \\
&= \sigma(\Omega, \mathcal{T}_{S^p_+}^2(g(\bar{x}), Dg(\bar{x})d)).
\end{aligned}$$

下面给出 (NLSDP) 的二阶充分性条件的定义:

设 $\bar{x}$ 为 (NLSDP) 问题的稳定点, 称 (NLSDP) 问题在 $\bar{x}$ 处二阶充分性条件成立, 若 $\forall d \in C(\bar{x})\setminus\{0\}$, 有下式成立:

$$\sup_{(\lambda,\mu,\Omega)\in\Lambda(\bar{x})} \left\{d^{\mathrm{T}}\nabla_{xx}^2 L(\bar{x},\lambda,\mu,\Omega)d - 2\langle\Omega, Dg(\bar{x})d[g(\bar{x})]^{\dagger}Dg(\bar{x})d\rangle\right\} > 0. \tag{9.86}$$

引理 9.7 设 $(\bar{x},\bar{\lambda},\bar{\mu},\bar{\Omega})$ 是问题 (NLSDP) 的 KKT 点, 且在该点 Jacobian 唯一性条件成立, 则 F 的 Jacobian 阵在 $(\bar{x},\bar{\lambda},\bar{\mu},\bar{\Omega})$ 处是非奇异的.

证明 问题 (NLSDP) 在 $\bar{x}$ 处的临界锥可写为 (9.84) 式. 约束非退化条件意味着 $\Lambda(\bar{x})$ 是单点集, 即 $(\bar{\lambda},\bar{\mu},\bar{\Omega})$ 是唯一的 Lagrange 乘子. 由 $\bar{x}$ 处的严格互补条件, 可得 $g(\bar{x})+\bar{\Omega}$ 是非奇异的. 简单起见, 记 $D\Pi_{\mathbb{S}_+^p}(g(\bar{x})+\bar{\Omega})$ 为 V 且 $D\Pi_{\Re_-^l}(q(\bar{x})+\bar{\mu})$ 为 W.

令 $d=(d_x,d_\lambda,d_\mu,d_\Omega)\in\Re^n\times\Re^m\times\Re^l\times\mathbb{S}^p$ 满足

$$DF(\bar{x},\bar{\lambda},\bar{\mu},\bar{\Omega})d=0,$$

即

$$\begin{pmatrix} \nabla_{xx}^2 L(\bar{x},\bar{\lambda},\bar{\mu},\bar{\Omega})d_x + \mathcal{J}h(\bar{x})^{\mathrm{T}}d_\lambda + \mathcal{J}q(\bar{x})^{\mathrm{T}}d_\mu + Dg(\bar{x})^* d_\Omega \\ \mathcal{J}h(\bar{x})d_x \\ -\mathcal{J}q(\bar{x})d_x + W(\mathcal{J}q(\bar{x})d_x + d_\mu) \\ -Dg(\bar{x})d_x + V(Dg(\bar{x})d_x + d_\Omega) \end{pmatrix} = 0. \tag{9.87}$$

使用与命题 9.8 中证明相同的方法, 可以得到

$$d_x=0,\quad d_\lambda=0,\quad d_\mu=0,\quad d_\Omega=0,$$

即 $DF(\bar{x},\bar{\lambda},\bar{\mu},\bar{\Omega})$ 是非奇异的. ■

注记 9.1 定义 $F_1:\Re^n\times\Re^m\times\Re^l\times\mathbb{S}^p\to\Re^n\times\Re^m\times\Re^l\times\mathbb{S}^p$,

$$F_1(x,\lambda,\mu,\Omega) := \begin{pmatrix} \nabla_x L(x,\lambda,\mu,\Omega) \\ h(x) \\ \mu\circ q(x) \\ g(x)\Omega \end{pmatrix}, \tag{9.88}$$

其中 $\mu\circ q(x)=(\mu_1 q_1(x),\cdots,\mu_l q_l(x))^{\mathrm{T}}$. 可以很容易地证明在 $(\bar{x},\bar{\lambda},\bar{\mu},\bar{\Omega})$ 处 Jacobian 唯一性条件成立的情况下, F_1 在 $(\bar{x},\bar{\lambda},\bar{\mu},\bar{\Omega})$ 处的 Jacobian 阵是非奇异的. 显然 $F_1(\bar{x},\bar{\lambda},\bar{\mu},\bar{\Omega})=0$ 当 $(\bar{x},\bar{\lambda},\bar{\mu},\bar{\Omega})$ 满足 KKT 条件, 反之, $F_1(\bar{x},\bar{\lambda},\bar{\mu},\bar{\Omega})=0$ 并不意味着 $(\bar{x},\bar{\lambda},\bar{\mu},\bar{\Omega})$ 为 KKT 点. 然而, $F(x,\lambda,\mu,\Omega)=0$ 始终与 (x,λ,μ,Ω) 是 KKT 点等价. 基于此, 本节中用 $F(x,\lambda,\mu,\Omega)$ 代替 $F_1(x,\lambda,\mu,\Omega)$.

考虑下述带参数的非线性半定规划问题:

$$
(\mathrm{P}_u) \qquad \left\{\begin{array}{ll} \min & f(x,u) \\ \text{s.t.} & h(x,u)=0_m, \\ & q(x,u)\leqslant 0_l, \\ & g(x,u)\in \mathbb{S}_+^p, \end{array}\right. \tag{9.89}
$$

其中 $f:\Re^n\times\mathcal{U}\to\Re$, $h:\Re^n\times\mathcal{U}\to\Re^m$, $q:\Re^n\times\mathcal{U}\to\Re^l$ 和 $g:\Re^n\times\mathcal{U}\to\mathbb{S}^p$, 依赖的参数向量 u 属于 Banach 空间 $\mathcal{U}$. 假设对于给定的参数 $\bar{u}$, 问题 $(\mathrm{P}_{\bar{u}})$ 与问题 (NLSDP) 一致.

(P_u) 的 KKT 系统等价于下述非光滑方程:

$$
F(x,\lambda,\mu,\Omega,u)=0, \tag{9.90}
$$

其中 $F:\Re^n\times\Re^m\times\Re^l\times\mathbb{S}^p\times\mathcal{U}\to\Re^n\times\Re^m\times\Re^l\times\mathbb{S}^p$ 定义为

$$
F(x,\lambda,\mu,\Omega,u):=\begin{pmatrix} \nabla_x L(x,\lambda,\mu,\Omega,u) \\ h(x,u) \\ q(x,u)-\Pi_{\Re^l_-}(q(x,u)+\mu) \\ g(x,u)-\Pi_{\mathbb{S}^p_+}(g(x,u)+\Omega) \end{pmatrix}, \tag{9.91}
$$

Lagrange 函数 $L:\Re^n\times\Re^m\times\Re^l\times\mathbb{S}^p\times\mathcal{U}\to\Re$ 定义为

$$
L(x,\lambda,\mu,\Omega,u):=f(x,u)+\lambda^{\mathrm{T}}h(x,u)+\mu^{\mathrm{T}}q(x,u)+\langle\Omega,g(x,u)\rangle. \tag{9.92}
$$

定理 9.7 假设问题 (P_u) 中的 $f(x,u)$, $G(x,u):=(h(x,u),q(x,u),g(x,u))$ 均有关于 x 的二阶偏导数, 且函数 $f(\cdot,\cdot)$, $G(\cdot,\cdot)$, $D_xf(\cdot,\cdot)$, $D_xG(\cdot,\cdot)$, $D^2_{xx}f(\cdot,\cdot)$ 和 $D^2_{xx}G(\cdot,\cdot)$ 关于 $\Re^n\times\mathcal{U}$ 连续. 设 $\bar{u}\in\mathcal{U}$, $(\bar{x},\bar{\lambda},\bar{\mu},\bar{\Omega})$ 为问题 $(\mathrm{P}_{\bar{u}})$ 的 KKT 点, 并且在该点处 Jacobian 唯一性条件成立.

那么, 存在邻域 $M(\bar{u})\subset\mathcal{U}$ 和 $N(\bar{x},\bar{\lambda},\bar{\mu},\bar{\Omega})\subset\Re^n\times\Re^m\times\Re^l\times\mathbb{S}^p$, 以及连续函数 $\mathcal{Z}:M\to N$, 使得 $\mathcal{Z}(\bar{u})=(\bar{x},\bar{\lambda},\bar{\mu},\bar{\Omega})$, 且对任何 $u\in M$, $\mathcal{Z}(u)$ 即问题 (P_u) 在 N 中唯一的 KKT 点, 也是 $F(\cdot,\cdot,\cdot,\cdot,u)$ 在 N 上的唯一零点. 进一步, 如果 $\mathcal{Z}(u):=(x(u),\lambda(u),\mu(u),\Omega(u))$, 那么对任何 $u\in M$, $x(u)$ 是 (P_u) 的孤立局部极小点, 且在 $x(u)$ 处 Jacobian 唯一性条件亦成立.

证明 记 $z=(x,\lambda,\mu,\Omega)\in\Re^n\times\Re^m\times\Re^l\times\mathbb{S}^p$ 且 $\bar{z}=(\bar{x},\bar{\lambda},\bar{\mu},\bar{\Omega})$. $f(\cdot,\cdot)$, $G(\cdot,\cdot)$, $D_xf(\cdot,\cdot)$, $D_xG(\cdot,\cdot)$, $D^2_{xx}f(\cdot,\cdot)$ 和 $D^2_{xx}G(\cdot,\cdot)$ 的连续性意味着 F 及 F 关于 z 的 Jacobian 矩阵在 $\Re^n\times\Re^m\times\Re^l\times\mathbb{S}^p\times\mathcal{U}$ 上是连续的. 由引理 9.7, Jacobian 矩阵 $D_zF(\bar{z},\bar{u})$ 是非奇异的, 即 $D_zF(\bar{z},\bar{u})$ 有连续的逆. 由 $F(\bar{z},\bar{u})=0$, 由隐函数定

理[35, Theorems 1–2(4.XVII)] 可得存在开邻域 $M_0(\bar{u}) \subset \mathcal{U}$ 和 $N_0(\bar{z}) \subset \Re^n \times \Re^m \times \Re^l \times \mathbb{S}^p$, 以及连续函数 $\mathcal{Z}: M_0 \to N_0$ 使得 $\mathcal{Z}(\bar{u}) = \bar{z}$, 且对任何 $u \in M_0(\bar{u})$, $\mathcal{Z}(u)$ 是 $F(\cdot, u)$ 在 $N_0(\bar{z})$ 上的唯一零点.

此外, 存在开邻域 $M_1(\bar{u})$ 和 $N_1(\bar{z})$ 使得对于 $(x, \lambda, \mu, \Omega) \in N_1(\bar{z})$, $u \in M_1(\bar{u})$, 对 $1 \leqslant i \leqslant l$ 和 $1 \leqslant j \leqslant p$, 有

$$q_i(\bar{x}, \bar{u}) < 0 \Longrightarrow q_i(x, u) < 0, \tag{9.93a}$$

$$\bar{\mu}_i > 0 \Longrightarrow \mu_i > 0, \tag{9.93b}$$

$$\lambda_j(g(\bar{x}, \bar{u})) > 0 \Longrightarrow \lambda_j(g(x, u)) > 0, \tag{9.93c}$$

$$\lambda_j(\bar{\Omega}) < 0 \Longrightarrow \lambda_j(\Omega) < 0. \tag{9.93d}$$

令 $N := N_0(\bar{z}) \cap N_1(\bar{z})$. 因为 $\mathcal{Z}$ 连续且 $\mathcal{Z}(\bar{u}) = (\bar{x}, \bar{\lambda}, \bar{\mu}, \bar{\Omega})$, 可以找到开邻域 $M_2 \subset M_1(\bar{u}) \cap M_0(\bar{u})$ 使得 $u \in M_2$ 可推出 $\mathcal{Z}(u) \in N$. 因为 $F(\mathcal{Z}(u), u) = 0$, 则对任何 $u \in M_2$, $\mathcal{Z}(u)$ 满足问题 (P_u) 的 KKT 条件. 设 $\mathcal{Z}(u) = (\tilde{x}, \tilde{\lambda}, \tilde{\mu}, \tilde{\Omega})$, 选定 $i: 1 \leqslant i \leqslant l$, 如果 $\bar{\mu}_i > 0$, 则由于 $\mathcal{Z}(u) \in N_1$, 我们有 $\tilde{\mu}_i > 0$, 因此 $q_i(\tilde{x}, u) = 0$; 另一方面, 如果 $q_i(\bar{x}, \bar{u}) < 0$, 则有 $q_i(\tilde{x}, u) < 0$, 因此 $\tilde{\mu}_i = 0$. 由于严格互补条件在 $(\bar{x}, \bar{\lambda}, \bar{\mu}, \bar{\Omega})$ 处成立, 对于每一个 i, 上述两种情况一定有一种成立, 因此有 $\tilde{\mu} \geqslant 0$ 且 $q(\tilde{x}, u) \leqslant 0$. 同理可证 $\tilde{\Omega} \preceq 0$ 且 $g(\tilde{x}, u) \succeq 0$. 综上可知 $\tilde{x}$ 为问题 (P_u) 可行点, 因此 $\mathcal{Z}(u)$ 是问题 (P_u) 的 KKT 点, 又由于 $\mathcal{Z}(u)$ 是函数 $F(\cdot, \cdot, \cdot, \cdot, u)$ 在 N 上的唯一零点, 则 $\forall u \in M_2$, $\mathcal{Z}(u)$ 是 (P_u) 在 N 上的唯一的 KKT 点. 进一步, 若 $\mathcal{Z}(u) := (x(u), \lambda(u), \mu(u), \Omega(u))$, 由 (9.93) 我们注意到 $\forall u \in M_2$, $x(u)$ 与 $x(\bar{u})$ 有相同的不等式约束, 因此对于 $\mathcal{Z}(u)$ 严格互补条件也成立. 因为 $x(\bar{u})$ 处约束非退化条件成立, 则算子 $\mathcal{A}(x(\bar{u}), \bar{u})$ 是映上的. 其中, $\forall d \in \Re^n$,

$$\begin{aligned}\mathcal{A}(x(u), u)d = \big(&\mathcal{J}_x h(x(u), u)d; \nabla_x q_i(x(u), u)^{\mathrm{T}} d, i \in I(x(u), u);\\ &P_\gamma(u)^{\mathrm{T}} D_x g(x(u), u) d P_\gamma(u)\big),\end{aligned} \tag{9.94}$$

这里 $\forall u \in M_2$, $P_\gamma(u)$ 是一 $p \times |\gamma|$ 矩阵, 它的列构成对应于 $g(x(u), u)$ 的最小特征值 0 的特征向量空间的一组标准正交基. 由于当 $g(x(u), u)$ 靠近 $g(x(\bar{u}), \bar{u})$ 时, $P_\gamma(u)$ 不是连续的, 因此需要构造一个与 $P_\gamma(u)$ 性质相同的连续函数.

$\forall u \in M_2$, 简记 $g(u) := g(x(u), u)$, $g(\bar{u}) := g(x(\bar{u}), \bar{u})$. 记 $L(g(u))$ 为对应于 $g(u)$ 的零特征值的特征空间, $P(g(u))$ 是到 $L(g(u))$ 上的直交投影矩阵. 令 P_γ 是固定的 $p \times |\gamma|$ 矩阵, 它的列是直交的且张成空间 $L(g(\bar{u}))$. 已知, 在 $g(\bar{u})$ 的充分小的邻域内, $P(g(u))$ 是 $g(u)$ 的连续可微函数, 结果 $E(g(u)) := P(g(u))P_\gamma$ 也是 $g(\bar{u})$ 的邻域内 $g(u)$ 的连续可微函数, 且 $E(g(\bar{u})) = P_\gamma$. 对充分靠近 $g(\bar{u})$ 的所有 $g(u)$, $E(g(u))$ 的秩是 $|\gamma|$, 即它的列向量是线性无关的. 令 $S(g(u))$ 是用 Gram-Schmidt

正交化过程作用于 $E(g(u))$ 的列生成的列向量的矩阵, 则矩阵 $S(g(u))$ 是有定义的且在 $g(\bar{u})$ 附近是连续可微的, 且满足下述条件: $S(g(\bar{u}))=P_\gamma$, $S(g(u))$ 的列空间与 $P_\gamma(u)$ 的列空间重合, 且 $S(g(u))^{\mathrm{T}}S(g(u))=I_{|\gamma|}$. 因此, 在 $g(\bar{u})$ 的充分小的邻域内, 算子 $\mathcal{A}(x(u),u)$ 可定义为 $\forall d\in\Re^n$,

$$\begin{aligned}\mathcal{A}(x(u),u)d=\big(&\mathcal{J}_x h(x(u),u)d;\nabla_x q_i(x(u),u)^{\mathrm{T}}d, i\in I(x(u),u);\\&S(g(u))^{\mathrm{T}}D_x g(x(u),u)dS(g(u))\big).\end{aligned}\tag{9.95}$$

由函数 $\mathcal{Z}$ 的连续性, 可知算子 $\mathcal{A}(x(u),u)$ 在 $\bar{u}$ 的充分小的邻域内关于 u 连续, 因此存在开邻域 $M_3(\bar{u})\subset M_2$, 算子 $\mathcal{A}(x(u),u)$ 也是映上的, 即 $\forall u\in M_3$, $x(u)$ 处的约束非退化条件成立.

下证 $\mathcal{Z}(u)$ 处的二阶充分性条件仍然成立。注意到对任何 $u\in M_3$, $\mathcal{Z}(u)$ 是 KKT 点, 若有效梯度约束 (算子 $\mathcal{A}(x(u),u)$ 的维数) 包含 n 个向量, 则 $\forall u\in M_3$, $\mathcal{Z}(u)$ 的二阶充分性条件平凡成立. 不失一般性, 我们假设有效梯度约束包含的向量个数少于 n 个. $\forall u\in M_3$, 考虑集值映射:

$$\Gamma(u):=\{d\in\Re^n:\mathcal{A}(x(u),u)d=0\}.$$

显然, 集值映射 Γ 的图是闭的, 因此令 B 为 $\Re^n$ 空间中的单位球面, 那么 $\Gamma(u)\cap B$ 在 M_3 上是上半连续的. 由假设有效梯度约束包含的向量个数小于 n, 可知 $\Gamma(u)\cap B$ 是非空的. 考虑函数

$$\begin{aligned}\delta(u):=\min_{d\in\Gamma(u)\cap B}\big\{&d^{\mathrm{T}}\nabla^2_{xx}L(x(u),\lambda(u),\mu(u),\Omega(u))d\\&-2\langle\Omega(u),Dg(u)d[g(u)]^{\dagger}Dg(u)d\rangle\big\}.\end{aligned}$$

令 $T\in S^p$ 有谱分解: $T=Q\Lambda(T)Q^{\mathrm{T}}$, 且令 $\varphi:\Re\to\Re$ 为如下函数:

$$\varphi(t)=\begin{cases}\dfrac{1}{t}, & t>0,\\ 0, & t=0.\end{cases}$$

$\Phi(T):\mathbb{S}^p\to\mathbb{S}^p$ 相应的 Löwner 算子定义为

$$\Phi(T):=\sum_{i=1}^p\varphi(\lambda_i(T))q_i{q_i}^{\mathrm{T}},\quad T\in\mathbb{S}^p.$$

因此, $[g(u)]^{\dagger}$ 可被看作关于 $\varphi(\cdot)$ 的 Löwner 算子, 即 $[g(u)]^{\dagger}=\Phi(g(u))$. 由 $\mathcal{Z}(u)$ 的连续性及严格互补条件, 可知 $\varphi(\lambda_i(g(u)))$ 关于 u 在 M_3 上连续, 那么 $[g(u)]^{\dagger}$ 也关于 u 在 M_3 上连续. 因此, 上式的目标函数在 M_3 上关于 u, d 均连续, 并且约束集合 $\Gamma(u)\cap B$ 关于 u 是上半连续的, 由 [4, Theorem 2], 可得 δ 在 M_3 上关于 u 是下

半连续的. 又由于 $\mathcal{Z}(\bar{u})$ 处的二阶充分性条件成立, 则有 $\delta(\bar{u}) > 0$. 因此, 存在一个开邻域 $M(\bar{u}) \subset M_3$, 使得 $\forall u \in M$, 均有 $\delta(u) > 0$ 成立, 即 $\forall u \in M$, $\mathcal{Z}(u)$ 满足二阶充分性条件. ■

9.3　非线性 SDP 问题的 KKT 映射的孤立平稳性

本节考虑下述非线性半定规划问题:

$$
(\text{NLSDP}) \qquad \begin{cases} \min & f(x) \\ \text{s.t.} & h(x) = 0_l, \\ & g(x) \leqslant 0_m, \\ & G(x) \in \mathbb{S}^p_-, \end{cases} \tag{9.96}
$$

其中 $f : \Re^n \to \Re$, $h : \Re^n \to \Re^l$, $g : \Re^n \to \Re^m$ 与 $G : \Re^n \to \mathbb{S}^p$ 均为二次连续可微函数. 设 (NLSDP) 的 Lagrange 函数为 $L : \Re^n \times \Re^l \times \Re^m \times \mathbb{S}^p \to \Re$,

$$
L(x, \mu, \lambda, \Gamma) := f(x) + \langle \mu, h(x) \rangle + \langle \lambda, g(x) \rangle + \langle \Gamma, G(x) \rangle.
$$

如果 x 为问题 (NLSDP) 的局部极小点且 x 处的 Robinson 约束规范成立, 则存在乘子 $(\mu, \lambda, \Gamma) \in \Re^l \times \Re^m \times \mathbb{S}^p$ 使得 KKT 条件成立:

$$
\nabla_x L(x, \mu, \lambda, \Gamma) = 0_n, \tag{9.97}
$$

$$
h(x) = 0_l, \tag{9.98}
$$

$$
0_m \geqslant g(x) \perp \lambda \geqslant 0_m, \tag{9.99}
$$

$$
0 \succeq G(x) \perp \Gamma \succeq 0. \tag{9.100}
$$

注意到 (9.99) 和 (9.100) 可以写成投影的形式

$$
g(x) - \Pi_{\Re^m_-}(g(x) + \lambda) = 0,
$$

$$
G(x) - \Pi_{\mathbb{S}^p_-}(G(x) + \Gamma) = 0.
$$

定义 Kojima 函数 $F : \Re^n \times \Re^l \times \Re^m \times \mathbb{S}^p \to \Re^n \times \Re^l \times \Re^m \times \mathbb{S}^p$:

$$
F(x, \mu, \lambda, \Gamma) := \begin{pmatrix} \nabla f(x) + \nabla h(x)\mu + \nabla g(x)\lambda + DG(x)^*\Gamma \\ h(x) \\ g(x) - \Pi_{\Re^m_-}(g(x) + \lambda) \\ G(x) - \Pi_{\mathbb{S}^p_-}(G(x) + \Gamma) \end{pmatrix}.
$$

那么, KKT 系统 (9.97)—(9.100) 可以等价地写为

$$F(x,\mu,\lambda,\Gamma)=0.$$

考虑扰动的 KKT 系统

$$F(x,\mu,\lambda,\Gamma)=p,\quad p\in\Re^n\times\Re^l\times\Re^m\times\mathbb{S}^p.$$

记 $\mathcal{S}(p):=\{(x,\mu,\lambda,\Gamma)\mid F(x,\mu,\lambda,\Gamma)=p\}$, 称映射 $p\to\mathcal{S}(p)$ 为 KKT 映射. 记 $\mathcal{X}(p):=\{x\mid\exists(\mu,\lambda,\Gamma)\text{ s.t. }(x,\mu,\lambda,\Gamma)\in\mathcal{S}(p)\}$ 为稳定点集, 称映射 $p\to\mathcal{X}(p)$ 为稳定点映射. 与 x 和 p 相联系的扰动 Lagrange 乘子集记为 $\Lambda_p(x):=\{(\mu,\lambda,\Gamma)\mid(x,\mu,\lambda,\Gamma)\in\mathcal{S}(p)\}$.

回顾孤立平稳性的定义 (定义 3.7), 由定理 3.9 知集值映射的孤立平稳性可用图导数准则判别, 因此下面研究问题 (NLSDP) 稳定点映射及 KKT 映射的图导数. 方便起见, 首先对 $(\bar\mu,\bar\lambda,\bar\Gamma)\in\Lambda_0(\bar x)$, 定义下述指标集:

$$\begin{aligned}
I_+&:=\{i:g_i(\bar x)=0,\bar\lambda_i>0,i=1,\cdots,m\},\\
I_0&:=\{i:g_i(\bar x)=0,\bar\lambda_i=0,i=1,\cdots,m\},\\
I_-&:=\{i:g_i(\bar x)<0,\bar\lambda_i=0,i=1,\cdots,m\},\\
\alpha&:=\{i:\lambda_i(G(\bar x))=0,\lambda_i(\bar\Gamma)>0,i=1,\cdots,p\},\\
\beta&:=\{i:\lambda_i(G(\bar x))=0,\lambda_i(\bar\Gamma)=0,i=1,\cdots,p\},\\
\gamma&:=\{i:\lambda_i(G(\bar x))<0,\lambda_i(\bar\Gamma)=0,i=1,\cdots,p\}.
\end{aligned}$$

设 $\bar Y:=G(\bar x)+\bar\Gamma$ 有谱分解: $\bar Y=P\Lambda P^{\mathrm T}$, 其中

$$\Lambda=\begin{pmatrix}\Lambda_\alpha&0&0\\0&0_\beta&0\\0&0&\Lambda_\gamma\end{pmatrix},\quad \Lambda_\alpha\succ0,\quad \Lambda_\gamma\prec0.$$

记 $P=(P_\alpha\quad P_\beta\quad P_\gamma)$, 则 $G(\bar x)=P_\gamma\Lambda_\gamma P_\gamma^{\mathrm T}$, $\bar\Gamma=P_\alpha\Lambda_\alpha P_\alpha^{\mathrm T}$.

为了刻画 $\mathbb{S}(p)$ 和 $\mathcal{X}(p)$ 的孤立平稳性, 首先给出 F 图导数的显式表达式.

引理 9.8 给定 (x,μ,λ,Γ) 和 (u,v,w,Ω). 那么

$$\begin{aligned}
&DF(x,\mu,\lambda,\Gamma)(u,v,w,\Omega)\\
=&\left\{(\xi,\eta,\zeta,\Sigma)\left|\begin{array}{l}\xi=\nabla^2_{xx}L(x,\mu,\lambda,\Gamma)u+\nabla h(x)v+\nabla g(x)w\\ \qquad+DG(x)^*\Omega,\\ \eta=\mathcal{J}h(x)u,\\ \zeta=\mathcal{J}g(x)u-\Pi'_{\Re^m_-}(g(x)+\lambda;\mathcal{J}g(x)u+w),\\ \Sigma=DG(x)u-\Pi'_{\mathbb{S}^p_-}(G(x)+\Gamma;DG(x)u+\Omega)\end{array}\right.\right\}.
\end{aligned}\tag{9.101}$$

证明 函数 F 可写成 $F(x,\mu,\lambda,\Gamma)=M(x)N(x,\mu,\lambda,\Gamma)$, 其中

$$M(x)=\begin{pmatrix} \nabla f(x) & \nabla h(x) & \nabla g(x) & DG(x)^* & 0 & 0 \\ h(x) & 0 & 0 & 0 & 0 & 0 \\ g(x) & 0 & 0 & 0 & -I_m & 0 \\ G(x) & 0 & 0 & 0 & 0 & -I_{p\times p} \end{pmatrix} \tag{9.102}$$

与

$$N(x,\mu,\lambda,\Gamma)=\begin{pmatrix} 1 \\ \mu \\ \lambda \\ \Gamma \\ \Pi_{\Re^m_-}(g(x)+\lambda) \\ \Pi_{\mathbb{S}^p_-}(G(x)+\Gamma) \end{pmatrix}. \tag{9.103}$$

因为 $F(x,\mu,\lambda,\Gamma)$ 是单值的 Lipschitz 连续函数, $N(x,\mu,\lambda,\Gamma)$ 方向可微且 $M(x)$ 连续可微, 那么 F 的图导数可写成

$$\begin{aligned}
&DF(x,\mu,\lambda,\Gamma)(u,v,w,\Omega)\\
=&\Big\{z\in\Re^n\times\Re^l\times\Re^m\times\mathbb{S}^p \mid \exists t_k\downarrow 0, u^k\to u, v^k\to v, w^k\to w, \Omega^k\to\Omega,\\
&z=\lim_{k\to\infty}\frac{F(x+t_ku^k,\mu+t_kv^k,\lambda+t_kw^k,\Gamma+t_k\Omega^k)-F(x,\mu,\lambda,\Gamma)}{t_k}\Big\}\\
=&F'((x,\mu,\lambda,\Gamma);(u,v,w,\Omega))\\
=&\mathcal{J}M(x)uN(x,\mu,\lambda,\Gamma)+M(x)N'((x,\mu,\lambda,\Gamma);(u,v,w,\Omega)).
\end{aligned} \tag{9.104}$$

其中

$$\mathcal{J}M(x)u=\begin{pmatrix} \nabla^2 f(x)u & \nabla^2 h(x)u & \nabla^2 g(x)u & \mathcal{J}(DG(x)^*)u & 0 & 0 \\ \mathcal{J}h(x)u & 0 & 0 & 0 & 0 & 0 \\ \mathcal{J}g(x)u & 0 & 0 & 0 & 0 & 0 \\ DG(x)u & 0 & 0 & 0 & 0 & 0 \end{pmatrix},$$

$$N'((x,\mu,\lambda,\Gamma);(u,v,w,\Omega))=\begin{pmatrix} 0 \\ v \\ w \\ \Omega \\ \Pi'_{\Re^m_-}(g(x)+\lambda;\mathcal{J}g(x)u+w) \\ \Pi'_{\mathbb{S}^p_-}(G(x)+\Gamma;DG(x)u+\Omega) \end{pmatrix},$$

结合 (9.104), 可以很容易地得到 $DF(x,\mu,\lambda,\Gamma)(u,v,w,\Omega)$ 的显式表达. ■

由逆映射图导数的关系 (1.17), 可得扰动 KKT 系统 $\mathcal{S}$ 的图导数形式为

$$
\begin{aligned}
&D\mathcal{S}(p;(x,\mu,\lambda,\Gamma))(\xi,\eta,\zeta,\Sigma)\\
=&\left\{(u,v,w,\Omega)\;\middle|\;\begin{array}{l}\xi=\nabla_{xx}^2L(x,\mu,\lambda,\Gamma)u+\nabla h(x)v+\nabla g(x)w\\ \qquad +DG(x)^*\Omega,\\ \eta=\mathcal{J}h(x)u,\\ \zeta=\mathcal{J}g(x)u-\Pi'_{\Re^m_-}(g(x)+\lambda;\mathcal{J}g(x)u+w),\\ \Sigma=DG(x)u-\Pi'_{\mathbb{S}^p_-}(G(x)+\Gamma;DG(x)u+\Omega)\end{array}\right\}. \qquad (9.105)
\end{aligned}
$$

下面讨论在 Robinson 约束规范下, $\mathcal{X}$ 的图导数中元素的刻画.

定理 9.8 设 Robinson 约束规范在 (NLSDP) 的任何稳定点 $\bar{x}$ 处均成立. 考虑扰动的稳定点映射 $\mathcal{X}(p)$, 其中 p 在 0 附近变化. 那么, 下述等价关系成立:

$$
u\in D\mathcal{X}(0;\bar{x})(p^0)\Longleftrightarrow\exists(\mu,\lambda,\Gamma)\in\Lambda_0(\bar{x}):p^0\in DF(\bar{x},\mu,\lambda,\Gamma)(u,\Re^l,\Re^m,\mathbb{S}^p).
$$

证明 必要性. 设 $p^0=(\xi,\eta,\zeta,\Sigma)$ 且 $u\in D\mathcal{X}(0;\bar{x})(p^0)$. 由图导数 $D\mathcal{X}$ 的定义, 存在序列 $p^k\to p^0$, $u^k\to u$, $\theta^k\downarrow 0$ 使得

$$
x^k:=\bar{x}+\theta^ku^k\in\mathcal{X}(0+\theta^kp^k)=\mathcal{X}(\theta^kp^k).
$$

任取 $(\mu^k,\lambda^k,\Gamma^k)\in\Lambda(\theta^kp^k,x^k)$, 则有

$$
F(x^k,\mu^k,\lambda^k,\Gamma^k)=\theta^kp^k.
$$

因为 Robinson 约束规范在 $\bar{x}$ 处成立, 则 $\Lambda_0(\bar{x})$ 是闭的且非空有界的. 因为 F 连续, 由 [73, Theorem 5.7] RW98可知 $\Lambda(p,x)=\{(\mu,\lambda,\Gamma)|F(x,\mu,\lambda,\Gamma)=p\}$ 在 $(0,\bar{x})$ 处是外半连续的. 不失一般性, 可以假设 $\mu^k\to\mu$, $\lambda^k\to\lambda$, $\Gamma^k\to\Gamma$, 且 $(\mu,\lambda,\Gamma)\in\Lambda_0(\bar{x})$. 往证存在 $(v,w,\Omega)\in\Re^l\times\Re^m\times\mathbb{S}^p$ 使得

$$
\begin{aligned}
&\xi=\nabla_{xx}^2L(x,\mu,\lambda,\Gamma)u+\nabla h(x)v+\nabla g(x)w+DG(x)^*\Omega,\\
&\eta=\mathcal{J}h(x)u,\\
&\zeta=\mathcal{J}g(x)u-\Pi'_{\Re^m_-}(g(x)+\lambda;\mathcal{J}g(x)u+w),\\
&\Sigma=DG(x)u-\Pi'_{\mathbb{S}^p_-}(G(x)+\Gamma;DG(x)u+\Omega).
\end{aligned}
$$

由 $F(x^k,\mu^k,\lambda^k,\Gamma^k)=\theta^k p^k$ 和 $F(\bar{x},\mu,\lambda,\Gamma)=0$, 可得

$$\theta^k p^k=\begin{pmatrix}\nabla_x L(x^k,\mu^k,\lambda^k,\Gamma^k)-\nabla_x L(\bar{x},\mu,\lambda,\Gamma)\\ h(x^k)-h(\bar{x})\\ g(x^k)-g(\bar{x})-\Pi_{\Re^m_-}(g(x^k)+\lambda^k)+\Pi_{\Re^m_-}(g(\bar{x})+\lambda)\\ G(x^k)-G(\bar{x})-\Pi_{\mathbb{S}^p_-}(G(x^k)+\Gamma^k)+\Pi_{\mathbb{S}^p_-}(G(\bar{x})+\Gamma)\end{pmatrix}.$$

那么, $\theta^k p^k$ 可表示为 $\theta^k p^k=A^k+B^k$, 其中

$$A^k=\begin{pmatrix}\nabla_x L(x^k,\mu^k,\lambda^k,\Gamma^k)-\nabla_x L(\bar{x},\mu,\lambda,\Gamma)\\ h(x^k)-h(\bar{x})\\ g(x^k)-g(\bar{x})\\ G(x^k)-G(\bar{x})\end{pmatrix},$$

$$\begin{aligned}B^k&=\begin{pmatrix}\nabla h(x^k)(\mu^k-\mu)+\nabla g(x^k)(\lambda^k-\lambda)+DG(x^k)(\Gamma^k-\Gamma)\\ 0\\ -[\Pi_{\Re^m_-}(g(x^k)+\lambda^k)-\Pi_{\Re^m_-}(g(\bar{x})+\lambda)]\\ -[\Pi_{\mathbb{S}^p_-}(G(x^k)+\Gamma^k)-\Pi_{\mathbb{S}^p_-}(G(\bar{x})+\Gamma)]\end{pmatrix}\\
&=\begin{pmatrix}0&\nabla h(x^k)&\nabla g(x^k)&DG(x^k)^*&0&0\\0&0&0&0&0&0\\0&0&0&0&-I_m&0\\0&0&0&0&0&-I_{p\times p}\end{pmatrix}\\
&\quad\times\begin{pmatrix}0\\ \mu^k-\mu\\ \lambda^k-\lambda\\ \Gamma^k-\Gamma\\ \Pi_{\Re^m_-}(g(x^k)+\lambda^k)-\Pi_{\Re^m_-}(g(\bar{x})+\lambda)\\ \Pi_{\mathbb{S}^p_-}(G(x^k)+\Gamma^k)-\Pi_{\mathbb{S}^p_-}(G(\bar{x})+\Gamma)\end{pmatrix}\\
&=R^k[N(x^k,\mu^k,\lambda^k,\Gamma^k)-N(\bar{x},\mu,\lambda,\Gamma)],\end{aligned}$$

其中 R^k 为上述乘积的第一个矩阵. 因为 $\nabla_x L$, g, h, G, ∇g, ∇h, DG 是可微函数,

$N(x,\mu,\lambda,\Gamma)$ 是 Lipschitz 连续的, 则

$$\lim_{k\to\infty}\frac{A^k}{\theta^k}=\begin{pmatrix}\nabla^2_{xx}L(\bar{x},\mu,\lambda,\Gamma)u\\ \mathcal{J}h(\bar{x})u\\ \mathcal{J}g(\bar{x})u\\ DG(\bar{x})u\end{pmatrix},$$

$$\lim_{k\to\infty}\frac{[R^k-R][N(x^k,\mu^k,\lambda^k,\Gamma^k)-N(\bar{x},\mu,\lambda,\Gamma)]}{\theta^k}=0,$$

其中

$$R=\begin{pmatrix}0 & \nabla h(\bar{x}) & \nabla g(\bar{x}) & DG(\bar{x})^* & 0 & 0\\ 0 & 0 & 0 & 0 & 0 & 0\\ 0 & 0 & 0 & 0 & -I_m & 0\\ 0 & 0 & 0 & 0 & 0 & -I_{p\times p}\end{pmatrix}.$$

那么有

$$\begin{aligned}&\lim_{k\to\infty}\frac{R^k[N(x^k,\mu^k,\lambda^k,\Gamma^k)-N(\bar{x},\mu,\lambda,\Gamma)]}{\theta^k}\\ =&\lim_{k\to\infty}\frac{R[N(x^k,\mu^k,\lambda^k,\Gamma^k)-N(\bar{x},\mu,\lambda,\Gamma)]}{\theta^k}=p^0-\lim_{k\to\infty}\frac{A^k}{\theta^k}.\end{aligned}$$

记

$$v:=\lim_{k\to\infty}\frac{\mu^k-\mu}{\theta^k},\quad w:=\lim_{k\to\infty}\frac{\lambda^k-\lambda}{\theta^k},\quad \Omega:=\lim_{k\to\infty}\frac{\Gamma^k-\Gamma}{\theta^k}$$

和

$$\alpha:=\lim_{k\to\infty}\frac{1}{\theta^k}[\Pi_{\Re^m_-}(g(x^k)+\lambda^k)-\Pi_{\Re^m_-}(g(\bar{x})+\lambda)],$$

$$\beta:=\lim_{k\to\infty}\frac{1}{\theta^k}[\Pi_{\mathbb{S}^p_-}(G(x^k)+\Gamma^k)-\Pi_{\mathbb{S}^p_-}(G(\bar{x})+\Gamma)].$$

因为

$$\lim_{k\to\infty}\frac{g(x^k)-g(\bar{x})}{\theta^k}=\lim_{k\to\infty}\frac{g(\bar{x}+\theta^k u^k)-g(\bar{x})}{\theta^k}=\mathcal{J}g(\bar{x})u,$$

$$\lim_{k\to\infty}\frac{G(x^k)-G(\bar{x})}{\theta^k}=\lim_{k\to\infty}\frac{G(\bar{x}+\theta^k u^k)-G(\bar{x})}{\theta^k}=DG(\bar{x})u,$$

我们有

$$\begin{aligned}\alpha&=\lim_{k\to\infty}\frac{1}{\theta^k}[\Pi_{\Re^m_-}(g(x^k)+\lambda^k)-\Pi_{\Re^m_-}(g(\bar{x})+\lambda)]\\ &=\lim_{k\to\infty}\frac{\Pi_{\Re^m_-}\left(g(\bar{x})+\lambda+\theta^k\dfrac{g(x^k)+\lambda^k-g(\bar{x})-\lambda}{\theta^k}\right)-\Pi_{\Re^m_-}(g(\bar{x})+\lambda)}{\theta^k}\\ &=\Pi'_{\Re^m_-}(g(\bar{x})+\lambda;\mathcal{J}g(\bar{x})u+w),\end{aligned}$$

同理有

$$\beta = \Pi'_{\mathbb{S}^p_-}(G(\bar{x}) + \Gamma; DG(\bar{x})u + \Omega).$$

由 DN 的定义, 有 $(0, v, w, \Omega, \alpha, \beta) \in DN(\bar{x}, \mu, \lambda, \Gamma)(\Re^n, \Re^l, \Re^m, \mathbb{S}^p)$. 因此,

$$\begin{pmatrix} \xi \\ \eta \\ \zeta \\ \Sigma \end{pmatrix} = p^0 = \lim_{k\to\infty} p^k = \lim_{k\to\infty} \frac{F(x^k, \mu^k, \lambda^k, \Gamma^k)}{\theta^k}$$

$$= \lim_{k\to\infty} \frac{A^k}{\theta^k} + \lim_{k\to\infty} \frac{R^k[N(x^k, \mu^k, \lambda^k, \Gamma^k) - N(\bar{x}, \mu, \lambda, \Gamma)]}{\theta^k}$$

$$= \begin{pmatrix} \nabla^2_{xx} L(\bar{x}, \mu, \lambda, \Gamma)u \\ \mathcal{J}h(\bar{x})u \\ \mathcal{J}g(\bar{x})u \\ DG(\bar{x})u \end{pmatrix} + R \begin{pmatrix} 0 \\ v \\ w \\ \Omega \\ \alpha \\ \beta \end{pmatrix},$$

结合引理 9.8, 结论成立.

充分性. 如果对某些 $(\mu, \lambda, \Gamma) \in \Lambda_0(\bar{x})$ 和 $(v, w, \Omega) \in \Re^l \times \Re^m \times S^p$, 有

$$p^0 \in DF(\bar{x}, \mu, \lambda, \Gamma)(u, v, w, \Omega),$$

则由 DF 的定义, 存在 $\theta^k \downarrow 0$, $p^k \to p^0$ 使得

$$\theta^k p^k = F(\bar{x} + \theta^k u, \mu + \theta^k v, \lambda + \theta^k w, \Gamma + \theta^k \Omega),$$

这意味着 $\bar{x} + \theta^k u \in \mathcal{X}(0 + \theta^k p^k)$ 且 $u \in D\mathcal{X}(0; \bar{x})(p^0)$. ■

结合 $F(x, \mu, \lambda, \Gamma)$ 图导数的显式表达 (9.101), 可看出下述问题可以刻画 KKT 映射或稳定点映射的孤立平稳性: 给定 (NLSDP) 的稳定点 $\bar{x}$, 相应乘子 $(\mu, \lambda, \Gamma) \in \Lambda_0(\bar{x})$, 寻找 (u, v, w, Ω) 使其满足系统

$$\nabla^2_{xx} L(\bar{x}, \mu, \lambda, \Gamma)u + \nabla h(\bar{x})v + \nabla g(\bar{x})w + DG(\bar{x})^*\Omega = 0, \tag{9.106}$$

$$\mathcal{J}h(\bar{x})u = 0, \tag{9.107}$$

$$\mathcal{J}g(\bar{x})u - \Pi'_{\Re^m_-}(g(\bar{x}) + \lambda; \mathcal{J}g(\bar{x})u + w) = 0, \tag{9.108}$$

$$DG(\bar{x})u - \Pi'_{\mathbb{S}^p_-}(G(\bar{x}) + \Gamma; DG(\bar{x})u + \Omega) = 0. \tag{9.109}$$

由定理 3.7, (1.17) 及 (9.105), 可得下述定理:

定理 9.9 设 $(0,\bar{x},\bar{\mu},\bar{\lambda},\bar{\Gamma})\in \mathrm{gph}\,\mathcal{S}$. 那么, $\mathcal{S}$ 在 $(0,\bar{x},\bar{\mu},\bar{\lambda},\bar{\Gamma})$ 处是孤立平稳的当且仅当不存在 $(u,v,w,\Omega)\neq 0$ 满足 $(\mu,\lambda,\Gamma)=(\bar{\mu},\bar{\lambda},\bar{\Gamma})$ 时的 (9.106)—(9.109).

设 $\bar{x}$ 是问题 (NLSDP) 的稳定点, 相应乘子 $(\bar{\mu},\bar{\lambda},\bar{\Gamma})\in\Lambda_0(\bar{x})\neq\varnothing$, 则问题 (NLSDP) 的临界锥 $C(\bar{x})$ 有如下表达:

$$\begin{aligned}C(\bar{x})=&\{d\in\Re^n:\mathcal{J}f(\bar{x})d=0,\mathcal{J}h(\bar{x})d=0,\mathcal{J}g(\bar{x})d\in T_{\Re^m_-}(g(\bar{x})),\\&DG(\bar{x})d\in T_{\mathbb{S}^p_-}(G(\bar{x}))\}\\=&\{d\in\Re^n:\mathcal{J}h(\bar{x})d=0,\mathcal{J}g_{I_0}(\bar{x})d\leqslant 0,\mathcal{J}g_{I_+}(\bar{x})d=0,\\&P_\alpha^{\mathrm{T}}DG(\bar{x})dP_{\alpha\cup\beta}=0,P_\beta^{\mathrm{T}}DG(\bar{x})dP_\beta\preceq 0\}.\end{aligned}\tag{9.110}$$

引理 9.9 对 $(0,\bar{x},\bar{\mu},\bar{\lambda},\bar{\Gamma})\in\mathrm{gph}\,\mathcal{S}$, 如果 (u,v,w,Ω) 为 $(\mu,\lambda,\Gamma)=(\bar{\mu},\bar{\lambda},\bar{\Gamma})$ 时 (9.106)—(9.109) 的解, 则有 $u\in C(\bar{x})$.

证明 方便起见, 记 $\bar{y}=g(\bar{x})+\bar{\lambda}$, $\bar{Y}=G(\bar{x})+\bar{\Gamma}$. 容易得知

$$(\Pi'_{\Re^m_-}(\bar{y};\mathcal{J}g(\bar{x})u+w))_i=\begin{cases}0, & i\in I_+,\\(\mathcal{J}g(\bar{x})u+w)_i, & i\in I_-,\\\Pi_{\Re_-}(\mathcal{J}g(\bar{x})u+w)_i, & i\in I_0,\end{cases}\tag{9.111}$$

由 (9.108) 有 $\mathcal{J}g(\bar{x})u=\Pi'_{\Re^m_-}(\bar{y};\mathcal{J}g(\bar{x})u+w)$, 则

$$\mathcal{J}g_{I_0}(\bar{x})u\leqslant 0,\quad \mathcal{J}g_{I_+}(\bar{x})u=0.$$

再由 [85] 可知

$$\Pi'_{\mathbb{S}^p_-}(\bar{Y};DG(\bar{x})u+\bar{\Omega})=p\begin{pmatrix}0&0&U_{\alpha\gamma}\circ\widetilde{H}_{\alpha\gamma}\\0&\Pi_{\mathbb{S}^{|\beta|}_-}(\widetilde{H}_{\beta\beta})&\widetilde{H}_{\beta\gamma}\\\widetilde{H}_{\alpha\gamma}^{\mathrm{T}}\circ U_{\alpha\gamma}^{\mathrm{T}}&\widetilde{H}_{\beta\gamma}^T&\widetilde{H}_{\gamma\gamma}\end{pmatrix},\tag{9.112}$$

其中 $\widetilde{H}=P^{\mathrm{T}}(DG(\bar{x})u+\bar{\Omega})P$,

$$U_{ij}=\frac{\max(0,-\lambda_i)+\max(0,-\lambda_j)}{|\lambda_i|+|\lambda_j|},\quad i,j=1,\cdots,p,\tag{9.113}$$

这里定义 0/0=1. 由 (9.109) 有 $DG(\bar{x})u=\Pi'_{\mathbb{S}^p_-}(\bar{Y};DG(\bar{x})u+\bar{\Omega})$, 则

$$P_\alpha^{\mathrm{T}}DG(\bar{x})uP_\alpha=0,\quad P_\alpha^{\mathrm{T}}DG(\bar{x})uP_\beta=0,\quad P_\beta^{\mathrm{T}}DG(\bar{x})uP_\beta\preceq 0.$$

综上, 可得 $u\in C(\bar{x})$. ■

称问题 (NLSDP) 在 $(\bar{x},\bar{\mu},\bar{\lambda},\bar{\Gamma})$ 处严格约束规范成立, 若有

$$\begin{pmatrix}\mathcal{J}h(\bar{x})\\\mathcal{J}g(\bar{x})\\DG(\bar{x})\end{pmatrix}\Re^n+\begin{pmatrix}\{0\}\\T_{\Re^m_-}(g(\bar{x}))\cap\bar{\lambda}^\perp\\T_{\mathbb{S}^p_-}(G(\bar{x}))\cap\bar{\Gamma}^\perp\end{pmatrix}=\begin{pmatrix}\Re^l\\\Re^m\\\mathbb{S}^p\end{pmatrix}.\tag{9.114}$$

引理 9.10 设 $(0,\bar{x},\bar{\lambda},\bar{\mu})\in \operatorname{gph}\mathbb{S}$. 那么

$$\Pi'_{\Re^m_-}(g(\bar{x})+\bar{\lambda};h)=0 \Longleftrightarrow h\in (T_{\Re^m_-}(g(\bar{x}))\cap \bar{\lambda}^{\perp})^{-},$$

$$\Pi'_{\mathbb{S}^p_-}(G(\bar{x})+\bar{\Gamma};H)=0 \Longleftrightarrow H\in (T_{\mathbb{S}^p_-}(G(\bar{x}))\cap \bar{\Gamma}^{\perp})^{-}.$$

证明 容易验证

$$T_{\Re^m_-}(g(\bar{x}))\cap \bar{\lambda}^{\perp}=\{y\in\Re^m: y_{I_+}=0, y_{I_0}\leqslant 0\}. \tag{9.115}$$

由 (9.111) 可得

$$\Pi'_{\Re^m_-}(g(\bar{x})+\bar{\lambda};h)=0 \Longleftrightarrow h_{I_-}=0, h_{I_0}\geqslant 0.$$

若 $y\in T_{\Re^m_-}(g(\bar{x}))\cap \bar{\lambda}^{\perp}$, 由 y_{I_-} 的任意性显然可得

$$\Pi'_{\Re^m_-}(g(\bar{x})+\bar{\lambda};h)=0 \Longleftrightarrow h\in (T_{\Re^m_-}(g(\bar{x}))\cap \bar{\lambda}^{\perp})^{-}.$$

另一方面, 由 (9.25) 可得

$$T_{\mathbb{S}^p_-}(G(\bar{x}))\cap \bar{\Gamma}^{\perp}=\{Y\in\mathbb{S}^p: P_\alpha^{\mathrm{T}}YP_{\alpha\cup\beta}=0, P_\beta^{\mathrm{T}}YP_\beta\preceq 0\}. \tag{9.116}$$

再由 (9.112) 可得

$$\Pi'_{\mathbb{S}^p_-}(G(\bar{x})+\bar{\Gamma};H)=0 \Longleftrightarrow P^{\mathrm{T}}HP_\gamma=0, P_\beta^{\mathrm{T}}HP_\beta\succeq 0.$$

则

$$\begin{aligned}
&H\in (T_{\mathbb{S}^p_-}(G(\bar{x}))\cap \bar{\Gamma}^{\perp})^{-}\\
\Longleftrightarrow &\langle H,Y\rangle=\langle P^{\mathrm{T}}HP, P^{\mathrm{T}}YP\rangle\leqslant 0, \forall Y\in T_{\mathbb{S}^p_-}(G(\bar{x}))\cap\bar{\Gamma}^{\perp}\\
\Longleftrightarrow &\langle P_\beta^{\mathrm{T}}HP_\beta, P_\beta^{\mathrm{T}}YP_\beta\rangle+2\langle P_\beta^{\mathrm{T}}HP_\gamma, P_\beta^{\mathrm{T}}YP_\gamma\rangle+2\langle P_\alpha^{\mathrm{T}}HP_\gamma, P_\alpha^{\mathrm{T}}YP_\gamma\rangle\\
&+\langle P_\gamma^{\mathrm{T}}HP_\gamma, P_\gamma^{\mathrm{T}}YP_\gamma\rangle\leqslant 0, \forall Y\in T_{\mathbb{S}^p_-}(G(\bar{x}))\cap\bar{\Gamma}^{\perp}\\
\Longleftrightarrow &P^{\mathrm{T}}HP_\gamma=0, P_\beta^{\mathrm{T}}HP_\beta\succeq 0\\
\Longleftrightarrow &\Pi'_{\mathbb{S}^p_-}(G(\bar{x})+\bar{\Gamma};H)=0.
\end{aligned}$$

其中倒数第二个等价关系由 $P^{\mathrm{T}}YP_\gamma$ 的任意性得到. ■

下面将建立当问题 (NLSDP) 在 KKT 点的二阶充分性条件下, $\mathcal{X}(p)$ 和 $\mathbb{S}(p)$ 的孤立平稳性.

定理 9.10 考虑非线性半定规划 (NLSDP) 并设 $(0,\bar{x},\bar{\mu},\bar{\lambda},\bar{\Gamma})\in\operatorname{gph}\mathcal{S}$. 如果严格约束规范在 $\bar{x}$ 处成立, $(\bar{\mu},\bar{\lambda},\bar{\Gamma})\in\Lambda_0(\bar{x})$, 且二阶充分性条件在 $(\bar{x},\bar{\mu},\bar{\lambda},\bar{\Gamma})$ 处成立, 即

$$Q(d):=d^{\mathrm{T}}\nabla^2_{xx}L(\bar{x},\bar{\mu},\bar{\lambda},\bar{\Gamma})d+d^{\mathrm{T}}\mathcal{H}(\bar{x},\bar{\Gamma})d>0,\quad \forall d\in C(\bar{x})\setminus\{0\}, \tag{9.117}$$

其中 $\mathcal{H}(\bar{x},\bar{\Gamma})$ 如 (9.31) 中定义. 那么 $\mathcal{S}$ 在 $(0,\bar{x},\bar{\mu},\bar{\lambda},\bar{\Gamma})$ 处是孤立平稳的.

证明 反证法. 如果 $\mathcal{S}$ 在 $(0,\bar{x},\bar{\mu},\bar{\lambda},\bar{\Gamma})$ 处不是孤立平稳的, 由定理 9.9, 存在 $(u,v,w,\Omega)\neq 0$ 是 $(\mu,\lambda,\Gamma)=(\bar{\mu},\bar{\lambda},\bar{\Gamma})$ 时 (9.106)—(9.109) 的解. 由引理 9.9 知 $u\in C(\bar{x})$.

如果 $u=0$, (9.106)—(9.109) 退化为

$$\begin{aligned}\nabla h(\bar{x})v+\nabla g(\bar{x})w+DG(\bar{x})^*\Omega&=0,\\ \Pi'_{\Re^m_-}(g(\bar{x})+\bar{\lambda};w)&=0, \qquad (9.118)\\ \Pi'_{\mathbb{S}^p_-}(G(\bar{x})+\bar{\Gamma};\Omega)&=0. \qquad (9.119)\end{aligned}$$

由引理 9.10 知 (9.118) 与 (9.119) 等价于

$$\begin{pmatrix}\Omega\\ w\end{pmatrix}\in\begin{pmatrix}T_{\mathbb{S}^p_-}(G(\bar{x}))\cap\bar{\Gamma}^{\perp}\\ T_{\Re^m_-}(g(\bar{x}))\cap\bar{\lambda}^{\perp}\end{pmatrix}^-.$$

因为严格约束规范在 $\bar{x}$ 处成立, $(\bar{\mu},\bar{\lambda},\bar{\Gamma})\in\Lambda_0(\bar{x})$, 可得 $w=0$, $\Omega=0$, $v=0$, 与 $(u,v,w,\Omega)\neq 0$ 矛盾. 因此 $u\neq 0$.

在 (9.106) 两边乘以 u^{T}, 结合 (9.107) 可得

$$\begin{aligned}&\langle u,\nabla^2_{xx}L(\bar{x},\bar{\mu},\bar{\lambda},\bar{\Gamma})u\rangle+\langle u,\nabla h(\bar{x})v\rangle+\langle u,\nabla g(\bar{x})w\rangle+\langle u,DG(\bar{x})^*\Omega\rangle\\ =&\langle u,\nabla^2_{xx}L(\bar{x},\bar{\mu},\bar{\lambda},\bar{\Gamma})u\rangle+\langle\mathcal{J}h(\bar{x})u,v\rangle+\langle\mathcal{J}g(\bar{x})u,w\rangle+\langle DG(\bar{x})u,\Omega\rangle\\ =&\langle u,\nabla^2_{xx}L(\bar{x},\bar{\mu},\bar{\lambda},\bar{\Gamma})u\rangle+\langle\mathcal{J}g(\bar{x})u,w\rangle+\langle DG(\bar{x})u,\Omega\rangle=0.\end{aligned}$$

由 (9.108) 和 (9.111), 可得

$$\begin{aligned}&\mathcal{J}g_{I_+}(\bar{x})u=0,\\ &(\mathcal{J}g(\bar{x})u)_i=(\mathcal{J}g(\bar{x})u+w)_i,\quad i\in I_-, \qquad (9.120)\\ &\Pi_{\Re_-}(\mathcal{J}g(\bar{x})u+w)_i=\mathcal{J}g(\bar{x})u_i,\quad i\in I_0.\end{aligned}$$

则有 $w_{I_-\cup I_0}=0$, 从而有 $\langle\mathcal{J}g(\bar{x})u,w\rangle=0$. 又由 (9.109) 和 (9.112), 可得

$$\begin{aligned}&P_\alpha^{\mathrm{T}}DG(\bar{x})uP_{\alpha\cup\beta}=0,\\ &P_\beta^{\mathrm{T}}DG(\bar{x})uP_\beta=\Pi_{\mathbb{S}^{|\beta|}_-}(P_\beta^{\mathrm{T}}(DG(\bar{x})u+\Omega)P_\beta),\\ &P_{\beta\cup\gamma}^{\mathrm{T}}DG(\bar{x})uP_\gamma=P_{\beta\cup\gamma}^{\mathrm{T}}(DG(\bar{x})u+\Omega)P_\gamma, \qquad (9.121)\\ &P_\alpha^{\mathrm{T}}DG(\bar{x})uP_\gamma=U_{\alpha\gamma}\circ P_\alpha^{\mathrm{T}}(DG(\bar{x})u+\Omega)P_\gamma.\end{aligned}$$

则有

$$\begin{aligned}&P_{\beta\cup\gamma}^{\mathrm{T}}\Omega P_\gamma=0,\\ &\langle P_\beta^{\mathrm{T}}DG(\bar{x})uP_\beta,P_\beta^{\mathrm{T}}\Omega P_\beta\rangle=0,\quad P_\beta^{\mathrm{T}}\Omega P_\beta\succeq 0, \qquad (9.122)\\ &\overline{U}_{\alpha\gamma}\circ P_\alpha^{\mathrm{T}}DG(\bar{x})uP_\gamma=P_\alpha^{\mathrm{T}}\Omega P_\gamma,\quad \overline{U}_{ij}=-\lambda_j/\lambda_i,\quad i\in\alpha,\quad j\in\gamma.\end{aligned}$$

那么

$$
\begin{aligned}
&\langle DG(\bar{x})u,\Omega\rangle=\langle P^{\mathrm{T}}DG(\bar{x})uP,P^{\mathrm{T}}\Omega P\rangle=2\langle P_{\alpha}^{\mathrm{T}}DG(\bar{x})uP_{\gamma},P_{\alpha}^{\mathrm{T}}\Omega P_{\gamma}\rangle\\
=&2\langle P_{\alpha}^{\mathrm{T}}DG(\bar{x})uP_{\gamma},\overline{U}_{\alpha\gamma}\circ P_{\alpha}^{\mathrm{T}}DG(\bar{x})uP_{\gamma}\rangle=-2\langle\bar{\Gamma},DG(\bar{x})uG(\bar{x})^{\dagger}DG(\bar{x})u\rangle\\
=&u^{\mathrm{T}}\mathcal{H}(\bar{x},\bar{\Gamma})u.
\end{aligned}
$$

综上, 可以选取 $u\in C(\bar{x})\setminus\{0\}$ 使得 $\langle u,\nabla_{xx}^2L(\bar{x},\bar{\mu},\bar{\lambda},\bar{\Gamma})u\rangle+u^{\mathrm{T}}\mathcal{H}(\bar{x},\bar{\Gamma})u=0$, 这与问题 (NLSDP) 在 $(\bar{x},\bar{\mu},\bar{\lambda},\bar{\Gamma})$ 处的二阶充分性条件矛盾, 因此 $\mathcal{S}$ 在 $(0,\bar{x},\bar{\mu},\bar{\lambda},\bar{\Gamma})$ 处是孤立平稳的. ■

如果严格约束规范在 $\bar{x}$ 处成立, $(\bar{\mu},\bar{\lambda},\bar{\Gamma})\in\Lambda_0(\bar{x})$, 我们有 $\Lambda_0(\bar{x})=\{(\bar{\mu},\bar{\lambda},\bar{\Gamma})\}$ 且 $F(\bar{x},\bar{\mu},\bar{\lambda},\bar{\Gamma})=0$. 由定理 3.9, $\mathcal{X}$ 在 $(0,\bar{x})$ 处是孤立平稳的当且仅当

$$
u\in D\mathcal{X}(0,\bar{x})(0)\Longrightarrow u=0. \tag{9.123}
$$

由定理 9.8, (9.123) 等价于

$$
0\in DF(\bar{x},\bar{\mu},\bar{\lambda},\bar{\Gamma})(u,\Re^m,\Re^q)\Longrightarrow u=0,
$$

由引理 9.8, 这等价于当 $u\neq 0$ 且 $(\mu,\lambda,\Gamma)=(\bar{\mu},\bar{\lambda},\bar{\Gamma})$ 时, (9.106)—(9.109) 无解. 类似于定理 9.10 的证明, 稳定点映射 $\mathcal{X}$ 在 $(0,\bar{x})$ 处也具有孤立平稳性.

定理 9.11 考虑非线性半定规划 (NLSDP) 并设 $(0,\bar{x})\in\operatorname{gph}\mathcal{X}$. 如果严格约束规范在 $\bar{x}$ 处成立, $(\bar{\mu},\bar{\lambda},\bar{\Gamma})\in\Lambda_0(\bar{x})$, 且二阶充分性条件在 $(\bar{x},\bar{\mu},\bar{\lambda},\bar{\Gamma})$ 处成立, 那么 $\mathcal{X}$ 在 $(0,\bar{x})$ 处是孤立平稳的.

下文将探讨定理 9.10 的相反方向是否成立, 首先证明下述引理:

引理 9.11 考虑非线性半定规划 (NLSDP) 并设 $(0,\bar{x},\bar{\mu},\bar{\lambda},\bar{\Gamma})\in\operatorname{gph}\mathcal{S}$. 假设 $\mathcal{S}$ 在 $(0,\bar{x},\bar{\mu},\bar{\lambda},\bar{\Gamma})$ 处是孤立平稳的, 且严格约束规范在 $\bar{x}$ 处依乘子 $(\bar{\mu},\bar{\lambda},\bar{\Gamma})\in\Lambda_0(\bar{x})$ 成立. 如果存在 $\tilde{u}\in C(\bar{x})\setminus\{0\}$ 使得

$$
\langle\tilde{u},\nabla_{xx}^2L(\bar{x},\bar{\mu},\bar{\lambda},\bar{\Gamma})\tilde{u}\rangle+\tilde{u}^{\mathrm{T}}\mathcal{H}(\bar{x},\bar{\Gamma})\tilde{u}=0,
$$

那么存在 $z\in C(\bar{x})$ 使得

$$
\langle z,\nabla_{xx}^2L(\bar{x},\bar{\mu},\bar{\lambda},\bar{\Gamma})\tilde{u}\rangle+z^{\mathrm{T}}\mathcal{H}(\bar{x},\bar{\Gamma})\tilde{u}<0. \tag{9.124}
$$

证明 反证法. 假设对任何 $z\in C(\bar{x})$, 不等式 (9.124) 不成立. 则 $z=\tilde{u}$ 是下述线性半定规划问题的最优解:

$$\left\{\begin{array}{ll}\min\limits_{z\in\Re^n} & \langle z, \nabla_{xx}^2 L(\bar{x},\bar{\mu},\bar{\lambda},\bar{\Gamma})\tilde{u}\rangle + z^{\mathrm{T}}\mathcal{H}(\bar{x},\bar{\Gamma})\tilde{u} \\ \text{s.t.} & \mathcal{J}h(\bar{x})z = 0, \\ & \mathcal{J}g_{I_0}(\bar{x})z \leqslant 0, \\ & \mathcal{J}g_{I_+}(\bar{x})z = 0, \\ & P_\alpha^{\mathrm{T}} DG(\bar{x})zP_{\alpha\cup\beta} = 0, \\ & P_\beta^{\mathrm{T}} DG(\bar{x})zP_\beta \preceq 0.\end{array}\right. \tag{9.125}$$

因为严格约束规范在 $\bar{x}$ 处依乘子 $(\bar{\mu},\bar{\lambda},\bar{\Gamma})\in\Lambda_0(\bar{x})$ 成立, 则 (9.125) 的 Robinson 约束规范在 $z=\tilde{u}$ 处成立. 因此存在乘子 $(\delta,\tau,\varphi)\in\Re^l\times\Re^m\times\mathbb{S}^p$ 使得

$$\nabla_{xx}^2 L(\bar{x},\bar{\mu},\bar{\lambda},\bar{\Gamma})\tilde{u} + \mathcal{H}(\bar{x},\bar{\Gamma})\tilde{u} + \nabla h(\bar{x})\delta + \nabla g(\bar{x})\tau + DG(\bar{x})^*\varphi = 0, \tag{9.126}$$

$$\tau\in N_{T_{\Re_-^m}(g(\bar{x}))\cap\bar{\lambda}^\perp}(\mathcal{J}g(\bar{x})\tilde{u}), \tag{9.127}$$

$$\varphi\in N_{T_{\mathbb{S}_-^p}(G(\bar{x}))\cap\bar{\Gamma}^\perp}(DG(\bar{x})\tilde{u}). \tag{9.128}$$

令

$$\Upsilon(DG(\bar{x})\tilde{u}) := -2\langle\bar{\Gamma}, DG(\bar{x})\tilde{u}G(\bar{x})^\dagger DG(\bar{x})\tilde{u}\rangle = \tilde{u}^{\mathrm{T}}\mathcal{H}(\bar{x},\bar{\Gamma})\tilde{u},$$

则有 $\langle\nabla\Upsilon(DG(\bar{x})\tilde{u}), DG(\bar{x})\tilde{u}\rangle = 2\Upsilon(DG(\bar{x})\tilde{u})$, $\mathcal{H}(\bar{x},\bar{\Gamma})\tilde{u} = \dfrac{1}{2}DG(\bar{x})^*\nabla\Upsilon(DG(\bar{x})\tilde{u})$. 令 $\Omega := \varphi + \dfrac{1}{2}\nabla\Upsilon(DG(\bar{x})\tilde{u})$, 则有

$$\langle DG(\bar{x})\tilde{u}, \Omega\rangle = \Upsilon(DG(\bar{x})\tilde{u}), \tag{9.129}$$

结合 (9.126), 同时有

$$\nabla_{xx}^2 L(\bar{x},\bar{\mu},\bar{\lambda},\bar{\Gamma})\tilde{u} + \nabla h(\bar{x})\delta + \nabla g(\bar{x})\tau + DG(\bar{x})^*\Omega = 0.$$

由 $\langle\mathcal{J}g(\bar{x})\tilde{u},\tau\rangle = 0$ 及 $\mathcal{J}g_{I_0}(\bar{x})\tilde{u}\leqslant 0$, $\mathcal{J}g_{I_+}(\bar{x})\tilde{u} = 0$, 可得 $\tau_{I_0\cup I_-} = 0$, 结合 (9.111) 可得

$$\mathcal{J}g(\bar{x})\tilde{u} - \Pi'_{\Re_-^m}(g(\bar{x})+\bar{\lambda}; \mathcal{J}g(\bar{x})\tilde{u}+\tau) = 0.$$

另一方面, 由 (9.129) 可得

$$\begin{aligned}&\langle DG(\bar{x})\tilde{u},\Omega\rangle = \langle P^{\mathrm{T}}DG(\bar{x})\tilde{u}P, P^{\mathrm{T}}\Omega P\rangle \\ =& -2\langle\bar{\Gamma}, DG(\bar{x})\tilde{u}G(\bar{x})^\dagger DG(\bar{x})\tilde{u}\rangle = -2\sum_{i\in\alpha,j\in\gamma}\frac{\lambda_i}{\lambda_j}(P_i^{\mathrm{T}}DG(\bar{x})\tilde{u}P_j)^2,\end{aligned}$$

可推出 $u=\tilde{u}$ 时的 (9.122) 成立, 因此有

$$DG(\bar{x})\tilde{u} - \Pi'_{\mathbb{S}_-^p}(G(\bar{x})+\bar{\Gamma}; DG(\bar{x})\tilde{u}+\Omega) = 0.$$

再由 $\tilde{u}\in C(\bar{x})$, 可知 $\mathcal{J}h(\bar{x})\tilde{u}=0$.

综上, 可得 $(\tilde{u},v,w,\Omega)\neq 0$ 满足 (9.106)—(9.109), 其中 $(\mu,\lambda,\Gamma)=(\bar{\mu},\bar{\lambda},\bar{\Gamma})$, 这与 $\mathcal{S}$ 在 $(0,\bar{x},\bar{\mu},\bar{\lambda},\bar{\Gamma})$ 处的孤立平稳性矛盾. ■

下述定理证明二阶充分性条件和严格约束规范也是 $\mathcal{S}$ 孤立平稳性的必要条件.

定理 9.12 考虑非线性半定规划 (NLSDP), 设 $\bar{x}$ 是 (NLSDP) 的局部极小点且 $(0,\bar{x},\bar{\mu},\bar{\lambda},\bar{\Gamma})\in \mathrm{gph}\,\mathcal{S}$. 如果 $\mathcal{S}$ 在 $(0,\bar{x},\bar{\mu},\bar{\lambda},\bar{\Gamma})$ 处是孤立平稳的, 那么严格约束规范在 $\bar{x}$ 处依乘子 $(\bar{\mu},\bar{\lambda},\bar{\Gamma})\in\Lambda_0(\bar{x})$ 成立且二阶充分性条件在 $(\bar{x},\bar{\mu},\bar{\lambda},\bar{\Gamma})$ 处成立.

证明 首先证明严格约束规范在 $\bar{x}$ 处依乘子 $(\bar{\mu},\bar{\lambda},\bar{\Gamma})\in\Lambda_0(\bar{x})$ 成立. 反证法. 如果严格约束规范在 $\bar{x}$ 处不成立, 则存在 $(d_1,d_2,d_3)\in\Re^l\times\Re^m\times\mathbb{S}^p$ 且 $(d_1,d_2,d_3)\neq 0$ 使得

$$\begin{aligned}&\nabla h(\bar{x})d_1+\nabla g(\bar{x})d_2+DG(\bar{x})^*d_3=0,\\&d_2\in(T_{\Re^m_-}(g(\bar{x}))\cap\bar{\lambda}^{\perp})^-,\\&d_3\in(T_{\mathbb{S}^p_-}(G(\bar{x}))\cap\bar{\Gamma}^{\perp})^-.\end{aligned}\tag{9.130}$$

由引理 9.10, (9.130) 等价于 $\Pi'_{\Re^m_-}(g(\bar{x})+\bar{\lambda};d_2)=0$, $\Pi'_{\mathbb{S}^p_-}(G(\bar{x})+\bar{\Gamma};d_3)=0$. 取 $(u,v,w,\Omega):=(0,d_1,d_2,d_3)$. 可以证明 $(u,v,w,\Omega)\neq 0$ 满足 (9.106)—(9.109), 其中 $(\mu,\lambda,\Gamma)=(\bar{\mu},\bar{\lambda},\bar{\Gamma})$, 这与 $\mathcal{S}$ 在 $(0,\bar{x},\bar{\mu},\bar{\lambda},\bar{\Gamma})$ 处的孤立平稳性矛盾. 因此, 严格约束规范在 $\bar{x}$ 处依乘子 $(\bar{\mu},\bar{\lambda},\bar{\Gamma})\in\Lambda_0(\bar{x})$ 成立.

下面验证二阶充分性条件在 $(\bar{x},\bar{\mu},\bar{\lambda},\bar{\Gamma})$ 处成立. 因为 $\bar{x}$ 是 (NLSDP) 的局部极小点且严格约束规范在 $\bar{x}$ 处依乘子 $(\bar{\mu},\bar{\lambda},\bar{\Gamma})\in\Lambda_0(\bar{x})$ 成立, 则二阶必要性条件在 $(\bar{x},\bar{\mu},\bar{\lambda},\bar{\Gamma})$ 处成立, 即

$$\langle u,\nabla^2_{xx}L(\bar{x},\bar{\mu},\bar{\lambda},\bar{\Gamma})u\rangle+u^{\mathrm{T}}\mathcal{H}(\bar{x},\bar{\Gamma})u\geqslant 0,\quad\forall u\in C(\bar{x}).\tag{9.131}$$

任选 $\tilde{u}\in C(\bar{x})\setminus\{0\}$ 且假设 $\langle\tilde{u},\nabla^2_{xx}L(\bar{x},\bar{\mu},\bar{\lambda},\bar{\Gamma})\tilde{u}\rangle+\tilde{u}^{\mathrm{T}}\mathcal{H}(\bar{x},\bar{\Gamma})\tilde{u}=0$, 则由引理 9.11 知存在 $z\in C(\bar{x})$ 使得 $\langle z,\nabla^2_{xx}L(\bar{x},\bar{\mu},\bar{\lambda},\bar{\Gamma})\tilde{u}\rangle+z^{\mathrm{T}}\mathcal{H}(\bar{x},\bar{\Gamma})\tilde{u}<0$. 因此, 对充分小的 $\theta>0$, 使得 $\tilde{u}+\theta z\in C(\bar{x})$, 有

$$\begin{aligned}&\langle\tilde{u}+\theta z,[\nabla^2_{xx}L(\bar{x},\bar{\mu},\bar{\lambda},\bar{\Gamma})+\mathcal{H}(\bar{x},\bar{\Gamma})](\tilde{u}+\theta z)\rangle\\=&\langle\tilde{u},[\nabla^2_{xx}L(\bar{x},\bar{\mu},\bar{\lambda},\bar{\Gamma})+\mathcal{H}(\bar{x},\bar{\Gamma})]\tilde{u}\rangle+2\theta\langle\tilde{u},[\nabla^2_{xx}L(\bar{x},\bar{\mu},\bar{\lambda},\bar{\Gamma})+\mathcal{H}(\bar{x},\bar{\Gamma})]z\rangle\\&+\theta^2\langle z,[\nabla^2_{xx}L(\bar{x},\bar{\mu},\bar{\lambda},\bar{\Gamma})+\mathcal{H}(\bar{x},\bar{\Gamma})]z\rangle.\end{aligned}$$

这意味着

$$\langle(\tilde{u}+\theta z),[\nabla^2_{xx}L(\bar{x},\bar{\mu},\bar{\lambda},\bar{\Gamma})+\mathcal{H}(\bar{x},\bar{\Gamma})](\tilde{u}+\theta z)\rangle<0,$$

这与 (9.131) 矛盾, 则对所有 $u\in C(\bar{x})\setminus\{0\}$, 均有 $\langle u,\nabla^2_{xx}L(\bar{x},\bar{\mu},\bar{\lambda},\bar{\Gamma})u\rangle+u^{\mathrm{T}}\mathcal{H}(\bar{x},\bar{\Gamma})u>0$ 成立, 即二阶充分性条件成立. ■

综合定理 9.10 和定理 9.12, 可以得到下述刻画 $\mathcal{S}$ 的孤立平稳性的结果.

定理 9.13 考虑非线性半定规划 (NLSDP), 设 $\bar{x}$ 是 (NLSDP) 的可行解且 $(\bar{\mu}, \bar{\lambda}, \bar{\Gamma}) \in \Lambda_0(\bar{x}) \neq \varnothing$. 那么下列叙述等价:

(a) $\bar{x}$ 是 (NLSDP) 的局部极小点且 $\mathcal{S}$ 在 $(0, \bar{x}, \bar{\mu}, \bar{\lambda}, \bar{\Gamma})$ 处是孤立平稳的;

(b) 严格约束规范在 $\bar{x}$ 处依乘子 $(\bar{\mu}, \bar{\lambda}, \bar{\Gamma}) \in \Lambda_0(\bar{x})$ 成立且二阶充分性条件在 $(\bar{x}, \bar{\mu}, \bar{\lambda}, \bar{\Gamma})$ 处成立.

参考文献

[1] Aragón Artacho F J, Geoffroy M H. Characterization of metric regularity of subdifferentials. Journal of Convex Analysis, 2008, 15: 365-380.

[2] Aragón Artacho F J, Geoffroy M H. Metric subregularity of the convex subdifferential in banach spaces. Journal of Nonlinear and Convex Analysis, 2013, 15: 35-47.

[3] Bank B, Guddat J, Klatte D, Kummer B, Tammer K. Nonlinear Parametric Optimization. Berlin: Akademie-Verlag, 1982.

[4] Berge C. Topological Spaces. New York: Macmillan, 1963.

[5] Bertsekas D P. Constrained Optimization and Lagrange Multiplier Methods. New York: Academic Press, 1982.

[6] Bhatia R. Matrix Analysis. New York: Springer-Verlag, 1997.

[7] Bonnans J F, Cominetti R, Shapiro A. Sensitivity analysis of optimization problems under second order regular constraints. Mathematics of Operations Research, 1998, 23: 806-831.

[8] Bonnans J F, Ramírez C H. Perturbation analysis of second-order cone programming problems. Mathematical Programming, 2005, 104: 205-227.

[9] Bonnans J F, Shapiro A. Perturbation Analysis of Optimization Problems. New York: Springer-Verlag, 2000.

[10] Boyd S, Parikh N, Chu E, Peleato B, Eckstein J. Distributed optimization and statistical learning via the alternating direction method of multipliers. Foundations and Trends in Machine Learning, 2010, 3: 1-122.

[11] Chan Z X, Sun D F. Constraint nondegeneracy, strong regularity and nonsingularity in semidefinite programming. SIAM Journal on Optimization, 2008, 19: 370-396.

[12] Chen X D, Sun D F, Sun J. Complementarity functions and numerical experiments for second-order-cone complementarity problems. Computational Optimization and Applications, 2003, 25: 39-56.

[13] Clarke F H. On the inverse function theorem. Pacific Journal of Mathematics, 1976, 64: 97-102.

[14] Clarke F H. Optimization and Nonsmooth Analysis. New York: John Wiley and Sons, 1983.

[15] Danskin J M. The Theory of Max-Min and its Application to Weapons Allocation Problems. New York: Springer, 1967.

[16] Ding C, Sun D F, Toh K C. An introduction to a class of matrix cone programming. National University of Singapore, Depertment of mathematics, 2012.

[17] Ding C, Sun D F, Zhang L W. Characterization of the robust isolated calmness for a class of conic programming problems. SIAM J. Optim., 2017, 27: 67-90.

[18] Dontchev A L. Characterizations of Lipschitz stability in optimization//Lucchetti R, Revalski J, eds. Recent Developments in Well-Posed Variational Problems. Dordrecht: Springer, 1995: 95-115.

[19] Dontchev A L, Hager W W. Implicit functions, Lipschitz maps, and stability in optimization. Mathematics of Operations Research, 1994, 19: 753-768.

[20] Dontchev A L, Rockafellar R T. Characterizations of Lipschitz stability in nonlinear programming//Fiacco A V, ed. Mathematical Programming with Data Perturbations. New York: Marcel Dekker, 1997: 65-82.

[21] Dontchev A L, Rockafellar R T. Characterizations of strong regularity for variational inequalities over polyhedral convex sets. SIAM J. Optim., 1996, 6: 1087-1105.

[22] Dontchev A L, Rockafellar R T. Implicit Functions and Solution Mappings. New York: Springer, 2009.

[23] Dontchev A L, Rockafellar R T. Regularity and conditioning of solution mappings in variational analysis. Set-Valued Analysis, 2004, 12: 79-109.

[24] Eaves B C. On the basic theorem of complementarity. Mathematical Programming, 1971, 1: 68-75.

[25] Facchinei F, Pang J S. Finite-Dimensional Variational Inequalities and Complementarity Problems: Volume I, Volume II. New York: Springer, 2003.

[26] Fan J Y, Yuan Y X. On the quadratic convergence of the Levenberg-Marquardt method without nonsingularity assumption. Computing, 2005, 74: 23-39.

[27] Faraut J, Korányi A. Analysis on Symmetric Cones. London: Clarendon Press, 1994.

[28] Fiacco A V, McCormick G P. Nonlinear Programming: Sequential Unconstrained Minimization Techniques. New York: Wiley, 1968.

[29] Fiacco A V. Introduction to Sensitivity and Stability Analysis in Nonlinear Programming. New York: Academic Press, Inc, 1983.

[30] Fusek P. Isolated zeros of Lipschitzian metrically regular $\Re^n$-functions. Optimization, 2001, 49: 425-446.

[31] Golub G, van Loan C F. Matrix Computations. Baltimore: The Johns Hopkins University Press, 1996.

[32] Gowda M S. Inverse and implicit function theorems for H-differentiable and semismooth functions. Optimization Methods and Software, 2004, 19: 443-461.

[33] He B S, Liao L Z, Han D R, Yang H. A new inexact alternating directions method for monotone variational inequalities. Math. Program., 2002, 92: 103-118.

[34] Hoffman A. On approximate solutions of systems of linear inequalities. Journal of Research of the National Bureau of Standards, Section B, Mathematical Sciences, 1952, 49: 263-265.

[35] Kantorovich L V, Akilov G P. Functional Analysis in Normed Spaces. New York: Macmillan, 1964.

[36] King A, Rockafellar R T. Sensitivity analysis for nonsmooth generalized equations. Math. Program, 1992, 55: 193-212.

[37] Klatte D. A note on quantitative stability results in nonlinear optimization. Proceedings of the 19. Jahrestagung Mathematische Optimierung, Seminarbericht, 1987: 77-86.

[38] Klatte D, Kummer B. Aubin property and uniqueness of solutions in cone constrained optimization. Math. Methods Oper. Res., 2013, 77: 291-304.

[39] Klatte D, Kummer B. Nonsmooth Equations in Optimization. Boston: Kluwer Academic, 2002.

[40] Kummer B. Lipschitzian inverse functions, directional derivatives, and applications in $C^{1,1}$-optimization. Journal of Optimization Theory and Applications, 1991, 70: 561-582.

[41] Kummer B. Newton's method for non-differentiable functions//Guddat J, et al., eds. Advances in Mathematical Optimization. Berlin: Akademie-Verlag, 1988: 114-125.

[42] Lancaster P. Theory of Matrices. New York: Academic Press, 1969.

[43] Levy A B. Implicit multifunction theorems for the sensitivity analysis of variational conditions. Math. Program., 1996, 74: 333-350.

[44] Levy A B, Rockafellar R T. Sensitivity of solutions in nonlinear programming problems with nonunique multipliers//Recent Advances Nonsmooth Optimization. Singapore: Word Scientific, 1995: 215-223.

[45] Liu Y J, Zhang L W. convergence of the augmented Lagrangian method for nonlinear optimization problems over second-order cones. Journal of Optimization Theory and Applications, 2008, 139: 557-575.

[46] Luque F J. Asymptotic convergence analysis of the proximal point algorithm. SIAM J. Control Optim., 1984, 22: 277-293.

[47] Manne A S. Note on parametric linear programming. RRAND-Corp. Rev., 1953, 4: 468.

[48] Martinet B. Regularisation d'inéquations uariationelles par approximations successioes. Rev. Francaise Inf. Rech. Oper., 1970, 4: 154-159.

[49] Martinet B. Determination approchée d'un point fixe d'une application pseudocontractante. C. R. Acad. Sci. Paris, 1972, 274: 163-165.

[50] Minty G J. Monotone (nonlinear) operators in Hilbert space. Duke Math. J., 1962, 29: 341-346.

[51] Mordukhovich B S. Lipschitzian stability of constraint systems and generalized equations. Nonlinear analysis, 1994, 22: 173-206.

[52] Mordukhovich B S. Variational Analysis and Generalized Differentiation, I: Basic

Theory, II: Applications. Berlin: Springer, 2006.

[53] Nocedal J, Wright S J. Numerical Optimization. New York: Springer Press, 1999.

[54] Opial Z. Weak convergence of the sequence of successive approximations for nonexpansive mappings. Bull. Amer. Math. Soc., 1967, 73: 591-597.

[55] Outrata J, Sun D F. On the coderivative of the projection operator onto the second-order cone. Set-Valued Analysis, 2008, 16: 999-1014.

[56] Pang J S. Error bounds in mathematical programming. Mathematical Programming, 1997, 79: 299-332.

[57] Pang J S, Sun D F, Sun J. Semismooth homeomorphisms and strong stability of semidefinite and Lorentz cone complementarity problems. Mathematics of Operations Research, 2003, 28: 39-63.

[58] Qi L. Convergence analysis of some algorithms for solving nonsmooth equations. Mathematics of Operations Research, 1993, 18: 227-244.

[59] Qi L, Sun D F, Zhou G L. A new look at smoothing Newton methods for nonlinear complementarity problems and box constrained variational inequalities. Math. Programming, 2000, 87: 1-35.

[60] Qi L, Sun J. A nonsmooth version of Newton's method. Mathematical Programming, 1993, 58: 353-367.

[61] Robinson S M. An implicit-function theorem for a class of nonsmooth functions. Mathematics of Operations Research, 1991, 16: 292-309.

[62] Robinson S M. Normal maps induced by linear transformations. Math. of Oper. Res., 1992, 17: 691-714.

[63] Robinson S M. Perturbed Kuhn-Tucker points and rates of convergence for a class of nonlinear-programming algorithms. Mathematical Programming, 1974, 7: 1-16.

[64] Robinson S M. Some continuity properties of polyhedral multifunctions//Mathematical Programming Study. Berlin, Heidelberg: Springer, 1981: 206-214.

[65] Robinson S M. Strongly regular generalized equations. Mathematics of Operations Research, 1980, 5: 43-62.

[66] Rockafellar R T. A dual approach to solving nonlinear programming problems by unconstrained optimization. Mathematical Programming, 1973, 5: 354-373.

[67] Rockafellar R T. Convex Analysis. Princeton: Princeton University Press, 1970.

[68] Rockafellar R T. Local boundedness of nonlinear monotone operators. Michigan Math. J., 1969, 16: 397-407.

[69] Rockafellar R T. Monotone operators and the proximal point algorithm. SIAM J. Control and Optimization, 1976, 14: 877-898.

[70] Rockafellar R T. Monotone operators associated with saddle functions and minimax problems//Browder F E, ed. Nonliear Functional Analysis, Part 1, Symposia in Pure Math., vol.18. Amer. Providence: Math. Soc., 1970: 397-407.

[71] Rockafellar R T. On the maximality of sums of nonlinear monotone operators. Trans. Amer. Math. Soc., 1970, 149: 75-88.

[72] Rockafellar R T. The multiplier method of Hestenes and Powell applied to convex programming. Journal of Optimization Theory and Applications, 1973, 12: 555-562.

[73] Rockafellar R T, Wets R J B. Variational Analysis. New York: Springer-Verlag, 1998.

[74] Ruszczynski A. Nonlinear Optimization. Princeton, Oxford: Princeton University Press, 2006.

[75] Scheel H, Scholtes S. Mathematical programs with complementarity constraints: Stationarity, optimality, and sensitivity. Mathematics of Operations Research, 2000, 25: 1-22.

[76] Schirotzek W. Nonsmooth Analysis. Berlin, Heidelberg: Springer-Verlag, 2007.

[77] Scholtes S. Introduction to Piecewise Differentiable Equations. New York: Springer, 2012.

[78] Shapiro A, Dentcheva D, Ruszczynski A. Lectures on Stochastic Programming: Modeling and Theory. Philadelphia: SIAM, 2009.

[79] Shapiro A. On concepts of directional differentiability. Journal of Optimization Theory and Applications, 1990, 66: 477-487.

[80] Stewart G W, Sun J. Matrix Perturbation Theory. New York: Academic Press, 1990.

[81] Sun D F. A further result on an implicit function theorem for locally Lipschitz functions. Operations Research Letters, 2001, 28: 193-198.

[82] Sun D F. A Short Summer School Course on Modern Optimization Theory: Optimality Conditions and Perturbation Analysis, Part I, Part II, Part III. Singapore: National University of Singapore, 2006.

[83] Sun D F, Sun J. Löwner's operator and spectral functions in Euclidean Jordan algebras. Mathematics of Operations Research, 2008, 33: 421-445.

[84] Sun D F. Matrix Cone Programming, Lecture II, Löwner's Operator: The Symmetric Case. Summer School at Dalian University of Technology, 2011: 12-16.

[85] Sun D F, Sun J. Semismooth Matrix Valued Functions. Mathematics of Operations Research, 2002, 27: 150-169.

[86] Sun D F. The strong second-order sufficient condition and constraint nondegeneracy in nonlinear semidefinite programming and their implications. Mathematics of Operations Research, 2006, 31: 761-776.

[87] Sun J, Sun D F, Qi L Q, A squared smoothing Newton method for nonsmooth matrix equations and its applications in semidefinite optimization problems. SIAM Journal on Optimization, 2004, 14: 783-806.

[88] Thibault L. On generalized differentials and subdifferentials of Lipschitz vector-valued functions. Nonlinear Analysis: Theory, Methods, and Applications, 1982, 6: 1037-1053.

[89] Thibault L. Subdifferentials of compactly Lipschitzian vector-valued functions. Annali di Matematica Pura ed Applicata, 1980, 125: 157-192.

[90] Torki M. Second-order directional derivatives of all eigenvalues of a symmetric matrix. Nonlinear Analysis, 2001, 46: 1133-1150.

[91] Tsing N K, Fan M K H, Verriest E I. On analyticity of functions involving eigenvalues. Linear Algebra and Its Applications, 1994, 207: 159-180.

[92] Walkup D W, Wets R J B. A Lipschitzian characterization of convex polyhedra. Proceedings of the American Mathematical Society, 1969, 23: 167-173.

[93] Yamashita N, Fukushima M. The proximal point algorithm with genuine superlinear convergence for the monotone complementarity problem. SIAM J. Optim., 2000, 11: 364-379.

[94] Ye J J. Necessary and sufficient optimality conditions for mathematical programs with equilibrium constraints. Journal of Mathematical Analysis and Applications, 2005, 307: 350-369.

[95] Ye Y Y. Interior Point Algorithm: Theory and Analysis. New York: John Wiley and Sons, 1997.

[96] Yin Z R, Zhang L W. Perturbation analysis of a class of conic programming problems under Jacobian uniqueness conditions. Journal of Industrial and Management Optimization, 2019, 15: 1387-1397.

[97] Yin Z R, Zhang L W. Perturbation analysis of nonlinear semidefinite programming under Jacobian uniqueness conditions. Optimization Letters, 2019, 13(6): 1389-1402.

[98] 张立卫, 吴佳, 张艺. 变分分析与优化. 北京: 科学出版社, 2013.

[99] Zhang S N, Zhang L W, Zhang H W, Duan Q S. Hadamard directional differentiability of the optimal value function of a quadratic programming problem. Asia Pacific Journal of Operational Research, 2018, 35: 1850012.

[100] Zhang Y, Zhang L W, Wu J, Wang K D. Characterizations of local upper Lipschitz property of perturbed solutions to nonlinear second-order cone programs. Optimization, 2017, 66: 1079-1103.

《运筹与管理科学丛书》已出版书目

1. 非线性优化计算方法　袁亚湘　著　2008 年 2 月
2. 博弈论与非线性分析　俞建　著　2008 年 2 月
3. 蚁群优化算法　马良等　著　2008 年 2 月
4. 组合预测方法有效性理论及其应用　陈华友　著　2008 年 2 月
5. 非光滑优化　高岩　著　2008 年 4 月
6. 离散时间排队论　田乃硕　徐秀丽　马占友　著　2008 年 6 月
7. 动态合作博弈　高红伟〔俄〕彼得罗相　著　2009 年 3 月
8. 锥约束优化——最优性理论与增广 Lagrange 方法　张立卫　著　2010 年 1 月
9. Kernel Function-based Interior-point Algorithms for Conic Optimization　Yanqin Bai　著　2010 年 7 月
10. 整数规划　孙小玲　李端　著　2010 年 11 月
11. 竞争与合作数学模型及供应链管理　葛泽慧　孟志青　胡奇英　著　2011 年 6 月
12. 线性规划计算(上)　潘平奇　著　2012 年 4 月
13. 线性规划计算(下)　潘平奇　著　2012 年 5 月
14. 设施选址问题的近似算法　徐大川　张家伟　著　2013 年 1 月
15. 模糊优化方法与应用　刘彦奎　陈艳菊　刘颖　秦蕊　著　2013 年 3 月
16. 变分分析与优化　张立卫　吴佳　张艺　著　2013 年 6 月
17. 线性锥优化　方述诚　邢文训　著　2013 年 8 月
18. 网络最优化　谢政　著　2014 年 6 月
19. 网上拍卖下的库存管理　刘树人　著　2014 年 8 月
20. 图与网络流理论(第二版)　田丰　张运清　著　2015 年 1 月
21. 组合矩阵的结构指数　柳柏濂　黄宇飞　著　2015 年 1 月
22. 马尔可夫决策过程理论与应用　刘克　曹平　编著　2015 年 2 月
23. 最优化方法　杨庆之　编著　2015 年 3 月
24. A First Course in Graph Theory　Xu Junming　著　2015 年 3 月
25. 广义凸性及其应用　杨新民　戎卫东　著　2016 年 1 月
26. 排队博弈论基础　王金亭　著　2016 年 6 月
27. 不良贷款的回收：数据背后的故事　杨晓光　陈暮紫　陈敏　著　2017 年 6 月

28. 参数可信性优化方法　刘彦奎　白雪洁　杨凯　著　2017 年 12 月
29. 非线性方程组数值方法　范金燕　袁亚湘　著　2018 年 2 月
30. 排序与时序最优化引论　林诒勋　著　2019 年 11 月
31. 最优化问题的稳定性分析　张立卫　殷子然　编著　2020 年 4 月